重点耗能设备的能效提升与节能技术

何燕　孟祥文　主编

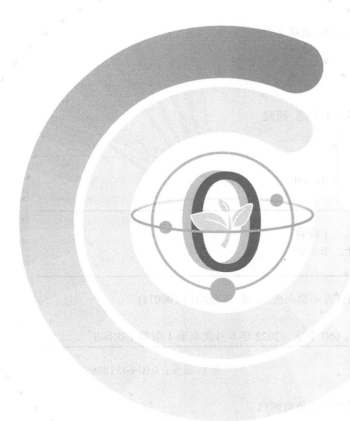

U0213711

化学工业出版社

·北京·

内容简介

为促进高耗能行业和重点耗能设备能效提升，本书以"节能降耗、能效提升"为技术主线，以"理论知识与工程案例相结合"为特点，从结构、材料、工艺、控制、系统等方面较为全面地介绍了锅炉、工业窑炉、内燃机、汽轮机、电机系统以及变压器等重点耗能设备及其系统的节能技术。全书共分为十章，分别讲述了锅炉、工业窑炉、内燃机、汽轮机、电动机、风机、泵、制冷设备、空气压缩机以及变压器等的工作原理和运行特性，能耗分析与能效现状，节能原则与措施，单体设备节能技术以及系统节能技术，节能技术发展趋势，耗能设备与环境，能效标准、检测与评价，典型的节能案例。

本书可供相关行业系统节能服务体系工作人员阅读、参考，也可以作为培训资料。本书注重耗能设备节能原理与技术的介绍，也适合作为高等学校能源动力类、过程装备与控制工程等相关专业学生的教材和参考读物。

图书在版编目（CIP）数据

重点耗能设备的能效提升与节能技术 / 何燕，孟祥文主编. —北京：化学工业出版社，2022.5
ISBN 978-7-122-40987-4

Ⅰ.①重…　Ⅱ.①何…②孟…　Ⅲ.①节能-研究
Ⅳ.①TK01

中国版本图书馆 CIP 数据核字（2022）第 046130 号

责任编辑：戴燕红　　　　　文字编辑：丁海蓉
责任校对：李雨晴　　　　　装帧设计：李子姮

出版发行：化学工业出版社（北京市东城区青年湖南街 13 号　邮政编码 100011）
印　　装：天津盛通数码科技有限公司
787mm×1092mm　1/16　印张 26¾　字数 660 千字　2022 年 6 月北京第 1 版第 1 次印刷

购书咨询：010-64518888　　　　　　　　　　售后服务：010-64518899
网　　址：http://www.cip.com.cn
凡购买本书，如有缺损质量问题，本社销售中心负责调换。

定　　价：158.00 元

前言

为实现碳达峰及碳中和的目标，二氧化碳排放必须大幅下降，这将有力倒逼能源结构、产业结构不断调整优化，带动绿色产业强劲增长。国际能源署（IEA）的研究结果表明，要实现 21 世纪末将全球温度上升控制在 2℃以内的目标，全球的节能和能效提高贡献率要达到 49%。"十三五"期间，经过《中华人民共和国节约能源法》《节能中长期专项规划》《工业绿色发展规划（2016—2020 年）》《工业节能管理办法》和《"十三五"节能减排综合工作方案》等政策规划的实施，我国加快了高效节能技术、装备、工艺和产品的推广应用，推动了工业企业节能降耗，工业能效持续提升，规模以上企业单位工业增加值能耗同比下降 15.6%，完成了"十三五"（2016—2020 年）工业节能进度目标。

工业是我国能源消费的主要领域，其能源消费量占全国能源消费总量的 70%，因此工业领域也是推动能源消费革命的主战场。改革开放以来，我国单位 GDP 能耗累计降幅已超过 80%，越来越多重点耗能行业的能效逐步提升，但依然存在能耗强度大、能源利用率不高、单位 GDP 能耗和单位产品能耗均高于世界先进水平的问题。我国工业节能潜力巨大，通过节能和能效提升措施合理使用能源资源，特别是提高重点耗能设备的能源利用率，可以降低能源投入，实现绿色清洁化转型和经济持续快速增长。围绕"十四五"工业节能工作，我国工业企业，尤其是重点耗能单位，应坚持新发展理念，从结构节能、技术节能、管理节能等方面分析产业结构升级和能源消费结构优化的潜力，深化工业、建筑、交通等领域和公共机构节能，推动 5G 与大数据等新兴技术在内的工业能效持续提升，全面提高资源利用效率，为工业绿色发展做出新的贡献。构建资源循环利用体系，推进能源资源梯级利用和废物循环利用，规范发展再制造产业；推动煤炭等化石能源清洁高效利用，推进钢铁、石化、建材等行业绿色化改造，构建市场导向的绿色技术创新体系，实施绿色技术创新攻关行动，开展重点行业和重点产品资源效率对标提升行动；同时，强化绿色发展的法律和政策保障。此外，管理节能是工业节能最具成本效益的工作重点，也是企业节能工作中的薄弱环节。因此，要以能源管理体系建设为主线，坚持标准宣贯和制度建设双管齐下，构建工业节能管理的长效机制。完善能效、水效"领跑者"制度，研制可以重点推广的先进节能工艺、技术、装备，实现工业能源利用效率大幅提升。

本书的重点是向广大读者阐述重点耗能设备的节能潜力、先进节能技术、高效产品、节能服务、现行能效检测与评价标准以及节能案例。针对重点耗能设备及其系统节能和能效提升问题，本书首先介绍锅炉、工业窑炉、内燃机、汽轮机、电机系统（包括电动机、风机、泵、制冷设备、空气压缩机）以及变压器等重点耗能设备的结构、原理与运行特性；通过分析其运行过程中的能耗找出能量损失和能效提升的问题关键，对节能和能效提升潜力以及可行性进行评价；从设备运行、管理维护、所在系统及其上下游产业链等方面详细分析了现有的成熟节能技术、高效设备、能效提升措施以及节能服务等，并在分析节能技术发展趋势的基础上介绍部分先进的前沿节能技术；又根据国际标准、国家标准和行业标准对耗能设备能效检测与经济运行进行了综合评价；最后参阅相关资料选择性地介绍了比较典型的工程应用案例。

本书借鉴大量资料，涉猎面广、内容全面、重点突出、叙述简洁、通俗易懂，为读者提供了尽可能多的节能信息，具有较强的可读性。

本书由青岛科技大学何燕与孟祥文组织撰写；何燕、孟祥文、姜婕妤、张江辉、隋春杰、陈海龙、杨启超、刘广彬、续敏等编写。具体分工如下：第 1 章锅炉节能技术由何燕、孟祥文、姜婕妤编写，第 2 章工业窑炉节能技术由张江辉编写，第 3 章内燃机节能技术由孟祥文、隋春杰编写，第 4 章汽轮机节能技术由孟祥文、姜婕妤编写，第 5 章电动机节能技术由何燕、孟祥文编写，第 6 章风机节能技术由陈海龙、何燕编写，第 7 章泵的节能技术由刘广彬编写，第 8 章制冷设备节能技术由杨启超、孟祥文编写，第 9 章空气压缩机节能技术由孟祥文编写，第 10 章变压器节能技术由孟祥文、陈海龙、续敏编写。全书由何燕、孟祥文统稿。

本书在编写过程中使用了国家发改委、工信部、国家能源局、国家统计局、国际能源署、北极星电力网、中电传媒记者数据库等统计数据资料，参阅了大量的国内外专家学者、工程技术人员、相关企业、高校与科研院所等的研究成果、实践经验和工程案例，在此表示衷心感谢！

限于编者知识、能力以及工程经验的不足，且科学技术发展迅速、创新不断，书中难免有疏漏和不足之处，敬请同行和读者批评指正。

编　者
2021 年 5 月 21 日

目录

第 1 章 锅炉节能技术

1.1	**概述**	**2**
1.2	**锅炉的分类及工作原理**	**3**
1.2.1	锅炉的分类	3
1.2.2	锅炉系统的工作原理	4
1.3	**锅炉系统节能技术与措施**	**6**
1.3.1	锅炉能耗分析	6
1.3.2	锅炉的节能措施	7
1.3.3	锅炉的主要节能技术	12
1.3.4	洁净煤发电技术	35
1.3.5	锅炉节能技术发展趋势	38
1.3.6	综合评价	41
1.4	**工程应用案例**	**43**
1.4.1	哈锅 660 MW 高效超超临界循环流化床锅炉方案	43
1.4.2	600 MW 亚临界机组提温提效锅炉改造	46
1.4.3	1000 MW 机组锅炉吹灰汽源节能改造	48
	参考文献	**50**

第 2 章 工业窑炉节能技术

2.1	**概述**	**54**
2.2	**工业窑炉节能原理与技术措施**	**54**
2.2.1	工业窑炉节能原理	55
2.2.2	工业窑炉节能技术措施	57
2.2.3	不同行业工业窑炉节能技术	60
2.2.4	工业窑炉节能技术发展趋势	61
2.3	**工业窑炉余热回收技术**	**62**
2.3.1	干熄焦与高炉煤气利用技术	63
2.3.2	有机朗肯循环技术	68
2.3.3	热泵技术	69
2.3.4	热管技术	72
2.3.5	吸收式制冷技术	73

2.4	**高效节能燃烧装置及技术**	**73**
2.4.1	富氧燃烧技术	74
2.4.2	高速燃烧器燃烧技术	74
2.4.3	脉冲燃烧器及燃烧技术	75
2.4.4	蓄热式陶瓷燃烧技术	76
2.4.5	平焰燃烧技术	77
2.4.6	催化燃烧技术	77
2.4.7	浸没燃烧技术	78
2.4.8	雾化油燃烧技术	79
2.4.9	旋流燃烧技术	80
2.5	**工业窑炉节能评价与分析**	**80**
2.5.1	节能评价指标	80
2.5.2	各行业窑炉能耗考核标准	80
2.6	**工程应用案例**	**83**
2.6.1	案例1——步进式加热炉改造	83
2.6.2	案例2——加热炉余热回收利用技术	85
	参考文献	**86**

第3章 内燃机节能技术

3.1	**概述**	**90**
3.2	**内燃机分类与工作原理**	**91**
3.2.1	内燃机分类	91
3.2.2	内燃机工作原理	91
3.3	**内燃机节能原理与技术**	**93**
3.3.1	内燃机能耗现状分析	93
3.3.2	内燃机节能原理	93
3.3.3	内燃机主要节能技术	95
3.3.4	内燃机节能评价	114
3.3.5	内燃机节能技术发展趋势	120
3.4	**内燃机节能案例**	**121**
3.4.1	比亚迪汽车高效节能混合动力发动机技术及系统	121
3.4.2	安徽华菱汽车有限公司12L高效节能环保天然气发动机	122
3.4.3	DVVT的节能效果试验研究	123
	参考文献	**123**

第4章 汽轮机节能技术

4.1	**概述**	**128**

4.2	汽轮机工作原理	128
4.2.1	汽轮机基本组成及分类	128
4.2.2	汽轮机工作原理	129
4.3	汽轮机节能技术与措施	133
4.3.1	汽轮机能耗分析	133
4.3.2	汽轮机节能原则和方向	137
4.3.3	汽轮机节能措施	138
4.3.4	国产超超临界汽轮机特点及改造思路	141
4.3.5	汽轮机主要节能技术	143
4.3.6	节能潜力分析与发展趋势	163
4.3.7	综合评价	168
4.4	工程应用案例	170
4.4.1	1000 MW 超超临界冲动式汽轮机通流改造	170
4.4.2	蒸汽喷射真空系统代替水环真空泵	172
	参考文献	172

第 5 章 电动机节能技术

5.1	概述	176
5.2	电动机分类与特点	177
5.2.1	电动机分类	177
5.2.2	典型电动机结构和工作特性	178
5.3	电动机能效标准与提升原则	185
5.3.1	电动机能效等级标准	185
5.3.2	电动机能效提升的总体思路和基本原则	188
5.4	电动机系统能效提升技术与措施	189
5.4.1	电动机能耗分析	190
5.4.2	电动机系统存在的问题	192
5.4.3	开发与推广高效电动机	193
5.4.4	电动机的高效再制造与节能	207
5.4.5	电动机系统的节能技术	210
5.4.6	国家重点推广的电动机系统节能先进技术分析	219
5.4.7	电动机能效的检测和评价	220
5.4.8	电动机系统节能技术发展趋势	223
5.5	电动机能效提升与节能改造工程案例	225
5.5.1	永磁同步电动机变频调速节能系统设计与效益分析	225
5.5.2	油田低效电动机高效再制造	227
5.5.3	开关磁阻调速电动机系统节能技术	228

5.5.4　　绕线转子无刷双馈电动机及变频控制技术　　229

　　参考文献　　**229**

第 6 章 风机节能技术

6.1　　**概述**　　**234**

6.2　　**风机的工作原理、基本构造及性能**　　**234**

6.2.1　　风机的分类　　234

6.2.2　　离心风机　　235

6.2.3　　轴流风机　　239

6.3　　**风机系统节能与能效提升技术**　　**241**

6.3.1　　风机能耗分析　　241

6.3.2　　高效风机　　244

6.3.3　　风机优化　　245

6.3.4　　风机调速节能　　249

6.3.5　　风机噪声控制　　251

6.3.6　　风机的选型　　251

6.4　　**风机的节能评价**　　**253**

6.4.1　　风机相关节能技术标准　　253

6.4.2　　风机发展方向　　256

6.5　　**风机节能技术案例及应用**　　**256**

6.5.1　　引风机变频静叶联合控制研究与应用及节能效果分析　　256

6.5.2　　基于磁悬浮高速电动机的离心风机综合节能技术　　257

6.5.3　　高效翼型轴流风机节能技术　　258

6.5.4　　曲叶型系列离心风机技术　　258

　　参考文献　　**259**

第 7 章 泵的节能技术

7.1　　**概述**　　**263**

7.2　　**泵的分类及工作原理**　　**264**

7.2.1　　泵的分类　　264

7.2.2　　泵的工作原理　　265

7.3　　**泵的主要节能技术**　　**268**

7.3.1　　设计技术　　269

7.3.2　　运行节能　　272

7.3.3　　节能潜力分析和发展趋势　　274

7.4	泵的综合评价	275
7.4.1	政策、法规与标准	275
7.4.2	评价方法	278
7.5	工程应用案例	279
7.5.1	泵及其叶轮的再制造	279
7.5.2	泵调速节能	283
7.5.3	泵运行系统节能改造	285
	参考文献	286

第 8 章 制冷设备节能技术

8.1	概述	289
8.2	制冷装置工作原理	290
8.2.1	压缩蒸气制冷系统	290
8.2.2	吸收式制冷系统	291
8.2.3	吸附式制冷	292
8.2.4	喷射式制冷	293
8.2.5	固态制冷	293
8.2.6	水蒸发冷却	294
8.2.7	复叠制冷	295
8.2.8	半导体制冷	296
8.3	制冷部件节能技术	296
8.3.1	制冷压缩机节能技术	296
8.3.2	换热器节能技术	306
8.3.3	制冷剂的替代	308
8.3.4	经济器循环	309
8.3.5	膨胀功回收技术	310
8.3.6	并联机组运行	312
8.3.7	热（冷）回收利用	312
8.3.8	太阳能制冷技术	314
8.4	制冷设备的节能评价	314
8.4.1	制冷设备节能评价标准	314
8.4.2	制冷系统节能评价指标	320
8.5	节能案例分析	322
8.5.1	微通道换热器的应用	322
8.5.2	磁悬浮离心冷水机组在节能改造中的应用	324
8.5.3	多能源综合利用案例	325
	参考文献	326

第9章 空气压缩机节能技术

9.1	概述	330
9.2	**空压机分类与工作原理**	**331**
9.2.1	空压机的分类与特点	331
9.2.2	典型空压机结构与工作过程	332
9.2.3	压缩空气系统构成	335
9.3	**空压机节能原理与技术**	**336**
9.3.1	空压机能耗分析	336
9.3.2	压缩空气系统节能措施与技术	344
9.3.3	空压机噪声污染与控制	359
9.3.4	压缩空气系统节能技术发展趋势	361
9.3.5	综合评价	361
9.4	**空压机节能工程应用案例**	**366**
9.4.1	基于智能控制的节能空压站系统技术	366
9.4.2	绕组式永磁耦合调速器技术	366
9.4.3	空压机节能驱动一体机技术	367
9.4.4	两级喷油螺杆空压机节能技术	367
	参考文献	**368**

第10章 变压器节能技术

10.1	概述	373
10.2	**变压器的分类、结构与工作原理**	**374**
10.2.1	变压器用途及分类	374
10.2.2	变压器的基本结构	374
10.2.3	变压器的工作原理	376
10.2.4	变压器的主要性能参数	377
10.3	**变压器能耗分析**	**377**
10.3.1	变压器的损耗	377
10.3.2	降低变压器损耗的措施	380
10.4	**变压器主要节能技术**	**380**
10.4.1	优化变压器材料	381
10.4.2	优化变压器结构	386
10.4.3	变压器的经济运行	391
10.4.4	变压器冷却技术	393
10.4.5	变压器除潮技术	394
10.4.6	高效变压器	394
10.4.7	变压器材料回收与再制造	400

10.4.8 　　变压器与环境 400

10.5 　　变压器节能综合评价 402

10.5.1 　　评价标准 402

10.5.2 　　性能评估与节能评价 405

10.5.3 　　变压器发展趋势 408

10.6 　　变压器节能工程案例 409

10.6.1 　　电力变压器节能改造案例 409

10.6.2 　　可控自动调容调压配电变压器技术 410

参考文献 411

第 1 章

锅炉节能技术

1.1 概述

锅炉是一种将燃料化学能、电能或其他能量转化为热能将工质水或其他流体加热到一定参数并通过对外输出介质的形式提供热能的能量转换设备，它是国民经济中重要的热能供应设备，广泛应用于电力、机械、冶金、化工、纺织、造纸、食品等行业以及工业和民用采暖。火力发电厂是我国能源利用量和污染排放的关键行业，是实现节能和减排目标的主力军。在火力发电厂中，锅炉、汽轮机、发电机构成了火电厂的三大主机，在这三大主机的协调运行下，辅助脱硫脱硝、输煤、化学等设备实现火力发电。其中，锅炉作为机组运行的动力供应设备，是主要的耗能设备，探索有效的节能措施对于实现火力发电厂的能源消耗目标有着至关重要的作用。

根据国家能源局的统计数据，2020 年，全国电源新增装机容量 1.90×10^8 kW，总电力装机达 2.2×10^9 kW。我国电源结构持续优化，新增装机中，火电装机容量 5.69×10^7 kW，占新增装机容量的 29%，水电、风电和太阳能发电等清洁电力装机容量占比达 71%。2020 年，我国火电装机总容量达 1.245×10^9 kW，其中煤电装机容量为 1.095×10^9 kW，占总电力装机容量的比重为 49.8%，天然气发电、生物质发电和余温余压余气发电装机容量为 1.5×10^8 kW。2012年以来我国煤电设备容量保持低位增长，从 2012 年的 7.55×10^8 kW 增长到 2020 年的 1.095×10^9 kW，年平均增长 4.5%。虽然近年来煤电发电量占比一直在降低，但是其他任何能源在今后相当长的时间内仍然不可能完全取代煤电在电力结构中的核心地位。火电在发电量上仍是绝对主力。2020 年，全国发电量 7.77906×10^{12} kW·h，其中火电发电量 5.33025×10^{12} kW·h，火电发电量占比为 68.5%。

《中国电力行业年度发展报告 2021》数据显示，截至 2020 年年底，达到超低排放限值的煤电机组约 9.5×10^8 kW，约占全国煤电总装机容量的 88%，我国已建成全球最大清洁煤电供应体系。2020 年，全国 6000 kW 及以上火电厂供电标准煤耗 304.9 g/(kW·h)，比上年降低 1.5 g/(kW·h)；全国 6000 kW 及以上电厂用电率 4.65%，比上年下降 0.02%；全国线损率 5.60%，比上年下降 0.33%。全国单位火电发电量二氧化碳、烟尘、二氧化硫、氮氧化物排放分别为 832 g/(kW·h)、0.032 g/(kW·h)、0.160 g/(kW·h) 和 0.179 g/(kW·h)，分别比上年下降 6 g/(kW·h)、0.006 g/(kW·h)、0.027 g/(kW·h) 和 0.016 g/(kW·h)。我国火电机组平均供电煤耗从 2010 年的 333 gce/(kW·h) 降至 2020 年的 305.5 gce/(kW·h)，这标志着我国燃煤发电机组的设计、制造、运行水平和整体能耗指标达到国际先进水平。火力发电企业若降低 1 gce/(kW·h) 的供电耗煤量，每年就可少消耗 2.25×10^6 tce，对于以煤电为主的国家，煤电供电能耗降低对我国工业节能有着重要意义。可以看出，我国火力发电机组供电煤耗仍有降低的潜力和空间。"十三五"以来，电力工业呈现出高效化、清洁化、低碳化的良好态势，全国已投运的百万千瓦超超临界机组达到了 103 台，数量和总容量均居世界首位；先进的百万千瓦二次再热机组的供电煤耗已经低于 270 gce/(kW·h)，引领了世界燃煤发电的发展方向。

2021年4月，我国在领导人气候峰会上承诺：中国将严控煤电项目。电力行业将加速低碳转型，发挥煤电保底的支撑作用，同时，要继续推进机组灵活性改造，加快煤电向电量和电力调节型电源转换，实现煤电尽早达峰并在总量上尽快下降。近年来，煤电行业还积极推进节能减排升级改造，淘汰落后产能，加大供热改造，煤电煤耗和厂用电率不断降低，主要大气污染物及废水排放水平降至低位，为全国主要污染物减排做出重要贡献。

1.2　锅炉的分类及工作原理

1.2.1　锅炉的分类

锅炉由"锅"和"炉"两大部分组成。锅包括汽包、水冷壁、省煤器、下降管、过热器和再热器等；炉包括炉膛、烟道、燃烧器及空气预热器等，其作用是使燃料燃烧放热，并将水加热成具有一定温度和压力的蒸汽。而在这个过程中锅炉的运行状态会直接影响到火力发电的整体运行效率和发电厂的综合发电效率，并且还直接影响着火电厂发电的安全性。锅炉的分类标准有多种，下面对各标准及对应锅炉种类进行简要介绍。

① 按用途可分为电站锅炉、工业锅炉、生活锅炉和特种锅炉。电站锅炉是用于火力发电厂的锅炉，具有容量大、工艺参数高、技术新、要求严等特点。工业锅炉是在各工业生产（纺织、印染、制药、化工、炼油、造纸等）的流程、采暖、制冷中提供蒸汽或热水的锅炉。生活锅炉是指为各企事业单位、服务行业等提供低参数蒸汽或热水的锅炉。特种锅炉是指使用特种热源和特种介质的锅炉。

② 按压力等级可分为低压锅炉、中压锅炉、高压锅炉、超高压锅炉、亚临界锅炉、超临界锅炉和超超临界锅炉。各类锅炉的蒸汽压力与压力比（即蒸汽压力与临界压力之比）的值见表1-1。

表1-1　各类锅炉的蒸汽压力与压力比

锅炉名称	压力分布	压力比
低压锅炉	<2.5 MP	<0.1
中压锅炉	2.5~5 MPa	0.1~0.2
高压锅炉	10 MPa	0.3~0.4
超高压锅炉	14 MPa	0.6~0.7
亚临界锅炉	17 MPa	0.7~0.9
超临界锅炉	25 MPa	1~1.2
超超临界锅炉	32 MPa	>1.4

③ 按工质种类和输出状态可分为蒸汽锅炉、热水锅炉和特种工质锅炉。

④ 按循环方式可分为自然循环锅炉、控制（辅助）循环锅炉、直流锅炉、低倍率循环锅炉和复合循环锅炉。自然循环锅炉的水冷壁管内工质的流动循环，是依靠上升和下降管之间工质的密度差建立循环压头产生的自然循环，这种锅炉只适用于亚临界压力。控制（辅助）循环锅炉在水冷壁与下降管之间增设循环泵，克服流动阻力确保水循环安全可靠，它是适用于亚临界和近临界压力的锅炉。直流锅炉是指从水到过热蒸汽，依靠给水泵压力一次通过各受热面的锅炉，它适用于高压至超超临界压力。低倍率循环锅炉的原理类似于控制循环锅炉，促使水冷壁循环倍率降低至 2 左右，加快蒸发速度。复合循环锅炉在直流锅炉的蒸发区段附加可控强制再循环系统，使其在低负荷或起动过程中保持水冷壁良好的运行条件，高负荷时进入纯直流运行。

1.2.2 锅炉系统的工作原理

锅炉系统的工作过程可以从两个方面来叙述：一是燃烧系统的工作过程；二是汽水系统的工作过程。不同类型的锅炉其工作原理也是不同的。首先介绍燃煤锅炉的工作原理，以火电厂的燃煤锅炉为例，见图 1-1。它的作用是将燃料燃烧产生的化学能转化为蒸汽的热能和动能。

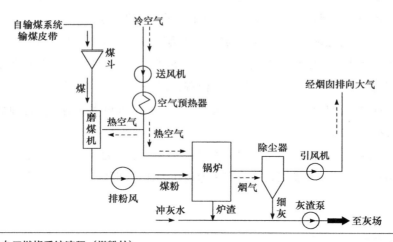

图 1-1　火力发电厂燃烧系统流程（煤粉炉）

燃煤锅炉的工作过程主要包括：燃料的燃烧、热量的传递、水的加热与汽化、蒸汽的过热。

（1）燃料的燃烧

我国锅炉主要以煤为燃料。一般大型锅炉和电站锅炉常用的燃料为煤粉，因此要有一套制粉系统。原煤经原煤仓煤斗由给煤机送入磨煤机磨碎。在磨煤过程中同时对煤进行干燥，干燥介质通常用热空气。冷空气由送风机送入空气预热器，在这里吸收排烟的热量成为热空气。热空气的一部分经过排粉风机升高压头后进入磨煤机，在对煤进行加热与干燥的同时，携带磨好的煤粉离开磨煤机。可见这一部分热空气除作为干燥介质外，还起到了输送煤粉的作用，通常把这部分热空气叫作一次风。

在直吹系统中，气粉混合物从磨煤机出来后，经煤粉管道直接送入燃烧器，并由燃烧器喷入炉膛燃烧。在中间储仓式制粉系统中，一次风携带煤粉经煤粉分离器分离并储存在煤粉仓中，根据负荷需要通过给粉机从煤粉仓中向燃烧器供给适量煤粉。从图 1-1 中还可看出，从空气预热器中出来的另一部分热空气，直接经由燃烧器的配风口进入炉膛提供煤粉燃烧所需的空气，这部分热空气叫作二次风。

（2）热量的传递

煤粉在炉膛内燃烧释放出大量热量，主要以热辐射的形式被水冷壁受热面强烈吸收。但是由于热负荷和炉膛体积的限制，炉膛出口处的烟温仍很高，为了利用高温烟气，烟道里还依次装有过热器（分为几级）、再热器、省煤器和空气预热器等受热面。高温烟气依次流过这些受热面，通过对流、辐射等换热方式向这些受热面放热。从空气预热器出来的烟气由于温度较低，已无法再利用，被送入除尘器进行分离，将烟气携带的绝大部分飞灰除掉后，再由引风机引入烟囱，最终排入大气。

（3）水的加热与汽化

火力发电厂汽水系统如图 1-2 所示。给水经过水处理和除氧，由给水泵升压后流经高压加热器，进入省煤器入口联箱。在省煤器中给水被加热为饱和水，然后从省煤器出口联箱经导管进入汽包。在此过程中，水是在给水泵的强制作用下流动的。进入汽包后的工质沿着下降管流入水冷壁下联箱，并由此分配到各水冷壁管进入炉膛受热，并形成汽水混合物返回汽包。这一段的流动是靠下降管和上升管中汽水混合物的密度差来维持的。汽水混合物返回汽包后，经汽包中的汽水分离装置分离，饱和蒸汽集中在汽包上半部的汽空间，并向过热器进行输送，水则进入汽包下半部的水空间，又开始新的自然循环流动。

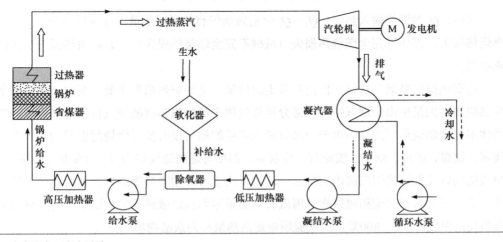

图 1-2　火力发电厂汽水系统

（4）蒸汽的过热

汽包中的饱和蒸汽通过导管引入过热器中进行过热，如图 1-2。当过热蒸汽被加热到额定温度后，被输送到汽轮机做功。从汽轮机高压缸出口出来的蒸汽被引到再热器进行再热。当达到要求的温度后，再热蒸汽经再热蒸汽出口重新引入汽轮机的中、低压缸膨胀做功。

1.3　锅炉系统节能技术与措施

1.3.1　锅炉能耗分析

锅炉耗能可以分为三方面原因：一是锅炉及其辅机系统、电控系统等技术因素，受当前科技发展水平和资本的制约；二是在役锅炉和新上锅炉在运行过程中由管理不当、不正规操作、配煤不合理、风煤比不科学等因素造成的锅炉的耗能增大；三是在役锅炉由设备老旧等因素造成的老化、结垢、破损、换热效率降低等使能耗增大。在役工业锅炉能耗浪费的主要原因有锅炉容量偏小、效率低下、煤种多变、煤质差、排烟温度高、污染大、系统自动控制水平低、锅炉结焦与积灰严重、水质达不到标准要求、冷凝水综合利用率低、人员操作水平不高等。

（1）锅炉热平衡

燃料在锅炉中不能完全燃烧，燃料的总输入热量中只有一部分被工质（水或蒸汽）吸收，这部分热量称为有效利用热；其余未被利用的能量称为锅炉热损失。为了确定锅炉的热效率，需要使锅炉在正常运行的工况下建立起收支平衡关系，称之为锅炉热平衡。热平衡方程如下：

$$Q_r = Q_1 + Q_2 + Q_3 + Q_4 + Q_5 + Q_6 \tag{1-1}$$

式中，Q_r 为锅炉输入热量；$Q_1 \sim Q_6$ 分别为锅炉有效利用热量、排烟热损失、化学不完全燃烧热损失、固体不完全燃烧热损失（机械不完全燃烧热损失）、锅炉散热损失、灰渣物理热损失。

排烟热损失是烟气从锅炉排出时带走的热量，是锅炉热损失中最主要的一项；化学不完全燃烧热损失是指由于烟气中有一部分可燃气体未燃烧放热就随烟气排出而损失掉的能量；固体不完全燃烧热损失是指由于一部分进入炉膛的燃料没有参与燃烧而引起的热损失，包括飞灰、漏煤、炉渣、烟灰、溢流灰、冷灰中未燃尽可燃物造成的损失。在锅炉运行时，炉墙、金属结构以及锅炉机组范围内的烟道、风道、汽水管道和联箱等的外表温度会高于周围环境的温度，通过自然对流和辐射向周围散失的热量称为锅炉散热损失；锅炉排出的灰渣还具有相当高的温度（600～800℃），灰渣所带走的热量称为灰渣物理热损失。

（2）锅炉热效率

锅炉热效率是在锅炉稳定工况下通过热平衡试验测定出的，锅炉热效率可分为正平衡热效率和反平衡热效率。正平衡热效率（η_1）是指通过正平衡试验求得的锅炉热效率，即有效利用热量占输入锅炉热量的百分比；通过测定锅炉各项热损失的方法来确定的锅炉热效率叫作反平衡热效率（η_2）。

$$\eta_1 = q_i = \frac{Q_i}{Q_r}, \quad \eta_2 = 100 - (q_2 + q_3 + q_4 + q_5 + q_6) \quad (1\text{-}2)$$

$q_i = Q_i/Q_r$，Q_i 为式（1-1）中每一项热量，$i = 1$，2，3，4，5，6。

1.3.2　锅炉的节能措施

锅炉运行是其极为重要的基础环节，煤炭等能源进入锅炉设备中充分燃烧，之后形成热能，为电力转化提供重要的动力资源保障，最终影响到发电厂的能源输出。所以，从火电厂整体出发，锅炉的高效运行有着非常重要的作用和价值。为实现节能减排约束性目标，应以保障燃煤锅炉安全经济运行、提高能效、减少污染物排放为目标，建立政府引导、企业为主体、市场有效驱动、全社会共同参与的工作机制，以推广高效锅炉、淘汰落后锅炉、实施工程改造、提升运行水平、调整燃料结构为主要手段，强化法规标准约束，加强政策激励，构建锅炉安全、节能与环保三位一体的监管体系，实现安全性与经济性的协调统一。

（1）锅炉节能减排中存在的问题

① 火电厂锅炉节能减排体系不完善　近些年，我国政府提供了大量的资金来帮助火电企业实施节能减排工程，但是因为没有建立起完善的节能减排体系，所以导致一些火电厂锅炉节能减排工作无法有效地发挥作用和价值。如火电厂锅炉在运行中没有得到相应的配套脱硫设施，硫燃烧产生大量的二氧化硫气体，造成严重的大气污染及形成酸雨，对地面的建筑物和其他物体造成严重的腐蚀性破坏，给社会和经济带来非常严重的损失。

② 负荷能力比较低　在火电厂锅炉发电运行过程中最为明显的技术性问题就是锅炉的负荷能力比较低，主要是因为火电厂在对锅炉负荷进行计算、预估时会高估锅炉的负荷能力，认为锅炉在负荷比较低的情况下也可以正常工作，并保持不错的生产效率，从而造成锅炉运行中能源被大量消耗，甚至出现负荷量过高，能源利用率过低，导致严重的能源浪费问题，甚至还会造成锅炉因负荷过量出现损坏的问题。此外，因为国家大力发展清洁能源，火电厂充当调峰的作用越来越明显，但是锅炉长期处于低负荷运行已成常态，锅炉低负荷运行期间，部分辅机全出力运行，同时机组低负荷运行，炉内燃烧会不充分，降低锅炉效率，使机组能耗增加。

③ 余热利用率不高　火力发电厂排烟热损失是电站锅炉各项热损失中最大的一项，一般为 5%～8%，占锅炉总热损失的 80%或更高。影响电站锅炉排烟热损失的主要因素是排烟温度，一般情况下，排烟温度每升高 10℃，排烟热损失增加 0.6%～1.0%。中国现役火电机组中

锅炉排烟温度普遍在125~150℃，燃用褐煤的发电机组排烟温度高达170~180℃。排烟温度超过设计值，会造成机组煤耗的增加，特别是在湿法脱硫机组中，要保证吸收塔的进口烟温，都要通过喷水降温来调整，耗水量增大。因此，降低机组排烟温度，回收烟气余热具有重大的节能减排潜力。国内在不设烟气换热器的系统，已普遍将排烟温度降低到90~100℃，使发电煤耗大为降低。现在的主流技术是增加凝结水初始温度，增加汽轮机做功功率，提高机组效率，降低煤耗。

在很多火电厂锅炉使用过程中，锅炉具备的余热处理功能的利用率并不高，不能回收锅炉多余的热量，造成热量的浪费。锅炉中没有设置热能回收装置，使得锅炉运行中的烟排量和碳排量出现超标的问题。此外，锅炉在运行过程中对燃料的利用率不高，产生燃料浪费的问题。

④ 燃烧煤炭质量存在问题　火电厂的锅炉运行需要依靠大量的煤炭资源，通过燃烧煤炭，锅炉才可以将煤炭能源转换成电力能源，所以煤炭的质量情况会直接关系到锅炉节能的效果。一些火电厂为了节省成本，并没有使用高质量的煤炭燃料，如脱硫煤，而是使用颗粒比较大、间隙比较小、质量比较差的原煤。原煤都是没有经过清洗和加工的，其表面附着大量的污染物，在燃烧的过程中这些污染物会转化成一些有害物质，对环境和人们的健康造成威胁，降低燃烧的效率和热能供应的效率。

⑤ 锅炉运行消耗能源　发电厂锅炉机组数量多，在锅炉机组运行过程中会消耗很多能源。锅炉机组系统比较复杂，因此锅炉热损失相对较大。电厂不同设备在中参数、高参数、超高参数、超临界参数下的热损失统计如下：锅炉热损失10%、9%、8%、7%；管道热损失1%、1%、0.5%、0.5%；发电机热损失1%、0.5%、0.5%、0.5%；汽轮机热损失0.5%、0.5%、0.5%、0.5%。据此可分析出锅炉热损失是整个电厂设备中热损失最多的。

⑥ 锅炉水质问题　锅炉系统水处理不当会增加锅炉能耗、降低锅炉效率，影响锅炉的安全。水处理不当给锅炉所造成的后果可概括为结垢、腐蚀和汽水共腾。锅炉结垢导致受热面传热不良，热能无法被水吸收，造成排烟温度过高，增加锅炉能耗。据测试，0.5 mm水垢会增加3%~5%的燃煤消耗，1 mm水垢会增加5%~8%的燃煤消耗。锅炉里面没有经过处理的水不仅会增加能源的消耗，而且会增加锅炉的安全隐患。水处理中常采用钠离子交换法去除钙、镁离子，但软化过程无法完成除碱目标，需通过排污及锅内加药的方法来进行调节，使锅水碱度达标。锅炉理论排污率为10%，但很多锅炉的排污率经常达到15%以上，甚至达到25%~30%。排污率每增长1%，燃料消耗就会增长0.2%~0.6%。水处理不当造成锅炉内水蒸气含盐量上升，容易产生汽水共腾，影响蒸汽品质，也会造成设备损害及锅炉能耗的增加。

⑦ 超临界循环流化床锅炉存在的问题　通过几年的锅炉运行实践，现已投运的超临界循环流化床（CFB）锅炉主要运行参数均达到设计值，但在如何进一步提高锅炉经济性方面，还需要进一步加强科技研发，具体应强化如下几方面的工作。

a. CFB锅炉炉内燃烧均匀性问题　实炉运行及现场测试发现，超临界CFB锅炉由于炉膛容积大，需要控制的运行参数多，为保证较高的锅炉热效率（设计热效率比亚临界CFB锅炉平均高 1%～2%）和较低的污染物排放，在锅炉设计与运行方面必须重点关注炉内燃烧均匀性问题。炉内燃烧均匀性，主要涉及布风（包括二次风）均匀性和给煤、返料的均匀性问题。目前，国内投运的超临界 CFB 锅炉，凡是采用链式输煤机作为第二级炉前给煤系统的，每个给煤口的给煤量都无法精确控制，导致不同给煤口的给煤量偏差较大。其次，由于炉膛截面大，布风板尺寸大，尤其在低负荷时，出现了布风均匀性和二次风射流穿透性问题。现场实测结果表明，二次风区域的风煤匹配不均匀性会一直延续到炉膛出口，造成分离器温升与返料量不均匀等一系列问题。此外，前墙给煤的锅炉燃煤颗粒在炉内的初始分布，也是需要进一步研究的问题。

b. 外循环回路的均匀性　外循环回路的均匀性包括两个方面：一是循环灰量的均匀性；二是循环回路热负荷的均匀性。循环灰量的均匀性受炉膛结构及分离器布置方式的影响，循环回路热负荷的均匀性受循环灰量、外置床吸热量以及炉内受热面布置等因素的影响。

c. 底渣及排烟余热回收　CFB 锅炉灰渣显热损失通常占锅炉热效率的 1%～2%，个别燃用高灰分煤种的 CFB 锅炉，灰渣显热损失可达 5%～10%，甚至更高。CFB 锅炉热效率普遍低于同容量煤粉锅炉，主要是由于 CFB 锅炉灰渣显热损失较大。目前，回收底渣显热损失的主要方式是采用汽轮机侧的冷凝水，通过滚筒冷渣器冷却高温底渣，回收的热量全部进入回热系统。这种热回收方式，由于又带来额外的冷源损失，使得从底渣回收的热量只有 10%～15%真正回收到热力系统。目前某些 CFB 锅炉采用的低温省煤器也有类似问题。采用回热水或除盐水回收的烟气余热，由于余热温度低，无法进入锅炉，只能进入回热系统，导致回收热量中的绝大部分（85%以上）又通过冷凝器损失到大气环境中去而无法真正回收利用。为解决上述问题，需要开发一种能将底渣余热和烟气余热回收到锅炉系统的先进换热装置及系统。

(2) 锅炉的主要节能措施

节能降耗技术在电厂锅炉运行中应用可降低电厂生产能源消耗，提高电厂锅炉运行效率，保证电厂企业可持续发展。电厂锅炉设备更新很快，生产效率以及节能水平都得到了优化和提高，但在某些关键环节还是存在能源消耗和浪费的情况，因此在电厂锅炉设备运行中采用节能降耗技术是非常必要的。

① 完善锅炉燃烧设备的配置　在火电厂的运行过程中，锅炉是发电工作的主要设备，因此需要对锅炉节能减排技术进行及时的更新和完善，实现节能减排的作用和价值。a. 为了保证锅炉燃烧的稳定性，需要严格地保证锅炉内部煤粉气流的合理分布，保证配风均匀，燃料充足，确保二次送风能够及时进入，与一次风进行完美融合，降低锅炉设备运行时的负荷力，优化设备的燃烧效率。这样才可以确保燃烧器在运行过程中提高效率。b. 锅炉的炉膛是燃料的主要燃烧区，炉膛的四周是水冷壁，在进行炉膛设计的过程中要保证水冷壁的密闭性，这样才可以减少无组织风进入炉膛，从而确保燃料得到充分的燃烧，减少二氧化碳的排放，达到节能减排的目的。c. 对锅炉的点火装置进行设计，提高装置应用的灵活性，通过点火装置来稳定锅炉内部的气流，锅炉内部温度保持在一定的范围内，从而实现节能减排的效果和作用。

② 完善防漏风技术　火电厂在进行锅炉设备应用时，经常会出现炉膛部位漏风的问题。漏风是锅炉热效率低的一个重要原因，严重地影响着锅炉的经济运行。首先，在锅炉设计和生产的过程中需要严格地重视锅炉密闭性，对一些细节性的工作进行控制，减少漏风问题的出现，提高锅炉运行的安全性；其次，完善锅炉的监控系统，可以在火电厂的分散控制系统（DCS）中添加对锅炉运行的监控系统，实时监控、了解和掌握锅炉运行的状态情况，在出现问题的时候可以第一时间进行调整，提高锅炉的安全效率；最后，还应该定期对锅炉的密封性进行检查，发现漏风位置要及时进行修补，减小锅炉的漏风率，提高锅炉的安全运行系数和生产效率，也可以达到节能减排的效果。

③ 提高锅炉的燃烧率，降低机械不完全燃烧热损失　提高锅炉的燃烧率需要对锅炉整体的辅助设备进行调整，形成一个有利于燃烧的环境。如果锅炉的燃烧率出现问题时，锅炉中的燃料不能被充分地燃烧，会出现飞灰含碳量及炉渣含碳量增加等问题。对于锅炉来说，影响其燃烧率的最主要因素就是空气，锅炉运行过程中需要对空气的系数进行科学地调整，对风压、风量进行合理控制，这样才能保证锅炉内部燃料的充分燃烧，相应的排烟损失也会降低，实现节能减排。通常情况下，锅炉在运行过程中，需要适当地添加进风量，风量比值要比燃煤量的比值高一些，这样才可以使煤炭得到充分燃烧。在锅炉省煤器出口水平烟道加装CO测量装置并把测量数据引入DCS，采用CO浓度配合氧量对风量进行校正。另外，还需要对二次风量的供给进行控制，保障锅炉内部的煤粉有足够的氧气和燃烧时间，这样才可以让煤炭燃烧更加彻底，减少燃料热损失。

④ 加强燃煤质量的管控，保证燃料使用率　火电厂的主要燃料是煤炭，燃煤质量直接影响电厂发电效率和排放量，故燃煤电厂必须对选购的煤炭质量进行严格管控。首先，原煤是火力发电厂运行过程中的最初处理对象，原煤热值、水分和可磨度系数直接影响磨煤机的出力与运行方式；原煤灰分的大小将影响碾磨部件的使用寿命和日常维修；原煤挥发分则影响着火稳定性和炉内的燃烧工况，从而影响主再热汽温、配风方式和燃烧对煤粉细度的要求。适当的煤粉细度和高热值煤能够促进燃料的充分燃烧，提高能源的使用效率。低灰分煤则可以减少锅炉受热面的磨损，降低飞灰可燃物含量，提高锅炉运行安全性，延长使用寿命。若无良好的能源品质保障，则要积极地采取原煤掺烧方式，加强原煤品质监督，科学合理地进行燃料配比，不同的煤种配比下应进行燃烧试验，寻求最优的燃烧调整方式，提高锅炉运行的经济性。另外应进行煤粉细度和均匀性定期化验分析，通常通过飞灰可燃物、制粉系统阻力、锅炉的氧量、制粉单耗等指标，可判断出煤粉细度及均匀性是否合理，对提高燃烧效率有重要意义。最后，对飞灰的含碳量进行调整和控制。煤炭燃料燃烧后会出现大量的碳元素，如果碳元素过多说明煤炭燃料没有在锅炉内部得到有效燃烧。所以，工作人员需要对锅炉内部的燃烧器进行完善和优化，在保障锅炉内部煤炭完全燃烧殆尽之后进行新煤炭的添加，并对锅炉的运行稳定性能进行控制和调整。

⑤ 优化燃料结构，推进清洁燃烧技术　锅炉节能减排工作开展的过程中，新型能源和燃烧技术越来越多，在这样的情况下，火电厂应该根据自身的发展情况选择合适的清洁型燃烧

能源和技术，从而实现节能减排的目标，减少二氧化碳、二氧化硫等有害气体的排放。例如，在燃气管网覆盖且气源能够保障的区域，可将燃煤锅炉改为燃气锅炉；在供热和燃气管网不能覆盖的区域，可建设大型燃煤高效锅炉或背压热电实现区域集中供热，或改用电、生物质成型燃料等清洁燃料锅炉。流化床联合循环发电技术、超临界发电技术等都是常用的清洁煤发电技术，其中超临界发电技术能够使发电功率大大提升。

⑥ 合理控制排烟的温度，降低排烟热损失 排烟温度的高低也会对锅炉的运行效率产生很大的影响，排烟的温度越高，锅炉的使用效率就会越低。因此，对排烟温度的控制应从以下几个方面入手。

a. 通过燃料掺配，减少易结焦煤种的使用比例，防止易结焦煤种长时间连续使用；通过燃烧调整、燃烧器一次风量调匀和前后左右墙二次风调匀，防止火焰中心偏斜或贴壁冲墙；避免机组长时间连续带高负荷运行，可通过变负荷使渣块冷却脱落；同时可对水冷壁区域进行喷涂，或使用防结焦添加剂。

b. 采用多种密封技术和加装自动漏风控制系统减少空气预热器漏风；严格执行防止空预器堵灰、腐蚀措施，机组运行时注重冷端温度控制，投入暖风器控制空预器综合冷端温度不低于目标温度；安装并运行脱硝装置，要防止局部或部分时段喷氨过量引起的氨逃逸量超标，严密监视空预器差压，防止空预器积灰或卡涩；发现确由硫酸氢氨引起的空预器堵灰，则应视情况在停机消缺时进行高压水冲洗。

c. 定期观察受热面结焦情况，深入分析，定期对吹灰效果进行评估，及时调整吹灰压力和温度，根据负荷和炉内燃烧情况合理安排水冷壁、水平烟道、后烟道和空预器吹灰，合理精准的吹灰器布置和事件安排，可以有效地降低供电煤耗。

d. 设法降低总风量中的一次风率，适当提高二次风量占比，降低排烟温度；根据负荷变化、二次风门调节和燃烧器摆角等情况，控制合理的烟气温度，保证入炉煤粉着火温度稳定；科学调整主再热蒸汽减温水量，减少资源浪费。

⑦ 引进先进的节能监测系统 火电厂锅炉除了可以满足生产生活用电需求外，还产生大量的余热，可以再利用、再回收来供应热水、城市集中取暖等，目前国内的大部分火电厂也都采用这种热电联产生产方式来提高经济效益。引进先进的节能监测系统对火电厂锅炉的主蒸汽、排烟温度等相关性能参数进行测试，并准确计算各项损失和整个机组的实际效率，确定锅炉的实际效率是否可以符合节能的标准，给出一系列的反馈意见，并且对于不符合的机组，给出相关停机建议。在监测系统中采用准确的数学手段配合相关计算机软件，准确地反馈了锅炉效率是否符合所需要求，可以有针对性地提高节能效率。

⑧ 提高蒸汽利用效率，降低电厂汽水损失率 锅炉是将煤燃烧的化学能转换为内能的能量转换装置，锅炉内燃料的燃烧状态决定着锅炉耗煤量，并且直接关系到经济性与环境保护状况，所以必须时时严格有效地控制锅炉蒸汽温度、蒸汽流量、蒸汽压力等参数来保证锅炉在最佳工况下工作，进行高效生产。火力发电厂锅炉节能降耗另一重要途径是充分利用蒸汽。具体来讲，主要是在燃煤锅炉运行过程中，做好锅炉供气量的分配，以机组总数运行效率最

高为基本原则加强运行效率较高设备的使用，使这些设备承担更多的负荷，在满载后可以按照从高到低的顺序，让锅炉对负荷进行承担。在整个运行中，锅炉不可在没有功的情况下将蒸汽膨胀，从高压调整到低压。刚开始工作阶段，工作人员需要尽量减少锅炉的排气量，让锅炉对这部分蒸汽充分利用起来，还要保证稳定地控制整个疏水器运转，保证有效地输送回扩容器的热量。

火电厂中水蒸气和凝结水的损失，主要包括阀门泄漏、管道泄漏、疏水、排汽等损失，称为汽水损失。为降低电厂汽水损失率，电厂应该加强设备检修，检查日常运行中，疏水门、排污门等有无泄漏；提高锅炉供水品质，降低排污率；加强对锅炉中水位、气压、温度等的监控，出现问题及时处理，减少不必要的汽水损失。

⑨ 做好技术改造，提高余热回收能力　在空预器之后、脱硫塔之前烟道的合适位置通过加装烟气冷却器，用来加热凝结水、锅炉送风或城市热网低温回水，回收部分热量，从而达到节能提效、节水效果。采用低压省煤器技术，若排烟温度降低 30℃，机组供电煤耗可降低 1.8 g/(kW·h)，脱硫系统耗水量减少 70%。技术成熟。适用于排烟温度比设计值偏高 20℃ 以上的机组。

⑩ 建立健全火电厂锅炉节能降碳运行与能效评价体系　为了配合节能降碳政策，火电厂应该建立新的节能降碳体系。提高相关技术人员和管理人员素质，以科学合理的方法管理锅炉，建立有效的管理监督机制，从设备正规运营、工人正确操作等多个方面提高锅炉效率，同时降低厂用电率，控制锅炉能源消耗和二氧化碳排放。火电厂能效评价的目的就是通过评价，找出电厂能效利用的薄弱环节，通过完善管理制度、提高运行管理水平，改进设备、设施，引进新技术等措施，达到节能减排、提高能效水平的目的。所以火电厂能效综合评价不仅能提高电厂的实际经济效益，而且能为建设节约型社会做出贡献。

1.3.3　锅炉的主要节能技术

锅炉机组的优劣在很大程度上决定了整个电厂运行的经济性。衡量燃煤电厂经济性的指标是供电煤耗，供电煤耗的大小取决于发电煤耗和厂用电率，影响发电煤耗的主要因素是锅炉效率。因此，研究电厂锅炉的经济运行方式对提高电厂的经济性具有重要意义。运行中应根据煤种变化掌握燃烧器特性、风量配比、一次风煤粉浓度以及风量调整的规律，重视燃烧工况的科学调整，使得炉内燃烧处于最佳状态。为了使燃料在炉膛内与氧气充分混合，实际送入炉膛内的空气量总要大于理论空气量，多送入空气可以减小不完全燃烧热损失，但也会增加排烟热损失以及加剧硫氧化物的腐蚀和氮氧化物的生成。因此除了合理的风粉配比、调节火焰的充满度和合适的火焰燃烧中心外，还应根据锅炉的性能试验，设法改进燃烧技术，争取以尽量小的过量空气系数使炉膛内燃烧安全。

（1）点火节能技术

目前煤粉锅炉应用的节油点火稳燃技术主要包括微油点火技术、等离子点火技术、感应式加热点火技术、激光加热点火技术、易燃气体直接点火技术和高温空气点火技术等。其中应用最广泛、最具代表性的是微油点火技术和等离子点火技术。

① 微油点火技术　微油点火技术充分应用了分级燃烧技术，根据有限能量的微油燃烧不可能与无限的煤粉量相匹配的原则，应用多级放大的原理设计成多级燃烧器，使系统的一次风粉浓度、气流速度工况条件良好满足完成一个持续稳定的点火、燃烧过程。微油点火技术是在等离子点火技术上衍生发展出来的，其仍需使用微量的燃油用以引燃煤粉，因此不属于100%无油点火技术。首先用高能点火器点燃高能气化微油枪，在特殊设计的燃烧室内 15～40 kg/h 微量油高强度燃烧，形成 1500～2000℃的高温油火焰，一小部分煤粉首先在高温下迅速析出挥发分燃烧，然后放出的热量点燃更多煤粉，因为煤粉挥发分析出量大大高于实际挥发分含量，点火能量逐级放大，从而实现煤粉的分级燃烧，持续点燃大量煤粉的目标。微油点火技术又包括内燃式点火、外燃式小油枪点火和双强少油点火技术。

② 等离子点火技术　等离子点火技术是利用 280～350 A 直流电流在介质气压 0.01～0.03 MPa 的条件下接触引弧，并在强磁场下获得稳定功率的直流空气等离子体，该等离子体在燃烧器的一次燃烧筒中形成 $T>4000$ K 的梯度极大的局部高温区，煤粉颗粒通过该等离子火核受到高温作用，并在 3～10 s 内迅速释放出挥发物，使煤粉颗粒破裂粉碎，从而迅速燃烧。同时，等离子体内的化学活性物质可加速热化学转换，促进燃料完全燃烧。其优点是燃油消耗较少，可以点燃烟煤，可在炉膛内无火焰状态下直接点燃煤粉，从而实现锅炉的无油起动和无油低负荷稳燃；缺点是只能点燃优质煤种，也要配合专门的等离子燃烧器，系统复杂，初期投资及使用费用均很大。

富氧等离子点火技术是富氧燃烧技术与传统的等离子点火技术的有机结合，即根据煤种挥发分偏低的实际情况，不但要提高等离子点火功率，而且在等离子体点燃煤粉的过程中，在适当位置加入强助燃剂——纯氧，可以极大地改善点火效果，拓展等离子点火对煤质、运行参数的适应性。新型富氧等离子点火燃烧器，采用两级加氧助燃，等离子发生器设计功率调节范围为 120～200 kW，煤种的适应能力大大增强。该技术可稳定点燃 A_{ad}（空气干燥基灰分）≤40%、V_{daf}（干燥无灰基挥发分）≥16%的贫煤或劣质烟煤。同时，新燃烧器在结构上进行了优化，防结渣及抗磨损能力进一步提升。由于氧气系统始终处于待压状态，能满足锅炉随时点火和稳燃需要，富氧助燃还可以根据煤质变化调整氧量，在低负荷稳燃阶段可以采用只投用富氧不投用等离子体的方式助燃，运行方便灵活，适应范围宽，改造后将提高机组运行灵活性。

③ 循环流化床锅炉起动点火技术　循环流化床锅炉起动点火前，需要在布风板的床面上铺设一定厚度的床料，根据点火时床料所处的状态，起动点火方式可分为固定床点火和流态化点火。固定床点火方式是起动床料先在固定静止状态下被点火燃料加热，达到一定温度后，逐渐加煤加风，使床料由固定态过渡到流化态的点火方式。该点火方式比较简单，在我国主要应用于小型流化床锅炉。流态化点火方式是在整个起动点火过程中，床料始终处于流态化状态的点火方式，大容量循环流化床锅炉大多采用此点火方式。根据点火热源位置的不同，

流态化点火方式又可分为床上点火、床下点火和床上加床下联合点火方式。

根据燃用煤种选择相应的点火方式：若燃用易燃煤种（例如褐煤、烟煤），可采用床上点火方式或床下点火方式；若燃用着火特性差的煤种（例如劣质烟煤、贫煤），应采用床上加床下联合点火方式。燃用易燃煤种时，对于床上或床下点火方式的选择，可综合考虑初期投资额度、可用空间等条件，确定点火方式。由于床下点火方式较床上点火方式具有一定的优越性，一般情况下推荐采用床下点火方式。

（2）燃烧过程的节能改造技术

锅炉节能技术是把高新材料技术、燃烧技术和锅炉综合技术有机结合在一起，通过一系列物理、化学变化，使燃烧煤达到强化燃烧、充分燃烧、完全燃烧的一种全新燃烧方式。燃烧技术是高效燃烧和低污染物排放的决定性因素。在大型煤粉锅炉中，对冲燃烧和切圆燃烧是两种应用最为广泛的燃烧方式。国际切圆燃烧主要以 Alstom、三菱为代表；对冲燃烧主要以美国 BPcoC、日立 BHK、IH 等为代表。燃烧优化技术作为一项重要的节能技术，同样需要被应用到中小型煤粉电站锅炉中。燃烧优化技术需要开展燃烧优化调整试验，并结合风煤配比来得出最佳的锅炉运行参数，然后通过对锅炉进行改造，以此提高锅炉的燃烧效率。燃烧优化技术需要检测锅炉燃烧参数，如风煤在线测量、炉膛火焰检测等，然后依据测量结果对锅炉燃烧进行优化。

① 流化床燃烧技术　锅炉技术的进步由起初的普通燃煤锅炉发展到现在的超超临界循环锅炉机组，人们一直在开发高效率低能耗的新型锅炉机组。目前国外的发电机组设计改进是朝大容量高参数的方向发展，提高蒸汽温度和压力，可以提高锅炉热交换效率；发展大容量可以提高用电效率，目前世界上最新型锅炉的发电效率已经可以达到 45%以上。提高能源利用率可以通过调控燃烧效果达到，这与锅炉本身属性有部分关联。经过 20 世纪的发展，现今投产锅炉主要为悬浮燃烧和床式燃烧（流化床燃烧）。悬浮燃烧是指将煤粉由热风以一定角度吹入炉膛，形成圆切角，借助锅炉物理结构保证煤粉与二次风在炉内以旋风形式运动，从而保证火焰以切圆形式燃烧。

流化床燃烧是燃料在流化状态下进行的燃烧，在循环流化床锅炉内，高温运动的烟气与其所携带的湍流扰动极强的固体颗粒密切接触，使其中小的颗粒充分燃烧，而被带出炉外的没有完全燃烧的颗粒被捕集，并再次送回炉内参与燃烧，如此反复循环地进行下去。循环流化床锅炉的工作过程如图 1-3。循环流化床锅炉的特点是通过更好地研磨燃料，并且改变接触床结构与送风设计，加强燃料与空气的接触面积，使得一次燃烧效率提高，并根据炉膛结构保证被二次风吹起的燃料的燃烧质量。现在的床式锅炉可以通过调整锅炉内部基床的设计控制送风风路，进而使锅炉燃烧的火焰模型达到最佳。

能源综合利用是未来循环流化床锅炉技术发展的一个重要方向，主要有三点：一是以循环流化床锅炉技术为平台对一些低级能源做整合及优化利用；二是使循环流化床锅炉与其他原料及能源进行加工整合提高能源利用效率；三是对大型循环流化床锅炉燃烧后产生的灰渣进行加工利用。

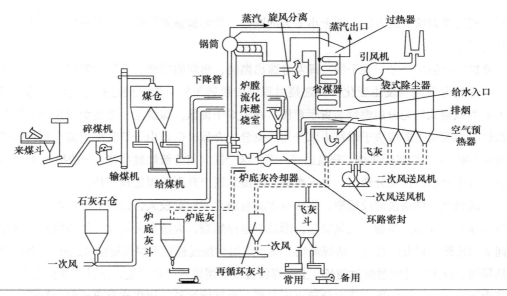

图 1-3　循环流化床锅炉的工作过程

② 富氧燃烧技术　富氧燃烧技术（oxygen enriched combustion，OEC）是助燃空气中氧含量超过常规值直至使用纯氧的一种高效强化燃烧技术。燃烧中碳捕集即富氧燃烧技术，它是在现有电站锅炉系统基础上，用高纯度的氧气代替助燃空气，同时辅助以烟气循环的燃烧技术，可获得 CO_2 含量高达 80%（体积浓度）的烟气，从而以较小的代价冷凝压缩后实现 CO_2 的永久封存或资源化利用。具有相对成本低、易规模化、可改造存量机组等诸多优势，被认为是最可能大规模推广和商业化的碳捕获、利用和储存（CCUS）技术之一。

近年来，围绕富氧燃烧在燃煤锅炉中的应用主要有传统煤粉锅炉和 CFB 锅炉两种技术路线。加压富氧燃烧是近年来新兴的碳捕集技术，通过将燃烧室的压力提高到 0.5～1.0 MPa，避免了常压富氧燃烧系统中的升压—降压—升压过程，可有效抑制系统漏风，并充分回收烟气中水蒸气的热焓，从而有望将碳捕集成本降低到每吨 CO_2 25～30 美元。目前，意大利国家电力公司、美国气体技术公司已分别开展 5 MW 水煤浆、1 MW CFB 加压富氧燃烧中试研究。在国内，加压富氧燃烧还停留在相关的基础研究和 20/50 kW 等级小试研究。

作为可较低成本实现 CO_2 封存或资源化利用的碳减排技术，较高的附加投资成本（50%～70%）、运行成本（30%～40%）、每吨 CO_2 捕集成本（40～60 美元）和较低的可靠性，仍是富氧燃烧技术研发过程中面临的关键难点，而且当前我国煤电机组污染物减排的压力仍然很大，在保证煤电富氧燃烧技术低成本的基础上，低污染物排放的要求也必须要实现。针对这些难点和要求，在当前的设备技术水平下，需要重点围绕以下几个方面，开展经济、安全和可靠的富氧燃烧技术研究工作：基于氧/燃料双向分级的富氧燃烧着火、传热与污染抑制；基于加压富氧燃烧的 CFB 燃烧、传热和污染抑制；富氧燃烧工业示范装置自动控制技术；富氧燃烧系统集成优化和性能评估。

③ 分层燃烧技术　分层燃烧技术是通过一台特殊的筛分装置将煤仓中的原煤经过调整

闸板，利用重力筛分的方法，按上小下大的顺序，均匀铺撒到炉排上，形成层次分明、疏松有序的煤层。

分层燃烧依次经过干燥干馏、挥发分逸出燃烧、焦炭的燃烧、燃尽等阶段。但是由于炉排上的煤层分布结构发生变化，其燃烧过程同传统链条锅炉的燃烧过程也有明显的差异。图 1-4 为双辊式均匀分层燃烧装置示意图。在干燥干馏区，煤层主要是受炉拱及高温炉气辐射加热。此区间主要取决于燃料中水分与挥发分的含量，但是由于炉膛温度高（较传统炉膛温度高 100℃），煤层受热快、升温迅速，因此这个区间较传统燃烧窄些，一般提前 3～4 cm。上层煤首先受热，挥发分逸出、着火燃烧，温度急剧上升引起固定炭燃烧，同传统燃烧比，其着火线整直、燃烧区间较短窄。煤层下部块与块之间间隙较大、通风好，而燃层上部的覆盖层碎煤颗粒较小，易被一次风吹起，形成半悬浮燃烧，火苗高大均匀，燃烧强烈。热量继续向下层传递，挥发分逸出，块煤燃烧。由于上层燃烧过程较下层煤提前 12 cm 左右，且块煤热量高、粒大，持续燃烧时间长，上层煤将接受下层煤的二次燃烧，使其燃烧更完全彻底。在这个区间，由于干燥区、挥发分逸出区前移，此区间加长，使焦炭有足够时间燃烧。在燃尽区，由于最上层燃料首先着火燃烧，在燃料上层首先形成灰渣，而空气从燃料下层送入，靠近炉排的大块煤遇到了较充足的空气，也较早形成灰渣，因此，在燃尽区的末端未燃尽的焦炭层是夹在中间的中颗粒煤层。

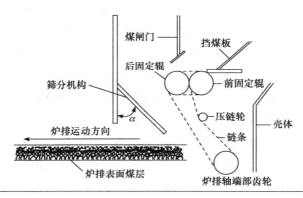

图 1-4 双辊式均匀分层燃烧装置

同时，应注意分层燃烧装置使用中出现的问题：筛分器箅子变形；燃煤的炉前水分对分层燃烧的效果至关重要，水分含量过高与过低都将增加锅炉能耗，燃煤水分的含量最好控制在 10%～13%；对于燃煤颗粒的大小，一般情况下，燃煤中大颗粒直径不宜超过 40 mm，对于颗粒直径小于 6 mm 的燃煤颗粒，其燃烧温度不宜超过 500℃，这样就能确保分层燃烧达到最佳效果；对于燃烧的调节，由于分层燃烧节能效果明显，一般可调整炉排转速使之减小 10% 或煤层厚度减少 10% 左右，就能保证锅炉满足负荷需求，从而达到节煤的效果，同时引用变频鼓、引风机调节其负荷，达到节能的良好效果。

④ 低氮燃烧技术 低氮燃烧方法又可以分为空气分级燃烧、燃料分级燃烧、浓淡偏差燃

烧、烟气再循环等。其中空气分级燃烧技术目前国内应用较多，实践证明空气分级燃烧技术对于燃煤电厂而言是一种较为经济合理的 NO_x 控制方式。空气分级燃烧技术的基本原理是将燃料燃烧所需要的空气量分为两级送入，在第一级燃烧区内保持过量空气系数在 0.8 左右，使得燃料处于贫氧富燃的气氛，从而降低了燃料的燃烧速度和燃烧区的温度，抑制了热力型 NO_x 的生成。并且燃料在燃烧时产生大量的 CO，与燃料中的氮分解生成的 HN、HCN、CN、NH_3、NH_2 等相互复合生成 N_2，或将已生成的 NO_x 分解还原，从而控制了燃料型 NO_x 的生成量。将剩余的空气送入二级燃烧区，使得燃料燃尽。在二次燃烧区，虽然氧浓度较高，但炉内的火焰温度已经降低，因而 NO_x 的生成量不大。

⑤ 化学链燃烧技术　化学链燃烧（chemical looping combustion，CLC）是一种新兴的二氧化碳减排技术，将其应用于化石能源燃烧发电过程，构建一种新型近零碳排放发电模式，是实现化石能源清洁低碳高效利用的重要技术途径。将一特定的化学反应通过化学介质的作用分多步反应实现的技术叫作化学链技术。与传统空气燃烧技术相比，化学链燃烧技术有以下优势：将煤炭直接燃烧反应解耦成两步化学反应实现了燃料化学能的梯级利用，提高了能量转化效率。

与传统燃烧不同，化学链燃烧是将燃料在空气中的燃烧反应分解成两个独立进行的反应：载氧体与燃料反应（还原过程）；还原后的载氧体与空气反应（氧化过程）。两个反应在两个相互独立的反应器内进行，共同实现燃料的燃烧转化。载氧体在两个反应器中循环使用，用于传输氧和热，在燃料反应器（FR）中，载氧体的晶格氧代替空气中氧气，提供燃料燃烧反应所需的氧，载氧体的使用避免了空气的引入对燃烧气体产物二氧化碳的稀释，同时可以将空气反应器（AR）氧化反应产生的热量携带到燃料反应器。在燃料反应器中载氧体被还原，被还原的载氧体通过旋风分离器分离后送入空气反应器中，气体产物由燃料反应器出口排出，主要包含二氧化碳和水。在空气反应器中，被还原的载氧体与空气反应，使得载氧体的晶格氧恢复，实现载氧体的再生。载氧和携带热量的再生载氧体被送入燃料反应器，进行再一次的还原反应，气体产物由空气反应器出口排出，产物为低氧气含量空气。燃料反应器发生的反应一般为吸热反应，而空气反应器中发生的反应为放热反应。

⑥ 烟气再循环技术　烟气再循环是从锅炉的尾部烟道抽取一部分烟气，经过烟道调节系统与一次风混合后送入炉内。烟气再循环技术的核心在于利用烟气所具有的低氧特点，将部分烟气再次喷入炉膛合适的部位，降低炉膛内局部温度以及形成局部还原性气氛，抑制 NO_x 的生成，从而降低 NO_x 的排放浓度。再循环烟气量一般以烟气再循环率 β 来表示，即再循环烟气量与锅炉排烟总量之比。通过调节烟气的再循环率，获得不同氧浓度的混合气体参与炉内燃烧。实验结果显示 20% 烟气再循环率是最合适的，可以有效降低固体不完全燃烧损失和 NO_x 排放。

⑦ 水煤浆燃烧技术　水煤浆燃烧技术是把煤磨成细粉与水和少量添加剂混合成悬浮状高浓度浆液，用喷嘴喷入炉内进行雾化燃烧，是一种以煤代油的新技术，是国家洁净煤技术发展中的重要方向。目前，国内外不少电站锅炉和工业锅炉使用水煤浆作为燃料。在制浆过

程中要对煤进行净化处理，处理后能除去原料煤中 50%～70%的灰分和 40%～90%的硫，可以减少燃烧造成的污染。同时，由于水煤浆中含水量多，燃烧温度低，能有效降低热力型 NO_x 的产生，而气化和水煤气反应也可以降低燃料型 NO_x 的产生，故有清洁燃料之称。另外，如果在燃烧水煤浆的同时使用低 NO_x 燃烧器，则可进一步降低 NO_x 的产生。

水煤浆燃烧方式主要分为雾化悬浮燃烧、流化悬浮燃烧两种，前者是传统的水煤浆燃烧方式，后者是一种新型的燃烧技术。水煤浆流化悬浮高效洁净燃烧技术（图 1-5）的工作原理是，将滴状水煤浆投入燃烧室下部由石英砂和石灰石构成床料的炽热流化床中，其温度在 850～950℃左右。水煤浆在炽热的流化床料的加热下迅速完成水分析出、挥发分析出并着火燃烧及焦炭燃烧过程，并在流化状态下颗粒状水煤浆团进一步解体为细颗粒被热烟气带出密相区进入悬浮室继续燃烧。在燃烧室出口设有分离回输装置。被热烟气带出的媒体物料和较大的水煤浆颗粒团被分离器分离、捕捉，通过分离器下部设置的回输通道返回燃烧室下部密相区，既减少了媒体物料的损失，又实现了水煤浆颗粒团的循环燃烧，从而获得高的燃烧效率。此外，低温（850～950℃）燃烧过程有效地控制了热力型 NO_x 的形成。且由于媒体物料由石英砂与石灰石构成，石灰石在高温下煅烧生成 CaO，CaO 与 SO_2 反应进一步生成 $CaSO_4$，该燃烧装置的运行温度是 CaO 脱硫的最佳运行温度，可有效地减少 SO_2 的排放。

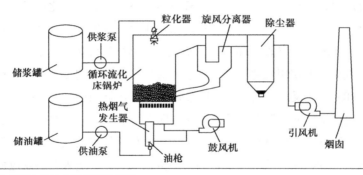

图 1-5　水煤浆流化悬浮高效洁净燃烧系统流程

⑧ 混煤掺烧技术　混煤掺烧技术就是将不同类型、不同性质的煤，按照一定比例掺配后进入锅炉内燃烧，其性能指标达到或接近锅炉设计煤种的要求，提高电力生产效率，获得良好的环保效益。新形势下，混煤掺烧技术在火电厂应用普遍，已经成为一种主要的发电方式。混煤掺烧技术主要有炉前掺配、炉内混烧，分磨制粉、炉内掺烧和分磨制粉、仓内掺混、炉内燃烧三种方式。

a. 炉前掺配，炉内混烧。这种方式主要是指通过输送设备将不同类型的原煤依据一定的比例进行均匀混合，然后再将混匀后的原煤送入磨煤机进行磨粉处理，最后再集中到炉腔内统一燃烧。一般来说这种方式对于煤种有一定的要求，煤种应该是可磨性比较接近的。为了改变炉煤的各种指标，需要将送入燃烧器的掺混单煤的比例和类型进行调配。由于混煤的着火特点非常接近易着火煤，所以它也具有与易着火煤种同等的稳定性和易燃烧等特点。

b. 分磨制粉，炉内掺烧。首先，在直吹式制粉系统的电厂中运用这种燃煤掺配方式时，可以通过不同的磨粉机对不同种类的煤种进行磨粉处理，然后使所有的煤粉从整体上实现粗细均匀，最后不经过仓内掺混而直接送至电厂锅炉内进行燃烧。这种做法由于是利用不同的磨粉机对不同种类的煤种进行磨粉，所以在磨粉时间上可以按照实际磨制的需求来进行设置。这种方式不仅大大缩减了燃煤入仓掺混的工作流程，还实现了不同种类燃煤粗细均匀，给煤粉的充分燃烧提供了重要保障。其次，在仓储式制粉系统的电厂运用这种燃煤掺配方式时，可以利用不同种类的磨粉机将不同类型的煤种磨制成粉，再放到各煤种对应的储粉仓内，再从储粉仓中将煤粉送至不同的锅炉燃烧器喷口，在燃烧的过程中对炉内煤粉实现掺混。由于这种方式充分利用了不同煤种需要不同温度的特色，所以可以借由不同的温度区来完善炉内的燃烧环境，从而提高不同煤粉的燃烧率。

　　c. 分磨制粉，仓内掺混，炉内燃烧。由于这种燃煤掺混技术中有一个环节就是仓内混掺，所以只能运用于仓储式制粉系统的电厂。这种方式主要是通过磨粉机将不同类型中的一种煤种进行磨粉处理，待磨粉完毕后再将煤粉运送至同一个储粉仓内，然后在仓内进行统一掺混，掺混完成后再分别运送至各自对应的锅炉燃烧器内进行燃烧。这种方式可以看作是第一种方式的改良版，不仅可以避免第一种方式存在的混煤燃尽特性和难燃煤相近的问题，还可以保留第一种方式中的混煤着火特点接近易着火煤的优势。因此，这种方式可以极大地减少炉渣和飞灰中的含碳量，已经被广泛运用于火电厂的发电上。

　　⑨ 燃煤耦合生物质燃烧技术　燃煤耦合生物质发电技术是将生物质利用与燃煤机组相结合，借助于燃煤机组高参数、低排放的特点实现生物质发电的高效利用，分为直接混燃耦合发电、生物质热解混燃耦合发电和生物质气化混燃发电三种方案。大型燃煤锅炉生物质耦合发电技术主要有以下几种路线：a. 采用生物质磨和生物质燃烧器，实现 100%燃烧生物质燃料；b. 采用生物质磨和独立的燃烧器，耦合 5%～40%的生物质能量输入；c. 采用生物质磨和共用的燃烧器，耦合 5%～40%的生物质能量输入；d. 采用独立的磨煤机和独立的燃烧器，耦合 5%～15%生物质能量输入；e. 采用共用的磨煤机和共用的燃烧器，耦合 5%～15%生物质能量输入。这些技术路线的实施涉及的新技术有预磨生物质并通过气力输送系统完成向锅炉输运的技术，煤粉管道生物质和煤粉混合技术和新型生物质混烧技术。

　　把生物质送入输煤管道或者直接把其输入燃烧器，均需要一个高灵敏度的生物质分离驱动阀，该阀可以把生物质输送系统与磨煤机及点火系统迅速分离。在系统中引入了调节生物质供给率的自动控制环节，使磨煤机切换到混烧时具有恢复调节功能。在进入主煤粉管道前安装生物质粉与煤粉混合器（VARB），保证生物质燃料流动均匀可控。

　　(3) 锅炉设备的优化和改造技术

　　提高燃煤的燃烧效率最有效的方式就是对锅炉设备的升级改造，例如用替换或者是小修等方法使锅炉运行更加平稳和可靠，进而降低能耗。具体措施如下：改造锅炉加热压力既要优化升级当前正在应用的锅炉，还要合理调整相邻范围的锅炉加热压力，以保障有限的热能能够得到合理配置，避免因锅炉下部受热太大而消耗热能。①研发高新技术以提高和改造送风机和引风机的频率；锅炉引送风机的改造升级，重点是将原来所用的单一配风形式升级成变频配送模式，降低锅炉引送风设备配送模式变频次数多而造成的电能消耗。②进一步更新和改造锅炉低碳燃烧器和引射式风粉混合器；根据现场情况充分优化燃烧器内部组成，依靠技术性能更高的燃烧器和风粉混合器，例如使用引射式风粉混合器等。燃烧器与风粉混合器的改造升级，能保障煤炭能源彻底燃烧并处在稳定状态，降低因燃料点火次数而造成的能源耗损。③研发和采用先进的选择性催化还原（SCR）法烟气脱硝技术。

完善锅炉的构造，降低锅炉的热量损失，例如可以通过改善锅炉炉拱的形状和尺寸来使锅炉内的空间更加合理，以减少锅炉漏煤以及配风不合理的现象。为提高锅炉热量的利用率可以采取锅炉两侧进风方式，改善出风口的出风设置。为降低锅炉的热量损失，可以增加锅炉的密闭性和保温性，可以采用保温岩棉来填充锅炉，提高锅炉的保温性能以降低热量的损失。

① 远红外喷涂技术　远红外喷涂技术是在锅炉炉膛或受热面管子表层中涂覆一层材料，该材料的发射率性能、辐射吸收能力非常强大，这能够在一定程度上强化锅炉内部的辐射传热能力，从而使锅炉能够更加均匀地加热，使锅炉热效率得以有效提高。以某电厂 300 MW 级锅炉为研究对象，进行水冷壁黑体安全节能增效技术的理论研究及应用实证。通过在炉膛冷灰斗以上至折焰角的水冷壁区域实施黑体纳米材料喷涂，结果表明，黑体技术可以有效防止水冷壁结焦结渣，强化炉膛传热，提高煤粉燃尽率，提高锅炉效率，降低供电煤耗。经过实验验证，排烟温度降低 5℃，飞灰含碳量降低 0.5%，过热器减温水量平均降低 50 t/h，改造后供电煤耗降低 1.5 g/（kW·h）。

② 低氮燃烧改造技术　根据低氮燃烧技术要求，对锅炉进行改造。如 600 MW 四角切圆锅炉低氮燃烧器改造内容包括：更换现有燃烧器组件，包括四角风箱、风门挡板、燃烧器喷嘴体、角区水冷壁弯管、风门执行器等；在炉膛上部距离顶部一次风喷口 3～6 m 区域增加两段二次可控燃尽风，其切圆方向与一次风相同，风率约占总风量的 20%，提取部分二次风至炉膛主燃区上部区域，使得主燃区的过量空气系数 $\alpha < 1$；保证一次风喷口面积不变，保证一次风风速及风粉比；缩小二次风喷口面积，保证二次风气流刚性。

流化床锅炉低氮燃烧一体化改造技术主要由二次风系统改造、烟气再循环系统优化、旋风分离器改造、返料系统改造、炉膛风帽改造、选择性非催化还原（SNCR）脱硝系统优化、炉膛风帽改造共七大系统组成。煤进入炉膛后，在相应的运行系统操作下与优化的二次风系统结合，在炉膛内分级燃烧，生成的灰通过物料分离系统高效分离后，循环灰通过稳定的返料系统送至炉膛，其余的飞灰通过尾部烟道进入除尘装置，在炉膛与分离器之间布置有便捷的炉内喷氨脱硝系统，达到低氮燃烧的目的。其中，通过适当降低一次风的含氧量，间接减少一次风率、增加二次风率，使得底部一次风所供给的氧量减少，密相区还原性气氛加强。通过增加二次风的风率，增加二次风的压头，使得稀相区物料悬浮浓度增加及燃烧份额上移，局部未燃尽一氧化碳和其他还原性气体浓度增加，对 NO_x 的还原效果明显，且对后续焦炭粒子燃尽有利。对一次风与二次风的比例进行合理分配，使得一次风压头下降，二次风压头提升，大幅提高二次风的穿透力，达到分级燃烧的目的，使得燃料能够燃尽。烟气再循环系统的优化就是把锅炉产生的含氧量低的一部分烟气在烟囱前引出一支，通过新增加的烟再风机（烟气再循环风机）送到一次风的入口再次利用，在降低床温的同时，可以有效控制锅炉空预器进出口的氧含量。打破单一风帽结构布置，按照进风方式的不同，选择不同规格孔径的风帽分区布置，这样就能最大限度地消除因进风方式不同带来的不利影响。

③ 循环流化床富氧燃烧技术　循环流化床（circulating fluidized bed，CFB）富氧燃烧技术有效将循环流化床和富氧燃烧的优势相结合，是一种应用前景十分光明的碳捕获、利用和储存（carbon capture，utilization and storage，CCUS）技术。相比空气燃烧 CFB 锅炉，其采用纯氧与再循环烟气混合气代替空气送入 CFB 锅炉炉膛供燃料燃烧，从旋风分离器出口排出的烟气经换热后，部分参与再循环，剩余富含高浓度 CO_2 的烟气经处理后被封存或利用。

④ 电站锅炉用邻机蒸汽加热起动技术　电站锅炉用邻机蒸汽加热起动技术的总体思路是采用蒸汽替代燃油和燃煤，对锅炉进行整体预加热，使锅炉在点火时已处于一个"热炉、热风"的热环境。采用这种起动方式后，锅炉在起动过程中所需的燃油强度大为降低，燃油过程大大缩短，从而使总体耗油量下降一个数量级以上。同时还可以大大减少厂用电及燃煤量，显著降低整个起动过程所消耗的能源总量和起动总成本。另外，该技术不仅将锅炉由原来的冷态起动转为热态起动，并且使烟风系统的运行条件更优于热态起动，极大改善了锅炉的点火和稳燃条件，显著提高了锅炉的起动安全性。

⑤ 大比例掺烧褐煤进行的设备改造　褐煤掺烧对燃煤电厂制粉系统最大的影响是使磨煤机出口的风温降低，导致输煤管道中容易发生堵塞，而且一次风率变高，会引起相应的风机失速等问题。为适应褐煤掺烧，电厂将改造方案定为提高一次风温度，降低一次风阻力和空气预热器的漏风量，对磨煤机喷嘴环、空预器转向、扩风仓、安装软密封等进行节能改造。设计新型旋转喷嘴环，喷嘴环与磨盘采用分体式结构，将磨煤机的喷嘴扩容可使磨煤机的内部通流面积加大，从结构上增大了其通风量，有利于降低管道对一次风的阻力，同时也可以降低相应风机失速的风险。同时，空预器改造主要有三大部分，包括转动方向的改变、一二次风仓角度的改变及径向密封片的改造。扩大一次风风仓角度，调整控制系统，优化漏风管理方式，优化扇形板布置方式，最终使空气预热器出口的风温增大了将近 30℃。材料上，软密封是使用的低合金考登钢；结构上，软密封是采用接触式，安装时软密封和径向密封是在隔板的两旁，使得软密封和径向密封在需要时可以同时更换，提高了更换效率；软密封的密封片上采用垂直的调节开孔，基本上保证每年的调整次数不超过 2 次。经过理论验证与实际测量发现，改造措施对减小空气预热器的漏风率、降低管道阻力、降低风机的失速率、提高热风的温度等都有极大的帮助。

⑥ 燃煤在线提质技术　燃煤在线提质技术是指加装水雾化喷枪、混煤器和分层燃烧设备。燃烧设备上煤层水平和垂直方向上颗粒均匀分布，提高煤层通风均匀性，使燃烧区的着火线和燃尽线笔直且平行。加装水雾化喷枪以提高煤的湿度，促使细煤粉团聚成颗粒。在促进煤着火的同时，均匀落煤。此设备对于含水量低、细颗粒多的煤种的着火效果有较好的作用。煤中含水量推荐值为：小于 3 mm 的煤粉含量为 20%～40%时，煤含水量控制在 5%～7.5%；

小于 3 mm 的煤粉含量约为 80%时，煤含水量控制在 12.5%；煤中小于 3 mm 的煤粉含量约为 100%时，煤含水量控制在 20%。

⑦ 700 MW 四角切圆燃烧锅炉降低水冷壁高温腐蚀配风改造技术　随着国内燃煤发电机组锅炉 NO_x 排放要求的不断提高，燃煤锅炉均已采用了低氧与空气深度分级等低氮燃烧技术，在实现低 NO_x 排放的同时不可避免地造成炉膛水冷壁近壁处呈局部强还原性气氛，并存在大量腐蚀性 H_2S 气体，极易造成燃烧器至燃尽风区域水冷壁出现严重的高温腐蚀，严重影响机组运行的安全性。目前防治四角切圆燃烧锅炉高温腐蚀的方法主要包括防腐喷涂，燃烧优化调整，一次风、二次风同心反切技术改造，燃烧器假想切圆调整，贴壁风、侧边风改造等。为了有效防治水冷壁高温腐蚀，对机组锅炉进行高温腐蚀防治燃烧配风优化改造成非对称高速贴壁风系统。

图 1-6 为非对称高速贴壁风系统示意图。在最上层煤粉燃烧器与燃尽风之间的还原区增加 2 层共 8 支贴壁风喷口，每层 4 支与主燃烧器假想切圆反向布置在炉膛四角水冷壁上，靠近相邻墙水冷壁布置；贴壁风为高速直流风，风源取自一次风系统，贴壁风风率为总风量的 2%～5%；2 层贴壁风喷口风量和倾斜角度采用非对称布置方式。该设计可提高贴壁风刚性，使贴壁风幕有效覆盖水冷壁，降低贴壁风用量。炉膛燃烧器区的水冷壁高温腐蚀与燃烧器假想切圆偏大导致煤粉刷墙有关，故需要进行燃烧器假想切圆调整优化。单支燃烧器喷口与后部连接件割开后整体调整燃烧器水平角度，减小假想切圆直径，降低一、二次风与对角线夹角和偏置二次风偏置角度。

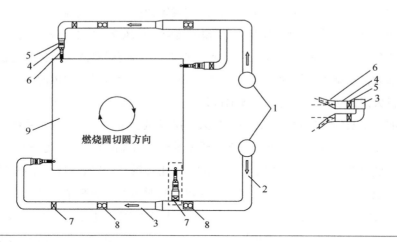

图 1-6　非对称高速贴壁风系统示意图
1—空气预热器热一次风母管；2—贴壁风总风管；3—贴壁风风管；4—贴壁风喷口风管；5—手动调节风门；6—贴壁风喷口；7—电动调节风门；8—风量测量装置；9—炉膛

（4）余热回收利用技术

① 烟气余热回收利用技术　电站锅炉排烟损失是锅炉运行中最重要的一项热损失，电站锅炉的排烟温度通常为 120～150℃，相应的热损失相当于燃料热量的 5%～12%，占锅炉热损

失的 60%～70%。我国火力发电厂的很多锅炉排烟温度都存在超过设计值的情况，可通过烟气余热利用技术来降低排烟热损失，以此提高电站机组的节能效果。目前，对烟气余热进行回收利用的主要方式是利用烟气余热对回热系统中的凝结水进行加热，或者对热网水进行加热，以及对锅炉的一次风和二次风进行加热。在这些回收利用方式中主要涉及了低温省煤器和烟气处理的相关技术，低温省煤器和其他设备配合使用以及新型的综合回收利用技术。

a. 利用低温省煤器对燃煤电厂的烟气余热进行回收利用　燃煤电厂可以采用低温省煤器的相关技术，利用烟气余热来对回热系统中的凝结水进行加热，从而对锅炉排烟的温度进行有效的控制。同时回热系统中的凝结水对烟气余热中的热量进行回收，并对下级汽轮机的低加抽汽进行挤压，促使抽汽继续回到下级汽轮机中做功，这样能使汽轮机的功率得到有效的提高，同时也能降低发电机组在运行中所消耗的煤炭资源。此外，供热机组在采暖阶段可以利用回收的烟气余热来对热网水进行加热，能够取得十分明显的节能效果。按照不同的布局位置，可以将低温省煤器分成两类。

i. 在除尘器和空预器中间布置低温省煤器　这种布局方式能在对烟气余热进行有效回收的基础上，使飞灰比电阻得到降低，从而提高除尘器的工作效率，并降低粉尘的排放量，减少对空气的污染。同时该系统具有结构简单、改造所需的工程量少、成本投入少的优点。不足之处在于为了防止低温酸对低温省煤器和其相关设备造成腐蚀，需要对换热器运行时的温度进行严格的控制，以保证酸露点低于换热器排出的烟气温度，所以会影响对烟气余热的回收率。

ii. 在脱硫塔和引风机中间布置低温省煤器　这种布局方式能够有效解决低温腐蚀引风机以及除尘器等设备的情况，并能使烟气的温度明显得到降低，提高对烟气余热的回收率。同时还使脱硫系统降低了所需要的减温水量，其节水效果也十分明显。然而烟气温度由于被明显降低了，也对烟道和低温省煤器产生了一定的低温腐蚀作用。此外，这种布局方式所需要的改造空间更大。目前随着新型极低温电站锅炉烟气余热回收装置的研制成功，改用氟塑料作为换热器的材料，从而有效解决积灰以及低温腐蚀的问题，实现了对烟气余热的充分回收。

b. 两级低温省煤器

i. 两级低温省煤器加热凝结水方案　在烟气流动方向上布置低温省煤器后，回收热量用来加热汽轮机侧凝结水。设置Ⅰ级低温省煤器可降低烟气体积流量，降低引风机轴功率，Ⅰ级高温段低温省煤器加热凝结水，因排烟温度的升高，可以加热高温段凝结水，节约相对高品质的抽汽，余热利用效率较高。Ⅱ级低温省煤器的设置可回收烟气经过引风机的温升余热，并有效节约脱硫装置的耗水量。

ii. 利用低低温烟气处理的相关技术对燃煤电厂的烟气余热进行回收利用　燃煤电厂还可以利用低低温烟气处理的相关技术来对烟气余热进行回收利用。这种低低温的处理系统主要包括一级回收装置和二级再加热装置。在布局方面，可以将一级设备设置在除尘器与空预器之间，而在烟囱和脱硫塔之间布设二级设备。热媒水将在系统内以闭式循环方式运行，通过一级设备对烟气进行回收，并使其温度下降。而后二级设备通过对一级设备所回收热量的利用，对脱硫塔排出的烟气进行加热，使其达到80℃。

c. 烟气余热深度回收方案　设置两级低温省煤器+暖风器+空预器烟气旁路，将可利用的烟气余热分为四个梯度，两级高能级的热量分别用于加热高压给水和凝结水，两级低能级的热量可用于加热空预器入口冷风和部分凝结水。针对回收利用的排烟余热，利用系统设备的合理组合，从系统的角度，通过热量转移置换等手段，提高用于加热回热系统的余热能级，以获得更大的经济效益。

d. 利用新型的综合优化技术对燃煤电厂的烟气余热进行回收利用　在新建燃煤发电机组时应尽量采用新型的锅炉设备来对烟气余热进行综合性的回收利用。在新型回收系统中，以两级方式来布局换热系统的高温段以及低温段，并在两段中间设置低温省煤器。这样烟气会在通过高温段的空预器后进入低温段的省煤器中完成换热，并对回热系统的凝结水进行加热。在低温省煤器内完成换热后排出的烟气会进入除尘装置，并通过低温段的空预器来实现换热。通过这种串联方式来布置高低温段空预器，使常温状态下的空气可以依次从低温段的空预器流向高温段的空预器，并被加热到运行需要的温度。这种全局优化的余热回收系统极大地提高了对烟气余热的回收利用率，其节能效果更为突出。这种优化系统的节能优势十分明显，而且使低温腐蚀这一问题得到了有效的解决。

考虑到低温省煤气会受到材料耐腐蚀性、烟气入口温度等因素的限制，这会使节能效果大大降低。因此，需要将烟气余热利用和空气预热结合使用，也就是在热风温度得以保持的基础上，采取两级空气预热方式来实现对空气-烟气的布置。烟气会通过Ⅰ级空气预热器出口进入低温省煤器，以便于对凝结水进行加热，然后，低温省煤器的排烟会流入Ⅱ级空气预热器。而空气则会通过Ⅱ级空气预热器进行加热，然后，流入Ⅰ级空气预热器，这样便可使锅炉的热效率大幅提高。

e. 燃气电厂喷淋冷凝式余热深度回收利用技术　烟气余热深度利用是在一套E级联合循环机组余热锅炉之后设置一座直接接触式换热塔，机组余热锅炉的排烟全部通过换热塔，与中介水接触回收热量。直接接触式换热技术采用喷嘴喷淋中介水与烟气混合，通过热烟气与喷淋中介水的直接接触传热实现烟气余热的回收，回收热量设计值为48 MW，回收的热量通过蒸汽驱动的热泵实现余热利用，以加热热网水。整个烟气余热系统的原理是在余热锅炉之后设置深度利用烟气冷凝换热器，利用余热锅炉尾部低温烟气的余热进行深度换热，即进一步降低常规余热锅炉的排烟温度，从约89℃降低到33℃。同时，由于烟气中含有水蒸气，当烟气温度低于水蒸气的冷凝温度时，水蒸气将释放出大量的汽化潜热，同时凝结成液态水。通过中介水，置换出烟气的低温余热，将中介水由28℃加热到38℃并使其进入吸收式热泵。43℃的热网回水利用吸收式热泵技术在驱动蒸汽作用下吸收中介水的热量，转化为80℃的热网供水。烟气余热深度利用系统如图1-7所示。烟气余热深度利用系统主要包括余热塔烟气系统（IGCC工艺）、加热蒸汽系统、热网水系统和水系统（中介水系统及疏水系统）。

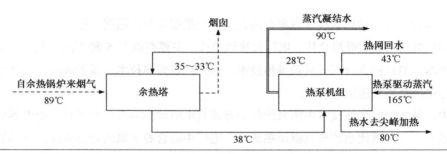

图 1-7 烟气余热深度利用系统图

f. 烟气余热蒸发浓缩干燥技术　本技术工艺抽取脱硫塔前高温烟气作为蒸发介质，利用湿法喷淋的工艺实现脱硫废水的浓缩减量。浓缩后的废水经过固液分离后，进入调质澄清池，利用消石灰调质后絮凝澄清，澄清后的浆液输送至干燥床区域，污泥堆积后放入煤场掺烧。干燥床利用热二次风作为干燥介质，将浆液浓缩蒸发为含尘气体，最后进入静电除尘前烟道与粉煤灰一同收集。

g. 强化换热技术

i. 三维肋管换热器替换回转式空预器、回转式烟气换热器 (GGH) 和蒸汽暖风器的技术　三维肋管换热技术是一种新型高效换热技术，其技术产品具有相同管径光管 2 倍以上的换热效率，目前已在 75 t/h 锅炉至 600 MW 燃煤锅炉的空预器和 GGH 上得到应用。将三维肋管用于空预器改造，可降低空预器的漏风率和排烟温度，在优化设计下还可"隔断干烧"消除结晶的硫酸氢铵，尤其适合于空预器排烟温度偏高和硫酸氢铵堵塞严重的机组，采用高效管式空预器是空预器未来升级改造的重要方向之一。与此同时，将空预器回收热量用于加热脱硫净烟气，可满足烟羽脱白的环保要求。

ii. 复合相变换热器　复合相变换热器利用原热管换热器内处于互相独立运行状态的构件，采用优化设计的方式，规划出不同构件间存在密切关联性的整体。"相变换热"与"烟气横掠管束"相比较，其置换锅炉余热的能力显著提升，进而确保"相变换热器"金属壁面温度部署的匀称性，同时和烟气温度梯度差不会很大（在 10～20℃ 区间内取值）。从原则上分析，其与被加热工质温度之间存在互为独立的关系。另外，根据复合相变换热器技术"相变换热器"的这一基本属性，预热进入初期末级空预器这类一级换热器工质，入口温度会相应增加，进而有效规避了低温环境对设备外部结构完整性造成的侵扰，降低低温腐蚀现象的发生率。与此同时，也可采用"相变换热器"或增设他类构件的形式，实现对设备热量的有效调整与转换，但是关于整个设备在运行过程中可能产生的不同程度壁面温度闭环控制的现象，复合相变换热器确保了壁面温度值的安稳性以及可调控性，进而满足各种燃料燃烧以及运行模式等主观需求。由此可见，复合相变换热器技术的应用，一方面确保锅炉设备运行的安稳性，另一方面最大限度地回收烟气余热，实现节能减排。

② 循环水余热回收利用技术　由于凝汽机组凝汽压力较低，对应的凝结水温度也较低，属于低品位余热，不能直接用于供热，需采取相应技术方案，提高循环水温度，使之满足供

热系统的需求。目前常用的技术方案有两大类：一是提高凝汽温度，相应提高循环水温度；二是利用热泵技术吸收低温余热。电厂余热利用技术主要有以下 5 种方式：汽轮机低真空运行供热技术、凝汽抽汽背压式机组供热技术、热泵回收余热技术、基于吸收式循环的余热利用技术与电厂余热余压发电技术。

其中，热泵回收余热技术中热泵的驱动方式有电驱动和蒸汽驱动两种，而电驱动机组占地面积较小，其能效比也比蒸汽驱动热泵高。电厂中蕴含着丰富的余热资源，燃料燃烧的热量，60%的热能通过锅炉尾部烟气和被流过凝汽器的循环水带走，在环境中散失，大量的余热资源被浪费。通常电厂循环水的温度比环境温度高 10℃左右，无论是夏季还是冬季都能满足水源热泵的运行要求。若通过水源热泵回收电厂循环水余热用于供热，与常规直接抽气供热进行分析比较，具有很大的节能潜力。供热汽轮机抽气量增大后，机组一次调频能力下降，需要充分考虑电网自平衡能力，减小电网安全隐患。利用水源热泵技术回收低温电厂循环水余热，实现了能量从低品位到高品位的转换，符合能源梯级利用原理。研究发现利用热泵供热替代传统抽气供热，总热效率将增加。与此同时，节煤量也增加，在额定抽气工况下热泵供热性能优于抽气供热工况。

基于吸收式循环的余热利用技术包括基于吸收式循环的热电联产集中供热技术和蒸汽型溴化锂吸收式热泵余热回收技术。大温差供热模式是建设长输热网、城市热网、庭院管网组成的三级热网结构，逐级降低回水温度，回收低品位余热。为了降低一级网和二级网传热造成的不可逆损失，进一步提高热电联产集中供热系统的能源利用效率，清华大学提出了基于吸收式循环的热电联产集中供热技术。此技术需要在电厂和热力站内分别安装相应的余热利用设备，两者互相配合实现电厂余热利用。基于吸收式循环的热电联产集中供热技术流程见图 1-8，热力站安装吸收式换热机组，吸收式换热机组由吸收式热泵和板式换热器两部分组成。用吸收式换热机组替代常规板式换热机组，降低一级管网回水温度，将一级管网供回水温差由传统的 60℃ 增加到 110℃，实现一级管网大温差输送，显著增加了现有管网输送能力，同时为电厂余热回收提供了更有利的条件。利用一级管网 130℃的高温热量作为吸收式换热机组的驱动能源，吸收低温热量，加热二级管网供暖回水，比常规换热效率高。吸收式换热机组换热流程为：二级管网的 50℃供暖回水一部分进入吸收式换热机组中的吸收式热泵，温度由 50℃升至 65℃，另一部分进入板式换热器与吸收式热泵 95℃的出水换热后，温度升至 85℃，两部分热水混合后，温度为 75℃，作为供暖供水供给热用户。电厂内安装余热回收机组，将 20℃的一级管网回水逐级加热到 130℃，作为一级管网供水，接入城市热网。热网低温回水实现了与汽轮机凝汽的能级匹配，使得余热回收机组处于极佳的制热温度和更大的升温幅度，从而使热电联产集中供热系统的能耗大幅度降低。

（5）变频调速技术

电厂锅炉设备长期高负荷运作，利用变频调速技术可缓解锅炉设备运行负荷，优化锅炉机组生产系统，减少锅炉系统运行中能源消耗，实现节能降耗目的。变频技术是采用计算机控制系统以及交流电动设备对电厂锅炉能源消耗能量进行控制。变频技术在电厂锅炉运行中

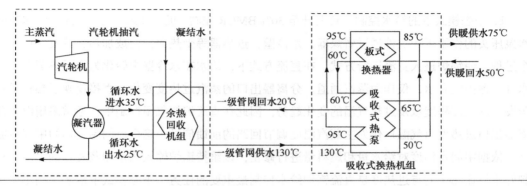

图 1-8 基于吸收式循环的热电联产集中供热技术流程

的应用，可对电厂锅炉风机进行升级并促进锅炉风机的稳定运行，进而起到节能降耗的作用。在锅炉给水泵的配置运行中，采用变频调速技术可对锅炉水泵的性能进行强化，提高水泵分配负荷的能力，进而达到锅炉水泵运行效率的最大化，对锅炉燃烧的状态进行科学的调节。电厂锅炉在没有电动机降容辅助情况下，采用变频技术不仅可以减少转矩脉动，提升锅炉设备安全稳定的运行性，而且可以减小调节阀发生故障率，提高设备对电流抗干扰的能力，这样设备的运行可达到最佳状态，延长了设备的使用寿命，从科学角度实现了电厂锅炉运行过程中的节能降耗。

（6）锅炉给水与水处理技术

① 锅炉给水控制　超超临界二次再热塔式锅炉的给水控制对象特性复杂，时间惯性和阶数大，控制回路相互耦合，这导致了其给水控制难度较大。提出超超临界二次再热塔式锅炉在湿态和干态运行状态下给水控制的相应策略，即湿态时用最小流量控制来维持锅炉安全流量，干态时采用基于中间点温度校正的给水控制算法，并加锅炉燃烧仿真回路和一次调频前馈回路，在稳态和动态过程中提高了水煤比调节品质和机组负荷响应速度。

a. 湿态模式下的给水控制　机组起动阶段和低负荷（低于 30%锅炉最大连续蒸发量，即 30% BMCR）时锅炉在湿态模式运行，水冷壁出口的介质为汽水混合物。分离出的水进入贮水箱，通过锅炉循环泵输送至省煤器入口。省煤器入口给水流量等于高加出口流量与锅炉再循环水流量调节阀（BR 阀）后流量之和。此时锅炉给水控制最主要的目的是满足直流锅炉在低负荷时对质量流速的要求，使省煤器入口流量不低于锅炉本生流量，并使分离器贮水箱维持在合适水位，以确保锅炉水冷壁安全。起动阶段及低负荷时主给水电动阀关闭，由给水旁路调节阀调节省煤器入口流量，BR 阀负责调节贮水箱水位，贮水箱液位调节阀（WDC 阀）在贮水箱水位过高时将水排至锅炉疏水扩容器。BR 阀投入自动后，将根据贮水箱水位的变化自动调节锅炉再循环水量，再循环水量的变化会导致省煤器入口流量波动，给水旁路调节阀调为自动后，根据省煤器入口流量的变化自动调节高加出口给水流量，以维持省煤器入口流量始终等于当前设定值，此时可通过手动调节给水泵转速维持给水母管压力，以保证锅炉上水压差。

b. 干态模式下的给水控制 负荷升至 30% BMCR 左右，机组转入干态模式时，给水在给水泵压头的作用下一次性通过省煤器、水冷壁、过热器等受热面，完成加热、蒸发、过热三个过程，使锅炉进入直流运行方式。在直流方式下，给水在水冷壁中转化为微过热蒸汽，汽水分离器内没有水，仅作为蒸汽通道。分离器出口的蒸汽过热度变化，直接反映了燃料量和蒸发量的匹配程度以及过热气温的变化趋势，因此在直流炉的气温控制中，通常采用汽水分离器出口过热度（气温）作为主蒸汽温度调节回路的前馈信号，这个点的温度称为中间点温度。依据中间点温度对给水量和燃料量进行修正，以维持锅炉输入热量和蒸发量的平衡。控制好水煤比和中间点过热度是直流锅炉给水控制最重要的任务。干态模式下给水控制主要包括计算理论给水流量指令、计算中间点温度设定值、计算过热度控制信号、生成给水流量指令和生成给水泵转速指令等。

② 优化循环水泵的运行方式 循环水泵是汽轮机的重要组成部分，优化循环水泵的运行方式能够有效地降低能源的消耗量，从而实现节能的目的。由于机组负荷量以及水温都会影响水泵的工作效率，我们可以利用控制机组负荷以及冷却水温的方式来优化循环水泵的运行方式，从而提高循环风机的运行效率。当循环水量增加时，在压力的作用下，机组的作用力会增加，同时循环水泵的能耗也相应提高。而当机组出力增加值以及循环水泵增加值的差为最大时，此时循环水泵的作用力最佳，同时机组的能耗也比较低。因此，我们在设置时可以依据此种方式将循环水泵的运行进行组合，然后再依据循环水泵的工作特性来及时调节水泵叶片的角度从而实现水泵机组的最佳运行。

③ 锅炉水处理 近年来，以安全节能为目的的锅炉水处理技术已取得很大成果，并且许多重大科研成果已转化为技术标准和法规。对低压锅炉，一般采用软化水来防止结垢，用机械除氧器-化学除氧剂（亚硫酸钠）除氧来防止腐蚀。对中、高压锅炉，大多采用去离子水来防止结垢，采用机械除氧器-化学除氧剂（亚硫酸钠或联氨）除氧来防止腐蚀。对更高压力特别是超临界压力锅炉，普遍采用全挥发处理技术。例如，反渗透和连续电除盐技术可使补给水含盐量趋于零，降低锅炉的结垢水平，锅炉的排污率可以降低到 5% 左右，减少了不必要的热能损失，同时提高了蒸汽品质。对于大吨位锅炉建议采用离子交换加反渗透的水处理方法。新建电站锅炉补给水工艺见图 1-9。

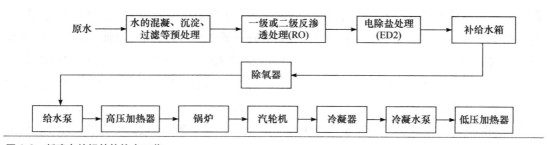

图 1-9 新建电站锅炉补给水工艺

④ 中水代用于锅炉补给水及其处理技术 随着水资源的匮乏和用水成本的升高，将中水

回用于火电厂作为锅炉补给水的原水，具有明显的社会、经济和环境价值。超滤（UF）具有透水量高、分离效率高、占地面积少及运行管理简单等技术优势，在发电厂水处理领域得到广泛应用。但由于中水具有杂质较多、成分复杂、含盐量和硬度较高等一系列复杂工程问题，火电厂锅炉补给水原水改为中水后，会对超滤系统的运行产生影响。工程实践中采用以下几种中水处理技术，控制处理后出水品质，保证发电机组长期稳定运行。

a. 在锅炉补给水改为中水及其过滤的实践中发现，使用中水后超滤系统的跨膜压差升高了 30%，并且出现超滤膜、保安过滤器滤芯严重污堵的现象，可采用袋式过滤器作为火电厂补给水处理系统中超滤前处理工艺，改善超滤系列入口水质，减小水中颗粒质量浓度，缓解超滤膜污染，有效提升超滤产水速率、减少清洗成本，缓解中水作为原水的影响。

b. 在双膜法水处理工艺基础上，通过引入纳滤膜、阴离子交换树脂、脱气膜工艺和可编程逻辑控制器（PLC）自动加药系统，进行了一系列的水处理工艺改进。在反渗透膜和超滤装置之间增加了纳滤膜，以提高反渗透膜的脱盐率和使用寿命，并且将反渗透系统所产生的浓水回流至纳滤系统的进水箱，使得水处理系统的水回收率达到 85%，降低了系统的运营成本。

（7）锅炉排污与排渣、吹灰与除垢

① 锅炉排污　锅炉排污的目的是排出部分被盐质和水渣污染的锅水，并以清给水进行补充，使炉水含盐浓度在允许值范围内，保证锅炉的安全运行。排污有连续排污和定期排污两种方式。锅炉排污质量，不仅取决于排污的多少以及排污的方式，而且还要按照排污的要求，做到勤排、少排和均衡排，才能保证排出水量少，排污效果好。由于锅炉排污水将带走大量的热量，需要对污水进行综合利用，如锅炉排污水的回收用于热水采暖系统的补水和其他蒸发设备的给水、排污扩容蒸汽引至除氧器、锅炉排污水用于烟气脱硫脱氮、锅炉排污水在氯碱企业生产中可代替自来水充当化盐水且其所含的热量直接加热化盐水、在非采暖期可将连排排污水送入热交换器加热化学水处理车间送来的软化水等。

② 锅炉排渣　为保证锅炉连续安全运行必须将炉渣不断排出，燃煤锅炉若排渣方式选择不当，将使锅炉经济性、安全性受到影响。目前大型燃煤锅炉主要是固态排渣煤粉炉，采用液态排渣的较少。对部分煤粉锅炉初步调查表明：燃用低挥发分、低灰熔点煤种的固态排渣炉，其飞灰热损失大，炉内结渣严重；燃用高灰熔点煤种的液态排渣炉，其负荷调节能力差，排渣困难。在两种排渣方式均可用时，若煤的硫分较高，应优先选择固态排渣，以减轻高温腐蚀和低温腐蚀，避免析铁。但对于干燥无灰基挥发分小于 13%，煤灰熔化温度低于 1400℃的煤，即使煤的硫分高，也只宜选用液态排渣，并采取措施弥补液态排渣炉的不足之处。一台采用液态排渣的 670 t/h 超高压锅炉，比采用固态排渣降低标煤耗 7～10 g/（kW·h），每年可节约标准煤 10000 tce 以上。

③ 锅炉吹灰　吹灰是有效清除受热面灰污的有效方式。由于积灰情况与煤种含灰量、运行负荷及炉膛温度等很多因素有关，如何在合适的积灰程度下进行吹灰，不仅可以节约吹灰用蒸汽量，达到节能的目的，同时还可以调节热负荷分配，使得再热器喷水量减小，提高锅

炉及机组循环热效率，产生更大的效益。在锅炉运行过程中，如果吹灰器投用次数太多，即吹灰周期太短，将带来不必要的吹灰工质耗费和受热面炉管磨损腐蚀，周期太长，则吹灰效果不好，受热面灰污引起的损失过大，因此两者之间存在一个从锅炉运行经济性角度考虑最为有利的吹灰时间间隔，即最佳吹灰周期。

层燃锅炉的机械不完全燃烧损失约 7%～12% 是主要的热损失。通过在锅炉炉膛出口的凝渣管束和锅炉尾部烟道上设置低阻分离装置，分离并收集烟气中未燃尽的飞灰粒子，再利用重力或气力输送至炉膛高温区，使未燃尽颗粒在炉膛内再燃和燃尽。该技术可以显著降低飞灰中的含碳量，飞灰含碳量可由 25% 降至 7%～12%，并使机械不完全燃烧热损失减少 2.5%～3.5%。高温飞灰还是一种很好的 NO_x 还原剂，可用于还原烟气中的 NO_x，脱硝率也可达到 3%～5%。飞灰输送气体可以采用二次风或再循环烟气，合理的喷入位置能进一步降低 NO_x 的生成量。

④ 锅炉除垢　锅炉属于承压的能源消耗设备，在使用过程中要考虑使用安全、能源消耗、污染物排放等多方面问题。而锅炉结垢的危害主要有两方面：一是垢质导致企业能量损耗和生产成本居高不下。据《工业能源》杂志提供的统计数据显示，垢质每年在换热设备和管道中的沉积厚度至少 4 mm，而换热设备积垢每增加 1 mm，则换热系数下降 9%～9.6%，能耗将增加 10% 以上。二是垢质在设备上必然引起管道梗阻和设备垢下腐蚀，如果由此引起停车停产清洗除垢，将给企业带来巨大的经济损失。开发不停炉除垢技术，不但能保证工业锅炉的安全运行，而且能提高工业锅炉的工业效率，减少企业停炉损失，最终实现工业锅炉的节能减排。

其中，超声波除垢是一项高效、新型的节能技术，它不仅能减缓化工传热设备积垢的形成速度，而且能除去已有积垢。超声波防垢与除垢的关键是利用脉冲弹性波能量首先在金属中传播的原理。超声波防垢除垢技术是采用大功率低频超声波，依靠空化效应、活化效应、剪切效应及抑制效应达到防垢除垢的效果。超声波用在工业企业除垢的可行性和超声波除垢效果的主要影响因子包括溶液温度、超声波功率、超声波频率、超声波清洗时间、水垢厚度和溶液中 Ca^{2+} 浓度。

(8) 锅炉自动控制技术

① 超超临界机组的 AGC 技术　我国电力行业已逐步形成大电网、大机组、高参数、高自动化的发展格局。超超临界机组成为燃烧发电机组的主流。为保证热控设备和系统的安全、可靠运行，可靠的设备与控制逻辑是先决条件，电网和发电机组的自动化程度都必须不断提高。自动发电控制（AGC）是电网调度中心的一项主要工作内容。它利用调度计算机、通道、远程终端、分配装置、发电机组自动化装置等组成的闭环控制系统，监视和调节电力系统的频率，控制所管辖多个发电机组的实际出力。从电厂发电机组的角度来看，是指在中高负荷段的机组运行全部由过程控制系统自动完成，负荷直接由电网调度中心进行控制。目前国内的火电机组普遍在 AGC 控制精度上受到来自电网的严格考核。如果能够通过有针对性的各种控制优化手段提高超超临界机组的 AGC 控制精度，就可以尽量减少电网对发电机组 AGC 的

考核损失，每年创造非常可观的经济效益，并提高机组日常运行的安全性和稳定性。超超临界机组在 AGC 投入情况下必须对滑压曲线和过热度曲线进行针对性优化，对水煤比、风煤比、磨煤机风粉比、减温水给水比、一次风二次风流量比进行持续优化调整，才能有效改善 AGC 控制指标。同时在主蒸汽压力响应速度慢时，可以通过使用变负荷前馈、增加磨煤机一次风量前馈、改变一次风母管压力设定值的方法来提高主蒸汽压力的响应速度。

a. 滑压曲线的优化 AGC 的调节方式是全电网调节，因此根据机组性能试验拟合机组的最佳滑压曲线，减缓压力变化对负荷变化的影响是至关重要的。这里的滑压曲线是指：机组在变负荷过程及一次调频的变化量上具有足够的裕度，调门的开方向足够，关方向上不影响汽轮机的流量分配，同时保证汽轮机调阀的节流损失尽可能小。汽轮机工作效率较高的情况是节流损失尽可能小，蒸汽参数尽量高，这就要求结合机组不同的负荷点对滑压设定值进行相关的修正。此过程要注意性能试验过程给出的最佳数值，结合变负荷过程汽轮机的运行状况形成合理的滑压曲线。

b. 过热度曲线的优化 水和煤的比例是调节过热度的主要工具。控制水煤比首先要确保过热度函数的合理。超超临界机组的过热度函数通常以分离器入口温度来标定。它是分离器压力的函数，标定时以机组稳定负荷下的水冷壁温度及减温水的可控性为依据，具体体现在：水冷壁不超温，减温水的可控性好，阀门开度在 30%～60% 之间。过热度曲线的标定通常安排在滑压曲线确定之后。超超临界机组运行中存在亚临界和超临界两个阶段。在超临界参数后，饱和温度已经失去明确的物理概念，必须进行人工拟合，这样机组运行的过热度指示便存在一定的不确定性，而分离器入口温度是一个很明确且与分离器压力对应的参数，在控制上采用分离器压力对应的分离器温度来修正水煤比。

c. 水煤比的控制 超临界直流炉的给水控制与汽包炉给水控制的最大区别在于直流炉汽水分界面的不固定性。水煤比控制是超超临界直流炉控制的核心，直接关系到机组运行的安全性。水煤比必须保证给水和燃料量的配比在一个合理的范围内，通常稳态下的比值近似为 7.5 : 1.0。而在机组升负荷、降负荷、不同的负荷段、不同的负荷变化率、RB 等工况下，这一比值将发生一定的变化，主要由锅炉的蓄热、汽水特性变化等因素引起。无论在控制上采用水跟煤、煤跟水还是水煤同时变化来控制中间点温度，都必须保证给水和燃料的比例在一个范围以内。合理的水煤配比体现在中间点温度的控制偏差上，同时需要保证水冷壁不超温，主蒸汽温度的可控性良好。通常前馈部分给水与燃料的比例在 2.5 : (1.0～4.1) 之间，给水延时时间 30～60 s，具体需要依照变负荷过程的过热度控制偏差来修正。

d. 风煤比的精确控制 风煤比是影响燃烧效率的关键因素。超超临界机组的风煤比控制直接关系到机组运行的经济性，通常以变负荷过程的氧量变化进行参照。在变负荷控制中，前馈的煤量所匹配的风量与炉主控设定的燃料量所配的风量有所差别，因为变负荷前馈的燃料量作为总燃料量设定的一个分支，包含在总风量的设定上。而变负荷前馈的风量仅是按照变负荷过程氧量的变化以及富氧燃烧的原则来进行风量设定的补充，具体做法为加负荷过程先加风，减负荷过程也加风，只是加得少一些，存在比例上的差异，减负荷过程前馈增加风量较少。

e. 磨煤机风粉比控制　磨煤机风粉比是锅炉出力变化的标志，直接决定动态过程燃料量进入炉膛的速度，决定整个机组负荷变化速率的快慢，磨煤机的响应速度快慢直接决定机组的 AGC 考核指标好坏。煤粉细度直接关系到煤粉的燃尽程度，决定锅炉的经济性。磨煤机风粉比控制的决定因素在于一次风机的出力是否足够及一次风机出力的变化速度。在控制上合理的一次风压设定，磨煤机入口一次风量函数曲线决定着风粉比的变化过程，同时应参考变负荷过程过热度、主蒸汽温度、再热蒸汽温度的变化幅度来予以修正，这是一个非常复杂的控制过程。在机组变负荷过程中，给煤机煤量的变化并不代表进入炉膛燃料量的快速变化，这与磨煤机的制粉速度、磨煤机内的蓄粉、磨煤机一次风量的快速变化直接相关。

为提高锅炉的响应速度，改善锅炉的燃烧率，希望给煤机煤量的变化迅速反映在进入炉膛的燃料上，需要通过磨煤机一次风量的改变迅速改变所携带的煤粉量。这在控制上需要增加一个变负荷前馈来改变一次风量和一次风压的变化，从而实现磨煤机风粉混合物的速度变化尽可能维持在 25 m/s 附近。此外，在不同的变负荷幅度上，风粉比的瞬时变化会带来不同程度的影响，简单来说，负荷变化的范围越大，风煤比的瞬时变化尽可能小。

f. 减温水与给水的比例控制　减温水量的变化幅度从另一方面表征了水煤比例的变化，减温水占给水的比例通常为 7%，如果减温水偏多，标志着给水量偏少，而负荷在恒定的情况下，调节级压力对应的主蒸汽流量将是恒定的，这样就造成减温水越多，流经水冷壁的给水就越少，导致过热度上升进一步增加减温水量，最终使整个汽水系统存在超温的风险。因此，必须在逻辑上限制这种工况的发生，减温水量偏大时，直接增加给水来避免水冷壁超温，反之减少给水流量。

g. 一次风与二次风流量比例　在机组的整个变负荷过程中，一次风与二次风的流量比例近似为 1∶4。一次风的主要作用是干燥并携带煤粉，提供锅炉带负荷所需的燃料量；二次风量主要是助燃，保证合理的氧量，保证锅炉运行的安全性。两者的刚度主要是指磨煤机入口一次风压与炉膛差压、二次风箱压力与炉膛差压。如果一次风刚度偏高，将使燃烧滞后，并可能导致过热段超温。而两者皆可控制炉膛内火焰的位置，在高低负荷段可用于主蒸汽温度、再热蒸汽温度的辅助调节。

② 超超临界机组一次调频控制策略优化　超超临界机组一次调频控制策略优化内容包括转速不等率非线性控制、一次调频与 AGC 反向闭锁、机组阀门流量特性修改、主汽压力偏差修正与一次调频 CCS 侧负荷延时复位等控制策略。

a. 转速信号及转速不等率的修正　转速信号对频率信号的失真问题可以由转速信号进行滤波处理，剔除由电网低频振荡导致的无效动作，采用滤波后的转速信号进行一次调频判断和计算。为了保证机组一次调频动作及时且连续，把一次调频动作死区适当调小至 ±1.9 r/min，在一次调频动作值和复归值之间设立 0.05 r/min 的死区。为了提高机组在小偏差时一次调频 15 s、30 s 出力响应考核指标，将汽轮机转速不等率做非线性处理。当机组处于一次调频小偏差动作时降低汽轮机转速不等率，可以提高一次调频负荷调整量；当机组处于一次调频大偏差动作时汽轮机转速不等率仍维持在 5%，可以避免机组因为一次调频动作而振荡，保证机组的稳定运行。

b. 调频动作闭锁 AGC 反向调节　相对于闭锁 AGC 反向指令的策略，系统将汽机主控的 AGC 指令切换为当前负荷，此时汽机主控 PID[比例（proportion）、积分（integration）、微分（differentiation）]只受一次调频负荷增量指令影响，可以有效解决汽机主控积分作用产生的反向调节问题。该控制回路中负荷闭锁时间不可超过 60 s，否则会影响机组 AGC 性能指标；负荷指令切换模块两路输入之间应设置切换速率，防止切换过程中出现扰动。

c. 机组阀门流量特性修改　将高调门的最大开度由 100%限制在 85%，这样可以加快汽机主控的调节速度，提高机组响应一次调频的速度。高调门开度和综合阀位指令对应关系基本不变。优化前补汽阀在综合阀位指令达到 83.25%时开始开启，优化后综合阀位指令达到 81.38%时提前开启补气阀，加强了补气阀和高调阀的重叠度，这样可以改善机组调门在较高开度下一次调频的调节性能，有效提高了一次调频 15 s、30 s 出力响应的合格率。

d. 主汽压力偏差修正　针对主汽压力对一次调频的影响，可以在汽轮机数字电液控制系统（DEH）阀位增量函数上增加压力修正系数，当机组主汽压力低于机组设定压力时，$f(x)$ 会输出一个大于 1 的修正系数，反之会输出一个小于 1 的修正系数，该系数与频差函数的输出相乘可以根据机组实际运行工况增大或缩小一次调频前馈，提高一次调频前馈的调节精度，改善一次调频调节性能。

e. 一次调频 CCS 侧负荷延时复位策略　在模拟量控制系统（CCS）侧增加一次调频负荷延时复位策略以解决传统一次调频策略对调频持续性的制约。系统分一次调频加负荷和减负荷两路控制。当机组转差出现负偏差时，频差函数输出为正的负荷调整量，系统执行左侧一次调频加负荷控制回路，此时惯性环节模块输出值小于频差函数的输出值，大选模块输出为频差函数的输出值，使机组能快速响应一次调频负荷响应；当转差变小时惯性环节模块输出值大于频差函数的输出值，大选模块输出为惯性环节的输出值，使一次调频的负荷调整量缓慢回落，可以增加一次调频的电量贡献；在一次调频动作过程中机组转差出现正偏差时可以通过低限模块使左侧的控制回路输出迅速切换为 0，同时执行右侧一次调频减负荷控制回路，快速响应一次调频动作。该回路可以有效提高电量贡献，同时还可以避免油动机往复波动，保护设备安全稳定运行。

③ 智慧电厂　将大数据和云计算技术应用于燃煤电厂节能减排过程中构建智慧电厂。以燃煤电厂烟气数据采集、数据存储、数据安全、数据分析为着力点，将大数据、云计算、物联网等现代化技术应用于燃煤电厂节能减排过程中，搭建节能减排监控平台。该平台具有实时监测、设备故障分析、环保对标、技术监督、电价核算等功能，可实现火电厂大气污染物的实时监管和设备状态的智能监测，为电厂智慧化运行管理提供技术支撑，为电网绿色节能调度提供数据信息。

④ 锅炉燃烧系统的智能控制技术　锅炉燃烧是非常复杂的系统，需要控制的任务目标也很繁多。锅炉燃烧系统既要满足安全性和经济性，同样重要的是锅炉燃烧提供的能量也要满

足蒸汽负荷的要求，这也是锅炉燃烧最基本的任务。锅炉控制的要求是要保持蒸汽压力、炉膛负压以及烟气含氧量恒定。

锅炉燃烧系统总控制结构图如图 1-10 所示。其中主蒸汽压力控制回路采用双闭环串级控制，内环是给煤量调节器，外环是主蒸汽压力调节器。内环作为副调节器对给煤量进行调节确保主蒸汽压力快速响应。外环作为主调节器对蒸汽压力进行不断的修正确保其趋于蒸汽压力给定值。给煤量的大小对主蒸汽的变化起主要作用，而送风量的大小变化使得主蒸汽压力随之波动。同时炉膛内的燃烧工况又会使得主蒸汽压力的大小在一定的范围内波动。

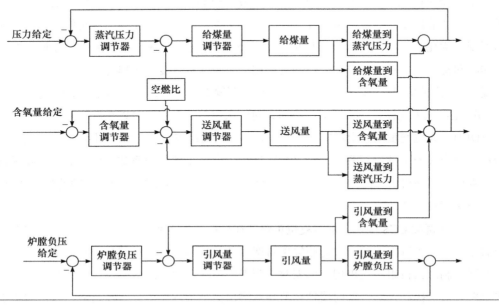

图 1-10 锅炉燃烧系统总控制结构图

图 1-10 中间部分是烟气氧量控制回路，其也是一个双闭环串级控制系统，控制原理与主蒸汽压力相类似。不同的是要将给煤量的变化作为前馈信号引入内环控制器。因为煤粉的燃烧和炉膛内空气的消耗量之间有着密不可分的关系，给煤量的多少直接影响含氧量的高低。给煤增加需要更多的氧燃烧，烟气含氧量降低，反之，烟气含氧量变大。如果送风量的大小发生变化那么炉膛内煤粉的燃烧状态也会发生变化，烟气含氧量的多少也会发生变化。然而这样一个状态并不是稳态，它是暂态，很快就会消失。简单来说，起初送风量增加会使得锅炉中燃烧更加充分，烟气中的含氧量就会降低，但这不会维持太久，随着燃烧重新恢复稳态，烟气含氧量必然会因送风量的增加而增加。反之，减小送风量会使得烟气含氧量随之减小。假如引风量在很短的时间内大量增加，那么炉膛内的烟气量将会大大减少、负压值大大增加，这样会使得外界的空气大量进入炉内使得烟气含氧量大幅度的增加。反之，引风量减少也会使得烟气含氧量减少。

⑤ 燃煤锅炉炉膛负压的智能优化控制技术 在炉膛负压控制系统中，主要通过对引风机

的控制使其压力在一个合理的范围内变动。由于引风机作为调节对象，其动态响应相对较快，数据也比较容易测量，所以其控制回路可以采用单回路控制。另外，因为炉膛负压的压力主要受送风量的影响，所以为了使引风量调节能够快速地跟踪上送风量，可以在单回路中引入前馈环节。这样当送风控制系统变化时，引风环节也会相应地快速变动，这样可以避免负压偏离给定值太大后，再动作，响应加快，使得炉膛压力不会变动太大。送风前馈信号的引入，使得引风控制环节变得更加的稳定，负压的波动也会变得很小。

⑥ 锅炉煤粉均衡分配控制技术　煤粉的均衡控制系统包括控制器、流速测量装置、均值计算模块和煤粉均衡阀，其中，煤粉均衡阀为控制系统中最关键的部分。流速测量装置将实时测得一次风流速反馈给控制器，控制器再将管道内一次风流速与管道之间流速的均值求偏差，并根据偏差指导煤粉均衡阀的动作，通过改变煤粉均衡阀开度来控制一次风流速。

⑦ 中高压燃气锅炉燃烧控制系统　燃气锅炉的燃烧控制系统是锅炉自动控制的重要一环，既需要保证锅炉负荷，也需要高效燃烧。中高压燃气锅炉燃烧控制系统，包括燃料控制部分、送风控制部分以及二者协调控制部分、燃气保护系统，采用双交叉限幅控制系统对锅炉的供水温度进行控制，吸风系统选择前馈-反馈控制系统，以主蒸汽压力为主回路设定值，以燃气流量调节和空气流量调节为副回路，将三者结合起来，将最佳空燃比与主蒸汽流量关联，智能调节空燃比，达到调节锅炉负荷、保证高效燃烧的控制目标。燃气保护系统在生产过程中保证锅炉设备安全，在必要时能紧急停炉。燃气保护程序的工作过程是在锅炉发生异常时，首先 DCS 接收现场检测到的生产数据，再由程序作出判断，是否能够达到紧急灭火停炉的条件，如果现场的异常数据满足程序的停炉判断，则 DCS 发出停炉动作，切断燃气输送阀，实现炉膛灭火的目的。

1.3.4　洁净煤发电技术

洁净煤发电技术也称高效清洁燃煤发电技术，指高效、清洁地利用煤炭资源进行发电的相关技术，具有高效、低排放的特征。狭义的洁净煤发电技术主要包括两大类：一是基于传统煤粉锅炉通过提高蒸汽参数来提高发电转换效率的燃煤发电技术，如超临界（SC）、超超临界（USC）发电技术；二是利用联合循环技术来提高发电转换效率的燃煤发电技术，如循环流化床（CFB）和整体煤气化联合循环（IGCC）等发电技术，下面主要介绍第一类。

目前正加快洁净燃煤发电新技术的研发，其中超超临界发电由于技术最成熟，商业化运行最普遍，是洁净煤发电技术中最易普及的技术。超临界机组一般指蒸汽压力范围 24～27 MPa 的机组，超超临界机组一般指蒸汽压力 $p>27$ MPa 或蒸汽温度 $t\geqslant593℃$ 的机组。与超临界机组相比，超超临界机组的蒸汽参数更高，机组热效率也相应提升，机组容量可达百万千瓦及以上。超临界、超超临界火电机组具有显著的节能和改善环境的效果，与常规火电机组相比，热效率极大提高。国际上对于超超临界发电技术的研究发展方向主要集中在高参数的超超临界技术（A-USC）和超临界循环流化床技术（USC-CFB）。从当前到 2030 年是我国超超临界技术赶超国际先进水平的重要发展时期，发展大容量高参数超超临界发电技术和"超超临界＋生物质掺烧＋区域供热＋二氧化碳捕获与储存"的示范性机组，可在未来加快煤电结构优化和转型升级，促进煤电清洁、有序发展。

目前，发展 A-USC 技术的主要国家包括美国、欧盟各国、日本。A-USC 技术中蒸汽温度在 700～760℃，压力 30～35 MPa，机组热效率可达到 50%（基于低位发热值，LHV）或更高。A-USC 技术跟亚临界发电技术相比，至少可以减少 15% 的 CO_2 排放。

（1）超（超）临界循环流化床锅炉　超超临界循环流化床燃烧技术，同时具备了超超临界蒸汽循环效率高和循环流化床燃烧技术煤种适应性广、污染物排放低等多方面优点，对于应对全球气候和环境问题有重要意义。在超（超）临界煤粉炉中，燃料的热量释放通常集中在燃烧器附近。炉膛上下热负荷分布不均，且热流密度最大的位置工质温度也较高，不利于水冷壁金属的冷却和温度控制。循环流化床锅炉炉膛中烟气侧的温度和热负荷整体较低，热流密度在炉膛下部最大，沿炉膛高度逐渐减小，恰好与工质温度的变化趋势相反，有利于水冷壁部件的冷却和温度控制。此外，由于快速流态化的基本特点，循环流化床炉内温度非常均匀，热负荷分布要比煤粉炉均匀很多。同时可以保持低温燃烧，烟气侧温度普遍低于绝大多数煤种的灰熔点，不会引起受热面表面沾污，尤其是大量的循环物料能够保持受热面表面的清洁，保证了水冷壁的吸热效果。因此，采用循环流化床燃烧技术产生超临界甚至超超临界蒸汽更具优势。

哈尔滨锅炉厂（哈锅）提出了双炉膛型流化床锅炉和单炉膛 M 型两个技术方案，如图 1-11 所示。双炉膛型流化床锅炉方案采用两个独立的炉膛左右布置，每个炉膛侧面各布置 3 个旋风分离器，两个炉膛的烟气经由分离器出口烟道汇集到一个尾部的单烟道中；单炉膛 M 型方案采用单炉膛，4 个高效旋风分离器布置在炉膛后部，尾部采用常规的双烟道结构。从技术方

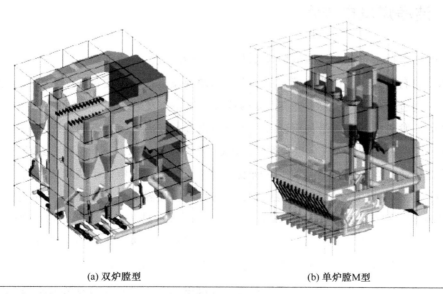

(a) 双炉膛型　　　　　　　　　　(b) 单炉膛M型

图 1-11　哈尔滨锅炉厂双炉膛型和单炉膛 M 型流化床方案

面考虑以上两个方案均是可行的，但从经济性及系统复杂程度方面考虑，双炉腔方案造价过高，且系统复杂，市场竞争力较差，最终哈锅确定将单炉膛四分离器方案作为主方案，双炉膛方案作为备选方案的技术开发路线。

东方锅炉厂（东锅）提出了三种超超临界参数方案，即常规超超临界参数（26～28 MPa/605℃/603℃）、高效超超临界参数（29.3 MPa/605℃/623℃）二次再热参数（32.4 MPa/605℃/623℃/623℃），并针对超超临界 CFB 锅炉提出了多种炉型方案。方案为：沿用白马 600 MW 超临界 CFB 锅炉的单炉膛双布风板整体布置型式，锅炉两侧共布置 6 个汽冷式旋风分离器、6 台外置式换热器（详见图 1-12），炉内布置中隔墙和高过，6 个外置式换热器内分别布置中温过热器Ⅰ、中温过热器Ⅱ和高温再热器，尾部采用单烟道，布置有低过、低再及省煤器。

上海锅炉厂（上锅）炉型采用单炉膛、单布风板、4 个汽冷分离器 M 型布置、外置式换热器（可选）方案，如图 1-13 所示。炉内布置二次上升水冷屏、高过和高再。尾部采用双烟道，布置有低过、低再和省煤器。此方案系统较为简单，但炉膛尺寸较大，炉内流场还需进一步研究。此外，上锅还开发了单炉膛、单布风板、6 个汽冷式分离器 H 型布置方案。

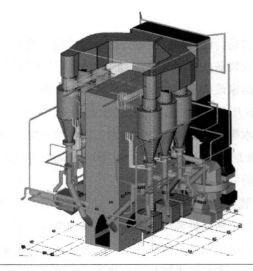
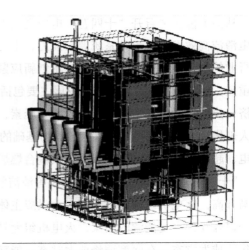

图 1-12　东锅炉型方案锅炉总体布置图　　　　**图 1-13　上锅炉型方案总体布置图**

（2）超（超）临界直流锅炉　超临界锅炉工质参数远高于亚临界锅炉，在这种超高温高压环境下不再有汽、水共存的现象，无法形成密度差，因此汽水循环动力完全来自给水泵压头，属于强制循环，只能以直流方式运行。直流锅炉的工作原理如图 1-14 所示。在给水泵压头的作用下，给水依次通过加热、蒸发、过热各个受热面，即工质沿锅炉汽水管道流过，依次完成水加热、汽化和蒸汽过热全过程，最后蒸汽过热到所给定的温度。它通常用在工质压力≥16 MPa 的工况，且是超临界参数条件下唯一可采用的锅炉。超（超）临界机组运行在35%BMCR 以上时，主汽温到达额定值，50%～100%BMCR 中再热汽温到达额定值，机组效率受到蒸汽压力影响，与温度关系很小。全工况下，直流锅炉采用定压-滑压-定压方式切换，负荷小于 30%BMCR 时定压，30%～90%BMCR 时滑压，90%BMCR 以上时需要保证在额定压力下运行。

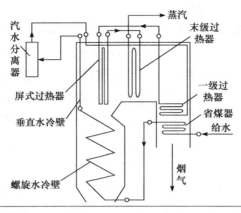

图 1-14 直流锅炉的工作原理示意图

1.3.5 锅炉节能技术发展趋势

从国家能源局召开"十四五"电力规划工作启动会议精神看，电力供给侧结构性改革、火电清洁高效发展、提升系统调节能力、电力重大装备技术创新等方面是"十四五"期间电力行业的发展方向。火电领域的技术创新应紧跟国家政策导向，以灵活、清洁、智能、高效为重点。分析认为火电领域技术发展主要包括如下几个方面：①深度调峰工况的安全、环保、经济、灵活运行技术；②重金属、痕量元素、废水等污染物深度控制技术，固体废弃物减量及大规模综合利用技术；③以大数据为基础的"智慧电厂"相关技术；④700℃超超临界燃煤发电、超临界 CO_2 循环发电、生物质耦合燃烧等前沿技术。

"十四五"期间，风、光、生物质等清洁能源装机仍将继续大幅增加，对调峰电源的需求逐渐升高，火电机组的角色正由电力供应主体向为电网提供调峰调频保障的基础电源转变。对于以煤炭为主要能源的国家，火电机组尤其是煤电机组持续低负荷运行或深度调峰在未来几年将成为常态。在深度调峰成为常态、能耗及环保指标要求更高的形势下，火电领域的技术创新应围绕着深度调峰条件下的安全灵活运行技术、多种污染物深度减排技术、智能化技术、更高初参数及新型循环原理发电技术等方面开展研究。

从国内外的发展情况来看，大容量、高参数、高效率与低污染超临界和超超临界机组是目前世界上火电发展的重要趋势。随着材料工业的发展，目前高效超超临界机组在国际上处于快速发展的阶段，锅炉的工作压力已从高压、超高压、亚临界压力向超临界、超超临界压力稳步提升，即在保证机组高可靠性、高可用率的前提下将采用更高的蒸汽温度和压力来提升机组效率、降低煤耗。因此，在今后若干年继续提升超超临界发电技术，尽可能高效、清洁地利用煤炭资源进行发电，将是解决我国煤炭清洁高效利用的根本途径，是保障我国能源安全、促进我国经济可持续发展、缓解我国面临的巨大政治压力的一项重大而长远的战略性任务。

（1）大容量、高效超超临界发电技术

① 700℃超超临界燃煤发电机组设计研发。研发内容包含对耐热合金材料筛选、开发、优化及性能评定研究；高温大型锻件、铸件加工制造技术研究；锅炉水冷壁、过热器、再热器、集箱等关键部件加工制造技术研究；汽轮机高中压转子、汽缸、阀壳、高温叶片、紧固件、阀芯耐磨件等关键部件加工制造技术研究；大口径高温管道及管件的设计、制造技术研究，锅炉关键部件及阀门验证平台建设并展开试验研究等。700℃高效超超临界发电技术研发的核心在于耐高温材料的研发，近年来我国在耐高温材料研发方面取得了一些初步进展，如：中国钢研院研发的应用于 650℃蒸汽参数的 G115/G112 铁素体耐热钢，已开展了工业试制；中科院金属所自主研发的 GH2984 耐热合金钢，针对 700℃等级超超临界燃煤电站应用环境，正在对其进行全面成分和工艺优化，并同时研发配套焊接材料。

② 超超临界 CFB 锅炉和超超临界二次再热 CFB 锅炉。

③ 超超临界燃煤机组与生物质（垃圾、污泥）耦合发电技术。

④ 灵活型超超临界机组的开发，包括 50 MW 等级、100 MW 等级的小型化高参数超临界锅炉，满足区域供能供热的要求，同时具备掺烧生物质或垃圾的能力，使得超超临界团体中除了大容量高参数带基本负荷的机组外，还有适应调峰的灵活性机组以及类似于分布式能源的小型超超临界机组。

（2）节能环保一体化、系统化

严格遵守锅炉大气污染物排放标准的同时又要满足节能要求已成为刚性约束，从锅炉设备本体设计到用热系统各部分工艺参数设计、设备配置都要尽可能考虑不影响热效率的前提下降低大气污染物初始排放，实现锅炉及系统高性价比的节能环保一体化已成为趋势。例如，锅炉低氮燃烧改造、亚临界锅炉的超临界改造、超超临界技术基础上采用二氧化碳捕获与储存技术及"超超临界+生物质掺烧+区域供热+二氧化碳捕获与储存"技术等。

（3）超临界二氧化碳布雷顿循环燃煤发电技术

超临界二氧化碳（supercritical carbon dioxide，S-CO$_2$）布雷顿循环燃煤发电技术，其循环过程是：首先超临界 CO$_2$ 经过压缩机升压，然后利用换热器将工质等压加热，工质进入涡轮机做功，涡轮带动电机发电，最终工质进入冷却器，恢复到初始状态，再进入压气机形成闭式循环。据国外研究，超临界 CO$_2$ 温度达 550℃时，超临界 CO$_2$ 发电系统热能转化为电能的效率可达 45%左右。在全循环过程中，CO$_2$ 均处于超临界状态，不发生相变，密度大，因此超临界 CO$_2$ 发电系统的体积和重量约为传统蒸汽发电系统的 50%。透平、压缩机等部件的体积大大减少，无抽汽设计，管路复杂度降低，是进一步提高燃煤发电效率的潜力方案。S-CO$_2$ 循环燃煤电站的发展可分为以下 2 条路径：①间接加热式 S-CO$_2$ 循环取代蒸汽朗肯循环应用于燃煤电站，可与煤粉锅炉、循环流化床锅炉、富氧燃烧等技术相结合；②发展更加高效且固有碳捕获能力的直接加热式 S-CO$_2$ 循环燃煤电站技术，与带有 CCS 的整体煤气化联合循环（IGCC）电站竞争。

目前 S-CO$_2$ 发电技术还处于研究、试验阶段，在 S-CO$_2$ 流体及热物理特性、S-CO$_2$ 发电系统运行控制策略、高温耐腐蚀金属材料、高速涡轮及高速发电机设计制造、高效换热器设计制造等方面的研究还有待突破。但 S-CO$_2$ 布雷顿循环发电效率高、体积小，在火电、核电、太阳能光热发电、工业废热发电等多个领域具有很好的应用前景。

（4）火电锅炉侧灵活性改造

电力系统调峰问题、平衡调节能力提升问题将贯穿"十四五"期间。我国电源结构性矛盾突出，系统调峰能力严重不足是影响我国可再生能源消纳的核心问题。我国电源结构以火电为主，占全国电源装机比重达到 67%，但调峰能力普遍只有 50% 左右。其中，"三北"地区供热机组占有很大比重，10 个省区超过 40%，供热期调峰能力仅为 20% 左右。相比之下，西班牙、丹麦等国家火电机组都具备深度调峰能力，调峰能力高达 80%。截至 2019 年，我国已完成火电灵活性改造容量约 5775 万千瓦，火电灵活性改造的深度和广度有待进一步提高。我国以火电为主的电源结构决定了未来电源灵活性的主体仍然需要从火电入手。因此，火电灵活性已被各国认为是实现高比例可再生能源电力系统的关键，也是我国实现中国特色电力系统转型之路的必然途径。"十四五"期间，火电灵活性改造仍是电力系统调节能力提升的关键手段和最主要调节能力增量来源。目前，国内火电灵活性改造的核心目标是充分响应电力系统的波动性变化，实现降低最小出力、快速启停、快速升降负荷三大目标，其中降低最小出力，即增加调峰能力是目前最为广泛和主要的改造目标。

锅炉侧灵活性改造须重点解决燃烧稳定性、制粉系统稳定性、换热水动力稳定性、受热面高温腐蚀与疲劳损伤、空预器低温腐蚀及泄漏、脱硝运行安全等问题。锅炉低负荷稳燃技术，锅炉在低负荷下运行时，火焰在炉内的充满程度会比高负荷时差，负荷降低到一定程度时，由于炉内温度下降，导致煤粉气流的着火距离增大，同时火焰对炉壁辐射损失相对增加，所以就容易出现燃烧的不稳定，甚至锅炉熄火。为提高燃烧稳定性，通常采用的技术路径包括：低负荷精细化燃烧调整，主要针对燃烧器结构、煤投运方式、煤粉精度、一次风速、配风方式等内容；燃烧器、制粉系统优化改造，改造内容涉及燃烧器、磨煤机动态分离器、风粉在线监测装置等；改善入炉煤质，储备调峰煤、掺烧生物质等。

（5）适应中国国情的燃煤耦合生物质发电技术

燃煤耦合生物质发电在欧美国家应用较广，相关项目中大多数都采用了直燃耦合。目前，欧洲的燃煤耦合生物质发电已向大容量机组、高比例掺烧方向发展。发展生物质与煤混燃技术必须考虑发电成本以及发电效率。选择一种生物质耦合燃煤发电的具体方式，确定混燃生物质种类及其掺烧比例，同时满足社会效益、经济效益、生态环境等多方面要求，是未来工程上不断试验的主要方向。结合我国国情和现有国内外耦合发电技术发展现状，生物质与燃煤耦合发电是最佳的耦合发电方式。

（6）燃气锅炉继续向低氮燃烧、凝结换热与多能源系统集成化方向发展

① 燃气锅炉继续向低氮化与冷凝化方向发展。综合利用分级燃烧技术、分层燃烧、预混燃烧和中心稳燃射流燃烧等先进的燃烧技术，烟气再循环技术和燃烧控制技术等，以最大限

度地控制 NO$_x$ 的排放；研制高效换热设备，有效回收烟气显热和烟气中水蒸气潜热，降低锅炉排烟温度，以提高锅炉热效率和降低燃气消耗量。

② 大容量燃气水管锅炉向组装化、模块化方向发展。针对燃气的燃烧特性和燃气锅炉的运行特点，开展采用膜式壁结构、微正压燃烧为主的新型大容量燃气水管锅炉研发，减少锅炉散热损失与漏风造成的排烟热损失等。通过对水循环原理和方式研究，实现中小型中温中压锅炉、大容量锅炉组装化、模块化出厂，减少材料消耗、提升产品制造质量和性能质量。

③ 基于节能减排的不同能源利用方式的组合、不同供能类型的组合（冷热电联供、蒸汽热水联供等）得到发展。如热能梯级利用-中小型燃气冷热电联产（CCHP）技术系统优化及产业化，太阳能与燃油燃气锅炉联产技术系统优化及产业化。

（7）余热余能利用将在技术升级、深度利用的基础上继续拓展空间

余热利用领域的发展主要有四个方向：一是余热利用领域逐渐扩大，新的余热锅炉产品不断出现；二是余热锅炉向高温、高压和高余热回收利用率方向发展；三是余热利用向中、低温方向发展；四是固废（垃圾、污泥等）焚烧处理技术的研发和推广，现有产品的可靠性和适用性提升等。

（8）基于锅炉全生命周期的数字化与信息化

锅炉系统集成要求越来越高，锅炉产品生产周期较长，在锅炉产品及系统的设计、生产到全面交付的过程中，及时沟通就显得越发重要。基于 C2B 的数字化、信息化将助力锅炉企业经营模式的转型升级，将企业经营和用户需求紧密地联系起来。随着我国能源结构调整，"煤改气"、"煤改电"、新能源发展等的大力推行，燃气锅炉、电热锅炉快速增长，为锅炉自动化奠定了物质基础；燃煤工业锅炉的大型化也为先进控制技术应用和优化提供条件。随着信息化技术、智能化技术、物联网技术、5G 技术的商用，工业锅炉正迈向自动化和智能化发展的新阶段。

1.3.6 综合评价

（1）GB/T 10180—2017《工业锅炉热工性能试验规程》

本标准规定了工业锅炉热工性能试验中的术语与定义、符号和单位、总则、试验准备、试验要求、测量项目和试验用仪器仪表、试验方法、锅炉热效率的计算及试验报告。本标准适用于额定压力小于 3.8 MPa、介质为水或液相有机热载体的固体燃料锅炉、液体燃料锅炉、气体燃料锅炉以及电加热锅炉的热工性能试验。油田注汽锅炉、余热利用装置或设备（烟道式余热锅炉除外）、蒸汽压力不小于 3.8 MPa 且蒸汽温度小于 450℃的锅炉可参照使用。

（2）GB/T 10184—2015《电站锅炉性能试验规程》

本标准规定了燃用煤、油、气（主要指天然气）和生物质燃料的电站锅炉性能试验（包括鉴定试验、验收试验和常规试验）方法。本标准范围如下：适用于蒸汽流量不低于 35 t/h，

蒸汽压力不低于 3.8 MPa，蒸汽温度不低于 440℃ 的电站锅炉；适用于为了其他目的（包括燃烧调整、燃料变动、设备改进等）进行的锅炉性能试验；燃用其他燃料的电站锅炉性能试验可参照本标准执行。

（3）GB/T 15317—2009《燃煤工业锅炉节能监测》

本标准规定了燃煤工业锅炉能源利用状况的监测项目、监测方法和考核指标。本标准适用于额定热功率（额定蒸发量）大于 0.7 MW（1 t/h）、小于或等于 24.5 MW（35 t/h）的工业蒸汽锅炉和额定供热量大于 2.5 GJ/h 的工业热水锅炉。

（4）GB 24500—2020《工业锅炉能效限定值及能效等级》

本标准规定了工业锅炉产品的能效等级、技术要求及试验方法，适用于以煤、天然气、油、生物质为燃料或以电为热源，以水或有机热载体为介质的固定式锅炉：a. 额定蒸汽压力 ≥0.1 MPa 且 <3.8 MPa 的蒸汽锅炉；b. 额定出水压力 ≥0.1 MPa 且额定功率 ≥0.1 MW 的热水锅炉；c. 额定介质出口压力 ≥0.1 MPa 的有机热载体锅炉。本标准将工业锅炉能效等级分为 3 级，其中 1 级能效最高。在满足工业锅炉初始排放浓度要求的前提下，各等级工业锅炉在额定工况下的热效率值均应不低于本标准中的规定值。具体来讲，以水为介质的工业锅炉和采用余热回收利用的有机热载体锅炉在额定工况下的热效率值应不低于 3 级能效的规定值，当仅为有机热载体锅炉换热时，锅炉热效率值应不低于设计值；电加热锅炉在额定工况下的热效率值应不低于 97%。标准中规定工业锅炉在额定工况下的热效率应按 GB/T 10180 的规定进行测试，燃气冷凝锅炉的热效率可按 NB/T 47066 的规定进行测试。

（5）GB/T 18292—2009《生活锅炉经济运行》

本标准规定生活锅炉经济运行的定义、基本要求、运行分级、技术指标、监测方法与考核。本标准适用于以煤、油、气为燃料，以水为介质的固定式额定工作压力不大于 1.0 MPa 且额定蒸发量小于 1 t/h 的蒸汽锅炉或额定热功率小于 0.7 MW 的承压热水锅炉和常压热水锅炉。本标准不适用于有机热载体炉、热风炉、余热锅炉及电加热锅炉。该标准规定生活锅炉运行时应合理配风，尽可能保持良好的运行工况，压力、温度、水位等运行参数应保持相对稳定。锅炉宜在 75%～100% 额定出力下运行。生活锅炉应选用与设计燃料同一类的燃料为运行燃料。燃煤锅炉应积极推广清洁煤燃料及其相应的燃烧方式。

生活锅炉经济运行综合评判分三个运行级别：一级运行、二级运行、三级运行。三级运行为达到经济运行的基本要求，对新安装的锅炉，从投运之日起两年以内的，应以二级运行为达到经济运行的基本要求。对达到一级、二级运行的锅炉使用单位，可向其颁发"一级运行""二级运行"标志。

（6）GB/T 17954—2007《工业锅炉经济运行》

本标准规定了工业锅炉经济运行的基本要求、管理原则、技术指标与考核。本标准适用于以煤、油、气为燃料，以水为介质的固定式钢制锅炉，包含 GB/T 1921 所列额定蒸汽压力为 0.04～3.8 MPa 且额定蒸发量不小于 1 t/h 的蒸汽锅炉和 GB/T 3166 所列额定出水压力大于 0.1 MPa 且额定热功率不小于 0.7 MW 的热水锅炉。本标准不适用于余热锅炉、电加热锅炉及有机热载体锅炉。工业锅炉经济运行的综合评判分三个运行级别：一级运行、二级运行及三级运行。三级运行为达到经济运行的基本要求，但对于本标准实施之日后新安装投运的锅炉，从锅炉使用证颁发之日起两年以内的以二级运行为达到经济运行的基本要求。

（7）GB/T 29052—2012《工业蒸汽锅炉节水降耗技术导则》

本标准规定了工业蒸汽锅炉水汽系统节水降耗的设计、安装调试、使用管理和效果评价的技术要求。本标准适用于额定出口蒸汽压力小于 3.8 MPa、以水为介质的固定式蒸汽锅炉及其水汽系统。

1.4 工程应用案例

1.4.1 哈锅 660 MW 高效超超临界循环流化床锅炉方案

哈锅在超临界循环流化床锅炉技术基础上开发了 660 MW 高效超超临界循环流化床锅炉。

（1）锅炉设计参数及设计思路

① 锅炉设计参数 锅炉采用高效超超临界蒸汽参数的直流锅炉，其参数如表 1-2 所示。循环流化床燃烧方式，燃料为矸石、煤泥和末原煤的混煤，三者比例为 20∶55∶25，主要参数及设计煤质分析如表 1-3 所示。矸石、煤泥是洗煤过程产生的副产品，属于难燃的劣质燃料。本方案以煤泥和矸石掺混作为设计煤质，体现了循环流化床燃烧燃料适用范围广的优点，是大规模清洁利用此类燃料的最佳选择。

表 1-2 660 MW 高效超超临界循环流化床锅炉蒸汽参数

负荷（BMCR）	数值
主汽温度	605℃
主汽压力	29.4 MPa
再热器入口温度	302.9℃
再热器入口压力	6.16 MPa
再热器出口温度	623℃
再热器出口压力	5.96 MPa
给水温度	302.9℃

表 1-3　设计煤质

名称	数值
收到基水分 M_{ar}	19.1%
空气干燥基水分 M_{ad}	2.41%
收到基碳 C_{ar}	39.51%
收到基氢 H_{ar}	2.28%
收到基氧 O_{ar}	7.39%
收到基氮 N_{ar}	0.39%
收到基硫 S_{ar}	0.8%
收到基灰分 A_{ar}	31.34%
干燥无灰基挥发分 V_{daf}	33.52%
低位发热量 $Q_{net,ar}$	14520 kJ/kg

② 锅炉的主要设计思路　充分借鉴了哈锅 600 MW 和 350 MW 超临界循环流化床锅炉的技术特点。整体布置是在 350 MW 超临界循环流化床锅炉基础上的放大，以高效率、高参数、高可用率、低能耗、低排放为目标，对原有超临界循环流化床锅炉技术进行优化，最终形成了 660 MW 高效超超临界循环流化床锅炉的技术方案。

（2）锅炉布置方案及关键技术研究

660 MW 高效超超临界循环流化床锅炉为超临界参数变压运行直流锅炉，采用单炉腔单布风板、二次上升水冷壁系统、一次中间再热循环流化床锅炉。锅炉主要由 1 个炉腔、4 个汽冷旋风分离器、4 个回料阀、4 个外置式换热器和 2 个回转式空预器等部分组成，尾部采用双烟道，再热器采用挡板调温，前墙 12 点给煤、后墙 10 点给入煤泥，排渣采用后墙 4 台风水联合冷渣器和 4 台滚筒冷渣器。

① 单布风板及炉腔设计　哈锅 660 MW 超超临界循环流化床锅炉是在 350 MW 超临界基础上进行放大设计，采用单炉腔结构，炉腔宽度 39.95 m，该尺寸与 FW 公司为韩国三陟电厂设计的 550 MW CFB 锅炉炉腔尺寸相当。单炉腔单布风板结构，避免了采用双布风板结构带来的翻床风险，减小了一次风调节挡板为防止床料翻床而预留的阻力引起的一次风机压头高、厂用电高问题。与双布风板结构相比，单布风板炉腔深度增加，通过配风系统的合理设计，可确保二次风的穿透能力。下层二次风口穿透距离 1.5 m 左右，上层二次风口穿透距离达到 3.6 m，可保证二次风口穿透性。

② 外置床的设计　对于高效超超临界 CFB 锅炉，其出口蒸汽汽温进一步提高达到 605℃/623℃后，比目前已投运的超临界 CFB 锅炉 571℃/569℃提高 34℃和 54℃，末级高温受热面传热温差减小，尤其低负荷时传热温差进一步降低，汽温保证难度增加，因此保证低负荷时汽温至关重要。带外置换热器的锅炉的炉腔温度调节更加灵活。可根据锅炉负荷及实际运行情况，调节进入外置式换热器的灰量，进而调节外循环管路的换热量达到调整炉腔烟温的目的，使炉腔烟温即便在较低负荷工况下仍可维持较高水平，从而保证足够的传热温差，使出

口汽温达到额定值，避免了低负荷时由于蒸汽温度下降使机组效率下降的问题。

③ 受热面壁温偏差控制设计　由于本方案高温再热器汽温高达 623℃，若考虑到外置床中的传热偏差，高温再热器的材料选择非常困难。因此，本方案外置床内全部布置汽温相对较低的中温过热器，可确保外置床中受热面的安全性。高温再热器采用屏式结构布置在炉膛内，通过成熟的屏偏差控制技术，保证高温再热器受热面的安全。

④ 水动力方案设计　由于循环流化床锅炉的特点是采用流态化的燃烧方式，炉膛内存在强烈的气固两相流动，会造成垂直烟气流动方向布置的受热面的强烈磨损，决定了超超临界 CFB 锅炉无法采用螺旋管圈的水冷壁技术。因此，660 MW 超超临界循环流化床锅炉只能采用垂直管圈水冷壁、中低质量流速水冷壁方案。

本锅炉的水动力技术采用的是工质在水冷壁一次上升后，再全部流经水冷屏的二次上升水动力方案，即给水通过省煤器后，经由连接管引入水冷壁下集箱，在水冷壁中垂直一次上升并吸热，进入水冷壁上集箱后，由连接管引入水冷屏入口集箱，在水冷屏中二次上升吸热。该水动力方案已经在哈锅自主开发的 350 MW 超超临界循环流化床锅炉上得到应用与验证。

⑤ 循环回路流场研究及燃烧均匀性设计

a. 单元制设计和调节理念　将炉膛截面沿宽度方向分为 4 个单元，采用 4 个外置床，通过锥形阀调节流经各个外置床的循环灰流量，控制外置床回灰温度。实现分单元调节床温，前墙多点独立均匀给煤，后墙多点均匀排渣，可分区控制和调节给煤和排渣。受热面区域性合理布置，炉膛上部前后墙均布受热面。

b. 采用均匀性布置和设计　热一次风从水冷风室后侧 6 点给入，前墙 12 点给煤、后墙 8 点排渣，可以有效保证锅炉床温、床压的均匀性。炉膛给煤、排渣、回料阀返料和外置床返料、炉膛出烟口等都采用均匀布置方式，保证流场、温度场均匀。炉膛前后墙各炉宽方向均布屏式受热面。

c. 数模和物模计算　数值模拟基于 ANSYS Fluent 计算软件，按照锅炉设计尺寸建立计算模型，对该锅炉炉膛气固流场进行数值模拟。图 1-15 为 M 型 4 个分离器炉型固相浓度分布。通过流场模拟计算，发现采用均匀性设计技术后，M 型 4 个分离器布置的炉型流场更加均匀，4 个分离器的流场偏差较小，其不同分离器之间的流率偏差最大值为 7.9%。基于流态化模化理论设计建设，冷态模型的主要尺寸根据 660 MW 循环流化床锅炉实炉按照一定比例设计。

图 1-15　M 型 4 个分离器炉型固相浓度分布

通过冷态物理实验，各分离器流场均匀性较好，各分离器之间的物料浓度最大偏差基本在 7% 左右，与流场模拟计算结果相吻合。

该型号锅炉已经应用于世界首个 660 MW 超超临界 CFB 发电项目——神华国能彬长低热值煤 660 MW 超超临界 CFB 科技示范发电项目，并于 2020 年 3 月 9 日在陕煤集团彬长矿区开工。一期项目预计 2022 年 7 月建成投入运营，建成后年发电量 30 亿千瓦时，年可实现销售收入 8 亿元。项目全面建成后，年发电量 60 亿千瓦时，年可实现销售收入 16 亿元。

1.4.2　600 MW 亚临界机组提温提效锅炉改造

某电厂对 600 MW 等级亚临界机组锅炉实施综合性、系统性节能改造。该电厂二期工程 3#、4#机组为 2×600 MW 空冷发电机组，锅炉为亚临界、控制循环、一次中间再热全钢架结构汽包炉。

（1）改造方案

① 省煤器系统和水冷壁系统　本次改造增加分级省煤器，原省煤器抽减部分管圈。水冷壁系统流程不变，锅炉蒸发量从 2059 t/h 提升至 2150 t/h；锅筒内汽水分离器原设计 114 只 ϕ254 mm 涡流式分离器，蒸发量不能满足要求，改造后，增加 4 只分离器，调整原有分离器的节距，拆除原有的分离器及座板进行重新布置。分离器的增加可确保汽水分离效果，满足蒸发量的要求。

② 过热蒸汽系统　过热蒸汽系统流程不变，主要对过热器的受热面排数和管径进行了改造并对相应管道材料进行了升级。分隔屏过热器布置在炉膛上部，改造后受热面沿炉宽方向由 6 排增加至 8 排；后屏过热器布置在炉膛上部，改造后受热面沿炉宽方向由 25 排增加至 28 排；末级过热器布置在水平烟道后侧，改造后受热面管径由 51 mm 增加至 54 mm。随受热面改造更换相应过热器系统集箱和连接管道，部分集箱和管道材料升级，改造前后参数对比见表 1-4。

表 1-4　过热蒸汽系统改造前后参数对比

项目	改造前	改造后
分隔屏过热器管径	ϕ57 mm	ϕ51 mm
分隔屏过热器横向排数/横向节距	6 排/2794 mm	8 排/2173 mm
分隔屏过热器每排根数/纵向节距	60 根/67 mm	66 根/60 mm
分隔屏过热器受热面材质	15CrMoG/12Cr1MoVG/SA213-TP347H	15CrMoG/12Cr1MoVG/SA213-TP347 HFG SB
后屏过热器横向排数/横向节距	25 排/762 mm	28 排/699 mm
后屏过热器受热面材质	12Cr1MoVG/SA213-T91/SA213-TP347H	12Cr1MoVG/SA213-T91/SA213-TP347HFG SB

项目	改造前	改造后
末级过热器管径	ϕ51 mm	ϕ54 mm
末级过热器每排根数/纵向节距	6 根/102 mm	6 根/108 mm
末级过热器受热面材质	12Cr1MoVG/SA213-T91	SA213-T91/SA213-TP347HFG SB

③ 再热蒸汽系统　再热蒸汽系统流程不变,主要对再热器的排数和材料进行了改造和升级。墙式再热器改造后墙再炉内受热面高度增加 2.7 m,两侧墙各增加 12 根并联管子;屏式再热器改造后每排受热面并联管子数由 16 根增加至 18 根;末级再热器改造后每排受热面并联管子数由 10 根增加至 11 根,受热面材料升级。改造前后参数对比见表 1-5。

表 1-5　再热蒸汽系统改造前后参数对比

项目	改造前	改造后
墙式再热器管子数/节距	534 根/63.5 mm	558 根/63.5 mm
末级再热器每排根数/纵向节距	10 根/114 mm	11 根/114 mm
屏式再热器每排根数/纵向节距	16 根/73 mm	18 根/73 mm
末级再热器受热面材质	12Cr1MoVG/SA213-T91	SA213-T91/SA213-TP347HFG SB

④ 蒸汽调温系统　本锅炉蒸汽调温分两大系统,一个是过热蒸汽调温系统,另一个是再热蒸汽调温系统,流程及位置均未调整;因喷水量的变化,更换过热器两级的全部调节阀和再热器事故喷水调节阀;因过热器和再热器系统流程气温的变化,更换相应的截止阀及管路。

(2) 锅炉改造结果分析

该锅炉改造前后主要参数对比见表 1-6。改造后,锅炉出口过热蒸汽压力 17.72 MPa,过热蒸汽流量由 2059 t/h 增加到 2150 t/h,机组由 600 MW 增容至 660 MW,主蒸汽和再热蒸汽温度由 541℃分别提升至 571℃和 569℃。

表 1-6　锅炉改造前后主要参数对比

名称	改造前 BMCR[①]	改造前 ECR[②]	改造后 BMCR	改造后 ECR
过热蒸汽流量/(t/h)	2059	1849	2150	1970.7
过热蒸汽出口压力/MPa	17.47	17.30	17.72	17.59
过热蒸汽出口温度/℃	541	541	571	571
再热蒸汽流量/(t/h)	1743.6	1576.1	1815.1	1672.9
再热蒸汽进口压力/MPa	4.03	3.63	3.99	3.675
再热蒸汽出口压力/MPa	3.83	3.44	3.78	3.483
再热蒸汽进口温度/℃	330	321	352	343
再热蒸汽出口温度/℃	541	541	569	569
给水温度/℃	283	276	286	280

①BMCR:锅炉最大连续蒸发量,主要是在满足蒸汽参数、炉膛安全情况下的最大出力。

②ECR:锅炉额定工况。

锅炉参数提升后，过热系统吸热量占比增加，再热系统吸热量占比略微减小。改造前，总吸热量为 5296 GJ/h，过热系统吸热量为 4427 GJ/h，再热系统吸热量为 869 GJ/h。改造后，总吸热量为 5680 GJ/h，过热系统吸热量为 4763 GJ/h，再热系统吸热量为 917 GJ/h。锅炉的燃煤量相应增加，由 315.40 t/h 增加到 339.11 t/h，烟气量及空气量也相应增加。锅炉经改造后，试验测试所得两次试验锅炉热效率平均值为 94.00%，修正后两次锅炉热效率平均值为 94.30%，高于保证效率值 93.2%。

1.4.3　1000 MW 机组锅炉吹灰汽源节能改造

某 1000 MW 机组锅炉为超超临界变压运行直流锅炉，采用单炉膛、Ⅱ 型布置，悬吊结构。锅炉出口蒸汽参数为 26.25 MPa/605℃/603℃，对应汽机参数为 25 MPa/600℃/600℃。汽轮机采用超超临界、一次中间再热、单轴、四缸四排汽、双背压、八级回热抽汽、凝汽式机组。原配置锅炉炉膛吹灰器和空气预热器吹灰器蒸汽抽自分隔屏过热器的出口，经减温减压送往吹灰器，吹灰器采用程序自动控制。

锅炉吹灰汽源节能改造方案如图 1-16 所示。保留原来由分隔屏至后屏过热器管道引出的吹灰管路，用于锅炉低负荷运行时空气预热器和本体吹灰；增设一路取自再热冷段管道的吹灰管路，主要用于空气预热器和炉膛本体在高负荷时的吹灰。改造费用总计 55 万元。

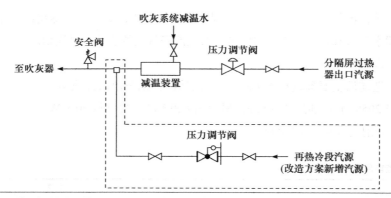

图 1-16　锅炉吹灰汽源节能改造方案

机组的主要性能参数如表 1-7 所示。由于锅炉吹灰非连续进行，表 1-7 中对吹灰蒸汽以天为单位计算吹灰用汽量，节能量的计算也以天为单位。

表 1-7　机组主要性能参数

项目	THA（热耗率验收工况）	75% THA 工况
机组负荷/MW	1000	750
锅炉效率/%	94.6	94.4
汽轮机热耗/[kJ/(kW·h)]	7360.00	7520.90

项目	THA（热耗率验收工况）	75% THA 工况
分隔屏过热器出口蒸汽压力/MPa	26.64	20.07275
分隔屏过热器出口蒸汽温度/℃	510.00	495.00
分隔屏过热器出口蒸汽焓值/(kJ/kg)	3178.58	3223.60
再热冷段蒸汽压力（MPa）/温度（℃）	5.01/347.7	3.78/353.90
再热冷段蒸汽焓值/(kJ/kg)	3062.91	3108.03
汽轮机排气焓/(kJ/kg)	2335.40	2369.50
吹灰蒸汽量/(t/d)	170.10	170.10
凝结水补水焓/(kJ/kg)	84.86	84.86

以汽轮机进汽参数、机组发电负荷以及锅炉煤质不变为前提，假定采用两种汽源时吹灰用汽量相等，且冷段抽汽量对汽轮机凝汽汽流发电效率没有影响，用热电联产机组热平衡方法计算热耗率验收工况（THA 工况）及 75%热耗率验收工况（75% THA 工况）两种负荷工况下的能耗，结果如表 1-8 所示。从表 1-8 中可知，THA 工况下，吹灰汽源从分隔屏过热器出口改至再热冷段管道，年节约标煤量 850 t，年收益 59.49 万元；75%THA 工况下，年节约标煤量 1197.1 t，年收益 83.80 万元。由于不同负荷时，锅炉每日吹灰用汽量几乎相同，机组负荷越低，在年发电量相同的情况下，机组实际运行天数越多，总吹灰用汽量越多；同时机组运行负荷越低，吹灰用汽产生的联产发电量占总发电量比例（热化发电率）越高，而供汽汽流发电煤率远低于凝汽汽流发电煤耗率，因此低负荷采用再热冷段汽源时机组收益更加显著。而机组实际年平均负荷率在 75%左右，因此表中 75%THA 工况下计算收益更接近机组实际运行收益。每台机组吹灰汽源改造费用为 57 万元，按 75%THA 工况年收益 83.8 万元核算，0.68 年即可收回改造成本，因此吹灰汽源采用再热冷段汽源具有显著的节能效益。

表 1-8 改造后不同负荷工况下综合收益比较

项目	THA 工况	75% THA 工况
机组负荷/MW	1000	750
标准煤热值/(kJ/kg)	29306	29306
供汽汽流发电煤耗率/[g/(kW·h)]	133	133
凝汽汽流发电煤耗率/[g/(kW·h)]	268	275
机组运行天数/d	247.5	330
年供吹灰汽量/t	42100	56133
年总发电量/MW·h	5940000	5940000
冷再汽源年供汽热量/GJ	125375	169700
过热器汽源年供汽热量/GJ	130245	176187
采用冷再汽源方案年节约煤量/t	850	1197.1
年收益/万元	59.49	83.80

参考文献

[1] 周强泰. 锅炉原理[M]. 3 版. 北京：中国电力出版社，2013.

[2] 葛挺. "十四五"期间火电技术发展方向分析[J]. 河南电力，2020（S02）：1-3.

[3] 赵有飞. 火力发电厂锅炉点火节能技术应用进展[J]. 工业技术创新，2016，3（5）：1052-1055.

[4] 刘法志，吴桂福，顾春阳，等. 350 MW 超临界锅炉调整优化试验研究[J]. 能源与节能，2021（9）：103-107.

[5] 刘志强，潘荔，赵毅，等. "十四五"时期我国火电行业节能潜力分析与建议[J]. 中国能源，2021，43（4）：12-18，45.

[6] 巩李明，邓启刚，刘杰，等. 东方 700 MW 高效超超临界 CFB 锅炉的开发[J]. 东方电气评论，2021，35（3）：58-62.

[7] 骆仲泱，何宏舟，王勤辉，等. 循环流化床锅炉技术的现状及发展前景[J]. 动力工程，2004，24（6）：761-767.

[8] 戴文泰，刘建全，钟犁，等. 700℃超超临界紧凑型锅炉燃烧特性模拟及优化[J]. 锅炉技术，2021，52（5）：32-38.

[9] 何勇，牟旭，姜琳琳. 锅炉的节能与环保新技术微探[J]. 中国设备工程，2021（19）：201-202.

[10] 张海翔. 1000 MW 超超临界锅炉点火及低氮燃烧技术研究[D]. 北京：华北电力大学（北京），2016.

[11] 何冬辉. 0 号高加对 1000 MW 超超临界机组调峰运行热经济性影响[J]. 黑龙江电力，2020，42（5）：457-460.

[12] 杨建国. 电站锅炉煤粉空气富氧直接点火技术的理论及应用研究[D]. 杭州：浙江大学，2010.

[13] 周宏宝. 富氧燃烧锅炉设备设计选型及监理研究[D]. 北京：华北电力大学（北京），2016.

[14] 王亚欧，耿察民，金炜，等. 分离燃尽风水平摆角对 1000 MW 八角切圆锅炉燃烧特性影响的数值研究[J]. 热能动力工程，2021，36（8）：106-113.

[15] 何维，朱骅，刘宇钢，等. 超超临界发电技术展望[J]. 能源与环保，2019，41（6）：77-81.

[16] 王卫平. 膜法富氧局部助燃技术在四角切圆煤粉锅炉上的工程应用研究[D]. 长沙：中南大学，2007.

[17] 卢志良，贺峰，孙峰，等. 2×300 MW 燃煤电厂锅炉富氧燃烧技术改造及性能分析[J]. 节能，2021，40（1）：53-55.

[18] 方军庭. 1000 MW 机组锅炉褐煤最大掺烧比例预测计算研究[J]. 上海节能，2021（7）：755-758.

[19] 陈勤根，陈国庆，朱青国，等. 对冲旋流燃烧锅炉贴壁风布置方式对比研究[J]. 动力工程学报，2021，41（8）：624-631.

[20] 谭雪梅，刘世杰，赵冰，等. 循环流化床锅炉气固两相流换热研究进展[J]. 华电技术，2021，43（10）：61-67.

[21] 段清兵，张胜局，段静. 水煤浆制备与应用技术及发展展望[J]. 煤炭科学技术，2017，45（1）：205-213.

[22] 纪建民，隋旭光. 锅炉分层燃烧技术的燃烧特性及节能分析[J]. 信息产品与节能，2001（2）：23-31.

[23] 高磊，陈伟鹏. 基于提高煤粉煤气混烧锅炉经济性运行方法研究[J]. 东北电力技术，2021，42（10）：11-13，18.

[24] 韩艳玲. 锅炉分层燃烧装置使用中出现的问题及对策[J]. 科技创新与应用，2017（5）：144.

[25] 徐剑辉，王彬，林宸煜，等. 650 MW 超临界锅炉低氮燃烧器改造后的主要问题与优化调整[J]. 能源工程，2021（5）：55-59.

[26] 金伟东. 锅炉均匀混合分层燃烧节能技术应用[J]. 辽宁化工，2016，45（4）：477-478，480.

[27] 宋鸿. 整体煤气化联合循环（IGCC）现状及发展趋势[J]. 竞争情报，2010（1）：46-53.

[28] 严辉. 整体煤气化联合循环发电系统技术研究综述[J]. 化学工程与装备，2015（2）：155-157.

[29] 石永. 工业锅炉水处理及其节能减排措施研究[J]. 中国资源综合利用，2021，39（9）：182-184.

[30] 杨飞平，李贵波，何刚. 660 MW 机组锅炉冷态启动单侧风组运行的节能试验[J]. 工业锅炉，2021（5）：45-48.

[31] 胡刚，刘伟. 300 MW CFB 锅炉一次风机耗电率优化研究[J]. 电力学报，2021，36（4）：301-305.

[32] 吴华栋，沈应强，段丽红，等. 深度余热利用对锅炉影响的分析[J]. 发电设备，2021，35（5）：301-304，308.

[33] 王晶，廖昌建，王海波，等. 锅炉低氮燃烧技术研究进展[J/OL]. 洁净煤技术：1-16[2021-11-19]. http://kns.cnki.net/kcms/detail/11.3676.TD.20210903.1536.002.html.

[34] 张文熙. 锅炉辅机优化分析[J]. 机械管理开发，2016，31（8）：44-46.

[35] 王旭东. 浅析锅炉水处理的必要性及相关处理措施[J]. 中国高新技术企业，2016（8）：66-67.

[36] 庄国华，张迎友. 水处理对于工业锅炉运行的重要性以及常用水处理方法概述[J]. 科技创新与应用，2020（26）：

121-123.

[37] 尤毅聪. 工业锅炉水处理节能研究与监管[J]. 质量技术监督研究, 2016（5）: 54-56, 60.

[38] 温兴满. 对工业锅炉节能水处理工艺及其运行模式的分析[J]. 节能与环保, 2018（10）: 70-71.

[39] 耿盼. 锅炉排污与节能研究[J]. 能源与节能, 2014（3）: 90-92.

[40] 孙仲武, 邓沪秋. 锅炉排污热量回收节能分析与技术改造[J]. 西安科技大学学报, 2012, 32（4）: 522-525.

[41] 李梅, 张竑斌, 张卫, 等. 蒸汽锅炉排污的最优节能控制[J]. 工业仪表与自动化装置, 2011（6）: 96-98.

[42] 王婷, 郭馨, 殷亚宁, 等. 浅析700℃超超临界锅炉关键技术[J]. 电站系统工程, 2021, 37（6）: 15-17.

[43] 王爽奇, 田宇, 龚迎莉, 等. 330 MW 煤粉锅炉掺烧生物质气化气对锅炉性能的影响分析[J]. 电力学报, 2021, 36（5）: 397-403.

[44] 丘性通. 工业锅炉不停炉除垢技术的应用研究[J]. 能源与环境, 2016（3）: 42-43.

[45] 李沙, 李兵, 刘法志, 等. 200 MW 机组四角切圆锅炉准东煤与油页岩掺烧试验研究[J]. 节能, 2021, 40（10）: 59-61.

[46] 王路路. 火电厂锅炉节能优化措施及潜力研究[J]. 节能, 2021, 40（10）: 56-58.

[47] 刘丽红, 陈红梅, 胡文凤, 等. 基于 Aspen Plus 优化的燃气锅炉烟气余热梯级利用研究[J]. 节能, 2021, 40（10）: 27-30.

[48] 庄文军. 催化柠檬酸对 600 MW 亚临界锅炉过热器的化学清洗研究及应用[D]. 北京: 华北电力大学（北京）, 2017.

[49] 李伟雄, 杨新健, 汪鼎. 基于锅炉运行安全的水垢预防及处理[J]. 能源与环境, 2017（3）: 105-106.

[50] 郑文广, 贾小伟, 阮慧锋, 等. 国内二次再热高效燃煤机组关键技术探析[J]. 科技与创新, 2021（20）: 20-21, 25.

[51] 张辉涛. 650 MW 锅炉保温不良造成的热量损失分析[J]. 设备管理与维修, 2019, 5（10）: 49-51.

[52] 王斐. 火电厂集控运行节能降耗措施分析[J]. 科技与创新, 2021（20）: 1-2.

[53] 梁晓剑. 关于火电厂锅炉汽轮机节能环保措施的探讨[J]. 中国设备工程, 2021（20）: 240-242.

[54] 陈听宽. 超临界与超超临界锅炉技术的发展与研究[J]. 世界科技研究与发展, 2005, 27（6）: 42-48.

[55] 折建刚, 谢国威, 邬万竹. 烟气再循环对循环流化床锅炉燃烧影响的对比研究[J]. 能源科技, 2021, 19（5）: 84-89.

[56] 何维, 朱骅, 刘宇钢, 等. 超超临界发电技术展望[J]. 能源与环保, 2019, 41（6）: 77-81.

[57] 刘丽红, 何争艳, 罗武生, 等. 基于直膨式热泵技术的燃气锅炉烟气余热深度利用[J]. 工业锅炉, 2021（5）: 32-36.

[58] 任思宇. 火电厂集控运行节能降耗研究[J]. 中国设备工程, 2021（21）: 218-219.

[59] 宋畅, 吕俊复, 杨海瑞, 等. 超临界及超超临界循环流化床锅炉技术研究与应用[J]. 中国电机工程学报, 2018, 38（2）: 338-347, 663.

[60] 刘烨, 刘占淼, 杨楠. 大型燃煤电站锅炉烟气余热利用系统节能研究[J]. 中国设备工程, 2021（21）: 216-218.

[61] 任志强. 火力发电厂锅炉节能降耗的对策与措施研究[J]. 应用能源技术, 2021（9）: 55-57.

[62] 樊晋元. 超临界机组完全变压运行与节能研究[D]. 北京: 华北电力大学（北京）, 2013.

[63] 王睿, 李莹. 影响燃煤工业锅炉能耗的因素及技改措施[J]. 装备制造技术, 2011（9）: 210-212.

[64] 刘超, 徐进良, 刘国华. 燃煤超临界 CO_2 发电系统锅炉换热面布置及优化[J/OL]. 中国科学（技术科学）: 1-12 [2021-11-19]. http://kns.cnki.net/kcms/detail/11.5844.TH.20211102.1609.002.html.

[65] 张明智. 电站锅炉能耗损失及节能技术措施分析[J]. 中国新技术新产品, 2016（14）: 133-134.

[66] 吴晓干. 进口 600 MW 亚临界锅炉提温技术方案与分析[J]. 锅炉技术, 2021, 52（4）: 12-15.

[67] GB/T 15317—2009. 燃煤工业锅炉节能监测[S]. 北京: 中国标准出版社, 2009.

[68] GB 24500—2020. 工业锅炉能效限定值及能效等级[S]. 北京: 中国标准出版社, 2020.

[69] GB/T 18292—2009. 生活锅炉经济运行[S]. 北京: 中国标准出版社, 2009.

[70] GB/T 17954—2007. 工业锅炉经济运行[S]. 北京: 中国标准出版社, 2007.

[71] GB/T 29052—2012. 工业蒸汽锅炉节水降耗技术导则[S]. 北京: 中国标准出版社, 2012.

[72] GB/T 10180—2017. 工业锅炉热工性能试验规程[S]. 北京：中国标准出版社，2017.

[73] GB/T 10184—2015. 电站锅炉性能试验规程[S]. 北京：中国标准出版社，2015.

[74] 刘聪. 适应煤质多变环境的电站锅炉安全运行和节能降耗研究[D]. 保定：华北电力大学，2018.

[75] 陈开峰，阮圣奇，吴仲. 1000 MW 机组锅炉吹灰汽源改造节能分析[J]. 电力科学与工程，2018，34（4）：74-78.

[76] 中国电力企业联合会. 中电联首次集中发布火电机组能效水平对标结果[Z/OL].（2018-7-27）[2019-05-05]. https://cec.org.cn/detail/index.html?1-163919.

[77] 王鸿飞. 火力发电厂锅炉尾部烟气余热利用技术探索[J]. 应用能源技术，2021（9）：51-54.

[78] 郭馨，黄莺，殷亚宁，等. 630～650℃更高等级超超临界锅炉关键技术探讨[J]. 锅炉制造，2020（3）：9-11，20.

[79] 肖格远. 600 MW 机组锅炉掺烧褐煤技术及管理[D]. 保定：华北电力大学，2014.

[80] 刘亚传. 600 MW 四角切圆锅炉低氮燃烧器改造及运行控制[D]. 北京：华北电力大学（北京），2016.

[81] 柯炎，席德庆，马世京. 超超临界火电机组 AGC 系统优化控制算法应用[J]. 山东电力技术，2020，47（8）：55-58.

第2章

工业窑炉节能技术

2.1　概述

工业窑炉是指在工业生产中利用燃料燃烧或电能等转换产生的热量，将物料或工件进行熔炼、熔化、焙（煅）烧、加热、干馏、气化等的热工设备，包括熔炼炉、熔化炉、焙（煅）烧炉（窑）、加热炉、热处理炉、干燥炉（窑）、焦炉、煤气发生炉等八类。工业窑炉广泛应用于钢铁、焦化、有色、建材、石化、化工、机械制造等行业，对工业发展具有重要支撑作用，同时也是工业领域大气污染的主要排放源。相对于电站锅炉和工业锅炉，工业窑炉污染治理明显滞后，对环境空气质量产生重要影响。我国京津冀及周边地区源解析结果表明，细颗粒物（$PM_{2.5}$）污染来源中工业窑炉占20%左右。

我国共有各类工业窑炉约12万台，其中，燃料窑炉约6.6万台，电窑炉约5.4万台，是名副其实的工业窑炉大国。工业窑炉是我国能耗大户，年总能耗达 2.6×10^8 tce，约占全国总能耗的1/4，占工业总能耗的60%，仅次于热力发电的能耗，位居第二位。在不同行业中，工业窑炉能耗均占总能耗比例较高。如玻璃窑炉是玻璃生产中最主要的耗能设备，其耗能量占玻璃生产总耗能的75%以上；陶瓷窑炉是建筑卫生陶瓷生产耗能最大的设备，其能耗占建卫材料生产总耗能的60%～70%。此外，我国不同行业用工业窑炉平均热效率低于国际先进水平20%左右。例如，国内陶瓷工业窑炉的热效率仅为28%左右，而发达国家的窑炉可以达到50%以上。因此，借助新技术和新材料的发展，对再用工业窑炉进行改造升级和设计高效节能型窑炉，将直接影响相关行业的节能减排。

从工业窑炉装备和污染治理技术水平来看，我国既有世界上最先进的生产工艺和环保治理设备，也存在大量落后生产工艺，环保治理设施简易，甚至没有环保设施，行业发展水平参差不齐，劣币驱逐良币问题突出。尤其是在砖瓦、玻璃、耐火材料、陶瓷、铸造、铁合金、再生有色金属等涉工业窑炉行业，"散乱污"企业数量多，环境影响大，严重影响产业转型升级和高质量发展。实施工业窑炉升级改造和深度治理是打赢蓝天保卫战的重要措施，也是推动制造业高质量发展、推进供给侧结构性改革的重要抓手。

随着国家政策的引导和行业整合的脚步，我国工业窑炉的发展与市场和科技现代化发展相适应，并和国际环保工业同步，通过应用新技术和新材料技术，朝着节能环保、大型化、信息化、智能化的方向发展，有效提高资源利用率，降低排放，实现清洁生产。

2.2　工业窑炉节能原理与技术措施

在工业生产中利用燃料燃烧所产生的热量或电能转换的热量将非金属材料进行烧成、熔融或烘焙等的工业炉通常称为窑。在工业生产中利用燃料燃烧所产生的热量或电能转化的热量将物料或工件在其中进行加热或熔炼、烧结、热处理、保温、干燥等热加工的设备称为工业炉。

工业窑炉涉及钢铁、有色、化工、建材等诸多行业，种类繁多。根据不同分类方法可以分成多种类型：按工作温度分为高温窑炉、中温窑炉和低温窑炉；按燃用燃料又分为煤窑、油窑、天然气窑、煤气窑、电窑；按燃烧方式控制分为自动调节（含机械加煤）和人工调节（含人工加煤）两类；按工艺特征可分为金属冶炼窑炉、热处理炉、退火炉、加热炉、蒸馏炉、水泥窑、玻璃窑、陶瓷窑、石灰窑、玻纤炉等；按窑炉结构特征可分为隧道窑、台车窑、室式窑、网带炉、推板窑、推杆窑、井式炉、环形炉、辊道窑、梭式窑、钟罩炉、池炉、坩埚炉等。

2.2.1　工业窑炉节能原理

工业窑炉热平衡分析及能量损失请参阅第1章锅炉的热平衡分析。

（1）节能原理数学表达式

工业窑炉的热效率 η 为有效利用热（Q_{yx}）与供给热（Q_{GG}）之比，即：

$$\eta = \frac{Q_{yx}}{Q_{GG}} \tag{2-1}$$

在炉膛内停留热为 Q_t 的情况下，上式可继续改写为：

$$\eta = \frac{Q_{yx}}{Q_{GG}} = \frac{Q_t}{Q_{GG}} \times \frac{Q_{yx}}{Q_t} = \frac{BV_n C_{ch} t_{ei}^0 - k_w BV_n C_w t_w}{BV_n C_{ch} t_{ei}^0} \times \frac{G\Delta h}{G\Delta h + Q_{ts}} = \frac{1 - k_w k_c \dfrac{t_w}{t_{ei}^0}}{1 + \phi} \tag{2-2}$$

式中，G 为窑炉生产能力，kg/h；C 为物料的比热容，kJ/（kg·℃）；Δh 为物料的热焓增量，kJ/kg；Q_{yx} 为有效热，kJ/h，$Q_{yx} = GC(t_2 - t_1) = G\Delta h$，$t_1$、$t_2$ 分别为物料加热前后的温度，℃；Q_{GG} 为窑炉的供给热，kg/h；B 为燃料每小时的消耗量，kg/h（或 m³/h）；V_n 为燃烧产物量，m³/kg（或 m³/m³）；C_{ch} 为燃烧产物的体积热容，kJ/（m³·℃）；t_{ei}^0 为不预热的情况下燃烧产物的温度，℃；C_w 为尾气的体积热容，kJ/（m³·℃）；k_w 为尾气系数，$k_w = 1 - k_m + k_x$，其最佳值为1，逸出气系数 $k_m = V_m/(BV_n)$，吸气系数 $k_x = V_x/(BV_n)$，V_m、V_x 为单位时间由炉内逸出或吸收的气体量，m³/h；t_w 为尾气温度，即燃烧产物离开窑炉时的温度，℃；ϕ 为系数，$\phi = Q_{ts}/(G\Delta h)$；$Q_{ts}$ 为炉膛热损失，kJ/h；k_c 为尾气及产物的热容之比，$k_c = C_w/C_{ch}$。

若考虑余热利用，窑炉的标准单耗为：

$$b = k\frac{\Delta h}{(1 + \lambda)\eta}, \qquad \lambda = \frac{Q_k + Q_y}{Q_{DW}^y} \tag{2-3}$$

式中，k 为燃料折算成标准煤的转换系数，$k = 3.142 \times 10^{-5}$；λ 为余热回收率；Q_{DW}^y 为燃烧

低位发热量，kJ/kg（或 kJ/m³）；Q_k、Q_y 分别为空气和燃料带进窑炉内的热量，kJ/m³。

将式（2-2）代入式（2-3）中，得到窑炉节能原理数学表达式：

$$b = k \frac{\Delta h + \dfrac{Q_{ts}}{G}}{(1+\lambda)\left(1 - k_w k_c \dfrac{t_w}{t_{ci}^0}\right)} \qquad (2\text{-}4)$$

它包含了窑炉节能的生产工艺与生产管理、炉体结构、燃烧装置、余热回收各个方面。由式（2-4）可见，影响窑炉单耗的因素包括：①生产管理与生产工艺。如果生产负荷饱满，即 G 较高，窑炉在经济点工作，再采用热料装炉，尽量保存物料的原热，则 Δh 可下降，于是可大幅度降低单耗，节约能源。②炉体结构。如果炉体采用轻质材料砌筑，选用经济壁厚，炉子结构严密，既不外冒热气，又不吸入冷气，适当加长炉膛长度，带预热段，蓄热损失及散热损失很小，从而使单耗降低。③燃烧装置及燃料种类。采用先进的燃烧装置，减少化学及机械不完全燃烧；采用优质燃料，提高燃烧温度，可使单耗明显降低，煤气炉和油炉的热效率一般均高于煤炉。④余热回收。对燃料类窑炉而言，余热回收是节能的重点。该类窑炉排烟温度较高，热损失大，必须采用余热回收装置，余热回收率 λ 愈大，则单耗愈小。其中，①项属于管理途径，②～④项属于技术途径。

对于电类窑炉而言，$t_w = 0$，式（2-4）改写如下：

$$b = k \frac{\Delta h + \dfrac{Q_{ts}}{G}}{1+\lambda} \qquad (2\text{-}5)$$

若电类窑炉无余热回收装置，则 b 为：

$$b = k\left(\Delta h + \frac{Q_{ts}}{G}\right) \qquad (2\text{-}6)$$

因此，对电窑炉而言，要节能主要在炉体结构上采取措施，使 Q_{ts} 最小，提高窑炉装载率 G，采用余热热处理技术，减小热焓增量 Δh。

（2）节能途径分析

工业节能可以分为直接节能与间接节能两个方面。直接节能是应用先进的生产工艺或技术，提高生产过程中的能源利用效率。间接节能是指通过技术和管理手段减少原料与辅料消耗，减少废弃物的产生，加强废弃物和余热余能的回收利用，调整产品结构，提高产品质量，延长设备寿命。

工业窑炉在运行生产过程中的主要环节都会产生不同程度的能量消耗，要对窑炉进行有效的节能降耗，需要着眼于整个工艺流程，从关键能耗环节入手，进行系统性优化，主要节能途径及思路如下：

① 提高窑炉对输入能量的有效利用率。工业窑炉散失的能量均来自最初输入系统的电能或燃料所携带的能量，窑炉对其利用率越低，散失掉的能量就越大。我国现有窑炉的热效率普遍偏低，因此节能潜力巨大。从窑炉工艺的源头入手，通过使用先进的燃烧技术、新型炉

型等技术来提高窑炉对输入能量的利用效率，从而减少能量损失。

② 减少中间工艺环节的能量损失。各个行业中不同类型的窑炉在运行过程中的能耗途径有所不同，根据窑炉工艺具体特点在运行的中间环节采取相应节能措施，能够有效减少窑炉总能耗。通过研发新型保温耐火材料、采用炉体保温和密封技术等，减少散失到周围环境中的热量；调控窑炉运行参数对减少能耗具有重要作用，比如合理安排空气燃料配比、改善燃料结构、正确控制炉内压力温度等。另外，因加工工艺需要，被高温加热后的工件会长时间与常温环境接触，由此造成的不可逆热损失也可以被利用。

③ 提高窑炉余热利用水平。有效利用烟气中的余热可以在一定程度上节约原煤的消耗量并降低排烟温度，大大减少了烟气的热量损失并提高了热效率。通常增加空气预热器、高效热管换热器、烟气型热泵等装置，从烟气中回收的热量可以预热燃烧所需的空气、热水或产生蒸汽进行发电。不同的热量回收利用方式需要根据不同的工程进行全面工程经济核算，据此判断哪种节能方式最优。

2.2.2 工业窑炉节能技术措施

工业窑炉的能耗受许多方面因素的影响，但是节能的主要措施一般都离不开优化设计、改进设备、回收余热利用、采用新技术和新工艺、加强检测控制和生产管理等几个重要方面。

(1) 开发新的炉型及工艺

结构节能是一种非常普及的节能措施，旨在通过改造或更新设备、设备大型化而实现节能。对炉体进行设计或改进时，应根据生产工艺要求和热工测量数据寻求窑炉热工性能的规律性，以便定量给出各种参数对窑炉热工性能的影响，为改进窑炉结构设计提出依据。尽量选用新型节能炉型结构，提高自动化程度和能源利用率。实践表明，步进式加热炉与传统推钢式加热炉相比有很多优点：①钢坯加热质量提高，钢材加热温度均匀，加热速度快；②钢坯在炉内停留时间短，有利于降低钢坯的氧化烧损和易脱碳钢种对脱碳层深度的控制；③操作灵活，便于连铸坯热装料的生产协调，容易控制工业炉产量；④生产能力大，且生产能力比较灵活。

根据实际情况在炉膛内设置用耐火材料制作而成的砌体，以增加炉体对钢坯的辐射换热面积，对工业炉节能降耗有明显的效果。在炉内适当设置隔墙可以起到稳定炉压、控制炉气流动、控制炉温、减少烟气外逸、降低排烟温度和减少炉头吸冷风等作用。

炉体密封，包括炉膛内各引出构件、炉壳、炉门、扒渣孔等处的密封。炉体密封不严，将会造成到处跑火、漏火、吸冷风等，造成能源大量浪费、设备烧坏、环境恶劣等状况，因此炉体密封直接影响工件加热质量和能耗水平，同时密封也是炉内气氛控制的关键。

炉子结构形式对节能效果影响很大。在生产环境允许的情况下，采用上排烟的炉子不仅炉体结构简化、制造成本降低，而且有助于提高余热回收率。例如同样是设置空气预热器的台车式加热炉：炉型为上排烟结构时，进预热器前的烟气温度可高达 1150～1200℃；炉型为下排烟结构时，进预热器烟气温度只有900℃左右。此外，用圆形截面炉膛代替传统的矩形截面炉膛，能减小炉体体积，降低造价，强化传热，在一定程度上能加快升温速度、均衡炉温、降低燃料消耗。在满足同样工艺条件下，采用罩式炉代替台车式炉，能简化炉体结构，有利于降低成本和节约能源。

（2）提高余热回收利用水平

余热是工业窑炉回收利用潜力最大的一部分热损失。据统计，目前我国的工业余热占总工业能源消耗的15%，烟气带走的热量占燃料炉总供热量的30%～65%，充分回收烟气余热是节约能源的主要途径。通常烟气余热利用途径有以下几个方面：①装设预热器，利用烟气预热助燃空气和燃料；②装设余热锅炉，产生热水或水蒸气，用来发电或供热；③利用烟气作为低温炉的热源或用来预热冷的工件或炉料；④采用蓄热式高温燃烧技术，将空气、煤气预热到较高的温度（一般预热到1000℃左右），将排烟温度降低到150℃以下，最大限度地利用烟气余热。

换热器是回收烟气余热最有效和应用最广的一种方式。我国近年来开发和推广应用的高效换热器有片状换热器、喷流换热器、插入件管式换热器、旋流管式换热器、麻花管式换热器、煤气管状换热器、蓄热式换热器以及各种组合式换热器等。蓄热式换热器是今后技术发展的趋势，其余热利用后的废气排放温度在200℃以下，节能率可达30%以上。

（3）提高燃烧效率、强化传热过程

在满足烧制成品要求的基础上，选用高效燃烧器，可以改善窑炉内的燃烧过程，大幅减少燃料的不完全燃烧热损失，同时也会提高烧制成品的质量。燃烧器是工业窑炉的核心部件，其工作的好坏直接影响到能源消耗量的多少。目前，国内成功地应用在工业炉上的燃烧器有调焰烧嘴、平焰烧嘴、高速喷嘴、自身预热烧嘴、低氧化氮烧嘴等，近来又研制成蓄热式烧嘴等，特别是为适应煤气和柴油的使用开发了多种先进的燃烧器。正确地使用高效燃烧器一般可以节能5%以上，其中应用较广的有平焰烧嘴、高速烧嘴和自身预热烧嘴。平焰烧嘴最适合在加热炉上使用；高速烧嘴适用于各类热处理炉和加热炉；自身预热烧嘴是一种把燃烧器、换热器、排烟装置组合为一体的燃烧装置，适用于加热熔化、热处理等各类工业炉。

改善炉内传热过程，要尽量采用直接加热（明火）、浸没燃烧等加热方法，以提高加热速度，降低燃料消耗量；排烟系统应有适当的抽力、良好的气密性，保证设备内压力分布的调节能力；改进设备结构，提高传热能力；增设并合理布置热交换器、配合使用高温与低温加热设备等方法，提高综合热效率。

（4）采用新型保温技术及材料

采用新型炉用耐火材料、优化炉衬结构，是改善炉子热工性能和延长炉衬使用寿命的重要因素。随着具有热导率低、比热容小、热稳定性好等特点的轻质和超轻质耐火材料的出现，能显著加快炉子升温速度和提高炉温均匀度，并且节能效果也非常显著。采用耐火浇注料整体浇注的加热炉具有强度高、气密性好、寿命长等优点。在选择耐火材料作为炉体衬体时，尽量选择热阻大的耐火材料，以便炉体有较好的保温性能。炉衬在保证工业炉的结构强度和长期使用温度的前提下，应尽量提高其保温能力和减少储蓄热。宜选用耐火纤维、岩棉等与轻质砖作为低温工业炉炉体内衬或作为高温工业炉炉体保温层，增强炉子的隔热保温性能，以便减少炉墙的散热损失。采用复合浇注料吊挂炉顶，可以减少炉顶散热，在中温间断式炉上可采用全耐火纤维炉衬实现节能。在炉内衬炉壁上涂一层厚度 3～5 mm 的高温高辐射涂料，也是近期比较常用的节能方式之一，喷涂高辐射涂料，可以强化炉内的辐射传热，增大炉内辐射系数，有助于热量的充分利用，可以节能 3%～5%，同时可以保护工业炉内衬表面，延长工业炉寿命。

（5）优化工艺操作

在窑炉工艺过程认定后，关键是外部热交换过程及内部热交换的紧密配合。对窑炉热工过程进行分析，针对窑炉结构、所用燃料和工艺要求与特点，不断改进窑炉结构和提高窑炉热工性能，合理改变工艺流程、合理配置热利用系统，不仅可以合理用能、节能，还可以改进产品质量。

空气过量系数是影响锅炉效率的重要因素之一。在炉子运行中正确控制燃料量与空气量的配比，在保证燃料完全燃烧的条件下，使助燃空气量超过燃烧所需理论空气量最少，即空气系数大于 1 的数值部分越小，则燃烧温度越高，而炉子加热速度则越快，燃料消耗量也越低。但空气系数必须保证燃料的完全燃烧，减少不完全燃烧热损失，并且减少污染物的排放。

合理调节炉内压力对减少窑炉热损失具有重要意义。当炉内压力为负值时，例如炉内压力为 -10 Pa，即可产生 2.9 m/s 的入口风速，此时将由炉口及其他不严密处吸入大量冷空气，导致烟气带走的热损失增加；当炉内压力为正值时，高温烟气将逸出炉外，同样也导致逸出烟气造成的热损失。为了减少上述热损失，在操作上要随时注意调整烟道闸门以保持正常炉内压力值。正常炉内压力值为：对于加热炉和热处理炉其炉底处一般控制为零压值；对于干燥炉其零压值则控制在炉膛高度的中心处。在炉体结构及排烟系统中应保证烟囱有足够的抽力，烟道闸门调节要灵活并尽量减少炉体上的各种开口。控制炉内压力不仅与节约燃料有关，而且能够控制压力分布，起到均衡炉温的作用。

（6）强化节能管理控制与监测水平

推动能源管理体系、计量体系和能耗在线监测系统建设，建立节能绩效评价制度，开展能源评审和绩效评价。将能源管理体系贯穿于工业窑炉生产全过程，定期开展能源计量审查、能源审计、能效诊断和对标，发掘节能潜力，构建能效提升长效机制。强化窑炉企业能源计量、统计分析等制度实施，提高能耗监测数据记录的完整性、准确性、持续性。加强计划调度、高效率组织生产、加强对炉子的维护和修理、提高工作人员节能意识及操作水平。

强化信息控制技术与传统生产工艺的集成优化运用，加强流程工业系统节能。采用先进的自动控制技术，特别是采用微机控制系统，已经成为工业窑炉自动控制的主要手段。通过设置自动控制系统，以各相关系统的及时精确配合和控制来实现节能。利用计算机模拟对工业窑炉和工业锅炉的过程进行优化运行和自动化控制，使窑炉内的燃烧处于最佳状态，保证工艺稳定。

2.2.3　不同行业工业窑炉节能技术

参照 2014—2019 年《国家重点节能低碳技术推广目录（节能部分）》、2017—2020 年《国家工业节能技术应用指南与案例》以及其他文献资料对工业窑炉节能技术进行汇总概述。

（1）钢铁行业

以工序优化和二次能源回收为重点，提高物料、燃料的品质，提高高炉喷煤比和球团矿使用比例。重点推广烧结球团低温废气余热利用、钢材在线热处理等技术，推广上升管余热回收利用等技术，研发推广高温钢渣铁渣显热回收利用技术、电炉余热和加热炉余热联合发电技术、直接还原铁生产工艺、热态炉渣余热高效回收和资源化利用技术、复合铁焦新技术、换热式两段焦炉技术等。推广"一罐到底"铁水供应技术、烧结烟气循环技术、高温高压干熄焦技术、非稳态余热回收及饱和蒸汽发电技术、加热炉黑体技术强化辐射节能技术、棒材多线切分与控轧控冷节能技术、钢水真空循环脱气工艺干式（机械）真空系统应用技术、碳素环式焙烧炉燃烧系统优化技术、旋切式高风温顶燃热风炉节能技术、煤气透平与电动机同轴驱动高炉鼓风机技术、全密闭矿热炉高温烟气干法净化回收利用技术、大型焦炉用新型高导热高致密硅砖节能技术、高炉冲渣水直接换热回收余热技术、焦炉炭化室荒气回收和压力自动调节技术。

（2）有色行业（冶金行业）

开发铝电解槽大型化及智能化技术、连续或半连续镁冶炼技术等。推广铝液直供技术、新型结构铝电解槽、技术高效强化拜耳法氧化铝生产技术、铅闪速熔炼炉蓄热式燃烧技术、铝电解槽新型阴极结构及焙烧起动与控制技术、氧气侧吹熔池熔炼技术、双侧吹竖炉熔池熔炼技术、富氧熔炼技术、粗铜连续吹炼技术、烧结余热能量回收驱动技术、全密闭矿热炉高温烟气干法净化回收利用技术、冷捣糊整体优化成型筑炉节能技术、流态化焙烧高效节能窑炉技术、精滤工艺全自动自清洁节能过滤技术、有色冶金高效节能电液控制集成创新技术、铝酸钠溶液微扰动平推流晶种分解节能技术、低温低电压铝电解新技术、复式反应新型原镁冶炼技术、高电流密度锌电解节能技术、旋浮铜冶炼节能技术。

（3）化工行业

全面推广大型乙烯裂解炉等技术，重点推广裂解炉空气预热、优化换热流程、优化中段回流取热比、中低温余热利用、渗透汽化膜分离、高效加热炉、高效换热器等技术和装备，示范推广透平压缩机组优化控制技术、燃气轮机和裂解炉集成技术、焦炉炭化室荒气回收和压力自动调节技术等。

（4）建材、陶瓷、玻璃行业

开发水泥制造全流程信息化模糊控制策略、平板玻璃节能窑炉新技术、浮法玻璃生产过程数字化智能型控制与管理技术等。推广高效熟料煅烧技术、预混式二次燃烧节能技术、层烧蓄热式机械化石灰立窑煅烧节能技术、玻璃熔窑纯低温余热发电技术、陶瓷薄形化和湿改干技术等。水泥行业实施高固气比熟料煅烧、大推力多通道燃烧等技术改造。实施石灰窑综合节能技术改造和轻工烧成窑炉低温快烧技术改造。推广玻璃窑余热综合利用、全氧燃烧、配合料高温预分解等技术，以及陶瓷干法制粉、一次烧成等工艺；重点推广水泥纯低温余热发电、立磨、辊压机、变频调速及可燃废弃物利用等技术和设备；示范推广高固气比水泥悬浮煅烧工艺以及烧结砖隧道窑余热利用、窑炉风机变频节能等技术。

2.2.4　工业窑炉节能技术发展趋势

① 调整能源结构，实行燃料替代。我国能源主要以煤炭为主，工业窑炉也是以煤炭为主，但大量燃煤会产生空气污染。所以需要尝试开发新型清洁能源，用油、气、生物质等取代煤等固体燃料，主要是采用煤气作为燃料，这是我国工业窑炉节能发展的战略性方向。考虑到成本效益及技术的完善水平，短期内实现完全的燃料替代并不现实，因此采用燃煤与清洁燃料搭配使用、逐渐过渡的方式是可行的。

② 进一步研发新的高效燃烧技术。燃烧技术要以兼顾高效燃烧和减少污染为发展方向。大力完善和推广高温空气燃烧技术仍是今后工业窑炉节能发展的方向。在保证高温、高效火焰的基础上提高炉膛温度的技术，使炉膛温度场均匀分布的技术，以及 NO_x 控制技术，是推动富氧燃烧的核心技术，也是未来的发展方向。余热回收及充分利用低热值燃料是工业炉节能发展的重点。

③ 攻克一批关键共性技术。以高效节能环保工业锅炉系统、产业联盟、企业技术研发中心为主体，重点研发燃油燃气锅炉燃烧器、高效工业煤粉锅炉、配套辅机、锅炉房系统优化选型、锅炉效率与污染物实时传输及监控、煤粉集中制备与配送、蒸汽管网优化等技术。研发具有自主知识产权的燃烧器、烟气深度冷却技术、尾部受热面防腐技术等燃油燃气锅炉技术、凝结水显热回收利用技术、闪蒸汽的回收利用技术、凝结水精处理技术、先进蒸汽疏水阀技术、热网管道直埋技术、蒸汽按压力梯级使用及多效蒸发技术、蒸汽裕压利用技术与蒸汽蓄热技术等热力管网系统优化技术。

④ 引导高效节能环保锅炉本体、新型水处理设备、炉排、配套辅机、智能自动化控制系统、能量计量系统、脱硫脱硝除尘设备、热网泵阀、蓄热器等产品的规模化应用；鼓励用户采用冷凝式燃气锅炉、高效煤粉工业锅炉、高效层燃锅炉、节能高效循环流化床锅炉，以及采用优化炉膛结构、蓄热式高温空气预热、太阳能工业热利用系统、强化辐射传热等技术的节能环保锅炉等，推动循环流化床锅炉在燃烧城市垃圾和煤矸石方面的应用；推动变频技术在配套风机、水泵等设备中的应用，推广应用不漏水、不漏气、热损失较少、封闭式运行的高效节能节水管网；推广应用自动化管理、蒸汽梯级利用、蒸汽余热余压利用、保温结构优化、蒸汽管网疏水及凝结水回收利用等技术。

⑤ 促进工业锅炉+互联网技术融合。通过物联网、大数据、云计算、先进过程控制等技术应用，加强工业锅炉节能减排效果在线监测和分析应用平台建设，对企业 20 t/h 以上工业锅炉的能

耗、排放和生产过程数据实时采集和分析预测。锅炉制造企业应按有关规定预留能源计量仪器、仪表的安装测点，锅炉使用单位应按规定配备符合要求的能效监控设备、能源计量仪器仪表。

⑥ 热工测量与自动控制。各种热工参数的检测与控制是改善燃烧、降低能耗的重要措施，但目前我国依然有很多工业炉没有安装测量仪表。企业通过使用智能化仪表对热工参数进行测定，能比较全面地了解工业炉的热工过程，然后通过智能分析技术和自动控制技术对工业炉的运行情况进行实时调节，以保证其始终运行在一个节能高效的状态上。

⑦ 加强人才管理培训。虽然装置设备、燃烧技术、检测监测等硬件正在不断完善，但是工程技术人员、管理人员更应该受到重视。企业应强化人员管理，对相关人员进行培训，以提高工艺操作管理能力，这对提高工业窑炉能源利用率同样重要。

2.3 工业窑炉余热回收技术

余热作为一种典型的二次能源，是工质燃烧过程所剩下的未加以利用的热量，是一种体量巨大而又相对没有挖掘的能源，可以通过余热回收用于其他工艺过程。余热资源的种类按照余热载体的不同，可分为固体载体余热资源、液体载体余热资源和气体载体余热资源；按照余热载体温度不同，可分为高温余热（500℃以上）、中温余热（200～500℃）及低温余热（200℃以下）；按照余热资源来源的不同，可分为高温烟气余热、高温蒸汽余热、高温产品余热、高温炉渣余热、冷却介质余热、冷凝水余热、可燃废气余热、化学反应的余热等。

余热广泛存在于诸如钢铁厂、有色金属、化工厂、水泥陶瓷厂等行业中，比如在碳煅烧厂排放的烟气温度能够达到850～900℃。利用这些余热产生热水、冷却水及电能不仅能减少能耗、提高能源效率，还能减少工业污染。因此，开发利用工业窑炉运行中产生的余热是实现节能降耗的关键一环。余热利用技术可分为热交换技术和热功转换技术。热交换技术是指对余热的利用不改变余热能量的形式，只是通过换热设备将余热能量直接传递给自身工艺的耗能流程，降低一次能源消耗，这是回收工业余热最直接、效率较高的经济方法。热功转换技术可分为以水为工质的蒸汽透平发电技术和以低沸点有机物为工质的有机工质发电技术。目前主要的工业应用是以水为工质，以余热锅炉联合蒸汽透平或者膨胀机所组成的低温汽轮机发电系统。相对于常规火力发电技术参数而言，低温汽轮机发电机组利用的余热温度低、参数低、功率小，通常被称为低温余热汽轮机发电技术，新型干法水泥窑低温余热发电技术是典型的中低温参数的低温汽轮机发电技术。

余热回收利用的原则：

① 余热应优先由本设备或本系统加以利用。降低一次能源消耗量，尽量减少能量转换次数，因此工业中常常通过空气预热器、回热器、加热器等各种换热器回收余热加热助燃空气、

燃料（气）、物或工件等，提高窑炉性能和热效率，降低燃料消耗量，或将高温烟气通过余热锅炉或汽化冷却器生成蒸汽热水，用于工艺流程。

② 余热的回收要根据整个厂区甚至更大的区域能源综合规划，合理调配，以达到能源最大化的阶梯利用。

③ 要根据余热的种类，排出的情况，介质的温度、数量及利用的可能性，进行综合热效率及经济可行性分析，决定设置余热回收利用设备的类型及规模。

2.3.1 干熄焦与高炉煤气利用技术

（1）干法息焦技术

① 技术简介 传统的湿法熄焦（coke wet quenching）系统中，热焦通过喷水冷却。该方法导致 CO_2 排放量高和热能损失大。干熄焦能源回收有两种形式：第一种是将锅炉产生的蒸汽并入蒸汽管网使用；第二种是利用蒸汽带动汽轮发电机发电。干熄焦锅炉是利用吸收了红焦显热的高温循环气体与除盐除氧水热交换，产生一定参数（压力和温度）和品质的蒸汽，并输送给热用户的一种受压、受热的设备。干熄焦锅炉产生的蒸汽用来发电，实行热电联产是比较好的热能利用方式。目前全世界大部分干熄焦装置均采用这一方式，对现运行干法熄焦系统进行节能计算，可回收 85% 的余热。

② 工作原理 干法熄焦热电联产系统如图 2-1 所示。焦罐提升机将焦罐提升并送到干熄炉顶，通过干熄槽顶部的装入装置将焦炭装入干熄槽；在干熄槽中焦炭与循环气体进行热交换，将红焦冷却至 200℃ 以下，冷却后的焦炭经排焦装置卸至胶带机上，送到焦炉的运焦系统。冷却焦炭的循环气体由循环风机通过干熄槽底部的鼓风装置鼓入干熄槽，与红焦炭进行换热将循环气体加热到约 900℃；热的循环气体经一次除尘器除尘后进入余热锅炉换热，锅炉产生蒸汽，循环气体的温度降至约 170℃。循环气体由锅炉出来，再经二次除尘后再由循环风机加压后，经给水预热器冷却至低于 130℃ 进入干熄槽循环使用。

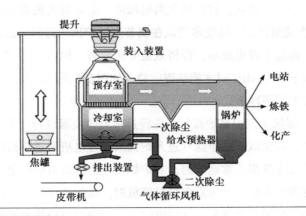

图 2-1 干法熄焦热电联产系统示意图

干熄焦余热发电有单压高压锅炉配带回热系统的凝气式汽轮发电机组（简称单压配带装机）和双压高压锅炉配不带回热系统的凝气式汽轮发电机组（简称双压不配带装机）2种装机方案，如图2-2所示。单压配带装机系统干熄焦余热锅炉排气温度在180℃左右，由于排气温度高、循环风体积流量大、循环风机电机功率较大、厂用电率较高，所以供电效率较低。双压不配带装机系统干熄焦余热锅炉排气温度在120℃左右，由于排气温度低、循环风体积流量小、循环风机电机功率较小、厂用电率较低，故供电效率较高。

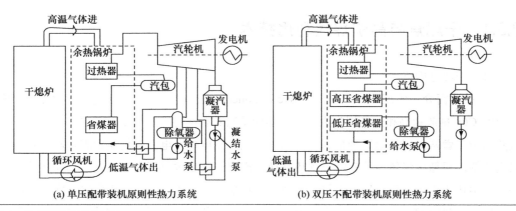

图 2-2　干熄焦余热发电系统

（2）高炉煤气利用技术

钢铁企业中"三气"（高炉气、转炉气、焦炉气）的能量综合利用是实现节能降耗的突破口。在钢厂"三气"中，高炉气虽然有效气体含量最低，但其排放量最大。在"三气"二次能源总量中高炉气约占64%，焦炉气约占29%，转炉气约占7%，因此高炉气的有效利用是钢厂节能降耗的重中之重。高炉煤气一般优先作为高炉热风炉、加热炉和热处理炉的燃料，富余后才考虑其他利用方式。

① 炉顶余压发电技术　高炉煤气余压余热回收主要是利用高炉煤气具有的压力能及热能，使煤气通过透平膨胀机做功，将其转化为机械能，驱动发电机发电或驱动其他耗能装置（鼓风机），进行二次能量回收。该技术可以在调节高炉炉顶压力的同时，将高炉煤气的压力能及热能有效利用，降低了发电成本，经济效益非常显著。但由于高炉煤气的压力波动，只有当高炉煤气压力大于0.08MPa时才能获取收益。如图2-3所示，高炉煤气余压发电技术可分为湿法工艺和干法工艺两种形式。

如图 2-3 所示，湿法工艺中高炉煤气首先经过重力除尘器进行一次除尘，然后进入环缝洗涤塔进行二次除尘，除尘以后的净煤气进入炉顶余压发电机组透平机减压做功，带动发电机发电。在炉顶余压发电机组正常运转时，高炉炉顶压力的调节和稳定是通过炉顶余压发电透平机静叶调整实现的；在炉顶余压发电机组停机时，高炉炉顶压力的调节和稳定是通过环缝洗涤塔调整实现的；在炉顶余压发电开停机时，顶压调节自动转为旁通阀组控制顶压，旁通阀组最后转至环缝控制顶压。炉顶余压发电透平机本体设有湿法喷淋除尘系统。机组在湿法运行时煤气含有的部分灰尘会附着在叶片上，叶片上大量积灰会引起机组振动和机组出力的下降，为此机组设有喷淋除尘水系统，在透平机入口管道和第一级静叶片前设有两组喷淋水喷嘴。在湿法运行期间，通过喷淋装置喷入净环水达到除尘和净化煤气的目的。干法运行方式是高炉煤气首先经过重力除尘器进行一次除尘，然后进入干法除尘布袋进行二次除尘，再进入余压发电透平机做功发电。

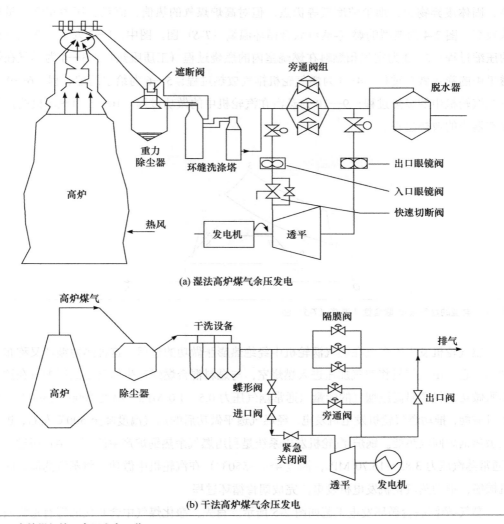

(a) 湿法高炉煤气余压发电

(b) 干法高炉煤气余压发电

图 2-3　高炉煤气炉顶余压发电工艺

攀钢集团西昌钢钒有限公司为新建 3 套 220 t 炼钢转炉配套 3 套转炉一次烟气干法净化回收系统，通过蒸发冷却把约 1000℃ 的烟气降温到约 250℃ 并对烟气进行粗除尘，再通过防爆型静电除尘器对烟气进行精除尘，然后烟气通过风机切换站进入烟囱排放或进入煤气冷却器对烟气进一步降温后回收利用。节能技改投资额约 1.6 亿元，建设期约 21 个月。该方法比传统湿法吨钢节能约 5 kgce。

② 高炉煤气-蒸汽联合循环发电 燃气-蒸汽联合循环是指通过余热锅炉将平均吸热温度高的燃气循环（布雷顿循环）和平均放热温度低的蒸汽循环（朗肯循环）结合起来的循环系统，其利用燃气轮机的排气产生蒸汽驱动汽轮机做功，实现热能的梯级利用。燃气-蒸汽联合循环机组主要由燃气轮机、余热锅炉、汽轮机、发电机以及其他一些辅机组成。将高炉煤气作为燃气-蒸汽联合循环发电燃料，发电效率可达 45%～60%。该技术具有能量转化率高、固体废弃物少、烟尘浓度低等优点，但对高炉煤气的热值、流量、压力和含尘量均要求较高。图 2-4 为典型的燃气-蒸汽联合循环温熵（T-S）图。图中，1—2 为空气在压气机中的压缩过程；2—3 为空气和燃料在燃烧室内的燃烧过程（工质吸热）；3—4 为燃气在燃气透平中的膨胀做功过程；4—1 为燃气轮机排气放热过程；5—6 为给水压缩过程；6—9 为蒸汽在汽轮机中的吸热过程；9—10 为蒸汽在汽轮机中的做功过程；10—5 为汽轮机的排气在凝汽器中的放热过程。

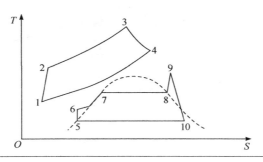

图 2-4 典型的燃气-蒸汽联合循环温熵（T-S）图

燃气轮机发电是燃气在燃气涡轮机中经绝热膨胀做功的过程，这种热力循环又称布雷顿循环，它是由压气机将空气加压进入燃烧室，与燃料混合燃烧产生的高温高压烟气在透平中膨胀做功，将高温高压烟气的能量（通常烟气压力 0.5～1.0 MPa，温度 1000～1300℃）转换成机械能，推动燃气轮机发电机发电。经燃气透平做功后的烟气温度降至 500℃左右，进入燃气余热锅炉回收热能。锅炉-汽轮机发电系统是利用燃气余热锅炉产生的高（中）压过热蒸汽（通常蒸汽压力 3.82～16.70 MPa，温度 450～550℃）在汽轮机中做功，将蒸汽的能量转换成机械能，推动蒸汽轮机发电机发电，完成朗肯循环过程。

燃气-蒸汽联合循环发电工艺如图 2-5 所示。首先，净化煤气中含有焦油等有毒物质，降低焦油的含量。其次，净化后煤气进入循环系统并被压缩，保证煤气的压力及温度。蒸汽循环系统的作用是对发电产生的余热进行回收，烟气在排放后输送到蒸汽循环系统中，经过多个锅炉，如双压锅炉、循环锅炉等，由锅炉将余热进行回收，降低烟气的温度后，将烟气排放到大气中。最后为控制系统，控制系统是对整个流程实施监控和控制的系统，控制系统对各个环节进行监控，如果发电过程中出现问题，控制系统可以及时通知给相应的管理人员，由管理人员针对问题出现的原因指派专业的维修人员进行维修，从而保证系统的正常运行。控制系统的控制范围比较广泛，这样才能保证控制的全面性及有效性。

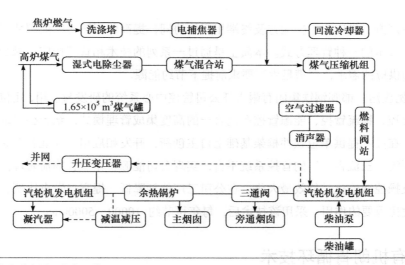

图 2-5 燃气-蒸汽联合循环发电工艺

（3）能源管控技术

① 技术介绍　能源管理中心作为系统节能技术，采用信息化技术，以全局理念，实现宏观综合管控。其核心是以全局平衡为主线，以集中扁平化调度管理为基本模式，以基于数据的客观评价为基础，实现了在既有装备及运行条件下的优化管控，可以显著改善企业能源系统的管控水平，达到节能减排的目的。

② 基本原理　能源管理中心借助于完善的数据采集网络获取管控需要的过程数据，经过处理、分析、预测和结合生产工艺过程的评价，在线提供能源系统平衡信息或调整决策方案，使平衡调整过程建立在科学的数据基础上，保证了能源系统平衡调整的及时性和合理性，最终实现提高整体能源效率的目的，如图 2-6 所示。能源需求侧管理是在公司能源管理体系下，

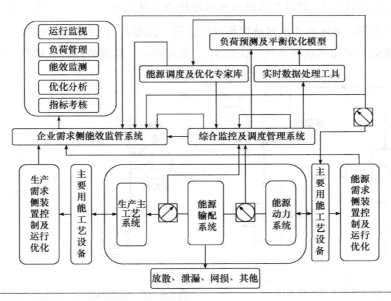

图 2-6 能源管理图

通过能源生产方、供应方、输配方及终端用户的协同，提高使用环节的能源使用效率，改善公司的能源成本的一种管理方式。本质上是通过一系列的技术和管理措施，减少终端装置或系统对能源供应的需求，在满足生产要求前提下节约能源。

③ 实例应用　邯郸钢铁集团有限责任公司管控中心系统的研发与应用，定位于建设集东西区生产管控、物流管控、能源管控多调合一的高度集成管理模式，结合公司现有技术和信息化平台，在技术提供单位软件框架基础上自主创新，开发和应用了河北省首家集物流、信息流和能源流"三流合一"的管控系统平台，实现公司能源、生产、物流管理的可视化、集成化，以及操控智能化、能效最大化。在公司工序能耗降低、提高自发电比例、CO_2 减排优化等方面发挥重要的作用。采用该技术后，每年可节约 10000~50000 tce。

2.3.2　有机朗肯循环技术

有机朗肯循环（organic rankine cycle，ORC）技术是利用有机工质蒸发温度较低的优势，对低温余热直接回收发电的技术，是目前研究低温余热发电技术的焦点。工作原理如图 2-7。有机工质在蒸发器中吸热，产生具有一定温度和压力的蒸汽，然后进入膨胀机（透平）做功，以带动发电机或拖动其他动力机械。从膨胀机排出的乏气在冷凝器中冷凝成液态，最后利用工质泵重新回到蒸发器中，如此循环往复下去。

如图 2-8 所示，回热式有机朗肯循环系统在汽轮机出口增加了回热器，用以回收汽轮机做功排出的低温低压的有机工质气体热量，并加热工质泵出口的液态有机工质。单位质量的蒸汽（状态 5）进入汽轮机后，质量分数为 X_1 的工质膨胀至状态 6 后从汽轮机中抽出，被引入给水加热器中，剩余工质（质量分数为 $1-X_1$）在汽轮机内继续膨胀至状态 7，并在冷凝器中冷凝至饱和液体状态 1，通过泵的增压至过冷状态 2 进入给水加热器，在给水加热器中被温度较高的抽汽加热，最终两者汇聚成饱和液体工质（状态 3），之后再增压泵入蒸发器，通过与热源进行热交换而加热成新蒸汽（状态 5），如此循环，实现将热转化成有用功。增加回热

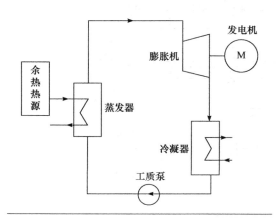

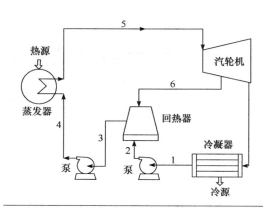

图 2-7　基本有机朗肯循环系统工作原理　　　图 2-8　回热式有机朗肯循环系统结构图

器，一方面降低膨胀机出口的比焓，从而减少冷凝器的负荷量；另一方面提高膨胀机进口的比焓，减小蒸发器的吸热量，提高了 ORC 热效率，并减少蒸发器中的不可逆损失。

超临界朗肯循环是一种临界温度和压力相对较低的循环工质在膨胀之前能够被直接压缩到超临界压力和加热到超临界状态，从而与热源更好地进行热匹配的有机朗肯循环系统。循环工质在临界压力以上被泵入蒸发器，然后将其直接加热到超临界状态，超临界工质在汽轮机内膨胀做功发电，做功完成后的工质在冷凝器内实现冷凝，完成一次循环。与传统有机朗肯循环不同，超临界朗肯循环的加热过程不会出现两相共存区，从而减少与锅炉之间热交换过程的不可逆性。

有机朗肯循环目前多应用在水泥窑炉行业中，它主要是利用水泥窑排放的 350℃ 以下的废气与水换热，使之产生一定压力、温度的蒸汽，推动蒸汽透平做功发电。水泥生产过程中余热资源高达 9.3×10^7 tce。一般新型干法生产线热利用效率为 50%～60%，除熟料形成热外，预热器和冷却机出口废气带走的热量所占比例高达 33%，其中窑尾预热器出口温度一般在 330℃ 左右，窑头冷却机排出的废气温度在 220℃ 左右。对于日产 4000 t 的水泥生产线，有机朗肯循环每年发电 11510000～12150000 kW·h，可节约 3453～3646 tce、减排 13100～13900 t CO_2，投资回收期为 1.18～1.71 年。

2.3.3 热泵技术

热泵技术是基于逆卡诺循环原理实现的。热泵是一种将低品位热源的热能转移到高品位热源的装置，其作用是从周围环境中吸取热量，并把它传递给被加热的对象（温度较高）。蒸汽压缩式热泵系统（见图 2-9）一般包括压缩机、膨胀阀、蒸发器和冷凝器。在蒸发器内，液态制冷剂吸热蒸发（点 1），产生的过热蒸汽流经压缩机（点 2）进入冷凝器冷凝放热（点 3），放出的热量供给用户使用，最后制冷剂经过膨胀阀（点 4）返回蒸发器，完成整个循环。在这个过程中，低温废热被转换成高温热能得以应用。

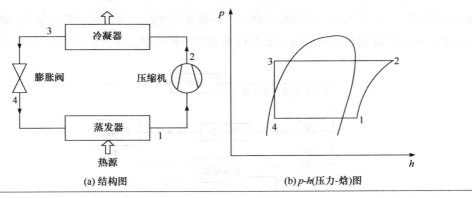

(a) 结构图　　　　　　　(b) $p\text{-}h$(压力-焓)图

图 2-9　蒸汽压缩式热泵系统

热泵系统的稳态性能通过性能系数（coefficient of performance，COP）进行评价，热泵性能系数即热泵所能提供的热量与输入能量之比。为了达到更高的性能系数，获得更高品质的热能，热泵系统可以有不同的配置。比如可以将蒸汽压缩式热泵循环改进成两级或多级系统，省煤器、中间冷却器和喷射器也可以布置在系统内以提高能量转换效率。图 2-10 所示为一种两级蒸汽压缩式热泵系统。吸收式热泵也可以是两级系统或者单效、双效循环系统，如图 2-11 所示的压缩-吸收式热泵，通过将两种不同类型的热泵循环组合成一个系统，其整体性能得到改善。

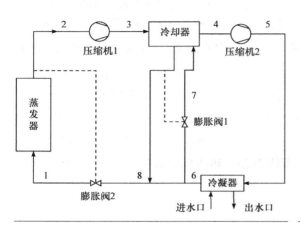

图 2-10 两级蒸汽压缩式热泵系统

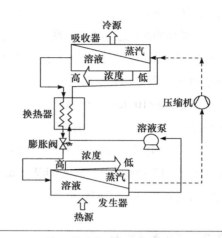

图 2-11 压缩-吸收式热泵系统

对于生活供暖的热泵，只要供热温度在 100℃就可以。因此，如果将冶金行业的工业余热与热泵结合利用，不仅能减少污染物及热排放，还能改善周围生态环境。如果利用水源热泵代替冷却塔，以冷却水为低温热源，从冷却水中吸收热量来制取生活或采暖热水，就能很好地利用余热。如果供热温度需求在 100℃以下，则低温余热如各种加热设备烟气余热，从焦化、烧结到炼铁、炼钢、连铸以及轧钢等工序中产生的余热等均可作为热源。通常情况下，如果合理设计，第二类热泵可利用 60～90℃热水，产生高于 100℃的蒸汽或高温热水，也可利用 20～40℃的热水产生 50～60℃的热水，作为生活用水使用。例如，通过利用蒸汽压缩式热泵机组可将 40～50℃高炉循环水热量置换出来并提高温度后，换热到锅炉新水中，使其温度提高到 70～80℃，起到预热的目的。图 2-12 所示为一种高炉循环水热泵余热回收系统。

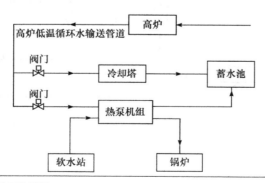

图 2-12 高炉循环水热泵余热回收系统

图 2-13 所示为回收低温烟气显热的吸收式-压缩式复合热泵系统。该系统包括压缩机、蒸气回热器、冷凝器、液氨泵、蒸发器、精馏塔、溶液泵、溶液热交换器、节流阀和吸收器。烟气经精馏塔塔釜进入系统，驱动精馏塔产出低压氨蒸气 1 和稀氨水溶液 8。低压氨蒸气 1 经压缩机压缩得到常温水可冷凝的氨蒸气 2，在蒸气回热器中冷却至氨蒸气 3，然后经冷凝器冷凝产生压力较高的液氨 4，再由液氨泵进一步压缩至吸收压力，得到高压液氨 5。高压液氨 5 在蒸发器内吸收从精馏塔排出的低温烟气热量，完成高压氨液蒸发，产出高压氨蒸气 6，放热后的烟气排入环境。高压氨蒸气 6 进入蒸气回热器，吸热得到高压高温氨蒸气 7。精馏塔塔釜出口的稀氨水溶液 8，先由溶液泵压缩至吸收压力，得到稀氨水溶液 9。稀氨水溶液 9 在溶液热交换器中吸收浓氨水溶液 11 的热量，得到温度较高的稀氨水溶液 10。稀氨水溶液 10 同高压氨蒸气 7 同时进入吸收器，在吸收器内完成吸收过程，得到浓氨水溶液 11，并放出热量。此后，浓氨水溶液 11 依次流经溶液热交换器放热和节流阀减压后进入精馏塔，完成一个循环过程。系统利用吸收器放出的热量将过冷水 w1 加热制取饱和蒸汽 w2，冷凝器和分凝器中的冷却介质都是常温常压水 w3，完成冷凝过程后分别得到 w4 和 w5。

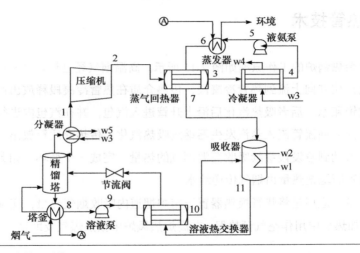

图 2-13 吸收式-压缩式复合热泵系统

某钢厂焦炉 78~85℃荒煤气在三段式横管初冷器上段与冷却水换热，换热后冷却水温达 70~75℃，冬季进行供暖；夏季，初冷器上段 70~75℃的循环热水直接引入余热制冷机，作为驱动热源制取 16~18℃低温水，送至初冷器下段冷却煤气。通过采用双工况吸收式双效热泵机组并增设蒸汽管路及回收管道，在蒸汽型热泵机组内蒸汽加热溴化锂溶液至沸腾，产生温度、压力较高的冷剂蒸汽，与采暖循环水换热后变为冷剂水，采暖水被加热，冷剂水借助于中温段余热水的热量在低压状态下蒸发，蒸发后的冷剂蒸汽被溴化锂溶液吸收，再进行循环，吸收过程中的热量也被采暖循环水吸收，加热至 80℃以上的采暖水回外供采暖水管道。换热降温后的中温水返回中温水池或进入冷却塔降温后循环使用。其工艺流程如图 2-14 所示。设备运行安全，增加供热能力，降低了凉水塔冷却过程的蒸发和飘水损失，实现全年蒸汽、热水两用型制冷、采暖双工况连续运行模式，同时降低系统蒸汽消耗、新水消耗和药剂投加量，减排废水、CO_2 和 SO_2，每个采暖季产生的直接效益约 2126.8 万元。

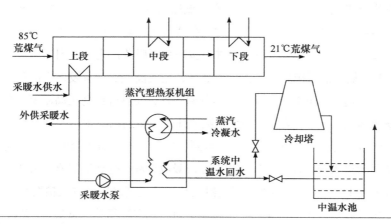

图 2-14　工艺冷却水低品质余热回收利用工艺流程

2.3.4　热管技术

热管式余热锅炉的工作原理如图 2-15 所示。高温烟气经过热管蒸发段加热热管内的传热介质，使其汽化并向上流到热管冷凝段；传热介质在热管冷凝段释放出汽化潜热，加热蒸汽发生器内的饱和水，后者吸热汽化后沿上升管进入汽包，并在汽包内进行汽水分离，分离后的饱和水经液体回流管流入蒸汽发生器继续吸热汽化；传热介质释放出汽化潜热后，沿着热管内部向下流动到蒸发段继续吸收高温烟气的热量，完成一个循环。如此循环往复，热管内的传热介质不断地把热量由烟气传递给水。

一种典型的应用是将热管换热器置于窑炉烟道内吸收烟气热量，实现余热回收利用。例如，在轧钢加热炉中用作空气预热器，在高炉热风炉中预热煤气及助燃空气。如图 2-16 所示，

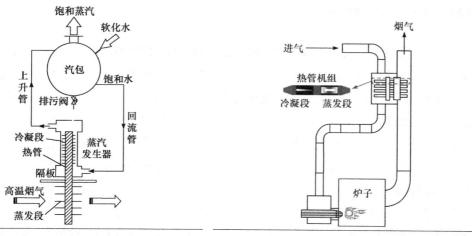

图 2-15　热管式余热锅炉工作原理　　　　图 2-16　热管余热回收

热管的尾部嵌入烟气中，作为蒸发段回收烟气余热；前端位于窑炉送风管道内，作为冷凝段预热空气或燃气。热管内的热载体工质在烟道内吸热蒸发流到冷凝段冷凝放热，凝结液通过毛细结构回流到蒸发段。热管换热器的中间传输段用绝热材料覆盖，以保证蒸发段和冷凝段之间的温差。

2.3.5　吸收式制冷技术

吸收式制冷系统中，制冷剂不断地被溶液吸收或放出，溶液在循环过程中发生压力、温度和浓度的变化，并与外界进行热量交换。基本的吸收式制冷系统主要包括四个换热单元（发生器、吸收器、冷凝器和蒸发器）、溶液泵和节流元件等部件。

利用钢铁工业生产中的余热，引入溴化锂吸收式制冷机组，将热能最终以冷量的形式输出给循环冷却水系统进行二次冷却。利用水泥窑余热发电中的余热锅炉蒸汽，结合吸收式制冷技术，可以对厂区及周围建筑进行集中制冷或供暖。典型 2500 t/d 熟料新型干法水泥生产线配套双压余热锅炉，生产参数为 0.45 MPa，165℃的低压蒸汽约 2.2 t/h，可作为本系统制冷部分所需动力热源。蒸汽流过热管换热器蒸发段，将携带热量传递给热管。低压蒸汽经热管换热器吸收热能后降压降温，成为 0.2 MPa 饱和水，流到真空除氧器中。制冷部分可采用工艺成熟的成套双效溴化锂吸收式制冷设备，冷却水源可引自余热发电站循环冷却水系统供水母管，经吸收器及冷凝器吸收热量后回流至循环水回水母管，完成闭式循环。

2.4　高效节能燃烧装置及技术

大部分工业窑炉系统主要由燃烧器、负载、燃烧室、热回收装置、流量控制系统、空气污染控制系统等六部分组成，如图 2-17 所示。其中，燃烧器是工业窑炉的关键性设备，它的

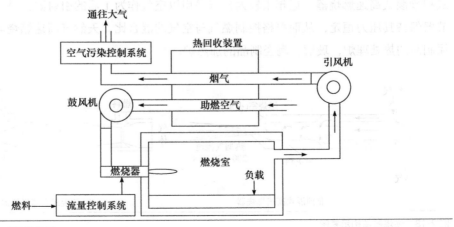

图 2-17　工业窑炉系统结构图

性能决定性地影响到工业炉的产量、质量、能耗、环保等技术经济指标。在新建窑炉或现有窑炉改造中，应用新型高效燃烧器和提高现有燃烧器技术水平，对提高产品质量、降低能耗和保护环境等均具有重要意义。

2.4.1　富氧燃烧技术

一般情况下窑炉的炉温越高，利用富氧助燃技术的节能效果越明显。例如窑炉炉温在1600℃时，用含氧体积含量为23%的富氧空气进行助燃燃烧，可节能25%。富氧燃烧技术主要应用于高温工业炉，如加热炉、水泥炉、玻璃炉等。国外开发了富氧燃烧技术在水泥窑中的应用，通过增加入分解炉3次风中氧气含量以消除回转窑的瓶颈，增加熟料产量10%～20%提高燃料燃烧效率，减少 NO_x 排放。富氧燃烧节能装置在河南天瑞集团汝州水泥有限公司5000 t/d 的水泥回转窑上投入试运行，在不增加燃料的前提下，窑炉火焰温度相对提高200℃，节能率达到10.03%。为充分发挥富氧燃烧的优势而避免带来不利影响，必须在燃烧设备及工艺操作方面做相应调整，如采用新型的富氧低 NO_x 燃烧器，或在煤燃烧时提高煤粉喷出的速度等。加热炉在石化行业，特别是油田系统用得非常多。如在某油田的全自动燃油管加热炉上实施富氧燃烧技术，引进全自动燃浊喷嘴，额定热效率达90%，使用该项技术后，平均节能10.85%，排烟处空气过剩系数下降35%，排烟温度下降7℃，热负荷提高10.86%，CO 明显降低。

2.4.2　高速燃烧器燃烧技术

高速燃烧器是一种新型燃烧器，具有节能、高效、动量可控等优势。高速燃烧器通常由混合装置和燃烧室两部分组成，如图2-18所示，相当于在鼓风式燃烧器出口增设一个带有烟气缩口的燃烧室（火道）。燃气和空气在燃烧室内进行强烈混合和燃烧，完全燃烧的高温烟气以非常高的速度喷进炉内与物料进行强烈的对流换热。图 2-18 （a）和（b）分别为非预混式和预混式高速燃烧器。近年来较为普遍采用以空气作为工质的引射器，燃气则应用零位调节器保持其压力恒定，从而严格控制燃气与空气的混合比。天然气高速燃烧器广泛应用于金属制品的热处理炉，玻璃、陶瓷制品的加热炉。

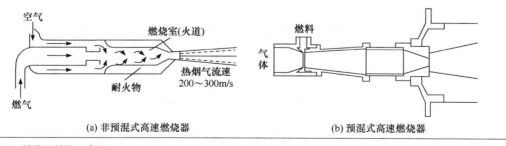

(a) 非预混式高速燃烧器　　　　　　　　　(b) 预混式高速燃烧器

图 2-18　燃烧器结构示意图

2.4.3 脉冲燃烧器及燃烧技术

燃烧控制通常有连续式的流量控制（幅度调节）和开关式的脉冲控制（调频调节）两种方式。当炉膛温度需要升高或降低时，采取开大或关小供入烧嘴燃气量的办法，这种方式称为流量控制。流量控制是目前国内加热炉使用较多的一种方式，这种方式不能保证烧嘴一直在最佳设计值燃烧，会由于每个烧嘴的燃气供入量偏离其最佳设计值太多，致使燃烧效率降低。脉冲燃烧控制中，烧嘴每次都是按最佳空燃比燃烧，钢板加热所需的热量是通过控制烧嘴的燃烧时间来实现的。脉冲燃烧器根据工作系统结构可分为 Schmidt 型、Helmholtz 型以及 Rijke 型脉冲燃烧器。

脉冲燃烧器的工作过程可分为四个阶段，见图 2-19。①A—B 点火与燃烧。将燃料和空气通过入口阀送入燃烧室，气体混合物通过火花塞或残留烟气被点燃，燃料在空气作用下快速燃烧，此时燃烧室内压力迅速增加，入口阀关闭。②B—C 膨胀扩张。高温燃烧烟气膨胀并从排气管排出，燃烧室内压力降低至低于大气压力。③C—D 燃料补充。由于燃烧室内压力降低，部分燃烧气体被抽吸回来，同时新的燃料和空气通过入口阀也进入燃烧室内。④D 重新点火燃烧。补充进来的燃料和空气与从排气管抽吸回来的高温烟气混合，在高温烟气作用下自动着火燃烧，燃烧室内压力再次增大。

脉冲燃烧器主要应用在喷雾干燥器中，如图 2-20。空气和燃料通过不同的管路进入燃烧器内进行混合，点火燃烧产生的高温烟气向干燥器入口运动，在干燥器入口处与侧吹风混合达到烘干产品所需要的温度，然后进入干燥室内与被干燥物料混合并对其干燥，干燥后的产品主要在干燥室出口端的旋风分离器进行收集，剩余的悬浮混合物再经过袋式除尘器净化后排入大气。

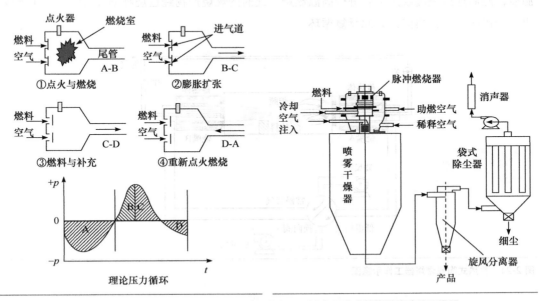

图 2-19 脉冲燃烧器工作过程示意图　　　　　图 2-20 应用脉冲燃烧器的喷雾干燥器

工业干燥是一个高耗能工艺过程，在发达国家占据了总能源消耗的 10%～25%。脉冲燃烧干燥是最有发展前景的干燥技术之一，它可以干燥广泛的材料，比如矿物、化学制品、食物、农产品、生物质材料等。脉冲燃烧器使用煤气、天然气等气体燃料，水分去除能力在 20～4000 kg/h 范围内，能源消耗在 3247 kJ/kg（蒸发水）左右。如某棒材厂在加热能力为 100 t/h 大方坯步进式加热炉的控制上采用了脉冲燃烧控制技术。经过一年半的实际运行，各项指标达到设计要求，炉体及辅助设备状况良好，在加热温度的均匀性、氧化烧损减少、煤气单耗下降 3 个方面尤其显著。具体如下：①加热温度均匀，加热原料为 300 mm×430 mm×6000 mm 钢坯，装料温度为常温，产量为 100 t/h 时，钢坯断面内温度差≤20℃，全长的温度差≤30℃，出炉温度（1180±10）℃；②氧化烧损≤0.68%；③煤气单耗在 0.9～1.05 GJ/t 钢。

2.4.4 蓄热式陶瓷燃烧技术

高温空气燃烧技术（high-temperature air combustion，HTAC）使用蓄热式烧嘴，将传统烧嘴和蓄热室结合为一个整体，一方面排出高温的燃烧产物并进行蓄热，另一方面将助燃空气预热至高温后组织燃烧。烧嘴一般成对布置，当其中一个烧嘴进行燃烧时，另一个烧嘴进行排烟，如图 2-21 所示。当烧嘴 B 处于燃烧阶段时，烧嘴 A 处于排烟阶段，炉内的高温烟气通过烧嘴 A 排到炉外，此时高温烟气与蓄热式烧嘴内的蓄热体进行充分的传热，将热量传递给蓄热体，当烟气被冷却到接近露点温度时排到外界。一段时间后换向阀换向，两个烧嘴同时改变工作状态，烧嘴 A 变成燃烧状态，烧嘴 B 变成排烟状态。此时，常温空气通过烧嘴 A 的蓄热室时，将刚才排烟阶段回收的余热传递给常温空气，可把常温空气预热到接近炉膛的温度，然后通过烧嘴喷入炉膛进行高温燃烧，此时的燃烧产物经过烧嘴 B 的余热回收排到外界。一段时间后再换向，如此反复循环。

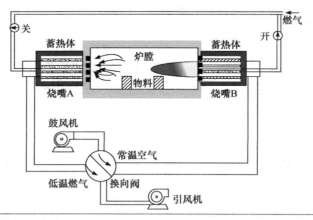

图 2-21　蓄热式陶瓷燃烧器工作示意图

在高压电瓷行业，梭式窑是瓷件烧制的主要窑炉，其工作状况好坏直接决定电瓷产品的质量及企业生产成本。梭式窑是周期性运行的窑炉，瓷件装窑后点火升温，窑内由初始温度按预定升温曲线升高到最高温度，根据加热产品不同可达 1250～1650℃。传统梭式窑烟气的余热利用率很低甚至根本不利用，这么高温的烟气直接排放掉，占能耗的 30%以上。若将蓄热式燃烧技术用于梭式窑，依靠蓄热式换热器耐高温耐腐蚀的优势，可消除传统金属换热器的不足，提高余热回收效率。

2.4.5　平焰燃烧技术

平焰燃烧器是一种以燃烧介质（空气）作为旋转气流，从扩张口流出时形成平展流，并借助旋流中心产生的负压将中心管喷出的另一种燃烧介质连同炉内高温气体一起被吸入、混合、燃烧而形成平焰的新型高效燃烧器，如图 2-22 所示。

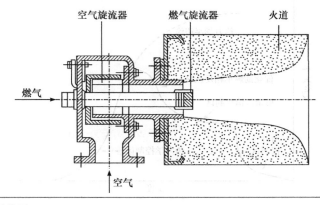

图 2-22　平焰燃烧器结构图

平焰燃烧器与传统的直焰燃烧器不同，它喷出的不是直焰而是贴着炉壁向四周均匀伸展的圆盘形薄层火焰。它由空气的蜗壳式通道、燃气通道和喇叭形火道组成。空气进入蜗壳产生旋转进入火道，燃气从径向直管进入，经开有倾斜喷口的喷头，产生与空气旋转方向相同的旋流，与空气强烈混合后进入火道开始燃烧。高温烟气的回流起着稳定火焰的作用，并且回流烟气进入混合旋转气流中，稀释了空气中的氧，减少了燃烧生成的 NO_x 化合物量。平焰燃烧器可选用高炉煤气、混合煤气、天然气以及轻油、重油和渣油等作为燃料，可有效地应用于多种不同炉型上，如煅造炉、热处理炉、环形加热炉和耐热材料隧道窑炉等。采用平焰燃烧技术可取得增产 10%～20%，节能 15%～30%的效果。

2.4.6　催化燃烧技术

催化燃烧（catalytic combusiton）技术是指在较低温度下，使燃料在催化剂作用下实现完全氧化反应，利用催化剂促进点火、强化燃烧和抑制氮氧化物生成的技术，具有能量利用率高、起燃温度低、促进完全燃烧、减少有毒有害物质的排放等优点。催化燃烧是典型的气-固相催化反应，在燃烧过程中借助催化剂降低反应的活化能，同时使可燃物分子富集在催化剂表面，以提高反应速率，使可燃物质在较低起燃温度 200～300℃ 下进行无焰燃烧，使可燃物完全氧化成 CO_2 和 H_2O，并放出大量热。由于燃烧温度较低，大大抑制了空气中的 N_2 在高温下同氧气反应生成 NO_x。图 2-23 所示为催化燃烧反应中反应速率随温度的变化规律。在低温区，由于温度较低，其化学反应速率远小于扩散速率，为动力学控制区。随着反应温度的不断升高，分别进入质量传输控制区与催化助燃单相反应区。在质量传输控制区，反应速率增长较缓慢。在催化助燃单相反应区，燃烧速率较前一阶段急速增加，单相燃烧占据优势。催化剂可以使燃料在较广泛的温度范围内燃烧，且整个过程中不同程度地影响了反应的速率，体现了催化剂的优越性。

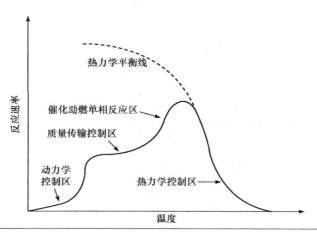

图 2-23　催化燃烧反应中反应速率随温度的变化规律

水泥工业中，煤的燃烧状况直接影响水泥熟料的燃烧效果。煤在催化剂作用下迅速燃烧，提高燃烧的强度，给水泥煅烧提供了足够热能，同时也提高了水泥煅烧热动力，加速热传递，促进质点、固相、气相、液相反应，提高了物质扩散速度和相间反应速率。研究表明，CHCT催化剂在水泥熟料煅烧过程中通过对煤炭的催化燃烧可有效促进固相反应、液相反应以及熟料急冷。催化燃烧技术用于烧结生产，不仅节能效益显著，而且产出强度好、FeO 含量低的烧结矿，有利于高炉生产，具有很好的应用价值。

2.4.7　浸没燃烧技术

浸没燃烧玻璃窑将燃烧器设置于熔窑底部，燃料和助燃剂直接通过火焰喷枪注入所需熔化的配合料内部燃烧，配合料从熔窑上方加入，所需的玻璃液从底部附近的出料口排出，见图 2-24。这种技术属于内部熔化方式，加热点产生局部高温，配合料迅速分解、熔化，产生高温气泡，熔化时发生较为复杂的热交换过程，强化传质过程提高了熔化效率并且降低了能耗。

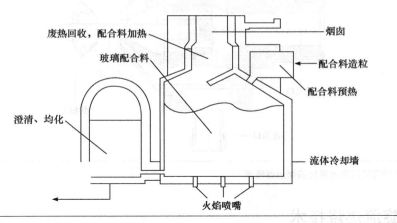

图 2-24　浸没燃烧玻璃窑结构图

浸没燃烧熔化的另一个优点是降低了玻璃熔窑建造成本。基于浸没燃烧技术的熔窑体积较小，不需要大量昂贵的耐火材料；外墙可以采用循环水冷却，在保护外层耐火材料不被腐蚀的同时可以回收大量热能，用以给配合料预热；同时结合富氧燃烧技术，大幅度减少了氮氧化合物等污染气体的排放。浸没燃烧过程大幅度地提高了热交换效率，在 1260～1540℃的加热条件下传热效率可达 70%。

2.4.8　雾化油燃烧技术

通过雾化使液体燃料形成颗粒微小、尺寸均匀的液雾以增加液体燃料与助燃空气之间的接触面积，产生高的液体表面积和体积之比，促进蒸发或提高反应速率，从而使燃料充分有效地燃烧。而且雾化越细燃烧就越充分。通常液雾的喷射雾化过程分为三个阶段：液体在喷嘴内部流动阶段；液体喷出后由液柱分裂为雾滴的阶段；雾滴在气体中进一步破碎阶段。将液体燃料进行雾化一般包含压力雾化、旋转式雾化、内外混合式雾化以及超声波雾化等几种方式。

超声波雾化是利用空气射流在谐振腔产生高频率、高振幅的剧烈振动来强化雾化的一种喷雾技术。图 2-25 为流体动力式超声波雾化油燃烧器喷嘴示意图。当高速流体从喷嘴喷出时，流体的冲力会激发超声波发生器的共振腔振动产生超声波，使重油在超声波的作用下发生振动而被雾化。随着超声波频率的增加，雾化液滴越来越细。高强度声波的频率一般为 10～14 kHz。由于这种喷嘴的工作压力较宽，且雾化处理量大，结构简单，工作可靠，成本低，比电动式超声波雾化喷嘴有更好的发展前景。

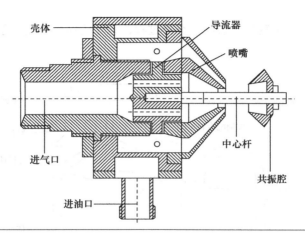

图 2-25　流体动力式超声波雾化油燃烧器喷嘴

2.4.9　旋流燃烧技术

旋流燃烧主要是借助强旋流所具有的"离心效应"和"涡旋效应"来控制燃料和空气的混合、反应和火焰的传播。其基本原理是通过旋流的回流作用，密度小的已燃烧产物自外向内运动，在运动中预热和点燃未燃烧的燃烧混合物。在燃料和空气混合物以旋转射流的方式进入燃烧室内后，由于旋转的离心作用，在燃烧室内形成了较大的径向压力梯度，从而在流动的中心区域便产生一个小于大气压的低压区，形成一个环流回流区。在这个环流区内，高温燃烧产物与燃料很好地混合，起到储存热量和活化物质的作用，使得热量和活化因子有效地通过紊流从燃烧产物传递给可燃混合物。

2.5　工业窑炉节能评价与分析

2.5.1　节能评价指标

能源效率可以从宏观层面评估工业生产过程中的能源使用效率，进而体现一个工业部门的运行水平和质量。它与能源来源、技术水平、投资成本、环境指标、能源价格及劳动力等多个因素相关。作为重要的工业节能评价指标，能源效率通常被定义为工业过程的有用输出与能源输入量之比。

2.5.2　各行业窑炉能耗考核标准

能耗考核指标的科学性、可操作性、指导性涉及各地区差异、所消耗能量品位、企业规模、生产工序设定、设备加工能力等各种因素，所以一般采用产品能耗定额和限额来进行考核。各行业为了进一步细化能耗考核指标，重点强调行业内各企业能耗可比性，通过考核使企业之间了解本单位、本部门能源消耗水平，从而找到薄弱环节，通过采取多种措施使企业能耗和产品能耗进一步下降。由于行业产品及加工工艺差别较大，对冶金、机械、建材及水泥行业等还可以采用工业窑炉能耗等级考核。下面是各行业内几种有代表性的窑炉能耗考核情况。

（1）冲天炉可比单耗指标

统计期内冲天炉炉座每吨金属炉料平均可比单耗按下式计算：

$$B = \frac{\sum W_i + \sum W'_i}{\sum G_i} \tag{2-7}$$

式中，B 为统计期内金属炉料平均可比单耗，kgce/t 或 tce/t；$\sum W_i$ 为统计期内总能耗量，kgce 或 tce；$\sum W'_i$ 为统计期内折算成基准温度的能耗总附加量，kgce 或 tce；$\sum G_i$ 为统计期内实际用金属炉料总量，t。

冲天炉可比单耗指标见表 2-1。

表 2-1　冲天炉可比单耗指标

熔化能力/(t/h)	可比单耗指标/[kgce/t（金属炉料）]		
	一等	二等	三等
1～3	≤95	95～115	115～140
3～10	≤90	90～110	110～135
10～20	≤97	97～121	121～145

（2）热处理炉（火焰炉）可比单耗指标

考虑燃料种类的影响，以热处理件折合质量计算的单耗为可比单耗，其计算公式为：

$$b_k = \frac{Q_{net,ar} B \alpha}{29308 G_z} \tag{2-8}$$

式中，b_k 为可比单耗，kgce/t 或 tce/t；$Q_{net,ar}$ 为燃料低位发热值，kJ/kg；B 为单台热处理炉在统计期内燃料总耗量，kg 或 m³；α 为燃料系数；G_z 为单台热处理炉在统计期内合格热处理件折合质量，t。

热处理炉（火焰炉）可比单耗指标见表 2-2。

表 2-2　热处理炉（火焰炉）可比单耗指标

炉子类别		可比单耗指标/[kg（tce）/t]			
		特等	一等	二等	三等
周期炉		≤60	60～120	120～180	180～300
连续炉	推杆式（有料盘）	≤56	56～90	90～140	140～250

炉子类别		可比单耗指标/[kg（tce）/t]			
		特等	一等	二等	三等
连续炉	振底式	≤56	56～90	90～140	140～250
	推杆式（无料盘）	≤52	52～78	78～124	124～210
铸铁热处理炉	灰铸铁退火		≤30	30～50	50～100
	球墨铸铁退（正）火		≤85	85～125	125～180
	可锻铸铁退火		≤140	140～280	280～300

（3）锻造炉可比单耗指标

在统计期内，经燃料系数、炉型系数修正以合格锻件折合质量计算的单位能耗为可比单耗，其计算式为：

$$b_k = \frac{Q_{net,ar}B\alpha\beta}{29308G_z} \tag{2-9}$$

式中，b_k 为可比单耗，kgce/t 或 tce/t；$Q_{net,ar}$ 为燃料低位发热值，kJ/kg；B 为单台锻造炉在统计期内的燃料总耗量，kg 或 m^3；α 为燃料系数；β 为炉型系数；G_z 为单台锻造炉在统计期内合格热处理件折合质量，t。

锻造炉可比单耗指标见表 2-3。

表 2-3　锻造炉可比单耗指标

锻件类型	可比单耗指标/（kgce/t）			
	特等	一等	二等	三等
自由锻件	≤120	120～250	250～450	450～700
模锻件	≤100	100～200	200～370	370～650

（4）建材及水泥行业产品可比单耗指标

建材及水泥行业产品可比单耗指标见表 2-4。

表 2-4　建材及水泥行业产品可比单耗指标

序号	指标名称及单位	2005 年	2010 年	2020 年
1	水泥综合能耗/（kgce/t）	159	148	129
2	平板玻璃综合能耗/（kgce/重量箱）	26	24	20
3	日用玻璃综合能耗/（kgce/t）	520	480	400

（5）炼钢电弧炉炉座可比单耗指标

炼钢电弧炉炉座可比单耗是统计期内合格钢液的平均单耗，即：

$$D = \frac{\sum W}{\sum G} = \frac{\sum W}{1.1G_{\mathrm{H}} + G_{\mathrm{T}}} \qquad\qquad (2\text{-}10)$$

式中，D 为统计期内某炉座平均单耗，kW·h/t（钢液）；$\sum W$ 为统计期内该炉座总能耗量（包括废钢水能耗），kW·h；$\sum G$ 为统计期内该炉座合格钢液产量（废钢液除外），t；G_{H} 为统计期内合格合金钢水产量，t；G_{T} 为统计期内合格碳素钢水产量，t。

炼钢电弧炉炉座可比单耗指标见表 2-5。

表 2-5　炼钢电弧炉炉座可比单耗指标

电弧炉公称容量/t	炉座可比单耗指标/(kW·h/t)			
	特等	一等	二等	三等
0.5	≤650	650~750	750~800	800~850
1.5	≤620	620~700	700~770	770~830
3	≤590	590~690	690~740	740~830
5	≤560	560~660	660~720	720~780
10	≤550	550~640	640~700	700~760
≥20	≤540	540~620	620~680	680~740

2.6　工程应用案例

2.6.1　案例 1——步进式加热炉改造

某特钢集团大型材有限公司 2# 步进式加热炉原为混合煤气（高炉煤气掺混天然气，热值 6270 kJ/m³）空气单蓄热式加热炉。由于目前能源成本较高，且高炉煤气存在富余量，因此将该加热炉改为燃用高炉煤气双蓄热式加热炉，改造后既可使高炉煤气充分利用，又可降低能源成本。

（1）炉子的主要设计性能及参数

炉子尺寸：29.3 m×6.6 m×3.6 m。加热温度：冷坯，从室温加热至 950~1250℃；热坯，从 600℃加热至 950~1250℃。出料温度：950~1250℃。生产能力：加热碳钢冷坯时最大小时产量（标准坯，冷装）90 t/h；加热轴承钢冷坯时最大小时产量（标准坯，冷装）65 t/h。燃料及低发热值：高炉煤气 3135~3344 kJ/m³。供热方式：3 段供热，烧嘴共 80 套。空气、煤气预热温度：1000℃。最大高炉煤气消耗量：39043 m³/h。最大空气消耗量：25331 m³/h。

（2）改造措施

改造主要是将原混合煤气单蓄热改为高炉煤气双蓄热，改造后的加热炉双蓄热燃烧系统包括蓄热烧嘴系统、换向系统、煤气供给系统、空气供给系统、排烟系统、煤气吹扫及放散系统和控制系统。

① 蓄热烧嘴系统 煤气和空气都采用半内置一体式蓄热烧嘴进行预热。煤气、空气蓄热烧嘴采用左右间隔布置。烧嘴喷口部位与炉墙整体浇注，膨胀缝设置在烧嘴与烧嘴之间。本加热炉分为 4 个供热段，分别为预热段、一加热段、二加热段和均热段。加热炉燃烧系统采用蓄热燃烧技术，通过炉墙侧部的空气蓄热烧嘴、煤气蓄热烧嘴进行供热。整个加热炉在沿炉长方向上设置多个供热点，同时供热。

② 换向系统 在燃料（煤气）和助燃风（空气）均采用蓄热式燃烧装置的基础上，将原来复杂的分散式换向方式改为简洁、易于维护和方便操作的分段集中式换向方式。采用二位三通换向阀，炉子两侧的换向阀和管道对称，全炉共布置 6 个二位三通煤气换向阀和 6 个二位三通空气换向阀。

③ 煤气供给系统 煤气总管（DN1100）从接点以后设置气动快速切断阀。气动快速切断阀为掉电关闭式，在突然停电时迅速将煤气总管切断，保证安全操作。在燃气低压或其他重故障联锁条件满足时，快速切断阀也将切断煤气总管。炉上煤气管道按 3 个供热段进行配置，实现各段流量的测量与调节。各段煤气管道设置流量计和气动调节阀，测量和调节本段的煤气供给量。从煤气总管引出的各供热段煤气分管与炉子两侧的二位三通换向阀连接，然后进入各烧嘴前支管，经手动蝶阀后送到蓄热烧嘴，由蓄热烧嘴预热后喷入炉膛。每个蓄热烧嘴前均配置手动密封蝶阀，起到微调烧嘴的作用。

④ 空气供给系统 煤气助燃空气管道（利旧）按 3 个供热段进行配置，实现各段流量测量与调节。空气从鼓风机出来，经总管、各供热段管道的流量计、气动调节阀、换向阀、手动蝶阀送到各蓄热烧嘴，经蓄热烧嘴预热后进入炉膛。

⑤ 排烟系统 加热炉设置两套引风机强制排烟系统。蓄热式燃烧系统产生的烟气全部经蓄热烧嘴后由排烟机强制排出。强制排烟系统分空气侧排烟系统和煤气侧排烟系统。

⑥ 煤气吹扫及放散系统 加热炉在开炉前、停炉后对煤气管道进行吹扫，吹扫介质使用氮气，加热炉两侧煤气支管上设置放散管和放散阀。

⑦ 控制系统 烘炉初期采用原混合煤气烘炉烧嘴进行烘炉，按照烘炉曲线当温度达到700℃以后逐步打开蓄热烧嘴，当蓄热烧嘴燃烧稳定后打开换向系统。点火烧嘴采用 LGB[低速燃气（燃油联合）燃烧器]直焰烧嘴，点火料为高炉煤气掺混天然气，全炉共设置 4 个点火烧嘴，炉墙两侧分别为 2 个。

（3）改造效果

本项目投资少、工期短。自改造投产以来，在工艺升温、炉温均匀性、加热钢坯质量等方面均达到了设计目标，生产运行状况稳定良好，并取得较大的经济效益。改造前吨钢加热成本 198.64 元/t，改造后为 61.52 元/t，吨钢节约成本 137.12 元/t，2016 年加热炉预计产量

$4.5×10^5$ t，开动率按 60%计算，2016 年可创效 3700 万元。通过以上分析数据可以看出，该炉由混合煤气单蓄热改为燃用高炉煤气双蓄热，大大降低了大型材厂吨钢成本费用，并且带来一定的社会环保效益。

2.6.2 案例 2——加热炉余热回收利用技术

加热炉是轧钢车间的能源消耗大户，目前大部分加热炉仅仅是对烟气余热进行部分回收，即预热空气或煤气来回收烟气余热，回收不够充分。空气单预热时，排烟温度达到 350℃以上，即使是空气、煤气双预热，排烟温度也达到 280℃以上。理论上讲，200℃以上的烟气余热尚有较好的回收利用空间。

（1）热平衡分析

某钢厂额定产量为 180 t/h 的加热炉，未采用余热回收技术的加热炉系统主要烟气、热水、蒸汽等余热资源未进行合理回收利用而直接排放，而采用余热回收利用技术的加热炉系统主要采用换热器、余热锅炉、汽化冷却等技术对烟气、热水、蒸汽等余热资源进行回收循环利用。

① 在未采用任何余热回收技术方式时，烟气以较高的排烟温度排出加热炉系统，采用水冷却方式的加热炉水梁带走了大量热量，该部分热水（约 55℃）余热尚未被有效利用。

② 当采用余热回收利用技术时，加热炉系统不仅实现了高温烟气的余热回收，而且热回收效率高，可将排烟温度降低到 200℃左右，与未采用余热回收技术的加热炉系统相比，排烟温度降低 450℃左右，使排烟废气中的大部分热量得到回收利用；采用汽化冷却技术有效降低了钢坯加热"黑印"、提高了钢坯加热质量，同时炉内水梁冷却件产生的饱和水蒸气回收并网或发电。

③ 有效地降低加热钢坯物理热 Q_1、出炉烟气带走的热量 Q_2、燃料化学不完全燃烧热损失 Q_3、水冷构件损失热量 Q_7，以及其他热损失等是降低能耗和提高加热炉热效率的关键。

（2）改造措施

① 在加热炉烟道设置预热器，以回收出炉烟气带走的热量，节约燃料。加热炉设置空气预热器，将助燃空气预热至 480℃以上，空气预热器的形式为带插入件的金属管状预热器；煤气预热至 200℃以上，煤气预热器的形式是光管金属管状换热器，以减少煤气换热器的堵塞。

② 通过在烟道内设置高效内置式余热锅炉，对换热器后的烟气余热进一步回收利用，使烟气排放温度降低到 200℃以下，回收产生蒸汽并网或发电，提高能源综合利用效率。

③ 采用汽化冷却系统，使炉内水梁冷却件产生的热量得以回收利用，在提高炉内钢坯加热质量的同时，有效地降低了钢坯加热"黑印"，同时炉内水梁冷却件产生的饱和水蒸气回收并网或发电。

④ 增设一套发电系统，余热资源经过极限回收产生蒸汽送入发电机组发电。

（3）改造后效果

对于加热炉采用汽化冷却装置和低温烟气余热回收装置+蒸汽发电系统，年净利润可达 567 万元，投资利润 35.3%，投资回收期 2.8 年。说明该余热资源回收循环利用集成系统收益高，投资回报期短，经济效益十分可观。回收加热炉烟气余热发电后，年节省 6221 tce，年减少 CO_2 排放 16300 t。该加热炉余热资源回收利用技术可节约能源，改善环境，具有良好的企业经济效益和显著的社会效益，市场前景广阔。

参考文献

[1] 国家发改委等部门. 工业节能"十二五"规划[R]. 2016.

[2] 中华人民共和国国民经济和社会发展第十三个五年规划纲要[C].2015.

[3] 国务院办公厅. 能源发展战略行动计划（2014—2020 年）[R].2014.

[4] 国家发改委等部门. "十三五"节能环保产业发展规划[R].2016.

[5] 工业和信息化部. 工业绿色发展规划（2016—2020 年）[R].2016.

[6] Energy efficiency in China[R]. International Energy Agency，2016.

[7] GB/T 17195—1997. 国家标准工业炉名词术语[S]. 北京：中国标准出版社，1997.

[8] 江姗姗，陈庆文. 水泥行业窑炉系统节能技术改造[J]. 节能技术，2017，35（2）：183-187.

[9] 王学涛，曹玉春，兰泽全. 工业窑炉节能技术[M]. 北京：化学工业出版社，2010.

[10] 冯正君，齐建党.分析玻璃低能耗高效熔化技术[J]. 科技与企业，2015（7）：177.

[11] 黄阔. 陶瓷窑炉节能技术工程应用与经济性分析[J]. 中国陶瓷，2012，48（12）：54-57.

[12] 娄广辉，曹德生，徐亚中，等. 电量自足型煤矸石烧结砖隧道窑余热发电技术[J]. 砖瓦世界，2016（9）：48-50.

[13] GB 9078—1996. 工业炉窑大气污染物排放标准[S]. 北京：中国标准出版社，1996.

[14] GB/T 32037—2015. 工业窑炉燃烧节能评价方法[S]. 北京：中国标准出版社，2015.

[15] 王秉铨，姜生远，王秋. 工业炉设计简明手册[M]. 北京：机械工业出版社，2011.

[16] 刘雨洋. 工业锅炉（窑炉）节能工艺技术研究与应用[D]. 合肥：合肥工业大学，2015.

[17] 王冠，安登飞，庄剑恒，等. 工业炉窑节能减排技术[M]. 北京：化学工业出版社，2015.

[18] 王文青，丁强. 有关工业炉节能措施及其发展趋势的研究[J].能源研究与管理，2010（2）：38-40，52.

[19] 孟欣，杨永平. 中国工业余热利用技术概述[J]. 能源与节能，2016（7）：76-77.

[20] 李云锋，董建山. 干熄焦余热发电技术分析[J]. 煤炭与化工，2013，36（6）：110-111.

[21] 焦玉雪，李恩文，王翠芳. 干熄焦余热发电综述[J]. 山东工业技术，2013（Z1）：164-168.

[22] 杨福忠. 高炉煤气余压发电（TRT）干法运行研究[J]. 冶金动力，2010（6）：33-35.

[23] Wu P，Yang C. Identification and control of blast furnace gas top pressure recovery turbine unit[J]. IsijInternational，2012，52（1）：96-100.

[24] 袁奥，李嘉鹏. 论燃气-蒸汽联合循环发电技术的应用[J]. 机电工程技术，2017，46（10）：109-111.

[25] 张兵，周成武. 高炉煤气利用的技术途径与前景探讨：2014 年全国炼铁生产技术会暨炼铁学术年会论文集[C]. 郑州：中国金属学会，2014.

[26] 丁全贺，耿云峰. 高炉煤气回收利用技术开发与应用[J]. 中国石油和化工，2010（12）：39-40.

[27] 张兴华. 高炉煤气燃气-蒸汽联合循环热力性能数学模型及优化研究[D]. 长沙：中南大学，2010.

[28] 邱留良，任洪波，班银银，等. 有机朗肯循环低温余热利用技术研究综述[J]. 应用能源技术，2015（10）：6-10.

[29] 刘经武，戴义平. 基于有机朗肯循环低温余热利用研究[J]. 东方汽轮机，2010（2）：24-29.

[30] 杨泽学. ORC 技术在水泥生产线的应用前景分析[J]. 水泥技术，2015（5）：83-85.

[31] 王华荣，徐进良，于超. 有机朗肯循环在水泥工业余热利用中的环境经济性分析[J]. 华北电力大学学报（自然

科学版），2015，42（3）：64-70，77.

[32] 郭浩，公茂琼，董学强，等. 低温烟气余热利用有机朗肯循环工质选择[J]. 工程热物理学报，2012，33（10）：1655-1658.

[33] 冯永强. 中低温余热有机朗肯循环热经济性优化及实验研究[D]. 哈尔滨：哈尔滨工业大学，2016.

[34] 孙志强，易思阳，郭美茹，等. 利用中低温余热的回热有机朗肯循环性能分析[J]. 热能动力工程，2015，30（1）：24-30，159-160.

[35] Chen H，Goswami D Y，Rahman M M，et al. A super critical Rankine cycle using zeotropic mixture working fluids for the conversion of low-grade heat into power[J]. Energy，2011，36（1）：549-555.

[36] 王如竹，王丽伟，蔡军，等. 工业余热热泵及余热网络化利用的研究现状与发展趋势[J]. 制冷学报，2017，38（2）：1-10.

[37] Zhang J，Zhang H，He Y，et al. A comprehensive review on advance sand applications of industrial heat pumps based on the practices in China[J]. Applied Energy，2016，178：800-825.

[38] 任栋，宋延丽，宫赫，等. 采用热泵技术回收冶金行业工序余热[J]. 冶金能源，2017，36（S2）：84-86.

[39] 侯红梅. 热泵技术在我国钢铁冶金行业的应用与发展[J]. 通用机械，2016（2）：26-29.

[40] 姜迎春，韩巍. 利用低温烟气余热的吸收-压缩复合热泵系统[J]. 工程热物理学报，2017，38（6）：1150-1156.

[41] 刘亮，张顺贤. 焦化冷却水低品质余热的回收利用[J]. 山东冶金，2015，37（6）：53-55.

[42] 吴金星，韩东方，曹海亮. 高效换热器及其节能应用[M]. 北京：化学工业出版社，2009.

[43] Jouhara H，Chauhan A，Nannou T，et al. Heat pipe based systems-Advance sand applications[J]. Energy，2017，128：729-754.

[44] 屈健. 脉动热管技术研究及应用进展[J]. 化工进展，2013，32（1）：33-41.

[45] 李永，宿新天，张子禹，等. 热管余热锅炉在钢管退火炉余热回收中的应用[J]. 热处理，2013，28（4）：68-70.

[46] 郭东方. 热管技术在玻璃熔窑尾气余热回收中的应用[J]. 玻璃与搪瓷，2014，42（4）：15-16.

[47] Srimuang W，Amatachaya P. A review of the applications of heat pipe heat exchangers for heat recovery[J]. Renewable and Sustainable Energy Reviews，2012，16（6）：4303-4315.

[48] Huang F，Zheng J，Baleynaud J M，et al. Heat recovery potentials and technologies in industrial zones[J]. Journal of the Energy Institute，2017，90（6）：951-961.

[49] 陈光明，石玉琦. 吸收式制冷（热泵）循环流程研究进展[J]. 制冷学报，2017（4）：1-22.

[50] Xu Z，Wang R. Absorption refrigeration cycles：Categorized based on the cycle construction[J]. International Journal of Refrigeration，2016，62：114-136.

[51] Oluleye G，Jiang N，Smith R，et al. Anovel screening framework for waste heat utilization technologies[J]. Energy，2017，125：367-381.

[52] 连红奎，李艳，束光阳子，等. 我国工业余热回收利用技术综述[J]. 节能技术，2011，29（2）：123-128，133.

[53] 李佳阳，吕子强，林昭祺，等. 钢铁工业余热制冷制备低温冷却水关键技术研究[J]. 冶金能源，2017，36（S2）：87-89.

[54] 陈平. 利用水泥厂余热蒸汽的热管型吸收式制冷回收系统研究[J]. 科技与企业，2015（13）：227-228.

[55] 杨声，梁嘉能，杨思宇，等. 煤制气中甲烷化余热利用集成串级吸收式制冷新工艺[J]. 化工学报，2016，67（3）：779-787.

[56] Charles E，Baukal J. Industrial burners handbook：1st edition [M]. New York：CRC Press，2003.

[57] Hagihara Y，Haneji T，Yamamoto Y，et al. Ultra-low NO$_x$ oxygen-enriched combustion system using oscillation combustion method[J]. Energy Procedia，2017，120：189-196.

[58] 张雄，温治，王乃帅，等. 富氧（纯氧）燃烧器的研究现状及发展趋势[J]. 金属热处理，2012，37（1）：112-118.

[59] 王志增，路宁，张旭. 工业炉窑富氧燃烧技术的应用实践[J]. 节能，2013，32（11）：37-39.

[60] 朱文尚，颜碧兰，王俊杰，等. 富氧燃烧技术及在水泥生产中的研究利用现状[J]. 材料导报，2014（S1）：336-338.

[61] 李沪萍. 热工设备节能技术[M]. 北京：化学工业出版社，2010.

[62] 阮成冰. 新型富氧煤粉燃烧器冷态试验与数值模拟[D]. 武汉：华中科技大学，2016.

[63] 罗政，李家栋，王昭东，等. 脉冲燃烧控制在大型高温热处理炉上的应用[J]. 宝钢技术，2012（5）：73-76.

[64] 曹卫宁. 脉冲燃烧技术在大方坯加热炉上的应用[J]. 工业炉，2009，31（1）：27-28.

[65] Meng X, Wiebren d J, Tadeusz K. A state-of-the-art review of pulse combustion：Principles, modeling, applications and R&D issues[J]. Renewable and Sustainable Energy Reviews，2016，55：73-114.

[66] 李鹏，秦朝葵. 蜂窝陶瓷蓄热体的传热性能研究概述[J]. 上海煤气，2017（4）：30-34.

[67] 余正发. 蓄热式燃烧技术及其在陶瓷、耐火材料行业中的应用前景展望[J]. 中国陶瓷，2014，50（5）：63-65，69.

[68] 张喜来，靳世平，杨益，等. 蓄热式燃烧技术在梭式窑上的工业应用[J]. 中国陶瓷，2012，48（6）：63-66.

[69] 周宇，秦朝葵，郭超. 平焰燃烧器应用于小型工业炉的实验研究[J]. 工业加热，2016，45（5）：8-12.

[70] Lazi L, Brovkin V L, Gupalo V, et al. Numerical and experimental study of the application of roof flat-flame burners[J]. Applied Thermal Engineering，2010，31（4）：513-520.

[71] 蒋贵仲，陈耀壮，张华西. 催化燃烧催化剂的研究进展[J]. 轻工科技，2014，30（3）：17-19.

[72] 田凌燕，蔡烈奎，汪军平，等. 催化燃烧技术的应用进展[J]. 节能，2010，29（2）：22-25.

[73] 邹冲. 高炉喷吹煤粉催化强化燃烧机理及应用基础研究[D]. 重庆：重庆大学，2014.

[74] 林健，隋鑫. 新一代玻璃熔制系统及其配合料制备技术简介[J]. 玻璃与搪瓷，2011，39（3）：32-35，40.

[75] 王建勋. 流体动力式超声波燃油燃烧器的雾化特性研究[D]. 北京：北京工业大学，2010.

[76] 曹少敏. 燃气工业炉旋流燃烧应用研究[D]. 重庆：重庆大学，2014.

[77] 连成. 燃气工业炉内旋流燃烧和 NO_x 生成的数值模拟与研究[D]. 重庆：重庆大学，2012.

[78] Vasudevan R. Combustion Technology：Essentials of Flame sand Burners[M]. JohnWiley&Sons Ltd，2016.

[79] 郭张钧. 耗能系统节能评价指标体系的研究与分析[D]. 长沙：中南大学，2010.

[80] Li M, Tao W. Review of methodologies and polices for evaluation of energy efficiency in high energy-consuming industry[J].Applied Energy，2017，187：203-215.

[81] 王文青，丁强. 有关工业炉节能措施及其发展趋势的研究[J]. 能源研究与管理，2010（2）：38-40，52.

[82] 周祖勃. 浅谈工业炉节能现状及发展趋势[J]. 企业技术开发，2013，32（15）：165-166.

[83] 刘建兵，张荣国. 浅谈工业锅炉节能环保现状及未来发展[J]. 中国设备工程，2017（21）：56-57.

[84] 杨军，赵喜军，王志强，等. 工业炉节能现状和发展趋势[J]. 冶金能源，2011，30（6）：42-44.

[85] 杨申仲，杨炜，朱同裕，等. 行业节能减排技术与能耗考核[M]. 北京：机械工业出版社，2011.

[86] 徐广鑫，管风军. 高炉煤气、空气双蓄热在轧钢加热炉上的应用[J]. 工业炉，2016，38（4）：71-72.

[87] 牛芳，王浩，邹琳江，等. 余热资源回收利用技术在加热炉上的应用[J]. 工业炉，2017，39（2）：55-57，60.

[88] 生态环境部. 关于印发《工业炉窑大气污染综合治理方案》的通知[R/OL]. （2019-07-09）[2019-08-28]. http://www.mee.gov.cn/xxgk2018/xxgk/xxgk03/201907/t20190712_709309.html.

第**3**章

内燃机节能技术

3.1　概述

内燃机是指燃料在机器内部燃烧，并将其放出的热能转换为动力的热力发动机，涉及汽车、船舶、电力、工程等多个领域。内燃机产业是我国重要的基础产业和全球制造业链条中极为关键的一环，对国家安全、能源安全、节能减排、实现"碳达峰""碳中和"目标、保障国民经济高质量发展意义重大。数据显示，2020年，我国共生产8150万台内燃机，中国主流内燃机企业的全年主营业务收入达到3.9万亿元，内燃机配套的下游产品占全球1/3，已经是名副其实的内燃机制造大国。内燃机每年消耗我国石油的60%以上，排出的CO_2占全国总量9.8%，是节能减排的主战场，提高内燃机热效率、降低油耗对改善我国总体能源利用率、降低CO_2排放意义重大。

"十三五"期间，我国内燃机产业取得快速发展，技术水平和自主研发能力显著提升，高性能、低消耗、少污染的产品不断开发出来并投向市场，对我国节能减排贡献巨大，同时也建立完整的零部件产业链，自主品牌产品的自配率、市场集中度以及国际市场占比进一步提升。内燃机与20年前相比，各类有害排放降低为原来的1/1000，在不久将实施的国七标准阶段，有害排放物还将继续降低90%以上，内燃机将进一步实现"近零排放"。近年来，新能源汽车的发展给传统内燃机技术带来了巨大挑战，在节能减排政策力度不断加大的背景下，内燃机行业面临着较大的压力。尽管当前面临巨大挑战，但内燃机产业也正处于创新发展的最佳窗口期。

2013年国务院办公厅发布《关于加强内燃机工业节能减排的意见》以来，内燃机产业紧紧围绕节能减排、替代燃料、循环经济发展战略，取得了巨大成就。但是其自主创新体系建设机制还不够完善，产业链存在薄弱环节，内燃机关键零部件与关键核心技术仍需要进一步提升。并且随着技术升级的需求，内燃机产业在关键零部件的"进口依赖"上愈发严重（比如国六切换涉及的排放件，主要依靠进口），在这个方面存在被卡脖子的风险。从现有的技术模式来看，内燃机的燃烧效率已经达到瓶颈，无法进一步满足高效、低碳、近零排放的要求。要突破瓶颈，内燃机产业链必须协同技术创新、同步"技术颠覆"。因此，面对下一步内燃机产业升级转型、技术进步，《内燃机产业高质量发展规划（2021—2035）》提出，以节能、减碳、"近零排放"、内燃机热效率的持续提升为牵引，围绕"碳达峰、碳中和"战略目标，通过组织行业企业、高校与科研机构协同创新研究和攻关，补齐产业短板，实现产业链安全可控。未来，节能减排、绿色制造、循环经济是内燃机发展的总体趋势。高效、低碳、近零排放已成为内燃机发展的重要方向。新一代内燃机技术是先进燃烧技术、智能控制技术和电气化技术的结合，提高热效率、实现燃料多元化、降低碳排放是内燃机技术创新的重要途径。

2021年是"十四五"规划的开局之年，随着道路国六排放标准的全面实施和非道路国四排放标准的出台，内燃机产业在节能减排领域将面临更严峻的考验。《内燃机产业高质量发展规划（2021—2035）》的目标是力争2028年前内燃机产业实现"碳达峰"，2030年实现"近零污染排放"，2050年实现"碳中和"，满足国民经济建设、国防安全和人民生活对高效、清洁、低碳内燃动力的需求。《规划》的发布和实施，必将极大地推动我国内燃机产业的创新发展，对完成内燃机产业"十四五"乃至更长时期全面推进节能与绿色制造战略任务，提高我国内燃机产业在国际市场的综合竞争力意义重大。

3.2 内燃机分类与工作原理

3.2.1 内燃机分类

内燃机的种类众多，按照不同的分类方法可以把内燃机分成以下不同的类型：根据内燃机所用燃料分为汽油机、柴油机、天然气（compressed natural gas，CNG）发动机、乙醇发动机等；根据缸内着火方式分为点燃式、压燃式；根据冲程数分为二冲程、四冲程；根据活塞运动方式分为往复活塞式、旋转活塞式；根据气缸冷却方式分为水冷式、风冷式；根据进气充量压力分为自然吸气式、增压式；根据气缸排列分为立式、卧式直列、V型、对置X型、星型等。

3.2.2 内燃机工作原理

各类内燃机工作过程略有区别，但其工作原理基本相同，下面以四冲程活塞式内燃机的工作过程为例进行介绍。如图3-1所示，活塞式内燃机中，燃料燃烧、吸热、工质膨胀、压

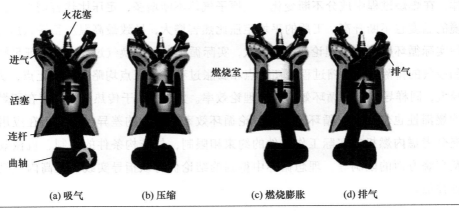

图 3-1　点燃式内燃机工作过程

缩等热力过程都发生在同一设备，即气缸活塞装置中。活塞式内燃机按照点火方式分为点燃式和压燃式两种。点燃式内燃机中，吸入的燃料和空气的混合物经压缩后被电火花点燃，而压燃式内燃机中则将空气压缩至燃料的自燃温度后，喷入燃料中使其自燃。

图 3-2 所示为三种理想的内燃机工作循环[定容加热理想循环（奥托循环）、定压加热理想循环（狄塞尔循环）和混合加热理想循环（萨巴德循环）]的 p-V 图。通过对理论循环进行研究，用简单的公式来阐明内燃机工作过程中各基本热力参数间的关系，能够明确提高以理论循环热效率为代表的经济性和以平均压力为代表的动力性的基本途径，同时确定循环热效率的理论极限，以判断实际内燃机经济性和工作过程进行的完善程度以及改进潜力，有利于分析、比较内燃机不同热力循环方式的经济性和动力性。

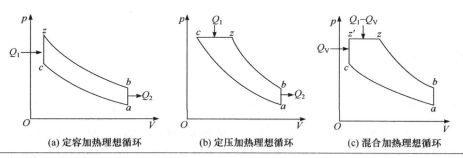

(a) 定容加热理想循环　　　(b) 定压加热理想循环　　　(c) 混合加热理想循环

图 3-2　内燃机理想循环的 p-V 图

通过对图 3-2 进行理论分析，可以得到以下结论：①提高压缩比可以提高工质的最高温度，扩大循环的温度阶梯，增加内燃机的膨胀比，从而提高热效率，但提高率随着压缩比的不断增大而逐渐降低；②增大压力升高比可以增加混合加热理想循环中等容部分的加热量，提高热量利用率，因此使热效率提高；③压缩比以及压力升高比的增加，将导致最高循环压力急剧上升；④增大初始膨胀比，可以提高循环平均压力，但由于定压部分加热量的增加，循环热效率随之降低，总的做功能力下降；⑤工质等熵指数增大，循环热效率提高。

然而在实际循环中，气缸内的工质在燃烧前是空气、燃油蒸气和部分废气组成的混合气体，在燃烧过程中成分不断变化（三原子气体不断增多，定压比热容增大），同时周围环境的温度也不断升高，工质的平均定压比热容增大，导致最高温度和最大压力降低，从而使实际循环效率低于理论效率。其次，实际循环过程的换气过程，为保证足够的空气进入和废气的排除，在压缩过程的初始点和膨胀过程的结束点均略高于下止点，使实际压缩比较低，同样导致实际循环效率低于理论效率。另外，由于传热损失的存在和燃烧室内燃烧的燃滞性也使得实际循环效率与理论循环效率有较大的差异。但是，在应用过程中，若充分考虑内燃机的实际工作条件的约束和限制，如结构条件的限制、机械效率的限制以及燃烧方面的限制等，理想循环中得到的结论仍可以指导实践，提高内燃机热效率，改善性能。

3.3 内燃机节能原理与技术

3.3.1 内燃机能耗现状分析

在现在的节能减排形势下，提高内燃机燃油效率和减少碳排放，对于加快我国内燃机工业产业升级、保障能源安全和应对全球气候变化意义重大。目前，我国船用内燃机综合能效与国际水平接近，但是排放水平存在差距；车用内燃机燃油消耗和排放低于国际领先水平；其他机械采用的多缸柴油机在燃油消耗上与国际水平差距较大。内燃机关键技术如高压共轨、增压、电子控制等高新技术较少，关键零部件制造水平较低，具有综合实力的内燃机品牌较少等。在内燃机绿色制造方面，我国内燃机的制备过程消耗率、先进加工技术和工艺、材料利用率等方面仍落后于国际领先水平；在新型燃料方面研究进展较慢，国际上内燃机醇醚燃料、生物柴油和天然气的研究已得到一定应用，而我国醇醚燃料、生物柴油等处于起步阶段，仅有天然气得到规模应用。甲醇燃料发动机可以有效替代柴油和汽油发动机，但其产品种类与技术水平目前表现不佳，仅有示范性试点应用于乘用车和商用车上。开展内燃机实质性地燃用替代燃料的应用技术的研发，是具有现实和长远意义的战略举措，需进一步加强。

发动机工作过程中的损失包括离散/失火损失、排气损失、冷却损失、泵吸损失、机械摩擦损失等。通过分析，改善油耗、提高内燃机的有效热效率和七个因素有关：压缩比、比热容比、燃烧期间、燃烧时刻、壁面传热、吸排行程压力差和机械阻力。研究表明，增压和压缩比优化控制及余热利用能够减少失火损失和排气损失，低散热技术能够减少冷却损失，可变频泵能够减少泵吸损失，润滑技术能够减少机械摩擦损失，但是如何控制综合成本是一个需要解决的问题。

近 20 年来，包括我国在内的国际内燃机界早已突破了 NO_x 最低排放 2.5 g/（kW·h）这个极限，获得了高热效率、超低排放的巨大进步。现有先进的燃烧技术包括汽油机压燃着火燃烧（GCI）、双燃料的反应活性控制着火燃烧（RCCI）、汽油-柴油双燃料高预混低温燃烧（HPCC）、均质充量压燃（HCCI）着火燃烧、适度和较高分层的压燃燃烧（GDCI）等，均具有很高的热效率。

3.3.2 内燃机节能原理

（1）内燃机节能理论基础

以发动机平均有效压力和热效率为主线对影响发动机动力性及经济性的主要因素进行分析。发动机的缸内平均有效压力与其输出扭矩成正比，提高平均有效压力将提高发动机的扭矩输出。平均有效压力为：

$$p_{BMEP} = \eta_V \eta_C \eta_i \eta_m \frac{p_a}{\alpha_{AF} R T_a} Q_{LHV} \qquad (3\text{-}1)$$

式中，η_V 为充气效率；η_C 为燃烧效率；η_i 为指示热效率；η_m 为机械效率；α_{AF} 为空燃比；p_a、T_a、R 分别为参考状态下的气体压力、温度及气体常数；Q_{LHV} 为燃料低热值。

为提高发动机的扭矩输出，要考虑式（3-1）中各影响因素。采用较大的空燃比（大于当量空燃比），即稀薄燃烧有利于提高指示热效率（即降低燃料耗率），但将直接影响发动机的输出扭矩。考虑到这个因素和排放控制，汽油机基本工作在当量空燃比附近，其变化范围较小。因此提高汽油机的动力输出，可从提高充气效率、燃烧效率、指示热效率、机械效率入手。其中，提高充气效率的效果尤为显著。

提高汽油机的热效率可以从理论热效率入手。汽油机理想循环为奥托循环（Otto cycle），其热效率为：

$$\eta_i = 1 - \varepsilon^{1-n} \qquad (3\text{-}2)$$

式中，η_i 为指示热效率；ε 为压缩比；n 为过程指数。

增大压缩比或过程指数均可以提高热效率。汽油机压缩比提高到一定程度将受到爆震燃烧的限制，采用可变压缩比技术是提高发动机热效率同时避免爆震的最佳技术方案之一。

（2）内燃机节能原理

① 提高充气效率

a. 降低空气供给系统的流动损失：i. 减小进气门处的流动损失；ii. 减小整个进气管道的流动阻力。进气总管和进气歧管应做到内表面光滑、弯道数量尽可能少、管路拐弯幅度小、通流截面的大小要充足。此外，空气滤清器在保证有足够过滤功能的同时要优化其结构，从而减小其进气阻力。

b. 尽可能避免进气受到加热。新鲜空气的受热源是发动机中的高温部件，因此进气系统的布置应尽可能避开高温部件，减小进气系统与其接触面积。与此同时，在选用进气系统材料的过程中应考虑材料的导热性。

c. 减小排气系统的阻力，合理地选择配气相位。i. 提高充气效率，提高发动机的动力性能。ii. 合理控制进气门迟闭角，保证发动机具有合适的燃烧室扫气时间，从而降低零件的热负荷，使发动机可靠运行。iii. 合理控制排气提前角，从而确保合理的排气温度。iv. 合理控制进排气门重叠角，提高发动机的经济性。

② 减小机械损失，提高内燃机的机械效率

a. 增强润滑系统的润滑效果，从而降低活塞与连杆等零件的摩擦。

b. 选用较高品质的润滑油，降低润滑油的流动阻力。

c. 合理选择摩擦零件的材料，优化材料配对，提高摩擦表面加工精度。

d. 降低滑动部件的滑动速度及高面压比，如减小曲轴轴径尺寸，缩短轴承宽度等。

③ 内燃机工作过程优化

a. 可燃混合气含量与发动机工况的合力匹配。

b. 改善燃烧过程，提高喷射压力，改进燃油雾化质量，缩短燃烧持续期，提高燃烧效率和热功转换效率。

c. 提高发动机的压缩比。

d. 降低内燃机空载和部分负荷工况油耗，如采用停缸节油技术。

e. 采用合理的工作循环。

f. 进行排放控制和尾气处理以及综合利用发动机动力系统能量。

g. 使用清洁替代燃料。

3.3.3 内燃机主要节能技术

（1）进气技术

由式（3-1）可知，为提高发动机动力性，可以通过提高发动机的充气效率来实现。提高汽油机充气效率的进气技术包括采用 4 气门、可变进气管长度、可变气门升程和正时技术（variable valve timing，VVT）以及废气涡轮增压等技术，其中涡轮增压技术是当前提升汽油机动力性的主要手段。

① 进气增压技术　内燃机进气增压技术即对准备充入气缸的空气进行压缩，提高进气的密度，从而增大了单位时间吸入发动机气缸内的空气量，提高进气效率，进而提升了发动机的输出功率。内燃机进气增压技术能够缩小发动机的整体尺寸，并且可以在质量与体积均不改变的前提下改良发动机的燃油经济性，大幅提高发动机的功率。同时，实践证明，进气增压技术可以有效减少发动机氮氧化物和烃类的排放。根据推动力的不同又可以分为机械增压、涡轮增压以及复合增压等几种系统。

a. 机械增压技术　机械增压技术是将增压器转子与曲轴相连，直接通过曲轴驱动增压器，具有动力输出顺畅无迟滞的特点，但是由于需要消耗部分曲轴输出的动力，所以效率并不高。机械增压不能产生特别强大的动力，它会产生大量的摩擦，损失能量，影响发动机转速。机械增压非常适合匹配在重型内燃机上。机械增压器依构造不同，可分为叶片式、罗茨式和汪克尔式等型式，目前以罗茨式增压器使用最为广泛。罗茨机械增压器直接由发动机曲轴以固定传动比驱动，相较于涡轮增压器，具有结构简单、瞬态响应快、工作性能稳定等优点，在汽车发动机上得到广泛应用，成为现代汽车发动机增压技术的重点研究方向之一。

b. 涡轮增压技术　涡轮增压技术利用内燃机气缸排出的高温高压气体推动涡轮高速旋转，带动同轴压气机压缩空气提高进气密度，进而提高内燃机效率和功率，减少内燃机有害物排放。涡轮增压技术可以有效提高车用内燃机的进气压力，目前最大进气压力可以提高至2～3.5 倍大气压。在内燃机其他参数不变的情况下，内燃机输出功率与进气压力成正比，因此内燃机动力性可以得到极大的提高。在保证输出功率和扭矩不变的情况下，涡轮增压技术可以减小内燃机排量。目前，增压小排量技术已成为内燃机发展的趋势。近年来，先进的高增压技术发展迅速，包括电动增压技术（eBooster）、可变截面涡轮增压技术（VGT）、两级涡轮增压（RTST）技术和非对称涡轮增压技术等。

i. 电动增压技术　eBooster 能够极大地提高进气系统的响应特性，提高内燃机大负荷效率，但存在成本较高、电器设备耐热性差等问题。

ii. 可变截面涡轮增压技术　VGT 技术是在涡轮叶轮前端增加导流叶片，导片的相对位置固定，通过改变导流叶片之间的开度来改变通流通道，从而实现调节排气背压的目的。VGT 通过调节涡轮喉口面积，可以在内燃机低转速时实现更大的增压压力，同时在内燃机高转速时减小泵气损失，提高内燃机燃油经济性。由于可变截面涡轮增压技术可以很好地提高内燃机的瞬态响应性能，因而其在内燃机中有很高的应用价值，受到内燃机设计者和制造商的青睐。

iii. 非对称涡轮增压技术　非对称涡轮增压技术的出现主要是为平衡高 EGR 率（EGR 率是进入进气管的废气质量与进入气缸的总气体质量的比值）和高油耗之间的 **trade-off**（此消彼长）关系。图 3-3 展示了对称涡轮和非对称涡轮的模型。传统的对称涡轮有两个喉口面积大小相等的蜗壳通道，应用于多缸内燃机系统，可以更好地利用内燃机排气的脉冲能量，提高废气能量利用率。而非对称涡轮有两个喉口面积不同的蜗壳通道，其中小蜗壳与废气再循环（EGR）通道相连，可以提供高背压从而驱动更高的 EGR 率；而大蜗壳不连接 EGR 通道，可以降低内燃机排气背压，从而减小泵气损失，提高内燃机燃油经济性。

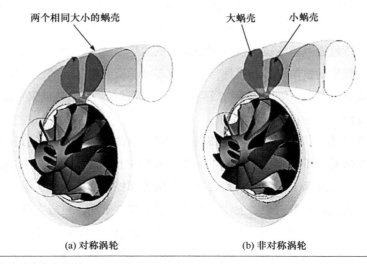

两个相同大小的蜗壳　　　　大蜗壳　　小蜗壳

(a) 对称涡轮　　　　　　　(b) 非对称涡轮

图 3-3　对称涡轮和非对称涡轮模型

图 3-4 展示了带非对称涡轮增压器的直列六缸内燃机系统简图。在该系统中，内燃机的气缸被等分为两组，分别与非对称涡轮的两个蜗壳通道相连。其中，蜗壳小通道与 EGR 通道连接。由于其喉口面积较小，可以提供较大的排气背压，从而驱动更高的 EGR 率。而蜗壳大通道不连接 EGR，连接一个废气旁通阀。由于其喉口面积较大，可以降低内燃机平均排气背压，从而减小泵气功，提高燃油经济性。当内燃机在中高转速运行时，开启废气旁通阀，避免增压压力过大而导致内燃机爆缸。目前，戴姆勒-奔驰公司已经将非对称涡轮增压技术应用

在一系列重型卡车柴油机中，并实现了内燃机排放性和燃油经济性的进一步提升。

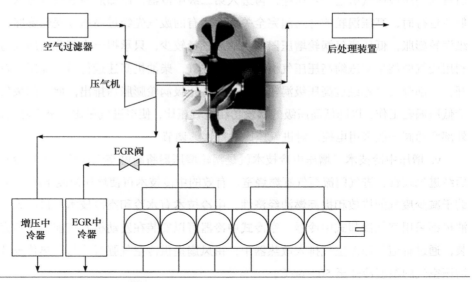

图 3-4　带非对称涡轮增压器的直列六缸内燃机系统简图

iv. 两级涡轮增压技术　两级增压系统是将两个不同级的增压器串联起来，使空气在两个增压器中相继受到压缩，以提高其压比。高压级涡轮安装旁通阀以调节总的增压压比。两级增压系统的工作原理如图 3-5 所示。

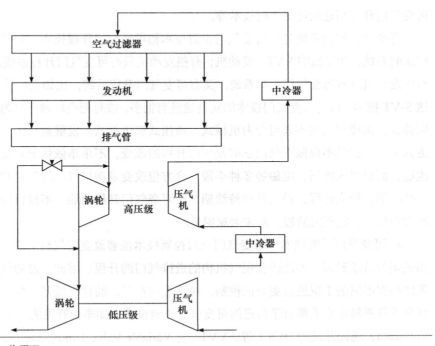

图 3-5　两级增压系统工作原理

如图 3-5 所示，在进气管路，新鲜空气经低压级压气机压缩后，进入第一级中冷器，然后进入高压级压气机进一步压缩，再进入第二级中冷器，冷却后经进气管进入气缸。柴油机低速运行时，高压涡轮的旁通阀完全关闭，所有的废气先经过高压级涡轮膨胀，再经过低压级涡轮膨胀，低压废气涡轮增压器提供的废气量较少，只承担一小部分增压任务，必须充分利用废气的能量来压缩高压压气机中的新鲜空气，柴油机高速运行时，高压涡轮的旁通阀打开，一部分废气不经过高压级涡轮，直接经低压级涡轮膨胀后排出，此时的废气能量完全供给低压涡轮工作，以降低高压级的涡轮功和进气压比，使得进气压比不至于越过设定的限值。外部旁通阀一般采用电控，对进气压比进行连续调节。

v. 增压中冷技术 增压中冷技术就是涡轮增压器将新鲜空气压缩经中段冷却器冷却，然后经进气歧管、进气门流至气缸燃烧室。有效的中冷技术可使增压温度下降到 50℃ 以下，有助于减少废气的排放和提高燃油经济性。中冷技术有水冷和空冷技术。目前大部分汽车、柴油机都采用空气冷却式中冷器。空冷式中冷器可以安装在发动机水箱前、水箱旁或者独立安装，通过管道将压缩空气排入散热器中，由风扇提供冷空气强行冷却，热传导效率高，可将增压空气的温度冷却至 50～60℃。

② 可变气门技术 近年来，发动机可变气门技术几乎已经成为汽车的标配，各个厂商和车型间的技术虽然在结构上具有一定的区别，但原理大同小异，功能基本一致，比如丰田发动机的 VVT-i 技术、通用的 ECOTEC 发动机的 DVVT 技术、宝马的 Valvetronic 连续可变气门升程和宝马 Double-VANOS 双凸轮轴可变气门正时系统、日产的 VVEL 技术、保时捷 Variocan Plus 技术、三菱 MIVEC 分级可变气门升程和连续可变正时技术、马自达 S-VT 分级可变气门升程和连续可变正时技术等。

可变气门控制系统包括可变气门正时技术和可变气门升程技术。有些发动机只有可变气门正时系统，如丰田的 VVT-i 发动机；有些发动机只有可变气门升程系统，如本田的 VTEC；有些发动机既有可变气门正时系统，又有可变气门升程系统，比如宝马的 Valvetronic、马自达 S-VT 技术。目前可变气门技术的实现途径有很多，按有无凸轮轴可分为有凸轮轴式和无凸轮轴式，按控制机构不同可分为机械式、液压式和电控式。发展到今天可变气门技术的类型更为丰富，已经不局限于气门正时及气门升程的改变，不单单依赖于对发动机凸轮轴机构的改进，而是引入液压、电磁等多种手段，全方位改变发动机气门的开启时刻、关闭时刻、开启持续期、最大升程、最大升程持续期甚至可变气门升程曲线。不过目前这种全可变气门技术大多处于实验研究阶段，尚未大规模量产。

a. 可变气门正时技术 可变气门正时控制技术能够改变配气机构进气门和排气门的打开和关闭的持续时间，不能改变配气机构的进排气门的升程。因此，发动机所需要的空气量就可以根据不同的工况进行更好的控制，经济性提高了，油耗降低了，排气也能够更加彻底。到今天几乎每家企业都有了自己的可变气门正时技术，如丰田开发的 VVT-i、保时捷开发的 Variocam、现代开发的 DVVT 等。VVT-i 是 Variable Valve Timing-intelligent 的缩写，它代表的含义就是智能正时可变气门控制系统。这一装置提高了进气效率，实现了低、中转速范围内扭矩的充分输出，保证了各个工况下都能得到足够的动力表现。另一个先进之处在于全铝合金缸体带来的轻量化，不仅减小了质量，也降低了发动机的噪声。可变配气正时控制机构的主要目的是在维持发动机怠速性能情况下，改善全负荷性能。这种机构是保持进气门开启持续角不变，改变进气门开闭时刻来增加充气量。CVVT（连续可变的气门正时系统）能根据发动机的实际工况随时控制气门的开闭，使燃料燃烧更充分，从而达到提升动力、降低油耗的目的。但是 CVVT 不会控制气门的升程，也就是说这种发动机只是改变了吸、排气的时间。

目前可以量产及处于研究阶段的可变气门技术发动机实现方式有很多，结构类型多种多样，但大体上都由几种结构演变而来，例如机械式、电磁式、电液式、电气式和机械电液复合式等。

b. 可变气门升程技术　可变气门升程技术在发动机不同工况下，通过使用凸轮轴上不同的凸轮形状来改变气门的不同升程，进而控制不同的进气量，提高充气效率，节气门的作用被弱化或者取消，发动机在高速和低速的响应速度快，使发动机在全工况获得较佳的气门升程。另外，进气不存在迟滞，发动机的点火和配气的配合更加精确，从而改善了发动机的功率，提高了低速扭矩，降低油耗。如宝马的 Valvetronic 电子节气门技术，英菲尼迪的 VVEL 系统，奥迪 AVS 气门升程系统。

c. 智能可变气门系统　智能可变气门系统结构和技术相对复杂，系统可根据发动机不同工况的工作参数，对配气机构进排气门的开度和开关时间进行智能控制。目前智能可变气门系统主要是以可变气门升程控制为主的系统，它克服了可变正时系统进气过程中氧气含量依然较低的局限性，在汽车发动机中应用智能可变气门技术，就可以对正时和升程两方面的问题进行权衡。最具代表性的要属丰田汽车 VVLT-i 智能可变气门系统。丰田汽车发动机中利用 VVLT-i 智能可变气门系统，可以同时对发动机低速运转和高速运转中气门的开闭进行时间和开度的控制，这样就能同时实现较佳的汽车动力性和经济性。

d. Valvetronic 电子气门　Valvetronic 电子气门技术是发动机技术中的又一重大突破，是世界上没有气节门的发动机控制技术，主要应用于宝马系列。发动机在运行的过程中，其进气量主要是通过电子控制气门阀的开启程度来达到目的，其开启的深度范围在 0.25～9.7 mm 之间，而两个极值之间的反应时间大约为 0.3 s。这种技术使得燃烧更加彻底，而废气的排放量则较少。

e. Qam Free 无凸轮轴技术　Qam Free 无凸轮轴发动机技术的主要原理就是以气动、液压以及电动混合的气门执行器（PHEA）控制发动机气门。这项技术中的每一个气门都可以独自进行控制，使得发动机的进、排气控制更加精确，从而提高了燃烧效率，促进发动机功能的提升。

③ 可变气门配气相位和气门升程电子控制系统　可变气门配气相位和气门升程电子控制系统（variable valve timing and valve life electronic control system, VTEC），与普通发动机相比，其发动机所不同的是凸轮与摇臂的数目及控制方法，它有中低速用和高速用两组不同的气门驱动凸轮，并可通过电子控制系统的调节进行自动转换。通过 VTEC 系统装置，发动机

可以根据行驶工况自动改变气门的开启时间和提升程度，即改变进气量和排气量，从而达到增大功率、降低油耗及减少污染的目的。目前本田车型都使用 i-VTEC（智能可变气门配气相位和气门升程电子控制系统），i-VTEC 技术作为本田公司 VTEC 技术的升级技术，其不仅完全保留 VTEC 技术的优点，而且加入了当今世界流行的智能化控制理念。

(2) 燃油喷射技术

① 缸内直喷技术　缸内直喷（GDI）技术是提高燃油经济性的一种有效措施，采用缸内直喷技术，可以提高喷油压力，有利于燃油雾化，充分燃烧，同时通过合理的喷嘴位置、喷雾形状和进气控制，以及对燃烧室形状的特殊设计，可以实现均匀燃烧或分层燃烧，提高燃烧效率。另外，可以实现多次喷射，可控喷射时长，能够很好地匹配不同工况。但是缸内直喷技术也会造成积炭增多、噪声大等缺点，同时也对燃油品质有了更高的要求。相比于传统的 PFI（port fuel injection，歧管喷射）发动机，GDI 发动机燃油消耗可减少 20%～50%。

② 复合喷射技术　复合喷射技术在内燃机上集成了 PFI 和 GDI 两套喷射系统，也叫作双喷射系统，也兼顾了 PFI 和 GDI 的优点。在某一工况下可以选择使用一套单独工作或者两套同时工作的模式，根据需要，可以实时进行模式的切换，准确地控制燃油的喷射比例和喷射量。复合喷射根据内燃机运行工况合理地选择运行模式也使得它具有优良的热效率、动力性、经济性和排放性。通过合理的喷射策略，复合喷射能够形成不同形式的混合气模式，包括均质混合气和分层混合气。其中通过合理地组织进气道喷射和缸内直喷的喷射策略形成分层混合气有效地降低了油耗和气体排放，提高了热效率。

③ 燃油喷射高压化和多次喷射技术　燃油喷射高压化和多次喷射技术主要由两个系统组成，属于进气总管喷射装置。燃油喷射高压化由电控高压共轨燃油喷射技术实现，其核心技术是控制高压油泵电磁阀开启持续时间，并通过电子控制单元（ECU）精确控制喷油器电磁阀开启时刻和持续时间。前者对公共供油管内的燃油压力实现精确控制，避免了传统柴油发动机各缸喷油量和喷射压力不同现象，从而使发动机运转更为平稳；后者实现对喷射提前角、燃油喷射量的实时控制，实现以最小的燃油消耗获得最理想的动力输出。多次喷射技术是将单循环内的喷油过程分成预喷、主喷和后喷三个过程。预喷可以事先对缸内温度进行预热，减少了起动时温度的急剧波动对发动机效率的影响，同时提前消耗部分氧气，降低了氧气浓度，有利于减少氮氧化物的排放。预喷改善了燃烧环境，有利于发动机平稳运行。而通过后喷射，则可以减少碳烟和颗粒物的排放量，提升排放水平。

根据文献报道，我国开发出欧 V 排放标准的柴油发动机，应用燃油喷射高压化和多次喷射技术，在一个循环内可实现多达 4 次燃油喷射，喷射间隙大为缩减，仅为 1/100000s。据计算，采用新一代高压共轨技术的柴油发动机可比当前最先进的缸内直喷汽油机节油 25%～30%，排放降低 20%～30%，同时动力输出约高出 50%，而且在抗震动和排放控制领域也达到了汽油机的水平，在满足轿车舒适性要求的基础上，为清洁型柴油机在轿车领域的推广创造了条件。

（3）高效燃烧技术

① 稀薄燃烧技术　稀薄燃烧技术是指发动机在空燃比大于理论空燃比时的燃烧技术。稀薄燃烧可以提高缸内混合气的比热容比，降低缸内燃烧温度，从而降低传热损失；更低的燃烧温度有利于抑制爆震，可通过提前点火角以优化燃烧相位或采用更高的压缩比；在中、低负荷工况时，稀薄燃烧需要更大的节气门开度以维持新鲜空气进气量，使负荷保持不降，降低发动机的泵气损失。此外，稀薄燃烧降低的燃烧温度可以大幅降低 NO_x 排放。因此，稀薄燃烧技术被认为是能够有效提高汽油机燃油经济性的技术之一。

根据可燃混合气是否均匀分布，稀薄燃烧可以分为分层稀薄燃烧和均质稀薄燃烧。根据喷射位置和混合气分布不同，稀薄燃烧技术又可细分为进气道喷射（port fuel injection，PFI）稀燃技术、缸内直喷（gasoline direct injection，GDI）稀燃技术与均质压燃技术（homogeneous charge compression ignition，HCCI）。

a. 进气道喷射稀燃技术　进气道喷射式汽油机通过喷油器和进气道的特殊配合，使得气流与喷射时刻匹配，在缸内形成混合气浓度的梯度分布，使得进入气缸的混合气分层混合。其工作过程是将燃油喷在节气门或进气门附近，由气缸壁的高温和进气阀打开时废气回流的温度促进形成混合气体。进气道喷射按喷油器的数量和位置分为单点喷射（single point injection，SPI）和多点喷射。单点喷射又称进气道总管喷射，是指在多缸发动机的多个气缸共用一个喷油器供油的喷油方式，也称集中喷射（CFI）。多点燃料喷射（multi-point injection，MPI）是指在发动机的每个气缸进气门前面的进气歧管上全都配备一个喷油器的喷油方式。这些喷油器由 ECU 控制且相互独立工作，将燃油雾化成尽可能小的颗粒，提高燃油混合气的品质。

b. 缸内直喷稀燃技术　缸内直喷稀燃技术将高压燃油直接喷入活塞顶部的深坑型燃烧室内，配合进气涡流及燃烧室内的气流运动，形成分层燃烧，同时精确控制缸内的燃油喷射量和喷射时间，实现空燃比为 50∶1 的超稀薄燃烧。缸内直喷稀燃技术结合高压缩比和 EGR 技术，可有效地改善发动机经济性和排放特性。现代 GDI 通常是根据高、低负荷区不同的要求，采用不同的混合燃烧模式来改善其燃油经济性，即仅在中、低负荷区域采用分层燃烧的控制模式，在高负荷和全负荷区域，要求提高发动机扭矩和功率，采用均质燃烧的控制模式。

缸内直喷稀燃技术有燃油分层喷射技术（fuel stratified injection，FSI）、双增压分层直喷技术（twin-charger fuel stratified injection，TSI）和火花点燃直接喷射技术（spark ignition direct injection，SIDI）。FSI 是 GDI 发动机采用燃油分层燃烧技术，如图 3-6 所示。在进气行程时，先喷射一小部分燃油，使其与空气混合形成稀混合气；压缩行程时再喷一次燃油，形成较浓混合气，浓混合气被点燃之后，燃烧迅速扩散到外层，使燃油充分燃烧，提高燃油经济性。TSI 是在 FSI 的基础上进一步优化，增加了涡轮增压和机械增压双增压装置，其在低速时能产生高扭矩，且能在很广的转速范围内保持最大扭矩的输出，在高负荷时能给与发动机同样甚至更优的动力性能。SIDI 用可变气门缸内直喷系统取代多点喷射燃料供给系统，将喷油器移到气缸内部，燃料通过高压雾化喷入气缸，与空气混合进行燃烧，从而实现气缸中的稀薄燃烧并提高发动机的效率。

为了应对更为严苛的排放法规，混合喷射技术应运而生。进气道喷射和缸内直喷组合而成的系统称为混合喷射系统，混合动力喷射系统结合了传统的缸内直喷技术和进气道喷射技术的优点。如图 3-7 所示，当发动机处于低负荷时，燃油泵控制单元基于低压压力传感器的信号调节喷油器在进气口喷射的油量，同时调节缸内喷油器喷射的油量，形成最经济的混合气；当发动机的负荷增加时，发动机的燃油供应系统从进气道喷射变为缸内喷射，进气道喷油器喷射的油量逐渐减少，缸内喷油器喷射的油量逐渐增加，从而实现了分层燃烧；当发动机达到全负荷时，燃油完全由缸内喷油器喷射以达到最大功率。这缩短了响应时间，提供了浓混合气，更好地满足了发动机在不同负荷下对混合气浓度的要求。

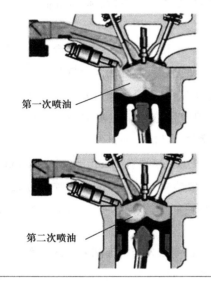

图 3-6　FSI 技术　　　　　　　　　　　图 3-7　混合喷射系统

c. 均质压燃技术　均质压燃技术是指燃油蒸气和空气形成均质预混气，在压缩冲程随着活塞的上行挤压，升温达到燃料的着火点而自燃的燃烧技术。HCCI 燃烧和传统燃烧的燃烧模式的比较见图 3-8。传统的点燃式和压燃式燃烧模式中气缸内均存在着可燃混合物分布不均匀以及热扩散或物质扩散现象。均质压燃燃烧模式的着火方式与传统的点燃式和压燃式燃烧模式有着本质上的不同，燃油蒸气与空气在气缸内分布均匀，压缩冲程结束时热量在整个气缸内均匀分布，气缸内各点温度均相同，使得各点混合气同时达到着火点自燃。

HCCI 燃烧方式具有燃烧效率高、氮氧化物与烃类等排量低、燃料适应性广等优点，成为车用发动机的研究热点和发展趋势。另外，HCCI 发动机通过控制高辛烷值燃料和低辛烷值燃料的不同混合比来优化 HCCI 发动机的燃烧起点和负荷范围以及发动机的防爆性能，从而改善燃烧质量。这使得在 HCCI 发动机上使用可再生的生物燃料可以发挥巨大的优势。然而，HCCI 燃烧方式离大规模实际投产使用还有一段距离，要实现 HCCI 燃烧方式还面临着许多挑

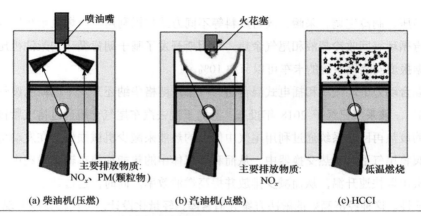

主要排放物质： 主要排放物质： 低温燃烧
NO$_x$、PM(颗粒物) NO$_x$

(a) 柴油机(压燃) (b) 汽油机(点燃) (c) HCCI

图 3-8　柴油机、汽油机和均质压燃燃烧模式的比较

战：a. 着火点控制困难；b. 不适合高负荷和过低负荷运行，在非中低负荷状态下运行时，由于 HCCI 发动机内部燃料较多，且依靠压燃着火，HCCI 燃烧容易产生爆震，氮氧化物的排放量也会增大，在过低负荷时，因为混合气浓度较低，发动机燃烧室内放热速率较为缓慢，发动机容易"失火"，燃烧效率降低；c. 发动机起动困难，当外界温度低于−20℃时，HCCI 发动机气缸内温度极低，在起动阶段，由于气缸内缺乏温度较高的废气，燃料在压缩冲程结束后不能达到自燃温度，无法自燃；d. CO 以及烃类的排放量大。

② RCCI 双喷技术　RCCI 双喷技术（reactivity controlled compression ignition，燃油反应活性控制压燃）是压燃柴油引燃气体燃料，小负荷时靠 EGR 填充和产生活化作用。RCCI 是一种使用至少两种不同活性的燃料在缸内混合，并利用多次喷射策略和合理的 EGR 率控制缸内活性来优化燃烧相位、持续期和幅度，从而获得高热效率和低 NO$_x$、碳烟排放的双燃料发动机燃烧技术。相关研究结果表明，相对于传统柴油机，RCCI 燃烧能够大幅度提升热效率，并实现 NO$_x$ 和炭烟的近零排放。RCCI 燃烧的最高总热效率可以接近 60%。

③ 均质混合气引燃燃烧　清华大学王建昕等提出的均质混合气引燃（homogeneous charge induced ignition，HCII）燃烧模式同时使用理化特性差别较大的两种燃料，由进气道喷射高辛烷值燃料（如汽油）形成均质混合气，在压缩上止点附近缸内直喷高十六烷值燃料（如柴油）引燃缸内混合气。相比传统汽油火花点燃模式，HCII 燃烧可以使用高压缩比，柴油多点自燃引燃面积大，燃烧放热速度快，燃烧等容度高，可以实现稀薄燃烧，因此有效地解决了导致汽油机热效率低的几个关键问题，能够提高汽油机的热效率，提升汽油燃料的能量利用率。相比传统柴油压燃模式，HCII 燃烧中的汽油均质混合气增加了缸内预混燃烧的比例，降低了柴油扩散燃烧的比例，使得氮氧化物和碳烟排放随之大幅度降低，降低了对后处理系统的要求，有可能降低发动机制造成本。

（4）余热与废气再利用技术

① 余热利用技术　内燃机工作过程中排出的废气所带走的能量约占燃料燃烧释放出的总能量的 1/3，因此对废气余热的回收有非常重要的价值和意义。回收的余热可以通过发电、

废气涡轮增压、制冷空调、采暖、改善燃料等不同方式加以利用。内燃机余热回收技术主要是基于朗肯循环等回收冷却液和尾气余热。康明斯开发了基于朗肯循环的柴油机尾气余热回收系统，据报道安装该系统的卡车可以节油 10%。

对于混合动力电动汽车和插电式混合动力汽车，博格华纳还开发了创新的废热再回收系统（EHRS），该系统已经于 2018 年投产。不同于过去汽车尾气一般通过排气管排出并浪费掉，全新的废热再回收系统通过利用尾气中保存的热能来减少机械损失。在发动机冷起动期间，控制阀将尾气引导至热交换器中，从而利用气体中的热能加热车辆子系统中的液体。因此，发动机可以快速升温，从而减少排放并提高燃油效率。同时，通过辅助加热可以提高驾驶舱的舒适性。这种经济高效的解决方案凭借紧凑、轻量化设计，可轻松集成于现有车辆中。最终，通过将废气再循环（EGR）系统与废热再回收系统（EHRS）相结合，博格华纳充分利用其在传热和废气后处理技术（如 EGR 冷却装置和控制阀）方面的丰富经验，创造出卓越的解决方案。

② 废气再循环技术　废气再循环（exhaust gas re-circulation，EGR）是指把发动机排出的部分废气回送到进气歧管，并与新鲜混合气一起再次进入气缸，一方面极大地降低了 NO_x 的排放量，另一方面 EGR 率的增加能降低汽油机在中低负荷工况下的节流损失，降低汽油机的燃油消耗率，提高汽油机的热效率。值得注意的是，废气混入进气参与燃烧，会使发动机中的各个环节和参数相应地发生变化，对发动机也会产生多方面的影响，而且这种影响是整体化的，必须总体考量。根据结构特点，EGR 可以分为内部 EGR 和外部 EGR 两种系统，两者的区别在于废气是否通过进气系统进入缸内。

内部 EGR 技术结构简单，无需外部设备，一般情况下通过改变配气相位就可以实现，等同于提高缸内的残余废气系数。但是缸内的气流运动十分复杂，在不同工况下气流运动规律也不一样，所以内部 EGR 技术很难控制 EGR 率，而且没有将废气冷却就直接引入缸内，很大程度上造成了混合气温度的升高，使降低 NO_x 排放的效果减弱。

外部 EGR 技术是在原有的排气系统上接入废气再循环管路，将废气引出再通过管路导入进气系统中，让废气在进入气缸之前与新鲜空气充分混合。由于管路连接方式的不同，实现外部 EGR 的技术路线也多种多样，有一体增压式 EGR 系统、进气节流式 EGR 系统、低压 EGR 系统与文丘里管式 EGR 系统等几种典型方案。

在一体增压式 EGR 系统中，发动机的尾气被分为两部分，如图 3-9，其中一部分经过混流涡轮为压气过程提供动力，另一部分通过 EGR 阀进入压气机中增压，与同样进入压气机增压的新鲜空气一同进入气缸。整套系统采用一个涡轮机，涡轮机是两个压气机的动力来源，新鲜空气和废气分别通过两个压气机进行增压。一体增压式 EGR 系统是目前最新也是最先进的 EGR 技术。但是由于有两个压气机，使得增压匹配上难度较大，结构较复杂，成本也大大地增加。

低压 EGR 系统示意图如图 3-10。废气从涡轮机前或涡轮机后导出，经过 EGR 阀和冷却器后进入压气机，在这个过程中，排气压力总是高于外界环境气压，因此可以顺利完成废气的再导入，实现废气循环。但是由于废气未经过处理就导入压气机中，废气中的有害物质可能会对压气机造成损坏，从而大大降低压气机的使用寿命。为了解决这个问题，可以在废气管路中加装后处理装置，但会增加成本。

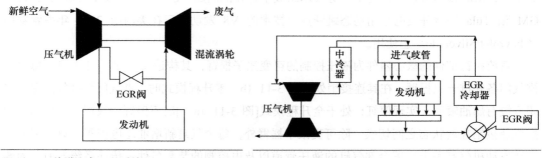

图 3-9　一体增压式 EGR 系统　　　　图 3-10　低压 EGR 系统

（5）电控技术

① 可变排量技术　可变排量技术又称为停缸技术，是指发动机在部分负荷下运行时，通过相关机构切断部分气缸的燃油供给、点火和进排气，停止其工作，使剩余工作气缸负荷率增大，以提高效率，降低燃油消耗量。

a. 局部停缸技术　可变排量技术主要有断油不断气、油气双断和在停油又停气的基础上再把废气引入停缸的气缸三种技术。

i. 断油不断气。主要是对发动机的特定缸体进行断油，但是并不停止该缸体的进气。但这种技术会造成发动机在低负载阶段的"泵气损失"，造成动力损耗，该技术已经近乎淘汰了。泵气损失，顾名思义，就是由于发动机在低负载时较小的气门开启导致活塞与气门间处于真空状态，所有活塞向下运动时必将遭遇曲轴箱气压的抵抗，导致做功能量耗损。

ii. 油气双断。这种闭缸技术目前处于主流地位，该技术有效地解决了不停气引发的"泵气损失"的技术难题，目前应用闭缸技术的车型中几乎都使用该技术，不过该技术依然不是理想的闭缸技术，比如闭缸时气缸工作问题不均衡会刚体变形的问题，需要采用辅助温控技术去控制发动机缸体温度或者控制闭缸时间等，否则问题就得不到有效的解决。

iii. 在停油又停气的基础上再把废气引入停缸的气缸中，以此来维持热平衡。这项技术理论上来说是闭缸技术的最优解，但是技术难度较大。

目前，停缸技术已广泛应用于汽车发动机中。通用汽车将最新的停缸技术称为 DoD（displace menton demand），停缸用 Vortec 发动机为 V 型 8 缸，小负荷时停 4 缸，起动、怠速和加速时 8 缸工作。本田汽车将所开发的停缸技术称为 VCM（variable cylinder management），应用于本田 6 缸 V 型发动机。通过主次摇臂控制排气门的开闭。正常工作时主次摇臂连接到一起，实现进排气门的打开，该缸工作。停缸时，机主摇臂与次摇臂连接断开，主摇臂由凸轮带动而动作，而次摇臂不工作，使得该缸进排气门关闭。天津大学为某天然气发动机开发了智能停缸技术，试验结果表明：百千米天然气消耗比同一道路运行的进口的火花点火天然气发动机减少约 45%，工作气缸随机工作模式消除了震动噪声，均衡了热负荷。

b. 动态跳跃点火技术　动态跳跃点火 (DSF) 为一项全可变停缸技术 (fully-variable engine cylinder deactivation technology)，发动机的每一个气缸都可以执行停缸操作，配以适当的控制策略，DSF 技术可以规避局部气缸技术路线中存在的问题。近 5 年，该技术发展日益成熟。GM 和 Tula 联合开发的采用动态跳跃点火技术的 V8 发动机已在美国版 2019 年型索罗德 (Chevrolet Silverado) 上使用。

系统执行部件的核心器件为液压控制的可变滚子摇臂，其构造及原理见图 3-11。每个进排气门各安排一只摇臂。在其连接销处于图 3-11 (b) 零升程模式时，进气门和排气门保持关闭且没有燃油喷射，实现停缸；处于全升程模式[图 3-11 (a)]时不停缸。液压弹簧控制机构操纵连接销在两状态之间切换。除可变滚子摇臂外，每个气缸新增油压电控阀 1 只。因此，需在发动机气缸盖上配置全部气缸的液压管道以及电控阀的装配条件。传动系统方面，为改善车辆 NVH（N、V、H 是三个英文单词 noise、vibration 和 harshness 的首字母，是汽车噪声、振动和舒适性等各项指标的总称）性能，可以加大飞轮尺寸，或采用双质量飞轮和减振离合器盘，或改良半轴。

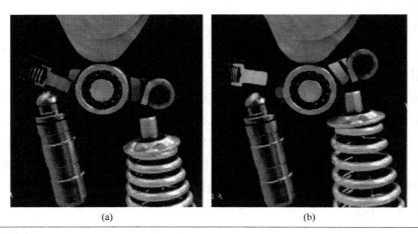

(a)　　　　　　　　　　　　(b)

图 3-11　DSF 摇臂

② 可变进气歧管技术　发动机 ECU (electronic control unit) 根据发动机转速信号和节气门开度信号来调节进气道的长短：转速较高时调节进气通道变短，从而使进气流动损失降低；在低负荷及低转速的情况下增长进气道，使得管内空气流动的动能增加，增大充气效率。如果燃烧的环境相同，就会使得输出功率变大，扭矩也会有所增加。汽车发动机采用的可变进气歧管技术主要包括两种：其一为可变进气共振技术；其二为可变进气歧管长度。

③ 可变压缩比技术　可变压缩比技术 (variable compression ratio, VCR) 是在发动机运行状态下，某一额定条件改变压缩比，根据实际负荷变化压缩比，从而改善发动机的运行状况。在低负荷工况下保持较高压缩比，降低燃油消耗率和有害气体的排放；在高负荷工况下

保持低压缩比，使发动机工作更可靠，性能更优良。VCR 技术能使低负荷燃油经济性获得明显提升，被认为是提高发动机热效率，改善燃油经济性最有效的手段之一，是最有潜力的未来发动机技术。根据压缩比的定义，可变压缩比可以通过改变气缸盖活动方式、偏心移位方式、多连杆方式与活塞高度方式等方式实现。如瑞典 Saab（萨博）公司 SVC（saab variable compression）技术、法国 MCE-5 公司的 VCR 技术、日产汽车公司的 VCR 技术、FEV 发动机技术公司曲轴偏心移位可变压缩比技术、日本本田汽车公司的曲轴偏心移位可变压缩比技术、荷兰 Gomecsys 公司的 GoEngine 曲柄销偏心移位方式可变压缩比技术、奔驰公司可变活塞高度方式可变压缩比技术、丰田公司气缸体和曲轴箱相对位置可变式可变压缩比技术、韩国现代汽车公司在气缸盖内设置副活塞式可变压缩比技术以及 Iwis 公司和 AVL 公司的可伸缩连杆式可变压缩比技术。

④ 机油泵变排量技术　油泵是发动机关键零配件之一，其作用是将机油输送给各个运动部件，保证发动机的正常工作。按照排量方式不同，可以分为变量泵和定量泵。变量泵是指机油输送量可以根据要求而改变。而定量泵则是以固定输送量输送机油。近年来，随着发动机可变正时机械、涡轮增压以及正时链条张紧器与活塞冷却喷嘴等发动机机油流体元件的应用，以及发动机节能要求的提高，机油泵的性能输出和设计要求也越来越高。目前，可变排量机油泵的代表性公司有 SHW、PIERBURG 以及湖南机油泵公司等，主要研究齿轮式可变排量机油泵。

⑤ 闭环控制技术　内燃机闭环控制技术是利用传感器对发动机的工作状况进行实时检测，将检测信号反馈到发动机 ECU，发动机 ECU 根据这些反馈信号对下一个工作循环的控制进行修正，使发动机始终处于良好的工作状态。发动机闭环控制主要包括空燃比闭环控制和点火正时闭环控制两类。

图 3-12 为天然气发动机空燃比闭环电控系统示意图。进气歧管上的压力传感器将压力信号实时传递给发动机 ECU；发动机 ECU 通过对转速、节气门开度、冷却水温度以及进气歧管压力等参数与天然气发动机理论空燃比 17.2 比较分析判断得出目标空燃比。另外，宽域氧传感器实时地将实际空燃比传递给发动机 ECU，发动机 ECU 将实际空燃比与目标空燃比相比较进而判断混合气的浓稀状态，并利用 PID 调节器实时调节喷油器的喷油脉宽，从而实现空燃比闭环控制。

近年来，多系统、多参数可变控制技术发展迅速，加速了内燃机的智能化。其中发动机各子系统包含控制参数众多，包括增压系统[VGT（可变截面涡轮增压器）叶片和废气旁通阀开度]、喷油系统（预喷、主喷、喷油定时、喷油量）、排气再循环（EGR）系统（阀门开度和开闭时刻）、气门连杆机构（气门升程、定时）等，内燃机可变智能技术包括可变增压技术、可变 EGR 技术、可变气门定时和升程技术、可变直喷和双喷技术、可变压缩比技术等。图 3-13 是 Ford 公司为 2.0 L 自然吸气（NA）发动机设计的复合高增压（HyBoost）系统。该系统将电动涡轮增压器与传统废气涡轮增压器相结合，电动增压器能够根据发动机工况自由调节涡轮转速，达到进气充量的精确控制，同时，HyBoost 系统还能够回收内燃机高负荷时的一部分能量，极大提高低速扭矩和油耗，其经济性可与强混合动力相当。天津大学苏万华院士团队为国内某型柴油机开发的多系统、多参数整机智能控制系统，柴油机配置包括可变二级增压器、可变 EGR 系统、可变喷油系统和可变气门定时和升程系统，控制参数包括 VGT叶片开度、压缩比、EGR 阀开度、喷油量等。智能控制器能够监控柴油机当下的工况、道路情况、基于瞬变过程、动态响应特性和 PM 峰值等因素，按照响应的控制策略，实时控制柴油机的各个子系统和参数，提高柴油机热效率，改善污染物排放。

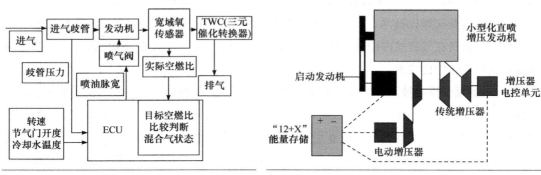

图 3-12 空燃比闭环电控系统　　　　　　　　图 3-13　Ford 2.0 LNA 发动机的 HyBoost 系统

⑥ 自动起停技术　发动机自动起停技术是指在车辆行驶过程中临时停车（例如等红灯）的时候，自动熄火。当需要继续前进的时候，系统自动重起发动机的一套系统。它的核心技术在于自动控制熄火和起动，这项技术可以有效降低发动机怠速空转的时间，在城市道路工况下可以在一定程度上降低排放，提高燃油经济性。智能起停"stop-start"系统的起停功能在钥匙通电时默认自动开启，当车速降低至限值以下、处于空挡状态和离合器踏板完全松开时，将开启自动停机系统。当发动机成功起动后，在一定的时间内，驾驶员没有任何踏板和挡位操作，则系统会认为驾驶员暂无起步出发的意图，发动机会自动停机。这个时候压缩机同时也停止工作，当松开刹车踏板继续前进的时候，发动机又自动起动。

（6）内燃机清洁代用燃料及技术

① 内燃机清洁代用燃料　代用燃料指的是传统内燃机燃料（如汽油和柴油）的替代品。美国能源政策法规将代用燃料定义为甲醇、非自然乙醇、其他酒精燃料或至少 85%的这些燃料与汽油或柴油的混合燃料、压缩天然气（compressed natural gas，CNG）、液化天然气（liquefied natural gas，LNG）、液化石油气（liquefied petroleum gas，LPG）、氢气（H_2）、煤炭衍生物的液体燃料以及生物质能源等。良好的内燃机清洁代用燃料必须满足下列要求：a. 资源丰富，价格合适；b. 燃料的热值能够满足内燃机动力性能的需要；c. 能够满足车辆启动性能、行驶性能及加速性能等方面的要求；d. 能量密度较高、储存运输方便；e. 对发动机结构变动小，技术上可行；f. 燃料在现有的储运分配系统中能够用得上；g. 对人类健康、环境保护及安全防火等无有害影响；h. 对内燃机的寿命及可靠性没有不良影响。

目前，内燃机清洁代用燃料的种类众多，归结起来大致可以分为以下几类：a. 燃气燃料，其组分以烃类为主，主要分成液化石油气和天然气、氢气3类；b. 醇类燃料，最具代表性的是甲醇燃料、乙醇燃料和丁醇燃料，醇类燃料可以与汽油或柴油按一定比例掺烧，也可以直接采用醇类燃料作为发动机的替代燃料；c. 二甲醚（DME）；d. 合成柴油，基于合成柴油原料的不同，分为天然气制合成柴油（GTL）、煤制合成柴油（CTL）和生物柴油（BTL）等3类；e. 氢能和电能，这两种能源的利用主要以燃料电池和电池的形式体现；f. 氨燃料（NH_3）。根据燃料是否含氧，内燃机清洁代用燃料可分为非含氧代用燃料和含氧代用燃料。根据使用方式不同，内燃机清洁代用燃料又分为单一代用清洁燃料和混合代用清洁燃料。混合代用清洁燃料是将几种燃料或某种燃料中加入某种元素的混合燃料，使其成为满足车用发动机的清洁燃料。如在常规燃料中加入含氧燃料可以降低PM的排放；黏度低的燃料和黏度高的燃料（柴油）混合使用可以改善喷雾特性和减少油泵柱塞的磨损；通过掺混高十六烷燃烧，可以控制着火提前角等。因此采用先进技术合理匹配燃料是解决内燃机的经济性、排放特性和能源问题的有效方法之一。

② 清洁代用燃料内燃机技术　各种代用燃料的物化性质存在不同程度的差异，因此，在实际应用中，为使发动机仍能保持原有性能，或者是发动机做必要的结构变动，以适应代用燃料的正常燃烧，即"以机适应油"，或者是改善燃料的物化性质，来满足发动机对燃料性能的要求，即"以油适应机"。从代用燃料的代用程度来看，有的可以实现"全部代用"，而有的只能"部分代用"。从燃料供给方式来看，代用燃料内燃机技术可以分为：a. 单一代用燃料内燃机，如氢气内燃机、天然气内燃机、甲醇内燃机、乙醇内燃机、二甲醚内燃机、生物柴油内燃机等；b. 两用燃料内燃机，如Bi-fuel两用燃料内燃机；c. 双燃料内燃机，如CNG/汽油复合喷射内燃机、柴油/甲醇双燃料内燃机、汽油/甲醇双燃料内燃机、掺二甲醚汽油机、掺混PODEn（烷基聚氧醚）双燃料内燃机。其中，两用燃料内燃机是指具有两套独立的燃料系统，油和代用燃料两套燃料供给系统可以分别但不可共同向气缸供给燃料的内燃机；双燃料内燃机是指具有两套独立的燃料系统，使用油、代用燃料两种燃料混合燃烧的内燃机。氢能源动力的发展目前可以分为两大方向：一个是在传统内燃机技术的基础上，开发氢燃料内燃机；另一个方向就是采用新型的动力装置，如燃料电池。

(7) 阿特金森/米勒循环

米勒循环（Miller Cycle）是通过对Otto循环的配气正时机构进行改进来实现不对称膨胀/压缩比，即在进气行程结束时，推迟进气门的关闭（late intake vavle closing，LIVC），将吸入的混合气又返回去一部分，再关闭进气门，开始压缩冲程；或者在进气行程后期，进气门早关（early intake valve cosing，EIVC），实现少进气。其实质都是推迟压缩开始时刻，降低实际压缩比，使膨胀行程大于压缩行程，以充分利用缸内燃烧产生的膨胀能力。因此，米勒循环有广义和狭义之分，广义上的米勒循环是指进气门关闭角不在下止点，而是提前关闭或者延迟关闭都叫作米勒循环。而狭义上的米勒循环单单是指气门关闭角提前关闭，而进气门提前角延迟关闭的循环称为阿特金森循环。所以广义上的米勒循环又被称为阿特金森/米勒循环。由于在增压机型中如果应用进气门晚关技术会导致进气量大量流失，因此米勒循环多用于增压机型，阿特金森循环多用于自然吸气机型。

大众/奥迪在开发 EA888 系列发动机的过程中，证明了发动机低速化和小型化能够显著改善燃油经济性，对现有米勒循环的优化，提出了 Budack-cycle（B 循环）概念。Budack-cycle 将进气阀门的关闭时间提前，使进气气流的速度增加，提升燃料与空气混合的效率，因此有更好的热效率表现。另外，增加行程，提高膨胀比，使压缩比提高，从而降低了油耗。

丰田 Dynamic Force 发动机采用 VVT-iE 系统来控制实现米勒循环。VVT-iE 系统由凸轮轴控制电机总成、曲轴位置传感器、凸轮轴位置传感器和 VVT 传感器等零部件组成，其工作范围也相应扩大，可以在更大的发动机转速和温度范围使用，通过改变进排气相位，提高发动机进排气效率，增强发动机动力性和经济性，改善废气排放。同时为了配合米勒循环技术，达到更高热效率，该发动机还采用了更大的冲程缸径比，缸径从上一代发动机 90 mm 缩小到 87.5 mm，同时冲程从原来的 98 mm 增加到 103.4 mm，这样就实现了高达 1.18 的冲程缸径比，从而使得提高中低转速下的热效率具备了良好的结构基础。丰田为了这套米勒循环燃烧系统，重新开发了气道，优化气门夹角使之能够产生更加强力的气流运动，使油气混合更快、更均匀，提高燃烧速度。

本田 i-MMD（intelligent Multi-Modes Drive）系统 2.0 L 自然吸气发动机由直列四缸直喷米勒循环发动机、离合器、双电机组成。该发动机拥有本田最新的第二代缸内直喷系统、EDT（Earth Dream Technology）、DOHC i-VTEC 等技术。DOHC i-VTEC 技术通过设计两种型线凸轮轴，在 4500 r/min 以下使用 FE Cam（Fuel Economy Camshaft，燃油经济凸轮），发动机以米勒循环方式运转，提供更好的热效率；在 6500 r/min 以下则使用 HP Cam（High Performance Camshaft，高性能凸轮），发动机以通常的奥托循环方式运转，提供更大的功率输出。而 VTC（Variable Timing Control，连续可变气门正时控制）机构的切换则在 4300 r/min 左右进行。动力输出方面，最大输出功率为 105 kW/6200（r/min），最大扭矩输出转速为 165 N·m/4500（r/min）。

马自达 SKYACTIV 技术在发动机实际工作过程中，实际压缩比是不断变化的，利用电机控制的 VVT 系统，创驰蓝天发动机可以实现在高负载工况下使用 13∶1 压缩比的奥托循环，而在部分负荷工况下采用米勒循环。其最新机型 SKYACTIV-X 目前已量产搭载最新款 CX-30 车型上，结合其独特的 SPC（Spark Controlled Compression Ignition）火花控制压燃点火技术，把 HCCI 超稀薄燃烧的适用范围扩大到气缸的整个使用领域，实现高的热效率。

阿特金森循环与传统发动机的奥托循环相比，其最大特点就是做功行程比压缩行程长，也就是膨胀比大于压缩比。更长的做功行程可以更有效地利用燃烧后废气残存的高压，所以燃油效率比传统发动机更高一些。另外，阿特金森循环只是在低转速区域热效率高。超过 3000 r，反而影响发动机功率及热效率。所以阿特金森循环与奥托循环要可以自动切换，也称双循环发动机。

（8）整机技术

① 整机综合节能减排技术　内燃机整机综合节能减排技术集成现有的先进燃烧技术与

电控技术等技术，有集成电动气门正时控制、双喷射（缸内直喷+进气道喷射）与可变容量机油泵的可变压缩比涡轮增压技术，准增压+双喷稀燃+EGR+DPF 直接取代三元催化和 SCR 技术，涡轮增压+缸内直喷技术，双增压直喷技术，高压共轨三段喷射技术，直喷均质稀燃+EGR 与 VVT 直喷稀燃高压缩比滚流高能点火等综合节能技术。例如，采用 Valvetronic 全可变气门机构的宝马 V8 双涡轮增压器直喷式汽油机、3L 双涡轮增压均质燃烧直喷式汽油机、ECONAMIQ 气体过度膨胀与停缸技术相结合的内燃机、EGR 结合强滚流增压直喷汽油机以及 Eco Boost 发动机。

② 内燃机轻量化技术　实现轻量化在以下几个方面进行开展：采用新材料；通过降调质量密度实现降低质量；缩小体积；采用拓扑优化方案进行减重。缸体、活塞、缸盖、进气歧管、摇臂、发动机悬置支架、发动机散热器等都采用铝合金材料。缸体还采用了拓扑优化进行了减重，活塞采用减重坑设计，连杆、曲轴正在试验采用钛合金材料的，质量轻，并且强度大。这些新技术都为汽车节能减排、提高效率奠定了良好基础。

③ 车用混合动力内燃机　车用混合动力通常意义上是指油、电混合动力，即在传统内燃机的基础上配合使用电动机提供辅助动力，整个混合动力系统可以根据整车实际运行工况要求进行灵活调控，使发动机始终处在工作性能最佳的状态，从而有效地降低了燃油消耗率和废气排放量。油、电混合动力技术开展较早，是目前混合动力系统中应用最广泛而且技术最成熟的一种，已有多款小型油、电混合动力汽车产品投放市场，油、电混合动力系统按照连接方式可以划分为串联式、并联式和混联式 3 种。

据《国家重点节能低碳技术推广目录（2017 年本，节能部分）》中介绍，长安汽车股份有限公司已具备年产 30000 台长安混合动力系列车的能力，长安汽车股份有限公司建设混合动力汽车生产线，建立混合动力系列车的配套体系，节能技改投资额达到 9485 万元。按年产 3 万辆计算，每辆车每年运行 3 万公里，百公里节油 20%（即 1.7L）计算，每辆车每年节油 510 L，每年可节约费用 3570 元/车。按年销售 1 万辆，每辆车利润 0.3 万元计算，投资回收期 3.16 年，节能经济效果良好。

针对混合动力汽车的内燃机，博格华纳提出了应用于混合动力汽车的内燃机 EGR 技术、eTurbo™ 电子涡轮增压器。博格华纳 EGR 系统是一种经济高效的发动机内部解决方案，通过将可控比例的废气再循环至进气管，从而显著降低 NO_x 排放量。该 EGR 模块采用一体化设计（而非单个配件），将 EGR 冷却器、旁路阀和 EGR 阀等多种技术整合于一个紧凑封装中。eTurbo™ 将涡轮增压器和电机组合为一体，电机直接耦合在涡轮轴上，有发动机或发电机 2 种工作模式。集成的解决方案不仅具有传统废气涡轮增压器的优点，同时因电机的快速响应，带来了 eTurbo™ 更好的快速响应。此外，还可以通过后处理技术和精确的空燃比控制，捕集多余的废气能量，驱动电机发电，同时降低排放。eTurbo™ 在瞬态增压响应方面提升 200% 以上，同样稳态扭矩也得到很大提升，从而可进一步促进发动机小型化。在不损失性能的前提下，还带来了更低的燃油消耗及排放，尤其适合米勒发动机的需求。除了提升车辆性能以外，eTurbo™ 还可以将多余的废气能量直接转换为电能，可用作辅助电源，或者为电池充电，从而可以减少电池的容量。eTurbo™ 还可以根据需求，增加发动机背压，通过与废气再循环 EGR 的配合，来降低排放。eTurbo™ 的电气功能也可以关闭，关闭后即恢复为传统的涡轮增压器运转。

（9）其他节能技术

① 工质移缸技术　工质移缸（charger transit between cylinders）指的是内燃机循环做功的工质通过连接装置先后在多个气缸之间进行转移。通过工质移缸技术可以将内燃机一个工作循环分隔到多个气缸中进行，因此工质移缸又被称为分缸循环（split cycle）。应用工质移缸技术的内燃机可以将压缩与燃烧分离在不同气缸内进行，这样可以有效缓解压缩气缸的热应力，降低压缩气缸的热负荷，从而提高压缩比。工质移缸技术还可以通过改变前后缸的容积使膨胀比大于压缩比，实现充分膨胀循环。通过工质移缸技术提高压缩比，可以提高指示热效率。在低负荷工况下，提高压缩比可以提升汽油机循环热效率。一般汽油机压缩比为 8.0～10.5，在此范围内压缩比每提高 1 个单位，有效热效率可提高 3%。

Scuderi、德国的发动机与能源技术股份有限公司（META）、法国赛车内燃机设计单位伊尔莫（Ilmor）公司和美国的通用汽车公司均开展不同程度的研究工作，但该技术尚未实现产业化应用。图 3-14 所示的 Scuderi 内燃机是一种通过连接管将 2 个气缸连通，使 2 个气缸联合完成工作循环的内燃机，它的一个气缸负责"进气—压缩"，另一个气缸完成"燃烧—排气"，2 个气缸共用一个曲轴，4 个冲程在 360°曲轴转角之内完成。根据 Scuderi 公司官方网站提供的数据，Scuderi 内燃机在进气增压比为 3.2 的情况下，平均有效压力（BMEP）相比传统内燃机增加了 139.7%，燃油消耗率减小了 13.4%，压缩比可以达到 96∶1。

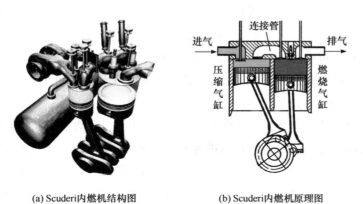

(a) Scuderi内燃机结构图　　　(b) Scuderi内燃机原理图

图 3-14　Scuderi 内燃机

② 水蒸气辅助技术　水蒸气辅助技术是一种利用水吸热蒸发成水蒸气来优化内燃机工作过程的技术。卡诺定理指出在最高燃烧温度不变的情况下，降低排气温度可以有效提升内燃机的工作效率。利用水吸热蒸发变成水蒸气，水蒸气膨胀做功的新型内燃机节能技术可有效吸收内燃机排气能量。如果将燃烧做功循环和水吸热做功循环看成一个整体的热力循环的话，那么，该技术相当于是通过降低排气温度来提升内燃机效率。

水蒸气辅助节能技术可分为缸内直接喷水做功与热交换器加热两种类型。热交换器加热型是基于朗肯蒸汽动力循环，水先通过热交换器吸热，再通过膨胀器做功。图 3-15 为一种热交换器加热水做功的内燃机节能技术工作原理。

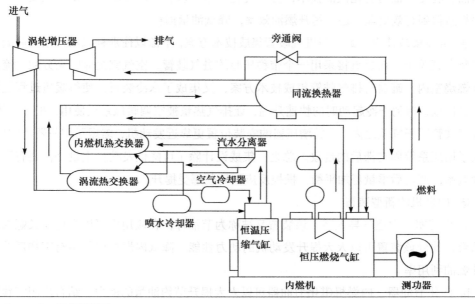

图 3-15 Isoengine 工作原理图

缸内直接喷水做功型，可以将水直接喷入燃烧后的高温燃气中吸热膨胀做功，也可以在压缩过程中通过喷水降低压缩负功，可改善抗爆性，能够将汽油机扭矩提高至相同排量柴油机的水平，与变速箱系统集成可大幅度降低整车油耗。大众双涡轮增压、直喷火花点火汽油机采用喷水技术后，抗爆性得到极大改善；Bosch 试验发动机的水油比为 35%，油耗降低约 13%。美国工程师 Crower 发明了一种"进气—压缩—燃烧做功—排燃气—喷水做功—排水蒸气"六冲程内燃机，如图 3-16 所示。在排气冲程中保留部分高温废气在气缸内，并对其进行压缩，在压缩上止点附近喷水，水蒸气吸热膨胀推动活塞再次做功。每 6 个冲程中有 2 个做功冲程，而消耗的燃油不增加，比普通的 4 冲程内燃机节油 40%，排放大幅降低。

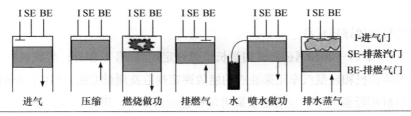

图 3-16 Crower 六冲程内燃机工作过程示意图

③ 燃油掺水节油技术 该技术通过将水掺入燃油中使其形成乳化油，基于一定的外力作

用将水油充分混合，消除油水之间的分界面，形成乳液状混合物，达到乳化油状态。首先将乳化液（根据需要选择）、水、燃油等按比例加入静态混合器混合，再经过乳化装置振荡搅拌而成，其中乳化油的性能取决于乳化装置与乳化剂的性能。根据燃油分类不同还可分为乳化重油、乳化柴油与乳化汽油技术，掺水乳化技术可以有效降低烟度，使排放废气中的氮氧有害物质得到有效处理，还能提升燃油效率，降低油量损耗。

④ 缸盖集成技术　缸盖与进气歧管集成技术方案，不像以往那种采用几根弯曲的管子直接安装在缸盖上，而是直接采用一个带稳压腔的进气歧管。空气完全靠腔来分配气流，直接进入燃烧室内。缸盖与排气歧管集成技术方案，又集成了水冷装置，使得暖机过程更快，从而降低排放；有利于冷起动时的快速升温，让排气热量被空调暖风系统使用，提升了热效率。把排气歧管置于缸盖之内，涡轮增压器的安装位置更靠近发动机，缩短了增压器的响应时间，解决了增压系统固有滞后的现象。总之，集成设计除了可降低发动机重量外，还有助于提升车辆效率，使前后重量更加平衡，操控反应和驾驶感受提升。

⑤ 内燃机的新型装置

a. 火花塞二次空气导入环　该装置又被称为节油环，在应用中可以实现与长螺纹火花塞的结合，此外该装置可以大大提升发动机的动力性能，降低内燃机尾气中有害物质的排放，提升燃油利用率。

b. 磁化节油器　内燃机磁化节油器可以大大提升节约油量的能力，结合应用实践可以发现，添加磁化节油器的发动机，具有提升 6%～7% 节油量的能力，降低黑烟排放量约 50%，此外对发动机整体的功率有很大的提升。该装置使用后可以有效地分散燃料颗粒，促进空气与燃油的混合程度，微化混合气体，促进完全燃烧，降低燃油消耗，节约燃油。

c. 节油点火装置　根据装置的构成不同，可以分为其他节油点火装置和晶体管点火装置。内燃机消耗燃油的能力与点火装置的工作性能有直接关系，所以在实际的发动机运行中，需要及时更换排除不良点火装置，达到降低油耗的目的，据统计不良点火装置对汽车油耗的损耗在 10% 左右。所以在点火装置的选择上，应保持与内燃机型号的对应，从而达到降低油耗的目的。

3.3.4　内燃机节能评价

(1) 内燃机能效评定标准

① GB/T 38750.1—2020《往复式内燃机能效评定规范 第 1 部分：柴油机》　该标准规定了非道路用柴油机和轻型汽车用柴油机的能效评定规范及测量方法，适用于 560 kW 以下的非道路用柴油机和轻型汽车（包括轻型乘用车和轻型商用车）用柴油机。在本部分规定的测试条件下，能效指标满足节能要求的柴油机应达到多工况平均燃料消耗率。根据该标准的规定，柴油机能效等级分为 3 级，其中 1 级能效最高，满足节能要求的柴油机节能评价值为表 3-1 和表 3-2 中能效等级为 2 级的规定值。各等级能效非道路用柴油机加权燃料消耗率应小于或

等于表3-1规定值，风冷柴油机、冷凝式柴油机限值允许增加4%。各等级能效轻型汽车用柴油机5工况平均燃料消耗率应小于或等于表3-2规定值。表3-2中未列出排量的柴油机，其各能效等级规定值可用线性插值法确定。

表3-1　各等级能效非道路用柴油机多工况平均燃料消耗率规定值

| 标定功率 P/kW | 直喷机/[g/（kW·h）] | | | 非直喷机/[g/（kW·h）] | | |
	1级	2级	3级	1级	2级	3级
P<4.5	353	364	375	353	364	375
4.5≤P<8	306	316	326	337	347	358
8≤P<19	262	271	279	289	298	307
19≤P<37	257	265	273	282	291	300
37≤P<75	246	254	262	271	279	288
75≤P<130	244	252	260	244	252	260
130≤P<225	240	247	255	240	247	255
225≤P<450	224	231	238	224	231	238
450≤P≤560	214	221	228	214	221	228

表3-2　各等级能效轻型汽车柴油机5工况平均燃料消耗率规定值

| 柴油机排量/L | 柴油机5工况平均燃料消耗率规定值/[g/（kW·h）] | | |
	1级	2级	3级
0.9	367	378	390
1.4	355	367	378
1.8	346	357	368
2.0	341	352	363
2.5	329	340	350

② GB/T 38750.2—2020《往复式内燃机能效评定规范 第2部分：汽油机》 该标准规定了轻型汽车用汽油机和30 kW以下通用汽油机的能效评定规范及测量。该标准适用于轻型汽车（包括轻型乘用车和轻型商用车）用汽油机及30 kW以下通用汽油机。根据该标准的规定，汽油机能效等级分为3级，其中1级能效最高，满足节能要求的汽油机节能评价值为表3-3和表3-4中能效等级为2级的规定值。轻型汽车用各等级能效汽油机5工况平均燃料消耗率小于或等于表3-3规定值，30 kW以下各等级能效通用汽油机燃料消耗率应小于或等于表3-4规定值。表3-3中未列出排量的汽油机，其各能效等级规定值可用线性插值法确定。

表 3-3　轻型汽车用各等级能效汽油机 5 工况平均燃料消耗率规定值

汽油机排量/L	自然吸气型汽油机 5 工况平均燃料消耗率规定值/[g/（kW·h）]			汽油机排量/L	增压型汽油机 5 工况平均燃料消耗率规定值/[g/（kW·h）]		
	1 级	2 级	3 级		1 级	2 级	3 级
1.3	367	382	402	1	374	390	410
1.4	364	379	399	1.2	372	388	408
1.5	362	377	397	1.4	371	386	406
1.6	360	375	395	1.5	370	385	405
1.8	356	371	391	1.6	369	384	404
2.0	352	367	386	1.8	367	382	402
2.4	345	359	378	2.0	365	380	400

表 3-4　30 kW 以下各等级能效通用汽油机工况法燃料消耗率规定值

汽油机排量/L	30 kW 以下通用汽油机燃料消耗率规定值/[g/（kW·h）]		
	1 级	2 级	3 级
SH1	—	—	—
SH2	741	757	780
SH3	570	582	600
FSH1	665	679	700
FSH2	665	679	700
FSH3	570	582	600
FSH4	570	582	600
FSH5	559	570	588

③ GB/T 28239—2020《非道路用柴油机燃料消耗率限值及试验方法》　该标准规定了非道路用柴油机加权燃料消耗率限值及其试验方法。该标准适用于标定功率不大于 560 kW 的非道路用柴油机，所用燃料为轻柴油，不包括燃用重油的船用柴油机。根据该标准的术语和定义，加权燃料消耗率是由柴油机用途确定的多工况循环试验时，测得的各工况每小时燃料消耗量分别乘以其对应的加权系数后的累加和与各工况功率分别乘以其对应的加权系数后的累加和的比值。根据柴油机用途，按相应多工况循环测得的燃料消耗的加权燃料消耗率 g_{ew} 为非道路用柴油机燃料消耗率的评价指标。标准基准工况按 GB/T 21404—2008 中第 5 章的规定，即总气压 p_r = 100 kPa、空气温度 T_r = 298 K、相对湿度 ϕ_r = 30%、增压中冷价值温度 T_{cr} = 298 K。

该标准还规定了加权燃料消耗率限值。根据该标准的规定，柴油机加权燃料消耗率限值按标定功率大小分成了 10 档，制造商可选择将柴油机系族限制在一个功率档内，并进行该功率档柴油机系族的加权燃料消耗率标定。同一系族内柴油机允许选择一代表性机型为源机进行测量考核。非道路用柴油机加权燃料消耗率限值见表 3-5，风冷柴油机、冷凝式柴油机限值允许增加 4%。燃料消耗率测量前柴油机允许按制造商规定进行磨合，所有限值均为 GB/T 21404—2008 中第 5 章所规定的标准基准状况下的限值，非道路用柴油机标定功率测量时应安装的设备和辅助装置按该标准附录 A 的规定。

表 3-5　非道路用柴油机加权燃料消耗率限值

标定功率 P/kW	加权燃料消耗率限值 g_{ew}/[g/（kW·h）]	
	直喷机	非直喷机
$P<4.5$	375	
$4.5≤P<8$	326	358
$8≤P<19$	279	307
$19≤P<37$	273	300
$37≤P<75$	262	288
$75≤P<130$	260	
$130≤P<225$	255	
$225≤P<450$	238	
$450≤P≤560$	228	

④ GB/T 18297—2001《汽车发动机性能试验方法》　该标准规定了汽车用发动机性能台架试验方法，其中包括各种负荷下的动力性及经济性试验方法，无负荷下的起动、怠速、机械损失功率试验方法以及有关气缸密封性的活塞漏气量及机油消耗量试验方法等，用来评定汽车发动机的性能。该标准适用于轿车、载货汽车及其他陆用车辆的内燃机，不适用于摩托车及拖拉机用内燃机。该内燃机属往复式、转子式，不含自由活塞式。其中包括点燃及压燃机、二冲程及四冲程机、非增压及增压机（机械增压、涡轮增压及中冷）、水冷及风冷机。凡新设计及有重大改进的发动机定型试验、转产生产的发动机验证试验以及现生产的发动机质量检验试验等，均按本标准规定的方法进行。该标准还可作发动机制造厂和汽车制造厂之间交往的技术依据。

⑤ GB/T 21404—2008《内燃机 发动机功率的确定和测量方法一般要求》　该标准规定了使用液体或气体燃料的商用内燃机的标准基准状况和功率、燃油消耗和机油消耗的标定及试验方法。可适用于：a. 往复式内燃机（火花点燃式或压燃式发动机），但不包括自由活塞式发动机；b. 旋转活塞式发动机。这些发动机可以是自然吸气式发动机或使用机械增压器或涡轮增压器的增压式发动机。该标准适用于下列用途的发动机：a. GB/T 6072.1 中定义的陆用、轨道牵引和船用发动机；b. ISO 1585 和 ISO 2534 中定义的车用发动机；c. ISO 4106 中定义的

摩托车用发动机；d. ISO 2288 中定义的农用拖拉机和机械用发动机；e. ISO 9294 中定义的土方机械用发动机；f. ISO 8665 中定义的游艇等船体长度不大于 24 m 的小型船舶用发动机。该标准也可适用于筑路机械、工业卡车和目前尚无合适标准可以使用的其他用途发动机。相关"卫星"标准给出了对某一特定用途发动机的单独要求。只有将本"核心"标准与相关"卫星"标准一起使用才能全面规定某一用途发动机的相关要求。

（2）能效测试方法

① 测试条件　根据 GB/T 38750.1—2020《往复式内燃机能效评定规范 第 1 部分：柴油机》和 GB/T 38750.2—2020《往复式内燃机能效评定规范 第 2 部分：汽油机》的规定，非道路用柴油机试验条件按 GB/T 28239—2020 中 8.1 的规定，轻型汽车用柴油机和汽油机测量仪表的准确度、测量部位按 GB/T 18297—2001 中第 4 章的规定，测试一般条件按 GB/T 18297—2001 中第 6 章的规定，测量时柴油机所带附件按 GB/T 18297—2001 中第 7 章的规定，柴油机和汽油机参数标定值与排放测量时标定值一致。通用汽油机测量仪器仪表精度按 GB 26133—2010 中附录 BA 的要求，进排气系统阻力应在制造商规定的上限值的 110% 之内，通用汽油机净功率测量时所带附件按 GB/T 38750.2—2020 附录 A 的规定。

② 试验用燃料　柴油机试验用燃料与 GB 20891—2014 及国家轻型汽车污染物排放限值及测量方法标准中规定的排放测量用燃料一致，若为其他牌号燃料，可按标准中相关公式换算加权燃料消耗率和 5 工况平均燃料消耗率。试验用机油为柴油机制造商规定的机油，并在试验报告中注明。

轻型汽车用汽油机测试用燃油按国家现行有效轻型汽车污染物排放标准中有关试验燃油的规定。通用汽油机测试时用燃油应符合 GB 17930—2016 规定的汽油机或符合现行有效的轻型汽车污染物排放限值及测量方法国家标准中规定的基准汽油，或使用符合 GB 18351—2017 规定的乙醇汽油。二冲程通用汽油机燃油/润滑油混合比应符合制造企业推荐值并做好记录。

③ 试验循环　柴油机的试验循环按 GB/T 38750.1—2020《往复式内燃机能效评定规范 第 1 部分：柴油机》中 5.3 的规定，汽油机的试验循环按 GB/T 38750.2—2020《往复式内燃机能效评定规范 第 2 部分：汽油机》中 5.3 的规定。

（3）性能评价指标

① 非道路用柴油机加权燃料消耗率　非道路用柴油机加权燃料消耗率：

$$g_{ew} = \frac{\sum\limits_{i=1}^{n}(G_i W_i)}{\sum\limits_{i=1}^{n}(P_i W_i)} \tag{3-3}$$

式中，g_{ew} 为按低热值 42700 kJ/kg 标定的加权燃料消耗率，g/（kW·h）；G_i 为各工况时测得的每小时燃料消耗量，g/h；W_i 为各工况加权系数，根据柴油机用途分别见 GB/T 38750.1—2020 中 5.3 所示加权系数；P_i 为各工况时的功率，kW。

加权燃料消耗率均以低热值 42700 kJ/kg 为准，当试验时所用燃料低热值与之不符时，应按式（3-4）进行换算：

$$g_{ew} = \frac{g_{ewf} H_{uf}}{H_{ub}} \tag{3-4}$$

式中，g_{ew} 为按低热值 42700 kJ/kg 标定的加权燃料消耗率，g/（kW·h）；g_{ewf} 为试验时测得的加权燃料消耗率，g/（kW·h）；H_{ub} 为基准燃料低热值，即 42700 kJ/kg；H_{uf} 为试验测量时所用燃料低热值，kJ/kg。

② 轻型汽车用柴油机 5 工况平均燃料消耗率　当柴油机在非标准环境状态下测量时，其燃料消耗率不修正。柴油机 5 工况平均燃料消耗率：

$$g_e = \frac{G_1 + G_2 + G_3 + G_4 + G_5}{P_1 + P_2 + P_3 + P_4} \tag{3-5}$$

式中，g_e 为按低热值 42700 kJ/kg 标定的 5 工况平均燃料消耗率，g/（kW·h）；G_1 和 P_1 分别为 1200 r/min、0.15 MPa 工况时测得的每小时燃料消耗量和功率，单位分别为 g/h 和 kW；G_2 和 P_2 分别为 1500 r/min、0.25 MPa 工况时测得的每小时燃料消耗量和功率，单位分别为 g/h 和 kW；G_3 和 P_3 分别为 2000 r/min、0.2 MPa 工况时测得的每小时燃料消耗量和功率，单位分别为 g/h 和 kW；G_4 和 P_4 分别为标定转速、0.3 MPa 工况时测得的每小时燃料消耗量和功率，单位分别为 g/h 和 kW；G_5 为怠速工况时每小时燃料消耗量，g/h。

5 工况平均燃料消耗率均以低热值 42700 kJ/kg 为准，当试验时所用燃料低热值与之不符时，应按式（3-6）进行换算：

$$g_e = \frac{g_{ef} H_{uf}}{H_{ub}} \tag{3-6}$$

式中，g_e 为按低热值 42700 kJ/kg 标定的 5 工况平均燃料消耗率，g/（kW·h）；g_{ef} 为试验时测得的 5 工况平均燃料消耗率，g/（kW·h）；H_{ub} 为基准燃料低热值，即 42700 kJ/kg；H_{uf} 为试验测量时所用燃料低热值，kJ/kg。

③ 轻型汽车用汽油机 5 工况平均燃料消耗率　当汽油机在非标准环境状态下测量时，其燃料消耗率不修正。汽油机 5 工况平均燃料消耗率：

$$g_e = \frac{G_1 + G_2 + G_3 + G_4 + G_5}{P_1 + P_2 + P_3 + P_4} \tag{3-7}$$

式中，g_e 为 5 工况平均燃料消耗率，g/（kW·h）；G_1 和 P_1 分别为 1200 r/min、0.15 MPa 工况时测得的每小时燃料消耗量和功率，单位分别为 g/h 和 kW；G_2 和 P_2 分别为 1500 r/min、0.25 MPa 工况时测得的每小时燃料消耗量和功率，单位分别为 g/h 和 kW；G_3 和 P_3 分别为 2000 r/min、0.2 MPa 工况时测得的每小时燃料消耗量和功率，单位分别为 g/h 和 kW；G_4 和 P_4 分别为 3000 r/min、0.3 MPa 工况时测得的每小时燃料消耗量和功率，单位分别为 g/h 和 kW；G_5 为怠速工况时每小时燃料消耗量，g/h。

④ 通用汽油机加权燃料消耗率　通用汽油机加权燃料消耗率测量用试验工况及加权系

数见 GB/T 38750.2—2020 中第 5.6.1 节。

通用汽油机工况法燃料消耗率：

$$g_{ew} = \frac{\sum\limits_{i=1}^{n}(G_i WF_i)}{\sum\limits_{i=1}^{n}(P_i WF_i)} \tag{3-8}$$

式中，g_{ew} 为工况法燃料消耗率，g/（kW·h）；G_i 为各工况时测得的每小时燃料消耗量，g/h；WF_i 为各工况加权系数，根据柴油机用途分别见 GB/T 38750.2—2020 中第 5.6 节所示加权系数；P_i 为各工况标准基准状况下的功率，kW。

3.3.5　内燃机节能技术发展趋势

（1）内燃机发展趋势

现代内燃机是燃烧技术、信息技术、智能控制、新型材料、先进设计及先进制造等高新技术的集成，内燃机新技术发展的历程中不断与其他先进技术融合发展，推动了内燃机技术的快速发展。过去 40 年，全球以满足日益严格的排放法规为主要驱动力，内燃机污染物排放降低了 99%～99.9%，已达到"近零排放"水平。现代内燃机与传统内燃机相比，已经发生根本的变化，是"新一代绿色内燃机"。

降低 CO_2 排放是人类面临的共同挑战，降低内燃机碳排放和实现碳中和是推动内燃机技术进步的主要动力。新一代内燃机在提高热效率和降低碳排放方面也取得令人瞩目的新成就。目前，车用柴油机最高有效热效率已达到 55%，2035 年以后，内燃机有效热效率有望达到 60%。内燃机可以使用灵活的燃料，生物质燃料、可再生能源合成燃料和氢燃料等可以实现碳中和，"高效、低碳、近零排放"是内燃机发展的趋势和要求。

内燃机技术创新发展方向如下：以颠覆性创新燃烧技术为目标，开发新一代内燃机高效清洁燃烧技术；发展包括瞬态过程控制的燃烧过程实时智能控制技术；开发基于内燃机、电机、电池混合动力装置系统智能控制、能量分配和管理技术；突破关键零部件技术，开发智能燃料喷射系统、高效增压和电动增压及关键传感器；开发高效、长寿命、低成本后处理系统，及其与发动机一体化智能控制与系统集成技术；开发低摩擦损失、先进润滑技术、电动化附件、高效能量回收等节能技术；开发新结构、新材料和新工艺，实现内燃机高强度、高效率、低噪声和轻量化；推动内燃机先进机构研究和开发；开发基于可再生能源的碳中和燃料和氢能利用技术，实现碳中和燃料和内燃机的协同发展。

（2）内燃机节能中的前沿基础问题

燃烧领域的前沿问题主要是：传统燃料的动力装置的高效清洁燃烧理论与技术、新型燃烧方式的探索和燃烧理论的发展、燃料化学机理和反应动力学的发展、燃烧过程和物种的诊断、燃烧模拟技术等。基础理论方面的研究为认识燃烧基础问题和探索先进燃烧途径提供支撑。先进清洁燃烧与诊断技术要为节能与环保发挥重要作用。

① 燃料燃烧基础理论研究。它包括：气液燃料的层流和湍流燃烧、多相燃烧、炭黑和其他有害污染物的形成机理、火焰动力学及燃烧稳定性、燃料着火和熄火机理等。

② 先进的燃烧理论与技术研究。它包括：内燃机低温燃烧理论与技术、内燃机混合气分层燃烧理论与技术、内燃机余热利用理论与技术等。

③ 缸内燃烧诊断。它包括：缸内温度、油气混合过程、流场和燃烧中间基及污染物的测量等。

④ 化学反应动力学研究。它包括：传统燃料和替代燃料的化学反应动力学机理，模拟燃料的组构和化学反应动力学，验证化学反应机理的层流燃烧速率、着火延迟期测量以及燃烧中间基测量等。

⑤ 先进燃烧模拟技术：大涡模拟和直接数值模拟，具有高时空分辨率和高效的数值模拟技术等。

3.4 内燃机节能案例

3.4.1 比亚迪汽车高效节能混合动力发动机技术及系统

（1）技术特征

比亚迪汽车高效节能混合动力发动机技术及系统具有以下特征：①采用发卡式成型绕组电机，峰值功率密度（kW/kg）≥4，扭矩密度（N·m/kg）≥10.2，电机效率96.5%；②电机槽满率比传统散线电机提升20%以上；③电机温升降低10 K以上；④绕组端部高度比传统散线绕组降低30%以上；⑤电机综合效率比相同设计的传统散线绕组提升5%以上；⑥采用高磁阻永磁电机，NEDC（新标欧洲循环测试）工况综合效率86%。项目成果已申请发明专利48件，其中获得授权34件。

（2）该项目带来的经济效益

① 直接经济效益 自2017年比亚迪汽车工业有限公司应用高效节能新型混合动力发动机与系统研发及应用成果以来，用于比亚迪汽车工业有限公司汽车推广发动机总成累计搭载95万台，直接经济效益共增长85.4亿元。

② 间接经济效益 比亚迪汽车工业有限公司双模车型应用项目研发的高效节能新型混合动力发动机与系统后，2017年至2019年三年以来双模车辆累计销售超过2.6×10^4台，相对2016年平均年增长约60%，间接经济效益共增长约468亿元。因此，2017年至2019年应用比亚迪汽车工业有限公司高效节能新型混合动力发动机与系统研发及应用成果以来，直接经

济效益与间接经济效益共增长 553.4 亿元。

(3)技术优点

本项目研发的高效节能新型混合动力发动机与系统适用于 2019 年实施的国六排放法规，具备动力强、油耗低、续航距离长等特点，在克服严厉的排放法规的同时，解决纯电动汽车充电慢、充电难、续航里程不稳定等问题，实现从燃油车到纯电动车的稳定过渡，为后续更深入研发纯电动车打下坚实基础。研制的新型混合动力系统总成电平衡油耗降低至 4.2L/100 km，新技术运用在 PHEV（插电式混合动力汽车）车上，相比较传统车 5.0L/100 km，每年可减少 $1.08×10^4$ t CO_2 排放。发动机产量增长 20%，预计提供就业岗位超 100 个。本项目能够培养一支具备混合动力汽车新一代动力总成系统和关键零部件自主创新设计能力的研发团队，提高我国新能源汽车动力总成水平及加速我国汽车电动化的进程，社会效益显著。

3.4.2 安徽华菱汽车有限公司 12L 高效节能环保天然气发动机

（1）技术原理及性能指标

该产品发动机结构采用直列 6 缸、整体缸盖、四气门，采用电控燃气喷射系统，完成了 410 hp（1 hp≈735W）天然气发动机的性能和排放开发、机械开发、燃烧开发、零部件选项开发和道路试验可靠性开发，产品最大扭矩/转速（1750@1100-1450 N·m@r/min），达到合同开发指标；扭矩储备和燃油消耗值均优于合同开发指标，实际为 14.3% 和 192 g/（kW·h）；完成了天然气发动机的平台开发，建立发动机的设计流程、实验流程、检车流程，为了满足市场各功率段的要求，开发产品功率覆盖 410 hp 到 310 hp，累计装机 14 台，其中 3 台发动机性能和排放试验，6 台用于台架耐久试验，5 台整车试验发动机，由于增加了试验科目，发动机总台数也相应增加。产品相关技术已获授权发明专利 1 件、实用新型 7 件。

（2）技术的创造性与先进性

产品采用最新的燃气稀薄燃烧技术和发动机标定策略，精确控制节气门开度、喷气时刻及喷气量，合理提升发动机的压缩比和充气系数，提升发动机功率；通过对燃烧室结构、涡流比设计和凸轮轴型线等关键因素的合理选配，保证发动机在低、中、高速区域的燃油经济性和动力性；采用高效的后处理技术，大幅降低氮氧化率，满足国五排放水平。

（3）技术的成熟程度、适用范围和安全性

通本项目建立了 12 L 天然气发动机研发平台，形成了天然气发动机研发体系，具备了气体机性能和排放开发、燃烧开发、机械开发、零部件选型、整机标定及后处理标定能力。产品采用压缩释放式缸内制动辅助安全系统，该系统集成在发动机配气机构上，制动功率达到 275 kW（发动机转速为 2300 r/min 时），极大地提高了车辆的安全性；采用天然气发动机专用活塞和活塞环组件、气门、座圈、导管组件和专用气缸盖，大幅度提升产品可靠性。

（4）经济效益

对现有柴油发动机的缸盖缸体加工线、装配线、后整理线进行技术改造，实现了柴油机天然气发动机的共线生产，并新增加了天然气发动机的下线热试车间，形成了年产 5000 台机加工生产能力。2017 年度实现销售 988 台，销售收入 9388.68 万元。

3.4.3 DVVT 的节能效果试验研究

长城汽车公司重点对 DVVT（进排气气门可变正时技术）物理开度变化对 GDI（缸内直喷自由发动机）增压发动机的性能影响进行了试验研究。试验系统见图 3-17。试验样机应用了汽油缸内直喷、废气涡轮增压、DVVT 物理开度等多项技术，采用火花塞中央布置、喷油器在进气道侧向布置的方式。样机采用的凸轮轴方案中，进气气门最大升程为 9.29 mm，排气气门最大升程为 8.65 mm，基础重叠角为 50°曲轴转角（0 mm 升程）。进气 VVT 物理开度为 0°～41°曲轴转角，排气 VVT 物理开度为 0°～-32°曲轴转角，进、排气 VVT 物理开度为单向动作，开启进、排气 VVT 均增大气门重叠角。选取了 2400 r/min 全负荷工况点进行分析。

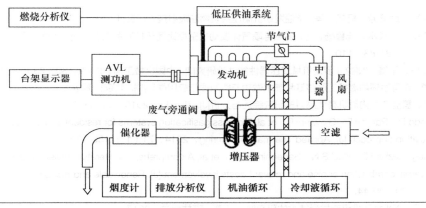

图 3-17 试验系统简图

在进气 VVT 物理开度 0°～40°、排气 VVT 物理开度 0°～-30°范围内均可以达到发动机扭矩指标 324 N·m，即发动机在基础重叠角和 VVT 开启情况下均可实现扭矩指标。燃油经济性方面，随着排气 VVT 物理开度增大，经济性变差，排气 VVT 物理开度为 0°时效果较好；进气 VVT 物理开启时与发动机基础重叠角（进、排气 VVT 均关闭）相比，随着进气 VVT 物理开度的增大，经济性得到明显改善，即气门重叠角的增大对改善发动机中等转速性能有益。

参考文献

[1] 工业和信息化部装备工业二司，中国内燃机工业协会. 内燃机产业高质量发展规划（2021—2035）[Z/OL].（2021-07-09）[2021-08-18]. http://www.ciceia.org.cn/rdoc.asp?vid = 353.

[2] 苏万华，张众杰，刘瑞林，等. 车用内燃机技术发展趋势[J]. 中国工程科学，2018，20（1）：97-103.

[3] 窦莹，孙圣斐，吴卓男. 内燃机燃烧技术的研究现状及发展探讨[J]. 南方农机，2017，48（22）：45，78.

[4] 周艳，苗展丽，隋春杰. 工程热力学[M]. 北京：化学工业出版社，2017.

[5] Shancita I，Masjuki H H，Kalam M A，et al. A review on idling reduction strategies to improve fuel economy and reduce exhaust emissions of transport vehicles[J]. Energy Conversion and Management，2014（88）：794-807.

[6] GB/T 38750.1—2020. 往复式内燃机能效评定规范 第 1 部分：柴油机[S]. 北京：国家市场监督管理总局/国家标准化管理委员会，2020.

[7] GB/T 38750.2—2020. 往复式内燃机能效评定规范 第 2 部分：汽油机[S]. 北京：国家市场监督管理总局/国家标准化管理委员会，2020.

[8] GB/T 28239—2020. 非道路用柴油机燃料消耗率限值及试验方法[S]. 北京：国家市场监督管理总局/国家标准化管理委员会，2020.

[9] GB/T 18297—2001. 汽车发动机性能试验方法[S]. 北京：国家市场监督管理总局/国家标准化管理委员会，2001.

[10] GB/T 21404—2008. 内燃机 发动机功率的确定和测量方法 一般要求[S]. 北京：国家市场监督管理总局/国家标准化管理委员会，2008.

[11] 刘圣华，周龙保. 内燃机学[M]. 4 版. 北京：机械工业出版社，2017.

[12] 何细鹏. 均质压燃（HCCI）燃烧技术的研究现状与展望[J]. 科技创新与应用，2016（8）：32-33.

[13] 王艳芳. 一种连续可变气门正时及升程的凸轮设计概述[J]. 内燃机与配件，2017（10）：38.

[14] 齐景晶，钱叶剑，罗琳，等. 可变气门升程与正时对直喷汽油机缸内流动特性的影响[J]. 车用发动机，2017（3）：20-26.

[15] 刘军萍，续彦芳，杨帆，等. 柴油发动机高压共轨燃油喷射技术研究[J]. 内燃机与配件，2012（2）：9-12.

[16] 孙恋敏，吴长水，庞鲁杨，等. 多点电喷气体发动机空燃比闭环控制系统设计[J]. 计算机测量与控制，2017，25（11）：81-83，110.

[17] 刘厚根，张攀. ZNR2.4 罗茨机械增压器性能试验研究[J]. 中国机械工程，2019，30（23）：2843-2848.

[18] 卢勇. 新型循环内燃机工质移缸和喷水做功节能原理与应用基础[D]. 北京：清华大学，2014.

[19] 李赫. 氢能作为内燃机替代燃料的研究综述与分析[J]. 内燃机，2015（6）：20-25.

[20] Prando D，Patuzzi F，Giovanni P，et al. Biomass gasification systems for residential application：An integrated simulation approach[J]. Applied Thermal Engineering，2014，71（1）：152-160.

[21] Sadeghinezhad E，Kazi S N，Sadeghinejad F，et al. A comprehensive literature review of bio-fuel performance in internal combustion engine and relevant costs involvement[J]. Renewable and Sustainable Energy Reviews，2014，30：29-44.

[22] 杨文海. GDI 发动机可变排量技术的研究[D]. 长春：吉林大学，2017.

[23] 李广华. 基于两种热力循环的内燃机余热回收系统的研究[D]. 天津：天津大学，2015.

[24] 李鑫，边圳浩，崔景芝. 节能减排型内燃机油的研发和对汽车的影响[J]. 汽车工程师，2018（2）：57-58.

[25] Agudelo A F，García-Contreras R，Agudelo J R，et al. Potential for exhaust gas energy recovery in a diesel passenger car under European driving cycle[J]. Applied Energy，2016，174：201-212.

[26] 宋健. 内燃机余热回收系统及膨胀机的研究[D]. 北京：清华大学，2018.

[27] 朱剑宝，苏庆列. 奥迪汽车 FSI 发动机可变气门技术解析[J]. 机电技术，2018（4）：72-74，120.

[28] 晏双鹤，盛鹏程，王菲，等. DVVT 对缸内直喷增压发动机性能影响的试验研究[J]. 车用发动机，2012（2）：66-69.

[29] 丁明峰. 可变排量技术在直喷汽油机上应用的研究[D]. 长春：吉林大学，2015.

[30] 刘子鸣. 米勒循环发动机开发及关键技术研究[D]. 长春：吉林大学，2020.

[31] 周上坤，杨文俊，谭厚章，等. 氨燃烧研究进展[J]. 中国电机工程学报，2021，41（12）：4164-4182.

[32] 赵荣超. 涡轮复合内燃机两级涡轮流动机理及控制研究[D]. 北京：清华大学，2015.

[33] 张振东，屈卓燊，王博，等. 米勒循环和废气再循环对涡轮增压汽油机燃烧性能的影响和优化[J]. 内燃机工程，2020，41（5）：48-53，61.

[34] 刘晓龙. 掺氢内燃机燃烧特性及整车燃油经济性的数值模拟研究[D]. 北京：北京工业大学，2015.

[35] 周峰，付建勤，刘敬平，等. 一种用于内燃机排气能量回收的新型布雷顿循环系统[J]. 中南大学学报（自然科学版），2019，50（7）：1719-1728.

[36] 唐诗洋，张树华，刘岩，等. 甲醇/柴油共置燃烧技术的尾气排放研究[J]. 化学工程师，2018，32（1）：71-73.

[37] 李小平. 高压缩比甲醇发动机稀燃特性的研究[D]. 长春：吉林大学，2017.

[38] 韩国鹏，姚安仁，姚春德，等. 柴油/甲醇双燃料发动机能量平衡分析[J]. 内燃机学报，2016，34（2）：183-191.

[39] 王忠，李仁春，张登攀，等. 甲醇/柴油双燃料发动机燃烧过程分析[J]. 农业工程学报，2013，29（8）：78-83.

[40] 李聚霞，邢世凯，宋海亮. 串联式混合动力电动汽车工作模式及运行工况分析[J]. 汽车维修，2017（10）：16-18.

[41] 李扬. 汽车混合动力技术的应用与发展趋势分析[J]. 科技资讯，2017，15（20）：39，41.

[42] 商建玮. 现代内燃机技术研究[J]. 内燃机与配件，2019（6）：24-25.

[43] Krishnamoorthi M，Malayalamurthi R，He Z，et al. A review on low temperature combustion engines：Performance，combustion and emission characteristics[J]. Renewable and Sustainable Energy Reviews，2019，116：1-53.

[44] 伍赛特. HCCI 内燃机工作过程控制方式研究及技术前景展望[J]. 交通节能与环保，2020，16（1）：24-28，42.

[45] 高恩超. 浅谈内燃机燃烧研究中的几个前沿问题[J]. 内燃机与配件，2019（3）：64-65.

[46] 陈倩. 闭缸技术在汽车发动机节能中的应用与研究[J]. 内燃机与配件，2020（11）：106-107.

[47] 肖献法. 博格华纳：展示当下和未来内燃机、混动和纯电动需求的热管理、减排及驱动技术[J]. 商用汽车，2020（10）：86-90.

[48] 张代国，丁艳，李瑞发，等. 柴油机二级涡轮增压系统匹配研究[J]. 柴油机，2018，40（1）：8-12.

[49] 伍赛特. 柴油机替代燃料研究及展望[J]. 资源节约与环保，2021（4）：107-108，111.

[50] 秦四成，黄遂，李克锋，等. 柴油机增压空气水冷中冷和空冷中冷下的装载机性能研究[J]. 工程机械，2020，51（8）：5，14-20.

[51] 芮璐. 柴油引燃天然气船用发动机燃料喷射策略及燃烧室结构优化[D]. 镇江：江苏大学，2020.

[52] 石磊. 掺二甲醚汽油机燃烧与排放特性的试验研究[D]. 北京：北京工业大学，2019.

[53] 范英杰. 车用氢气发动机研究进展综述[J]. 内燃机与配件，2021（3）：40-42.

[54] 赵睿，许乐平，苏祥文，等. 船用 HND 三燃料发动机研究进展及发展趋势探讨[J]. 舰船科学技术，2021，43（3）：152-157.

[55] 赵云鹏. 船用柴油机涡轮增压技术探究[J]. 内燃机与配件，2021（15）：43-44.

[56] 曹佳乐，李铁，依平，等. 大缸径天然气发动机几何压缩比与米勒度协同优化[J]. 车用发动机，2021（3）：26-31.

[57] 范明强. 宝马采用全可变气门机构的 V8 双涡轮增压器直喷式汽油机介绍（上）[J]. 汽车维修与保养，2019（6）：64-66.

[58] 范明强. 宝马采用全可变气门机构的 V8 双涡轮增压器直喷式汽油机介绍（下）[J]. 汽车维修与保养，2019（7）：72-74.

[59] 范明强. 宝马公司 3L 双涡轮增压均质燃烧直喷式汽油机介绍（一）[J]. 汽车维修与保养，2019（8）：75-78.

[60] 范明强. 宝马公司 3L 双涡轮增压均质燃烧直喷式汽油机介绍（二）[J]. 汽车维修与保养，2019（9）：80-83.

[61] 李永富. 内燃机热能动力优化与节能改造分析[J]. 内燃机与配件，2019（6）：51-52.

[62] 苏腾. 掺氢转子机燃烧与排放特性的试验研究[D]. 北京：北京工业大学，2019.

[63] 石磊. 掺二甲醚汽油机燃烧与排放特性的试验研究[D]. 北京：北京工业大学，2019.

[64] 许伟聪，邓帅，赵力，等. 内燃机余热驱动的 3D-ORC 热力学性能分析[J]. 工程热物理学报，2019，40（10）：2246-2251.

[65] Conklin J C，Szybist J P. A highly effcient six-stroke internal combustion engine cycle with water injection for in-cylinder exhaust heat recovery[J]. Energy，2010，35（4）：1658-1664.

[66] 何王波. 基于朗肯循环的汽油机余热回收系统的研究[D]. 天津：天津大学，2017.

[67] 九亩荷塘一书屋. 内燃机工质移缸和喷水做功节能新技术[Z/OL].（2017-06-30）[2018-11-18]. http：//www.360doc.com/content/17/0630/20/12968706_667810812.shtml.

[68] 汪祥支，王坚钢，张猛，等. 12 L 高效节能环保天然气发动机开发[Z]. 马鞍山：安徽华菱汽车有限公司，2018-07-05.

[69] 雷先华，杨启正，叶幸. 现代汽油发动机燃油喷射技术综述[J]. 机电工程技术，2020，49（6）：19-20.

[70] 钱国刚，吴迪，秦宏宇，等. 动态跳跃点火（DSF）停缸技术节油效果[J]. 车用发动机，2019（2）：10-15.

[71] M.WILCUTTS，H-J.SCHIFFGENS，M.YOUNKINS，等. 动态跳跃点火停缸与轻度混合动力组合的节油效果[J]. 汽车与新动力，2020，3（1）：32-35.

[72] 涂宇，雷先华，王怡，等. 发动机无凸轮轴式气门可变技术总结与展望[J]. 河南科技，2019（31）：53-55.

[73] 徐学亮，何爽，郭骥飞，等. 高滚流 Atkinson 循环燃烧系统研究[J]. 内燃机工程，2019，40（6）：78-85.

[74] 韩松，卢中轩，张琳，等. 高滚流对米勒循环发动机燃烧特性的影响[J]. 小型内燃机与车辆技术，2020，49（6）：5-8，34.

[75] 杨冬生，罗红斌，陆国祥，等. 高效节能混合动力发动机技术及系统研发与应用[Z]. 深圳：比亚迪汽车工业有限公司，2019-12-13.

[76] 贾国瑞. 基于混合气活性和浓度分层控制的燃烧机理数值模拟研究[D]. 天津：天津大学，2017.

[77] 白秀军. 甲醇汽车的应用技术及发展趋势分析[J]. 汽车实用技术，2021，46（13）：19-22.

[78] 张宏宇. 可变压缩比技术在车用发动机上的应用浅析（一）[J]. 汽车维护与修理，2019（11）：72-75.

[79] 张宏宇. 可变压缩比技术在车用发动机上的应用浅析（二）[J]. 汽车维护与修理，2019（13）：70-74.

[80] 杜辉，江帆，邓水根，等. 米勒循环及低压废气再循环技术对汽油机性能的影响研究[J]. 内燃机工程，2021，42（2）：47-52，63.

[81] 白文涛. 米勒循环对某中大型柴油机的影响[D]. 大连：大连交通大学，2019.

[82] 赵超. 某 Otto 循环发动机改 Atkinson 循环燃油经济性优化研究[D]. 重庆：重庆理工大学，2020.

[83] 朱登亭. 内燃机非对称涡轮增压技术研究[D]. 北京：清华大学，2019.

[84] 崔世明. 内燃机机械增压技术分析与性能评价[J]. 内燃机与配件，2020（19）：38-39.

[85] 俞挺，吴晓庆，梁超. 内燃机机械增压技术与性能评价分析[J]. 南方农机，2020，51（24）：54，70-71.

[86] 李方义，李振，王黎明，等. 内燃机增材再制造修复技术综述[J]. 中国机械工程，2019，30（9）：1119-1127，1133.

[87] 朱强，党增翔，熊晓华，等. 内燃机气缸套再制造工艺技术浅析[J]. 内燃机与配件，2018（6）：109-110.

[88] 韩志玉，吴振阔，高晓杰. 汽车动力变革中的内燃机发展趋势[J]. 汽车安全与节能学报，2019，10（2）：146-160.

[89] 祖广浩. 汽车发动机节能技术[J]. 科技风，2020（16）：13-14.

[90] 王志辛. 新能源汽车节能技术的应用[J]. 节能，2019，38（2）：18-19.

[91] 党金金，王龙龙. 浅述汽车发动机代用燃料[J]. 汽车实用技术，2021，46（15）：215-217.

[92] 张治国，赵世来. 浅谈发动机的主流技术[J]. 汽车实用技术，2019（12）：82-84.

[93] 刘刚毅. 浅谈内燃机及其零部件再制造关键技术[J]. 内燃机与配件，2020（4）：100-101.

[94] 李明星. 三缸发动机在汽车节能减排技术的研究[J]. 内燃机与配件，2021（11）：223-224.

[95] 陆大旺，姜莉，唐浩哲，等. 生物燃料丁醇作为发动机燃料的研究进展[J]. 交通节能与环保，2019，15（4）：8-11.

[96] 汪焓煜. 生物质油在内燃机上应用的基础特性研究[D]. 杭州：浙江大学，2020.

[97] 李玉兰，王谦，黄英杰，等. 天然气/柴油双燃料发动机同轴喷射特性分析[J]. 江苏大学学报（自然科学版），2021，42（3）：249-256.

[98] 志方章浩，松崎伊生，鹤岛理史，等. 先进燃烧系统的技术研究——V6 涡轮增压直喷汽油机的燃烧技术[J]. 汽车与新动力，2019，2（3）：42-47.

第 4 章

汽轮机节能技术

4.1　概述

汽轮机设备及系统是火电站、核电站、太阳能热发电的重要组成部分，承担了将蒸汽的热能转换为机械能的任务，同时也是电厂进行能源控制的关键设备。汽轮机主要由转动部分、固定部分和控制部分三部分组成。它具有单机功率大、效率较高、运转平稳、单位功率制造成本低和使用寿命长等一系列优点。但是汽轮机在进行运转过程中，耗费了大量的能源。随着全社会对节能减排的重视，减少汽轮机设备及系统的能量损失、提高其工作效率是电站节能降耗的重要方向之一。通过不断探索研究，汽轮机的节能改造技术取得了很大进展。研究表明，经过技术改造后的汽轮机在节能降耗方面同样有着十分显著的效果。同时，节能技术改造后的汽轮机，在冷端系统、热力系统、本体汽封等系统环节，都得到了技术层面的优化，在很大程度上提升了汽轮机的安全稳定性，使得整个机组的生产运行更加经济。所以，采用科学合理的措施对汽轮机进行改造对节能降耗有重要意义。

随着国内电力行业的快速发展，汽轮机组的单机容量越来越大。超超临界火电、三代核电均已应用 1000 MW 及以上等级的汽轮机组，例如平山火电机组采用了 1350 MW 的汽轮机，台山核电机组更是达到 1750 MW 的单机容量。目前新建机组以高效超超临界一次再热、二次再热为主，申能平山二期 32.5 MPa/610℃/630℃/623℃ 高低位布置二次再热机组、大唐郓城 35 MPa/615℃/630℃/630℃ 带 BEST（变转速抽背式给水泵汽轮机）机双机回热二次再热机组等具有示范性质的新建项目正稳步推进。此外，近年来优质保温材料及保温技术也使得大型汽轮机组具有更好绝热性能的保温层，减少了气缸的散热损失，提高了机组的运行热效率。我国超超临界火电技术达到了国际先进水平，部分领域达到了国际领先水平。当前，我国正在持续研究 35 MPa、700℃ 等级及以上 A-USC 发电机组，发展的主要难点在于先进高温材料的研发与蒸汽温度提高，还有因为机组参数提高带来的相关技术问题，如 700℃ 发电机组系统优化、700℃ 锅炉技术、700℃ 汽轮机技术、辅机技术的开发以及关键部件的实炉验证等。

"十四五"期间火电机组装机容量不会有大的新增，依然会继续推进落后火电机组的淘汰工作，传统火电机组的占比继续减小，同时，随着新能源机组发电的增加，火电机组作为电网稳定器的作用将更加凸显，对煤电机组深调能力、快速变负荷能力也提出了更高的要求。

4.2　汽轮机工作原理

4.2.1　汽轮机基本组成及分类

汽轮机是一种以蒸汽为工质，并将蒸汽的热能转换为机械能的旋转机械，是现代火力发电厂和核电厂中应用最广泛的原动机，主要由气缸、转子、叶栅、汽封、进汽阀、轴承、油系统、安全系统、控制系统、滑销系统等组成。其工作过程是具有一定能量的蒸汽通过进汽阀调节其流量满足汽轮机功率要求，进入气缸的蒸汽通过喷嘴叶栅将其所具有的热能转变成动能，然后在动叶栅中将其动能转换成机械能，完成汽轮机利用蒸汽作用的任务。按照不同的标准，汽轮机有多种分类方式。

① 按工作原理可以分为冲动式和反动式。其中冲动式汽轮机由冲动级组成，蒸汽主要在喷嘴中膨胀，在动叶栅中只有少量蒸汽膨胀。反动式汽轮机由反动级组成，蒸汽在喷嘴和动叶栅中膨胀程度相同。由于反动级不能做成部分进汽，故调节级采用单列冲动级或复速级。

② 按热力特性可以分为凝汽式汽轮机、背压式汽轮机、调节抽汽式汽轮机、抽汽背压式汽轮机、中间再热式汽轮机以及混压式汽轮机六类。

③ 按汽流方向可以分为轴流式和辐流式。绝大多数汽轮机都是轴流式汽轮机，其各级叶栅沿轴向依次排列，汽流方向的总趋势也是轴向的。组成辐流式汽轮机的各级叶栅是沿半径方向依次排列的，汽流方向的总趋势是沿半径方向。

④ 按进汽参数可以分为低压汽轮机（新蒸汽压力在 1.176～1.47 MPa）、中压汽轮机（1.96～3.92 MPa）、高压汽轮机（5.88～9.8 MPa）、超高压汽轮机（11.76～13.72 MPa）、亚临界汽轮机（15.68～17.64 MPa）和超临界汽轮机（>22.06 MPa）。

⑤ 按功率可以分为大功率汽轮机和小功率汽轮机。大功率汽轮机常指 200MW 以上的汽轮机，而小功率汽轮机为 25MW 以下的汽轮机。

⑥ 按用途可以分为电站汽轮机和工业汽轮机。

此外，汽轮机还可以按气缸数目（单缸、双缸、多缸）、排列方式（单轴、双轴）等来分类。汽轮机的种类很多，为了便于使用，常采用一定的符号来表示汽轮机的基本特征（蒸汽参数、热力特性和功率等）。用符号组来表示汽轮机产品类型，相应的代号见表 4-1。

表 4-1　汽轮机类型代号

代号	类型	代号	类型
N	凝汽式	CB	抽汽背压式
B	背压式	H	船用
C	一次调节抽汽式	Y	移动式
CC	两次调节抽汽式	HN	核电汽轮机

4.2.2　汽轮机工作原理

(1) 水蒸气的理想动力循环

① 朗肯循环　朗肯循环是最简单、最基本的蒸汽动力循环，它由锅炉、汽轮机、冷凝器

和水泵四个基本的设备组成，如图 4-1 中所示。图 4-2 所示为水蒸气朗肯循环的 p-v 图和 T-S 图，其工作过程为：a. 过程 1—2 为过热蒸汽在汽轮机中膨胀、对外做功过程，若忽略工质的摩擦与散热，则该过程可以简化为可逆绝热膨胀过程（即定熵膨胀过程）；b. 过程 2—3 为汽轮机排出的乏汽在冷凝器中的凝结过程，乏汽对冷却水放热，凝结为饱和水，如不计传热的外部不可逆因素，该过程可简化为可逆的定压放热过程，并且温度保持不变；c. 过程 3—4 为水泵将凝结水送回锅炉的不可逆压缩过程，该过程要消耗外功，若忽略摩擦与散热之后，该过程可理想化为可逆等熵压缩过程；d. 过程 4—1 为未饱和水在锅炉中吸热变为过热蒸汽，工质与外界之间没有技术功交换，若忽略工质流动过程中的阻力，并将过程想象为工质从恒温热源吸热，则该过程可理想化为可逆定压吸热过程。

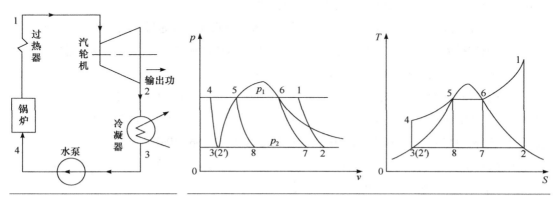

图 4-1　简单蒸汽动力装置流程图　　图 4-2　水蒸气的朗肯循环

循环热效率：

$$\eta_{\mathrm{t}} = \frac{w_{\mathrm{net}}}{q_1} = \frac{w_{\mathrm{T}} - w_{\mathrm{p}}}{q_1} = \frac{(h_1 - h_2) - (h_4 - h_3)}{h_1 - h_4} \tag{4-1}$$

式中，q_1 为循环的吸热量；w_{T} 为水蒸气流经汽轮机时对外做出的功；w_{p} 为水在水泵中升压所消耗的功；$h_1 \sim h_4$ 分别为 1~4 各状态点下的水（水蒸气）的焓值。

当机组功率一定时，机组的尺寸是由其所消耗的蒸汽量决定的。因此，除了热效率之外，还有一个衡量其经济性的重要指标，即汽耗率 d。它定义为蒸汽动力装置每输出 1 kW·h（3600 kJ）的功所消耗的蒸汽量，即：

$$d = \frac{3600}{w_{\mathrm{T}}} \left[\mathrm{kg/(kW \cdot h)} \right] \tag{4-2}$$

现代大、中型蒸汽动力装置中所采用的循环都是在朗肯循环的基础上改进得到的。

② 蒸汽参数对循环的影响　从锅炉中出来的水蒸气称为新气，膨胀做功后从汽轮机中排出的水蒸气称为乏汽。如果确定了新气的温度（初温 T_1）和压力（初压 p_1），以及乏汽的压力（背压 p_2），那么就确定了整个朗肯循环。因此，所谓蒸汽参数对循环的影响主要是初温 T_1、初压 p_1 和背压 p_2 对循环的影响。分析蒸汽参数对循环的影响，运用 T-S 图最方便。

a. 蒸汽初压力的影响   假定初温 T_1 和背压 p_2 保持不变，把初压由 p_1 提高到 p_1' ，如图 4-3 所示。由于背压不变，则平均放热温度保持不变，而平均吸热温度提高，因此循环效率也随之提高。但是，单纯地提高初压会导致乏汽干度的下降，而乏汽干度过低会危及汽轮机运行的安全性，并降低汽轮机的工作效率。一般要求乏汽的干度不低于 85%。

b. 蒸汽初温度的影响   如果维持初压 p_1 和背压 p_2 不变，将新气初温从 T_1 提高到 T_1' ，如图 4-4 所示，循环的平均吸热温度也必然提高，即循环的效率也随着提高。从图中还可以看出，初温提高还可以带来另外两个明显的好处：i. 单位工质循环的功量将增加，并由此减小循环的汽耗率（在功率一定的条件下，汽耗率反映了设备尺寸的大小，汽耗率越小，设备的尺寸也越小，设备的投资也越小）；ii. 乏汽的干度将增大，从而改善汽轮机的工作条件。尽管从热力学的角度来看，提高初温总是有利的，但是由于受到金属材料耐热性能的限制，一般初温取在 600℃ 以下。

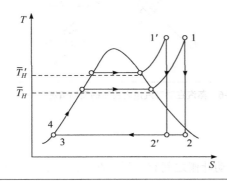

图 4-3   提高初压 T-S 图

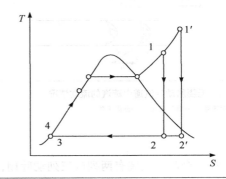

图 4-4   提高初温 T-S 图

c. 乏汽参数的影响   背压对热效率的影响也是十分明显的。当初参数 p_1 和 T_1 不变时，降低背压 p_2 ，则蒸汽动力循环的平均放热温度明显下降，而平均吸热温度的变化很小，这样使得循环的热效率得以提高。但是背压必然受到环境温度的制约，即对应于背压条件下的蒸汽饱和温度不能低于环境温度。现代蒸汽动力装置的背压可设计在 0.003～0.004 MPa 左右，其对应的饱和温度为 28℃ 左右，略高于冷却水的温度。

通过前面的分析可知，单纯地调整蒸汽参数，可以提高循环效率，但同时也受到各种制约，如蒸汽干度、材料以及环境温度等等。为了更好地解决这些矛盾，还可以通过改进循环结构来提高热效率。比较常用的方法有再热循环和抽气回热循环。

(2) 汽轮机工作原理

汽轮机由级的多少分为单级和多级汽轮机。由一个级组成的汽轮机叫单级汽轮机，由若干个级组成的则称为多级汽轮机，每个级就是汽轮机做功的基本单元。级是由喷管叶栅和与之相配合的动叶栅所组成的。喷管叶栅将蒸汽的热能转变成动能，动叶栅将蒸汽的动能转变成机械能。按照蒸汽所含能量在汽轮机级内转换为机械功的方式，汽轮机的级可分为冲动级、反动级和速度级三类。

汽轮机的正常运转是建立在蒸汽的冲动和反动原理的基础上的。高速汽流通过动叶栅时对动叶栅产生冲力，使动叶栅转动做功而获得机械能。由动量定理可知，机械能的大小取决于工作蒸汽的质量流量和速度变化量，质量流量越大，速度变化越大，作用力也越大。见图4-5，无膨胀的动叶通道，汽流在动叶汽道内不膨胀加速，而只随汽道形状改变其流动方向，汽流改变流动方向对汽道所产生的离心力称为冲动力（F_t）。此时蒸汽所做的机械功等于它在动叶栅中动能的变化量，这种级叫作冲动级。蒸汽在动叶汽道内随汽道改变流动方向的同时仍继续膨胀加速，加速的汽流流出汽道时，对动叶栅将施加一个与汽流流出方向相反的反作用力，称为反动力（F_r），依靠反动力做功的级叫作反动级，见图4-6。

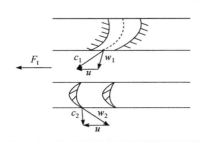

图 4-5　无膨胀动叶汽道内蒸汽的流动情况
c—绝对速度；w—相对速度；u—圆周速度

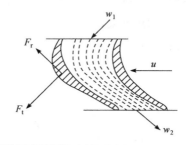

图 4-6　蒸汽在动叶汽道内膨胀的流动情况

在一个叶轮上装有两列或三列动叶栅，在两列动叶栅之间有一列装在气缸上的、固定不动的导向叶栅的级称为速度级。速度级可分多次利用蒸汽在喷嘴中膨胀后的动能。当蒸汽的等熵焓降大于一般的冲动级或反动级所能有效利用的限度而又不希望采用多级汽轮机时，采用一个速度级往往是最有利的方案。但是，速度级的轮周效率较低，一般不超过 80%。为了改善流动性能，现代速度级的各列动叶片和导向叶片也具有少量的反动度（蒸汽在动叶栅中的等熵焓降与级的等熵焓降之比）。现代汽轮机级中，冲动力和反动力通常是同时作用的，在这两个力的合力作用下，使动叶栅旋转而产生机械功。这两个力的作用效果是不同的，冲动力的做功能力较大，而反动力的流动效率较高。

由于有级内损失的存在，汽轮机的实际轮周效率总小于1。汽轮机的级内损失主要包括喷嘴（静叶）损失、余速损失和动叶损失 3 项。喷嘴损失是指蒸汽在喷嘴叶栅内流动时，汽流与流道壁面之间、汽流各部分之间存在碰撞和摩擦而产生的损失。余速损失是指当蒸汽离开动叶栅时，仍具有一定的绝对速度，动叶栅的排汽带走一部分动能，称为余速损失。动叶损失是指蒸汽在动叶流道内流动时，因摩擦而产生的损失。此外还有如叶轮摩擦损失、漏汽损失、叶高损失、湿汽损失和部分进汽损失等其他损失。

在汽轮机工作原理中，除认为汽流只沿流线方向发生速度变化的一维流动理论外，还有二维和三维流动理论。二维理论认为环绕叶片的汽流速度沿流线方向和沿垂直于流线方向都是不均匀的。沿任一叶片的凸面汽流平均速度较高，平均压力较低，而沿叶片凹面则情况相反，这样汽流就对叶片形成一个由高压侧指向低压侧的作用力，正是这种作用力才使转子旋转。当叶片高度对平均直径的比值较大时，需要应用三维流理论考虑汽流的 3 个速度分量，计算出动、静叶片的各截面型线随叶高的变化。动叶根部接近冲动式，上部接近反动式，这种叶片称为扭叶片，它在大型机组上应用很广。

4.3　汽轮机节能技术与措施

4.3.1　汽轮机能耗分析

（1）汽轮机能耗计算

汽轮机能耗计算有各种方法，主要分为两类，即第一定律分析法和第二定律分析法。基于热力学第一定律的传统热力学方法应用最为广泛，主要包括等效焓降法、常规热平衡法等，从能量守恒的角度阐述了能量在传递和转化时的数量关系，但文献指出热力学第一定律不能表明能量转化或传递时的方向或限度，因此不能表征具体设备效率或能量转化问题。

① 等效焓降法　等效焓降法可用于热力系统的整体计算与局部定量分析，用简单的局部运算代替复杂的整体运算。它具有简捷、准确、方便等特点，是一种方便有效的方法。大型机组一般都有再热系统，由于有再热系统和吸热量 σ 的存在，给等效焓降的计算带来了一些特点。用等效焓降法计算时，首先应求出各级抽汽的等效焓降。对于再热器热段以后的抽汽等效焓降 H_j 的关系式为：

$$H_j = h_j - h_n - \sum_{r=1}^{j-1} A_r \eta_r \tag{4-3}$$

式中，h_j 为 j 级抽气口蒸汽焓，kJ/kg；h_n 为汽轮机排汽焓，kJ/kg；η_r 为对应加热器抽汽效率，$\eta_r = H_r/q_r$，其中，H_r 为加热器 r 排挤 1kg 抽汽在汽轮机中所做的功，q_r 为抽汽在加热器 r 中的放热量；A_r 取 τ_r 或 γ_r，τ_r 为加热器 r 中 1kg 凝结水的焓升（kJ/kg），γ_r 为 1kg 疏水在加热器 r 中的放热量（kJ/kg）；当加热器 j 与 r 无疏水联系时存在 $A_r = \tau_r$，当加热器 j 与加热器 r 有疏水联系时，$A_r = \gamma_r$。

对于再热器冷段以前的抽汽等效焓降的关系式为：

$$H_j = h_j + \sigma - h_n - \sum_{r=1}^{j-1} A_r \eta_r \tag{4-4}$$

对比以上两式可以看出，在再热器冷段以前出现的排挤抽汽，流经再热器时吸收热量。排挤抽汽做的功，不仅包含加入热量 q_j 在汽轮机中的做功，还包括由排挤抽汽导致的再热器吸热量增加的做功。

抽汽等效焓降 H_j 与排挤 1 kg 抽汽所需热量 q_j 之比即为 j 级的抽汽效率 η_j。求出各回热抽汽等效焓降和抽汽效率后，便可求出新蒸汽的毛等效焓降 H_m：

$$H_m = h_0 + \sigma - h_n - \sum_{r=1}^{n} \tau_r \eta_r \tag{4-5}$$

式中，H_m 为新蒸汽的毛等效焓降，kJ/kg；η_r 为 r 级的抽汽效率。

分别求出给水泵、轴封漏汽、供热抽汽和小汽轮机等各种附加成分引起的做功损失。对于供热抽汽做功的实际损失，考虑到现在的大型机组供热抽汽的回水或者补水一般都是从凝汽器进入热力系统的：

$$\prod_{cq} = \alpha_{cq}(h_{cq} - h_n) \tag{4-6}$$

式中，Π_{cq} 为供热抽汽产生的供气不足，kJ/kg；α_{cq} 为抽汽份额，即供热抽汽流量与热化新蒸汽流量之比；h_{cq}、h_n 分别为供热抽汽和汽轮机排汽比焓，kJ/kg。

由此求出新蒸汽净等效焓降：

$$H = H_m - \sum \prod = h_0 + \sigma - h_n - \sum_{r=1}^{n} \tau_r \eta_r - \sum \prod \tag{4-7}$$

式中，$\Sigma\Pi$ 为热力系统全部辅助成分的做功损失。

② 㶲分析法 能量的㶲是指在给定环境条件下，该能量中可转化为有用功的最高份额。㶲平衡分析法的实质是利用㶲平衡方程来计算有效能损失和㶲效率。㶲平衡分析法结合了热力学第一定律和第二定律，相比热力学第一定律的能量平衡法，其更科学、更合理。与传统的热力学计算方法相比，㶲分析法一方面综合考虑了能量在质量和数量方面的利用程度，另一方面可用于独立分析系统不同设备的能量损失，量化能量值及确定不同设备对系统能耗的不同影响程度。㶲平衡分析法为热力系统经济分析提供了热力学基础。

在热力学第一定律和第二定律的基础上，华北电力大学宋之平教授提出了一种单耗分析理论，单耗即产品单耗，由理论最低单耗和系统附加单耗组成，而对于给定产品，理论最低单耗是一定的，故只需计算其系统附加单耗。单耗分析法保留了㶲分析法优点的同时也降低了其不确定性，可直观地体现单耗的组成、占比等关系，为改善设计、优化运行、降低成本进而降低能耗等目标提供了理论指导。

③ 单耗分析理论 单耗分析理论是建立在㶲分析基础之上的，更具科学性与直观性，便于工程应用。对任何能量系统，其产品单耗均由理论最低单耗和附加单耗两部分组成。

理论最低单耗 b_{min} 表示在没有任何㶲耗损时的单位产品燃料消耗，其数量上等于单位产品㶲值与单位燃料㶲值比值，以 E_f 表示燃料总㶲值，E_p 表示产品总㶲值，在无任何㶲损耗时 $E_f = E_p$，理论最低单耗可表示为：

$$b_{min} = \frac{E_f / e_f}{E_p / e_p} = \frac{e_p}{e_f} \tag{4-8}$$

式中，e_p 为单位产品所蕴含的㶲值，kJ；e_f 为单位燃料所蕴含的㶲值，kJ。

给定产品的理论最低单耗为定值，在热力系统性能分析中，将电能看作 100% 的㶲，即：

$$e_p = 1 \qquad (4\text{-}9)$$

将标准煤的热值视为燃料㶲，则标准煤的比电㶲为：

$$e_f = \frac{29.307}{3600} = 0.00814 \qquad (4\text{-}10)$$

因此，针对确定的燃料，如标准煤，电力生产的理论最低单耗为：

$$b_{min}^e = \frac{e_p}{e_f} = \frac{1}{0.00814} = 123 \qquad (4\text{-}11)$$

设备附加单耗 b_{add} 即设备运行过程中的损耗，附加单耗的大小由生产方式和工艺流程决定。对于设备由㶲平衡可知：

$$E_{I,in} = E_{I,out} + (I + R)_I + (Ac)_I \qquad (4\text{-}12)$$

式中，$E_{I,\,in}$ 为设备 I 的进口㶲，kJ；$E_{I,\,out}$ 为设备 I 的出口㶲，kJ；$(I+R)_I$ 为设备 I 的㶲耗损，kJ；$(Ac)_I$ 为设备 I 中存储的㶲值，kJ。

所以，由各个生产环节的不可逆性所引起的产品的附加单耗的表达式为：

$$b_I = \left(\frac{e_p/e_f}{P}\right)\left[(I + R)_I + (Ac)_I\right] = \left(\frac{e_p/e_f}{P}\right)(E_{I,in} - E_{I,out}) \qquad (4\text{-}13)$$

式中，P 为机组发电功率，kW。

由于附加单耗具有可加性，由各设备附加单耗可求得系统附加单耗，与理论最低单耗构成了产品单耗：

$$b_{add} = \sum b_I, \quad b_{tot} = b_{min} + b_{add} \qquad (4\text{-}14)$$

式中，b_{add} 为系统附加单耗；b_{tot} 为产品单耗。

（2）发电效率的影响因素

① 主蒸汽参数　提升主蒸汽参数可以提高热力循环系统的平均吸热温度，从而提高循环效率。但主蒸汽参数的提高需要综合考虑电厂运营的稳定性和安全性。

a. 主蒸汽温度　根据热力学原理，主蒸汽温度的提高不仅可以提高循环效率，同时因过热度增大，蒸汽比容增大，还可以提高汽轮机的通流效率。

b. 主蒸汽压力　当主蒸汽温度、排汽压力一定时，在一定范围内提高主蒸汽压力可提高机组循环热效率。主蒸汽温度不变的情况下，如果提高主蒸汽压力，汽轮机侧热耗会明显降低。主蒸汽压力提高 1 MPa，汽轮机侧热耗降低约 1%。但主蒸汽压力提高会降低蒸汽过热度，导致汽轮机排汽湿度增加，增加末级叶片水蚀的风险。当主蒸汽压力提高至 8 MPa 时，排汽干度将低于 85%，此时末级叶片面临着严重的水蚀风险，若要进一步提高压力，则需要采用主蒸汽（main steam，MS）或采用再热循环来降低末叶片的湿度。主蒸汽压力的提高需要增加锅炉受压面管道的壁厚，导致锅炉的投资增加。

② 功率等级　提高单台机组的功率等级可提升汽轮机通流效率和发电机效率，进而提高整个热力循环的效率。

③ 热力循环系统　除了提高主蒸汽参数以提高蒸汽的平均吸热温度以外，改进吸热过程也是一个提高热力循环效率的有效方法。目前常采用多级回热循环和再热循环来提高循环热效率。

（3）影响汽轮机能耗的主要因素

汽轮机可以有效地将动能、热能转化成电能，是电厂进行发电的原动机，汽轮机在进行工作时需要和发电机、凝汽器、加热器、锅炉以及泵等设备一同配合，才能使汽轮机的功能发挥到最佳。造成汽轮机能耗偏高的原因有汽轮机的喷嘴室与外缸发生变形、汽轮机的低压缸出气边受到腐蚀，从而导致出气阀受到破坏等。与此同时，汽轮机的参数以及冷却水的温度过高，都会使汽轮机的耗能增加。

① 汽轮机的缸效率和机组通流性能　汽轮机运行中，需要将其他形式的能转化为电能，而其转化的效率即是汽轮机的缸效率，但在汽轮机实际运行过程中，标定值往往要比实际效率大，而无论是哪种因素作用下导致的缸效率降低，都会导致汽轮机整体功耗增加。而机组的通流性能与汽轮机效率成正比关系，那么，增大流动面积和气流量，就能实现节能。

② 汽轮机主蒸汽压力和温度　汽轮机运行过程中，汽轮机主蒸汽压力和温度是两个关键的因素，而且蒸汽压力与蒸汽流量呈反比的关系。如果机组运行过程中不能及时确保燃料的供应，则会导致主蒸汽压力和温度降低，从而导致热量损耗增加，使汽轮机运行的效率受到影响。

③ 汽轮机出力系数和凝汽器　由于用户对电能的消耗量较大，在某些时段电力系统会有较大的负荷，一旦处于峰谷值时，则汽轮机组需要频繁调整以更好地适应电力负荷变化。另外，能耗还与凝汽器的性能有较大的关系，若凝汽器受到堵塞或是溶氧量超标，均会导致工作过程中产生死区，导致汽轮机工作效率降低，能耗增加。

a. 空气凝汽器　电厂的汽轮机中空气凝汽器在进行运转过程中，如果周围的环境风沙比较严重，像我国的西北地区一样，就会使冷凝器的翅片堆积大量的尘土，从而使冷凝机的翅片管热阻不断增大，严重影响其传热功能。与此同时，当冷凝机处于负风压区域时，翅片堆积大量的尘土还会影响风机进行空气的流通，从而使汽轮机内部热量增加，长此以往，就会使其内部的设备设施受到高温而损坏。

b. 水冷凝汽器　电厂的汽轮机中水冷凝汽器在进行运转的过程中，因为冷却水自身的水质问题，导致汽轮机的凝气管中出现大量的水垢，从而使汽轮机的散热排气效果受到影响。与此同时，凝汽器出现泄漏的情况，也是造成汽轮机耗能较高的问题之一，当凝汽器出现泄漏后，就会使冷凝器中的冷却水流入凝结水中或者是锅炉中，长此以往，就会使水质超标，从而使锅炉的水冷壁出现结垢、腐蚀的现象，甚至会使锅炉的水冷壁发生炸裂等问题，为电厂的安全埋下较大的隐患。

④ 汽轮机的冷却塔　汽轮机的冷却塔出现问题主要表现在冷却塔的喷头出现堵塞以及

喷头孔与喷头不匹配的现象，当冷凝塔出现问题后，就会使其内部的循环水温度增加，导致汽轮机的排气温度增加、真空度降低，从而增加汽轮机的能耗。

⑤ 汽封漏汽　探索和寻求更合理的汽封结构和更优越的阻汽效果以提升汽轮机组的整体效率。

4.3.2　汽轮机节能原则和方向

基于能量分级利用思想，发电机组在发电过程中，充分利用高温高压水蒸气中高品位能量用于发电，低温低压的低品位蒸汽用于生产热产品，这样将充分利用机组冷端乏汽相变潜热，将能量综合利用。分析典型燃煤机组的热损失和烟损失计算结果，可以看出，在火力发电过程中，在锅炉受热面上由于冷热温差的传热过程中，热量传递损失很小，但是烟气的做功能力损失很大，最终以凝汽器冷端相变换热的形式造成热量损失。其中，发电过程中各种工质的烟损是造成最终凝汽器热量流失的原因，而凝汽器散热是发电机组各种不可逆损失，导致工质能力下降。因此减少锅炉受热面的烟损是提高发电效率的根本方向，燃煤机组能量分级利用是当前节能降耗的重要方法。燃煤发电机组节能潜力主要集中在锅炉受热面和机组冷端。那么减少锅炉受热面换热温差以及减少机组冷端散热量就成了发电机组节能的主要目标。

降低受热面温差通常采用的方法是采用超超临界发电机组并使用二次再热技术以增大主蒸汽参数。目前，我国已经发展和建造了大量的超临界、超超临界发电机组，这些机组的主蒸汽参数都在提高，部分机组再热蒸汽温度高达623℃。当锅炉主蒸汽温差不断上升时，水蒸气平均吸热温度升高；当运用二次再热循环技术时，炉膛烟气与水蒸气的换热温差降低，减少换热过程中的烟损，最终提高机组发电效率。

同时，降低汽轮机排汽参数和热电联产本质上都是利用发电机组冷端庞大的热量损失。根据烟方法和能量分级利用思想分析可得，燃煤发电机组冷端损失仅仅伴随着极少的烟损。因此，若能够在损失极少烟的情况下，充分利用冷端热量损失，将大幅提高燃料的能量利用率。能量分级利用可以充分利用燃料能量，诸如热电联产、低温闪蒸海水淡化的技术都是燃煤机组能量分级利用的表现，这具有广泛的节能潜力。

(1) 提高主蒸汽参数

提高主蒸汽参数指提高主蒸汽温度和压力。当主蒸汽温度增大时，平均吸热温度提高，机组理论循环热效率提高，若管道效率等其他项保持不变，则全场理论热效率更高，最终可以达到降低电厂煤耗率的作用。同时，若保证汽轮机背压保持不变，提高主蒸汽压力，这将使汽轮机乏汽湿度增加，使低压缸最后几级叶片处于危险状态，因此提高主蒸汽压力应当伴随着主蒸汽温度一同提升。

(2) 二次再热循环

现阶段已有部分超超临界分机组在建设时采用了二次再热循环，超超临界机组的二次再热循环 T-S 图如图 4-7 所示。采用二次再热循环，蒸汽高温吸热段延长，这将提高蒸汽平均吸热温度。蒸汽平均吸热温度增加，将提高理论循环热效率。同时，采用二次再热循环将增大汽轮机排汽干度。因此二次再热循环有利于大型发电机组在不大幅提高主蒸汽温度的情况下，大幅提高主蒸汽压力。例如，目前某台在建超超临界二次再热循环机组的主蒸汽压力高达32.46 MPa，其主蒸汽温度相较于一次再热超超临界机组增长不大，主蒸汽温度为 605℃。

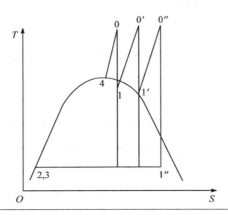

图 4-7 超超临界机组的二次再热循环 *T-S* 图

(3) 降低汽轮机排汽参数

燃煤发电厂以水及水蒸气作为工质，以凝汽器作为热力循环过程中的冷源，使水蒸气发生相变换热，变为液态水，以保证可以让凝结水泵、主给水泵加压至额定压力。因为凝汽器中发生相变换热，故而凝汽器中蒸汽的压力和温度是一一对应的关系。而凝汽器的工作温度受限于环境温度，受限于电厂所在地区的气候。因此想提高凝汽器的真空度以降低电厂热力循环中的平均放热温度，只能通过改变凝汽器的结构和运行方式，以提高换热效果，凝汽器中冷凝水温度接近环境温度。这一举措具有很大的局限性，首先凝汽器工作压力受到环境温度制约，无法深度降温降压；其次过多地降低凝汽器的温度，需要增加更大的换热面积，这样会增大机组建设成本。

(4) 热电联产

在电厂热力循环中低压缸排汽的汽化潜热巨大，这一部分将散失在环境当中。因此很多电厂进行了热电联产改造：一部分机组利用抽汽热量直接加热热网热水源，为工业和商业用户提供适宜的热产品；还有部分机组基于吸收式热泵，在大幅降低机组背压的同时，为用户提供热产品。这一措施都将利用汽轮机排汽部分汽化潜热。

4.3.3 汽轮机节能措施

(1) 提高汽轮机缸效率和改善机组通流性能

汽轮机通流部分的损失严重影响其效率，对性能落后的汽轮机通流部分实施技术改造，提高机组运行效率、降低能耗，已成为主流发展方向。增加气流的量和增大气流的流动面积，这样就会使得电厂汽轮机机组的通流性得到优化和使汽轮机的缸效率得到提高，从而保证电厂汽轮机节能降耗。

(2) 保证凝汽器处于最佳的真空状态

冷凝器是确保汽轮机正常运行的重要设备。凝汽器的泄漏会导致电厂汽轮机脱离理想的真空运行状态，还会造成系统结垢，从而大幅度增加系统运行能耗。影响凝汽器真空度的因素主要有循环水入口温度、循环水量、凝汽器清洁度、凝汽器真空严密性及负荷等。机组在日常运行过程中就一定要切实开展优化工作，可利用凝汽器的直空抽气系统辅之以优化。保持汽轮机的凝汽器时刻处于最佳的真空状态是提高汽轮机使用效率、降低能耗的主要途径。在理想状态下，应当在真空环境下进行内部优化，这样做非常利于提升机组运行效率并提高热力循环的工作效率。对凝汽器的优化主要有改变冷却水的温度、提高冷却水质、提升真空的密闭性和减少热负荷等四个方面。在系统运行的过程中，通过以下措施提高凝汽器真空度，使冷凝器能够在长时间内都处于正常工作状态；①让凝结水位维持在一个合理的位置，并保证汽轮机组的密封性良好；②严格控制循环水的品质；③定期进行真空系统严密性试验，发现漏点及时消除；④定期对凝汽器进行清理，确保凝汽器散热装置具有较高的热交换效率；⑤保持凝汽器的胶球清洗装置经常处于良好状态，根据冷却水水质情况确定运行方式，保证胶球回收率在95%以上。

(3) 加强汽轮机给水温度控制

在对汽轮机进行节能降耗的工作中，加强汽轮机给水温度的控制也是重要的措施之一。因为在电厂进行发电过程中，如果锅炉中的水温较低，就会增加燃煤的消耗，从而使用电量增加的同时降低锅炉的运行效率，所以，控制好锅炉的水温十分重要。要想控制锅炉的水温，就必须控制好锅炉的送煤量。除此之外，相关的工作中人员还要定期对高加热系统内部的水垢以及其他沉淀物进行清理工作以及做好管道的渗漏检查，从而全方位地保障汽轮机的运行效率，实现节能降耗的目标。

(4) 改造汽轮机

通过技术层面对汽轮机进行改造，从而实现汽轮机的工作效率提升、能耗降低的目标。在电厂的汽轮机运转过程中，凝汽器是重要的组成部分，凝汽器的效果直接影响汽轮机的工作效率以及运行安全。因此，在汽轮机进行改造过程中，主要从三方面进行，这三方面可以分为凝结水、凝汽器端差以及凝汽器真空。与此同时，相关的技术人员还可以通过对汽轮机的气封系统进行改造，从而实现节能降耗的目标。

(5) 调整辅机运行方式

辅机作为汽轮机组重要组成部分，是发电企业挖掘内部节能潜力、降低发电成本的重要途径之一，以投入成本少、节能实效强的优势，被越来越多的发电企业重视。辅机电动机的变频改造应用范围广泛，如循环水泵、给水泵和凝结水泵等电动机变频改造，可大幅度降低电力消耗，节能达20%以上，同时也可以实现闭环恒压控制，节能效果进一步提高，尤其是发电机负荷较低时，节能可达 60%以上，节能效果尤其显著。

实践证明，对火电机组运行方式的全面优化，可使机组的经济性能相对提高 0.8%～1.5%，供电煤耗相应下降 2～4 g/（kW·h）。辅机的优化运行主要包括以下几个方面。

① 给水泵最佳运行方式的确定。主要包括 2 个方面：一是通过不同负定、滑压运行方式下的给水泵组效率测量，确定给水泵组的最佳运行参数和运行方式；二是根据单台给水泵裕量较大的特点，在低负荷时进行给水泵组不同备用方式的试验。

② 最佳凝汽器背压试验。一是机组微出力试验，通过不同负荷下改变凝汽器背压，测量机组的微增功率及循环水泵耗功的变化，寻求最佳凝汽器背压；二是循环水泵运行优化试验，通过调整凝结泵的流量，测量循环水泵耗功的变化，获得循环水泵的运行优化配置。

③ 辅机电耗及厂用电测试，以通过厂用电耗的对比确认运行优化调整效果。此项各个厂都基本进行了重要辅机的电耗统计，但存在统计不全面的问题。

④ 优化工况的试验。完成辅机的优化运行调整试验后，参考各工况优化后的运行参数、运行方式等，在不同负荷下分别进行试验，以确定最佳运行曲线，根据最佳运行曲线指导机组的运行。

（6）优化设备的启停过程

发现在汽轮机进行工作的开始和结束阶段，都会大量地消耗柴油资源，增加了能源的消耗，因此，对设备的启停过程进行优化，有着重要的发展意义。对于优化过程有以下两种方式：第一，就是观察汽轮机在起动和结束过程的各项数据，然后对其中所存在的问题进行分析，采取相应的措施，如主汽门的压力变得很高，其主要原因是因为暖管的使用时间过长，对于这种现象可以使用开高低旁路的方式降低压力，并打开真空门，降低真空度。第二，就是通过采用定压调节方式，使设备在开启和结束阶段都处于低负荷状态。定压调节方式主要是通过调节喷嘴的方式调节设备的高负荷状态，同时，当设备处于高低负荷之间时，可以通过滑压运行法进行调节，将负荷状态调节到低负荷。

汽轮机无论是在正常停机还是非计划停机时，尽量都采用滑参数进行停机，这样不仅有利于设备检修的进行，有效地确保设备温度的降低，而且还可以有效地利用余热来进行发电，减少能源的损失。

（7）优化电厂汽轮机热力系统

为了实现电厂汽轮机节能效果，可以通过优化电厂汽轮机人力系统、高速运行热力系统，有效减少能源耗费量，完善电厂汽轮机结构性能。工作人员需要调查了解电厂汽轮机的结构和特性以及运行效果，合理配置电厂汽轮机整体结构性能，保障各个组成部分的工作质量，避免电厂汽轮机在工作中出现变形和漏气等问题，降低能源损耗。此外，需要重点改造缸疏水系统，工作人员可以结合电厂汽轮机运行状态，提出针对性的改造建议，有效提高缸疏水系统的工作效率，避免在电厂电能生产工程中，汽轮机产生较大的能耗。

一般热力系统优化包含两大关键步骤：一是减少能量内漏；二是及时在机器运行过程中解决能量的外漏问题。这需要制订合理的方案，尤其需注意的是要严格按照系统的布置及系统管道的正常走向做出正确选择，这样才能避免能量的不必要损耗，实现汽轮机运行中的节能降耗目标。对于高加的疏水一定要随时根据情况加以调整，特别是对水位的调整要根据计划进行实验性运行以便随时纠正偏差，进而调整直至达到最佳水准。此外，在进行上述工作时也不能忽略热力系统阀的日常维护工作，且对整个系统要有专人进行维护、排查，确保每一个环节都能处于正常工作状态。

（8）汽轮结垢问题防范措施

工作人员需要加强监控除盐水水质，完善检测手段。在检查锅炉汽包过程中，需要严格处理旋风分离器进口垫片，改进汽包内部，改变加药管开口朝向为朝下，避免在加药过程中出现炉水起泡等问题，向汽包中间延伸两端连续排污管，控制排污管距离在 150 mm 以内，保障炉水均匀、连续地排污。工作人员需要加强监视和调整锅炉运行工况，避免锅炉超负荷运行，在锅炉汽压和汽包水位设置自动调整装置，维护蒸汽参数和汽包水位的稳定性。

（9）加强汽轮机的运行管理

汽轮机在运行过程中可以采用"定—滑—定"的运行方式，就是在高负荷区域下改变通流面积，在低负荷下使用低水平的定压调节，在中间负荷区根据实际情况来加减负荷使汽门的开关处于滑压运行状态。为了提高给水温度和投入率，应该在高负荷运行时适当提高汽轮机的主汽温度、主汽压力。

4.3.4 国产超超临界汽轮机特点及改造思路

上海汽轮机厂、东方汽轮机厂和哈尔滨汽轮机厂等三大汽轮机厂，以提高蒸汽初参数为核心思想，在各自原有技术基础上，先后设计、制造、投产了多台新型超超临界机组，对其超超临界汽轮机本体、辅助系统及起动运行等方面的异同点进行分析。

（1）高压缸结构和密封形式

汽轮机主汽参数提高后，对高压内缸结合面的密封性提出了更高要求。上汽机组高压内缸为垂直纵向平分面结构，采用这种设计可以减小缸体重量，提供良好的热工况。另外，由于缸体为旋转对称，因而避免了不利的材料集中，各部分温度可保持一致，使得机组在起动停机或快速变负荷时缸体的温度梯度很小，热应力保持在一个很低的水平。

东汽和哈汽的高压内缸采用了上、下两半近乎筒形的缸体结构，为保证内缸接合面的密封性，采用了螺栓密封和红套环密封的组合形式，即：进汽区域采用螺栓密封的法兰连接结构，螺栓尽量向中心靠拢，为避免与进汽口干涉，螺孔做成裁丝形式；其余区域均采用密封能力更强的红套环密封形式，筒形的红套环设计，可以减小内缸直径，使缸体受热均匀，热应力小，适合快速启停，有利于机组调峰。

（2）配汽方式

鉴于传统喷嘴调节的汽轮机最大焓降往往出现在调节级处，三大主机厂在改进设计时，同时选择了取消冲动式调节级的方法，提高了高压缸效率。汽轮机变工况时，进汽量的控制改为节流调节方式，蒸汽经过左右侧高低位布置的高压联合阀组，切向直接进入蜗壳式汽室，减小第一级导叶进口参数的切向不均匀性，提高效率。上汽和东汽机组还增设了补汽阀，满足机组能够到达更高的负荷，同时补汽阀还具有提高机组调频调峰能力的功能。

(3) 轴系支撑方式和滑销系统设计

为提高轴系稳定性，国产超超临界机组轴承座均为落地布置，基础变形对轴承荷载和轴系对中的影响小。上汽机组除发电机转子外，轴系设计采用独特的单轴承"$N+1$"支承模式，轴系总长度更短，转子临界转速高，稳定性好；转子的死点和气缸死点都位于包含推力径向轴承的 2 号轴承座上，转子和缸体膨胀都从这点开始，轴承座均支撑在基础上，不随机组膨胀移动；整个轴系以 2 号轴承座内的径向推力联合轴承为死点向两端膨胀；高压外缸受热后以 2 号轴承座为死点向调阀端方向膨胀，中压外缸与低压内缸通过推拉杆连接传递膨胀，一起向电机端方向膨胀；低压外缸与凝汽器刚性连接承，不参与整个机组的滑销系统。在运行中这样的滑销系统能使通流部分动静之间的差胀较小。转子激振力通过轴承壳体传递至轴承盖，进而通过地脚螺栓和预埋件直接传递至基础，汽轮机振动保护采用 2 个瓦振速度值作为保护跳机条件，轴振仅作参考，且用横向和纵向矢量合成的单峰值显示。

东汽和哈汽机组高压转子、中压转子和两根低压转子均为双支撑结构，发电机转子为三支撑结构；滑销系统采用多死点设计，缸体膨胀死点位于低压缸中心附近及中低压缸之间轴承箱底部横向定位键与纵向导向键的交点处，转子膨胀死点位于推力轴承处，推力轴承布置在高压缸与中压缸之间的轴承箱上。

(4) 润滑油系统和盘车装置

东汽超超临界汽轮机润滑油系统保持了传统的设计方式。上汽和哈汽取消了主油泵，改为配置两台交流润滑油泵（一用一备）为轴瓦提供润滑。哈汽的顶轴油及盘车装置也保持了其以往的设计。上汽超超临界汽轮机设计液压盘车，盘车设备安装于高压转子自由端（即 1号轴承座前），采用由机组顶轴油为动力的液压电动机驱动，自动啮合并配有超速离合器，由于顶轴油系统是驱动液压盘车的油源，所以增设了一台顶轴油泵（两用一备）。

(5) 调节保安油系统

东汽超超临界汽轮机调节保安油系统也保持了其以往的设计。上汽和哈汽取消了低压保安油部分的设计，省去包括机械超速飞锤、高压备用密封油泵、隔膜阀等设备。上汽调节保安油系统在每个汽门处设计了冗余的快关电磁阀和卸荷阀组，以保证在危急工况下汽门能迅速泄油关闭。哈汽调节保安油系统则仍保留了在调节保安油母管上设计自动停机跳闸系统（automatic stop trip，AST）和超速保护控制（overspeed protect controller，OPC）泄油通道的设计理念，由于取消了低压保安油部分的设计，哈汽机组增设了一套独立电超速转速通道及配套的冗余电磁阀组跳闸模块，保证其在转速达到 3300 r/min 时能通过该模块泄掉安全油，引发汽轮机安全跳闸。

国产引进型超超临界参数 1000 MW 机组，历经十几年的参数和回热系统优化，机组热耗率从 7316 kJ/（kW·h）降至 7199 kJ/（kW·h），下降值为 117 kJ/（kW·h），折合煤耗下降 4.24 g/（kW·h）；通过科技创新推出二次再热超超临界参数 1030 MW 机组，热耗率为 7051 kJ/（kW·h）。现在又设计出高低位分轴布置、二次再热、超超临界参数 1350 MW 汽轮机组，热耗率为 6882 kJ/（kW·h），煤耗比 I 代机组降低了 15.7 g/（kW·h）。未来，随着金属材料技术和其他辅助技术的突破，超高初参数机组设计应用将成为可能。

4.3.5　汽轮机主要节能技术

对汽轮机节能改造技术，将从汽轮机本体节能改造技术、系统的节能改造、起动及运行过程中的节能、汽轮机控制系统以及超超临界汽轮机技术等几个方面进行介绍。

（1）汽轮机本体节能改造技术

对汽轮机本体的节能改造技术，包括通流部分改造、汽封改造及汽缸内漏汽的治理。

① 通流部分改造技术　汽轮机通流部分，即蒸汽在汽轮机本体中流动做功所经过的汽轮机部件的总称，包括截流调节装置、汽轮机静叶栅和动叶片、汽封和轴封及其他相关辅助装置。汽轮机通流改造是对汽轮机本体部分进行技术升级改进。通常，汽轮机通流改造的主要原因有：a. 静动叶片结构设计不合理，叶栅型线损失大、叶栅展弦比较小、级根径比较大；b. 汽封效果差，高中压轴封漏气量大；c. 汽轮机部分轴承振动大；d. 高压缸上下缸温差大，机组运行安全风险大；e. 高中低压内缸刚度较差、变形量大，结合面漏汽严重；f. 低压缸部分段抽汽温度偏高；g. 部分瓦轴瓦温度高；h. 高压调门阀振动大，螺纹磨损松脱和销子断裂甚至阀杆断裂等问题；i. 各级焓降分配不合理。另外，随着运行时间的增长，机组发生老化并受到不同程度的损伤，包括固体颗粒的冲蚀、积垢、间隙增大、锤痕、异物损伤等。这些损失均将导致汽轮机各级损失较大，级效率及通流效率低下，多数机组缸效率及热耗率达不到设计值。因此，通流部分改造是大幅度提高汽轮机经济性的一项重要措施。

通流部分改造的目标为：提高通流效率，实现节能降耗；消除缺陷，提高机组的安全可靠性；使汽轮机具备良好的运行灵活性和调峰能力；实现机组增容，提高机组的铭牌出力；满足用户某些特殊要求如工业抽汽或供热抽汽。节能改造过程中应遵循的原则：改造收益最大，优先考虑煤耗；改造方案和技术措施应结合机组具体情况，"量体裁衣"进行改造方案设计；改造涉及范围尽可能最小，对外围系统影响最小；机组外形尺寸基本不变，旋转方向不变；热力系统原设计不变，抽汽参数保持基本不变；与发电机、轴承箱等接口不变。汽轮机通流部分改造的范围可包括：转子—叶轮、叶片；静叶—喷嘴室、隔板套、隔板；气缸—进汽导流环、排汽扩散段；汽封（轴封）；轴承。改造范围的确定，依赖于机组改造前的实际状况和改造的目标及边界条件。

对于汽轮机通流改造，不同汽轮机设计制造商采用的改造方案在本体结构、汽轮机通流、进排汽部分以及汽封部分等有所不同，总体改造原则和改造方案归纳如下。

a. 通常，汽轮机通流改造遵循两个主要原则：锅炉 BMCR 蒸发量不变，主要辅机容量等不变；汽轮机部分仅更换转子和内缸，保持高、中、低压外缸不变，保持各管道接口位置、现有的汽轮机基础等不变。

b. 通流改造部位主要包括更换高压转子、中压转子、低压转子，喷嘴组、高压各级动叶及隔板等；改造方案主要包括高、中、低压缸通流改造，即更换高压内缸、转子及叶片，更换中压内缸、转子及叶片，更换低压内缸、转子及叶片，根据机组背压和负荷率选用合适末级叶片等。

除汽轮机本体外，部分机组同步实施其他配套改造，例如：冷端优化，对循环水泵、凝汽器等配套系统进行适当改造；辅助系统改造，包括高压调门振动治理，2、3瓦振动治理，5、6抽温度偏高治理等，发电机及配套辅机设备、热控部分改造等。

随着热力叶轮机械技术、计算流体动力学技术的发展，国内汽轮机设计制造厂商已普遍采用先进成熟的三维气动设计理论进行汽轮机通流部分的设计，动静叶片采用先进叶型、后加载叶型、复合弯扭叶片，改善参数沿叶高的分布，减少端部二次流损失，降低汽封漏汽损失等；提高末级根部反动度，利于变工况运行，提高低负荷运行效率和安全性，改善机组调峰性能。同时，先进制造技术可以提高机组部套强度，提升改造后机组的运行可靠性。此外，传统汽轮机通流能力设计往往偏大，对机组实际运行经济性有较大影响。结合通流改造，可以综合考虑机组部分负荷经济性，适当减小通流裕量，以保证改后实际运行经济性。然而，汽轮机通流部分改造是否能达到预期效果，除汽轮机本体性能外，还取决于辅机系统对通流改造的适应性，即辅机状态会影响通流改造的实际效果。

汽轮机热耗衡量的是机组本体的经济性，即主蒸汽参数、辅机工况均处于设计条件工况，而实际运行中由于热力系统、运行参数等往往偏离设计值，导致机组热耗水平增加。机组实施通流改造后，为便于比较和合同验收，对于背离额定运行参数的试验条件，需要对热耗率和机组出力进行修正。因此，热耗试验得到的汽轮机热耗修正值是通流改造在特定条件下的理想效果（理论值）。通常，主要验收参数包括：100%THA热耗率，是指当机组功率（扣除励磁系统所消耗的功率）为额定功率（含增容）、额定主蒸汽量及进汽参数、额定背压、回热系统正常投运、补水率为0%等工况下的热耗；75%THA则是指输出功率为THA工况功率的75%时的情况；缸效率，是指按相应工况如100%THA下，按照ASME（美国机械工程师协会）标准对汽轮机各缸效率测试的数据。此外，鉴于当前国内煤电机组运行负荷率普遍较低的现实条件，业主方通常也会综合考虑50%THA热耗率，指输出功率为THA工况功率的50%时的热耗率情况。

汽轮机通流部分改造中涉及的先进设计技术有先进的气动与流动技术和先进的结构强度技术。

a. 先进的气动与流动技术——提高热力过程的效率。先进的结构特点为子午收缩调节级，采用分流叶栅取代加强筋结构，可控涡流型弯扭联合三维叶片，子午面流道优化及光顺，排汽扩散段的优化。多部件的协同设计包括：通流部件与蒸汽泄漏部件流动耦合设计；优化各级的焓降分配；动静匹配多级联合设计。通过复杂的、高精度的计算方法有效地控制通流部分各项损失（叶栅损失、级损失）。随着计算技术的发展，三维、非定常、可控涡等复杂计算模型的采用，多部件多级耦合计算，多相流混合计算得以实现。可以更加准确地计算以提高设计效率，可以更加快速地完成复杂的设计以提高对具体机组的针对性。一般上述技术可使多数 20 世纪 80 年代后期汽轮机的级效率，特别是高、中压通流部分的级效率提高 5%～7%，更早期的机组级效率将提高更多。

b. 先进的结构强度技术——提高汽轮机的安全可靠性。在汽轮机通流部分结构与强度设计方面，三维有限元（3D-FEM）数值分析技术已开始广泛用于转子、动叶片、隔板、气缸等部件的设计，使得对于汽轮机通流部分部件的结构强度设计更为先进和精准，确保了部件的高可靠性。对各部件采用的主要技术有：i. 对气缸、转子、喷嘴、叶片、阀门等高温高压部件进行有限元热力耦合分析并进行优化设计；ii. 采用大刚度叶片、整体围带、预扭安装连接成全周自锁结构以避开运行时的共振响应，获得良好的振动特性，降低叶片的动应力；iii. 采用径向汽封，增加动静轴向间隙；iv. 采用焊接隔板，提高隔板刚性，使得隔板和转子在各种运行工况下既能保持同心性又在径向能自由膨胀；v. 采用汽轮机叶片动频率、动应力测试技术，准确获得叶轮叶片系统的动态频率并实现调频，确保运行时叶片的振动特性避开三重点共振。

② 汽轮机排汽通道结构优化 汽轮机低压排汽系统是汽轮机的重要组成部分，其作用是将低压末级排汽扩压并引导至凝汽器，降低末级出口静压，提升低压缸可利用焓降。排汽系统由排气缸和凝汽器接颈组成，排汽通道内蒸汽流动的均匀性对低压缸的效率有较大影响，是引起级外损失的主要部件。汽轮机排汽模块中的扩压器几何参数直接影响到汽轮机的末级效率。随着叶型、叶片的气动设计水平的不断提高，汽轮机叶片及附属部件引起的级内损失得到了有效抑制，级外损失在汽轮机总损失中比例增大。提升排汽系统性能是进一步提升汽轮机效率的有效手段。不同于小型工业蒸汽轮机的轴向排汽系统，现代大型火力发电汽轮机受到安装空间限制，其低压排汽系统通常采用轴向进径向向下排的方式。排汽系统内主流蒸汽经过转向扩压后，流动复杂程度明显提升，导致系统内的流动损失增大。其内部流场直接影响着汽轮机的通流能力和蒸汽在凝汽器中的换热能力，因此，通过排汽通道优化，促使汽轮机排汽在进入凝汽器冷却管束时的流场分布尽量合理，可充分利用凝汽器冷却管的有效换热面积，增加凝汽器实际总体传热系数，最终达到降低汽轮机排汽压力、提高机组运行经济性的目的。故优化排汽系统几何结构，合理组织排汽系统内的流动形式是目前高性能汽轮机设计的关键技术。

到目前为止，对排汽通道流场特性的研究主要是采用数值模拟的方法。例如，Wang 等利用 Kriging 代理模型对排气缸进行优化，使静压恢复系数最大化；Zhang 等利用流线曲率法对扩压器几何结构进行了优化，以改善排气缸的气动特性；Wang 等利用三次贝塞尔曲线对扩压器几何形状进行优化，气动特性实验对比结果表明，优化后的排气缸气动特性得到了改善；Gribin 等确定了排气缸的最佳轴向距离，总能量损失减少 30%；Cao 等通过研究发现内导流环的角度为 30°～40° 时，排汽通道的通流能力显著改善。国电南京电力试验研究有限公司谭锐联合上海交通大学吴亚东等通过 CFD（计算流体动力学）数值模拟仿真，基于改进 Kriging 代理模型，结合参数化自动建模，建立扩压器优化平台，以扩压器轴承锥型线为优化对象，低压缸末级等熵总效率为优化目标，对扩压器进行优化研究。研究结果表明：在不改变汽轮机排汽系统缸体形状和几何尺寸的情况下，仅通过改变扩压器轴承锥的几何外形，可以进一步提高汽轮机末级效率，优化前后的末级至排汽段等熵总效率由82.85%提升至83.12%，等熵总静效率由83.00%提升至83.23%。

③ 高低压缸改造技术　汽轮机热耗偏离设计值，是影响机组供电煤耗的软肋。锅炉最大连续蒸发量设计为汽轮机额定工况的108%～110%，其中，除了额定功率汽耗量之外，汽轮机设计制造误差约占1%～1.5%，汽轮机老化约占1%，真空度下降占3%，补水损失占1%，厂用抽汽引起的增加量因各厂而异。如何权衡汽轮机组的安全稳定和经济高效之间的关系，是揭缸提效的关键。为保证汽轮机修后热耗不高于设计值，通过调研收资、方案论证、精细化检修和运行精心维护等多方面，对汽轮机汽封改造方案、通流间隙控制标准和检修工艺要求等事项进行研讨和把关。下面主要介绍针对低压缸和高压缸的技术改造。

a. 低压缸改造　蒸汽在低压缸进汽管道流动时，一般会产生两种能量损失：一种是由流体的黏性和管道粗糙而引起的沿程能量损失；另一种是由于局部障碍，如在分岔管分岔处、直角弯管的弯头、阀门等处流体与管道的撞击以及分流产生的局部能量损失。由于流线本身所具有的特殊性质，流体在流经局部障碍处时，会产生流动的分离再附现象，引起涡旋，导致压力降和能量损失。因此如何优化低压缸的进汽道结构，减小沿程阻力和局部阻力，进而减小其压力降和能量的耗散，对提高低压进汽组织的均匀性以及最终提高低压缸的效率都有着重大的意义。

i. 低压进汽系统。采用涡壳宽度逐步变小的方法，通过增加涡壳阻力使蒸汽在进入低压导流之前得到充分混合，提高低压第一级的级效率。在蒸汽由水平管道进入铅直管道的时候设计一个有一定角度的光滑角过渡；进入涡壳之后，通道有一个渐缩，其收缩角度在12.5°左右；在由涡壳进入低压缸第一级的直角转角处设置倒圆角和导流环，使得水平和垂直蒸汽管道的拐角处的压力和总压分布更为均匀。

ii. 进口弯管部分的改进。流道产生分离区的原因是流道缺少平滑过渡，突然产生一个直角折转，流体产生过大的逆压梯度所致，因此适当改变流道形状可以部分或全部消除该区域的分离流现象，从而达到降低中压缸的排汽阻力和改善低压缸的进汽条件，见图4-8。为了能够得到一个在工程上可行并具有良好气动性能的方案，可以改变弯道部分的形状。

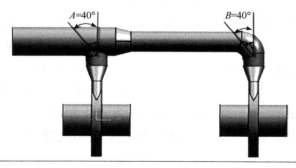

图 4-8　低压缸进汽管道的角度改进

随着角度的增加，通道的通流状况得到了有效改善，分离流现象得到抑制，低压入口的压力分布也趋于均匀，得到的直接效果是可以降低中压缸的排汽压力，增加中压缸的有效焓降和改善低压缸的进汽条件。具体的最佳角度要根据不同的工况来确定。

b. 高压缸的效率优化　汽轮机高压缸的效率是影响汽轮机能耗的一个重要因素，对其优化包括：i. 调节级汽封改进。对调节级汽封的改进可以大幅度降低调节级漏汽损失，提高级效率。可采取的措施为减小调节级的汽封间隙和增加调节级叶顶汽封片数。将调节级汽封固定镶片式结构改为活动式结构，有助于检修中调整调节级汽封间隙和避免出现磨损而造成间隙增大。ii. 通流部分汽封间隙调整。严格按照制造厂给出的汽封间隙整定值调整汽封间隙，同时应考虑到静态下转子与气缸变形的影响。根据制造厂所要求的径向间隙调整值进行汽封调整，一般规律是当左、右间隙值调整在设计值之内时，上、下间隙值就远大于设计值。iii. 改善和消除气缸上、下缸温差。300 MW 汽轮机高压缸 6 组喷嘴进汽面积完全相同，可对现调门开启顺序进行改进，根据对称进汽、先上后下的原则，重新确定各调门开启顺序。当机组在 200 MW 以下工况调峰运行时，采用顺序阀调节，在开 4 个调门运行时，上、下、左、右均有喷嘴进汽，既可减小因仅下部进汽而出现的上、下缸温差，又可获得最佳的机组低负荷运行经济性。改变高压缸夹层上、下汽流阻力，取消原设计的中压缸冷却蒸汽管，尽可能减小下缸夹层挡汽环间隙，使夹层汽流方向更合理。

④　汽封改造技术　汽封类型和检修调整对汽轮机的经济性和可靠性至关重要。汽轮机级间蒸汽泄漏使得机组效率降低，漏汽损失占级总损失的 29%，其中动叶叶顶损失则占漏汽损失的 80%，比静叶或动叶的型面损失或二次流损失还要大。为降低级间漏汽、提高机组经济性和可靠性，将传统梳齿汽封进行改造尤为重要。中国科学院工程热物理研究所科研人员对围带汽封和隔板汽封结构的三维动叶片流场进行数值模拟的结果表明：由于汽封泄漏对流体主流的干扰，引起主流流场的变化。国外有研究表明对高中压缸功率和热耗影响最大的是动叶叶顶汽封，占总损失的 40%，其次是表面粗糙度，占 31%，轴封和隔板汽封影响分别占 16% 和 11%，通流部分损伤仅占 2%。

将气缸原梳齿式汽封改为结构更科学、密封性效果更好的新式汽封，同时合理调整各汽封间隙，可显著提高汽轮机各气缸运行效率以及运行安全可靠性。目前汽轮机使用的汽封类型有梳齿汽封、布莱登汽封、蜂窝汽封、刷式汽封、接触式汽封、DAS 汽封（大齿汽封）、浮动环汽封以及侧齿汽封。

图 4-9 所示的传统梳齿汽封采用高低齿曲径式、斜平齿或者镶嵌齿片式结构，利用依次排列的汽封齿与轴间的间隙，形成数个小汽室。高压蒸汽在这些汽室中逐级降低压力，以减少蒸汽泄漏。布莱登汽封，改进了曲径汽封块背部采用板弹簧的退让结构，将螺旋弹簧安装在两个相邻汽封块的垂直断面，并在汽封块上加工出蒸汽槽，以便在汽封块背部通入蒸汽，汽封齿仍采用传统的梳齿式，如图 4-10 所示。在自由状态和空负荷工况时，汽封块在螺旋弹簧的弹力作用下张开，使径向间隙达 1.75～2.00 mm，大于传统汽封的间隙值 0.75 mm，避免或减轻了机组起停过程中由振动及变形而导致的汽封齿与轴碰磨。随着负荷增加，汽封块背

部所承受的蒸汽压力逐渐增大并克服弹簧张力，使汽封块逐渐合拢，径向间隙逐步减小，一般设计在额定负荷时，各级汽封块完全合拢，达到设计最小径向间隙 0.25～0.50 mm，小于传统曲径汽封的间隙值。布莱登汽封适用于压差大部位，如高中压的隔板、过桥汽封。

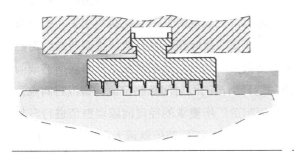

图 4-9　梳齿汽封

图 4-10　布莱登汽封

　　蜂窝式汽封根据蜂窝状阻汽原理设计，如图 4-11 所示，组件包括汽封环、蜂窝带、调整块和调整垫片等部件。蜂窝带由厚度为 0.05～0.1 mm 的海斯特镍基耐高温合金薄板加工成正六棱形孔状结构，工作温度可达 1000℃。汽封环材质为 15CrMoA，在 550℃以下工作时具有较高的热强性和足够的抗氧化性。西安交通大学叶轮机械研究所对蜂窝式汽封和曲径汽封流动性能进行了数值研究，结果表明在汽封前后压差相同、汽封间隙相同的情况下，蜂窝式汽封比曲径汽封具有较小的泄漏量。蜂窝式汽封适用于高、中、低压缸的轴端和低压末两级的隔板、叶顶汽封。

　　刷式汽封在国外被广泛应用于燃气轮机和压气机动叶顶密封，国内有制造厂曾生产过叶顶刷式汽封，该汽封齿厚约 1 mm，由直径为 0.05 mm 的钢丝网组成，汽封安装间隙约为 0.1 mm，见图 4-12。近年来国外开发出一种性能较好的刷式汽封，其刷子纤维材料采用高温合金 Haynes25，汽封侧板材料采用 300 或 400 系列不锈钢，刷子纤维沿轴转动方向呈一定角度安装，可柔性地适应转子的瞬态偏振。刷式汽封属于柔性密封，具有良好的柔性，一旦与转子发生碰磨，刷子不易磨损，并且对轴伤害轻微。应用刷式汽封对蒸汽品质要求较高。采用刷式汽封可将动叶叶顶汽封间隙由设计值 0.75 mm 减小至 0.45 mm，隔板汽封可由设计值

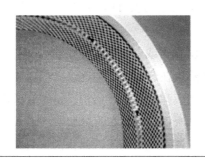

图 4-11　蜂窝汽封

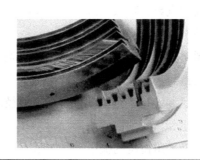

图 4-12　刷式汽封

0.75 mm 缩小至 0.051 mm，汽封间隙的降低使得密封效果得到改善，汽轮机缸效率提高。可用在高、中、低压缸的轴封处、小汽轮机轴封、中压缸隔板汽封等。如用在平衡环处或过桥（中间）汽封处，为应对此处前后压差较大的要求，必须进行结构优化。

接触式汽封（王常春汽封）的汽封齿为复合材料，耐磨性好，具有自润滑性，见图 4-13。它是在原汽封圈中间加工出一个 T 形槽，将接触式汽封装入该槽内。接触式汽封环背部弹簧产生预压紧力，使汽封齿始终与轴接触。这种汽封实际上是用可磨性材料代替传统曲径汽封的低齿部分，而不改变原有的汽封环背部结构。在压力区段非金属式密封齿可将密封齿与转子轴的径向间隙根据不同的位置调整至金属齿无法达到的 0～0.15 mm，可大大减小缸内各漏点的漏汽量，同时还能防止汽轮机内蒸汽漏出缸外，确保进入汽轮机的全部蒸汽量都沿着汽轮机的叶栅通道做功，减少能源的损失，使机组的效率有显著提高，还可防止轴承温度升高或润滑油中含水等问题的发生。但接触式汽封与轴面由于长期接触，对材料的物理特性、强度等都有较高要求。摩擦中产生的热量如不能及时排走，可能导致汽封过热变形等，在高温段使用需慎重。接触式汽封可用于轴封最外侧（靠大气侧），该汽封用在此处既可以起到有效减少机组漏气，改善机组真空的作用，并且外界大气地漏入能及时地带走摩擦产生的热量。

DAS 汽封也叫"大齿汽封"，为东方汽轮机厂自主研制设计的具有一定先进性的汽封。DAS 汽封位于汽封块两侧的高齿部分的齿宽加厚，除此之外其结构形式与梳齿相似，见图 4-14。DAS 汽封与轴的径向间隙相对于其他齿更小，且其汽封块中嵌入铁素体类材料。由于汽封块两侧的高齿部分的齿宽加厚，该齿齿厚且不易磨掉，开机过临界转速时如产生碰磨转子就会先与该大齿磨，不会磨到其他的齿，从而使正常运行时的汽封间隙得到保证。DAS 汽封可减小密封间隙，其强度在各处能都保证。但机组仍然会因为与轴摩擦而产生振动，但与原梳齿结构相比，能避免其他齿形不被磨，随运行时间增长，密封效果会有所下降。其可以承受前后较高压差，用在平横盘或过桥汽封处，减小间隙，减少泄漏量。

图 4-13　接触式汽封

图 4-14　DAS 汽封

在梳齿汽封的一个高齿上垂直汽封齿的方向添加 1～2 道沿轴向方向的齿形就可得到侧齿汽封，如图 4-15。侧齿汽封的原理是当气流流经阶梯形齿的时候将形成涡流，从而起到了阻尼作用。但侧齿汽封受到轴向间隙限制，侧齿位置必须低于低齿高度。该种汽封改造空间有限，高齿齿根的强度要求将会由于改造而提高。侧齿汽封改造简单，对改装工艺无需额外的条件要求，密封效果相对原来的梳齿汽封有一定的改善。但侧齿汽封的结构形态未脱离原梳齿汽封的结构形态。侧齿汽封属于硬齿汽封，磨损后间隙永久性增大的问题仍然无法得到解决。随着间隙的增大，侧齿的阻尼效果也会大大降低。

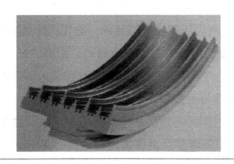

图 4-15　侧齿汽封

浮动环汽封适用于轴端密封，是靠浮动金属圆环与轴或壳体间的极小间隙限制流泄漏的非接触式动密封，也称浮环密封。浮动环可在壳体内自由浮动，因此轴高速旋转和产生振动时对密封的影响较小，摩擦、磨损也很小。

⑤ 缸内漏汽的治理　气缸内的漏汽是一个很容易被忽略的影响汽轮机组经济性的问题。容易发生泄漏的部位及造成泄漏的原因有：进汽或抽汽导管密封圈变形、装反；中分面变形，中分面法兰薄弱；螺栓紧力不足、直径偏细、螺栓过长；气缸受到额外的牵引力；气缸内外缸之间的轴向密封面泄漏，检修中过度地打磨该密封面造成泄漏。更为严重的还有隔板装反、加热器抽汽口接反的情况。提高汽轮机真空严密性的措施主要有：a. 正常情况下每月进行一次真空严密性试验。真空严密性指标不合格时，应及时进行运行中的检漏，运行期间暂时无法查漏的漏点使用锯末堵塞最为有效。b. 维持轴封系统各疏水 U 型水封的正常工作。给水泵汽轮机轴封进汽和排汽管疏水 U 型水封被破坏，汽轮机轴封加热器疏水旁路门未关，会导致轴封加热器水位过低，这样轴封系统内进入轴封加热器的气体吸入凝汽器。因此，机组运行过程中必须维持轴封系统各疏水 U 型水封的正常工作，如采用多级水封取代 U 型水封。c. 利用机组检修机会，采用新型结构汽封，调整低压轴封间隙，使之间隙不至于过大。d. 将传统高、低压轴封同一供汽进行设计改进，在传统轴封系统基础上增加 1 套轴封供汽压力调整装置，将高（高压缸前、后轴封和中压缸前轴封）、低（中压缸低压部分轴封和低压缸两侧轴封）压轴封供汽分开控制。使高、低压轴封系统压力能够在起动、运行和停机时均自动调节，不但能很好地控制轴封冒汽问题，而且可使机组起动时的胀差控制更为容易。e. 处理低压缸水平结合中分面变形等问题，消除真空系统各漏点。例如韶关电厂 8 号机组采用在每个排气缸的下缸中分面上铣制密封槽，在槽内填压特制密封胶条（如德国西门子生产的 Vitonseal 密封胶条），形成一道闭环式密封带，成功解决了低压缸结合面泄漏问题。f. 大修后或真空系统有工作时，应进行真空严密性试验。机组大修时应对凝结器及真空系统进行灌水检漏。在机组运行时，采用 UL1000 氦质谱检漏仪进行查漏，仪器的响应程度直接反映出真空系统中该点的泄漏程度。

⑥ 超超临界机组高、低旁减压阀泄漏处理　由于超超临界机组高、低旁减压阀本身结构的原因，蒸汽会对阀芯和阀座密封面形成直接冲刷，加上如果起动时预热、疏水不充分，或

者机组检修后介质中含有杂质等原因，会对阀芯、阀座密封面形成损伤；阀门损伤产生的泄漏会持续扩大并影响机组经济性，同时也影响阀后管道的安全，甚至造成事故。对高、低旁减压阀阀芯和阀座进行改造，使阀芯阀座不直接冲刷，大大减少了内漏情况的发生，增加了机组的安全性和经济性。

⑦ 超超临界汽轮机高中压转子　汽轮机转子作为火电机组的核心部件，其性能状况对机组的安全稳定起着关键作用。在火电机组调峰越来越频繁的背景下，对汽轮机转子材料的抗蠕变、抗疲劳、抗氧化性能提出了更严苛的要求。国内 620℃ 临界机组汽轮机高中压转子均使用 FB2 转子钢，该材料具有优良的高温力学性能及蠕变强度，良好的组织稳定性及抗冲击、抗疲劳、抗蒸汽氧化性能。

FB2 转子钢的使用温度极限为 620℃，目前对于更高等级汽轮机转子材料的开发主要有 2 种路线：一种是在 9%～10%Cr 钢的基础上，添加 B、N、V 和 Nb 等元素提高性能，研究重点主要是优化 n (B) $/n$ (N) 配比，用 Ta 替代 Nb，调整工艺；另一种是借鉴航空领域镍基合金的技术经验，采用镍基合金整体制造或镍基合金与铁素体耐热钢焊接组合的形式制造转子。650℃ 下，9%Cr 钢与镍基合金异种钢焊缝蠕变断裂寿命可以达到常规 9%Cr 钢的 5～10 倍。700℃ 以上，日立公司研发的 FENIX-700，外推法 700℃/105 h 持久强度大于 100 MPa，采用 VIM（真空感应中）+ESR（电渣重熔炉）工艺生产直径为 1050 mm 铸锭。欧洲 Thermie AD700 项目采用镍基合金与铁素体钢焊接，选用固溶强化的 Alloy617、Alloy625，时效强化的 Alloy263、Alloy718，Saar 公司采用 VIM+ESR 工艺制造了直径为 700 mm 的高压转子和 1000 mm 的中压转子。

⑧ 超超临界汽轮机旁路系统配置优化　汽轮机旁路系统是与汽轮机并联的蒸汽减温减压系统，在机组的正常启停及瞬态响应过程中起着十分重要的作用。旁路系统管道上游与主蒸汽母管连接，下游接至凝汽器，在机组启停、负荷突降或事件工况时，通过自动控制旁路调节阀（旁排阀）开度排出多余的蒸汽，维持一回路与二回路的功率平衡。对于高参数、大容量的 1000 MW 超超临界机组，正确认识汽轮机旁路的功能和作用，选择合理的旁路系统，对于机组长期安全、高效运行具有非常重要的意义。目前国内汽轮机旁路配置主要有 2 种类型：以东汽引进型 1000 MW 汽轮机为代表的日本技术流派采用高压缸起动，一般设计 40%BMCR（boiler maximum continuous rating，锅炉最大出力）以下的一级旁路；以上海汽轮机厂、西门子等汽轮机厂商为代表的欧洲技术流派的机组，通常为高中压联合起动，一般采用二级串联旁路系统。

随着超超临界技术的推广应用，汽轮机旁路除了有起动、安全和压力调节功能外，还具有改进基建阶段吹管效果、减轻运行机组固体颗粒物侵蚀和 FCB（faster cut back，快切负荷）功能。采用大容量的旁路系统，可利用永久的主汽、再热及旁路系统，对锅炉过热器、再热器内的固体颗粒进行最大限度的吹扫，进一步提升系统清洁度；可以在机组每次起动时"代替吹管"，即通过锅炉加旁路运行，进行大流量、高动能吹扫，极大限度地将已经产生的固体颗粒直接排入凝汽器，改善汽轮机固体颗粒物侵蚀问题；有利于实现停电不停机、停机不停炉及 FCB 功能，旁路容量越大，越有利于工质回收。

基于对汽轮机旁路系统认识的深入，可将原 42%BMCR 高旁容量配置的二级旁路系统改为 100%BMCR 高旁+70%BMCR 低旁容量配置的二级旁路系统，通过大容量旁路冲洗，可有效改善汽轮机颗粒物侵蚀问题，并通过锅炉安全阀配置优化、升级再热器材质以及控制策略调整，取消锅炉过热器安全阀，实现 FCB 功能，可为同型机组旁路系统选型配置提供参考。

⑨ 大型汽轮机凝汽器抽真空设备　在所有机组发电煤耗的影响因素中，真空是影响最大的，一般真空每变化 1 kPa，发电煤耗变化 1～2 g/（kW·h），影响真空的主要因素分为凝汽器设计参数、凝汽器运行参数、抽真空设备抽吸能力等。通过分析抽真空设备发展趋势，对最新技术对比分析，提出了控制抽真空设备耗电率的技术改进建议。通过汽轮机抽真空设备发展趋势分析，随着对真空系统严密性的重视，指标越来越好，抽真空设备主要是两个发展技术方向，即罗茨真空泵组和射汽抽气器，根据机组特点和技术改造等综合考虑确定。

抽真空设备主要有射水抽气器、水环真空泵、罗茨真空泵组与射汽抽气器。射水抽气器抽吸能力强，安全裕量大，电机耗功较大；寿命长，抽吸内效率不受运行时间影响，检修间隔期长；对工作水所含杂质的质量浓度及体积浓度要求低；该抽气器喉管出口设置余速抽气器，可同时供汽机抽吸轴封加热器的不凝结气体；因无气相偏流，所以运行中振动磨损极小，广泛适用于 100 MW 及以下机组。水环真空泵，水温度对抽吸真空影响较大；水环真空泵所能获得的极限真空为 2～4 kPa，串联大气喷射器可达 270～670 Pa；广泛应用于 200 MW 级以上各种容量机组。罗茨真空泵组去除了水蒸气，减小了压缩气体总负荷，解决了普通水环泵的汽蚀问题，避免水环泵在汽蚀状况下工作，降低叶轮损坏的可能；解决了水环真空泵抽气性能下降的问题；解决了水环真空泵高噪声污染问题，符合环保要求；解决了水环真空泵高耗能的问题，节省冷却水量；提高了水环式真空泵的工作效率，提高了凝汽器真空度。射汽抽气器实现以少量低品质蒸汽替代厂用电，以静设备替代旋转设备，达到节电增效、节能降耗的目的，其特点：适应真空严密性范围可达 500 Pa/min；整个系统无转动部件，维护少，没有汽蚀；以 600 MW 机组为例，射汽抽气器抽真空系统只要 1 台 55 kW 液环泵，可节电 85%。

⑩ 汽轮机低压末级长叶片　叶片是汽轮机机组的核心部件，增加低压末级叶片高度能有效降低汽轮机的排汽损失，提高汽轮机效率。汽轮机低压末级叶片涉及机组的效率水平、尺寸、气缸数以及机组成本，因此是汽轮机设计的关键要素。低压缸可能产生占汽轮机总功率的 50%以上的功率。提高低压缸效率的途径之一就是加长末级长叶片，而特大型末级长叶片是大功率超临界、超超临界以及核电汽轮机的关键部件，它所产生的功率占整个汽轮机机组功率的 10%左右。级效率每增加 1%，将会使汽轮机热耗下降 0.1%。由此可见，末级长叶片在汽轮机设计中至关重要。

目前新的全速 3000 r/min 大功率机组已普遍采用高度为 1000～1200 mm 的长叶片，排汽面积约为 9～11 m²。三菱公司开发的用于 50Hz 机组的 1219.2 mm 叶片（排汽面积 11.3 m²）已应用于两缸两排汽 600 MW 机组。西门子公司的 1143 mm 长叶片已应用于我国外高桥四缸四排汽超临界 900 MW 机组，排汽面积达到 12.5 m²，其钛合金 1067 mm 叶片产品已在 60 Hz

机组中得到应用。为了降低背压，减少更大功率超超临界机组的低压缸数量，并考虑到机组容量扩大等因素，今后特大型钛合金叶片在汽轮机中的应用将会增加。为减少低压缸的数量，国内外各公司都致力于开发更长、排汽面积更大的末级叶片。据了解，日立、西门子、阿尔斯通等汽轮机制造公司在大功率机组中已开始使用钛合金末级长叶片。

叶片高度的增加会影响末级叶片的气动性能，而且长径比以及子午级型面节距的加大会使叶片设计变得更为复杂。当前最长全速型末级长叶片的最大长径比达到 0.40～0.41，而半速低压末级长叶片长径比则小于 0.36。末级叶片越接近最大高度，效率就会越低，成本也会越高。随着低压末级叶片越来越长，叶顶圆周速度越来越大，这势必会加大湿蒸汽的腐蚀作用。据了解，最长的全速末级叶片的叶顶圆周速度已达到 750 m/s，新开发的汽轮机低压末级叶片叶顶圆周速度则已经达到 830 m/s。由于低压末级长叶片运行时具有离心力大、线速度高、三维流动复杂、蒸汽湿度大等特征，而这些特征又归因于大的排汽面积，所以开发长叶片的难度很高。为此，在开发更长叶片时，要求具备完善的空气动力设计、机械设计和气动机械设计、材料设计等相关技术。

⑪ 凝汽器多点集中发球技术　凝汽器端差是反映凝汽器性能的关键指标，影响着机组的热经济性，凝汽器端差每降低 1℃，发电煤耗减少约 0.3%～0.5%。内陆火电机组凝汽器冷却水中杂质会黏附在冷却管道上，造成冷却管道清洁度降低，凝汽器换热效果变差，凝汽器端差增大，凝汽器真空降低，机组经济性变差。为保持凝汽器清洁度，目前凝汽器在线清洗应用较多的有传统胶球清洗技术、机器人清洗技术、螺旋纽带清洗技术、超声波在线清洗技术、集中发球技术等。凝汽器胶球清洗技术是凝汽器冷却管束保持清洁的重要手段，如胶球清洗效果变差，会造成冷却管束表面结垢、凝汽器端差增大、机组凝汽器真空降低。为增强凝汽器清洗效果，降低凝汽器端差，提高机组经济性，在大修期间对传统凝汽器胶球清洗系统进行了改造，将传统凝汽器胶球清洗装置改为多点集中发球清洗装置，如图 4-16 所示。

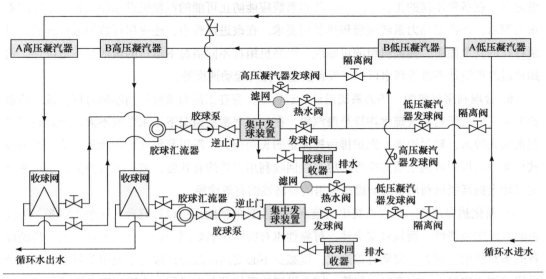

图 4-16　多点集中发球清洗装置流程

如图 4-16 所示，多点集中发球装置由大容量胶球泵、胶球汇流器、装球室、收球网、阀门等部件组成，清洗流程是先清洗低压凝汽器，再对高压凝汽器进行清洗。起动胶球泵后，开启发球阀、低压凝汽器进球阀，保持高压凝汽器进球阀关闭，先将胶球打入低压凝汽器，5 s后发球阀关闭；胶球经高压凝汽器进入收球网，收球网将胶球回收进入汇流器，汇流器是转速为 5 r/min 的电动旋转阀，交替实现一侧收球，胶球经胶球泵后进入装球室；回水经滤网、出口阀进入凝汽器循环水进水管道；收球 5 min，低压凝汽器清洗完成。开启发球阀、高压凝汽器进球阀，保持低压凝汽器进球阀关闭，将胶球打入高压凝汽器水室，5 s后发球阀关闭；胶球经高压凝汽器进入收球网，收球网将胶球回收进入汇流器，胶球经胶球泵后进入装球室；热水经滤网、出口阀进入凝汽器循环水进水管道，高压凝汽器清洗完成，根据指令自动进行下一个清洗过程。

针对某电厂 1000 MW 超超临界机组传统凝汽器胶球清洗技术存在的缺点，采用多点集中发球清洗技术进行了改造。结果表明，在机组平均负荷 860 MW，冷却水入口温度 24.3℃时，低压缸排汽温度同比降低 1.33℃，凝汽器端差降低 1.34℃，凝汽器真空升高 0.52 kPa，发电煤耗降低 1.2 g/（kW·h）。

（2）系统的节能改造

① 热力系统的优化原则　汽轮机组的热力系统对机组的安全性和经济性均有较大的影响。热力系统优化的主要目的是提高机组的经济性和安全性，但是改进前、后直接体现出的机组热耗率的降低，并不能充分表达热力系统优化的真正价值，也不是热力系统优化的全部目的。西安热工院长期从事提高电厂设备安全、经济性的工作，完成了大量不同类型机组的完善改进项目。下面简要阐述设备及系统改进的原则。

a. 保证安全性并满足运行要求　任何设备及系统的改进必须首先保证不影响机组的安全性，确保机组的设备及热力系统在启、停及任何工况下运行，各项控制指标在规程规定的范围之内。在各种不同的工况下运行，疏水系统应能防止可能的汽轮机进水和汽轮机本体的不正常积水，并满足热力系统暖管和热备用要求。在改进过程中，还应尽可能采取措施消除机组存在的安全隐患，提高机组的可靠性，提高机组在不同情况下运行的灵活性与适应性。例如通过改进设计不当的疏水以保证设备安全，提高起动速度等。

b. 合理利用有效能　热力系统设计与运行中，存在工质有效能利用不尽合理，或工质浪费的情况。如所有系统疏水均排至凝汽器，在阀门严密的情况下本来影响不大，一旦阀门泄漏则损失较大；轴封溢流、锅炉排污等流量的长期损失；采用节流孔板连续疏水的热备用方式；部分可以回收的工质定排等。尽可能回收利用工质的有效能，减少工质损失，是从系统的设计上提高能量利用率进而提高机组的经济性的有效途径。

c. 简化热力系统　热力系统中的疏水系统及其他辅助系统设计复杂，冗余管路多，不仅影响机组的经济性，而且对安全性、可靠性也有影响。例如同一管道上的多路疏水、辅助设备的多路备用汽源等，完全可以简化，以减少不必要的泄漏点；取消系统中重复设置或冗余设置的放水放气门、安全门，等等。冗余设置的系统若发生泄漏，会造成不必要的经济性损失。即使阀门严密，简化后也可以减少维护成本，减少可能的漏点，提高可靠性。在保证疏水功能的情况下，尽可能简化疏水系统，以减少内漏，提高经济性。对热力系统的简化是从系统的设计上降低不必要的能量损失进而提高机组经济性的有效途径。系统简化后还有降低维修工作量及维护费用，运行操作量减少，设备可靠性提高，提高了机组运行安全性等好处。

d. 区别对待不同类型的疏水　汽轮机组热力系统中的疏水分为汽轮机本体疏水和热力系统疏水两大类。汽轮机本体疏水包括气缸疏水以及直接与气缸相连的各管道疏水，这些疏水之外归类为系统疏水。按疏水功能不同，可分为起加热作用的疏水和疏放水。对于不同类型的疏水应根据其功能与系统位置不同区别对待，采用不同的原则进行改进及优化，在保证系统安全稳定运行的基础上，达到消除外漏、尽可能减少内漏的目的。

e. 治理阀门泄漏　热力系统内漏较多，是对机组经济性影响最大的因素。有关试验表明，疏水系统工质内漏造成凝汽器热负荷增大，影响真空 $1\sim2$ kPa，影响机组功率 $2\%\sim4\%$，真空和机组功率下降两者使发电煤耗率上升 $6\sim8$ g/（kW·h），且每年更换阀门及维护费用达 100 万～150 万元。由于疏水阀门前、后压差大，机组启、停后，阀门出现不同程度的内漏。机组启、停次数愈多，这些阀门内漏的概率愈大，且愈漏愈严重，出现门芯吹损、弯头破裂、疏水扩容器焊缝开裂等故障。由于高压疏水压差更大，更容易冲刷阀门造成泄漏，且泄漏后对经济性的影响也更大，应重点采取措施治理。通过采用加装手动门、采用组合型自动疏水器等方式可减少阀门泄漏的程度，降低泄漏损失。在机组的检修中，应当加大治理阀门泄漏的力度，重视对主要阀门的维修，以提高系统的安全性与经济性。由于操作控制方式设计不合理，也容易使阀门出现内漏。机组运行中，应合理操作疏水阀，以减少阀门的冲刷，具体可参照电力行业标准 DL/T 834—2003《火力发电厂汽轮机防进水和冷蒸汽导则》。总之，对阀门泄漏的治理是一项长期的烦琐的工作，涉及系统设计、检修、运行等多个方面。

② 增设 0 号高压加热器　目前，中国国内 600 MW 及以上的大型容量机组都已经开始担任调峰运行任务，在部分负荷工作时，机组的整体热力循环以及主机设备等均偏离设计条件运行，这直接影响机组运行的经济性。为使机组在部分负荷运行时的经济性提高，冯伟忠在实用新型专利中提出一种可调式给水回热系统，即增设一台 0 号高压加热器。所谓的"0 号高压加热器"是指在回热系统的 1 号高压加热器出口增设的一台高压加热器，用来加热给水。

理论上，锅炉给水温度和机组热循环效率随着抽汽回热加热器级数的增加而提高。在常规抽汽回热加热器系统末端，即 1 号高压加热器（以下简称 1 号高加）下游串联一个高压加热器，从而进一步加热给水，则称该高压加热器为 0 号高压加热器（以下简称 0 号高加）。当机组处于部分负荷运行时，随着汽轮机各主汽调节阀关闭产生节流损失，机组效率降低。通过在补汽阀后（高压缸第 5 级）导气管上的三通阀接口引出一路蒸汽至 0 号高加进一步加热给水，其疏水逐级自流至 1 号高加。在部分负荷工况下，投入 0 号高压加热器运行，随着主蒸汽流量增加，主汽调阀节流损失减小，机组热效率随之升高。另外，0 号高加的投入还可提高最终给水温度和机组 SCR 装置的脱硝效率。由于高压缸布置紧凑且蒸汽流动稳定，从补汽阀后引管至 0 号高加具有结构简单、成本低等特点。目前，张曙光发明了一种热压式超超临界机组 0 号高压加热器及其切换系统，即热压机的动力蒸汽取自锅炉主蒸汽，被抽吸的蒸汽可以接原系统的 1 段抽汽或 2 段抽汽，匹配后的混合蒸汽进入 0 号高压加热器来加热锅炉给水；包伟伟用高压缸第 5、7、9 级后的蒸汽参数对机组的部分负荷进行了经济性计算及分析。

③ 水环真空泵改造　凝汽式汽轮机发电机组的常规抽真空设备为水环式真空泵。水环真空泵在运行中存在以下问题：a. 泵体内汽蚀现象，泵体振动大，泵叶轮产生裂纹；b. 随着泵运行时间的增长，泵的转子轴向间隙的增大，泵抽吸能力降低，凝汽器真空度下降；c. 设备检修周期短；d. 真空泵极限抽汽能力受制于密封水温度对应的蒸汽饱和压力，夏季抽吸能力下降，冬季入口压力低易汽蚀等。为此采用蒸汽喷射抽真空系统，其由蒸汽喷射器、冷凝器、阀口、管道等设备组成，是替代"真空泵"的一种创新抽真空技术，其原理如图 4-17。高速流动的动力蒸汽（汽轮机五段抽汽）进入喷射器 D 口，在混合汽室处由于"诱导"原理产生高真空，凝汽器内的不溶气体被吸入喷射器 A 口，与动力蒸汽混合后从 E 口排出。

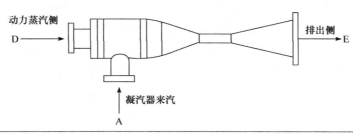

图 4-17　蒸汽喷射器结构图

凝汽器蒸汽喷射真空系统在电力系统中属于新技术，蒸汽喷射抽真空系统代替真空泵后，可从根本上解决真空泵在夏季运行出力低、噪声大、入口易发生汽蚀缺陷、电机厂用电量高、凝汽器真空度低的问题，能从根本上解决凝汽器原真空泵所普遍存在的汽蚀问题，提高凝汽器的真空度。

④ 凝汽器余热利用　尽管电厂凝汽器排放的余热量极大，但因其属于 40℃以下的低温余热，回收利用这部分余热存在技术经济方面的瓶颈。如果采取技术措施，适当提升这些废热的温度，就可以用于对外供热。目前工程上主要有两种实现电厂凝汽器余热回收利用的方法。第一种方法是利用吸收式热泵技术将余热源的温度提高 30℃左右，然后对外低温供热。当需要更高的供热温度时，可在热网加热器中利用汽轮机抽汽对离开热泵的热网水进行二次加热。针对水冷式汽轮发电机组，就是在凝汽器外部的循环出水管路上抽取一部分循环水，通过升压泵送到热泵放热降温，其余的循环水自流到冷却塔散热降温，这两股循环水分别返回到冷却塔下方的水池中，通过循环水泵再送回凝汽器吸收汽轮机乏汽凝结释放的热量，如此循环往复。第二种方法是将汽轮机低真空运行，相应的低温余热可以达到 50～70℃的水平，然后将其对外供热。当需要更高的供热温度时，与前一种方法类似，可在热网加热器中利用汽轮机抽汽进行二次加热。

现代大型汽轮发电机组所配套的凝汽器尺寸极大，冷却管数目有数万根之多，由于凝汽器中汽水流场的分布存在着相当程度的不均匀性，因此，流出不同区域冷却管的冷却水温度存在显著的差别，可以据此将凝汽器的管束区划分成高温区和低温区。当高温区和低温区的冷却水入口温度相同时，则高温区的冷却水出口温度高于低温区的。目前吸收式热泵是从凝汽器的循环水出水总管处引出的余热源，该余热源是从凝汽器的所有的冷却管出来的完全混合后的冷却水，这一温度处于前述凝汽器高温区和低温区的温度之间。在冬季极寒期，由于湿冷机组主机循环冷却出水温度偏低，若不将汽轮机降真空运行，吸收式热泵无法起动运行，无法回收凝汽器余热。若将汽轮机降真空运行，则吸收式热泵的余热利用空间增大，但同时热循环效率下降。如果将凝汽器的这一部分高温水引出到热泵供热，则供热系统的性能系数和经济性比从凝汽器的循环水出水总管引出时更好，在冬季极低温下热泵也能正常起动。采用凝汽器分区供热是实现这一目标的有效途径。这种思路同样可以用于汽轮机低真空运行供热中，如果在电厂供热区域中的热用户有不同温度档次需求，通过凝汽器进行运行，将不同温度的冷却水余热引到不同用户，可以同时满足不同供热温度的需求。

⑤ 汽轮机侧灵活性改造　汽轮机侧需重点关注汽轮机设备适应性以及供热机组以热定电等问题。

a. 汽轮机通流设计与末级叶片性能优化技术　汽轮机在低负荷运行时，由于蒸汽流量减小，动叶片根部和静叶栅出口顶部易出现汽流脱离，造成水蚀。同时，汽流脱离引起的不稳定流场与叶片弹性变形之间气动耦合将可能激发叶片的自激振动，使之落入共振区。蒸汽流量不足也将导致重热效应，转子、气缸等部件由于叶片摩擦鼓风而被加热，受热不均将产生胀差。为改善汽轮机低负荷运行特性，通常采用的技术路径为强化末级叶片性能、优化通流设计参数、增加冷却方式控制等。

b. 供热机组热电解耦技术　热电联产机组调峰能力还受到供热负荷的制约，我国主力热电联产机组为抽凝机组，随着抽汽供热量的增加，调峰能力将逐渐被压缩。因此，在供热中期，热电联产机组调峰能力将进一步被限制。为了实现热电解耦，采取的改造技术有：切除低压缸供热，中压缸排汽绝大部分用于对外供热，仅保持少量的冷却蒸汽，使低压缸在高真空条件下"空转"运行；在热源侧设置电热锅炉，主要包括直热式电热锅炉和蓄热式电热锅炉，实现热电解耦；设置储热罐，作为电网负荷较低时机组供热抽汽的补充。除了以上常用技术外，还可以采用吸收式热泵、电驱动热泵等技术实现热电解耦。

⑥ 超超临界汽轮机快速冷却技术　在大容量和先进保温技术的背景下，大型汽轮机在检修停机的自然冷却过程中，气缸散热困难，温度下降很慢，停机检修的等待时间大大增加，需要很长的自然冷却时间、影响了机组的使用率及经济性。汽轮机快速冷却（简称快冷）通过通入冷空气的方法快速冷却汽轮机内部部件，可以显著缩短冷却时间，为检修或故障处理节省时间，提高机组的使用率及经济性。经典的汽轮机快冷方案是采用空气加热器，将加热后的压缩空气打入汽轮机，进行强迫冷却，普遍用于超临界、亚临界大型汽轮机，较后出现的快冷方式是直接采用常温冷空气，利用凝汽器侧的真空抽吸作用从上游进入顺流冷却汽轮

机，目前已在超超临界火电机组和百万核电机组上大量应用。近年来，随着电网结构优化和新能源消纳的需求，大型汽轮机组的灵活性运行越来越广泛。快冷过程是汽轮机起动停机循环的常见组成部分，不合理的快冷方式将对机组的起停寿命损耗产生影响，尤其对于调峰、起停频繁的机组。此外，一般认为相比热空气，冷空气快冷带来了较大的温度冲击，容易给机组带来损伤，需要进行相关评估。停机后的金属温度场的变化对快冷参数控制、起停策略的制定都有直接意义。因此，很有必要对汽轮机快速冷却和停机过程中的温度场模拟和寿命损耗评估开展研究。

经典的快冷方式是压缩热空气快冷。采用空气加热设备将滤清、除水后的压缩空气加热为干燥热空气，经快冷接口输入气缸本体。根据冷却空气与工作蒸汽流动方向可分为逆流和顺流两种冷却方式。典型顺流冷却方式为高压缸冷却空气由主阀后疏水管引入，经高压缸排气缸疏水管排出。逆流冷却方式即冷却空气与工作蒸汽流向相逆流过汽轮机通流部分。筒型高压缸形式的 1000 MW 超超临界机组目前在国内同类机组中占有率最高，筒型缸具有温度梯度小、滑销系统顺畅等特点。该机型采用了常温空气快冷方式：拆除高压阀门和中压阀门的快冷接口（位于主阀与调阀之间）的闷板，接入快冷滤网。由于凝汽器的抽吸，接口周围的冷空气进入汽轮机，沿着通流方向冷却汽轮机，最终进入凝汽器。

超超临界机组正常停机或者故障停机时，进入第一阶段冷却，待高压转子温度降到 380℃ 时方可投入快速冷却，正常停机时可以采用滑参数冷却或自然冷却，故障停机时只能采用自然冷却。第二阶段冷却则是冷空气快冷，以调阀开度来控制冷却空气的流量，实现较均匀的温降，制造商要求冷却的温降速率不超过 7℃/h，一般快冷后期温降速率偏小，所需要流量也更大。待高压转子温度下降至 1000℃ 左右，则完成快冷，可停盘车开展检修。

⑦ 超超临界汽轮机补汽系统优化　补汽技术可以提高汽轮发电机组的经济性和运行灵活性，目前在高参数大功率汽轮机机组中得到了广泛的应用。补汽技术是为实现机组调频或负荷调节的要求而从某工况开始从主汽阀后、调节汽阀前引出一股新蒸汽，经补汽阀节流，以较低参数的新蒸汽进入高压缸某级动叶后，与主流蒸汽混合，在以后各级继续膨胀做功的一种措施。

a. 单阀补汽系统　单阀补汽系统的结构如图 4-18 所示。主阀调阀组件布置在高压缸两侧，补汽阀布置在机组运转层下面，补汽蒸汽从主阀、调阀之间引出，经过补汽进汽管道从两侧进入补汽阀，经过节流后，从两侧的补汽出汽管道进入高压缸做功。在机组开发及运行中，现有单阀补汽系统存在如下不足：单阀补汽系统成本较高，复杂管路系统导致蒸汽流动阻力损失较大，设计配合、采购交货周期长，在个别机组补汽量较大的情况下，单阀系统补汽阀大开度对轴系稳定运行有不利影响。为改善 X 机组补汽阀试验中产生的问题，在原单阀补汽系统的双侧阀门出口增加整流装置，如图 4-19 所示。在补汽阀出口两侧增加整流装置后，轴承振动的性能有很大的改善。上述结构优化方案能够满足机组轴系稳定运行的要求。

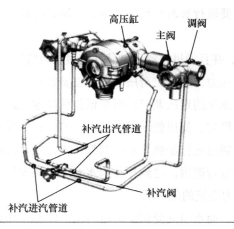

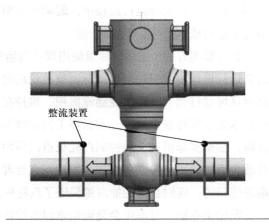

图 4-18 单阀补汽系统结构

图 4-19 增加整流装置的单阀补汽系统

b. 双阀补汽系统 双阀补汽系统结构如图 4-20 所示。将原布置在中间层的 1 个补汽阀优化设计为 2 个补汽阀, 补汽阀与主汽阀调阀组合为一体, 布置在运转层上。由此可以精简补汽管路设计, 并且 2 个补汽阀可以单独调节进入高压缸上、下侧的补汽流量。双阀补汽系统有如下优点: i. 补汽管路大大简化, 新补汽系统仅有补汽出汽管道, 汽管路成本降低 80%; 单个补汽阀改为双补汽阀后, 虽阀门成本有所增加, 但补汽系统的总成本可降低约 50%。ii. 管路布置简单, 可实现每个项目的标准化设计, 大大缩短了管路的设计、采购周期。iii. 可对单侧的补汽阀进行调节, 针对不同的补汽量, 可根据机组轴系的振动情况调节每侧阀门的开度。并且可实现更大的补汽流量, 适应当今机组在宽负荷高效率方面的要求。

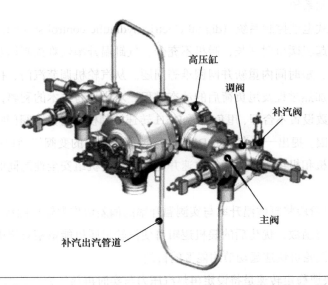

图 4-20 双阀补汽系统结构

(3) 起动及运行过程中的节能

汽轮机冷态起动的主汽压力、主汽温度和凝结器真空度等参数起动期间都有正常的允许范围。但是，在实际运行过程中，起动前机组都要进行长时间预热，导致并网时间被延长，增加了运行成本。

运行管理方面，主调门尽量使用顺序阀运行，并且通过定滑压试验找出最佳运行压力点。日常运行操作根据锅炉燃烧情况调整汽轮机进汽压力，按照定滑压曲线调整参数运行。在高负荷区域通过调节喷嘴改变通流面积，维持在高水平的定压调节；而在低负荷区域，为了保持给水泵临界转速、燃烧、水循环工况能够得到稳定，使用低水平的定压调节；在中间负荷区域，根据实际滑压曲线控制汽轮机进汽压力。通过进行加热器水位调整试验，找出每台加热器合理的疏水水位，保证加热器端差在合理的运行范围，达到提高给水温度和减少加热器端差的目的，同时合适的抽汽量保证了汽轮机热力系统的效率。

汽轮机在运行过程中会受到给水温度的影响，而水温又受到锅炉燃料量的影响。如果水温没有达到标准要求，需要及时添加燃料量，而燃料量过多又会导致热损耗过大。所以通过控制燃料量来控制水温时，一定要控制好添加燃料的速度和添加量，保证在满足水温控制要求的前提下，尽量降低热损耗。其次，要定期对高压管道进行清理，提升供热效率，避免热能的浪费。同时应该对管道的泄漏情况进行检查，一旦发现水位或者水温没有达到标准要求，要确认是否存在管道泄漏问题，如果存在管道泄漏问题，要及时修补，避免造成更大的损失。最后，汽轮机要定期保养和维修，开展该项工作时应该将重点放在供热漏点的检查上，确保下水室的封闭性良好，如果其封闭性存在问题，加压蒸汽的过程就会出现泄漏现象，这不仅会导致大量热能被浪费，水温也无法达到标准要求，机组的起动时间还会加长，因此在汽轮机检修之季要着重改善水室的封闭性，达到节能减排的目的。

（4）汽轮机控制系统

汽轮机组数字式电液控制系统（digital electric-hydraulic control system，DEH）在转速控制模式下普遍存在起机暖机时间长、暖机不充分、气缸温升率较难控制以及甩负荷后操作复杂、转速难以稳定、短时间内重新并网困难等问题。从汽轮机调节汽门、控制机构入手，分析机组起动暖机的加热过程及甩负荷后的动态过程，对比现有技术的利弊，总结得出在机组起动过程中阀位函数设置不合理、甩负荷后 DEH 转速控制模式与旁路阀门特性不匹配是导致上述问题的根本原因。提出一种汽轮机 DEH 转速控制模式下的变阀位函数的优化方法，该方法能够实现自动暖机和机组甩负荷后的快速并网，在提高机组安全性的同时，保障机组的经济性。

① 在起动暖机阶段将缸体温升率与实测温升率的偏差值作为输出函数，实时修正高压主汽阀、中压调节阀位函数，优化后的暖机逻辑可使汽轮机暖机能量相对集中、效果可控且自动化程度高，实现汽轮机快速起动节约能源的目的。

② 甩负荷后快速稳定转速是将设定再热汽压力与实时再热压力偏差值作为输出函数，实时修正高压主汽阀位函数，降低机组出力对高、低压旁路阀特性的依赖，自动实现机组甩负荷后转速的快速稳定。

③ 对于高中压缸联合起动机组在起动暖机阶段以及带高低旁路系统机组在甩负荷后的

稳定转速阶段，通过优化汽轮机 DEH 转速控制逻辑，节能效果显著，具有较大的应用推广价值。

（5）超超临界汽轮机技术

超超临界应用中的汽轮机设备取决于所选择的再热级数、机组额定功率和现场背压特性。对于一次再热和输出功率在 800～1000 MW 范围的典型汽轮机组具有高压缸（HP）、中压缸（IP）和 2 个低压缸（LP）等 4 个在不同压力和温度水平下分开运行的汽轮机部件。最后的低压缸与发电机相连。应用现代化的材料研究成果，这种设计允许蒸汽温度在 600℃和 620℃左右。将蒸汽参数进一步提高到约 650℃，就需要在设计上采取新的措施，如高温部件的主动冷却和新型材料的引用。把蒸汽温度提到更高的 700℃将会使电厂整体净效率超过 50%。这可以通过改变设计原理和对高压缸及低压缸所有高温部件采用超耐热合金加以实现。德国西门子以 700 MW 凝汽式电站试验得到如下结论：在亚临界条件（16.7 MPa、538℃/538℃）时最高发电功率为 41.9%，当由亚临界条件变为超临界条件（25.0 MPa、540℃/560℃）时最高发电功率为 43.4%，当由于超临界条件变为超超临界条件（27.0 MPa、585℃/600℃）时最高发电效率为 44.5%，如果再进一步提高蒸汽参数到 35.0 MPa、700℃/720℃，可将电站的发电效率提高至 47.7%。

国家重点工程华能玉环电厂 4 台 1000 MW 超超临界机组已顺利完成 168 h 试运行，正式投入商业运行；上海外高桥三厂、华电邹县电厂和国电泰州电厂 1000 MW 的超超临界机组也已经顺利完成 168 h 试运行，正式投入商业运行。全国投入运行的 1000 MW 超超临界机组已经超过十台，且运行稳定，带来了良好的社会经济效益。哈尔滨汽轮机厂有限责任公司开发了新型高效 1000 MW 汽轮机及二次再热汽轮机：采用多级数、反动式设计；在一次再热机组基础上，增加超高压缸，修改设计高压缸和中压缸，合理布置轴系等。哈汽公司采取了一系列切实可行的措施提高汽轮机效率，并取得了显著成效。该技术的部分应用：①国华绥中俄制 800 MW 汽轮机经过技术改造后，取得显著成效：a. 各轴承振动值均在 A 级，小于 70 μm；b. 支持轴承温度最高 64℃，推力瓦温 70℃；c. 缸效率达到设计值；d. 机组实际煤耗下降约 30 g/（kW·h）。②大唐七台河 600 MW 亚临界机组经过改造后，机组三缸效率分别达到 86.5%、93%、90%，机组出力和热耗达到设计值，5 抽 6 抽温度未见升高现象。

目前超超临界发电技术主要有三个发展方向：新一代高效一次再热技术、二次再热技术以及更大单机容量如 1200～1300 MW 或更大。二次再热技术是其中公认的一种可以提高燃煤机组效率的有效方法。与一次再热相比，二次再热是在一次再热基础上增加一个再热过程，提高发电循环的平均吸热温度，从而提高发电效率 1.5%～2%，减少 CO_2、氮氧化物等的排放量。

二次再热技术，就是汽轮机超高压缸排汽经过两次在锅炉重新提高蒸汽温度，再送回汽轮机做功的一种技术。二次再热机组相比于一次再热机组，设备更加复杂。2 个再热器使得锅炉结构复杂化；增加 1 个超高压缸，增加 1 根再热冷管与再热热管，增加 1 套超高压主汽阀、调节阀，使得汽轮机结构复杂化。同时二次再热设计对锅炉的影响也很大，运行时对控制的要求更高。高效超超临界二次再热汽轮机组，再热蒸汽温度 620℃，高压缸回热抽汽的最大过热度达到 430℃，在回热加热器中，过热蒸汽与给水存在很大的传热温差，用高品质的热能加热低温给水，不可逆损失使回热系统热能有效利用率下降。对高效超超临界二次再热汽轮机组，采用 MC（即基于 BEST 机的双机回热循环）回热循环，不仅可以降低抽汽管和加热器的工作温度，而且还有可能提高循环效率。

① 700℃超超临界机组的 MC 热力系统结构　与常规超临界机组相比，MC 系统的结构发生了变化，取消中压缸的抽汽，用新增的独立汽轮机 T-Turbine 的抽汽取代中压缸的抽汽去加热给水。T-Turbine 安装在再热冷段逆止阀门的下游，进汽来自高压缸排汽。根据这一思路，1000MW 的 700℃超超临界机组 MC 系统的热力系统结构见图 4-21 所示。

a. 汽轮机为单轴 6 缸 6 排汽，分为高中低压缸，具有两级再热系统，回热系统包含三级高压加热器（H1～H3）、除氧器（H4）、六级低压加热器（H4～H10）。其中 H7 为混合式加热器，给水出口含有升压泵。低压加热器 H8～H10 具有疏水泵，将疏水打入加热器出口。其他加热器采用疏水逐级自流的方式。

b. 高压缸具有一级中间抽汽，用来加热第一级高压加热器 H1。高压缸排汽分为三部分：a 进入第 1 级再热器，b 进入加热器 H2，c 进入 T-Turbine 膨胀做功。T-Turbine 设置了 3 级抽汽系统，排汽进入低压加热器 H6。中压缸未设置抽汽系统，中压缸排汽直接引入低压缸。低压缸有 4 级抽汽系统来加热给水，排汽进入主凝汽器。

c. T-Turbine 后连接发电机和给水泵。机组正常运行时，T-Turbine 用来驱动给水泵，并且发电机处于发电运行模式；机组起停时，T-Turbine 停止运行，通过切换 SSS 离合器，发电机切换为电机运行模式来驱动给水泵。

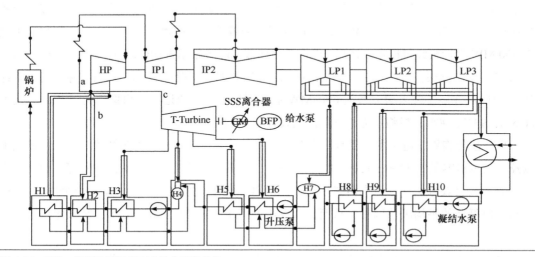

图 4-21　700℃超超临界机组 MC 热力系统结构

② 700℃超超临界机组的常规热力系统结构　700℃超超临界燃煤发电机组的常规热力系统跟常规超临界机组的热力系统具有相似的结构，中压缸设置抽汽系统，参见图 4-22。主

要有以下结构特点：a. 汽轮机单轴 6 缸 6 排汽，具有两级再热系统，回热系统包括三个高压加热器（H1～H3）、一个除氧器（H4）、六个低压加热器（H4～H10）。其中 H7 为混合式加热器，给水出口含有升压泵；低压加热器 H8～H10 具有疏水泵，将疏水打入加热器的出口；其他加热器采用疏水逐级自流的方式。b. 高压缸设置了一级抽汽系统。高压缸排汽分为两个部分，分别进入第 1 级再热器和高压加热器 H2；中压缸 IP1 和 IP2 各有两级抽汽系统，低压缸设有四级抽汽系统。c. 小汽轮机驱动给水泵，其进汽来自第 4 级抽汽系统，其排汽进入主凝汽器。

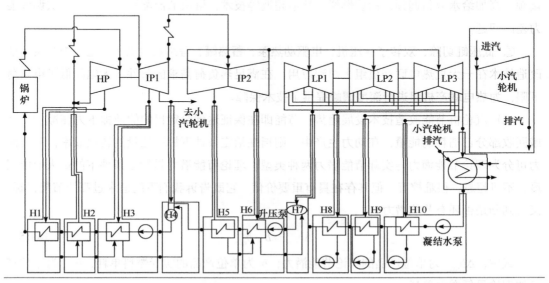

图 4-22　700℃超超临界机组常规热力系统结构

4.3.6　节能潜力分析与发展趋势

（1）"十三五"期间汽轮机系统技术创新成果

"十三五"期间汽轮机系统技术创新主要体现在如下几个方面。

① 国内发电设备制造厂家吸收国外先进技术，并应用在装备制造方面。在汽轮机通流设计上逐步采用了筒型外缸/垂直纵向剖面结构内缸、整体铸造低压内缸、全周进汽+补汽阀调节、低损型阀门、切向涡壳高效进汽室、第一级横置/斜置静叶、多级小焓降反动式通流设计、高效宽负荷叶型、末级及排气缸优化等技术，使新建机组高、中、低压缸效率分别达到 90%、94%、90%左右，与第一代引进型超临界机组相比，有明显提高。

② 在热力系统优化方面，增加回热级数，进一步提高循环效率。一次再热机组回热级数增加至 9～11 级，二次再热机组回热级数增加至 11～12 级，设置 0 号高压加热器提高低负荷工况给水温度。二次再热机组采用 BEST 小机双机回热技术，降低回热系统中的不可逆损失及建造成本。采用机炉深度耦合能量梯级利用技术，以多抽取低品位抽汽的代价换取更多高

品位抽汽返通流部分做功，增加发电功率。

③ 在冷端方面，新建机组结合当地环境优势，开展汽轮机背压优化。华润曹妃甸高效超超临界 1000 MW 机组优化后设计背压 3.3 kPa，采用循环水"三进三出"三背压凝汽器；大唐东营高效超超临界二次再热 1000 MW 机组采用六缸六排汽，优化后设计背压 2.9 kPa，较五缸四排汽方案，热耗降低了 79 kJ/（kW·h）。

④ 在节电及运行优化方面也取得了多项研究成果。综合辅机变频技术采用给水泵小汽机通过 SSS 离合器驱动变频发电机，为辅机提供变频电源替代分散的高压变频器。采用凝结水调频、高加给水旁路调频、锅炉燃烧率智能超调等技术，解决节流配汽型汽轮机一次调频能力差的问题。

⑤ 低压缸切除、双转子背压机、电驱动热泵、蓄热罐、旁路蒸汽供热、电锅炉等灵活性改造技术在一大批热电联产机组上得到应用，在满足热负荷需求的条件下大幅降低了电负荷下限，为热电联产机组进行深度调峰提供了技术保障。

（2）汽轮机节能改造技术发展趋势　节能即在保证达到给定目的的前提下力图减少能耗或回收部分已消耗的能量，在动力生产中，则指在给定条件下提高能量的转换效率，节能潜力可分为理论节能潜力与实际节能潜力两种类型。理论节能潜力是给定条件下的最大节能限度，不可超越，很难挖掘，但其存在具有重要价值。它既告诉我们不能追求过高的节能目标，又可判断是否还有节能潜力。

$$\Delta b_{max} = b - b_{min} \tag{4-15}$$

式中，Δb_{max} 为单位产品的理论节能潜力；b 为单位产品的实际燃料单耗；b_{min} 为单位产品的理论最低燃料单耗。

实际节能潜力为实际燃料单耗与先进水平燃料单耗之差，它在技术上可行，经济上合理，环境上可接受，并且是发展变化的，对汽轮机及其辅助系统的能效评价中可以实际节能潜力作为依据，如式（4-16）所述。

$$\Delta b_{re} = b - b_{ad} \tag{4-16}$$

式中，Δb_{re} 为单位产品的实际节能潜力；b_{ad} 为单位产品的先进水平的燃料单耗。

汽轮机制造厂为用户提供的往往是比较大项的综合指标（汽机热耗率）和分项指标（高压缸效率、中压缸效率、低压缸效率），较少从汽轮机设计制造角度提出改进经济性的科学评价方法。因此，很难用较少的指标，对由成百上千个零部件组成的汽轮机局部结构分别进行具体设计，难从节能角度进行全方位科学评价分析和诊断。另外，火力发电厂虽然建立了节能管理体系，制定了汽轮机组运行管理以供电煤耗、机组热耗、厂用电率为主的三级经济指标体系，但对汽轮机本体的节能评价如何进行，还缺少科学合理的评价方法。这都造成汽轮机优化进程和能耗水平下降缓慢。

汽轮机节能降耗运行以对改造成本和节能的收益进行计算。通过长期的实践经验来看，对现有汽轮机进行技术改造的成本要远远低于采购新式汽轮机的成本，而且现有汽轮机经过技术改造后，其能耗得到有效的降低，不仅为电厂节约了成本开支，而且确保了电厂经济效益目标的实现。在对电厂汽轮机技术改造上，我国开展已有几十年的时间，改造技术已日益成熟：一是对汽轮机本体效率明显下降的机组，应采取汽轮机汽封改造、调节级喷嘴优化改造、叶型优化，以及汽轮机通流改造等；二是对于能耗水平一般或处于较差水平的机组，应开展机组性能诊断工作并制定有针对性的节能措施，同时逐步由单设备改造转向综合系统升级；三是多措并举降低厂用电率，如实施给水泵变频改造、一二次风机变频改造、循环水泵运行方式优化等；四是针对频繁调峰和长期低负荷运行的火电机组，继续开展灵活运行模式下的节能技术改造，并结合先进测量技术、大数据和人工智能技术，实现机组自主智慧调节，适应机组频繁变负荷的需求。具体来说，汽轮机节能改造的发展趋势可从以下几个方面来开展。

① 优化设计　借鉴热力系统节能等有关理论对热力试验或热平衡查定数据进行全面诊断和优化分析，发现热力系统及其设备存在的主要缺陷，分析能损分布具体情况，然后根据分布情况确定节能潜力的大小，优选技术改造方案，为节能工作提供科学依据。找出合理的节能技术改造方案，是进一步推广热力系统节能技术的重要途径，也是热力系统节能诊断和优化改造技术发展的新方向。

② 提高通流效率　汽轮机当中蒸汽通流效率对整个机组的效率发挥着重要作用。所以提高机组的通流效率就是实现节能的方向之一。通过降低低压缸的排汽压力、再热器减温水量及减少系统的内外泄漏等都会显著提高机组的经济性，降低供电煤耗率。

③ 充分利用损失能量　有关数据表明通过凝汽器由循环冷却水流失的热量一般占输送总能量的 15%以上，有的甚至高达 25%以上，这造成了能量的极大浪费，所以研究将热量转化为其他利用形式就显得尤为必要，这将会大大改善火电厂的能量利用效率。

④ 及时清理水垢　在火电厂汽轮机工作过程中，冷却水在循环使用的过程中会产生大量的水垢阻碍传热正常进行，所以必须清理水垢。首先要做到定期检查。主要是制定一个周期对水垢产生量进行检查。其次就是进行除垢作业，培训专业人员进行操作并定期清理。最后要联合不定期检查的方法防止水垢的堆积，以免影响汽轮机正常运行。同时还可以采取将一定浓度的无机杀虫剂放在冷却用水进口处的方法，防止微生物繁衍，从而实现冷却用水有效利用。

(3) 超超临界汽轮机技术的发展趋势

中国超超临界机组在装机容量、能效水平、污染物排放控制等方面均处于世界领先水平，未来将向更加高效、更加灵活、更加清洁的方向发展。中国超超临界机组的供电煤耗等性能指标处于世界领先水平，未来将通过主机参数优化、余热高效利用等方法进一步提高机组效率。同时也在进一步提高调峰幅度、爬坡能力、起停速度和宽负荷效率保持能力，向着更加灵活的方向发展。中国超超临界机组的尘、硫、氮等常规污染物已全部达到超低排放水平，部分已达到近零排放要求，并正在对有色烟羽治理、深度脱汞、深度脱碳等领域开展工程应用研究实践，向更加清洁的方向发展。

① 超超临界高效发电技术

a. 优化主机参数　按目前的技术发展水平，采用二次再热，将机组参数提高至 35 MPa/615℃/630℃/630℃，供电煤耗可达到约 256 g/（kW·h），比目前已投运的最先进机组煤耗降低约 10 g/（kW·h），节能效果显著。国内三大主机生产厂已有在 1000 MW 超超临界二次再热机组设计上的成熟经验，并均已完成了 1000 MW 级超超临界 630℃二次再热机组的研发工作，基本都具备自主设计 630℃二次再热超超临界机组的能力。目前的方案均是在成熟的 610℃/620℃超超临界二次再热机组的基础上进行改进，通过对新材料的运用和对通流的改造，完成二次再热机组的开发，技术上是可行的。

材料方面，我国具有自主知识产权的先进马氏体耐热钢 G115，可以应用于 630℃超超临界二次再热机组锅炉高温受热面管道，也可应用于主汽和高温再热系统的大管道上。目前，G115 材料的强度试验已超过 $4×10^4$ h，材料的焊接工艺评定已经完成，基本具备投入商用的条件。随着材料等技术的持续发展，机组的蒸汽初参数未来可将 35 MPa/630℃/650℃/650℃和 35MPa/700℃/720℃/720℃作为发展目标，进一步提高机组净效率。沿海地区火电机组还可采用超低背压技术，将凝汽器排汽压力降低至 3 kPa（绝对压力），与其他条件等同设计背压为 4.9 kPa（绝对压力）的机组相比，汽机热耗可降低约 80 kJ/（kW·h）。

i. 650℃汽轮机　汽轮机的进汽参数初步确定为 35 MPa/630℃/650℃/650℃，为二次再热 1000 MW 汽轮机。已有订货的二次再热 630℃汽轮机，其机组发电效率达到 50%的前提是采用低背压（4.0～4.1 kPa）技术。二次再热 650℃汽轮机机组发电效率达到 50%时设计为常规背压 4.9 kPa。由于 650℃汽轮机的进汽参数较高，在相同背压下，其热耗率较 630℃汽轮机更低，机组发电效率超过 50%。

工作温度为 650℃的超高压内缸、高压内缸、中压内缸、超高压阀壳、高压阀壳和中压阀壳等大型铸件材料拟采用镍基合金或马氏体耐热钢。超高压转子、高压转子和中压转子拟采用焊接转子结构，高温段拟采用镍基合金，非高温段采用 9%～12%Cr 钢。

ii. 700℃汽轮机　700℃汽轮机的进汽参数初步确定为 35～38 MPa/700℃/720℃，为一次再热或二次再热 700～1000 MW 汽轮机。机组发电效率为 52%～55%，采用深海海水冷却的超低背压机组发电效率可达 55%，内陆地区采用冷却塔方式冷却的机组发电效率可达 52%。700℃汽轮机的超高压转子、高压转子和中压转子均采用焊接转子结构，高温段采用镍基合金，大型铸件也采用镍基合金。

降低镍基合金高温管道费用是决定 700℃汽轮机能否产业化的关键因素之一。技术经济性分析表明，700℃汽轮机示范工程中采用一次再热、三缸两排汽的 700 MW 汽轮机以及全高位布置可以大幅度降低镍基材料的消耗，提高 700℃汽轮机的性价比。整台汽轮机组全高位布置可以大幅度减少主蒸汽管道和一次再热蒸汽管道的长度，降低其成本，与在役超超临界机组相比，考虑参数提高、高位布置管道使压损减少以及双机回热系统等因素，汽轮机的热耗率降幅超过 5%。

b. 汽轮机组高低位布置技术　湿冷机组和间接空冷机组汽轮机可采用双轴高低位布置方

式。超高压缸、高压缸高位布置，布置高度与锅炉过热器出口联箱及一次再热器出口联箱的高度相协调；中、低压缸低位布置。高、低位机组各配一台发电机。高位机房可置于炉前。降低主汽系统和再热系统压降，可提高管道效率，降低机组发电煤耗 2～3 g/（kW·h）。直接空冷机组汽轮机可采用双轴高、中位布置，可降低主汽和再热系统压降，降低排汽管道背压，从而降低机组发电煤耗 2～3 g/（kW·h）；也可采用纯中位布置方式降低排汽管道背压。

② 1900～2200MW 核电汽轮机

a. CAP1700 半速核电汽轮机（1900 MW）　CAP1700 半速核电汽轮机的主蒸汽参数为 5.52～5.92 MPa/270～274.7℃，主蒸汽湿度为 0.36%～0.45%，额定功率为 1900 MW，转速为 1500 r/min，主蒸汽质量流量为 10037～10260 t/h，背压为 3.0～7.0 kPa。总体方案为单轴四缸六排汽或单轴五缸八排汽。采用焊接转子或整锻转子，根据背压的不同，采用 1710～2100 mm 末级长叶片。

b. CAP1900 半速核电汽轮机（2100～2200 MW）　CAP1900 半速核电汽轮机的主蒸汽参数为 5.52～5.92 MPa/270～274.7℃，主蒸汽湿度为 0.36%～0.45%，额定功率为 2100～2200 MW，转速为 1500 r/min，主蒸汽质量流量为 11094～11880 t/h，背压为 3.0～7.0 kPa。总体方案为单轴四缸六排汽或单轴五缸八排汽。采用焊接转子或整锻转子，根据背压的不同，采用 2200～2300 mm 末级长叶片。

③ 全速和半速长叶片

a. 全速 1450～1550 mm 长叶片　全速湿冷钛合金 1450～1550 mm 末级长叶片采用钛合金材料 TC4，设计排汽面积为 16.17 m²，适用于超超临界二次再热两排汽 660 MW 汽轮机、参数更高的联合循环汽轮机、低背压四排汽 1000 MW 汽轮机以及 4.9 kPa 常规背压四排汽 1200～1300 MW 汽轮机。国内汽轮机制造企业已经完成 1500～1550 mm 钛合金叶片的气动设计，根据加工制造工艺等要求编制了钛合金长叶片加工制造规范，可实现此类叶片加工制造的规范化。国内已完成 1450 mm 钛合金叶片的设计工作、一系列加工工艺试验研究以及实物叶片的加工制造，2019 年 7 月 23 日完成实物叶片的调频试验工作。1450 mm 钛合金叶片计划应用于大唐郓城或中兴电力蓬莱发电有限公司超超临界二次再热 1000 MW 发电机组。

b. 半速 2000～2300 mm 长叶片　2000～2100 mm 叶片是为 CAP1700 汽轮机开发的末级长叶片，排汽面积超过 29 m²，适用于六排汽 2000～2200 MW 半速核电汽轮机，也适用于四排汽 1000 MW 半速核电汽轮机。目前 2000 mm 末级叶片设计开发工作已经完成，计划寻找合适的项目进行模化叶片的实机运行验证。2200～2300 mm 叶片是为 CAP1900 汽轮机开发的末级长叶片，排汽面积超过 32 m²，适用于六排汽 2100～2200 MW 半速核电汽轮机。国内正在开展末级长叶片的气动、强度、振动和结构设计工作以及加工制造工艺研究，初步具备实物叶片制造条件，下一步需要开展末级长叶片动频试验验证等研究工作。开发较大工况变化范围内高性能、具有良好运行灵活性和高可靠性的末级长叶片的技术难度较大。考虑全三维气动性能、流固耦合特性、汽液两相特性、强度振动特性和整圈连接结构阻尼特性等，末级长叶片多学科、多目标优化设计有待深入研究。

4.3.7　综合评价

汽轮机节能技术的改造仍有很大的潜力。为了提高汽轮机的能效水平，不同机构和部门出台了一系列标准和规范，用于科学评价汽轮机在生产、实验、运行中的能效水平。

（1）汽轮机指标评价

① 真空度（真空）的节能评价　凝汽器真空是大气压力与工质的绝对压力之差值，用符号 p_V 表示，反映汽轮机凝汽器真空的状况。真空度是指凝汽器的真空值与当地大气压力比值的百分数。一般说真空每降低 1 kPa，或者近似地说真空度每下降 1%，热耗约增加 1.05%[发电煤耗率约 3.0 g/（kW·h）]，出力降低约 1%。节能评价时，一般要求考核期闭式循环机组真空度平均值应不低于 92%，开式循环机组真空度平均值应不低于 94%，背压机组不考核，循环水供热机组仅考核非供热期。

② 真空严密性的节能评价　发电厂对真空系统的严密性要求很高，需要定期做真空系统严密性试验。对于 100 MW 及以上容量的机组真空下降速度每分钟不超过 270 Pa/min，见表 4-2。真空下降速度是指凝汽器真空系统在抽汽器停止抽汽状态下空气漏入凝汽器后，凝汽器内压力增长的速度，单位 Pa/min。

表 4-2　真空严密性要求

机组容量/MW	真空下降速度/（kPa/min）	
	旧标准	新标准
<100	≤667	≤400
>100	≤400	≤270

③ 凝结水过冷度的节能评价　理想情况下，汽轮机的排汽与冷却水在凝汽器内进行热交换时，在冷却水量和冷却面积无穷大条件下，其蒸汽凝结成凝结水的温度，应与其相应的排汽压力下的排汽饱和温度相等。但在实际情况下，由于凝汽器设备结构设计原因和运行管理原因，凝结水温度一般低于其排汽温度。凝汽器入口处蒸汽压力（即排汽压力）对应的饱和温度与凝汽器热井出口凝结水温度之差称为凝结水过冷却度（或称为凝汽器过冷度，简称过冷度）。凝结水过冷却将会导致凝结水含氧量增加，加重除氧器负担并加快设备管道的锈蚀，换热量增大致使除氧器加热器加热时消耗过多的抽汽量，降低回热系统的经济性等危害。因此，凝汽器对凝结水应具有良好的回热作用，以使凝结水出口温度 t_c 尽可能接近凝汽器的排汽压力 p_k 所对应的饱和温度 t_s，以减少汽轮机回热抽汽，降低热耗。300 MW 机组过冷度 1℃，煤耗率增加 0.045 g/（kW·h）。

（2）汽轮机评价标准

① GB/T 13399—2012《汽轮机安全监视装置　技术条件》　本标准规定了固定式发电用汽轮机安全监视装置的保护监视项目及其技术要求，适用于汽轮机安全监视装置的设计、配

套选型与出厂调试。其他类型汽轮机亦可参照执行。汽轮机安全监视装置应能协同汽轮机控制系统等装置保护机组安全可靠地运行。在汽轮机起动、运行和停机过程中，该装置应能指示机组的主要运行参数值。运行中参数越限时应能发出报警、停机信号，并能提供巡测、计算机接口信号。

② GB/T 22073—2008《工业用途热力涡轮机（汽轮机、气体膨胀涡轮机）一般要求》 本标准规定：工业用的汽轮机和气体膨胀涡轮机的采购和供货的一般要求；非备用或作为关键设备的单级和多级冲动式或反动式涡轮机的基本要求；被驱动机器、齿轮装置、润滑和密封系统、控制器、仪表和涡轮机用辅助设备的部分要求。本标准适用于轴流式和辐流式工业涡轮机（汽轮机和气体膨胀涡轮机）。本标准适用于驱动泵、风机、压缩机或发电机等的工业用途汽轮机和（高温烟气）热力膨胀涡轮机。但对特殊应用场合，如应用于石油和天然气行业的一般用途和特殊用途汽轮机可根据需要提出补充规范。

③ GB/T 754—2007《发电用汽轮机参数系列》 本标准规定了发电用汽轮机的名词术语与定义、新蒸汽参数系列和运行中进汽参数允许波动范围等。本标准适用于额定功率等级0.75～1000 MW或更大，新蒸汽压力1.28～31 MPa或更高的固定式发电用（凝汽式）或热电联产用（背压式、抽汽背压式、抽汽凝汽式）汽轮机。本标准不适用于核电汽轮机和蒸汽-燃气联合循环用汽轮机。

④ GB/T 5578—2007《固定式发电用汽轮机规范》 本标准主要规定了大功率固定式发电用汽轮机设备的术语定义、保证值、调节、运行和检修、部件等的要求，其他类型的汽轮机和小功率汽轮机可参照执行。本标准适用于驱动发电机的固定式发电用汽轮机。有些条款也适用于其他用途的汽轮机。

⑤ GB/T 8117.3—2014《汽轮机热力性能验收试验规程：方法C 改造汽轮机的热力性能验证试验》 本部分给出的规定适用于汽轮机设备中所有硬件部件的改造。但对其他设备（例如锅炉、给水加热器等）的改造试验不包括在本部分中，尽管这些变化可能影响热力循环性能。

本部分的目的是验证影响电站效率的汽轮机改造性能保证值。许多不同的改造情况会遇到，例如蒸汽阀门的更换，部分汽轮机叶片、转子、整体模块的更换等。保证值将取决于改造的具体情况以及合同各方所商定的协议。根据本部分，各方可确定最合适的参数作为保证值，以评价改造后的性能。改造项目的主要困难是保证值的选择。

⑥ GB/T 28553—2012《汽轮机 蒸汽纯度》 本标准规定了用于汽轮机的蒸汽化学特性以防止蒸汽通道发生腐蚀和积垢，将汽轮机腐蚀危险、效率降低或输出功率损失降到最低。本标准适用于具有额定功率的凝汽式或背压式发电用汽轮机。但是，额定功率或蒸汽压力的适用范围受到经济因素（如监视装置和汽轮机设备的相对成本）的限制。本标准是为新机组而编制的，但也适用于现有机组。介绍的限制值是为保护汽轮机专门设计的。用户也应了解其他设备（例如锅炉或蒸汽发生器）对蒸汽纯度的影响。也适用于除地热源以外的任何汽源驱动的汽轮机。

4.4 工程应用案例

4.4.1 1000 MW 超超临界冲动式汽轮机通流改造

国家电投集团河南电力有限公司平顶山发电分公司 TOSHIBA 原型 1000 MW 超超临界汽轮机存在级间焓降过大、调节级效率偏低、中压进汽部分需要冷却、低压缸采用非落地轴承等设计缺陷。在长期运行中，汽轮机隔板疲劳会导致宏观裂纹，汽轮机热耗偏离设计值至少 200 kJ/（kW·h），低压轴承在高真空下出现振动突增。基于上述问题，结合机组的实际运行情况，该公司提出汽轮机通流部分改造方案。

（1）汽轮机通流部分改造方案

① 高压部分改造方案　若高参数、大容量汽轮机采用冲动式设计，会导致隔板上的级间压力及蒸汽焓降增加，因此将高压缸整体更换，内缸采用较为成熟的反动式套环或筒形缸，充分利用原有高压部分空间，按照多级小焓降、变反动度设计理念，布置 14～17 级压力。配套对压损超过 5%的四个主汽阀组进行更换，采用 2 主+2 调+2 过载阀方式，主汽阀全开压损小于 2%，补汽阀开启点为 THA 工况，汽轮机原基础、支撑方式不变，改造后，各工况高压缸缸效不低于 91%。

② 中压部分改造方案　中压外缸和中压主汽门保留，仅更换内缸和转子。内缸采用三段布置结构，内缸与外缸的配合按原机进行设计，中压内缸进汽仍采用底部进汽、通过插管连接的方式设计。改造后，现有机组的抽汽管道结构将保留，无须进行改动，中压内缸采用中分面螺栓进行把合，转子加装平衡块的位置和原来相同，平衡面的入口位置保持不变。中压缸进汽第一级采用切向进汽斜置静叶结构，并采用低反动度叶片级（约 20%的反动度）设计方式；采用切向涡流冷却技术，取消中压转子冷却；采用变反动度设计的原则，即由最佳的汽流特性决定各级的反动度，使各级叶片均处在最佳运行状态，提升机组的通流效率。改造后，中压缸通流级数为 2×（11～13），中压缸效率在各工况下不低于 92%。

③ 低压部分改造方案　保留低压外缸，更换低压内缸和转子。低压内缸设计中采用斜置撑板结构，并优化设计内缸温度场，利用气缸自身的热胀达到运行状态自密封，使低压内缸中分面具有更好的密封性，明显缓解或者消除低压段抽汽温度偏高的问题。低压缸为座缸式轴承，不适合采用传统反动式机组的整锻转子，因为该类转子轮毂平均直径大于冲动式转子，自重往往偏大。为了避免自重的增加给低压外缸和轴承带来更大的负荷，引起潜在的安全问题，新的低压转子将采用轻量化的焊接设计思路，使得改造后低压转子作用在轴承座上的载荷基本不变，保证低压缸运行安全稳定。改造后，通流级数 2×2×7～8，末 3 级为自由叶片，末级叶片长度为 1146 mm 或 1200 mm，低压缸效率在各工况下不低于 90%。

④ 热力系统优化方案　本次改造充分考虑机组灵活性，通流部分设计兼顾低负荷运行的

经济性，为宽负荷设计；考虑低负荷脱硝系统投入运行的安全性，本次改造增加 3#高加外置蒸冷器，同步对 1#高加进汽汽源进行改造，增加低负荷汽源，提升低负荷下给水温度，至少提高 15℃。

（2）改造后经济效益分析

该电厂处于内陆地区，按照以下条件进行效益分析：年利用小时数为 4300 h，标准煤单价为 703.47 元/t，100%THA、75%THA 和 50%THA 三个工况负荷比例分配系数为 2:5:3。

① 汽轮机本体改造效益分析 汽轮机本体改造前后，各工况指标对比如表 4-3 所示。考虑汽轮机 0.8%老化的影响，经计算，年度节煤 4.66 94 万吨，节煤收益为 3 284.8 万元。项目投资财务内部收益率为 18.22%，静态投资回收期为 4.64 年。

表4-3 汽轮机本体改造前后各工况指标对比

序号	名称	单位	100%THA		75%THA		50%THA	
			改造前	改造后	改造前	改造后	改造前	改造后
1	机组热耗率	kJ/（kW·h）	7633.2	7332	7787.2	7427	8022.4	7673
2	厂用电率	%	3.7	3.7	4.02	4.02	4.9	4.9
3	管道效率	%	99	99	99	99	99	99
4	锅炉效率	%	93.67	93.67	93.3	93.3	92.99	92.99
5	发电煤耗	g/（kW·h）	280.861	269.778	287.663	274.357	297.34	284.389
6	供电煤耗	g/（kW·h）	291.652	280.143	299.712	285.848	312.66	299.043
7	低温省煤器影响	g/（kW·h）	−1.5	−1.5	−1.125	−1.125	−0.45	−0.45
8	最终供电煤耗	g/（kW·h）	290.152	278.643	298.587	284.723	312.21	298.593

② 1#高加新增汽源效益分析 1#高加增加高压汽源各负荷阶段热耗率如表 4-4 所示。经计算，节煤收益约为 88.85 万元/年，财务内部收益率为 40.26%，静态投资回收期为 2.36 年。该项目静态总投资为 200 万元，而增加 0 号高加需要静态总投资 1400 万元，在财务内部收益率和静态投资回收期方面，采用 1#高加方案更为优越。

表4-4 1#高加增加高压汽源各负荷阶段热耗率

序号	名称	单位	机组负荷率		
			75%THA	50%THA	40%THA
1	投 0 抽热耗率	kJ/（kW·h）	7427	7673	7889
2	不投 0 抽热耗率	kJ/（kW·h）	7437	7682	7898
3	相差值	kJ/（kW·h）	−10	−9	−9

③ 3#高加外置冷却器效益分析 本机组三级抽汽温度较高，达到 450℃，过热度较大，

能级利用效率低，因此可以在三级抽汽进入加热器前增设外置蒸冷器以提高给水温度，可以进一步降低机组煤耗。由于增加外置蒸冷器，3#高加出现换热面积不足，蒸冷段出口处干壁温度低于设计值的情况，容易引发安全性问题，人们需要进行现场局部处理。上述改造费用约为750万元，改造后，可降低机组热耗12～15 kJ/（kW·h），节煤收益约为137.32万元/年，项目投资财务内部收益率为14.97%，静态投资回收期为6.04年。

4.4.2 蒸汽喷射真空系统代替水环真空泵

在真空母管（φ325×8 mm）上加装一套凝汽器蒸汽喷射真空系统来代替水环真空泵，蒸汽喷射泵动力汽源采用辅助蒸汽。凝汽器蒸汽喷射真空系统冷凝器的冷凝水返回热井回收，蒸汽喷射器后置冷凝器冷却水源为开式水。改造后凝汽器真空系统配置2×100%容量真空泵及一套凝汽器蒸汽喷射真空系统（包括一台小功率水环真空泵）。机组起动时，原110 kW功率水环真空泵运行快速建立真空；机组正常运行时，凝汽器蒸汽喷射真空系统（包括一台小功率水环真空泵）投入运行，原两台110 kW水环真空泵作为备用。

作为核心部件，蒸汽喷射器的原理与电厂经常使用的射水抽汽器相似，只是动力介质由水改为动力蒸汽。蒸汽喷射器的设计以水环真空泵入口的最低背压值作为喷射器入口的压力值，以凝汽器夏季工况的最大背压作为喷射器的出口压力值，用出口压力比上进口压力来定义蒸汽喷射器的压缩比，确保蒸汽喷射器出口压力值所对应的饱和蒸汽温度比水环真空泵工作液温度高6.5℃以上，这样就能避免工作液的汽化，消除汽蚀问题。同时，蒸汽喷射器后置冷凝器可以将全部动力蒸汽和部分凝汽器内的可凝结蒸汽凝结成水，使水环真空泵入口的汽气混合物的体积流量大幅度降低，以此保证即使在夏季工况，一台小功率水环真空泵的抽吸能力就能满足维持机组凝汽器真空的需要。

凝汽器真空系统改造后蒸汽喷射真空系统能够稳定运行，并进行了性能试验（机组负荷170 MW），分别检测原真空系统（一运一备）稳定运行和蒸汽喷射真空系统稳定运行的凝汽器真空相关数据，投运前后凝汽器真空变化凝汽器真空值提高了0.84 kPa。同时，投入原真空系统维持真空，机组正常运行时真空泵一运一备，每小时消耗电能160 kW·h。投入凝汽器蒸汽喷射真空系统后，系统维持真空时仅有一台小功率真空泵运行，每小时消耗电能45 kW·h，此时原真空泵投入备用状态。对比原真空系统，每小时节约电能115 kW·h。

参考文献

[1] 王攀. 现役火力发电机组汽机侧节能优化研究[D]. 北京：华北电力大学（北京），2016.

[2] 谢旭阳. 西屋引进型超临界600 MW汽轮机组整体性能优化节能技术研究与应用[D]. 济南：山东大学，2014.

[3] 徐星. 300 MW亚临界汽轮机通流改造研究[J]. 发电设备，2020，34（4）：279-282.

[4] 夏荣海. 火电厂汽轮机组节能技术的应用研究[D]. 北京：华北电力大学（北京），2016.

[5] 薛菁裕，孔令国，刘鹏. 电厂汽轮机节能降耗的主要方法研究[J]. 科技展望，2016，26（3）：119.

[6] 罗玉立，曾杰，王刚，等. 10%Cr 型超临界转子钢冶炼工艺研究[J]. 大型铸锻件，2021（2）：7-9.

[7] 姜浩. 350 MW 汽轮机节能改造经济性研究和热耗分析[D]. 北京：华北电力大学（北京），2015.

[8] 姚生魁. 200 MW 机组汽轮机汽封改造研究[D]. 北京：华北电力大学（北京），2017.

[9] 王世超. 汽轮机低压缸进汽道气动性能改进研究[D]. 上海：上海交通大学，2010.

[10] 王鹏. 330 MW 汽轮发电机组节能改造经济性分析[D]. 北京：华北电力大学（北京），2017.

[11] 刘明飞. 电厂汽轮机运行的节能降耗[J]. 化工设计通讯，2017，43（4）：201-202.

[12] 周国强，孙显明. 350 MW 超临界汽轮机低位能供热技术节能分析[J]. 中国电力，2019，52（11）：134-137.

[13] 韩丽娜，李绍刚，王刚. 凝汽器抽真空系统的节能改造[J]. 华电技术，2016，38（5）：70-72.

[14] 刘天成. 凝汽器抽真空系统研究与性能优化[D]. 济南：山东大学，2017.

[15] 曾华. 双背压凝汽器抽真空系统的技术改造[J]. 华电技术，2011，33（3）：45-47，81.

[16] 段金鹏，李兴华，徐殿吉. 350 MW 超临界汽轮机通流改造热力设计[J]. 汽轮机技术，2020，62（4）：251-254.

[17] 平艳梅，王磊，陈帅，等. 一种凝汽器蒸汽喷射提效系统的改造应用[J]. 中国电力企业管理，2017（24）：92-94.

[18] 程晋瑞，孙坚，周卫东，等. 凝汽器蒸汽喷射真空系统在电厂改造中的应用[J]. 中国电业（技术版），2015（11）：100-102.

[19] 郑宏伟，李炜. 电厂汽轮机运行的节能降耗研究[J]. 中国高新技术企业，2016（9）：78-79.

[20] 王圣宾. 660 MW 超超临界二次中间再热机组 30% BMCR 深度调峰研究[J]. 电力系统装备，2020（8）：62-63.

[21] 万明元，王渡，贾国强. 660 MW 超超临界机组 0 号高加抽汽口位置优化[J]. 能源与节能，2020（4）：80-84.

[22] 冯立伟. 浅析超超临界汽轮机技术[J]. 山东工业技术，2016（16）：251.

[23] 袁晶晶. 超超临界汽轮机技术研究的新进展[J]. 装备维修技术，2019（3）：16.

[24] 孙逊，李光辉，董凤仁. 发电厂汽轮机及其辅机设备节能技术[J]. 中国高新技术企业，2012（17）：112-114.

[25] 李冉. 1000 MW 超超临界机组能耗分析与优化[D]. 北京：华北电力大学（北京），2013.

[26] 王羽波. 汽轮机及其辅助系统能效评价的研究[D]. 北京：华北电力大学（北京），2014.

[27] 陶冶. 汽轮机系统能耗分析与结构优化研究[D]. 武汉：华中科技大学，2015.

[28] 张在昭. 工业汽轮机能耗分析与优化方法研究[D]. 杭州：浙江大学，2017.

[29] 杨志平，杨勇平. 1000 MW 燃煤机组能耗及其分布[J]. 华北电力大学学报（自然科学版），2012，39（1）：76-80.

[30] 李代智，周克毅，徐啸虎，等. 600 MW 火电机组抽汽供热的热经济性分析[J]. 汽轮机技术，2008，50（4）：282-284.

[31] 王柏. 800 MW 汽轮机组通流改造设计及应用[D]. 哈尔滨：哈尔滨工业大学，2017.

[32] 张冰. 600 MW 超临界机组热效率等效热降计算分析[J]. 节能，2013，32（10）：33-36.

[33] 李勇，曹丽华，林文彬. 等效热降法的改进计算方法[J]. 中国电机工程学报，2004，24（12）：247-251.

[34] 张彬，赵金涛，胡雪梅. 1000 MW 超超临界冲动式汽轮机通流改造及效益分析[J]. 河南科技，2020（8）：128-130.

[35] 张超，杜末，张凯. 1000 MW 超超临界二次再热机组烟气余热深度利用经济性分析[J]. 机电信息，2020（6）：42-43.

[36] 陈桂二. 1000 MW 超超临界二次再热机组深度调峰技术探讨[J]. 机电信息，2020（8）：76-77.

[37] GB/T 13399—2012. 汽轮机安全监视装置技术条件[S]. 北京：中国标准出版社，2012.

[38] GB/T 22073—2008. 工业用途热力涡轮机（汽轮机，气体膨胀涡轮机）一般要求[S]. 北京：中国标准出版社，2008.

[39] GB/T 754—2007. 发电用汽轮机参数[S]. 北京：中国标准出版社，2007.

[40] GB/T 5578—2007. 固定式发电用汽轮机规范[S]. 北京：中国标准出版社，2007.

[41] GB/T 8117.3—2014. 汽轮机热力性能验收试验规程：方法 C 改造汽轮机的热力性能验证试验[S]. 北京：中国标准出版社，2014.

[42] GB/T 28553—2012. 汽轮机蒸汽纯度[S]. 北京：中国标准出版社，2012.

[43] 郑恒. 1000 MW 超超临界机组旁路系统配置优化[J]. 浙江电力，2020，39（4）：102-106.

[44] 朱家绩，魏林松，田文军，等. 2150 kW 背压式汽轮机节能改造实践与运用[J]. 硫酸工业，2021（1）：55-58.

[45] 程辉. 超超临界二次再热 1000 MW 机组回热系统优化[J]. 能源科技，2020，18（2）：47-50.

[46] 杨名，段立强，刘庆新，等. 超超临界二次再热燃煤发电系统优化设计[J]. 工程热物理学报，2020，41（9）：2119-2128.

[47] 邓清华，胡乐豪，李军，等. 大型发电技术发展现状及趋势[J]. 热力透平，2019，48（3）：175-181.

[48] 刘新新，彭建强. 对我国 A-USC 汽轮机用 Ni 基合金铸件研发的建议[J]. 汽轮机技术，2018，60（5）：397-400.

[49] 王婧，杨金福，段立强，等. 高参数超超临界燃煤机组汽轮机热力系统优化设计[J]. 发电技术，2021，42（4）：480-488.

[50] 赵英淳，吴凯，张磊. 国产超超临界汽轮机特点分析及问题建议[J]. 电力与能源，2020，41（3）：367-370.

[51] 刘新新，彭建强. 国内外 A-USC 汽轮机材料研究进展[J]. 汽轮机技术，2020，62（1）：75-80.

[52] 刘希涛，张学良. 国内外火电汽轮机低压末级长叶片的发展[J]. 热力透平，2018，47（2）：132-139.

[53] 牛玉广，董竹林. 汽轮机主蒸汽压力优化研究发展综述[J]. 控制工程，2020，27（11）：1937-1946.

[54] 史进渊，阳虹，张宏涛，等. 我国汽轮机产品的新进展与发展方向[J]. 动力工程学报，2021，41（7）：542-550.

第5章

电动机节能技术

5.1 概述

电动机（motor）是把电能转换成机械能的一种设备，利用通电线圈（定子绕组）产生旋转磁场并作用于转子形成磁电动力旋转扭矩，使转子转动。各种类型的电动机主要作为风机、泵、压缩机、机床、传输带等各种机械设备的驱动装置，被称为各种工业设备的"心脏"，是我国工业基础的基础。但是，电动机体系是用电量最大的终端用能设备，据统计，电动机用电量约占全球总用电量的 42%～50%，三相异步电动机用电量占电动机总用电量的 90% 左右，37 kW 及以下电动机用电量占电动机总用电量的 50% 左右。而我国电动机每年耗电量约占全社会用电量的 69%，占工业用电的 75% 左右。如果中小型电动机效率全部从 IE2 提升到 IE3，全国年节电量可达 9×10^{10} kW·h，约等于每年可减少 5.96×10^7 t CO_2。因此，设置合理的电动机能效限定值、推动电动机系统能效提升对工业绿色高质量发展和实现"碳达峰、碳中和"的目标意义重大。

"十三五"时期是我国电动机行业转型升级的重要时期，电动机行业从高速发展阶段进入相对平稳发展阶段，市场两极分化态势更加明显，市场资源进一步向优势企业集中。"十三五"期间，虽然有一些国内企业在全球高、低压电机市场占据了一定的份额，在部分领域具备了相当的竞争力，但是从行业整体来看，我国电动机跟国外还有不少的差距，特别是电动机能效、智能化、系统集成、材料消耗和智能制造方面竞争力较弱。目前国内中小型高效电机的市场占有率大约只有 10.6%，超高效电机的电动机则更少，电动机系统由于匹配不合理，运行效率依然落后国外先进水平 10% 左右，存量改造空间大。设置合理的电动机能效限定值，不但有利于中国如期实现"双碳"目标，还能推动电动机产品能效升级。大约 75% 的工业电动机用于驱动泵、风机和压缩机，这类设备效率提升潜力巨大。根据美国、欧盟、上海电科院、上海能效中心等大量电动机系统节能测试评估和节能改造项目经验，压缩空气系统的节能潜力多在 10%～50%，风机系统的节能潜力约为 20%～60%，泵系统的节能潜力约为 20%～40%。因电动机在节能低碳领域的特殊性，电动机能效提升已成为发达国家重要的节能措施，也是我国实施节能减排工作的重中之重。

新版国家强制能效标准 GB 18613—2020《电动机能效限定值及能效等级》于 2021 年 6 月 1 日起正式实施，IE3 成为能效等级的起点，企业在大力推进节能增效方面形成了更广泛的共识，瞄准"碳达峰、碳中和"目标，以绿色、高效、节能为主线，推动和促进传统企业科研平台和新型研发机构的合作，以产业前沿引领技术和关键共性技术研发与应用为核心，完善中国电动机产业共性技术基础。"十四五"期间，电机行业应密切关注国家产业政策导向，重点在高档数控机床和机器人、航空航天装备、海洋工程装备及高技术船舶、轨道交通装备、节能与新能源汽车、电力装备、农业机械装备等领域，加快人工智能、工业互联网等新一代信息技术与电机行业的融合，加大共性关键技术攻关力度，加快特殊、专用电机研发，建立电机全生命周期服务模式，加速行业向服务型制造转型，保持电机行业健康平稳发展。

5.2 电动机分类与特点

5.2.1 电动机分类

电动机由于应用广泛，因此种类繁多，亦有多种分类方式，可以按工作电源、结构原理、起动与运行方式、转子结构、用途、运转速度等划分。一般来说，根据电动机结构和工作原理，电动机可分为直流电动机和交流电动机，其中交流电动机又包括同步电动机和异步电动机，如图 5-1 所示。

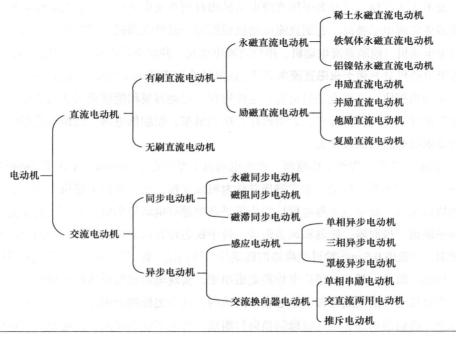

图 5-1　电动机按结构和工作原理分类

电动机按运转速度分为低速电动机、高速电动机、恒速电动机和调速电动机。其中，低速电动机分为齿轮减速电动机、电磁减速电动机、力矩电动机和爪极同步电动机；调速电动机除可分为有级恒速电动机、无级恒速电动机、有级变速电动机和无级变速电动机外，还可分为电磁调速电动机、直流调速电动机、PWM 变频调速电动机和开关磁阻调速电动机。变频调速是改变电动机定子电源的频率，从而改变其同步转速的调速方法。变频调速系统的主要设备是提供变频电源的变频器，变频器可分成交流-直流-交流变频器和交流-交流变频器两大类，目前国内大都使用交流-直流-交流变频器。

此外，电动机按用途分为驱动用电动机（电动工具用、家电用与通用小型机械设备用电动机）和控制用电动机（步进电动机和伺服电动机），按起动与运行方式分为电容起动式单相异步电动机、电容运转式单相异步电动机、电容起动运转式单相异步电动机，按转子结构可分为鼠笼型异步电动机和绕线型异步电动机，按防护形式分为开启式与封闭式（网罩式、防溅式、防水式、防滴式、水密式、潜水式等），按绝缘等级分为 A 级、E 级、B 级、F 级、H 级、C 级等。

5.2.2　典型电动机结构和工作特性

（1）直流电动机

直流电动机（direct current motor）是将直流电能转变成机械能的旋转机械，其特点是线圈中电流不改变方向，可分为无刷直流电动机和有刷直流电动机。无刷直流电动机采用半导体开关器件实现电子换向。有刷直流电动机根据定子磁极的励磁方式分为永磁直流电动机和励磁直流电动机（他励直流电动机、串励直流电动机、并励直流电动机和复励直流电动机）。永磁直流电动机分为稀土永磁直流电动机、铁氧体永磁直流电动机和铝镍钴永磁直流电动机。和交流电动机相比，直流电动机具有调速性能好、起动容易和能够载重起动等优点，因此广泛应用于矿井卷扬机、挖掘机、大型机床、电力机车、船舶推进器、纺织及造纸机械等对调速性能要求较高的机械设备上。

① 直流电动机结构和工作原理　直流电动机主要由定子（stator）和转子（rotor）两大部分构成。定子的主要作用是产生主磁场并作为机械支撑，它主要由主磁极、换向磁极、机座和电刷装置组成。转子（也称电枢）的作用是产生感应电动势和电磁扭矩，它主要由转子铁芯、转子绕组、换向器、转轴和风扇组成。转子铁芯作为电动机主磁路的一部分，用于嵌放转子绕组，一般用 0.5 mm 涂过绝缘漆的硅钢片叠压而成。转子绕组由绝缘导线制成的线圈按一定规律连接组成，是产生感应电势和电磁扭矩，实现电动机能量转换的枢纽。每个绕组元件的两个有效边分别嵌放在转子铁芯表面的槽内，两个出线端分别连接到换向器的两个相邻换向片上。换向器由许多相互绝缘的换向片组成，将转子绕组中的交流电整流成刷间的直流电或将刷间的直流电逆变成转子绕组中的交流电。定子与转子之间有一空隙，称为气隙（air gap）。直流电动机组成和径向剖面图分别如图 5-2 和图 5-3 所示。

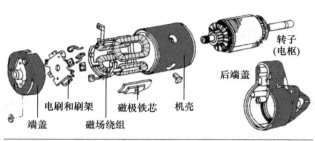

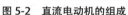

图 5-2　直流电动机的组成

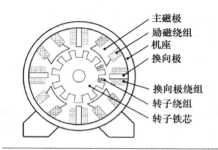

图 5-3　直流电动机的径向剖面示意图

② 直流电动机机械特性 电动机的机械特性指的是转速 n 与电磁扭矩 T_e 之间的关系。不同励磁方式的直流电动机，其运行特性也不尽相同，如图 5-4 所示。下面主要介绍在调速系统中应用较广泛的他励直流电动机的机械特性，如图 5-5 所示。

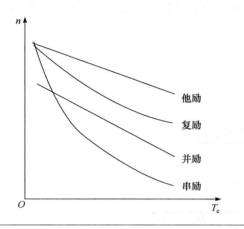

图 5-4 不同励磁方式的电动机机械特性

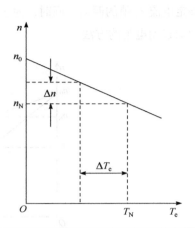

图 5-5 他励电动机机械特性

从图 5-5 所示的他励直流电动机机械特性曲线上可以得出两个重要的参数，即理想空载转速 n_0 和机械特性硬度 β。理想空载转速 n_0 是在电磁扭矩 $T_e = 0$ 时的转速，即 n-T_e 曲线在 n 轴上的截距。转速变化 Δn 为电动机实际转速 n 与额定转速 n_N 之差，即 $\Delta n = n - n_N$；电磁扭矩变化 ΔT_e 为电动机实际电磁扭矩 T_e 与额定电磁扭矩 T_N 之差，即 $\Delta T_e = T_e - T_N$。机械特性硬度表征机械特性的平直程度，即扭矩变化 ΔT_e 与所引起的转速变化 Δn 的比值，其定义式为：

$$\beta = \frac{\mathrm{d}T_e}{\mathrm{d}n} = \frac{\Delta T_e}{\Delta n} \times 100\% \tag{5-1}$$

根据 β 值的不同，直流电动机的机械特性可分为绝对硬特性（$\beta \to +\infty$）、硬特性（$\beta \geqslant 10$）和软特性（$\beta < 10$）。β 值越大，直线越平，特性越硬。由于转子电阻较小，他励直流电动机的机械特性都比较硬。

他励直流电动机的固有机械特性是指在额定电压和额定磁通下，电枢电路不外接任何电阻时转速与电磁扭矩的关系 $n = f(T_e)$。此时，转速与电磁扭矩呈线性关系。根据电动机的铭牌数据求出 $(0, n_0)$ 和 (T_N, n_N)，即可绘制他励直流电动机固有机械特性曲线。他励直流电动机的人为机械特性是指人为改变电动机电枢外加电压和励磁磁通的大小，电枢回路外接电阻时所得到的机械特性。

③ 直流电动机起动特性 电动机的起动就是通电后电动机转子开始转动，并达到要求转速的过程。直流电动机未起动时电枢转速 $n = 0$，感应电势 $E = 0$，而电枢回路内阻 R_a 一般很小。当将电动机直接接入电网并施加额定电压 U_N 时，起动电流 $I_{st} = U_N / R_a$。这个电流很大，能达到其额定电流 I_N 的 10～20 倍。过大的起动电流对电动机、机械系统和供电电网的危害很大，因此直流电动机是不允许直接起动的，即在起动时必须设法限制电枢电流，例如普通的

Z2 型直流电动机，规定电枢的瞬时电流不得大于额定电流的 2 倍。为了限制直流电动机的起动电流，一般采用降压起动和电枢回路串电阻起动。图 5-6 中直线 1 为电动机电枢回路串接起动电阻时的机械特性，直线 2 为电动机的固有机械特性，起动电阻的大小就是保证起动电流为额定电流 I_N 值的两倍。同时，为了解决 a 点切换到 b 点时冲击电流大的问题，通常采用逐级切除起动电阻的方法。

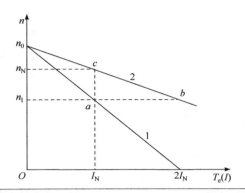

图 5-6 电枢回路串电阻起动特性

④ 直流电动机的调速特性　电动机的调速是在一定的负载条件下，人为改变电动机的电路参数，以改变电动机的稳定转速。对于他励直流电动机，改变串入电枢回路的电阻、电枢供电电压或主磁通，都可以得到不同的人为机械特性，从而在负载不变时可以改变电动机的转速，以达到调速的要求，故直流电动机调速的方法有以下三种：改变电枢电路外串电阻、改变电动机电枢供电电压与改变电动机主磁通。

（2）同步电动机

同步电动机（synchronous motor）是由直流供电的励磁磁场与电枢的旋转磁场相互作用产生扭矩、以同步转速旋转的交流电动机，其转速与负载大小无关。同步电动机转子转速 n 与磁极对数 p、电源频率 f 之间满足关系式 $n = 60f/p$。转速 n 取决于电源频率 f，故电源频率一定时，转速不变。同步电动机一般由定子、转子、轴承、底板、端盖、集电环以及刷架构成，防护等级为 IP44 以上的电动机还包括冷却器。同步电动机分为永磁同步电动机、磁阻同步电动机和磁滞同步电动机。电励磁的同步电动机可以通过改变励磁来调节功率因素，使其可以在功率因素为 1 的状态下运行。同步电动机的电流在相位上是超前于电压的，即同步电动机是一个容性负载。同步电动机具有运行稳定性高和过载能力大等特点，常用于多机同步传动系统、精密调速稳速系统和大型设备（如轧钢机）等。永磁同步电动机因其本身带有磁钢，励磁磁场由永磁体提供，没有励磁损耗，也不需要从电网吸收无功励磁功率，功率因素非常高，是一种非常有潜力的电动机。

① 同步电动机工作特性　同步电动机的效率特性是指在额定电压 U_N 及额定励磁电流 I_{fN} 下，电动机的电磁扭矩 T_e、电枢电流 I_M、效率 η、功率因数 $\cos\varphi_M$ 等物理量随输出功率 P_2 变化的规律，即 $T_e = f(P_2)$、$I_M = f(P_2)$、$\eta = f(P_2)$ 与 $\cos\varphi_M = f(P_2)$，如图 5-7 所示。从

图中可以看出，$T_e = f(P_2)$ 是一条直线。当 $P_2 = 0$ 时，I_M 为很小的空载电流 I_0；随着输出功率的增加，I_M 随之增大，$I_M = f(P_2)$ 近似为一直线；当 $P_2 = 0$（空载）时，$\eta = 0$，随着输出功率的增加，效率逐步增加，达到某个最大值后开始下降。同步电动机的功率因数特性与额定功率因数有关，如图 5-8 所示。曲线 1 对应励磁电流较小，空载时功率因数等于 1；曲线 2 对应励磁电流稍大，半载时功率因数等于 1；曲线 3 对应励磁电流更大，满载时功率因数等于 1。通过改变励磁电流，可使电动机在任意特定负载下的功率因数达到 1，甚至变成超前。同步电动机的最大电磁功率与额定功率之比称为过载能力。增加电动机的励磁，可以提高最大电磁功率，从而提高过载能力。

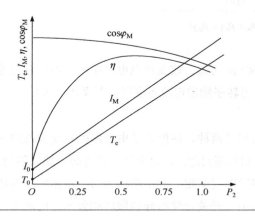 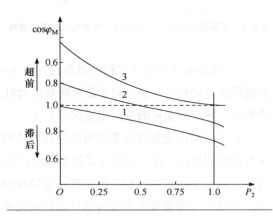

图 5-7　同步电动机的效率特性曲线　　　　**图 5-8　同步电动机的功率因数特性**

② 同步电动机的 V 形曲线及功率因数调节　同步电动机在电网电压、电网频率以及输出功率保持不变的情况下，改变励磁电流的大小，可以改变电枢电流和功率因数。同步电动机的 V 形曲线是指在保持电压 U 为额定电压 U_N、有功功率 P_e 为常数时，电枢电流 I_M 与励磁电流 I_f 之间的关系曲线，即 $I_M = f(I_f)$。V 形曲线可以通过试验测得，如图 5-9 所示。对应于每条曲线的最低点，电枢电流 I_M 为最小值，此时电枢电流只有有功电流，功率因数为 1，电动机为正常励磁，对应的励磁电流为正常励磁电流。当 I_f 小于正常励磁电流时，电动机为欠励，此时电枢电流中出现感性无功电流，因此电枢电流增大，滞后于同步电动机电动势 U_1。当 I_f 大于正常励磁电流时，电动机为过励，此时电枢电流中出现了容性无功电流，因此电枢电流增大，超前于 U_1。随着输出功率增大（$P_e < P_{e1} < P_{e2}$），V 形曲线向上向右移动。因为这时电枢电流的有功分量将增大，因此最低点上移，同时励磁电势也增大，即励磁电流也增大，故最低点右移。

当同步电动机带一定负载时，若减小励磁电流 I_f，感应电动势与电磁功率均减小，当电磁功率减小到一定程度，功率角 θ 超过 90°，电动机就失去同步，如图 5-9 中虚线所示的不稳定区域。同步电动机在过励状态下从电网吸收容性无功功率，可向其他感性负载提供感性无功功率，从而提高功率因数，这是同步电动机的最大优点。因此，为改善电网功率因数和提高电动机过载能力，同步电动机的额定功率因数一般设计为 1～0.8（超前）。

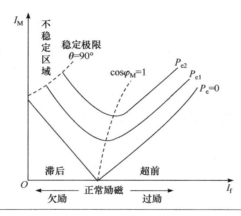

图 5-9　不同输出功率下励磁电流和电枢电流的关系曲线（$P_e < P_{e1} < P_{e2}$）

③ 同步电动机的调速和控制方式　由 $n = 60f/p$ 可知，改变供电电源频率，可以方便地控制同步电动机的转速。对于隐极同步电动机，当转子励磁电流不变时，若采用恒电压/频率比控制，同步电动机的最大扭矩保持不变。

同步电动机变频调速系统可分为他控式和自控式两种。他控式是由外部控制变频器频率来准确控制转速，这种控制方式简单，但有失步和振荡问题，对急剧升、降速必须加以限制。自控式是频率的闭环控制，采用转子位置传感器随时间测定、转子磁极相对位置和转子的转速，由位置传感器发出的位置信号去控制变频器中主开关元件的导通顺序和频率。电动机的转速在任何时候都与变频器的供电频率保持严格的同步，故不存在失步和振荡现象。

（3）异步电动机

异步电动机（asynchronous motor），其转子转速总是略低于旋转磁场的同步转速。异步电动机分为感应电动机和交流换向器电动机。感应电动机可分为三相异步电动机、单相异步电动机和罩极异步电动机等。交流换向器电动机可分为单相串励电动机、交直流两用电动机和推斥电动机。异步电动机具有结构简单，制造、使用与维护方便，运行可靠以及质量较小，成本较低等优点，广泛应用于工农业生产机械、家用电器和医疗器械等。例如，蔚来 ES8 和特斯拉的 Roadster、Model X 与 Model S 等新能源电动汽车均搭载了三相异步电动机。

① 三相异步电动机结构　三相异步电动机由三相定子绕组和旋转的转子两个基本部分组成。三相定子绕组的作用是产生旋转磁场，由电子铁芯、定子绕组和机座等构成。转子的作用是在旋转磁场的作用下，产生感应电动势或电流，由转子铁芯、转子绕组和转轴等构成。定子三相绕组是异步电动机的电路部分，是把电能转换为机械能的关键部件。定子三相绕组的结构是对称的，一般有六个出线端 A、X、B、Y、C、Z，置于机座外侧的接线盒内，根据需要接成星形（Y）或三角形（△），如图 5-10 所示。一般来讲，当电机容量小于 3 kW 时，绕组采用星形连接方式，电动机功率大于 4 kW 时，绕组采用三角形连接。

② 三相异步电动机的机械特性　三相异步电动机电源电压恒定、电动机参数已知时，即在一定的电源电压 U_1 和转子电阻 R_2 下，转差率 S 与电磁扭矩 T_e 的关系曲线，即 $S = f(T_e)$，

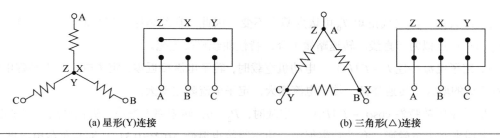

(a) 星形(Y)连接　　　　　　　　　　　　　(b) 三角形(△)连接

图 5-10　三相异步电动机出线端连接方式

称为三相异步电动机的机械特性曲线。三相异步电动机机械特性有固有机械特性和人为机械特性。固有机械特性是指在额定电压和额定频率下，用规定的接线方式，定子和转子电路中不串接电阻和电抗时的机械特性。如图 5-11 所示，固有机械特性曲线上的额定工作点 B、起动工作点 A 和临界工作点 P 分别对应着额定电磁扭矩 T_N、起动电磁扭矩 T_{st} 和最大电磁扭矩 T_{emax}。因此，B、A、P 和理想空载点 H 可以决定特性曲线的基本形状和三相异步电动机的运行性能。通常把在固有机械特性上最大电磁扭矩 T_{emax} 与额定扭矩 T_N 之比称为电动机的过载能力系数 λ_m。λ_m 表征电动机能够承受冲击负载的能力，是电动机的一个重要运行参数。鼠笼式异步电动机 $\lambda_m = 1.8 \sim 2.2$，线绕式异步电动机 $\lambda_m = 2.5 \sim 2.8$。

③ 三相异步电动机的工作特性　三相异步电动机正常运行时，当其拖动的机械负载发生变化，电动机的转速、电流、功率因数、效率、电磁扭矩等均随之变化。三相异步电动机的工作特性是指在额定电压 U_N 和额定频率 f_N 下，转速 n、电磁扭矩 T_e、定子电流 I_1、定子功率因数 $\cos\varphi_1$ 以及效率 η 等随输出功率 P_2 的变化关系，见图 5-12。

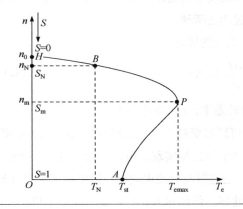

图 5-11　异步电动机的固有机械特性

图 5-12　三相异步电动机的工作特性

a. 转速调整特性 $n = f(P_2)$　若三相异步电动机转速过低，即转差率过大，会增加转子铜耗，导致电动机效率降低。因此，三相异步电动机的额定转差率一般为 $0.02 \sim 0.05$，即额定转速仅比同步转速低 2%～5%。额定负载时转速变化较小，这样的特性被称为硬特性。

b. 电磁扭矩特性 $T_e = f(P_2)$　电动机从空载到额定负载时，转速变化很小，T_e 近似与

P_2 成正比关系，而空载扭矩 T_0 可认为基本不变。因此，在忽略空载扭矩时，电磁扭矩特性 $T_e = f(P_2)$ 近似为一直线。转速略微下降，特性曲线略微上翘。

c. 定子电流特性 $I_1 = f(P_2)$ 　　电动机空载时，转子电流接近零，定子电流等于励磁电流，随着负载的增大，转速降低，转子电流增大，定子电流随之增大。

d. 功率因数特性 $\cos\varphi_1 = f(P_2)$ 　　空载时，$P_2 = 0$，转差率 S 很小，近似开路，定子电流基本上用来产生主磁通，有功功率很小，功率因数也很低（0.2～0.3）；随着负载电流增大，P_2 增大，输入电流中的有功分量也增大，功率因数逐渐升高；在额定功率附近，功率因数达到最大值。异步电动机额定工况下功率因数一般为 0.8～0.9。超过额定工况后，如果负载继续增大，转差率显著增大，转子回路等效电阻显著降低，由于转子回路呈感性，导致转子漏电抗增大，从而引起转子功率因数和定子侧功率因数下降。

e. 效率特性 $\eta = f(P_2)$ 　　电动机总损耗包括不变损耗和可变损耗。效率曲线有最大值，可变损耗等于不变损耗时，电动机达到最大效率。三相异步电动机额定效率在 74%～94%之间，最大效率发生在 0.7～1.1 倍额定效率处。负载进一步增大，导致可变损耗增加较快，引起效率下降。

④ 三相异步电动机的起动特性　　三相鼠笼式异步电动机起动电流是额定电流的 5～7 倍，为满足起动要求，电动机的起动方法分为直接起动和降压起动两类。直接起动适用于电动机功率小于 20%变压器容量的场合，一般中小型鼠笼式异步电动机都采用全电压直接起动。容量大的电动机起动电流大，为了限制过大的起动电流，采用降压起动。常用的降压起动方法有定子串电阻或电抗、Y-△变换、自耦变压器与延边三角形四种方法。三相绕线式异步电动机在转子电路串接电阻可以获得较大的起动扭矩以及较小的起动电流，即有良好的起动特性，常用的方法有逐级切除起动电阻法和频敏变阻器起动法两种。

⑤ 三相异步电动机的调速特性　　三相异步电动机的转速：

$$n = n_0(1-S) = \frac{60f}{p}(1-S) \tag{5-2}$$

式中，p 为电机极对数；n_0 为同步转速；S 为转差率；f 为电源频率。

由式（5-2）可知，三相异步电动机的转速 n 可通过变频率 f、变磁极对数 p、变转差率 S 三种方法进行调节。变磁极对数可通过改变定子绕组的连接实现，电动机最多可嵌入两套绕组，通过这两套绕组不同的连接可分别得到双速、三速以及四速电动机，其中双速应用最多。采用变磁极对数的电动机结构简单、效率高、特性好，但体积大、价格高，在中小机床上应用比较多。变转差率调速通过转子电路串接电阻实现，具有结构简单、动作可靠与有级调速的特点，只用于线绕式异步电动机，特别是用于重复短时工作制的生产机械，如起重机械。三相电磁调速异步电动机也属于变转差率调速。当极对数 p 不变时，电动机转子转速与定子电源频率 f 成正比，因此，连续地改变供电电源的频率，就可以连续平滑地调节电动机的转速。应用于鼠笼式异步电动机，一般组成 SCR-M 调速系统。

5.3 电动机能效标准与提升原则

5.3.1 电动机能效等级标准

电动机能效标准是电动机设计、制造和使用的重要依据。世界上已有十余个国际组织、国家和地区制定了电动机能效标准，目前通行的主要有国际电工委员会（International Electrotechnical Commission，IEC）、美国、欧盟、澳大利亚和中国等的电动机能效标准。制定高效电动机标准的目的就是通过实施强制性指标，淘汰目前市场上高耗能产品，推广节能产品。随着电动机能效标准不断提高，电动机国际标准高效化趋势日益明显。为加强节能管理，推动节能技术进步，我国《能源效率标识管理办法》已于2016年6月1日起实施。下面对IEC、美国、欧盟和中国的电动机能效标准做简单介绍。

（1）IEC电动机能效标准

IEC于2008年10月1日颁布并实施了针对感应电动机的能效等级（international efficiency，IE）标准，即IEC60034-30—2008《旋转电机 第30部分：单速三相笼型感应电动机能效分级（IE代码）》。该标准统一将全球的电动机能效标准定为IE1（标准效率）、IE2（高效率）、IE3（超高效）与IE4（超超高效）四个等级，统一效率的测试方法，制定50 Hz和60 Hz两套标准体系。IEC60034-30—2008适用于额定电压为1000 V及以下，输出功率为0.75～375 kW，极数为2、4和6，S1连续工作制或S3断续工作制（负载持续率为80%及以上），不包括变频器供电的笼型异步电动机。2014年3月，IEC颁布新标准IEC60034-30-1—2014《在线运行交流电机能效分级（IE代码）》和IEC 60034-30-2—2014《变速交流电机能效分级（IE代码）》，同时废止IEC60034-30—2008。与IEC60034-30—2008相比，IEC新标准的主要变化如下：①确定IE4能效标准值，同时增加一个最高能效标准等级IE5的概念，但未给出具体数值；②将功率范围从0.75～375 kW延伸至0.12～1000 kW；③将极数范围从2、4、6扩大到2、4、6、8；④将电动机种类覆盖到所有在线运行的交流电动机；⑤环境运行温度为-20～60℃。

（2）美国电动机能效标准

美国的电动机能效标准有 EPACT 标准[NEMA MG1（2006）12-11]、NEMA Premium[NEMA MG1（2006）12-12]与IEEE841—2001。美国能源部于1999年10月5日公布了有关电动机能效试验程序、标志和认证要求的最终规则，即10CFR Part 431，该规则自1999年11月4日起生效。1999年，美国能源部（Department Of Energy，DOE）、环保局（Environmental Protection Agency，EPA）、美国能源效率联盟（Consortium of Energy Efficiency，CEE）和美国电气制造商协会（National Electrical Manufacturers Association，NEMA）共同推出了NEMA Premium标准，并制定最低效率标准NEMA 12-10。2001年，在NEMA 12-10的基础上又推出超高效率电机标准NEMA 12-11和NEMA 12-12，将功率范围扩大为1～500 HP，并于2010

年 12 月 17 日后执行 IE3 超高效能效限定值。

2013 年 12 月 13 日，美国能源部发布 G/TBT/N/USA/838/Add.1 号通报，对《能源政策与节约法案 1975》（Energy Policy and Conservation Act，EPCA）中电动机能效测试程序作出修订。2014 年 5 月 29 日，美国能源部完成了对能效法规 10CFR431（Energy Efficiency Program For Certain Commercial And Industrial Equipment）的更新，将法令规定的电动机范围从 200 HP 扩大到 500 HP，并增加了 8 极电机，新修订的法令于 2016 年 6 月 1 日起生效。新规与以前规定的对比如下：

① 扩大电动机能效法规的管控范围，正式确定小功率电动机能效要求的实施日期。2015 年 3 月 9 日以后生产的小功率电动机（0.25～3 HP，三相或单相带电容起动或双值容电动机）必须符合 10CFR431 中相关的能效最低限值要求（允许过渡期为 2 年）。原先不在管控范围内的电动机，以及非标准基座、带内部制动机构、带有非标准密封线圈等 14 种特殊结构的电动机统一被纳入适用范围内。

② 将部分电动机的能源效率指标值进一步提高，该规定将自 2016 年 6 月起正式实施。部分电动机由原先的高效水平（EPACT）提高至超高效水平（NEMA Premium）。

③ 重新确定电动机产品的能效测试程序。修订能效测试步骤和程序，使之更为科学合理，并提出一些新要求，如所有电动机产品在进行负载试验时，最大负载点必须达到额定输出功率的 1.5 倍。同时，新规阐明新纳入监管范围的 14 种电动机能效测试需要新添的测试装置。

美国电动机效率下一步工作包括：在 EPACT 中增加 7 个品种（U-机座电动机、C 设计电动机、与泵直连电动机、无脚电动机、立式电动机、8 极电动机、600 V 以下 230 V/460 V 以外的所有的多相电动机）；1～200 HP 一般用途电动机的效率提高到 NEMA Premium；在 EPACT 中增加 201～500 HP，效率执行标准 NEMA MG1（2006）12-11；采用立法的方式实施能效法规，并且通过税收激励加速进行。

在执行电动机能效标准工作时，美国政府将法律、政策和市场的共同作用有机地联系在一起，兼顾企业利益和用户权益，顺利地推动了能效标准的贯彻执行。各服务性机构通过多种途径为与电动机系统相关的人员提供学习和服务机会，促进电动机能效标准的执行。

（3）欧盟电动机能效标准

1999 年，欧盟交通能源局与欧洲电机及电力电子制造商协会达成自愿协议（简称 EU-CEMEP 协定）。该协定将电动机的效率分为 EFF1、EFF2、EFF3 三级，其中 EFF3 电动机为低效率（low efficiency）电动机，EFF2 电动机为效率改善（improved efficiency）电动机，EFF1 电动机为高效率（high efficiency）电动机，同时执行电动机能效标准 IEC60034-30。该协议规定制造商应在产品铭牌和样本数据表上列出效率级别的标识、额定负载时的效率数值以及 3/4 负载时的效率数值，以便于用户选用和识别。该协议所覆盖的产品为全封闭风冷型（IP54 或 IP55）三相交流笼型异步电动机，适用于 1.1～90 kW、2 极和 4 极、400 V、50 Hz、S1 连续工作制标准设计（即起动性能符合 IEC60034-12 中 N 设计的技术要求）电动机。欧盟在 2005 年底实施 EFF2 级（IE1）电动机能效标准。EN60034-2-1—2007 修订低电压三相异步电动机的能效测量方法，提高了规定实验室条件下的测试精度。2008 年 8 月 11 日起，欧盟 EUP 指令正式转化为欧盟成员国的法规。2009 年，欧洲制定了电动机最低能效强制性标准 (MEPS) 并于 2011 年起正式实施，MEPS 对电动机系统能效的发展起到至关重要的促进作用，该标准用更高效的 IE2 和 IE3 电动机替代 IE1 电动机。欧盟于 2009 年 7 月 22 日正式发布电动机生态设计新指令 EC No.640—2009，确定 IE3 电动机强制性标准执行的三步走计划：①2011 年 6 月 16 日，IE2 能效等级作为电动机强制性最低能效标准；②2015 年 1 月 1 日，7.5～375 kW 电动机以 IE3 能效等级作为强制性最低能效标准；③2017 年 1 月 1 日，将 IE3 能效等级作为电动机强制性最低能效标准。

（4）中国电动机能效标准

2002 年，我国首次发布了第一版电动机能效标准，即 GB 18613—2002《中小型三相异步电动机能效限定值及节能评价值》，标准设置了能效限定值和节能评价值二级指标，主要参考了当时欧洲的 EFF2（对应能效限定值）、EFF1（对应节能评价值）效率等级标准和我国的 Y2 系列三相异步电动机标准，其中能效限定值指标与 Y2 系列效率水平相当。2006 年，根据国家在中小型电机行业开展惠民工程的需要，我国发布了第二版电动机能效标准 GB 18613—2006《中小型三相异步电动机能效限定值及节能评价值》。该版本在 GB 18613—2002 的基础上增加了 1 级能效指标，即将电动机能效等级分为 1 级能效、2 级能效和 3 级能效三个等级，其中 1 级能效水平最高，2 级能效为节能评价值（对应 EFF1，如 YX3 系列电动机等），3 级能效为能效限定值（对应 EFF2，如 Y、Y2 和 Y3 系列电动机等）。根据 IEC60034-30—2008，中国在 2010 年对 GB 18613—2006 进行修订。2012 年 5 月我国发布了第三版电动机能效标准，即 GB 18613—2012《中小型三相异步电动机能效限定值及能效等级》。与前两版标准相比，GB 18613—2012 在效率数值和效率的考核方法上做了较大修改，依据 112B 法实测杂散损耗替代前两版标准以杂散损耗的 0.5% 为推荐值计算效率。该标准仍然将中小型三相异步电动机的能效等级分为三级，但是与之对应的电动机能效指标比 GB 18613—2006 有了明显的提升。其中，1 级能效为最高值（对应 IE4）；2 级能效为推荐的高效率标准值，即节能评价值（IE3）；3 级能效为最低效率标准，即能效限定值（IE2）。同时，该标准规定低于 3 级能效的电动机（如 Y、Y2 和 Y3 系列电动机等）将不允许再生产销售，表明我国中小型三相异步电动机效率水平提升了一个等级。该标准的实施有效推动了我国电动机能效的升级改造。2013 年 12 月 18 日，我国又颁布了 GB 30253—2013《永磁同步电动机能效限定值及能效等级》和 GB 30254—2013《高压三相笼型异步电动机能效限定值及能效等级》两项标准，且这两项标准均于 2014 年 9 月 1 日起实施。

对标 IEC 60034-30-1—2014《在线运行交流电机能效分级（IE 代码）》和 IEC 60034-30-2—2014《变速交流电机能效分级（IE 代码）》，2020 年 5 月 29 日，我国又发布了第四版电动机能效标准，即 GB 18613—2020《电动机能效限定值及能效等级》（自 2021 年 6 月 1 日期实施）。GB 18613—2020 与 IEC 60034-30-1 电动机能效等级对照如表 5-1 所示。GB 18613—2020 规定的 1 级能效与 IEC 60034-30-1—2014 规定的 IE5 保持一致，将 IE3 设定为 3 级能效的低标准，保证我国电动机能效标准与国际标准一致。新国标还规定，自标准实施之日起，IE3 效率将成为中国最低的三相异步电动机能效限定值（3 级能效），低于 IE3 能效限定值的三相异步电动机（如 YE2 系列电动机等）不允许再生产销售。GB 18613—2020 的制定，对电动机能效等级提出了更高的要求，是国家针对节能减排、绿色发展新理念采取的措施之一。

与 GB 18613—2012 和 GB 25958—2010 相比，GB 18613—2020 修改了标准的适用范围，删除了电动机目标能效限定值、电动机节能评价值（GB 18613—2020 全文强制），提高了对三相异步电动机能效限定值要求，增加了 8 极三相异步电动机能效等级（与 IEC 60034-30-1—2014 一致），提高了对电容起动、电容运转、双值电容异步电动机能效指标要求，删除了房间空调器风扇电动机能效指标要求，增加了空调器风扇用电容运转电动机、空调器风扇用无刷直流电动机能效指标要求，删除了小功率电动机目标限定值、节能评价值的技术要求，删除了单相、三相小功率电动机 120 W 能效等级要求，修改了测试方法要求。

表 5-1　GB 18613—2020 与 IEC 60034-30-1 电动机能效等级对照

GB 18613—2020	IEC 60034-30-1	平均效率/%	对应的产品
能效 1 级	IE5	94.2	暂无
能效 2 级（节能评价值）	IE4	93.0	YE4、YZTE4 系列电动机等
能效 3 级（能效限定值）	IE3	91.5	YE3 系列电动机等
	IE2	90.0	YX3、YE2 系列电动机等
	IE1	87.0	Y、Y2 和 Y3 系列电动机等

5.3.2　电动机能效提升的总体思路和基本原则

（1）总体思路

以提升电动机能效为目标，紧紧围绕电动机生产、使用、回收及再制造等关键环节，加快淘汰低效电动机，大力开发和推广高效节能技术和电动机产品；加快实施电动机系统节能改造，建立健全废旧电动机回收机制，组织落实高端智能再制造计划，推动实施在役电动机高效再制造；加快健全第三方评价机制和配套评价标准，积极发挥绿色制造公共服务平台的作用，推动电动机系统绿色制造全产业链合作；推进节能服务产业发展引导和鼓励节能服务公司与重点用能单位通过合同能源管理等方式建立合作；加强政策支持和引导，继续实施能效"领跑者"制度，完善法规标准和政策，严格控制测试程序，强化标准规范约束，深入开展工业节能监察专项行动，统筹协作、加强监管，逐步建立激励与约束相结合的实施机制；深化电动机领域国际合作，全面提升电动机能效水平和电机系统运行效率。

（2）基本原则

① 坚持存量调整与增量提升相结合　电动机节能应坚持存量调整与增量提升相结合的

原则。提高存量电动机能效、淘汰低效电动机的重点在于对现有电动机系统的节能改造；提升增量电动机能效、推广高效电动机的重点是在新上项目中强制使用高效电动机。坚持增量提升与存量调整就要从生产和使用两个环节着手，协调推进低效电动机淘汰和高效电动机推广。在生产环节中严格执行电机能效标准，淘汰低效电动机生产，提高高效电动机的生产能力；在使用环节中做到淘汰在用低效电动机和改造提升相结合，强制新增需求采用高效电动机。

② 坚持技术研发与推广示范相结合　针对新型高效电动机产品、高效电动机关键材料、电动机系统适应性改造关键技术、电动机高效再制造、电动机系统能耗诊断及系统节能效果测试评估等环节加强技术研发，继续实施绿色制造专项，支持建设一批产学研、上下游联合的绿色制造重点项目，聚焦行业亟需的绿色共性关键技术和薄弱环节，解决绿色技术工艺"卡脖子"问题。建立完善推广服务体系，培育扶持优势企业，加大高效电动机和先进节能技术示范应用推广。遴选发布国家工业节能技术装备推荐目录和"能效之星"产品目录，搭载节能产品惠民工程项目，推进国家绿色数据中心试点建设，推广先进绿色数据中心技术，分类批量改造或建设全高效节能电动机应用（试点）企业、变试点企业为标杆企业。

③ 坚持淘汰低效电动机与电动机高效再制造相结合　完善低效电动机淘汰机制，充分落实《循环经济促进法》，加快建立旧电动机回收体系，组织落实高端智能再制造行动计划，发展电动机智能高效再制造产业，培育电动机高端智能再制造技术研发中心，推动电动机高效再制造技术发展，开展绿色再制造设计，进一步提升再制造产品综合性能，实现节能与节材的协同效应。完善电动机再制造标准体系及评价方法，规范产业发展，进一步提升电动机产品再制造技术管理水平和产业发展质量，持续开展再制造产品认定。

④ 坚持政策激励与标准约束相结合　推动建立有利于高效电动机产业发展的政策环境，国家政策突出"引逼结合"。国家政策鼓励与供给侧驱动相结合，充分发挥高效电动机推广政策的导向作用，强化电动机能效强制性标准和产业政策的约束性作用，尽量要求高标准甚至超标准（比如选择稀土永磁钕铁硼电动机等），完善电动机生产的市场准入机制和后续监管制度，扩大高效电动机的市场份额，促进电动机产业结构调整升级。

5.4　电动机系统能效提升技术与措施

电动机系统的能效提升是一项涵盖经济运行、设计制造、驱动控制和技术改造等多方面的技术运用，同时也是一项关乎电动机全生命周期的系统工程。电动机系统节能必须以提高电动机系统能效为立足点，以电动机及其系统能效提升过程中遇到的问题为依据，参照国际先进能效提升方案、技术和案例，结合国情和行业具体情况，通过开发节能技术、政策优化等项目，充分挖掘电动机系统节能潜力，从绿色生态设计的源头抓起，构建贯穿产品全生命周期和生产制造全过程的绿色制造体系，全面提升电动机系统能效水平。

5.4.1 电动机能耗分析

（1）电动机能耗

电动机在将电能转换为机械能的同时，本身也损耗一部分能量，因此损耗的大小直接影响到电动机的效率和运行的经济性。此外，损耗的能量最终将转换为热能，使电动机各部分的温度升高，影响电动机所用绝缘材料的寿命，限制电动机的出力。根据 GB/T 25442—2018《旋转电机（牵引电机除外）确定损耗和效率的试验方法》，电动机总损耗 P_T 为输入功率和输出功率之差，等同于恒定损耗、负载损耗、负载杂散损耗和励磁回路损耗之和。

① 恒定损耗　恒定损耗 P_C 指电动机运行时的固有损耗，它与电动机材料、制造工艺、结构设计、转速等参数有关，而与负载大小无关，由风摩耗 P_{fw} 与铁耗 P_{fe} 组成。

风摩耗包括摩擦损耗和风阻损耗。摩擦损耗是由摩擦（轴承和额定工况下未提起的电刷）产生的损耗，不包括独立润滑系统的损耗；风阻损耗是电机所有部件因空气动力摩擦产生的总损耗，包括轴上安装的风扇以及和电机成为一体的辅助电机吸收的功率。摩擦损耗主要与轴承型号、装配水平、润滑脂有关；风阻损耗主要取决于冷却风扇尺寸、所用材料、风机效率、风道设计合理性等因素。风扇的效率、轴承和润滑脂是电动机风摩耗的直接运行因素。风摩耗的大小还与电动机的转速有关，摩擦损耗与转速的平方成正比，风阻损耗与转速的三次方成正比。风摩耗一般占总损耗的 10%～50%。电动机容量越大，风阻损耗越大，其在总损耗中占比越大。

铁耗包括有效铁芯中的损耗（主磁场在电动机铁芯中交变引起的涡流损耗和磁滞损耗）和其他金属部件中的空载杂散损耗。异步电动机在正常运转时转差率很小，一般仅为 1～3 Hz，所以铁耗主要为定子铁芯损耗。铁耗大小取决于组成电动机的铁芯材料、频率和磁通密度，近似于与电压的平方、磁通密度的平方以及频率的 1.3 次方成正比，还与铁芯的重量成正比。空载杂散损耗是指空载电流通过定子绕组的漏磁通在定子基座、端盖等金属中产生的损耗，由于空载电流近似不变，因此这些损耗也是恒定的。铁耗一般占总损耗的 20%～25%。

② 励磁回路损耗　励磁回路损耗 P_e 包括励磁绕组损耗 P_f、励磁机损耗 P_{Ed} 和同步电机励磁回路的电刷（如有）电损耗 P_b 之和。励磁绕组损耗 P_f 等于励磁电流和励磁电压的乘积，对不同励磁系统的励磁机损耗 P_{Ed} 的规定详见 GB/T 25442—2018《旋转电机（牵引电机除外）确定损耗和效率的试验方法》附录 B，励磁回路电刷电损耗 P_b 是指他励磁的同步电机电刷的电损耗（包含电刷接触损耗）。

③ 负载损耗　负载损耗 P_L 包括绕组损耗和负载回路电刷电损耗 P_b（如有）的总和。绕组损耗主要产生在直流电动机电枢回路、感应电动机定子和转子绕组、同步电动机电枢和励磁绕组中。负载回路电刷电损耗 P_b 是直流电动机电枢回路和绕线转子感应电动机中的电刷的电损耗（包括接触损耗）。负载损耗占总损耗的 20%～70%。

④ 负载杂散损耗　负载杂散损耗 P_{LL} 包括电动机在负载时由交流杂散磁通在有效铁芯和其他金属部件中产生的损耗、绕组导体中由负载电流产生的磁通脉动所引起的涡流损耗和由换向所引起的电刷附加损耗。负载杂散损耗占总损耗的 10%～15%。

大型电动机的效率普遍较高，一般在 90% 以上。同普通中小型电动机一样，大型电动机的总损耗由恒定损耗、负载损耗、负载杂散损耗和励磁回路损耗等共同组成。由于大型电动机电压较高，并且采用高牌号的硅钢片，使得铁耗与负载损耗占总损耗比例下降，但由于电机尺寸增加、风摩耗增加，导致风摩耗所占总损耗比例较大，所以降低电动机的风摩耗对提高电动机效率、节能降耗有重要意义。不同电动机的各种损耗所占的比例可查询相关手册。

(2) 降低电动机损耗的措施

降低电动机损耗应该着眼于电动机损耗各分量的降低。对于小功率电动机，负载损耗占电动机损耗的比例大，应该从适当增加有效材料使用、增大导线截面来降低绕组电阻，达到降低负载损耗，提高电动机效率的目的。对于较大功率电动机，其主要损耗是风摩耗和负载杂散损耗，应通过各种措施减少通风系统损失和负载杂散损耗。降低电动机损耗措施主要从电动机设计、材料、制造工艺等方面来实现。

① 降低负载损耗中定子绕组损耗　降低电动机定子绕组的电阻是减少定子绕组损耗的主要手段，实践中采用较多的方法是：a. 增加定子槽截面积，在同样定子外径的情况下，增加定子槽截面积会减少磁路面积，增加齿部磁通密度；b. 增加定子槽满槽率，这对低压小电动机效果较好，应用最佳绕线和耐高温且较薄的绝缘材料、大导线截面积可增加定子的满槽率；c. 尽量缩短定子绕组端部长度，定子绕组端部损耗占绕组总损耗的 1/4～1/2，减小绕组端部长度，可提高电动机效率。实验表明，端部长度减少 20%，损耗下降 10%。此外，还可通过采用更高质量等级的钢线、紧凑的端部设计、优异的浸漆工艺、适当增加铁芯长度（降低电流密度）降低定子损耗。

② 降低电动机转子绕组电阻损失　电动机转子的损失主要与转子电流和转子电阻有关，相应的节能方法主要有：减小转子电流，这可从提高电压和电动机功率因数两方面考虑；增加转子槽截面积；采用粗导线和低电阻材料等措施减小转子绕组的电阻，如采用铸铜转子的电动机，电动机总损失比采用铸铝转子的电动机可减少 10%～15%，这对小功率电动机较有意义。但目前铸铜转子技术尚未普及，其成本高于铸铝转子 15%～20%。采用优异的转子压铸工艺与高压冲模铸铝转子工艺、改进转子绝缘性能、提高转子导条及端环导电率以及提高转子动平衡性能等技术降低转子铝耗。

③ 降低电动机铁耗　降低铁损耗的主要方法如下：a. 增加铁芯的长度以降低磁通密度，但电动机用铁量随之增加；b. 减小铁芯片的厚度来减少感应电流的损失，如用冷轧硅钢片代替热轧硅钢片可减小硅钢片的厚度，但薄铁芯片会增加铁芯片数目和电动机制造成本；c. 采用导磁性能良好的冷轧硅钢片降低磁滞损耗；d. 采用高性能铁芯片绝缘涂层；e. 热处理及制造技术，铁芯片加工后的剩余应力会严重影响电动机的损耗，硅钢片加工时，裁剪方向、冲剪应力对铁芯损耗的影响较大。顺着硅钢片的碾轧方向裁剪，并对硅钢冲片进行热处理，可

降低 10%～20%的损耗。

④ 降低电动机杂散损耗　目前对电动机杂散损耗的研究仍不充分，可通过优化的电磁设计、更高要求的制造工艺措施降低杂散损耗。降低杂散损失的主要方法有：a. 采用热处理及精加工工艺降低转子表面短路；b. 转子槽内表面绝缘处理；c. 改进定子绕组设计减少谐波；d. 优化冲片冲制与叠压工艺；e. 改进转子槽配合设计减少谐波，增加定子和转子齿槽，转子槽形采用斜槽，采用串接的正弦绕组、散布绕组和短距绕组降低高次谐波。采用磁性槽泥或磁性槽楔替代传统的绝缘槽楔、用磁性槽泥填平电动机定子铁芯槽口，是减少附加杂散损耗的有效方法。

⑤ 降低风摩耗　摩擦损耗和风阻损耗约占电机总损失的 25%。摩擦损耗主要由轴承和密封引起，可采用下列方法降低摩擦损耗：a. 尽量减小轴的尺寸，但需满足输出扭矩和转子动力学的要求；b. 使用更高品质的轴承、更高等级的定转子同心度；c. 使用高效润滑系统及润滑剂；d. 增加有效部分与机座间的导热率；e. 采用先进的密封技术，如通过减少与轴的接触压力，可使以 6000 r/min 转速转动的直径 45 mm 的轴降低损耗近 50 W。

风阻损耗是由冷却风扇和转子通风槽引起的，一般占电动机总损耗的 20%左右。可通过提高热传导效率，提高自然对流散热能力以减小通风量需求，提高冷却的热交换效率与冷却风扇效率，采用轴流风扇代替离心风扇等降低风阻损耗。整个电动机的流体力学及传热学分析较复杂，好的流体力学和传热学设计会极大提高电动机的冷却效率并降低流动损失。

5.4.2　电动机系统存在的问题

近年来，尤其是《电机能效提升计划（2013—2015 年）》实施以来，电动机能效提升工作取得了一定成绩，部分低效电动机被淘汰，但是电动机系统能效提升还存在一些问题。市场的快速变化对电动机系统的设计、新技术应用以及节能服务模式的创新提出更高的要求，政府缺乏对电动机系统能效客观的评估和有效的监管手段，以及企业缺少对电动机系统节能潜力、节能改造技术和投资回报的分析，因此实现中国电动机系统能效整体提升仍面临诸多障碍。

① 电动机系统节能改造技术复杂，单机设备节能潜力有限。电动机系统效率是各环节效率乘积，单体设备效率提高对系统效率影响非常有限，只有从系统层面提高运行效率，才能真正挖掘节能潜力。通过节能产品惠民工程、电机能效提升计划等，已经更换了相当数量的高效电动机，但当前电动机技术改造中普遍存在高效电动机对低效电动机的简单替换现象。单纯更换高效电动机，效率只能提高 1%～2%，无法实现系统能效的大幅整体提升，而电动机系统的能源利用效率仍有 20%～40%的提升空间。

② 电动机系统节能改造缺乏统一的技术规范，能效评估中的检测和诊断手段落后。对电动机系统节能改造实施效果评价缺乏有效的检测手段和科学的节能量计算方法，改造项目所产生的真实节能量也无法得到科学的评估，节能量评估很难得到节能改造双方的认同。一些

采取合同能源管理方式进行电动机系统节能改造的项目难以开展，涉及电动机系统节能改造的鼓励性政策难以施行。

③ 电动机生产和使用者节能意识欠缺，企业实施电动机系统节能改造的内生动力不足。电动机生产企业的服务对象往往是配套制造企业，而且不掌握电动机的最终用途和使用情况，缺乏推进电动机系统节能的主观动力。在工业企业运行体系中，电动机的最终用户对电动机的运行管理普遍比较粗放，导致设备管理者普遍欠缺电动机系统节能意识。因此，调动企业推动电动机能效提升的主观能动性是一个重大课题。

④ 缺乏对电动机系统能效评估和有效监管的手段。根据调查目前仍有大量落后电动机在使用，能效虚标问题已然存在，能效标准的执行情况非常不乐观，监管压力大。从市场来看，低效电动机仍有很大市场，部分企业仍在生产淘汰电动机，很多企业对生产高效电动机持观望态度。根据国际铜业协会的市场调研数据，2015 年 1 级能效产品占比仅为 0.24%，2 级能效产品占比为 7.30%，3 级能效产品占比为 40.35%，仍然有 52.12%的产品未达到标准 3 级能效水平。当前，我国缺少权威机构对电动机系统节能改造中所选用的高效设备的能效水平进行核验。因此，迫切需要一个权威性的面向政府监管机构、用能企业和节能改造服务的技术和管理方法或平台，为上述问题的解决提供技术支撑。

⑤ 电动机产业的市场化发展机制还不健全。节能服务公司大多规模较小、银行资信低、融资难度大成为制约规模化改造的现实问题。

电动机系统能效提升是一项长期任务，需要各方面形成合力持续推进。首先，必须发挥标准的引领和监督约束作用，制定电动机系统节能相关导则标准，分领域分行业实施电机系统的改造。其次，电动机能效提升的核心就是技术创新，必须深入开展电动机及其系统节能技术研究及推广工作，研发高效节能电动机、高效风机、泵、压缩机系统，高效传动系统，电动机系统的合理匹配，电动机系统节能的系统集成方案等。最后，必须进一步完善市场机制，建立电动机系统市场准入认证、节能产品认证、高效电动机系统节能认证等认证机构，培育一批有竞争力的商业模式。实施工业能效赶超行动，加强高能耗行业能耗管控，在重点耗能行业全面推行能效对标，推进工业企业能源管控中心建设，推广工业智能化用能监测和诊断技术。

5.4.3　开发与推广高效电动机

在全球降低能耗的背景下，高效节能电动机成为全球电动机产业发展的共识。国家加大高效电动机的推广力度，参照 IEC 标准制定电动机能效等级标准，也陆续出台了许多政策，支持高效电动机的应用及推广。2012 年 9 月发布的 GB 18613—2012《中小型三相异步电动机能效限定值及能效等级》标准提高了各级电动机的能效指标，取消了电动机在 75%额定输出功率下的效率要求。2016 年 12 月国家发布《"十三五"节能环保产业发展规划》，强调在电动机系统节能方面加强绝缘栅极型功率管、特种非晶电动机和非晶电抗器等核心元器件的研发，加快特大功率高压变频、无功补偿控制系统等核心技术以及冷轧硅钢片、新型绝缘材料等关键材料的应用，推动高效风机水泵等机电装备整体化设计，促进电动机及拖动系统与电力电子技术、现代信息控制技术、计量测试技术相融合，加快稀土永磁无铁芯电动机等新型高效电机的研发示范。2016 年国务院"十三五"节能减排综合工作方案中提出强化重点用能设备节能管理，加快高效电动机、配电变压器等用能设备开发和推广应用，淘汰低效电动机、变压器、风机、水泵、压缩机等用能设备，全面提升重点用能设备能效水平。国家重点节能低碳技术推广目录（2017 年，节能部分）中推荐了高效节能电动机用铸铜转子技术、稀土永磁盘式无铁芯电动机节能技术、自励三相异步电动机（制造）技术等高效电动机技术。能效产品目录（2018）和能效产品目录（2019）推荐 YE4 系列、YFBX4 系列低压异步电动机、TYCX、FYC、TBYC、ZHDJ 与 CYD 系列永磁同步电动机以及 YBX3、YX3 系列高压异步电动机，这些电动机能效指标效率均优于 GB 18613—2012 规定的 1 级能效标准推荐值。

政策层面的大力推动与巨大的市场增长空间给电动机节能环保材料、节能电动机等带来大量投资机会。随着企业技术水平的提高以及不断吸收国外先进的技术，未来电动机行业也将向着高效性、高可靠性、轻量化、小型化、智能化等更高目标发展。国家节能减排与工业绿色转型升级的积极推行以及电动机能效标识的强制执行，必将推动高效节能电动机的快速发展。

（1）高效电动机特点

高效电动机是指通用标准型电动机具有高效率（符合 GB 18613—2020 中规定的 2 级能效以上，IEC 标准中的 IE4、IE5 能效值）的电动机，其平均能效为 93%。高效电动机从设计、材料和工艺上均采取措施降低损耗，其制造技术主要包括：①采用混合通风结构和轴向通风结构来提高电动机效率；②采用节能型风扇，尽量缩小风扇尺寸，并辅以良好的风罩，可大大降低机械损耗；③采用高效率绕组技术，更改定子线圈的绕嵌和连线方式；④采用磁性槽泥和磁性槽楔，使气隙磁密分布均匀，减小齿谐波的影响，降低脉振损耗和表面损耗。例如采用合理的定子与转子槽数、风扇参数和正弦绕组等措施，电动机效率可提高 2%～8%。

YE4 系列超超高效率三相异步电动机效率指标相当于 IEC60034—30 的 IE4 能效水平，系国内电动机行业最高能效等级。IE5 为 IEC 于 2016 年发布的目前全球最高的电动机能效等级，其对应的平均能效为 94.2%。上海电机系统节能工程技术研究中心有限公司与国内中小型电机行业多家企业共同开展了 IE4 能效等级的超超高效率电动机系列产品的开发，格力电器珠海凯邦电机制造有限公司等开发了达到 IE4、IE5 能效等级的永磁辅助同步磁阻电机等。针对 IE5 能效等级目标，国家中小型电机及系统工程技术研究中心联合云南铜业压铸科技有限公司开展了三相异步电动机研制。在设计方面，主要考虑采用优质的冷轧硅钢片，尝试不同风扇结构形式和不等匝绕组形式，并针对小功率电机考虑采用铸铜转子工艺方案，降低了电机损耗。在工艺方面，主要考虑提高加工精度，减小定、转子冲片毛刺等，进一步降低电机的空载损耗。样机测试结果表明，效率、功率因数、起动电流、起动扭矩、最大扭矩、温升等指标均达到设计要求，实现了 IE5 能效等级三相异步电动机研制目标。

（2）高性能电动机材料

① 高效电动机铸铜转子　转子损耗约占电动机损耗的 20%，因此，在超高效电动机的研制中，降低转子损耗是提高电动机效率的重要途径。采用铸铜转子技术已成为提升电动机能效和研发超高效率电动机的有效措施之一。铜的导电率比铝的导电率高出约 40%。如果采用铜取代现在广泛使用的铝压铸转子，电动机的总损失会明显下降，从而增加电动机总效率。铸铜转子电动机与铸铝转子电动机相比，效率提升 2%～5%，损耗降低 15% 以上，质量减轻 15% 以上，同时材料成本、温升、电动机全寿命周期成本均有不同程度的明显降低，具有损耗低、效率高、温升低、可靠性高、振动小、噪声低以及设计灵活等优点。铸铜转子技术适用于机械行业 30 kW 以下的高效、超高效与超超高效中小型电动机。

虽然铸铜转子具有许多优点，但铜的压铸温度高达 1100℃ 以上，这样高的浇注温度对于模具材料以及压铸机的压室都是很大的考验，使模具寿命降低。铸铜转子生产目前存在三大技术难题（纯铜压铸是国际公认技术难题）：铜熔炼（防氧化等）、纯铜铸铜工艺以及模具寿命。目前，制造铸铜转子的主要技术手段是焊接，即先将铜条插在转子槽中，再利用离心铸造法铸造端环，这样可有效排出其中的气泡和杂质。但是焊接工艺采用的感应钎焊成本较高，且由于电动机转子的工作条件，对焊接点的强度要求比较高。如果焊接点出现损坏，轻则影响整个电动机的性能，重则造成转子损毁。特斯拉（Tesla）的铜芯转子技术（专利 US20130069476：Rotor Design For An Electric Motor），提供了一种有效制造铸铜转子的工艺。该工艺首先将铜条插入转子槽中，然后把一组表面镀银的铜质楔子插入铜条端部的间隙中制造端环，接着在楔子和铜条间进行焊接，并在两端箍上禁锢环以保证铸铜转子的机械强度。大连船用推进器有限公司开发的高效电动机铸铜转子压铸技术使铸铜转子成品率高于 95%，处于世界领先水平。

为了满足新能源汽车、高速列车牵引电动机等领域就高强高导等方面的较高要求，在以铜为主的转子材料中添加 Cr、Zr、稀土（RE）等微量元素以提高电动机的使用性能。例如，采用精密溶铸技术，利用 Cr、Zr 等中间合金的方式，并以一定配比在适宜的工艺条件下熔炼，在铜液中按 Cr（0.1%～0.5%）、Zr（0.05%～0.2%）与 RE（0.05%～0.2%）的比例加入 Cr、Zr 与 RE 等微量元素细化晶粒、提高强度，形成较优的 Cu-Cr-Zr 系合金；然后，在大气环境下使用中频感应电炉气体保护性焙炼，卧式压铸机等设备压铸出的 Cu-Cr-Zr 系铸铜转子材料，时效处理后，其抗拉强度和导电性能分别为 523 MPa 和 90.9% IACS（international annealing copper standard，国际退火铜标准），性能达到高效电动机使用的技术要求。

② 稀土永磁材料

a. 稀土永磁材料简介　磁性材料主要是指由过渡元素铁、钴、镍及其合金等组成的能够直接或间接产生磁性的物质，是在外加磁场中能够被磁化产生磁性能的一种重要的功能性材料。磁性材料主要分为硬磁材料、软磁材料及介于二者性能之间的磁性材料。选用合适的磁性材料是设计和制造高效率电动机的关键，永磁三相同步电动机的效率比三相异步电动机高 5%～10%，其功率因数接近 1。

永磁材料又称"硬磁材料"，指的是一经磁化即能保持恒定磁性的材料。稀土永磁材料是一类以稀土金属元素 RE（钐 Sm、钕 Nd、镨 Pr 等）和过渡族金属元素 TM（铁 Fe、钴 Co 等）所形成的金属间化合物为基础的永磁材料，利用稀土-过渡族金属间化合物发展的稀土永磁材料具有优异的永磁性能，是当前矫顽力最高、磁能积最大的一类永磁材料。稀土永磁的使用极大地促进了永磁设备及器件向小型化、集成化发展。稀土永磁材料按开发应用时间可分为第一代钐钴（$SmCo_5$）、第二代钐钴（Sm_2Co_{17}）和第三代钕铁硼（$Nd_2Fe_{14}B$）稀土永磁材料。新的稀土过渡金属系和稀土铁氮系永磁合金材料正在开发研制中，有可能成为新一代稀土永磁材料。表 5-2 是不同稀土永磁材料的理论磁性能。

表 5-2　不同稀土永磁材料的理论磁性能

化合物	饱和磁化强度 J_s/T	最大磁能积 $(BH)_{max}$/(kJ/m^3)	磁晶各向异性 H_A/(MA/m)	居里温度 T_c/K	稀土原子含量 R/TM	基体金属
$SmCo_5$	1.15	248.0	32	1013	0.33	Co
Sm_2Co_{17}	1.56	480.0	≈8	1163	0.105	Co
$Nd_2Fe_{14}B$	1.61	528.0	≈6	583	0.117	Fe
Sm_2Fe_{17}	0.94	176.0	易基面	392	0.105	Fe
$Sm_2Fe_{17}N_x$	1.54	472.0	11.2～20.8	743	0.0989	Fe

制备稀土永磁材料，要在尽可能降低氧含量的情况下获得高密度、高磁性能的磁体。稀土永磁材料的制备工艺主要分为烧结、黏结和热压/热变形三大类。i. 烧结工艺采用粉末冶金工艺，包括合金制备、制粉、取向成形、烧结、热处理、机械加工、表面防护。ii. 黏结工艺的基本路线为制备具有永磁性能的合金磁粉、磁粉粒度调整、添加树脂与磁粉混合并造粒、成形（压缩、注射、挤出或压延）、机械加工、表面防护。iii. 热压/热变形工艺采用钕铁硼快淬磁粉，通过缓慢而大幅度的热压变形诱发类似的晶体择优取向，制成高性能磁体。烧结磁体和热压/热变形磁体的特点是磁性能高，黏结磁体的特点是性能一致性好、尺寸精确、形状复杂、材料利用率高、易与金属/塑料零件集成等。此外，烧结钐钴由于其优异的耐高温特性，仍然保持着旺盛的生命力。

b. 钕铁硼永磁材料　在现有稀土永磁体系中，钕铁硼永磁材料是目前磁性能最强的永磁材料，其理论最大磁能积 $(BH)_{max}$ 为 509.3 kJ/m³（64 MGOe），也是目前应用范围最广、发展速度最快、综合性能最优的磁性材料，因此也被称为"永磁王"。目前，普遍使用的稀土永磁材料有四种：烧结钕铁硼、黏结钕铁硼、热压/热变形钕铁硼和烧结钐钴。

近年来，烧结钕铁硼生产技术一直在不断进步，磁体的综合性能稳步提升。新技术方面，主要有以优化晶粒边界为目的的晶界扩散（grain boundary diffusion，GBD）、晶界调控（grain boundary modification，GBM）和双/多合金（包括双主相）等方法，以近单畴颗粒高矫顽力为目标的晶粒细化以及氧含量控制技术的广泛采用，为制备高性能烧结钕铁硼磁体奠定了基础。

采用上述新工艺后，双高烧结 Nd-Fe-B 磁体已经被成功开发和生产。在低成本方面，钢研总院和中科三环采用双主相方法，分别成功获得较高性价比的 Ce 或混合稀土添加烧结钕铁硼磁体；宁波材料所成功制备出钇 Y 添加烧结钕铁硼磁体。靶式气流磨在生产中开始使用，使合金粉末粒度更小、分布更窄，且磨体中存料更少，更有利于高性能烧结钕铁硼制备。自动成形、自动检测和自动充磁等也有很大提高。随着烧结钕铁硼在高性能电机中日益广泛的应用，高磁能积且高工作温度磁体成为研发的核心目标，成果显著。为了促进稀土元素平衡利用、降低磁体成本，高丰度稀土烧结磁体研发也取得重大突破。黏结磁体方面，国产各向同性快淬钕铁硼磁粉的产量增长迅速，国产快淬钐铁氮磁粉的居里温度 T_c 和永磁特性明显高于钕铁硼磁粉。钐铁氮磁粉量产也初具规模，各向异性钕铁硼磁粉已可批量生产，各向异性黏结磁体正在开发之中。近年来，随着 3D 打印技术的发展，工艺上将增材技术应用于制造黏结稀土磁体。采用 3D 打印制备黏结磁体，不仅可以应对奇特形状，而且能得到常规制备手段无法企及的特殊结构或性能。目前，3D 打印永磁材料的主要研究方向有永磁前驱粉末的制备方法、常温黏结打印技术、热黏结打印技术、烧结打印技术等。

对于烧结钕铁硼磁体，一方面研发高性能磁体仍然是技术发展的重要目标。通过合理调整配方，调控或优化晶粒边界、细化晶粒等技术，在保持高磁能积（或高剩磁）的条件下，进一步提高磁体内禀矫顽力。另一方面，进一步开展镧 La、铈 Ce 和钇 Y 等高丰度稀土添加烧结钕铁硼永磁材料的研发，促进稀土资源的平衡利用。表面防护处理技术也将进一步发展，以适应不断拓展的应用需求，耐高温高湿、耐高低温冲击、绝缘、耐磨等将不断充实钕铁硼防护的概念。产业方面，进一步提升生产自动化水平，提高产品质量，降低生产成本，提高产品性价比。对于黏结钕铁硼磁体，一方面进一步提高国内企业生产的各向同性钕铁硼磁粉的性能，加快各种黏结磁体新技术和新产品的开发，比如混炼技术、高精度磁体制备技术、金属/塑料高复合度成形技术等，以满足新能源和智能驾驶汽车方面的应用；另一方面，进一步开展高性价比的各向异性磁体成形技术的开发，以满足一些特殊需求。当重稀土元素铽 Tb 和镝 Dy 的价格昂贵（目前金属 Tb 的价格是 Nd 的 10 倍左右）时，热压/热变形钕铁硼磁体同高矫顽力烧结钕铁硼磁体相比仍有一定竞争优势。我国需要尽快突破热压/热变形钕铁硼制备的关键技术，早日实现规模化生产。

日立金属凭借钕铁硼磁体的技术优势，针对各个类型，从磁粉到烧结钕铁硼、黏结钕铁硼以及热压/热变形钕铁硼均进行专利布局，其重点在于烧结钕铁硼，其次是磁粉。从近十年新增专利情况看，烧结钕铁硼的主要研发精力集中在工艺改进、微结构改进、成分改进和后处理改进，有少量的设备改进等。"扩散工艺"的研究主要包括几个方面：扩散源的处理，扩散源的选择，高低温扩散，涂布方式扩散，以及扩散装置改进及相应工艺。"微结构改进"的研究主要关注主相中元素浓度的变化、主相与晶界的关系、相结构的组成以及性能的变化。

c. $Sm_2Fe_{17}N_3$ 永磁材料 从表 5-2 中可以看出，$Sm_2Fe_{17}N_3$ 优异的内禀磁性能非常具有吸引力。$Sm_2Fe_{17}N_3$ 永磁材料不仅具有与 $Nd_2Fe_{14}B$ 相当的饱和磁化强度（1.57 T）和各向异性场（20.7 MA/m），而且具有较高的居里温度（743 K）。根据粉末的实验数据进行估算，在汽车电机的高温环境下，$Sm_2Fe_{17}N_3$ 烧结磁体比掺杂 Dy 的 $Nd_2Fe_{14}B$ 磁体具有更高的磁能积。从性价比的角度看，$Sm_2Fe_{17}N_3$ 也具有相当大的优势，因为它具有高矫顽力并且不含重稀土元素，而且 Sm 金属的价格比 Nd 金属便宜得多。

d. 2：17 型 Sm（CoFeCuZr）$_z$ 稀土永磁材料   2：17 型 Sm（CoFeCuZr）$_z$ 稀土永磁材料因其磁性能良好、居里温度高、温度稳定性强、抗腐蚀和抗氧化性强等优点，满足了航空航天、军事等高温工作环境的使用要求，已成为高温永磁材料的最佳选择。近年来，随着更高使用温度的应用需求和电动车高温磁体的开发，2：17 型 SmCo 永磁体的相关研究重新引起重视。为进一步提高高温电机的功率和缩小体积，需要 2：17 型钐钴磁体同时具备高磁能积和高矫顽力。该类磁体为 Sm（CoFeCuZr）$_z$（z 介于 7～8 之间）五元合金，其硬磁性源于高温亚稳相在等温时效后分解形成的纳米胞状组织，磁能积主要由高饱和磁化强度（Ms）、富 Co/Fe 的 2：17R 主相决定，而矫顽力和方形度主要取决于钉扎畴壁的、富 Cu 的胞壁 1：5H 硬磁相和贯穿胞状组织的富 Zr 片层 1：3R 相。Sm（CoFeCuZr）$_z$ 永磁体的主要制备方法是粉末冶金法，该方法得到的烧结磁体密度接近理论值 8.40 g/cm，综合磁性能最好。通常，获得较高室温磁性能及高温稳定性的重要因素是具有高剩磁、高室温矫顽力和低温度系数。研究表明，通过提高 Fe 含量可获得更高的理论磁能积。相应地，提高磁体磁性能的有效方法主要包括提高 Fe 含量、优化磁体中 Cu 元素的含量和分布及掺杂重稀土元素等。

以 NdFeB 为代表的稀土永磁材料大量使用了 Nd/Pr/Dy/Tb 等稀土元素，而高丰度稀土 La/Ce/Y 则大量积压，稀土资源严重浪费。因此，采用高丰度稀土来制备永磁材料既能降低生产成本，又能有效促进稀土资源的平衡利用。由于 $La_2Fe_{14}B$、$Ce_2Fe_{14}B$ 和 $Y_2Fe_{14}B$ 四方相的内禀磁性能相对 $Nd_2Fe_{14}B$ 要低很多，基于单个高丰度稀土制备出的合金磁性能较低。但是，通过调整 La/Ce/Y-Fe-B 之间的交互作用，利用稀土元素偏析特性，可以使合金磁性能得到优化，远超单个合金。研究发现，虽然 $La_2Fe_{14}B$ 的各向异性场 HA 比 $Ce_2Fe_{14}B$ 更低，但是少量 La 添加能显著提高 Ce-Fe-B 快淬合金的矫顽力 H_{cj}，同时剩磁 J_r 和居里温度 T_c 也有明显提高，在 Ce/La（原子比）为 7：3 时能获得较优最大磁能积 $(BH)_{max}$。在富稀土成分 Ce-Fe-B 合金中，20% 以上的 La 替代能有效抑制 $CeFe_2$ 相的析出；而（Y, La）-Fe-B 快淬合金的热稳定特性与 Nd-Fe-B 截然相反，其矫顽力在居里温度点之前随着温度的升高而小幅度增加，导致（Y, La）-Fe-B 合金在 La≤30% 时具有正值矫顽力热稳定系数 β（300～400 K）。

③ 软磁材料   软磁材料是磁性材料的一种，是指在较小的外加磁场作用下，能迅速改变磁极的材料，其特征是固有矫顽力小于 100 A/m。软磁材料在直流和交流环境中都有广泛应用。软磁材料包括纯铁和低碳钢、硅钢、坡莫合金（铁镍合金）、铁氧体和非晶及纳米晶等 5 类材料。

a. 硅钢   使用合适的铁芯材料降低铁耗、提高磁通密度，也是提高电动机效率的有效途径。铁芯材料的磁性能（导磁率和单位铁损）对电动机的铁耗和激磁性能影响较大，同时铁芯材料的费用又是构成电动机成本的主要部分。铁芯材料通常采用硅钢片，而高效铁芯用无取向硅钢，也称高效电动机钢。因此，选择适合高效电动机的硅钢片是设计和制造高效率电动机的关键。高效电动机硅钢片的选取原则如下：i. 对于功率较小的电动机，定子铜耗所占总损耗的比例较大，应优先采用导磁性能好的电工钢片作为定子铁芯，这样可以大大降低激磁电流，明显改善铁耗和定子铜耗；ii. 对于功率较大的电机，由于空载电流占满载电流的比例较小，铁耗在总损耗中已占相当大的比例，选用高导磁的硅钢片对于提高效率效果并不明显，因此降低铁芯材料的单位损耗将有助于减少铁耗。

高品质薄规格低铁耗取向硅钢、环保型极低铁耗无取向硅钢以及高强度薄规格高磁感无取向硅钢的夹杂、析出控制与结构控制等技术是目前国内外研究的热点。研究开发高磁感高效电动机用冷轧无取向硅钢对于提高高效电动机产品质量具有重大的实际意义。目前全世界高牌号无取向硅钢产量只占无取向硅总量的 15%左右，而且这些高牌号无取向硅钢生产技术和专利只被少数发展中国家掌握。我国仅有少数企业能生产高牌号无取向硅钢，而且生产成本很高，因此高牌号无取向硅钢生产技术在国内有很大的发展空间。

b. 软磁复合材料　软磁复合材料（soft magnetic composite materials，SMCs），也称磁粉芯，是一种具备磁电转换、储能和滤波等特种功能的新型软磁复合材料，由金属或合金软磁材料制成的铁磁性粉末和绝缘介质按一定比例均匀混合后，经粉末冶金工艺压制而成，得到的 SMCs 的微观结构如图 5-13 所示。SMCs 具有磁各向同性、高磁导率、低矫顽力、高居里温度以及低损耗等优点，广泛应用于能源、信息、交通和国防等重要领域。SMCs 一般可以分为 Fe 软磁复合材料、非晶纳米晶软磁复合材料、Fe-Ni 软磁复合材料、Fe-Ni-Mo 软磁复合材料等。

由图 5-14 可见，叠层硅钢片 M270-35A 和 M330-35 的高频损耗远高于软磁复合材料，即使超薄的 NO20 硅钢片的损耗在高频区也高于软磁复合材料。由于存在涡流损耗，硅钢片的使用频率限于 1000 Hz 以下的低频，铁氧体磁芯限于 1 MHz 以上的高频。软磁复合材料具有独特的损耗特性，能弥补硅钢片和铁氧体磁芯的缺陷，可以在 400～400×10³ Hz 的频率范围内

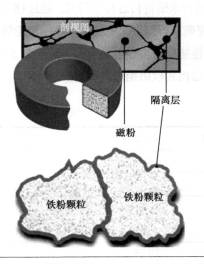

图 5-13　SMCs 的微观结构

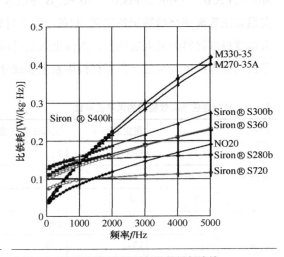

图 5-14　软磁复合材料和硅钢片的损耗比较

使用，扩大了电动机的使用范围，也预示着软磁复合材料具有巨大的潜在市场。用软磁复合材料生产直交流两用电动机、爪极电动机、同步电动机、异步电动机等具有复杂形状和磁路或在较高频率下工作的电动机更具优势。

在 SMCs 的绝缘制备过程中，绝缘包覆是最重要的一环。SMCs 的工作环境是在不断变化的磁场中进行的，常规的金属软磁材料因为电阻率低，导致在不断变化的磁场中引起的涡流损耗太多，使软磁材料在高频下难以使用。绝缘包覆层因其具有较高的电阻率可以有效地隔离软磁颗粒之间的涡流损耗，因此可以在高功率和高频率的条件下应用磁粉芯。浙江大学严密教授科研团队的"低功耗高性能软磁复合材料及关键制备技术"，提出制备多软磁相核壳结构复合材料的技术思路，创新了绝缘包覆技术，大幅消除了颗粒间涡流损耗；建立了软磁合金新体系，显著提高了复合材料软磁性能；创新和集成核心生产技术，实现了规模化生产和广泛的实际应用。该项目荣获 2016 年度国家技术发明奖二等奖。

现在对于金属软磁复合材料的研究朝着提高磁导率与降低磁芯损耗两个方向发展，主要包括粉末颗粒度、粉末元素组成（Fe-Ni、Fe-Ni-Co、Fe-Si）、压制参数（保压时间、压制温度、过程润滑等）以及树脂的添加和化学反应在颗粒表面生成薄膜等技术。

④ 纳米双相复合永磁材料　纳米双相复合永磁材料又称交换耦合稀土永磁，是具有高磁晶各向异性的硬磁相和具有高饱和磁化强度的软磁相在纳米尺度范围内复合形成的两相共格永磁材料。由于软磁相与硬磁相存在交换耦合作用，纳米双相复合永磁材料可以同时保持软磁相的高饱和磁化强度和硬磁相的高矫顽力，有利于提高磁体的磁能积（纳米复合磁体的理论磁能积可达到 1 MJ/m^3，高于任何一种单相永磁材料）。这种纳米双相复合永磁材料可以减少永磁体中稀土的用量，具有较好的化学稳定性，更好的磁性能、抗腐蚀性、温度稳定性、应力稳定性和时效稳定性，满足环保与节能的综合要求，因此最有可能发展成继 $SmCo_5$、Sm_2Co_{17}、$Nd_2Fe_{14}B$ 之后第四代永磁材料。近年来，研究人员分别对 $SmCo_5/\alpha$-Fe、$Nd_2Fe_{14}B/Fe_{67}Co_{33}$、$SmCo_7/FeCo$、（$SmCo+FeCo$）$/Nd_2Fe_{14}B$ 等纳米交换耦合永磁材料进行了研究，通过物理沉积、高温高压等离子烧结等制备工艺，制备出的新材料可突破原有稀土永磁材料的性能理论极限值，大幅度提高材料的最大磁能积，为稀土永磁材料的高性能化提供了一个新的途径。表 5-3 给出了目前作为纳米双相复合永磁材料体系主要成分的硬磁相和软磁相的内禀磁参数。

表 5-3　常见硬磁相和软磁相的内禀磁参数

材料		居里温度/K	饱和磁极化强度 J_s/T	磁晶各向异性常数 $K1$/（MJ/m^3）
硬磁相	$Nd_2Fe_{14}B$	588	1.61	4.9
	$SmCo_5$	1020	1.07	17.2
	FePt	750	1.43	6.6
软磁相	α-Fe	1044	2.15	0.05
	Co	1390	1.81	0.53
	Fe_3B	786	1.6	−0.3

国内外研究结果表明，通过硬磁相和软磁相的复合可以实现剩磁增强，多为薄膜材料，这是由于在纳米尺度下制备多层硬磁相和软磁相复合的材料在工艺上较为容易实现，但在块体材料中，增强效应一直不够强烈。直到 2017 年，燕山大学张湘义教授团队提出"异质异构"的新理念，实现了对软、硬相结构的同时控制，采用极端条件下等离子烧结工艺和热压热变形技术，制备出 $SmCo_7/FeCo$ 纳米复合永磁材料（软磁相质量分数占 23%），其磁能积达到 223 kJ/m^3（28 MGOe），比 $SmCo_7$ 理论最大磁能积（17.7 MGOe）高 58%。2018 年，该团队又通过精细调控多相异质纳米复合磁体中各相的微结构，突破性地获得了具有层状结构的（SmCo+FeCo）/$Nd_2Fe_{14}B$ 块状纳米复合磁体。

但是，目前纳米双相复合永磁材料的生产工艺不能满足现代化生产的要求，无法实现大批量的生产。成分中稀土元素的含量仍然较高，导致成本较高，添加元素的配比还有很大提升空间，并且结构控制还不能达到使软硬磁两相完美地相互耦合的水平。此外，软磁相和硬磁相均匀分布，使成分均匀化，并使晶粒实现纳米级以达到最佳的磁性能等方面都是纳米复相永磁材料的磁性能的实验结果与理论计算之间有很大差距的原因，这些都是纳米复合永磁材料的发展方向。

（3）高效率绕组技术

为了降低电动机能耗，在双层叠绕组的基础上，提出了许多提升电动机运行效率的绕组连接方式，如星角混接的正弦绕组、单双层绕组、不等匝低谐波绕组、分数槽绕组、单双层混合分数槽绕组、单双层低谐波绕组等。

① 星角混接的正弦绕组可以有效削弱空间气隙谐波磁动势，同时具有较高的基波绕组系数，减少线圈铜线用量，能有效降低定子铜耗。

② 单双层混合绕组实质上是双层叠绕组的另一种形式，使双层叠绕组中的相同槽线圈层间绝缘移去并使得两层绕组合并为一层线圈，这样同一个槽内不同相的线圈仍然保持双层槽，并按最短跨距将绕组连接起来。单双层绕组可以使铜料的用量减少，可实现电动机运行效率的提高。

③ 分数槽正弦组合绕组将分数槽和正弦绕组的特点相互结合，进一步降低谐波产生的损耗；单双层不等匝低谐波绕组则是将单双层绕组和不等匝低谐波绕组相结合，削弱谐波损耗、减少用铜量和降低定子铜耗。

④ 低谐波绕组是指双层同心式不等匝绕组，它将槽内导体匝数进行分配，使得槽电流沿铁芯表面按正弦规律分布，得到更接近基波形式的磁密分布，降低电动机的谐波磁动势。低谐波绕组应用于异步电动机能够提高削弱谐波的影响，可以提升电动机性能，且与普通叠绕组电机相比，只是定子绕组的排布方式和线圈匝数发生了改变，电机的其他参数均不变，其缺点是绕组设计和绕制较难。在低谐波绕组的设计方面，有学者提出了新的双层低谐波绕组排列形式，将槽满率作为约束条件，将谐波失真率作为目标函数进行优化，设计出的绕组方案可大幅提升电动机性能。

各种类型的电动机绕组的设计主要是为了减少谐波磁动势，使气隙磁密波形更接近正弦型从而提升电动机效率。绕组设计主要是在低谐波绕组、分数槽集中绕组、星三角绕组等绕组基础形式上相互结合并借鉴设计思路，运用现有成熟的优化算法从而得出性能优良的异步电动机。例如，上海电动机系统节能工程技术研究中心有限公司针对每极每相槽数大于 2 的交叉式绕组和同心式绕组提出单层同心式不等匝绕组形式设计计算方法，同时将交叉式绕组改为同心式绕组形式。该方法可计算任何整数槽的三相异步电动机单层不等匝绕组的谐波比漏磁导，通用性强；能够精确计算单层不等匝绕组的绕组系数和谐波比漏磁导系数，准确计算电动机的电磁性能，从而有效降低电动机谐波引起的杂散损耗，提高电动机效率，避免能源浪费，降低电动机成本，节约铜、铁、铝等不可再生资源。该方法已成功应用于包含 160 及以下机座号的 2、4 极 YE4 系列超超高效三相异步电动机设计中。针对双层同心式不等匝绕组，当同一槽的上下层线圈为同一相时，则合并为单层绕组，进而形成单双层混合同心式不等匝绕组。基于此，上海电动机系统节能工程技术研究中心有限公司提出了一种双层不等匝绕组的算法，并且已成功应用于 YE4 系列超超高效三相异步电动机的双层绕组结构设计中，包含了 180 及以上机座号全部 2、4 极和部分 6、8 极电动机，总计共 40 余个规格产品。为解决分数槽永磁电动机转子绕组磁动势中存在高幅值低次谐波这一难题，陈涤斐等建立了一种适用于不同相数、绕组层数和连接方式的分数槽永磁电动机转子磁动势谐波计算模型，基于该模型进一步提出了利用星-三角接法对四层绕组永磁电机电枢磁场低次谐波进行抑制的绕组设计方法。仿真结果表明，当多层绕组分数槽永磁电机采用给定的绕组匝数比和偏移角度的星-三角接法绕组时，可以有效抑制低次高幅值谐波，减少分数槽永磁电机中铁芯和永磁体涡流损耗，提高电机的运行性能。

(4) 典型高效电动机

① 稀土永磁无铁芯电动机　稀土永磁无铁芯电动机（rare-earth permanent magnet coreless motor）是代表电动机行业未来发展方向的一种新型特种电动机，采用无铁芯结构、无刷与无磁阻尼技术以及稀土永磁材料，结合电子智能变频技术，配备新型智能逆变器，使电动机系统效率提高到 95% 以上，可以实现从零到额定转速的高效、无级调速，具有调速范围宽、精度高的特点。伴随着第三代稀土永磁材料——钕铁硼永磁材料的发展，稀土永磁电动机效率比同规格的感应电动机高 2%～8%，能够在 25%～120% 的额定负载范围内保持较高的效率和功率因数，且其效率和功率因数几乎没有什么变化，具有体积小、质量轻、结构简单、节能高效等特点。稀土永磁盘式无铁芯电动机技术已入选《国家重点节能低碳技术推广目录（2014年本节能部分）技术报告》。

稀土永磁无铁芯电动机适用于负载经常变化、要求运行节能效果较高的场所，特别是负荷变化较频繁，经常运行于空载、轻载状态的负载，可广泛应用于风机、水泵、压缩机等通用设备，还可用在新能源汽车与数控机床等领域，如特斯拉电动汽车 model 3、起亚 K5 混动、荣威 E50、北汽 EU260 等。特斯拉 model 3 应用的永磁同步电动机结构如图 5-15 所示。图 5-16 所示的 Protean 生产的 PD18 直驱轮毂电动机具有 75 kW 的峰值功率和 1250 N·m 的峰值扭矩，持续功率 54 kW，扭矩 650 N·m，最高转速 1600 r/min，重 34 kg，使用寿命 15 年或 3.0×10^5 km。

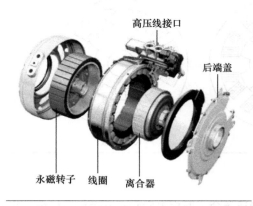

图 5-15　永磁同步电动机

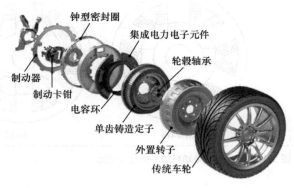

图 5-16　PD18 直驱轮毂电动机结构

② 开关磁阻电动机　开关磁阻电动机（switched reluctance motor，SRM）是一种新型调速电动机，调速系统兼具直流、交流两类调速系统的优点，是继变频调速系统、无刷直流电动机调速系统的最新一代无极调速系统。开关磁阻电动机遵循磁路磁阻最小原理，即磁通总是要沿着磁阻最小路径闭合。因此，开关磁阻电动机采用凸极定子和凸极转子的双凸极结构且定转子极数不同，以实现转子旋转时磁路磁阻较大的变化。SRM 系双凸极可变磁阻电动机，定子和转子的凸极均由普通硅钢片叠压而成。转子上没有绕组、永磁体和滑环等，定子极上绕有集中绕组，绕组的端部较短且没有相间跨接线，径向相对的两个绕组连接起来，称为"一相"。为了避免单边磁拉力，径向必须对称，所以双凸极的定子和转子齿槽数应为偶数。

开关磁阻电动机常用的方案如表 5-4 所示，相数越大，步距角越小，有利于减少扭矩脉动，但结构复杂，且主开关器件多，成本高，现今应用较多的是四相（8/6）结构和三相（12/8）结构，如图 5-17 所示。

表 5-4　SRM 电动机常用方案

相数	3	4	5	6	7	8	9
定子极数	6	8	10	12	14	16	18
转子极数	4	6	8	10	12	14	16
步进角/°	30	15	9	6	4.28	3.21	2.5

在开关磁阻电动机的基础上发展了双凸极电动机，又经由永磁双凸极电动机、混合励磁双凸极电动机发展到电励磁双凸极电动机。电励磁双凸极电动机继承了开关磁阻电动机结构简单、运行可靠的优点。引入直流励磁绕组，相较于永磁双凸极电动机，取消了永磁体，励磁调节更加方便，易于灭磁。四相分布励磁电励磁双凸极电动机是在传统电励磁双凸极电动机的基础上发展而来，四相电励磁双凸极电动机的基本结构为 $4N/3N$（其中 N 为正整数）。相较于传统的三相电励磁双凸极电动机，四相电动机的极弧系数更小，多单元四相双凸极电

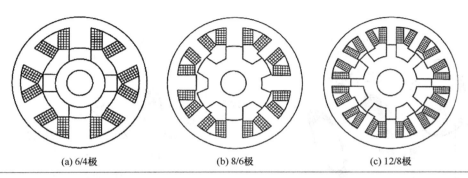

(a) 6/4极	(b) 8/6极	(c) 12/8极

图 5-17　开关磁阻电动机的不同凸极配比

动机单元电动机数选择灵活，适用于不同功率、转速场合。四相电励磁双凸极电动机结构简单，适合于高温极端条件发电场合。

　　为了获得更好的扭矩性能和更高的功率密度，众多学者提出定子或者转子为独立模块化结构的 SRM 或加入永磁体辅助的 SRM 构成混合励磁方式，如分段转子开关磁阻电动机和混合磁阻电动机。分段转子开关磁阻电动机（switched reluctance motor with segmental rotors, SSRM）用磁隔离形式代替了常规 SRM 的齿形转子结构，扇形导磁硅钢片轴向叠压且沿转子圆周方向均匀分布，承载硅钢片的为铸铝圆柱体。磁链从定子齿流出，经过气隙，到达扇形硅钢片导磁部分，然后通过气隙，到达相邻的另一定子齿，经定子轭流回，为短磁路形式，没有反向磁通，所以损耗小，效率高。研究结果显示，当 SSRM 齿宽与极距比大于 0.5 后，相比于常规 SRM，分段转子电动机有更大的气隙力波，在相同的铜损下 SSRM 相比于常规 SRM 能够多输出 41%扭矩，该电动机适用于轴向长度相对较短的应用场合。混合磁阻电动机（hybrid excitation switched reluctance machine，HRM）是在开关磁阻电动机本体上加有高性能永磁体，以增强电动机扭矩性能。一般在定子上增加永磁体以提高功率密度。HRM 磁场激励源有两种：一种是绕组励磁，另一种是永磁体励磁。在定子上增加永磁体，一方面不影响电动机的可靠性和高速运行性能，另一方面增加了平均扭矩，降低了铜耗。在定子极的顶部添加永磁体的 HRM，并对比了在定子极顶部、中间和定子轭上放置永磁体，结果显示，顶部加有永磁体结构提高了永磁体的利用率，而在定子轭上添加永磁体有更大的扭矩和更小的扭矩脉动。

　　③ 无刷双馈电动机　　无刷双馈电动机（brushless doubly-fed machine，BDFM）是一种新型结构的异步电动机，其定子由两套不同极对数的绕组组成，同时具有同步电动机和异步电动机的运行特点。定子功率绕组直接与电网相连，承担电动机的主要功率部分，定子控制绕组通过变频器与电网相连，其中控制绕组电压较低，主要承担电动机的转差功率，其功率较小，所需的变频器容量也较小，特别是在高电压等级场合，较小的变频器容量，可以有效地降低调速系统的成本，作为传统有刷双馈电动机的取代方案，无刷双馈电动机在风能发电和高压电动机领域具有良好的应用前景。如图 5-18 所示控制绕组对极接变频器，由变频电源供电；功率绕组对极接入工频电源，直接由电网供电，在气隙中产生两种极对数不同的磁场，

这两个磁场通过转子的调制发生相互耦合，实现能量的相互传递，改变控制绕组的供电频率就可以调节系统的速度。其中，功率绕组的极对数直接连接电网，控制绕组对极接变频器。由于定子和转子结构采用合理的设计，使得两套定子绕组产生的磁场只能通过转子间接耦合，同时转子磁场的极对数可以自动转换，分别与定子磁场极对数匹配。

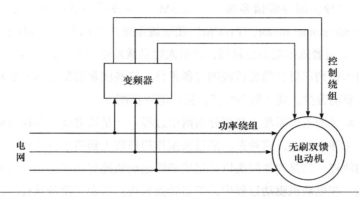

图 5-18 无刷双馈电动机结构

　　无刷双馈电动机按照其去刷化的原理可以分为级联和调制式两类。级联式是将现有有刷双馈电动机与其他电磁设备级联，采用无接触式电能传输的方式实现转差功率在静止电源与转子绕组之间双向流动。属于这一类型的无刷双馈电动机结构包括级联双馈感应电动机旋转变压器式无刷双馈感应电动机和旋转电力电子变换器式无刷双馈感应电动机。调制式是借助短路绕组、磁阻凸极或多层磁障产生不同极对数的两个磁场，分别与两套定子绕组耦合，如无刷双馈感应电动机，无刷双馈磁阻电动机和混合转子式无刷双馈电动机。

　　④ 新型无滑环绕线转子异步电动机　新型无滑环绕线转子异步电动机基于无滑环变极起动绕线转子异步电动机，在谐波起动技术的基础上运用独特的谐波起动原理和"全绕组起动"的概念，运用一种实现谐波起动方法的定子绕组的新接法，即新型无滑环绕线。它具有线圈工艺性好，起动特性优良，控制简单，正常运行时又可换接为标准绕组的特点。而转子绕组利用"无感"的概念和复合线圈技术，在大型电动机转子上采用圆铜线构成"软绕组"。与传统的矩形截面导线构成的"硬绕组"相比，其槽形可根据要求灵活设计，并可减小转子线圈端部用铜量，在保证槽内有效用铜量相等的情况下，可节省 10%左右的用铜量。其次，新型电动机转子回路中不再含有滑环炭刷，起动时转子回路中不串入电阻，与传统绕线转子电动机一样能够具有低起动电流、高起动扭矩，同时它更具有高过载能力、高效率、高功率因数、高可靠性等突出特点，而且控制也极为简便，只需两个三相开关就可完成。再次，它不需要进相机等功率因数补偿装置，也不需要强力风扇对滑环炭刷进行强制降温。它被广泛用于建材、矿山、冶金、发电、石化等工业领域球磨机、破碎机、轧钢机、压缩机等大型设备的拖动，它是传统绕线电动机的换代产品，有着广阔的市场前景。

　　经综合测算，该新型电动机系统节能占输入电能的比例可高达 5%～10%。新电动机节电效果的大小可视原电动机转子回路中所带电缆的长度而定。若电缆仅 10～20 m 则节电效果可达 5%；若电缆长度在百米以上，其节电效果更高，可达 10%以上。

⑤ 直线超声电动机　直线超声电动机（linear ultrasonic motor，LUSM）是一种新型驱动器，具有直接驱动、结构小、推力大和设计灵活等优势，可应用于机器人、医学工程、精密平台、航空航天和导弹制导等诸多领域。LUSM 按照波动形式可分为行波型超声电动机（travelling wave ultrasonic motor，TWUM）和驻波型超声电动机（standing wave ultrasonic motor，SWUM）。前者效率低而能耗高，功率大时易激发电动机整体结构振动，体积大不易小型化，且非圆形结构不具有激发行波的完备条件，这些因素限制了其发展和应用；后者具有驱动效率高、驱动源少、成本低等特点，应用前景广阔。

直线超声电动机的工作原理主要可分为两个过程：一是压电陶瓷在超频电源激励下凭借逆压电效应而产生弹性振动，这种振动通过共振作用被放大到弹性驱动体，其触头末端形成类似椭圆的运动轨迹；二是弹性触头以特定的椭圆运动轨迹与动子接触，通过摩擦耦合作用实现电动机驱动。在电动机驱动过程中，不需转换机构，省去了滚珠丝杠、齿轮等机构，直接而高效地产生驱动力，特别适合狭小空间和运动范围有特定限制的场合。因此，直线超声电动机已成为微特电动机领域的研究热点。

⑥ 双边初级永磁型游标直线电动机　双边初级永磁型游标直线（double-sided linear primary permanent magnet vernier，DSLPPMV）电动机的电枢绕组和永磁体均位于短初级上，而次级仅为设有凸极的铁芯，且基于磁场调制原理运行，具有次级结构简单、机械强度高、便于永磁体冷却、低速、大推力等优点，适合诸如电梯驱动等长行程工况。此外，与传统的单边初级永磁游标直线电动机相比，DSLPPMV 电动机初级无轭部铁芯，降低了电动机初级的质量，从而可以改善系统的动态性能，且降低电动机制造成本.DSLPPMV 电动机采用双侧平板式结构，可以抵消初级单边磁拉力，降低对滑轨的要求，其模块化结构也可以提供高容错能力。

浙江大学沈燚明在现有初级永磁励磁型直线电动机研究的基础上，将电励磁与永磁励磁通过并联磁路有机结合，提出了一系列全新拓扑结构的初级并联式混合励磁变磁阻直线电动机（primary parallel hybrid excited variable reluctance linear machine，PPHEVRLM）。该拓扑结构包括槽口永磁型、游标型和聚磁式游标型 PPHEVRLM 三种拓扑结构及其绕组改进形式，将励磁绕组与电枢绕组结合成单套集成绕组，并利用开绕组结构下的直流偏置型正弦交流电同步馈入电励磁电流与电枢电流，大大提高了绕组利用率与电动机推力密度。

⑦ 无轴承电动机　无轴承电动机是采用磁轴承技术的电动机，分为无轴承异步电动机（bearingless induction motor，BIM）和无轴承永磁同步电动机（bearingless permanent magnet synchronous motor，BPMSM）。BIM 利用磁轴承和电动机定子结构的相似性，在只有一套扭矩绕组的普通电动机上额外嵌入另一套悬浮力绕组，可以同时实现电动机旋转和自悬浮，在航空航天、飞轮储能、人工血泵、无菌无污染操作等特种电气领域具有广泛应用前景。BPMSM 是集成磁轴承技术与永磁同步电动机技术的一种新型电动机，它既有磁轴承无摩擦磨损、无

需润滑、寿命长等优良特性，又有永磁同步电动机效率高、功率密度大等优点，所以在精密仪器加工、航空航天、飞轮储能等领域有着广阔的应用前景。BPMSM 与传统永磁同步电动机的不同之处就是在定子槽中以内外层双绕组形式同时嵌有极对数不同的扭矩绕组和悬浮力绕组。BPMSM 正常工作时，其转子会受到 Lorentz 力及 Maxwell 力这两种电磁力的作用。

⑧ 高温超导直线电动机　高温超导直线电动机采用高温超导块材或带材替代传统直线电机的永磁体或线圈磁体，在较大的气隙下仍能维持较高的功率因数，且它的磁密较同尺寸直线电机提高了 2~3 倍，进而可实现超大载荷推力的能力，为大容量高速磁浮列车提供大推力，使驱动系统质量更轻、空间利用率更高。目前，高温超导直线电动机已经应用于磁悬浮列车中，运行速度最快的为日本的 L0 系列高速磁悬浮列车，最高速度可达 603 km/h。当前，国内外已经有许多公司与科研机构开展了对高温超导直线电动机的研究，主要涉及对高温超导直线电动机的电磁输出特性研究、优化设计以及新超导磁体材料的应用。为实现磁悬浮列车突破超高速行驶这一目标，高温超导直线电动机研制的关键主要集中在对具有更强磁密的超导磁体新材料的研发、对高温超导直线电动机的新型拓扑结构与输出动力学特性进行更为深入的研究。

⑨ 可调磁通电动机　可调磁通电动机（variable-flux machine，VFM）通过改变电动机气隙磁密，扩宽电动机能够运行的速度范围。大部分可调磁通电动机通过施加充、去磁电流改变永磁体磁化强度来调节气隙磁密，可以通过在电动机定子或转子上额外设置专用于调磁的直流调磁绕组实现对永磁体充、去磁，也可以直接利用电动机电枢绕组施加调磁电流；另外有的可调磁通电动机通过附加机械结构改变电动机主磁路磁场分布，从而达到调节电动机气隙磁密的目的。改变永磁体磁化强度是利用了永磁材料的磁滞特性，学术界常采用磁滞回线来反映这种特性，当永磁体磁状态受到外部磁场作用发生改变后，撤去外部磁场，永磁体不能恢复到原来的磁状态，而是沿着局部回复曲线稳定在新的磁状态。按电动机调磁方式分类，可调磁通电动机可分为交流脉冲调磁型、直流脉冲调磁型和机械调磁型。交流脉冲调磁型利用定子电枢绕组产生调磁电流，直流脉冲调磁型通过额外安装的调磁绕组对永磁体充、去磁，机械调磁型通过机械装置进行磁场调节。可调磁通电动机因其能够调节气隙磁密的特性，而具有更宽的调速范围和更高的运行效率，适用于电动汽车和数控机床等宽调速范围的应用领域。

5.4.4　电动机的高效再制造与节能

随着电动机系统节能改造工作的推进，淘汰、替换下来的低效电动机会越来越多。对电动机进行高效再制造，是使电动机制造产业实现循环绿色发展目标的重要途径，通过对电动机进行高效再制造，能促使电动机制造整个产业链得到延伸，发挥电动机制造产业具有的价值。电动机再制造就是在原低效电动机基础上，经过对电动机重新设计，通过适当的拆解，尽可能地利用原有部件，并对绝缘、轴承、绕组与铁芯等在内的部件进行更新，利用先进技术与性能较高的材料，根据相关质量标准，采用严格的检测与分析方法，通过一定的铸造技术再制造成高效率电动机或适用于特定负载和工况的系统节能电动机（如水泵、风机专用高效电动机、变极电动机、变频电动机、永磁电动机等），达到提高电动机效率和资源再利用的目的。在完成再制造以后，电动机的性能不会发生变化，而且还能有一定程度的提高。若可以对国家计划进行淘汰的电动机实施再制造，提高 2%～3%的实际能效，则能节省（5.0～8.0）$\times 10^9$ kW·h 的电能。与新品制造对比，再制造电动机能降低 50%的成本、60%的能耗和 70%的材料。电动机高效再制造和使用主要分为三种：整台旧电动机的再制造和使用；旧电动机零部件的再使用；废品再使用。其中整台旧电动机的再制造和使用量占 50%左右，旧电动机零部件的再使用量占到 45%左右，剩余的约 5%的电动机直接卖废品。

（1）再制造电动机的设计技术和产品标准

在高效再制造电动机的设计、制造工艺上采取有效提高效率的措施，并在电动机与风机、水泵负载的功率匹配上更加精细化，才能达到电动机高效再制造的目的。电动机高效再制造设计的主要产品方向有高效电动机、风机水泵专用高效电动机、变极双速和多速电动机、变频调速电动机、高效永磁电动机。目前电动机高效再制造主要采用以下方法：①保留原定转子铁芯，更换电动机绕组，将原电动机再制造成同功率的高效电动机或降功率等级的风机、水泵专用高效电动机；②延长原定子铁芯、配备新转子铁芯，同时调整电动机绕组参数，将原电动机再制造成高效电动机。

对于风机、水泵系统，因环境、工艺变化而需要定量调节流量时，再制造成变极双速、多速电动机；对于经常处于空载和轻载的设备，为解决运行效率和功率因数较低的问题，再制造成永磁电动机，可以很好地满足要求。再制造的风机、水泵专用高效电动机产品标准[JB/T 11708—2013《YFE2 系列（IP55）风机专用高效率三相异步电动机技术条件（机座号 80～400）》、JB/T 11709—2013《YSE2 系列（IP55）水泵专用高效率三相异步电动机技术条件（机座号 80～355）》]中，电动机共有 36 个功率等级，比普通电动机[GB/T 22722—2008《YX3 系列（IP55）高效率三相异步电动机技术条件（机座号 80～355）》]增加了 13 个功率等级，低效电动机再制造成降功率等级的高效电动机，与风机、水泵的功率相匹配，解决"大马拉小车"的状况，提高系统的运行效率。

（2）再制造的工艺技术

电动机高效再制造工艺流程如图 5-19 所示，主要包括进厂检验、拆解清洗、旧件分类与评估检测、再制造性评价、再制造方案设计、零件的再制造加工与性能试验、再装配、再制造产品性能测试等。其中绕组与轴承是电动机中最易损坏的部件，因此在初期阶段就得到了大量的关注。下面主要介绍定子和转子再制造技术。

① 定子部分　定子线圈通过浸渍绝缘漆与定子铁芯固化为一个整体，通过机床切割、采用液压设备进行挤压与采用可控加热设备进行加热对铁芯与线圈进行分离。完成分离后，按新方案重新绕制线圈，然后进行下线、接线及耐压试验，合格后进入 VPI（vacuum pressure impregnating）浸漆罐浸漆，浸漆后进入烘箱烘干。

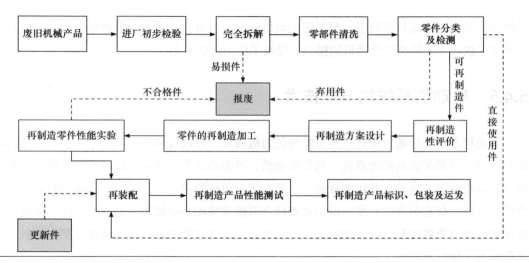

图 5-19　电动机高效再制造工艺流程

② 转子部分　由于转子铁芯和转轴之间采用过盈配合，为了不损伤轴和铁芯，再制造采用中频涡流加热设备对电动机转子外表进行加热，根据轴与转子铁芯受热膨胀系数不同，分离轴与转子铁芯；转轴加工后，采用中频涡流加热器加热转子铁芯，压入新轴；转子压装完成后在动平衡机上做动平衡检测，采用轴承加热器加热新轴承，安装到转子上。

此外，机座、端盖经检测合格后，采用喷砂设备清理外表，重新使用；将风扇、风罩部分、接线盒盖以及接线板报废，换用新件；接线盒座清理后重新组装接线盒。定子、转子、机座、端盖、风扇、风罩和接线盒再制造完成后，按照新电动机制造方法对其进行总装配，并进行出厂试验。

（3）电动机再制造技术的研究进展

随着电机再制造的发展，目前电动机再制造的主要研究内容包括绕组的修复与重绕技术、定转子铁芯的修复与改造技术、电动机部件的生命周期评价以及相关检测修复工艺等。目前电动机再制造的主要研究对象是异步电动机，通过对异步电动机绕组与定转子的改造改善旧电动机的性能。哈尔滨工业大学的徐殿国教授团队在三相异步电动机基础上，通过将其再制造为永磁同步电动机，以较小的成本实现现有电动机设备的能效提升，并通过高效控制算法充分发挥再制造电动机高效率、高动态品质的优势。在降低系统成本方面，采用高性能无位置传感器矢量控制，结合平稳的变-工频切换策略，在降低系统成本的同时，进一步提高系统能效。广西大学的莫以为通过对电动机损耗的分析，设计出了一种电动机再制造方案，将原旧电动机的定子铁芯采用电磁性能优良的电工用新硅钢片进行了替换，基于低谐波绕组的设计理论对定子绕组进行了再设计，为了进一步降低损耗，利用田口方法对定子槽型进行了优化。经有限元分析计算，与原电动机对比，再制造电动机的效率提高了 2.04%，达到了国家规定的能效标准，而电动机的其他性能也有相应的改善。合肥工业大学的宋守许教授团队开展了永磁同步电动机再制造技术的研究，包括对转子外圆优化进行偏心再设计、用低损耗非晶转子代替原电动机硅钢转子、利用旧电动机硅钢材料与新型非晶合金材料混合叠压再制造混合定子铁芯等，降低了电动机的损耗，提高了电动机的效率。

5.4.5　电动机系统的节能技术

电动机系统是指通过电动机将电能转化为机械能，再通过风机、水泵、压缩机等被拖动装置做功，实现所需功能的系统，包括电动机、被拖动装置、传动系统、控制（调速）系统以及管网负荷等。电动机系统能效提升，是在满足负载要求功能的前提下，设计制造和选用合适的部件，使它们合理匹配，以使系统综合节能效果和性价比达到最佳或较佳。纵观世界各国的电动机能效提升的成功经验，都是从电动机本体节能开始，而最终都是把电动机系统节能作为工作的落脚点。

工信部 2016 年 6 月 30 日正式印发《工业绿色发展规划（2016—2020 年）》，首次提出推动工业节能从局部、单体节能向全流程、系统节能转变的要求，并明确了"到 2020 年，电动机和内燃机系统平均运行效率提高 5%"的目标。70%左右的工业用电是在电动机系统，如泵、风机、压缩机与传送带等。单个设备效率的提高带来的节能效果是 1%～6%，而整个系统效率的提升会带来 10%～30%的节能效果。因此，单一地强调高效电动机本身并不科学，要达到能效最大化，必须从系统着手。

（1）电动机系统调速节能

大部分风机、泵、制冷压缩机与空气压缩机的压力、流量以及风量阀控系统均是由电动机驱动，为系统提供所需的压力、流量和风量。在实际应用中，设备出口端的溢压阀、溢流阀调节负载压力、流量和风量以适应需求变化，但是这个过程会释放大量的能量，造成严重的浪费。若采用改变电动机运行方式，使其转速和负载匹配，能满足生产机械不同工作状态下的要求，实现系统节能。不同转速下，电动机输出的压力、流量或风量均可在 0%～100%的范围内调节。

由式（5-2）可知，通过改变电源频率 f、磁极对数 p 和转差率 S 可以改变电动机转速。改变电动机所接电源的频率 f 以改变转速，称为变频调速；改变磁极对数 p 实现转速调节，称为变极调速；改变电动机的转差率 S 来改变电动机转速，称为变转差率调速。其中，变转差率调速有改变加在定子上的端电压与转子侧电流两种方式，即调压调速和串级调速。下面将分别简要介绍变频调速、变极调速、调压调速和串级调速四种电动机调速节能技术。

① 变频调速节能技术　变频调速是在远程起动时通过整流将转子中加入直流电压，由逆变器将直流电压转换成频率可调的交流电，利用变频电源使频率从零缓慢升高，驱动旋转磁场牵引转子缓慢同步加速，直至达到额定转速，因此在节能改造系统中，对电动机进行变频恒压调速。变频调速是一种典型的交流电动机调速方法，适用于异步电动机和同步电动机，具有频率连续可调、可实现无级调速、调速范围大、机械特性硬、转速稳定性好、效率高的优点。采用变频调速系统，节能率可以提高到 30%～50%。变频调速系统关键设备是变频电动机。2012 年，由上海电器科学研究所（集团）有限公司等负责起草的 GB/T 28562—2012

《YVF 系列变频调速高压三相异步电动机技术条件（机座号 355～630）》，对变频电动机技术调节进行了规范。

a. 负载调速节电原理　按生产和工艺要求，流体机械需要经常调节风量或流量。风量或流量的调节一般有不改变电动机转速调节挡板阀门开度和不改变挡板阀门开度调节电动机转速两种方法。调节流量相同时，上述两种方法的功率消耗是不相同的。对于第一种方法，由于电动机转速基本不变，故在风量或流量调节前后，电动机所消耗的功率基本不变；对于第二种解决办法，情况则有所不同。

由于流体机械的转速变化与流量、扬程（压力）和功率之间有如下关系：

$$\frac{Q_1}{Q_2} = \frac{n_1}{n_2}; \quad \frac{F_1}{F_2} = \frac{n_1^2}{n_2^2}; \quad \frac{P_1}{P_2} = \frac{n_1^3}{n_2^3} \tag{5-3}$$

式中，Q_1、F_1、P_1 分别表示转速为 n_1 时的流量、扬程（压力）、功率；Q_2、F_2、P_2 分别表示转速为 n_2 时的流量、扬程（压力）、功率。

由式（5-3）可知，水泵（风机）负载的流量与转速成正比，扬程（压力）与转速的 2 次方成正比，功率与转速的 3 次方成正比。调节电动机转速便能达到改变流量的目的，但是所需功率以近似流量的 3 次方大幅度下降。

以水泵调速节能为例进行分析，水泵的调速节能原理曲线如图 5-20 所示。图 5-20 中，P_1 为调速前恒速下扬程与流量的特性曲线，P_2 为调速后恒速下扬程与流量的特性曲线，R_1 为调节阀门前的水泵管路阻力特性，R_2 为调节阀门后的水泵管路阻力特性。

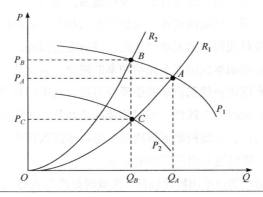

图 5-20　水泵调速节能原理曲线

假设水泵原来的工作点在 A 点（流量为 Q_A、转速为 n_1），此时消耗的功率 P_A 正比于 Q_A，即与 $A\text{-}P_A\text{-}O\text{-}Q_A$ 所围面积成正比。当采用调节阀门调节流量的方法，即保持电动机转速不变改变阀门开度，将流量由 Q_A 调到 Q_B 时，工作点由 A 点移到 B 点，相应的管道阻力增加，阻力特性曲线由 R_1 变为 R_2，此时所需功率 P_B 正比于 $B\text{-}P_B\text{-}O\text{-}Q_B$ 所围的面积。当调速调节流量的方法，即保持阀门开度不变改变电动机转速，将流量由 Q_A 调节到 Q_B 时，电动机转速由 n_1 调为 n_2，水泵工作特性曲线由 P_1 过渡到 P_2，系统自然由工作点 A 移到 C，而管道阻力特性保持不变，此时所需功率 P_C 正比于 C-P_C-O-Q_B 所围的面积。调速调节流量与调节阀门调节流量相比，可节约功率正比于 B-P_B-P_C-C 所围的面积。由此可见，变频调速是泵类负载节能降耗的最佳选择。

变频专用电动机通过变频器变频调速，具有变速和节能双重优势，已成为异步电动机调速的主流方式。变频专用三相异步电动机较普通三相异步电动机在输出功率不变的条件下，体积减少 25%～30%（即电动机功率密度增加 25%～30%），在调速范围内平均运行效率提高 3%，平均功率因数提高 4%，从而使变频专用三相异步电动机应用范围大大扩展。

b. 高压变频调速技术　高压变频调速技术采用单元串联多电平技术或者 IGBT（绝缘栅双极型晶体管）元件直接串联高压变频器等技术，实现变频调速系统的高输出功率（功率因数＞0.9），同时消除对电网谐波的污染。对中高压、大功率风机与水泵的节电降耗作用明显，平均节电率在 30% 以上。单元串联多电平技术采用功率单元串联电压相加回路，采取变压器多绕组别分组分压整流单元均压，单元电平叠加，通过 IGBT 逆变桥进行正弦（PWM）控制，可得到单项交流输出，每个功率模块在结构及电气性能上完全一致，可以互换。主要技术指标：效率≥96%；输出电压范围 3～11 kV；输入电流谐波总含量≤4%；输入功率因数≥0.95。北京大唐发电股份有限公司陡河发电厂 1000 kW/6 kV 风机高压变频器进行 125 MW 调峰机组风机变频调节改造，节能技改投资 280 万元，建设期 18 个月。每年可节能 1160 tce，年节能经济效益 100 万元，投资回收期 24 个月。

c. 功率因数补偿技术　电动机、变压器、日光灯等电感性负载在运行中从电网吸收有功功率和无功功率。在电网中安装并联电容无功补偿设备，使之产生容性无功功率以补偿感性负荷消耗的无功功率，从而降低电网电源所提供的无功功率。电网中无功功率的减少可降低输配电线路中变压器以及母线因输送无功功率而造成的电能损耗，所采取的措施被称为功率因数补偿。功率因数提高的根本原因在于无功功率的减少，因此功率因数补偿通常被称为无功补偿。功率因数补偿有固定补偿和自动补偿两种方法。功率因数补偿控制器作为低压电容补偿的控制核心，能很好地改善非线性、不对称及冲击性负载对电网电能质量造成的不利影响，通过对无功功率的自动补偿使控制区域内的配电功率因数符合国家标准，从而提高电网的电能质量和输电能力，降低电力用户的用电成本。

10 kW 以下异步电动机的功率因数比较低，满载时最高为 0.85 左右，空载时不足 0.1。单个电动机并电容进行功率因数补偿时，若要将功率因数提高到 1.0，则需要并联电容器的电容量为电动机额定功率的 35%～50%。基于电流确定无功补偿的三相工业节电器技术，适用于低压三相交流电动机节能改造。其技术原理是基于电容器充电、放电和储电特性，采用并联补偿电容器的方式，利用带有高速计算机芯片的自动限流补偿控制器对用电器进行无功补偿和有功电量剩余回收，抑制瞬流和滤除谐波。2010 年，南宁恒安节电电子科技有限公司对广西大都混凝土集团有限公司混凝土搅拌生产线节能改造项目，在 34 台电动机上安装 24 台节电器，改造完成后，实现节能 163.296 tce/a。

d. 变频优化控制系统节能技术　变频优化控制系统节能技术根据计算机模糊控制理论，

自动检测并计算系统负荷量的大小，根据负载变化情况实时调整变频器、电动机、负载的运行曲线，使三者始终在最佳状态下运行，对原系统进行精细的优化控制，确保在满足系统需求的前提下大幅度地提升系统效率。变频器、电动机、风机在任一时刻的运行曲线都不是完全吻合的，通过对三者运行曲线进行优化，让设备始终在一个最佳效率区间内运行。变频优化控制系统在满足工艺需求的速度前提下，选择三者最佳工作频率点，将整体效率达到最高，其最佳工作点如图 5-21 阴影部分所示。北京乐普四方方圆科技股份有限公司建设的孝义市兴安化工有限公司二期四条生产线项目，主要技改内容为四条生产线的风机、水泵共 58 台（总功率 13514 kW），配置变频优化控制系统，改造后电压范围 0.38～10 kV、负载范围 15～20000 kW、效率 0.95 以上、系统数据采集控制及动态响应时间＜0.1s，在变频器基础上提升节电率达 10%。项目投资 2100 万元，建设期约 3 个月，综合节电折合标准煤约 10457 tce，减排 27606 t CO_2。该项目年收益为 1100 万元，项目回收期为 1.9 年。

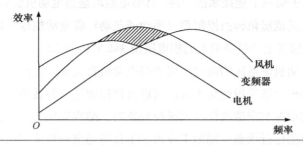

图 5-21　变频优化控制系统运行曲线

② 变极调速节能技术　变极调速（speed control by pole-changing）节能技术通过外部的开关切换来改变变极多速异步电动机绕组的串并联方式，使其在不同的极对数下运行，从而改变电动机的同步转速，实现节能。这种多速异步电动机大都为笼型转子电动机，包括双速异步电动机、三速异步电动机与四速异步电动机等。双速异步电动机定子绕组常见的接法有△/YY 和 Y/YY 两种。转子绕组可自行短接或通过起动电阻后短接，故相数可自由选择。因此，可采用两相、三相、五相、七相等多相构成的绕组。目前，较为常用的方法是在应用整流环节基础上，以较少滑环实现多种极数的变极，并且每种极数都可以串电阻起动和调速，m 相对称时可以任意选取相数。对转子输出电流进行整流时，一般取 $m = 3$ 的三相绕组。

由于变极多速异步电动机的极对数只能按整数变化，所以变极调速是有级调速，它不能达到匀滑调速的目的。因此，变极调速节能技术适用于流量需要定量且不频繁调节以及对调速要求不是很高的场所，如某些风机、水泵等所用高压电动机的再制造。例如，将单速高压电动机再制造成变极双速高压电动机后，系统的综合节电率可达到 10%～30%。与采用高压变频器调速相比，变极调速具有投资少、成本低、节能效果好、对电网无污染且不受场地限制等优点。

③ 调压调速节能技术　调压调速是指调节电动机端电压使电动机在某一转速范围内实

现无级调速。当异步电动机的定子和转子回路参数恒定时，异步电动机的电磁扭矩在一定转速范围内与定子电压的平方成正比。调节定子电压将使电磁扭矩产生变化，从而改变电动机转速。调压调速可以通过升高或降低定子电压实现，但升高定子电压会使电动机磁路饱和，增大空载电流，造成负载能力下降，故只能通过降低定子电压进行调速。调压调速技术利用电动机轻载时效率很低的特点，通过降低输入电动机的端电压来提高电动机效率。电动机轻载时效率很低，这是由于电动机轻载时的铁耗和机械损耗（与额定负载时相差很小）在总损耗中占的比例较大。若轻载时降低输入电动机的端电压，电动机的反电势、主磁通、磁化电流、铁耗和有功损耗均大幅减少，即负载下降时紧跟着调低输入电压可提高功率因数和效率。因调速效果是通过增加电动机转子损耗来实现的，故调压调速又被称为耗能式调速。调压调速技术主要适用于负荷率较低、负载变化较大、功率因数较低且速度恒定的电动机系统改造，如机床、输送带等，综合节电率可达 2%～5%。对恒扭矩类负载，应采用变极调压调速。

星角变换技术属于降压节能技术的一种，其节电原理是当电动机负载远小于额定负载时，通过手动改变接线方式或星角转换控制箱（手动或自动）将电动机运行模式由三角形接法改变为星形接法。由于加在电动机绕组上的相电压由 380 V 降至 220 V，电动机铁损下降，达到节能的目的。降低电动机端电压的同时，可提高电动机负载率，进而提高电动机的效率及功率因数。而异步电动机一般采用恒功率因数法进行调压调速。与其他调压调速方法相比，恒功率因数法具有负载跟踪响应速度快、调压控制及时、结构简单等特点，但该方法并不能使电动机达到最优的节能运行状态。湖南工业大学王兵等提出一种将恒功率控制与最小电流控制相结合的分区复用调压节能控制方法，仿真结果显示，该方法能够有效降低大功率绕线式异步电动机的单产能耗。

调压调速节能技术采用闭环反馈系统进行优化控制，通过实时测量电动机的电压与电流的相位差，相控器将实际测量的相位差与电动机的理想相位差进行比较，并依此来控制 SCR 可控硅整流桥触发角以给电动机提供优化的电压和电流，以便及时调整输入电动机的功率，使电动机的输出功率与实时负载精确匹配，从而有效地降低电动机的功率损耗，实现"所供即所需"。例如，承德电智尚节能科技有限公司研发的基于三相采样与快速响应的电动机节能技术正是基于电动机降压节能原理，通过闭环反馈系统对电压进行调节，精确控制电动机的电压和电流，使电动机在最佳效率状态下工作。该技术还采用可调电阻网络三相采样、高频脉冲列触发可控硅和感应电压检测等核心技术，保证电动机起动和运转更加平稳，降低电动机能耗。该技术已经在中国石化胜利油田、河北津西钢铁集团正达钢铁有限公司、唐山德龙钢铁有限公司等应用，节能效果显著。预计该技术将在全国低压三相交流异步电动机市场推广比例达 5%，实现年节能量 1.5×10^6 tce，减排 CO_2 3.5×10^6 t。

④ 串级调速节能技术

a. 串级调速 串级调速（cascade control）是在绕线式异步电动机转子回路中串入与转子绕组电动势同频率的附加反电动势，通过改变附加反电动势的幅值和相位改变转子电流，实现调速。其特征是附加反电动势吸收大部分转子回路的转差功率，再利用产生附加电动势的装置把所吸收的这部分转差功率回馈给电网或再送回电动机定子侧，这样就使电动机在低速运转时仍具有较高的功率。将转子电流返回电源是传统串级调速，而返向电动机定子侧是内反馈串级调速。

从串级调速的原理可见，串级调速控制装置工作在转子回路，而电动机的转子回路是低电压回路，因此，控制装置承受的电压低并且控制转子回路的转差功率小。因而，串级调速具有以控制转子低电压回路进而控制高压电动机，以小的转差功率进而控制大功率电动机的突出优势，如对常用的泵和风机这类平方性扭矩负载的拖动电动机而言，其调速范围内的最大转差功率只是电动机实际最大负载功率的 14.815%。但是在实际应用时，串级调速系统功率因数低、谐波污染严重等问题的存在，制约了其发展。

b. 内反馈斩波串级调速系统　内反馈斩波串级调速系统是在传统串级调速系统的直流回路中增加一个升压斩波回路，通过改变直流升压斩波回路上 IGBT 的占空比来调节电动机的转速。内反馈斩波串级调速系统由内反馈电动机、转子整流器、平波电抗器、IGBT 斩波器、电容与晶闸管逆变器组成。当 IGBT 斩波器接通时，转子整流器被短接，电动机相当于在短路下工作；当 IGBT 斩波器断开时，电动机在串级调速接线下工作。因此，通过改变 IGBT 斩波器的占空比可以改变附加反电动势的大小，以达到调速的目的。内反馈斩波串级调速电动机是在国家标准系列绕线型异步电动机的定子上增设一套三相对称绕组，该绕组主要用来接受从转子反馈回来的能量以实现电动机调速，通常称其为调节绕组，而将原来定子绕组称为主绕组。为保证合理的磁负荷，适当增加电动机定子和转子铁芯长度。

内反馈斩波串级调速系统采用斩波器来控制直流电压的大小，而将逆变器的控制角采用恒定的最小逆变角，降低无功功率，使得系统功率因数大大提高；逆变直流侧电压的恒定和提高，使得逆变器和逆变变压器设计容量大大减小；斩波器的采用和高速电子开关的使用，使得占空比得以在 0%～100% 间变化，从而使得调速范围扩展到满足同步转速以下的任何转速要求；斩波频率的提高和平波电抗器的采用，使得转速稳定性大大提高，即便在转速开环控制下，转速十分稳定，完全可以满足泵、风机类负载要求；高频斩波调速变流装置与转子连接，使其只需承受很小的电压，即系统变流电压低、变流功率小，因而变流损耗小，系统效率与系统可靠性高。

内反馈斩波串级调速系统回避了定子侧高压和大容量问题，以低电压控制高电压，以小功率控制大功率，节约设备投资成本；继承了串级调速平滑的特点，克服了串级调速功率因数低、谐波污染大的缺点。内反馈斩波串级调速主要应用于调速范围不大的高压大功率绕线转子异步电动机的调速，特别适合于大功率风机和水泵类负载的调速，其综合节电率可达到 10%～40%。

c. PWM 整流器逆变转子调速系统　将 PWM 整流技术引入串级调速系统，是采用新的电力电子技术及新的拓扑结构和控制方法来提高功率因数和减少谐波的一种积极措施。由瞬时无功功率理论可知，PWM 整流器的有功电流和无功电流可以独立进行控制，因此可以控制 PWM 整流器的无功电流，使之产生相应的容性无功功率以补偿串级调速系统调节绕组侧产生的感性无功功率，从而减少系统有源逆变输出端的谐波含量，提高内馈电动机定子侧的功率因数。系统通过容性无功补偿使功率因数达到 0.9 以上。此外，PWM 整流技术还可以有效防止逆变颠覆故障，提高系统的可靠性。如果把转子整流一侧也用 PWM 整流器代替，则形成带有双 PWM 整流器的转子双馈调速系统的拓扑结构。这种拓扑结构可以实现电动机的四象限运行，而且在同样的额定功率与调速范围下，其附加的变频调速装置的容量会更小一些。由于这种拓扑结构的能量流动的双向性，它同样可以应用于风力发电馈能系统。这种拓扑结构的调速装置有非常广阔的发展空间。

⑤ 绕组式永磁耦合调速技术　绕组式永磁耦合调速器是一种转差调速装置，由本体和控制器两部分组成，见图 5-22。本体上有两个轴，分别装有永磁磁铁和线圈绕组。驱动电动机与绕组永磁调速装置连在一起带动其永磁转子旋转产生旋转磁场，绕组切割旋转磁场磁力线产生感应电流，进而产生感应磁场。该感应磁场与旋转磁场相互作用传递扭矩，通过控制器控制绕组转子的电流大小，进而控制其传递扭矩的大小以适应转速要求，实现调速功能，同时将转差功率引出再利用，不仅可解决转差损耗带来的温升问题，而且可实现电动机高效运行。绕组式永磁耦合调速器是一种新型调速技术，与变频调速技术相比，在较小负载率（较大调速范围）工况下综合节电效率可维持在96%以上，节电率比变频调速提高30%左右；在较大负载率（较小调速范围）工况下综合节电效率比变频技术提高 2%~4%，并且几乎不产生谐波等二次电磁污染。

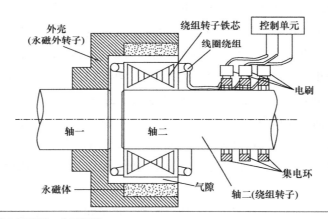

图 5-22　绕组式永磁耦合调速器工作原理图

开发该技术的江苏磁谷科技股份有限公司已获得 7 项国家实用新型专利，2 项 PCT（有关专利的国际条约）专利。目前，该技术已在我国多个大型钢铁、电力、石化、水泥等高能耗企业成功应用，节能效果显著。例如，江苏沙钢集团有限公司炼钢二车间 2500 kW 除尘风机节电改造项目，技术提供单位为江苏磁谷科技股份有限公司，投资回收期为 6.9 个月。改造后无液压油损耗，可靠性高，能有效隔离振动和噪声，减少整个传动链内所有设备的冲击负载损害，维护成本低，且将转差损耗引出回馈至电网回收再利用，实现节电 4.305×10^6（kW·h）/a，折合标煤 1506.75 tce/a，减少 CO_2 排放量 203228.75 t /a。

（2）电动机晶闸管调压软起动节能技术

电动机晶闸管调压软起动节能技术是将晶闸管作为开关器件，结合单片机控制技术，发挥核心控制电子式软起动器的作用，实现异步电动机的控制和系统起动。常用的电子式软起动器的主电路由三对反向并联的晶闸管组成，串联于电网与电动机之间。晶闸管调压软起动器是目前应用最广泛的软起动器，其调压原理是通过控制晶闸管的导通角调节异步电动机定子端电压，来实现不同工况下电动机的起动要求。大多数晶闸管控制的软起动器都会并联旁路接触器，当电动机起动完成后，旁路接触器就会闭合，从而将晶闸管调压电路短路，使电动机直接与电网相连，避免调压电路造成的电能损耗。与传统的系统降压装置相比，虽然晶闸管调压软起动器存在产生大量高次谐波等缺点，但它具有无冲击电流、恒流起动的特点，可通过负载特性来进行起动过程中的不同参数调节，充分保证电动机始终处于最佳的起动工作状态，以及空载或转载过程中进行高效率的电压输出，降低电动机在空载或轻载时的输入电压，降低电动机的有功损耗，提高整体的功率因数，同时还减少输电线上的损耗，节约电能。

（3）电动机减容增效节能技术

电动机减容增效节能技术，就是根据实际运行工况与容量需求，对电动机重新设计制造，减小电动机容量，使之按需输出，保持电动机的输出与负载匹配，有效降低运行时的各类损耗，提高电动机运行效率，达到节能目的。电动机减容增效节能技术主要应用于冶金、煤炭、电力、石化、牵引运输和城市供排水等行业中大功率电动机的减容改造。在电动机连续运行、负荷基本恒定、不调速、不频繁起动的情况下，该技术的综合节电率可达 15%左右。

（4）永磁传动技术

永磁传动技术是一种透过气隙传递扭矩的传动技术，包括永磁涡流柔性传动节能装置、永磁电动机、永磁联轴器、永磁耦合器等。永磁传动技术使电动机与负载之间无刚性连接，通过永磁体和导磁体的相对运动实现能量在气隙中的传递，它解决了旋转负载系统的对中、起动、减振、调速及过载保护等问题，使磁力传动的效率达到 99%。因为电动机不需要克服负载惯性，所以大大减小了峰值电流，减少电耗，实现电动机的缓冲起动，达到节约能源、减少设备磨损的效果。该项技术被国家发改委列入 2012 年 12 月公布的第五批《国家重点节能设备推广目录》。

永磁涡流柔性传动节能装置主要由永磁转子、导磁转子和气隙执行机构三个部件组成，其结构如图 5-23 所示。其中，永磁转子为镶有永磁体（强力稀土磁铁）的铝盘（永磁盘），与负载轴连接；导磁转子为铜制或铝制的导磁盘，与电动机轴连接；气隙执行机构是调整永磁盘与导磁盘之间气隙的机构。电动机带动导磁盘旋转的过程中与永磁盘因相对运动切割磁力线而产生涡电流，该涡电流在导磁盘上产生反感应磁场，使导磁盘与永磁盘之间互相拉动，从而实现电动机与负载之间的扭矩传输。

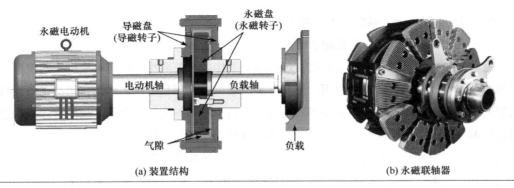

图 5-23　永磁涡流柔性传动装置

导磁转子和永磁转子之间有间隙（称为气隙），电动机和负载由原来的硬机械连接转变为软磁连接，通过调节永磁转子和导磁转子之间的气隙就可实现负载轴上的输出扭矩变化，从而实现负载转速变换，达到调速节能目的。磁感应力是通过永磁转子和导磁转子之间的相对运动产生，也就是说，永磁涡流柔性传动节能装置的输出转速与输入转速存在一定程度的转速差，称为滑差。典型工况下，最小气隙对应的滑差为 2%～5%。

（5）系统匹配节能技术

风机与水泵类设备采用调速运行时，根据生产需要通过调节其转速来调节流量，可减小输入电动机的功率，达到大幅度节电的目的。变频调速是异步电动机调速的发展趋势，只要将变频器接在电源馈线与异步电动机之间，就构成一套交流变频调速系统，具有自动能量优化（AEO）功能、自动电动机适配（AMA）功能及自动电压调整（AVR）功能以及正弦波脉宽调制功能，从根本上克服了晶闸管调压控制装置的谐波问题，功率因数较高，省去了无功就地补偿装置，提高了电能质量，解决了因二次选型增容、电动机功率等级限制等而造成的机组效率低和"大马拉小车"的问题，适用于风机、水泵等负载场合。

（6）电动机导热散热节能技术

电动机运行正常与否，最重要的标志就是电动机的发热程度，在工业上一般用温升（电动机的温度与周围空气的温度之差）表示电动机的发热程度，不同绝缘等级的电动机，最高允许温升不同。电动机的热源主要来自电动机损耗。电动机运行后产生的各种损耗转换成热能，一部分为电动机各部分所吸收，使电动机温度升高，另一部分通过铁芯、外壳、绕组端部辐射和对流的作用向周围环境或冷却介质散热。高效可靠的散热系统是抑制电动机温升、提高电动机运行效率和功率密度、提高电动机运行稳定性和延长电动机寿命的重要基础。

目前，电动机散热一般有以下途径：①降低机座表面和散热片的粗糙度，改善电动机表面质量，可减少气流阻力，改善空气流携带电动机外壳热量；②通过减小转子外径可放大气隙，降低电动机谐波引起的温升，增大点扭矩，但空载电流会增大，电动机功率因数要下降，起动电流要加大；③改善冲片材质，选择导磁、传热性能好的冲片，不仅有利于电动机的导热散热，而且能确保产品质量、降低电动机温升；④改善散热风扇的材质和形状，一般选择耐热绝热材料制成的散热风扇；⑤利用热管对电动机定子散热；⑥利用旋转热管对电动机转子散热，可对电动机转子进行直接散热，也可通过热量的传递，间接对电动机内部导热散热。

电动机散热系统主要包括风冷、液冷、蒸发冷却和额外热路增强型散热系统四大类，应用最广泛的是低成本、适用于小功率电动机的风冷散热系统和高效率、适用于大功率电动机的液冷散热系统。利用液体沸腾汽化进行高效散热的蒸发冷却技术主要应用于兆瓦级电动机组的散热系统。高效化是电动机散热系统发展的重要方向，优化电动机散热系统结构参数是提高电动机冷却效率的常用手段。近年来，利用导热绝缘材料或相变传热元件在电动机关键发热部件与冷却壳体之间构建额外热路以强化电动机散热的额外热路增强型电动机散热方案逐渐得到了研究和应用。利用导热树脂、导热胶和导热陶瓷等导热绝缘材料在电动机端部绕组与机壳之间构建额外热路是该散热方案的常用形式。此外，采用铝片、铜棒和热管等高热导率传热器件充当额外热路的增强型电动机散热方案也逐渐得到了研究和应用。额外热路增强型电动机散热方案是解决电动机关键发热部件散热难题的有效手段，同时也提供了提高电动机散热系统效率的新思路。

风冷、液冷、蒸发冷却和额外热路增强型散热系统在各自的应用领域发挥着重要的作用并取得了显著的降温效果，针对电动机的应用场景、发热功率和生产成本等因素选取恰当的散热系统是实现电动机高效散热的关键。目前，电动机散热系统正随着电动机逐渐向高效化、高可靠性和高集成化方向发展。结合当前电动机散热系统的研究现状和发展趋势，今后可以针对以下几个方面开展研究：①研究风冷散热系统翅片尺寸结构、翅片分布位置和风速等因素与散热效率之间的关系，建立并完善翅片结构参数与散热效率、生产成本之间的关系模型。②建立液冷散热系统流道几何参数与散热效率、水道压降之间的理论模型。③建立完善的气液两相流传热模型，提高蒸发冷却技术在电动机系统中的集成化程度。④系统性研究额外热路，特别是相变器件对电动机散热系统冷却效率的影响。在电动机设计阶段充分考虑额外热路对电动机温升的抑制效果，调整电动机电磁方案以提高电动机功率密度，优化电动机结构以提高导热胶、相变器件与电动机的集成化程度，提高相变强化散热系统的可靠性，从而推动相变强化电动机散热系统的产业化应用。

5.4.6　国家重点推广的电动机系统节能先进技术分析

工信部 2017 年至 2020 年发布了 4 批《国家工业节能技术装备推荐目录（技术部分）》，2017 年发布了 1 批《国家重点推广的电机节能先进技术目录》，2017 年至 2020 年发布了 4 批《国家工业节能技术应用指南与案例》；国家发改委 2014 年至 2017 年发布了 4 批《国家重点节能低碳技术推广目录（节能部分）》，2017 年发布了 1 批《国家重点节能低碳技术推广目录（低碳部分）》；国家发改委、科技部、工信部、自然资源部 2020 年共同发布了《绿色技术推广目录（2020 年）》，其中涉及电动机及电动机系统技术 100 余项，根据技术先进适用性、成熟可靠性和市场应用以及技术的原理、工艺等特点，把这些技术分为高效电动机、电动机高效再制造技术、电动机调速调节技术与电动机系统节能技术四类。其中，高效电动机包括永磁同步电动机、开关磁阻电动机、稀土永磁盘式无铁芯电动机、自励三相异步电动机、无刷双馈交流电动机、永磁涡流柔性传动节能技术与铸铜转子技术等共 22 项，电动机高效再制造技术 4 项，电动机变频、变极、降压等调速技术 13 项，电动机系统节能技术 70 余项。表 5-5 列出了采用不同节能措施后达到的节能量。电动机系统节能需要综合考虑电动机本体、电动机拖动设备、控制电动机的装置、管网系统、实现的负载功能等多种因素。

表 5-5　不同节能措施及达到的节能量

类别	电动机系统节能措施	典型节能量
系统安装或更新	高效电动机	2%～8%
	正确选型、负载匹配	节能量较大（5%～30%）
	调速驱动	10%～50%
	高效机械传动	2%～10%
	电能质量控制	0.5%～3%
	高效终端设备	节能量较大
	高效管网	有较大节能潜力，需结合现场计算
系统操作和维护	润滑、校正、调整	1%～5%

工信部 2016 年至 2020 年发布了 1 批《节能机电设备（产品）推荐目录》，4 批《国家工业节能技术装备推荐目录（工业装备部分）》，5 批《"能效之星"产品目录（工业装备部分）》，用于推动高效电动机、风机、泵等节能设备的应用。2016～2020 年入围《目录》[《目录》即上述的《国家工业节能技术装备推荐目录（技术部分）》《国家重点推广的电机节能先进技术目录》《国家工业节能技术应用指南与案例》《国家重点节能低碳技术推广目录（节能部分）》《国家重点节能低碳技术推广目录（低碳部分）》《绿色技术推广目录（2020 年）》的统称]的电动机及电动机系统产品共计 504 个规格型号，其中电动机 136 项，压缩机 240 项，风机 56 项，泵 72 项，《目录》详细介绍了产品的具体型号、主要技术参数、实测能效指标及适用范围；入围 2016～2020 年《"能效之星"产品目录》的电动机及电动机系统产品共计 126 个规格型号，包含电动机 29 项，压缩机 44 项，风机 20 项，泵 33 项，其中详细介绍了产品的具体型号实测能效指标及一级能效指标的对应情况，并评选出了《"能效之星"产品目录》，设计发放了"能效之星"标识，鼓励企业在入围产品的显著位置粘贴"能效之星"标识，《目录》的评选及发布工作加快了电动机及电动机系统技术产品的推广普及。

5.4.7　电动机能效的检测和评价

电动机系统节能标准体系是指一定范围内与电动机系统节能有关的标准按其内在联系形

成的科学、有机的整体，具有协调性、结构性和目的性等特征。建立电动机系统节能标准体系有助于分析其层次结构和过程结构，从而使节能标准发挥最大的作用。电动机系统节能标准体系由检测与计算方法标准、节能装置标准、经济运行标准、设备能效标准等 4 个子体系组成。

（1）电动机能效标准

电动机能效标准是电动机能效评价的基础。以电动机能效标准为引领，明确节能电动机的能耗目标，作为节能电动机标准制（修）定的依据，从而推动电动机产业转型升级和工业节能降耗。

目前，涉及电动机能效的国家标准有 GB 18613—2020《电动机能效限定值及能效等级》、GB 30254—2013《高压三相笼型异步电动机能效限定值及能效等级》及 GB 30253—2013《永磁同步电动机能效限定值及能效等级》。低压三相异步电动机及小功率电动机节能标准提升以 GB 18613—2020 为主要依据，高压三相异步电动机节能提升以 GB 30254—2013 为主要依据，永磁同步电动机节能标准提升以 GB 30253—2013 为主要依据。2021 年 6 月 1 日实施新标准 GB 18613—2020 后，三相异步电动机能效限定值为 IE3（GB 18613—2020 规定的能效 3级），我国电动机行业将全面进入 IE3 时代。为了鼓励 IE3 电动机能尽快推广和实施，当前的首要任务是国家在给予生产和使用 IE4、IE5 电动机的企业优惠政策和补贴的同时，继续加大对生产和使用 IE3 电动机企业的鼓励政策力度、培育市场，加快淘汰 IE2 电动机。

（2）电动机能效测试方法

电动机能效测试的基本方法有直接测定法和间接测定法（损耗分析法）。直接测定法是通过直接测量电动机的输出功率 P_2 和输入功率 P_1 来确定效率（$\eta = P_2/P_1$），其中，电动机输出功率 P_2 由扭矩仪或测功机测定电动机轴上扭矩和转速而得出。间接测量法是通过测量电动机的各项损耗以确定效率，即分别测量输入（输出）功率和总损耗 P_T，总损耗加上输出功率则得到输入功率，或者由输入功率减去总损耗得出输出功率，总损耗 P_T 等于负载损耗 P_L、铁耗（P_{fe}）、风摩耗（P_{fw}）与负载杂散损耗（P_{LL}）之和，则：

$$\eta = \frac{P_1 - P_T}{P_1} \tag{5-4}$$

其中，$P_T = P_L + P_{fe} + P_{fw} + P_{LL}$。

目前，国际上在电动机能效测试方面多采用基于损耗的间接分析法。常用的电动机效率测试方法标准有 IEC 60034-30-1—2014《旋转电动机 第 30-1 部分：线控交流电动机的效率等级（IE 代号）》和 IEC 60034-2-1—2014《旋转电动机 第 2-1 部分：标准方法从测试确定的损失和效率（不包括牵引车辆用电动机）》、IEEE 112—2004《多相感应电动机及发电动机的试验规程》、GB/T 1032—2012《三相异步电动机试验方法》以及 GB/T 34867.1—2017《电动机系统节能量测量和验证方法 第 1 部分：电动机现场能效测试方法》。其中，IEC 标准规定，对 IE1（1 级标准效率）及以下能效指标的电动机可以采用中、低不确定度的测试方法，对于 IE2（2 级标准效率）及以上效率指标的电动机，只能采用低不确定度的测试方法。在

IEC 标准中，取消了现行标准所依据的按输入功率 0.5%估算杂散损耗的测试方法，并明确反转法为高不确定度的杂散损耗测试方法，EH-star 法为中不确定度的杂散损耗测试方法。IEEE Std 112—2004 推荐的 IEEE 112B 法是一种基于低不确定度的电动机损耗分离的间接输入输出测试法，特点是在试验过程中，通过在电动机和负载之间安装扭矩仪，实现对扭矩和转速的直接精确测量，进而求得电动机效率。

GB/T 1032—2012《三相异步电动机试验方法》综合了 IEEE Std 112—2004、IEC 60034-2-1—2014 等标准，提出了 A 法（输入-输出法）、B 法（测量输入和输出功率的损耗分析法）、C 法（成对电动机双电源对拖回馈试验损耗分析法）、E 法或 E1 法（测量输入功率的损耗分析法）、F 法或 F1 法（等值电路法）、G 法或 G1 法、H 法（圆图法）等适用于不同的异步电动机的能效试验方法。其中，A 法、B 法准确度最高，在功率较大的电动机中，采用 C 法准确度较高，其次是 E 法、F 法、G 法、H 法准确度相对较低。长期以来的现场能效测试实践证明，B 法测量负载杂散损耗和效率较合理，测量不确定度优于 0.4%。

GB/T 34867.1—2017《电动机系统节能量测量和验证方法 第 1 部分：电动机现场能效测试方法》内容包括电动机现场能效及能耗测试的一般规定、测试边界的确定、测试位置的要求、测试仪表及读数要求、测试项目及工作程序、现场能效的测试、能效测试方法与测量不确定度、现场能耗的测试。该方法适用于拖动风机、水泵、压缩机等设备的单速交流三相电动机的现场测试，变速电动机也可参照使用。

GB/T 34867.1—2017 给出了七种现场能效测试方法：铭牌法、效率特性曲线查取法、转差率法、电流法、电流-功率法、功率法与扭矩-转速法。上海电动机系统节能工程技术研究中心的强雄工程师在 YE2 系列三相异步电动机中选取了 5 台电动机（2 台 H160 以下、2 台 H180～H280、1 台 H315），与国标 GB/T 1032—2012 中 B 法的测试结果进行了比较，验证了方法的准确性和有效性，并建议改造前后使用相同的测试方法，同时在报告中明确测试的不确定度以满足节能工程的不同需求。

（3）节能效果评价

单纯从节能量和节能率来对节能效果进行评价可用节电量来计算。

① 电动机更换或改造的节电量 电动机更换或改造的节电量：

$$\Delta E_c = \left(\Delta P_{ca} - \Delta P_{cb} \right) t \tag{5-5}$$

式中，ΔE_c 为更换或改造后电动机节电量，$kW \cdot h$；ΔP_{ca} 为原电动机综合功率损耗，kW；ΔP_{cb} 为改造或更换后电动机综合功率损耗，kW；t 为改造或更换后电动机运行时间，h。

② 电动机无功补偿节电量 无功补偿后节约的有功功率：

$$\Delta P_u = K_Q Q_{com} \tag{5-6}$$

式中，K_Q 为无功经济当量；Q_{com} 为就地补偿的无功功率值，$kvar$。

无功补偿后的节电量：

$$\Delta E_c = T_{ec} \Delta P_u \tag{5-7}$$

式中，ΔE_c 为综合节电量，$kW \cdot h$；T_{ec} 为运行时间，h。

③ 综合节能量和综合节能率 综合节能量：

$$\Delta E_c = E_P + E_Q K_Q \tag{5-8}$$

式中，E_P 为有功节能量，$kW \cdot h$；E_Q 为无功节能量，$kvar \cdot h$；K_Q 为无功经济当量，$kW/kvar$，按 GB 12497—2006 附录 A.3 的规定取值，当电动机直连母线或直连已进行无功补偿的母线时，K_Q 取 0.02～0.04，二次变压取 0.05～0.07，三次变压取 0.08～0.1。当电网采取无功补偿时，应从补偿端计算电动机电源变压次数。

综合节能率：

$$\xi_c = \frac{\Sigma E_{cj} - \Sigma E_{cy}}{\Sigma E_{cy}} \tag{5-9}$$

式中，ξ_c 为综合节能率，%；ΣE_{cy} 为基期综合节能量，$kW \cdot h$；ΣE_{cj} 为统计报告期综合节能量，$kW \cdot h$。

④ 节能成本 节能成本是节能供给曲线模型的一个重要指标，是一种综合考虑项目年节能量、总投资、寿命期、年运营维护成本变化和资金折现率的节能技术经济性评价方法。

节能成本：

$$CCE = (ACC + ACOMC) / AES \tag{5-10}$$

式中，CCE 为节能成本；ACC 为年投资成本；$ACOMC$ 为年运营维护成本变化，本书假定每年的运营维护成本无变化，所以 $ACOMC$ 均按零计算；AES 为年节能量。

年投资成本：

$$ACC = W \times \frac{d}{1 - (1 + d)^{-n}} \tag{5-11}$$

式中，W 为总投资成本；d 为资金折现率；n 为节能措施实施年数。

通过以上计算方法分别计算各节能技术的节能成本，将其与当前能源价格进行比较，节能成本低于能源价格的节能技术为具有经济效益的节能技术。

5.4.8 电动机系统节能技术发展趋势

国际上先进的电动机系统通过集成诊断、保护、控制、通信等功能，实现电动机系统的自我诊断、自我保护、自我调速、远程控制等。电动机系统节能需要先进技术和高性能材料的支撑，未来节能技术仍将在保证电动机能耗达峰、挖掘节能潜力和实现绿色转型中发挥重要作用。随着我国装备制造业向高、精、尖方向发展及工业化、信息化融合，电动机系统智能化发展成为必然趋势。电动机系统节能技术主要有以下几个发展趋势。

① 电动机向高效性、高可靠性、智能化、轻型化和高集成化方向发展。随着新标准 GB 18613—2020《电动机能效限定值及能效等级》的颁布，高效电动机生产和使用进程进一

步加快，推动高效电动机设计水平、生产工艺、智能制造、材料、电力电子器件以及控制技术升级。

a. 电动机产业共性技术　加大水冷电动机、交流高速低噪声电动机、车载电动机、智能化电动机、电磁兼容（EMC）设计技术研究。重点开展基于新型永磁材料的电磁方案优化设计研究以及低成本新型永磁材料的应用研究，开展高频铁耗计算研究和散热结构优化研究；开展高压电动机新型绝缘材料的研究与应用。建立电动机研发协同设计平台，解决基础元件及零件建模效率低下问题、跨学科设计问题及上下游共同设计等问题，提高设计效率。

b. 高端装备电动机　开发机器人用伺服电动机及其系统，轨道交通用节能异步牵引电动机，高档数控机床用高速主轴电动机，核电配套高端风机与水泵用电动机，新能源汽车用永磁电动机及轮毂电动机，航空航天装备高功率密度、轻量化永磁电动机，海洋工程装备及高技术船舶等高端装备推动电动机与新型永磁材料电动机。

c. 智能电动机及传感器　在振动传感器、温度传感器、电流传感器的集成化、低成本化、高可靠性方面进行设计研究；开发能够完成数据存储和计算的数据采集及传输功能，实现多协议数据转换、多源异构数据融合及增值决策；解决传统系统数据异构性大、数据共享困难等问题。优化智能电动机成本及体积，并进行"采集、计算、存储、通信"一体化设计，从而促进智能电动机的推广应用。

d. 电动机系统　针对电动机系统节能主要问题，在电动机和负载特性与工况的精细化匹配、电动机与负载设备的传动结构优化方面，在进一步降低电动机各项损耗的设计与制造工艺方面，攻克一系列关键技术，开发一批适用不同负载和工况的高效节能通用、专用系列电动机产品，建立国内电动机系统能效评价体系及产品标准体系，并实施推广应用。开展电动机与变频器、电动机与软起动器、电动机与伺服控制器的匹配设计与一体化研究，并针对不同行业进行功能优化与一体化联合设计，从而使电动机的专用化程度更高。加强电动机与负载侧匹配的数字化研究，推动电动机及系统节能技术的整体发展。

e. 为了满足低碳经济的发展要求，对于高性能的各向异性稀土黏结磁体的开发与研究已经成为社会发展的重要研究问题。未来我国稀土永磁材料的研发应加大高磁能积的黏结磁体、高性能的各向异性稀土黏结磁体与纳米稀土永磁材料等材料的研发，使我国在高性能永磁材料领域里保持可持续发展。

② 现有电动机系统进行节能改造，以先进的电力电子技术传动方式改造传统的机械传动方式，采用直接驱动方式，采用交流调速取代直流调速，采用配有减速装置的电气传动系统，采用基于现场总线的多功能可通信智能电动机等；开发应用高压电动机变频调速技术、高压变频器以及高性能变频专用电动机；优化电动机系统的运行和控制，推广软起动装置、无功补偿装置、计算机自动控制系统等，这都将使电动机系统取得可观的节能效果。

③ 电动机参数在线辨识与动态评估技术。电动机系统节能发展中一个关键的环节就是能准确及时地评估系统节能潜力。在实际生产中，必须对电动机系统的运行状态进行实时在线监测，并基于辨识得到的参数对其能效水平进行评估并准确判断其节能潜力，进而有针对性

地提出相应节能措施，达到节能的目的。此外，变频电动机的供电电源经高频调制，其性能测试方法不同于工频电动机，急需研制适合变频电动机性能测试的方法和检测仪器。

5.5　电动机能效提升与节能改造工程案例

5.5.1　永磁同步电动机变频调速节能系统设计与效益分析

中国北车齐齐哈尔轨道交通装备有限责任公司杜辉高级工程师等对某车辆厂动力车间 Y 系列三相异步电动机进行改造，设计永磁同步电动机变频调速控制系统替代 Y 系列三相异步电动机。

（1）Y 系列三相异步电动机运行现状

该厂动力车间型号为 Y225S-4 型三相异步电动机的额定功率为 37 kW，额定电流为 70.4 A，功率因数为 0.76，其运行数据如表 5-6 所示。该电动机功率因数低、视在功率与无功功率较大，无功损耗较大，造成电能浪费，也增加供电变压器的负荷。此外，该电动机功率因数为 0.76，明显低于我国 Y 系列普通三相异步电动机功率因数最低标准值（0.86），会产生"大马拉小车"的现象，使电动机运行效率低，消耗不必要的电能，从而提高生产成本。因此，应降低无功功率使其接近 0 kW，降低视在功率使其接近有功功率，提高电动机功率因数，使电动机达到最佳的运行状态，实现节能。

表 5-6　Y225S-4 型三相异步电动机运行数据

项目	A	B	C
电压/V	410	411	410
电流/A	61.1	60.8	61.4
有功功率/kW	35		
无功功率/kW	30.6		
视在功率/kW	42.1		
功率因数	0.76		

（2）永磁同步电动机变频控制系统

节能改造方案中选用通力达科技有限公司生产的型号为 TYCX225S-4 型的永磁同步电动机，其额定电流为 62.9 A，比同型号 37 kW 三相异步电动机的额定电流 70.4 A 小 7.5 A，额定功率因数为 0.95。在节能改造系统中，对电动机进行变频恒压调速，根据 TYCX225S-4 型永磁同步电动机的参数，选取 37 kW ABB510 变频器。变频调速控制结构如图 5-24 所示。选用永磁同步电动机专用变频器，使其输出频率、容量和功率与电动机、负载相匹配，保证变频器能够在最佳工作点运行。

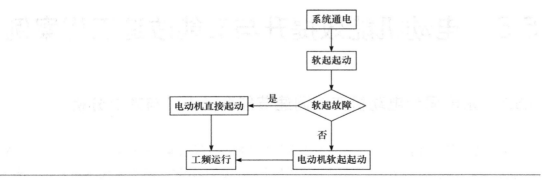

图 5-24　变频调速控制结构

（3）节能评价与效益分析

① 有功功率与无功功率　Y225S-4 型三相异步电动机工频运行时平均有功功率为 35 kW，平均无功功率为 30.6 kW。用 TYCX225S-4 型永磁同步电动机变频替代后，平均有功功率为 21.9 kW，平均无功功率为 3.1 kW。可知，变频替代后降低了有功功率和无功功率。

② 耗电量。用福禄克电能质量测试仪分别记录 Y225S-4 型三相异步电动机工频运行 3 h 的耗电量和 TYCX225S-4 型永磁同步电动机变频运行 3 h 的耗电量，监测曲线如图 5-25 和图 5-26 所示。由图可以看出，TYCX225S-4 型永磁同步电动机变频运行时消耗的电量明显小于 Y225S-4 型三相异步电动机工频运行时消耗的电量。

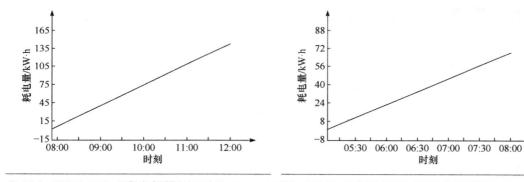

图 5-25　Y225S-4 型三相异步电动机工频运行　　　图 5-26　TYCX225S-4 型永磁同步电动机变频运行

③ 节能效果评价　对 Y225S-4 型三相异步电动机工频运行与 TYCX225S-4 型永磁同步电动机变频运行监测的数据记录在表 5-7 中。由表 5-7 可知，TYCX225S-4 型永磁同步电动机变频运行时电流为 34.8 A，比 Y225S-4 型三相异步电动机工频运行时电流降低 26.3 A；前者的功率因数为 0.99，后者的功率因数仅为 0.76。TYCX225S-4 型永磁同步电动机变频替代后的

节电率为 38.2%，年节电费用为 68040 元，节能效果显著。该厂将 Y225S-4 型三相异步电动机更换为 TYCX225S-4 型永磁同步电动机及其相关改造费用共计 74000 元。计算该厂电动机变频节能改造费用的回收期为 1.08 年。

表 5-7　Y225S-4 型三相异步电动机工频运行与 TYCX225S-4 型永磁同步电动机变频运行数据对比

项目	Y225S-4 型三相异步电动机工频运行	TYCX225S-4 型永磁同步电动机变频运行
电压/V	410.6	404
电流/A	61.1	34.8
频率/Hz	50	50
有功功率/kW	35	21.9
无功功率/kW	30.6	3.1
功率因数	0.76	0.99
电量/kW·h	105.8	65.4
电量/kW	35.3	21.8

5.5.2　油田低效电动机高效再制造

中国石油天然气股份有限公司规划总院的吕毫龙工程师等对长庆油田 1 台某抽油机井在用 Y160L-8 型普通三相异步电动机和 1 台注水泵在用 $Y355L_2$-6 型普通三相异步电动机分别进行高效再制造。

(1) Y160L-8 型电动机和 $Y355L_2$-6 型电动机改造前运行特点

Y160L-8 型电动机功率小，负载波动较大，负载率低，低负荷现象严重，运行效率低；$Y355L_2$-6 型电动机功率大，负载相对平稳，负载率高，运行效率相对较高。

(2) 电动机高效再制造技术

电动机高效再制造是一项系统工程，需针对电动机各部分零部件，结合现场负载情况实施个性化的措施。具体表现在以下方面：①定子、转子再制造。经性能评估可以利用的定子、转子通常需要重新设计，采用退火、精加工工艺等降低损耗。②定子线圈的拉出。再制造通常采用无损、安全环保的线圈拆解工艺。③转轴的再制造。通过评估原转轴的性能，确认其是否可以利用，采用大轴改小轴等方式进行再制造。④机壳与端盖的再制造。采用超声波清洗，重新装配、油漆等恢复外观。⑤轴承的更换。因磨损或电蚀等造成损伤，需要更换轴承。⑥风扇与风罩的更换。通常需更换新型节能风扇和散热效率高的风罩。⑦接线盒与接线装置需满足电动机个性化再制造的控制要求，通常需要更换。

(3) 电动机高效再制造前后运行情况分析

Y160L-8 型三相异步电动机装机功率为 7.5 kW，由于抽油机负载波动较大，电动机长时间处于"低负荷"的轻载状态运行，功率利用率低，将其再制造为 7.5 kW/5.5 kW/3.75 kW 的"三功率电动机"。

由表 5-8 可知，Y160L-8 型三相异步电动机高效再制造后，电动机常处于 3.75 kW 低功率段运行，功率因数提高 0.1777，有功功率降低 0.292 kW，无功功率降低 4.701 kvar，运行效率提高到 75.71%。由于电动机自身损耗降低，且负载率提高，其运行效率也显著提高。高效再制造后的"三功率电动机"运行有功节电率为 16.49%，无功节电率为 58.73%，综合节电率为 28.70%。

表 5-8 电动机高效再制造前后运行情况对比

型号	项目	额定功率/kW	输入电流/A	功率因数	有功功率/kW	无功功率/kvar	负载率/%	效率/%	单位注水量电耗/(kW·h/m³)
Y160L-8	改造前	7.5	12.009	0.2143	1.771	8.004	16.22	68.62	—
	改造后	3.75	5.762	0.3920	1.479	3.303	29.86	75.71	—
Y355L$_2$-6	改造前	315	351.340	0.9196	219.390	93.680	65.80	94.47	6.640
	改造后	315	354.150	0.9268	220.860	89.480	66.98	95.53	6.483

Y355L$_2$-6 型三相异步电动机装机功率 315 kW，运行相对平稳，电动机负荷率较高，但由于制造工艺落后，定子铜耗、转子铜耗、杂散损耗均较大，无功功率较高，铁芯发热大，运行铁芯温度达 57.7℃，运行效率不满足标准要求，将其高效再制造为铸铜转子高效三相异步电动机。

由表 5-8 可知，Y355L$_2$-6 型三相异步电动机高效再制造后，由于电动机自身损耗降低，电动机无功功率减少 4.2 kvar，功率因数提高 0.0072。该电动机驱动注水泵机组单位注水量电耗降低 0.157（kW·h）/m³，运行效率提高 1.06%，满足电动机运行能效等级要求。

① 电动机高效再制造技术有良好的经济效益。根据研究结果，电动机高效再制造技术应用后，静态投资回收期为 2.2 年，万元投资节能量可达 2.03 tce，高于中国石油电动机提效项目平均水平。

② 电动机高效再制造技术有良好的社会效益和能源效益。试验电动机的材料利用率分别达到 98% 和 75%。据测算，试验高效再制造电动机共节约硅钢片 1967 kg，节约铸铁 1777 kg，节约新电动机生产能耗 4.34 tce，减少 CO_2 排放 27.05 t。

5.5.3 开关磁阻调速电动机系统节能技术

开关磁阻调速电动机系统是继直流电动机驱动、交流异步电动机变频驱动、永磁同步电动机驱动之后发展起来的新一代无极调速驱动系统，其综合性能指标高于传统驱动系统，是最具性能优势和前景的高端电动机系统。开关磁阻调速电动机系统具有以下特点：①电动机功率因数大于 0.98, 与传统电动机相比可实现节电率 7%～72%; ②起动扭矩大, 起动电流小; ③调速范围广, 高效运行转速范围宽 (在 74% 以上的调速范围内, 维持 90% 以上的运行效率); ④可控参数多, 采用电流环、速度环、扭矩环等多环控制模式实现控制参数的最优组合; ⑤在保证工况所需电动机输出功率下, 实现输出扭矩/电流比值最大化; ⑥解决了开关磁阻电动机固有的振动大、噪声大的缺陷, 整机系统噪声明显减小。

首钢股份有限公司迁安钢铁分公司原有 9 台泵用异步电动机和风机用异步电动机, 原异步电动机效率低, 设备老旧, 耗能高, 智能化程度低。为降低成本, 提升智能化操作水平, 该公司利用 9 台集成智能电动机系统技术 (深圳市风发科技发展有限公司提供) 的开关磁阻调速电动机对原电动机进行替换。电动机替换后, 若在额定功率下运行 8000 h/a, 9 台开关磁阻调速电动机每年可节电 1.5×10^6 kW·h, 折合标煤 510 tce/a, 减少 CO_2 排放 1377 t/a。

5.5.4 绕线转子无刷双馈电动机及变频控制技术

绕线转子无刷双馈电动机是一种由两套三相不同极对数定子绕组和一套闭合、无电刷和滑环装置的转子构成的新型交流感应电动机。其原理是经过特殊设计的转子使两套定子绕组产生不同极对数的旋转磁场间接相互作用, 并能对其相互作用进行控制来实现能量传递, 兼有异步电动机和同步电动机的特点。绕线转子无刷双馈电动机及变频控制技术节电率为 30%～60%, 效率高于 96%, 调速范围为 20%～300%, 功率因数为 0.85～0.99, 噪声低于 95 dB (A), 控制精度为 1%。该技术特点为: ①小容量低压变频系统控制高压大功率电动机变频调速, 谐波量小, 变频控制系统的功率仅占总功率的 1/3～1/2; ②无电刷和滑环, 提高系统运行的可靠性和安全性; ③占地面积小, 无需高压系统的运行维护, 没有复杂的冷却系统。该技术适用于电动机节能技术改造。

中国石油化工股份有限公司武汉分公司 (简称武汉分公司) 60000 t/a HF 烷基化装置水厂有 16# 循环水泵和 15# 循环水泵两台循环水泵, 1 用 1 备。金路达集团有限公司对武汉分公司 16# 循环水泵在用的 Y450-6 型三相异步电动机及控制系统采用 TZYWS450-6 型无刷双馈电动机及变频调速控制系统替代改造。替代改造后, 水泵机组年节电量为 1.0924×10^6 kW·h, 折合标煤 371.4 tce/a。

参考文献

[1] 宁波火山电气有限公司. 中小型电动机行业 "十四五" 发展战略思考-II[Z/OL]. (2021-03-15) [2021-08-18]. http://www.volcanotech.cn/news/1736.html.

[2] 金惟伟, 汪自梅, 张生德, 等. 中小型电动机行业 "十四五" 发展战略思考[J]. 电动机与控制应用, 2021, 48 (2): 1-12.

[3] 汪自梅, 连亚明. 2020 年中小型电动机行业经济运行分析及展望[J]. 电器工业, 2021 (8): 40-51.

[4] 张磊，马小路，段彦敏. 高效电动机及电动机系统推广政策梳理及建议[J]. 机电产品开发与创新，2021，34（4）：147-150.

[5] 工业和信息化部. 国家重点推广的电动机节能先进技术目录（第一批）（2014年第44号）[R/OL]. （2014-07-14）[2018-08-28]. https://www.miit.gov.cn/zwgk/zcwj/wjfb/gg/art/2020/art_51b5f6ea991845ed9cc5d1ea42133a15.html.

[6] 工业和信息化部. 中华人民共和国工业和信息化部公告2018年第55号[R/OL]. （2018-11-05）[2018-08-28]. https://www.miit.gov.cn/zwgk/zcwj/wjfb/gg/art/2020/art_03142865d32c47a9b41ee6cd43ee99fe.html.

[7] 国家发展和改革委员会. 中华人民共和国国家发展和改革委员会公告2018年第3号[R/OL]. （2018-01-31）[2018-08-28]. https://www.ndrc.gov.cn/xxgk/zcfb/gg/201802/t20180212_961202.html.

[8] 工业和信息化部节能与综合利用司. 电动机能效提升计划系列培训教材（政策汇编、技术指南、案例汇编）[M]. 北京：工业和信息化部节能与综合利用司，2013.

[9] 工业和信息化部. 工业和信息化部关于印发《高端智能再制造行动计划（2018－2020年）》的通知（工信部节[2017]265号）[Z/OL]. （2017-11-09）[2018-08-28]. https://www.miit.gov.cn/zwgk/zcwj/zh/art/2020/art_d18cc778b6b94b90a58a7ead8f62bd7b.html.

[10] 朱晓宇，刘涛，王磊，等. 增材制造技术在永磁材料制备中的应用及展望[J]. 中国稀土学报，2020，38（6）：715-723.

[11] 刘宽宽. 温压FeSiAl软磁粉芯的制备工艺对组织性能的影响[D]. 广州：广东工业大学，2020.

[12] 李旺昌，王兆佳，李晶鑫，等. 用于高频电动机磁芯的金属软磁复合材料研究进展[J]. 材料导报，2018，32（7）：1139-1144.

[13] 禹建敏. 高效电动机用Cu-Cr-Zr系铸铜转子材料制备工艺及性能研究[D]. 昆明：云南大学，2017.

[14] 黄坚. GB18613—2020《电动机能效限定值及能效等级》解读[J]. 电工钢，2021，3（1）：33-36.

[15] 贵苑，黄潇潇，王曦阳，等. 纳米双相交换耦合磁体的研究进展[J]. 磁性材料及器件，2015，46（6）：68-76.

[16] 黄坚，姚丙雷，顾德军，等. IE4超超高效率电动机系列产品的开发[J]. 电动机与控制应用，2018，45（2）：56-61.

[17] GB 18613—2012. 中小型三相异步电动机能效限定值及能效等级[S]. 北京：中国标准出版社，2012.

[18] GB 30254—2013. 高压三相笼型异步电动机能效限定值及能效等级[S]. 北京：中国标准出版社，2014.

[19] GB/T 15543—2008. 电能质量-三相电压不平衡[S]. 北京：中国标准出版社，2008.

[20] GB 25958—2010. 小功率电动机能效限定值及能效等级[S]. 北京：中国标准出版社，2011.

[21] GB/T 12497—2006. 三相异步电动机经济运行[S]. 北京：中国标准出版社，2006.

[22] GB 30253—2013. 永磁同步电动机能效限定值及能效等级[S]. 北京：中国标准出版社，2013.

[23] 涂浩然. 机械化学法制备$RE_2Fe_{14}C$永磁材料的反应机理及其磁学性能研究[D]. 长春：吉林大学，2020.

[24] 张文选，张瑞芹，曹冬冬，等. 电动机系统及其节能技术评价研究[J]. 节能，2014，33（2）：8-11.

[25] 韩庆琚，田阔，梁春晖，等. 高效电动机铸铜转子压铸技术[Z]. 大连：大连船用推进器有限公司，2019.

[26] 严蓓兰. YE4系列超超高效率三相异步电动机效率验证的研究[J]. 电动机与控制应用，2018，45（5）：115-119.

[27] 靳保龙. 永磁同步电动机节能控制系统研究[D]. 无锡：江南大学，2017.

[28] 赵涛. 三相异步电动机软启动与调压节能技术的研究[D]. 天津：天津理工大学，2017.

[29] 丁琪峰. 无轴承异步电动机绕线转子设计及悬浮力补偿研究[D]. 镇江：江苏大学，2020.

[30] 陈浈斐，汤俊，马宏忠，等. 星—三角接法的多层绕组分数槽永磁电机谐波磁动势分析[J/OL]. （2021-07-29）[2021-08-23]. https://doi.org/10.13334/j.0258-8013.pcsee.201417.

[31] 颜磊. 无轴承永磁同步电动机无位移及无速度传感器技术研究[D]. 镇江：江苏大学，2020.

[32] 吴寒. 三相异步交流电动机智能节电器的研制[D]. 杭州：浙江大学，2014.

[33] 沈燚明. 新型初级并联式混合励磁变磁阻直线电动机研究[D]. 杭州：浙江大学，2020.

[34] 袁涛，宋欣，周相龙，等. 长时间时效诱导的Sm-Co-Fe-Cu-Zr磁体微结构和磁性能变化[J]. 中国科学：物理学 力学 天文学，2021，51（6）：165-174.

[35] 向斌彬. 铁基软磁粉末表面绝缘包覆技术研究[D]. 长春：长春工业大学，2021.

[36] 李光耀，陈伟华，李志强，等. 电动机高效再制造简介[J]. 电动机与控制应用，2012，39（4）：1-3.

[37] 陈义中. 电动机高效再制造及其应用[J]. 电动机技术，2016（1）：41-42，44.

[38] 罗治涛，袁涛，张明，等. 纳米交换耦合稀土永磁材料研究进展[J]. 磁性材料及器件，2020，51（3）：61-65，72.

[39] 赵经富. 基于 PWM 技术实现异步电动机变极无级调速方法的研究[J]. 自动化技术与应用，2016，35（5）：93-95，99.

[40] 刘博，张东，杨本康，等. 高速磁浮车用高温超导直线电动机的研究综述[J]. 低温与超导，2021，49（4）：31-35，84.

[41] 张鑫磊. 基于在线监测的电动机系统能效及节能潜力评估模型[D]. 保定：华北电力大学，2015.

[42] 王庆. 基于在线监测的电动机能效动态评估方法研究[D]. 北京：华北电力大学（北京），2014.

[43] 杜中兰. 用于系统能效动态评估的异步电动机参数辨识方法[D]. 保定：华北电力大学，2014.

[44] 赵理. 电动机能效提升与现行技术标准状况分析与对策[J]. 内燃机与配件，2016（8）：42-44.

[45] 李崇. 电动机系统节能评价指标体系研究[J]. 电动机与控制应用，2016，43（10）：74-77.

[46] 卢金铎，辛峰，刘亚. 三相异步电动机能效标准及其测试技术综述[J]. 内燃机与配件，2018（1）：181-182.

[47] 赵万星，王刚，王友建，等. 浅谈电动机能效标准及其测试技术[J]. 电动工具，2017（1）：20-24.

[48] 强雄. 新国标《电动机系统节能量测量和验证方法第 1 部分：电动机现场能效测试方法》的介绍[J]. 电动机与控制应用，2016，43（6）：79-83.

[49] GB/T 34867.1—2017. 电动机系统节能量测量和验证方法 第 1 部分：电动机现场能效测试方法[S]. 北京：中国标准出版社，2017.

[50] GB/T 1032—2012. 三相异步电动机试验方法[S]. 北京：中国标准出版社，2012.

[51] 陈进华. 稀土永磁电动机发展与应用[J]. 硅谷，2015，8（3）：73-74.

[52] 杜世举，李建，程星华，等. 烧结钕铁硼晶界扩散技术及其研究进展[J]. 金属功能材料，2016，23（1）：51-59.

[53] 王莹，叶雷. 电动机控制：节能、高效、精控将进一步显现[J]. 电子产品世界，2015，22（7）：11-14，19.

[54] 张卓然，耿伟伟，陆嘉伟. 定子无铁芯永磁电动机技术研究现状与发展[J]. 中国电动机工程学报，2018，38（2）：582-600，689.

[55] 戈宝军，牛焕然，林鹏，等. 多跨距无刷双馈电机转子绕组设计及特性分析[J]. 电机与控制学报，2021，25（6）：37-45.

[56] 刘丛. 低谐波绕组在高速电机中的应用[D]. 北京：华北电力大学（北京），2020.

[57] 杜辉，施飞航，谭晓东，等. 永磁同步电动机变频调速节能系统设计与效益分析[J]. 节能，2015，34（12）：66-69.

[58] 吕亳龙，林冉，魏江东，等. 油田低效电动机高效再制造技术研究[J]. 石油石化节能，2017，7（1）：12-13.

[59] 陈伟华，金惟伟. 电动机能效提升给电动机行业带来转型升级机遇[J]. 电动机与控制应用，2015，42（1）：1-6.

[60] 王鸿鹄，黄坚，姚丙雷，等. 一种单层同心式不等匝绕组的设计计算方法[Z]. 上海：上海电机系统节能工程技术研究中心有限公司，2020-02-18.

[61] 齐白玉，朱金丹. 调整供电电压提高电动机效率技术分析[J]. 石油石化节能，2014，4（6）：22-23，25.

[62] 张有玉，郭珂，周林，等. 三相三线制系统电压不平衡度计算方法[J]. 电网技术，2010，34（7）：123-128.

[63] 郑萍，王明峤，乔光远，等. 可调磁通电机系统及其关键技术发展[J]. 哈尔滨工业大学学报，2020，52（6）：207-217.

[64] 王鸿鹄，黄坚，姚丙雷，等. 一种双层同心式不等匝绕组的设计计算方法[Z]. 上海：上海电机系统节能工程技术研究中心有限公司，2018-07-31.

[65] 董振斌，刘憬奇. 中国工业电动机系统节能现状与展望[J]. 电力需求侧管理，2016，18（2）：1-4，20.

[66] 李正熙. 电动机系统节能关键技术及展望[J]. 有色冶金设计与研究，2015，36（3）：1-5.

[67] 罗礼培. 电动机节能技术及其发展趋势[J]. 上海节能，2017（8）：443-450.

[68] 史维佳. 行波型超声电动机调速特性复合补偿方法研究与实现[D]. 哈尔滨：哈尔滨工业大学，2017.

[69] 董娜. 电机高效再制造及其应用[J]. 中国设备工程，2020（17）：210-211.

[70] 朱兴旺，王书平. 低谐波绕组的对比及其谐波分析[J]. 电动机技术，2016（6）：5-8，13.

[71] 叶鹏. 高效电动机用无取向硅钢组织及磁性能的研究[D]. 武汉：武汉科技大学，2016.

[72] 高鑫伟. FeSiAl 软磁复合材料的绝缘包覆及磁性能研究[D]. 杭州：浙江大学，2016.

[73] 吴巧变. 基于软磁复合材料的盘式横向磁通永磁无刷电动机研究[D]. 济南：山东大学，2017.

[74] 莫以为，陈建波. 低效异步电机再制造的仿真研究[J]. 机械设计与制造，2020（3）：123-126.

[75] 汤勇，孙亚隆，郭志军，等. 电机散热系统的研究现状与发展趋势[J]. 中国机械工程，2021，32（10）：1135-1150.

[76] 黄茂勤. 铁基软磁复合材料绝缘包覆及粘结工艺的研究[D]. 杭州：浙江大学，2016.

[77] 周家林，叶鹏，程迪夫. 锡对高效电动机用无取向硅钢磁性能的影响[J]. 上海金属，2016，38（6）：27-31.

[78] 黄长喜，杨淑英，阚超豪. 转子绕组星-三角接法的无刷双馈电动机设计优化[J]. 微电动机，2013，46（9）：31-35.

[79] 董志. 永磁电动机优化设计与分析[D]. 北京：北方工业大学，2017.

[80] 周裕斌. 一种混合永磁记忆电动机的研究[D]. 杭州：浙江大学，2016.

[81] 张卓. 4 MW 大功率高压电流型绕线电动机调速节能系统研究与应用[D]. 广州：广东工业大学，2015.

[82] 苗雨. 变频调速技术在热电厂凝结水泵中的应用及其节能效果评估[D]. 西安：西安理工大学，2016.

[83] 陈永亮. 超高速永磁同步电动机驱动控制系统设计与开发[D]. 南京：南京理工大学，2017.

[84] 冯韧. 大功率绕线式异步电动机节能控制研究[D]. 株洲：湖南工业大学，2016.

[85] 傅涛. 电动汽车用大功率无刷直流电动机控制关键技术研究[D]. 天津：天津大学，2016.

[86] 任天黎. 高压变频合同能源管理项目管理模式研究[D]. 济南：山东大学，2015.

[87] 潘鹏. 行波型超声波电动机驱动和精密伺服特性的研究[D]. 南京：东南大学，2017.

[88] 姚宏洋. 横向磁通永磁电动机驱动系统若干关键技术研究[D]. 合肥：合肥工业大学，2017.

[89] 李军丽. 分析北美能效法规对电动机的效率及其测试方法的要求[J]. 电机与控制应用，2016，43（6）：84-93.

[90] 张凤阁，杜光辉，王天煜，等. 高速电动机发展与设计综述[J]. 电工技术学报，2016，31（7）：1-18.

[91] 姚青弋. 特斯拉感应电动机转子专利解析[Z/OL].（2017-08-11）[2018-12-08]. https://www.d1ev.com/kol/54794.

[92] 工业和信息化部.《国家工业节能技术装备推荐目录（2019）》公告[R/OL].（2019-12-10）[2020-11-28]. https://www.miit.gov.cn/jgsj/jns/gzdt/art/2020/art_bb255391e07d4d0ca2aefa8ccdbc994b.html.

[93] 潘仲彬，刘进军，尹鸿运，等. NdFeB 基纳米双相复合永磁材料研究进展[J]. 稀土，2014，35（2）：92-98.

[94] 唐桂萍. $Nd_2Fe_{14}B$/Fe 纳米双相复合永磁材料的制备及磁性能研究[D]. 广州：华南理工大学，2016.

[95] 苏艳锋. $SmCo_5$/α-Fe 纳米复合永磁材料的制备及其磁性能研究[D]. 宁波：宁波大学，2015.

[96] 刘荣明. 纳米永磁材料的制备、结构及磁性能研究[D]. 北京：北京工业大学，2012.

[97] 王勇. 列车牵引传动系统节能技术实现与研究[D]. 北京：北京交通大学，2017.

[98] 马瑞. 内反馈斩波串级调速系统设计与应用[D]. 扬州：扬州大学，2017.

[99] 陈中帅. 电动机导热散热节能技术及应用研究[D]. 上海：东华大学，2016.

[100] GB 18613—2020. 电动机能效限定值及能效等级[S]. 北京：中国标准出版社，2020.

[101] 杜毅. 定子混合叠压再制造永磁同步电机性能分析[D]. 合肥：合肥工业大学，2019.

[102] 宋守许，夏燕，胡孟成. 定转子材料组合方式对再制造电机性能影响[J]. 微电机，2020，53（6）：18-23.

[103] 宋守许，胡孟成，夏燕，等. 基于混合定子铁芯的车用再制造永磁电机性能研究[J]. 机电工程，2020，37（1）：107-112.

[104] 宋守许，李诺楠，夏燕. 非晶转子再制造电机齿槽转矩研究及优化[J]. 微电机，2020，53（2）：17-22.

[105] 宋守许，杜毅，胡孟成. 定子混合叠压再制造电机空载损耗计算与分析[J]. 中国电机工程学报，2020，40（3）：970-980.

[106] 宋守许，胡孟成，杜毅，等. 非晶合金转子铁芯对再制造电机性能的影响[J]. 电机与控制应用，2018，45（11）：66-71.

第 **6** 章
风机节能技术

6.1　概述

风机是我国对气体压缩和气体输送机械的习惯简称，依靠输入的机械能，提高气体压力并排送气体的从动流体机械，根据出口风压分为通风机、鼓风机与压缩机。风机广泛用于工厂、矿井、隧道、冷却塔、船舶和建筑物的通风、排尘和冷却，锅炉和工业窑炉的通风和引风，谷物的烘干和选送，风洞风源和气垫船的充气、推进等。风机又是耗能最多的通用机械之一，国家调研数据表明，我国现有风机消耗电能占全国总消耗电能的 10% 左右。同时，我国的平均效率仅为 75%，比国际先进同类产品低 10% 左右；而整个系统的效率仅为 30%~40%，比先进水平低 20%~25%。因此，研究和改造风机，研制新型高效节能风机与改造在用风机，降低通风机的能耗以提高其气动性能，有利于实现企业低碳运行和减碳任务，助力"双碳"目标的实现和国民经济体系绿色低碳转型升级。

风机的性能对通风系统的设计或改造具有重要影响。风机大部分时间在非额定工况下运行，尤其对于工业生产中的风机，工况变化很大，变化又极其频繁，所以全面了解风机工作原理、性能及其在各工况下基本性能参数的变化规律，以性能变化规律为核心，研究风机节能技术及措施，实现风机合理节能对于全国节能降耗至关重要。因此，大力发展高效节能的通用机械产品，不断提高产品的技术水平，对我国节能降耗、提高能源利用率以及为国民经济各部门实现节能减排目标都具有非常重要的意义。

近几十年来，我国风机行业发展迅速，但就某些高端节能技术而言，还是与发达国家有一定的差距，存在风机效率低、噪声大等问题。如何在保证风机性能的同时尽可能提高风机效率，降低风机的噪声和振动，是当前风机研究的重要工作。依"双碳"目标、中国制造 2025 和工业 v4.0 的需求，新型的风机要求风机量不断增大，高效化、节能化、高速小型化及低噪声。随着新一代信息技术、智能制造、新材料、新工艺等技术的发展，高效、高精、智能、制造方法的多样性将是叶轮、叶片这些流体机械心脏部件的未来加工的常态，针对复杂叶轮叶片的数控电加工技术、叶轮自动焊接技术以及基于增材制造的 3D 打印技术将得到更广泛的应用。数字化、电子自动化、信息化、机器人是智能制造的基本元素，这些技术的应用必将促进风机制造水平的提升，稳定可靠地提高产品质量和工作效率，并能大大降低操作工人的劳动强度。

6.2　风机的工作原理、基本构造及性能

6.2.1　风机的分类

由于风机在国民经济各部门中应用很广，品种系列繁多，对它的分类方法也各不相同。

① 按其作用原理可分为透平式风机和容积式风机两类。透平式风机是靠装有叶片的叶轮高速旋转而完成气体的输送或压缩，包括离心风机、轴流风机、混流风机及横流风机。容积式风机是靠改变机体容积的方法输送或压缩气体，一般使机体容积改变的方式有定容式和非定容式两种。定容式风机包括罗茨风机、叶氏风机等，非定容式风机包括往复风机、螺杆风机和滑片风机等。

② 按工作原理，风机主要分为离心风机和轴流风机两类。离心风机中，气流轴向进入风机的叶轮后主要沿径向流动。此类风机输出气体压力较高，但风量较小。轴流风机中，气流轴向进入风机的叶轮，近似地在圆柱形表面上沿轴线方向流动。此类风机输出气体压力较低，但风量较大。

6.2.2　离心风机

(1) 基本构造与工作原理

图 6-1 是离心风机的主要结构分解示意图，主要部件有叶轮、机壳、机轴和吸入口等。对大型离心式风机，一般还有进气箱、前导器和扩压器等。叶轮是离心风机的主要零件，一般由前盘、后盘、叶片和轮毂所组成，如图 6-2 所示，其结构有焊接和铆接两种形式。叶片是叶轮最主要的部分，离心风机的叶片一般为 6～64 个，叶片的形状、数量及其出口安装角度对离心风机的性能有很大影响。根据叶片出口安装角度的不同，可将叶轮的形式分为前向叶片的叶轮、径向叶片的叶轮与后向叶片的叶轮三种。当叶轮随轴旋转时，叶片间的气体随叶轮旋转而获得离心力，气体被甩出叶轮；然后进入机壳，机壳内的气体压强增高被导向出口排出。气体被甩出后，叶轮中心处压强降低，外界气体从离心风机的吸入口，即叶轮前盘中央的孔口吸入。叶轮连续旋转使气体不断地被吸入和被甩出，实现气体的连续输送。

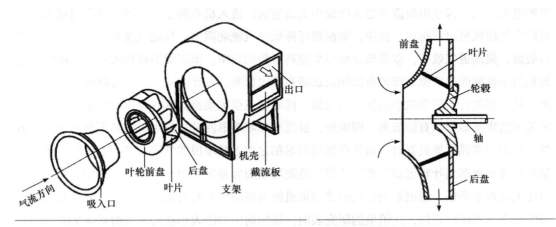

图 6-1　离心风机的主要结构分解示意图　　　　图 6-2　叶轮结构简图

叶轮是风机传递给气体能量的唯一部件，叶轮的形状、尺寸和数量决定了风机的工作能力和性能参数。离心风机的叶片形状主要有平板形、圆弧形和机翼形。平板形叶片制造简单，但空气动力特性较差，机翼形叶片具有优良的空气动力特性，叶片强度高，通风机的气动效率一般较高，但工艺性复杂。圆弧形叶片的性能介于机翼形和平板形叶片之间。离心风机按照工作叶轮数目来分，可以分为单级离心风机和多级离心风机。单级离心风机的主轴上只有一个叶轮，而多级离心风机的主轴上有两个或两个以上叶轮。

按支撑与传动方式，离心风机可分为 A 型、B 型、C 型、D 型、E 型与 F 型等六种形式。这六种离心风机的基本结构和特点如表 6-1 所示。

表 6-1 离心风机基本结构形式和特点

型式	A 型	B 型	C 型	D 型	E 型	F 型
结构						
特点	叶轮装在电动机轴上	叶轮悬臂，皮带轮在两轴承中间	叶轮悬臂，皮带轮悬臂	叶轮悬臂，联轴器直联传动	叶轮在两轴承中间，皮带轮悬臂传动	叶轮在两轴承中间，联轴器直联传动

① 单级离心风机　单级离心风机一般采用单级单吸或单级双吸叶轮，且机组呈卧式布置。单级单吸离心风机采用焊接方式将前盘、后盘、轮毂与叶片等焊接而成，仅一端吸入空气；单级双吸离心风机采用双叶轮结构，包括两个前盘和一个中盘，在前盘与中盘间焊有叶轮叶片，有两个进风口和一个出风口。单级双吸离心风机的流量较大，转子平衡性好，可降低振动和受力不平衡等情况。

a. 单级单吸离心风机　图 6-3 所示的是单级单吸离心风机结构。工作时，空气由轴向导流器进入风机；再经由集流器进入叶轮中央真空区；进入机壳的空气经叶片的作用被甩出；最后空气经风机出口排出。其中，集流器可降低空气流动阻力，保证气流均匀地流入叶轮进口截面，提高进气效率，以降低流动损失提高叶轮的效率。集流器的结构形式对叶轮的主气流利用率及蜗壳出口侧集流器背部涡流区域有很大影响，设计时应尽可能与叶轮进口区域的流动状况相吻合，尽量减小涡流区的范围，同时还应保证集流器区气流流动的平稳性。目前常采用的集流器形状有圆筒形、圆锥形、锥弧形和喷嘴形四种。其中以锥弧形最为常用。但是，在采用锥弧形集流器时，虽然在集流器喉部之前的减缩段的气流流动一般比较平稳，但是在集流器喉部到叶轮进口的扩散阶段气流脱离壁面容易发生边界分离，导致损失增加，从而使风机效率降低。集流器的位置形式对风机的内流特性也有很大影响。这主要涉及集流器与叶轮之间的轴向间隙，庄镇荣的研究表明，该轴向间隙的大小在大流量时对风机的气动性能影响很大，间隙过大会导致泄漏增大，间隙过小时在大流量的条件下泄漏气流对主气流的影响很强，同时会降低叶轮进口段的利用率，因此轴向间隙取为叶轮外径的 0.02～0.025 倍最为合适。

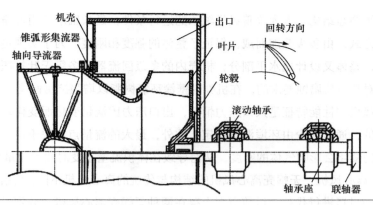

图 6-3 单级单吸离心风机结构图

b. 单级双吸离心风机 图 6-4 所示的是 K4-73-02 型 No28F 离心风机的结构。该风机采用双侧进风的单级双吸叶轮、实心长轴、收敛式大偏进风口以及调心滑动轴承传动结构，并采用独立的压力稀油润滑系统。该风机主要由转子组、机壳、进风口、进气箱与稀油站等部分组成。其中，转子组由叶轮、实心长轴、调心滑动轴承、弹性联轴器等组成。叶轮由叶片、前盘及中盘构成，每侧有后倾机翼型叶片 12 个，从而保证风机高效率，最高全压效率达 85.5%。

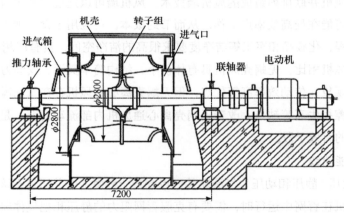

图 6-4 K4-73-02 型 No28F 离心风机结构

② 多级离心风机 由两个或者多个叶轮串联所组成的离心风机就叫作多级离心风机。多级离心风机为多级、单吸入、双滚动轴承支承结构，由转子、机壳、吸气口、排气口、轴承座、密封组、消声器、电动机、控制系统等组成；电动机和鼓风机一般通过底脚安装在底座上，两者之间通过联轴器直接驱动，也可以通过齿轮增速箱驱动。转子由多个叶轮、主轴、隔套及平衡盘组成。其中，每级叶轮按新的高效鼓风机理论进行设计，出口为后向型，并且采用合理的叶片安装角度，使叶轮的流道长，稳流区相对较长；叶轮前盘为等强度锥弧状，减少了进气形成的涡流和阻力；为便于鼓风机产品系列化以及不同选型参数的选配，每级叶轮的外径均相等；考虑风机运行的稳定性，避免轴向推力对轴承寿命的影响，风机的高压端

转子上设计有平衡盘结构，大大改善风机轴承的运行条件，延长轴承使用寿命。机壳采用分级铆焊件结构方式，由多级叠加而成，保证了整体的强度和刚度；为了实现更换轴承而不动电动机的目的，整体又设计成水平剖分；机壳内的多级回流器和多级无叶扩压器也具有相同的叠加方式；对于有抗腐蚀要求的，在机壳内壁涂环氧树脂以增强抗腐性能。

多级离心风机的性能特征是入口压力恒定，出口压力因流量变化而变化。最低的流量是由喘振点确定的，通常很少由环境温度确定。此外，最大的流量点取决于电机功率大小。入口压力和温度的变化会影响气体的密度，从而导致在体积流量不变时质量流量变化。

③ 无蜗壳离心风机　无蜗壳离心风机的结构与传统的离心风机不同，其结构框架中不存在蜗壳而使用一机箱进行代替。目前市面上存在两种无蜗壳离心风机，分别是箱式无蜗壳风机和无蜗壳风机。箱式无蜗壳风机是指在叶轮外增加一个有进出口的箱体，和箱体作为一个整体，通常将其称为"plenum fan"或是"centrifugal fan with cabinet"；而无蜗壳风机是指叶轮出口没有遮挡，出口气流直接进入大气中，通常将其称为"plug fan"或"centrifugal fan without housing"。一台完整的箱式无蜗壳离心风机由三个基本部分组合而成，即无蜗壳风机机箱、机械传动与电机组，其中机械传动部分包括集流器与叶轮等部件。在实际运用时，无蜗壳风机可采用多台风机并联的方式，以在合适场合替代单台大功率的常规离心风机。应用最多的是由多台无蜗壳风机并联排列组成的风机墙技术。风机墙可以通过调节风机运行的数量或频率，使风机墙尽可能在最高效率点工作，从而节约成本，可应用于食品加工、精密电子、医疗、制药生物工程、化妆品和军工等洁净度要求很高的洁净空间，具有广阔的市场前景。

与传统离心风机相比，无蜗壳风机具有体积小、结构简单灵活、安装方便、出风方向任意、无"喘振"现象、传动效率高等优点，但无蜗壳离心通风机存在气动噪声大、出口动能损失多、气流摩擦损失高等缺点。改善无蜗壳离心通风机内部流动情况，是提升无蜗壳离心通风机静压效率的有效手段。

(2) 基本性能曲线

① 风机的全压、静压和动压　气流在某一点或某一截面上的总压等于该点截面上的静压与动压之和。风机在管网中运行时，需要有克服管网阻力的静压和把气体输送出去的动压。风机的全压 p 由静压 p_{st} 和动压 p_d 两部分组成，即 $p = p_{st} + p_d$。其中，风机的静压为气体的压力能所表征的压力，风机的动压为气体的动能所表征的压力。若忽略位能的变化，风机运转时产生的实际全压等于风机出口截面的全压 p_2 与进口截面的全压 p_1 之差，即：

$$p = p_2 - p_1 = (p_{st2} + p_{d2}) - (p_{st1} + p_{d1}) = \left(p_{st2} + \frac{\rho_2}{2} v_2^2 \right) - \left(p_{st1} + \frac{\rho_1}{2} v_1^2 \right) \tag{6-1}$$

式中，v_1、v_2 分别为风机进、出口截面上气流平均流速，m/s；ρ_1、ρ_2 分别为风机进、出口截面上气流密度，kg/m³；风机动压 $p_d = \frac{1}{2} \rho v^2$，Pa；风机静压 p_{st} 为全压与动压之差，Pa。

式 (6-1) 适用于风机的进、出口不直接通大气的情况，即风机进口的气体静压与动压、风机出口的气体静压与动压，都是在吸入风道及压出风道中测量的，称进、排气联合试验性能装置的全压计算公式。

风机全压效率：

$$\eta = P_u / P = \frac{pQ}{1000P} \tag{6-2}$$

式中，p 为全压，N/m²；Q 为流量，m³/s；P_u 为有效功率（输出功率），kW；P 为轴功率（输入功率），kW。

静压效率 η_{st} 为风机的静压有效功率 P_{ust} 与风机的轴功率之比，即：

$$\eta_{st} = P_{ust} / P = \frac{p_{st}Q}{1000P} \tag{6-3}$$

② 风机的性能曲线 从上述各风压的概念出发，按照性能曲线的一般表示方法，风机应具有 5 条性能曲线：全压与流量关系曲线（p-Q 曲线），静压与流量关系曲线（p_{st}-Q 曲线），轴功率与流量关系曲线（P-Q 曲线），全压效率与流量关系曲线（η-Q 曲线）以及静压效率与流量关系曲线（η_{st}-Q 曲线）。典型后向叶轮离心通风机的性能曲线如图 6-5 所示。

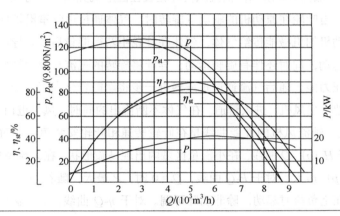

图 6-5 典型后向叶轮离心通风机的性能曲线

6.2.3 轴流风机

（1）典型轴流风机

① 典型轴流风机结构 图 6-6 为典型的轴流风机结构示意图。轴流风机主要由整流罩、导叶、叶轮、整流体和扩压器等组成。近年来，大型轴流风机还装有调节装置和性能稳定装置。其中，叶轮是回转的，称为转子，其他部分则是固定的。沿某一半径 R 处作叶轮及导叶剖面展开后，可得一组平面叶栅，叶栅的形状影响风机的流量、压力和效率，是轴流风机设计的关键。气体沿轴向流入风机，气体入口设有集风器和整流罩，两者组成了光滑的渐缩型流道，使气体在保证入口压力损失很小的情况下得到加速，以便在风机入口建立很均匀的速度场和压力场。轴流风机流量大、扬程低、比转数大，流体沿轴向流入、轴向流出叶轮，动

叶片可调的轴流式风机在变工况时调节性能好、可保持较宽的高效工作区，但噪声大。目前，国外大型电站普遍采用轴流风机作为锅炉的送风机和引风机，我国 300 MW 以上机组的送风机和引风机一般都采用轴流风机。

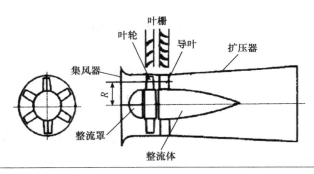

图6-6　典型轴流风机结构示意图

② 工作原理　如图 6-6 所示，轴流风机叶轮装在圆形机壳内，可与电动机轴直联，也可通过传动来驱动。当叶轮在原动机的驱动下旋转时，气体通过进气室沿轴向被叶轮吸入；叶轮通过叶片将原动机的机械能传给气体，气体在叶轮中获得能量后流入导叶；进入导叶的气流主要是沿轴向运动，同时还伴有旋转运动；导叶将旋转的气流整流为轴向流动，将旋转运动的能量转换为压力能；随后气流通过扩压器进一步将动能转化为压力能，最后使具有较高能量的气流均匀地流出风机，进入管道。在气体不断流出的同时，风机进口气体连续被吸入。

③ 性能曲线　轴流风机的性能曲线是在叶轮转速和叶轮安装角一定时测量得到的，如图 6-7 所示。对于 $H(p)$ -Q 曲线，在小流量区域内出现马鞍形状，在大流量区域内非常陡峭，在 $Q=0$ 时，$H(p)$ 最大。对于 P-Q 曲线，$Q=0$ 时，P 最大，随着 Q 的增大 P 减小，因此轴流风机不允许在空负荷时起动，除非动叶可调。对于 η-Q 曲线，高效区比较窄，最高效率点接近不稳定分界点。

分析 $H(p)$ -Q 性能曲线，出现马鞍形的原因是风机在不同流量下，流体进入叶型冲角的改变，引起叶型升力系数的变化。图 6-7 中 $H(p)$ -Q 性能曲线上 a、b、c、d、e 各工况点与流体在叶片上的流动情况相对应。曲线上 d 点为设计工况，此时流体流线沿叶高分布均匀，效率最高。流量大于设计值时，叶顶出口处产生回流，流体向轮毂偏转，损失增大，扬程降低，效率下降。当流量减小，$Q_c<Q<Q_d$ 时，冲角增大，升力系数增大，扬程稍有升高，在 $Q=Q_c$ 时，扬程最高。当流量再减小，处于 $Q_b<Q<Q_c$ 时，在叶片背部产生附面层分离，形成脱流，阻力增加，扬程下降，在 $Q=Q_b$ 时，扬程最低。当 $Q<Q_b$ 时，扬程开始升高，这是因为流量很小时能量沿叶高偏差较大形成二次流，使从叶顶流出的流体又返回叶根再次提高能量，使扬程升高，直到 $Q=0$ 时，扬程达到最大值。由此可见，只要流量偏离设计工况一定范围，就有损失产生，使效率下降，$H(p)$ -Q 性能曲线的马鞍形部分为不稳定工作区，它是风机的旋转脱流区，同时容易产生风机的喘振，引起风机的气蚀，并伴随着噪声和振动。

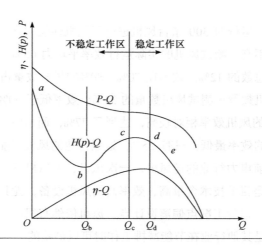

图 6-7　轴流风机性能曲线

（2）动叶可调轴流风机

动叶可调轴流风机由进气箱、扩散筒、机壳、两级叶轮、叶片、轴承箱、叶片调节装置、供油系统等组成，其中叶片调节装置包括电动执行器、连杆、液压缸、推杆、推盘、调节盘、滑块、调节臂等部件。叶片通过螺钉固定在叶柄上，叶柄由导向轴承实现轴向定位，支撑轴承与叶柄螺帽实现径向定位，保证叶片与叶柄只能绕轴线旋转，叶柄根部与调节臂通过螺栓连接，其调节臂另一端安装滑块。风机叶片角度的改变是通过叶片调节装置来执行的。当需要调整风机叶片开度时，电动执行器接受来自机组控制系统的指令，带动连杆转动，液压缸控制头内滑阀改变位置引起液压缸内活塞两侧油压改变，液压缸产生调节力推动第二级叶轮内的推盘（推盘、推杆相连），并通过与推盘相连的推杆传递推力至第一级叶轮，成为一级推盘的推力，推动位于调节盘间的叶片滑块移动，带动调节臂转动，带动叶片绕叶柄轴线旋转，进行叶片开度的调整，从而完成两级叶轮的同步调节和叶片角度的调整。风机运行时，叶片调节装置可调整叶片的角度并保持在某一固定位置处，从而实现风机流量和压力随机组负荷的实时调节。

6.3　风机系统节能与能效提升技术

6.3.1　风机能耗分析

（1）风机运行能耗现状与分析

豪顿华工程有限公司为了摸清国内风机的实际运行效率，在过去几年对水泥、电力、矿业、铝业这几个行业实际运行的 300 余台风机进行了风机性能测试。测试结果表明，国内的风机实际运行效率普遍不高，测试风机的实际运行效率平均为 65%。其中，效率超过 80% 的风机数量只占测试风机总数的 12%；效率在 70%～80% 的风机数量占测试风机数量的 31%；效率在 60%～70% 的风机数量占测试风机数量的 31%；效率低于 60% 的风机数量占测试风机数量的 26%。电力行业的风机效率相对较高，达到了 77%，而水泥、铝业行业的风机效率较低，其中矿山行业风机的效率最低，只有 55%，这些行业的风机节能空间很大。电力行业风机效率较高的原因是目前电力行业的送风机、一次风机、引风机三大风机基本都采用动叶可调轴流风机，这种风机是目前技术含量高、效率高的风机设备，尤其是动叶可调轴流风机的高效区很宽广，即使实际运行工况点偏离设计点，风机依然有很高的运行效率。电力行业风机的高效节能的情况，是其他行业在节能减排工作时可以借鉴的。

离心风机的能量损失主要包括流动损失、容积损失和机械损失。不同的能量损失对风机的性能影响不同：如果流动损失过大，会导致风机的压力降低；如果容积损失过大，会造成风机流量不足；如果机械损失过大，风机的效率就会降低，耗能较大。同时离心风机是一个较大的噪声源，离心风机的噪声大小也是评价风机性能的一个重要指标。

叶顶间隙泄漏损失是轴流风机损失中重要的一部分。研究表明，叶尖主要存在二次流和泄漏涡的相互作用，通过加装叶尖小翼可以有效地改善叶片顶部的流动状态，对改善轴流风机性能、提高效率具有重要意义。

（2）风机运行效率低的因素

① 风机选型不合理，造成风机与管网不匹配，运行不到高效区。通常情况下，风机分为三种形式，即离心风机、混流风机、轴流风机，每种类型的风机应用的压力和流量的范围是不同的，只有在其适用的范围内选择，该类风机才可能有较高的效率，一旦在这个范围之外选择该类风机，那么风机的效率就会大大降低。一般而言，离心风机用在风量低、压力高的场合，轴流风机应用在风量大、压力低的场合。

② 风机的设计裕量太大。风机是按照给定的风压、风量来选型的，国内不同行业在做烟风系统设计时都会选择合适的经验系数来做计算，之后再根据计算结果加一定的裕量，一般是流量加 10% 的裕量，风压加 20% 的裕量，这样就导致风机实际运行的时候，实际系统阻力远低于理论系统阻力，即风机实际工作点远远偏离设计点，进而导致风机实际运行效率较低，这个也就是通常说的"大马拉小车"现象。风机的实际工作点偏离最高效率工况点是造成能源浪费的重要原因，风机作为一种多点、多区间可连续无间断调节运行的机械设备，其运行工况不仅由其本身特性确定，还受到与之相对应的系统管路特性的影响。而且实际生产中，系统管路与风机特性不匹配的现象十分突出。所选用的风机的额定流量远远超过系统工况实需的流量，裕量偏大。风机的实际运行点偏离最高效率的工况点，不在高效区运行，造成风机效率以及富裕的压力的双重损失。

③ 风机的调节方式不合适，风机实际性能达不到设计值，风机实际开度和运行效率与性能曲线相差大，特别是静叶调节轴流风机，实际效率常常比性能曲线低 10% 以上。风机的调

节方式一般有下面几种：进口挡板调节、进口导叶调节、动叶调节以及变速调节。进口挡板调节和进口导叶调节造成的阻力损失较大，因此风机的效率会降低；而动叶调节和变速调节通过调节叶片的角度以及转速来改变风机的性能，不会增加额外的阻力损失，因此风机效率提高，是高效节能的调节方式，应优先选用。电厂风机的运行效率较高的原因就是绝大部分电厂风机都采用了动叶调节的方式。

④ 落后低效产品仍在线运行。相对于现在先进的三元流设计的高效风机，一些企业仍在使用技术落后、低能效的风机，需要加快淘汰的步伐。

⑤ 风机的运行管理不到位。管理不善，人员节能意识淡薄，缺乏必需的专业知识，无严格、科学的开、停机规定，过早开机或过晚停机都将造成电能的浪费。据某煤炭公司对 148 台矿井主通风机的调查：运行效率在 70%以上的占 10%左右；运行效率低于 55%的竟达 59%。据某钢铁联合企业的调查，通风机的平均运行效率只有 40%左右。某发电厂锅炉鼓风机、引风机的最高运行效率只有 67.5%，最低仅为 45.2%。风机放空、跑冒漏等现象随处可见。专家认为通过加强管理，可以回收 10%的能源。风机是生产过程中输送气体的设备，只有合理配风、精细运行才能降低不必要的浪费，进而达到节能的目的。

(3) 提高风机运行效率的措施

① 选用高效节能的产品，淘汰技术落后的设备。技术先进、高效节能的风机产品，是风机节能降耗的重要保证。

② 风机参数的设计要合理。在做风机系统设计计算的时候，可以采用先进的 CFD 模拟技术来模拟计算系统的阻力、风量等参数，这样的计算能得到比较准确的结果，比传统的按经验系数计算的风机参数更接近实际情况。对于改造的风机，可以先对系统的阻力、流量进行现场测试，然后根据实际情况选定新的风机，这样新风机的运行参数就会与实际需求比较接近，从而使风机运行的效率比较高。

③ 风机变频调节。变频技术的发展，为风机的变频调节提供了可能。风机的变频原理就是通过改变风机的工作转速，来改变风机的性能，从而使风机能在相对较高的效率区运行，而达到节约能源的目的。

④ 通风系统的设计优化。风机是在系统中工作的，风机的工作效率与系统有很大的关系，为了提高风机的实际运行效率，必须在设计阶段对系统优化设计，着重考虑以下几点：a. 管路系统设计要合理，避免急转弯或者通流面积的急剧变化。在管路弯头处根据情况设置导流叶片，以降低气流的损失。b. 风机参数的裕量要适度，同前面分析的那样，不要留太大的裕量，避免"大马拉小车"现象。风机实际工作点越靠近设计点，风机的实际运行效率会越接近设计效率。c. 风机进出口的管道尽量设计足够长的直管段，或者在管路中采用整流格栅，这样能减少进出口管路中气流的紊流，从而提高风机的效率。

⑤ 在用风机的节能改造。

⑥ 提高设备运营的管理水平，充分发挥设备的节能潜力。

6.3.2 高效风机

（1）多级离心风机

多级离心风机是一种单轴、多叶轮的旋转式机械设备，多用于压力需求比较大的场合。在离心力的作用下，将空气增压并输送至工艺系统中。多级离心风机的工作原理兼有普通单级风机和离心压缩机的特征，当通过一个叶轮对气体做功后，压力不能满足要求，就必须把气体引入下一级继续做功。弯道、回流器主要起导向作用，把气体引入下一级。由于受径向和轴向尺寸的限制，风机省掉了扩压器和弯道。

（2）碳纤维节能风机

碳纤维增强复合材料在轻质高强、抗疲劳、减振降噪、耐腐蚀以及材料性能的可设计性等方面比传统的金属材料有明显的优越性，是防腐蚀、防静电风机叶轮的理想材料。碳纤维复合材料叶轮采用分体式成型工艺，上下盖板与叶片单独模压成型，然后进行组装，粘接完成后在接缝位置铺贴碳纤维预浸料进行结构补强。分体式成型工艺可降低产品的复杂性，减少模具的制作成本，防止材料内部存在空隙、缺陷，有利于产品结构的实现。下盖板与轮芯的连接加装有不锈钢垫片，通过铰制孔螺栓固定，避免铰制孔螺栓直接作用在玻碳纤维下盖板。作为我国唯一一款碳纤维纺织节能风机，JF 35/35-11 系列桨翼型大风量节能纺织轴流风机的面世，碳纤维可谓功不可没。该风机是一款专为现代纺织空调量体定做的节能风机，它主要应用于风压富余、风量不足、长期低转速运行、噪声需要降低，以及效能提升改造等方面，不仅填补了国内空白，还入选中国棉纺织行业节能减排技术推荐目录（第五批）。

（3）动叶可调轴流式风机

动叶可调轴流式风机由进气箱、集流器、叶轮外壳、扩压器、转子组组成。转子组由主轴、液压缸、轮毂、叶片等组成，其须配套油站。转子组通过调节油站的油压使液压缸平行运动，而轮毂中的连滑杆结构把液压缸水平运动转换为叶片转动，从而实现风机在运行中的调节。动叶可调轴流式风机运行中，通过调节叶片安装角以满足锅炉负荷变化的需求。李昊燃等提出了一种动调风机加变频调速阶梯式智能化调节方式，可使风机在全工况负荷范围内实现高效运行，实现节能效益最大化，并将其应用于 660 MW 机组深度节能改造过程，实践结果显示在保证轴流风机高效运行的基础上，同时满足电站风机的安全运行，降低轴流风机失速风险。华北电力大学李春曦等以带后导叶的 OB-84 型单级动叶可调轴流风机为对象，采用数值计算方法研究该风机叶片尾缘增设 Gurney 襟翼（简称 GF）后的气动性能和内流特征。结果表明：增设 GF 可提高风机全压，且其高度越大，风机全压增幅越明显，同时促使最高风机效率点向大流量系数侧移动；增设 GF 后，在叶顶处产生的次泄漏涡加剧了叶顶泄漏；尾缘下游区域产生的脱落涡增大了叶片吸力面与压力面间的压差；增设 GF 后风机气动噪声增大，选用高度为 0.5% 弦长的 GF 后，在设计工况点下风机全压和风机效率分别提高 12.01% 和 3.13%。

（4）外转子无蜗壳离心风机

洛森高效外转子无蜗壳离心风机采用新款高效叶轮，通过 CFD 软件模拟，叶轮线性更为流畅，优化出口气流角，增加叶片长度，配合内嵌转子弧度，气流经过转子后更加柔和，降低性能损失，提高叶轮效率。在增大风机风量的同时，提高电机的散热性。配合 EC 电机使用，内部增加电机控制模块，实现变频功能，可根据周围环境调整其转速，使风机在全工况下都是高效的，实现效率最大化。电机效率高于标准电机 IE4 要求，风机满足欧洲 ERP2015能效标准，具有结构紧凑、维护方便、高效节能、无级变速、集成监控、噪声低、使用寿命长等优点。此系列风机采用主从设备控制模式，可同时对多个风机进行控制，形成模块化矩阵风机墙，分解 1 个大风量高压头的风机为多个高压小风量的高效风机，并集中模块化控制。与传统风机相比，模块化矩阵风机墙出风均匀，系统损失小，效率高，可节约最大至 50%空间，安装维护方便，集中控制无级变速，噪声低，节能 20%～40%。

（5）风机墙

风机墙是一种新型的风机设备，其是由一系列无蜗壳离心风机子单元按照一定规律的排列而联合的集成式风机设备。风机墙的设计理念与传统的设计理念不同，风机墙能够通过改变开关风机子单元的数量来优化与控制风机的最佳性能曲线，使得风机墙始终在最优设计工况点下进行运作。与此同时，风机墙设备亦兼备低噪声、节能高效、便于维护、易于制造等一系列优势，十分符合现阶段我国风机设备的发展要求。风机墙设备的子单元为无蜗壳离心风机，其采用双面翼形式叶片并由电机直连驱动，此类风机具有良好的气动性能且产生较少的噪声。每台无蜗壳离心风机具有较短的独立流道，经由流道输出的气体会在风机墙的箱体内交汇并统一从总流道输出。故此，风机墙设备的外特性效果主要取决于设备箱体内的流动干涉情况。无蜗壳风机作为一种新形式的风机技术，在组合式空调机组中的应用日趋广泛。特别是大风量的组合式空调机组采用多台无蜗壳风机并联工作，通过控制风机开启台数以调节风量，具有很大的节能优势。

6.3.3　风机优化

（1）计算流体力学方法在风机设计优化中的应用

对叶轮机械进行研究时使用的主要方法包括实验法、理论分析法和数值模拟方法。实验研究主要是通过对风机内部流场的测试来找出改善风机的流动结构或参数，提高风机工作性能的方法。例如，利用激光多普勒（LDV）测速仪、粒子成像技术（PIV）、X 热膜传感器等测试技术测量离心风机叶片扩压器的内部流场，风机叶轮出口和扩压器进口不同叶片高处的非定常流动与叶轮叶片的磨损情况等，为风机优化设计提供实验基础。数值模拟就是以计算机为平台，利用 CFD 软件对离心风机内部流场、流动情况进行仿真计算，通过对流场的特征及参数分析，寻找出风机存在的问题，并对其进行优化。随着计算机硬件和 CFD 分析软件的飞速发展，数值模拟也随之快速发展，并得到了广泛应用。关于风机流场模拟的模型有大涡模型、k-ε RNG 湍流模型等。现如今对叶轮机械的主流研究方法是实验研究与数值模拟相结合的方法，国内外大量的学者通过改变风机的设计方法、改变其通流部件的结构参数、改变风机的运行工况等手段对其进行研究，并取得了大量的成果。其中，利用三元流设计理念，通过对叶轮进出口尺寸、叶片进出口安装角、轮盖型线、进风口型线进行修正，提高加工精度，减少摩擦，减少流道阻力损失等方式来减少无用能耗。三元流动理论就是把叶轮内部的三元立体空间无限地分割，通过对叶轮流道内各工作点的分析，建立起完整、真实的叶轮内流体流动的数学模型，依据三元流动理论设计出来的叶片形状为不规则曲面形状，叶轮叶片的结构可适应流体的真实流态，能够控制叶轮内部全部流体质点的速度分布。

(2) 离心风机优化

目前，对于已经系列化的离心通风机，从工程经验上，可以采用多种非标设计方法，比如，应用特殊机号，增减叶片数量，更改叶片高度，调节风机转速，修改蜗舌结构，改进风机进出风口等。在离心风机的优化匹配方面，主要是叶轮与蜗壳的型线改型以及几何优化，以及集流器、叶轮和蜗壳三个主要组成部分之间的相对安装位置；在离心风机内部流场优化方面，则集中在风机的叶轮内部流动以及蜗壳三维结构方面，特别是对蜗壳蜗舌部分的研究，因为蜗舌对于压力速度分布、气流状态及噪声等重要性能指标的影响更大，特别是噪声是判定风机安全运行的重要因素；对于蜗壳在型线、扩张角以及蜗舌形状与叶轮间的设计匹配方面的理论研究更为重视。这些方法均是改变某些结构参数，以达到符合需求性能的目的。

① 叶轮　研究发现，相比集流器和蜗壳，叶轮内由湍流耗散而引起的熵产最大。这表明，叶轮是最耗能的部件，对其进行动力学分析和气动优化能够最大可能地改善离心通风机的性能，而叶型直接影响到叶轮的气动特性。离心风机叶轮叶片的型线至关重要，即根据给定载荷（速度）、环量等参数进行叶片结构的优化设计。离心叶轮内部实际流动是复杂的三维非定常流动，并且随着叶轮的旋转以及叶片表面曲率的影响，还会产生脱流、回流以及二次流等流动现象，而简单的一元流动理论并不能充分反映叶轮内部流动的这些关键特性。离心叶轮的设计方法分为损失最小法和准则筛选法。损失最小法是通过联结不同种类损失和过流结构几何参数数据之间的关联纽带，在确保系统设计流量与工作压升的前提下，对几何结构进行匹配，得出最小的压力损失，叶轮气动性能最佳。准则筛选法是基于离心式叶轮，即建立的各种控制的流动分析的内部机构并降低流动损失性能优化标准和目标函数，求得对应于叶道的结构参数形状的各种组合，从其中选择的最佳解决方案。王锐等通过数值分析方法对离心风机进行有限元分析的结果显示，相对于传统圆弧型线叶片的前向叶轮，采用速度分布型线叶片的叶轮应力分布更加均匀合理，应力集中现象得到较大改善，且通风机效率也有显著提高。

② 蜗壳　蜗壳的作用是将离开叶轮的气体导向蜗壳出口，蜗舌可以防止一部分气体在蜗壳内循环流动。对蜗壳内部流场的研究主要集中在三方面：一是优化蜗舌的形式，通过蜗舌的形状及蜗舌到叶轮的间隙来研究蜗舌对风机性能的影响；二是优化蜗壳型线，用改变蜗壳螺旋线的方式提高风机性能；三是优化蜗壳的宽度，采用改变蜗壳横截面积的方法提高风机

性能。

蜗壳型线设计优劣直接影响风机的整体性能。国外常用的蜗壳型线设计方法有两种：一是 Stepanoff 提出的等速度法；二是 Pfleiderer 提出的等环量法。而在国内，常用的蜗壳型线设计方法也有两种：一种为等环量法；另一种为等速度法。华北电力大学吕玉坤等以 4-72No.3.2A 型离心风机蜗壳为研究对象，提出了基于基因遗传算法且考虑叶轮出口流量不均影响的蜗壳型线设计方法，绘制出了其蜗壳型线，对蜗壳改造前、后的风机进行了数值模拟和进气性能试验，并对比分析以验证移植工作的合理性，最后用 MATLAB GUI 设计并完成了该类型离心风机蜗壳型线设计软件。

③ 仿生学在风机设计优化中的应用　邬长乐等将波形前缘、锯齿尾缘和表面凹坑三种仿生结构应用在离心风机叶片上，并对其流动和噪声辐射进行了数值计算，探究仿生叶片对离心风机气动性能、流场和声场的影响。结果表明：表面凹坑结构抑制了叶片吸力面上的分离流，提升了离心风机的全压和效率，但蜗壳壁面附近的压力脉动幅值增大，最终使噪声不降反增 0.85 dB；锯齿尾缘型风机虽然做功能力下降，但依然保持高效率，叶轮内流动状况改善，压力脉动明显削弱，总声压级平均下降 5.04 dB；波形前缘型风机气动性能与原型相比略有提升但相差不大，整体降噪 3.14 dB。董希明通过数值模拟，对不同流量工况下风机内部流动的观察，发现叶轮-蜗舌干涉对风机内部流场影响明显，为了改善不同流量工况下风机的气动性能，将仿鸮翼前缘蜗舌应用到多翼离心通风机上的同时，对不同蜗舌安装角度的风机模型在不同流量工况下进行数值模拟。研究发现，在不同流量工况下都存在气动性能最佳的改进风机模型。仿生蜗舌的应用有利于缩小风机蜗舌压力突变区域，有利于改善蜗舌间隙的流动稳定性。

（3）轴流风机优化

近年来，为降低轴流通风机的损失，提高轴流通风机的效率，许多专家学者做了大量的工作。叶顶间隙的大小对叶轮的全压、效率等有很大的影响，改变大小的主要方式是改变叶顶间隙的结构，即主要通过改变叶顶或机壳的形态。针对叶顶间隙泄漏，采用曲面控制法、平面叶栅法、模态分析理论和全局优化法等方法对轴流风机及叶片进行优化，优化方法有增加叶尖小翼、叶顶开槽、叶顶加环、机匣处理等；针对尾迹涡，改进方法有尾缘凹陷、尾缘锯齿、加装襟翼等。另外，合理的导流结构，如前导流锥、后倒流板等也被证明对提高通风机性能有明显效果。但是，上述方法都要在原通风机的基础上加入其他结构或进行二次加工，加工难度与成本都明显提高。因此，研究低制造成本的高性能叶片成为轴流风机优化的一个重要方向。如程德磊等以一种两级动叶可调的对旋轴流通风机为研究对象，通过 CFD 技术对通风机进行数值模拟，对通风机进行流场分析并进行改型和优化，结果表明根据叶片表面压力分布，通过正交优化法，对叶片进行修改是有效的。胡俊等基于叶轮机械全三维优化设计平台 NUMECA/Design 3D，采用人工神经网络和遗传算法相结合的方法，通过复合弯掠技术对一低压轴流风机叶轮空间弯掠积叠线进行三维优化设计。结果表明：复合弯掠优化使叶轮设计工况点的效率和全压升分别提升约 1.92% 和 3.98%。复合弯掠优化使叶片负荷重新分布，改善了叶顶和叶根区域的流动，同时抑制了叶轮近吸力面叶根角区的流动分离，减小了叶顶泄漏涡的强度和影响范围，降低了流动损失，提高了叶轮气动性能。

谭啸针对摩托车用轴流式通风机进行优化改进，通过数值模拟的方法来分析横向强压型风机，基于 LS 翼型试验数据进行改进设计，采用孤立翼型设计法来完成风机的三维非定性线设计，改进了叶轮的设计并获得该组的结构数据用于建立叶片和叶轮的三维实体校准。耦合高效的全局优化算法和 CFD 流场分析技术，对该轴流风机不同截面的叶型安装角进行了优化设计，最终优化后全压效率为 86.81%，比参考设计提高 2.76%，全压为 1676 Pa，比参考设计提高 21.4%，满足了设计需求。马玉华基于 CFD 方法建立轴流式矿用通风机的流体分析模型，选择 $k\text{-}\varepsilon$ RNG 湍流模型和壁面函数法，以全压效率为优化目标，以叶片不同截面的出口几何角作为设计变量构建优化数学模型，通过 Isight 求解出满足优化目标的叶片结构。结果表明，优化后的风机叶片可将全压效率最大提升 24.3%，可显著地降低通风机在不同工作条件下的功耗。针对轴流式通风机在运行过程中叶顶流动损失大、熵产低的情况，王海宾利用流体仿真分析软件建立了风机的三维结构模型，对不同切割量情况下的风机运行状态进行了分析。分析结果表明：当风机的安装角一致时，叶片切割量越大，风机运行时的叶顶流动损失越大；风机全压越小，整机的熵产越大。

(4) 无蜗壳风机优化

国内外针对无蜗壳风机的优化主要集中在箱体和叶轮两个部件。无蜗壳风机的箱体对风机性能有很大影响，用响应面分析的方法，以风机效率为目标，静压和噪声是次要目标，对箱体宽度、轴向长度和出口截面尺寸进行了综合优化，在得到回归方程后反推出最优组合并进行模拟计算，得到的最优组合使得风机全压效率和静压效率均有明显提升。对影响无蜗壳风机性能的出风口面积、送风方向、箱体空间、送风长度等进行了研究。结果发现：不同出风口面积静压不同，且流量越大静压差越大；轴向送风时箱体的压力损失比径向大，且随着风量增大而增大；箱体减小可适当增加静压；轴向送风时箱体长度对无蜗壳风机性能影响不大。对分流叶片弦长和轴向位置对无蜗壳风机性能影响的研究结果表明，当轴向位置为流道正中部且弦长为 50% 时，无蜗壳风机的风机静压提升 10 Pa，静压效率提升 7%，明显提高了无蜗壳后向离心风机出口静压及效率。为了使箱式无蜗壳风机的入口气流平稳，降低振动噪声，有学者提出了一种双导流结构。第一导流和第二导流同心但间隔开，用柔性材料连接，第二导流和叶轮组成振动单元，使得振动不会传递到无蜗壳风机外部机壳，达到减少噪声的目的。对无蜗壳风机叶轮的旋转无叶扩压器的研究结果表明：旋转无叶扩压器在一定程度上增加了无蜗壳风机的静压，能有效地将叶轮出口的部分动能转化为静压。旋转无叶扩压器可以使叶片出口压力面上的速度更加均匀，在额定流量系数下，吸力面的静压分布更加稳定。在低流量系数下，直径比为 1.15～1.25 的模型的效率较高。在高流量系数下，直径比为 1～1.1 时的静压和效率较高。

在无蜗壳风机性能优化的过程中，除了优化风机已有的部件外，在箱体内设置导流板也是一种比较有效的方法。设置导流板可以降低无蜗壳风机的能量损失，提高风机静压和效率。

6.3.4 风机调速节能

风机的调速方式可分为 2 大类：①采用可变速的原动机进行调速，主要包括汽轮机（或内燃机）直接变速驱动或电动机变速驱动，电动机变速最常用的方法是变频调速；②原动机的转速不变，而在原动机和泵或风机之间采用变速传动装置进行变速，最常用的方法是液力耦合器调速。

（1）变频调速

① 风机的负荷特性

a. 平方降扭矩负荷　风机等流体机械，在低速时由于流体的流速低，所以负荷只需很小的扭矩，而随着电动机转速的增加，流速加快，所需扭矩越来越大，其扭矩大小以转速的平方的比例增减，这样的负荷特性称为平方降扭矩负荷，其特性如图 6-8 所示。在这种场合，因为负载所消耗的能量正比于速度的三次方，所以通过变频器控制流体机械的转速可以得到显著的节能效果。

b. 风机的特性　典型的风机风量-压力的特性如图 6-9 所示，重要的特征是在中间风量段出现突然升压区，亦即压力出现一个峰值。这样，若采用节流的方法控制减少风量有可能使工作点落到峰值左边，进入风机的喘振区而损坏风机。如果采用变速调节，由于通过降低电动机转速使流量下降，变速后的特性是近似相似的，工作点还是在相似的位置，改善了风机的工作状况。所以风机更适宜变频调速。

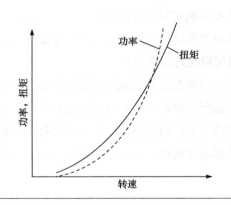

图 6-8　平方降扭矩负载的转速-扭矩特性　　　图 6-9　典型的风机风量-压力的特性

② 变频器的选择

a. 变频器类型　对于风机的平方降扭矩负荷来说，随着转速的降低，所需扭矩以平方的比例下降，所以低频时的负荷电流很小，即使选用普通异步电动机也不会发生过热现象。电动机通常采用普通异步电动机，根据安装环境的不同，可选择防爆型、防腐型、户外型等。因此一般的风机及水力机械很适合由 U/f 控制的变频器进行驱动。一般的 U/f 控制变频器都预先设置了平方降扭矩负载用的 U/f 特性。

b. 变频器容量选定　变频器容量的选定由很多因素确定，如电动机容量、电动机额定电流、加速时间等，其中最基本的是电动机电流。确定变频器容量的主要依据是其输出额定电流应大于或等于电动机的额定电流。但在连续变动负载或断续负载中，因电动机允许有短时间的过载，如果过载时间经常超过变频器一般所允许的时间，则应考虑选择变频器的额定电流大于或等于电动机运行过程中的最大电流。

对常用的 PWM 型变频器，它既适用于风机平方律负载，也适合于恒扭矩或恒功率负载。制造厂商一般提供两个序列：一个序列适用于恒扭矩及恒功率负载；另一个序列适用于平方扭矩负载。设计者在确定了电动机的额定电流后，只要根据负载特性，即可在其中一个序列中选择变频器。有的制造厂商只提供一个序列，它同时适用于两种负载。这时，对于平方扭矩负载，只要在表中选择等于或略大于电动机额定电流的型号就可以了；如果是恒扭矩或恒功率负载，则必须按最大工作电流选取变频器。如无法预测最大工作电流，通常的做法是在按电动机额定电流选取变频器的基础上提高 1～2 个档次。当变频器同时驱动多台电动机时，一定要保证变频器的额定输出电流大于所有电动机额定电流之和。

在大中型工厂的风机配置中，离心风机最为常见。离心风机具有压头高、流量大、价格低廉等特点，因而得到广泛应用。入口导流器是大型离心风机的重要组成部分（又称为前导叶或入口导叶），入口导流器调节是在风机进口集流器前加装导流器（如轴向导流器、简易导流器等），通过调整导流器叶片角度，产生不同强度的强制预旋，从而改变通风机的性能曲线并进而改变通风机的工作点改变其角度，可实现风机的流量调节。该调节方式具有性能稳定、维护量少、效率比节流调节高等优点，因此在风机实际运行中也是常用的流量调节手段之一。目前大多新建工厂在设备选型时将大功率风机设计为变速调节方式（主要通过变频器或液力耦合器实现），配建工厂也在运行一段时间后改为变速调节。

华北电力大学吕玉坤等基于某 300 MW 火力发电机组配套轴流鼓风机性能曲线，分别计算了其在原始动叶调节和拟改造为变速调节方式下运行的轴功率。利用总效益现值法、总费用现值法以及最小年费用法分析了上述两种调节方式下各自的经济性，并与其他条件下轴流风机技改的经济性进行了对比，得出采用变速调节轴功率最小，运行方式最经济，全国大部分地区同类型机组改造都适用。

(2) 液力耦合器调速

液力耦合器调速是以工作油为介质，将原动机的扭矩传递给泵或风机的一种液力传动装置。其主要由泵轮、涡轮、勺管及冷油系统等组成。液力耦合器的优点是：能够空载或轻载起动，减少选配电动机的容量；简化电器设备，投资较少；可实现无级调速和自动控制；对电机和泵或风机有良好的过载保护和吸收隔离振动；系统较为简单，调节灵活，无需特殊维护，使用寿命较长。但液力耦合器节能效率相对较低。

变频调速和液力耦合器调速优缺点分明，其节能效果关键在于二者在效率上的差异。高压变频器效率高，无转差损耗，其效率达到 0.95 以上，而且不随调速的范围而变化。液力耦合器调速效率低，其效率与调速成正比关系，负载的转速越低，其效率越低。电动机本身功率损耗除外，无论是变频调速还是液力耦合器调速，均存在额外的功率损耗，液力耦合器从电动机输出轴取得机械能，通过液力变速后送入负载，其效率不可能为1；变频器从电网取的电能，通过逆变后送入电动机电枢，其效率也不可能是1。而且在全转速范围内，两种方式的效率曲线也不一样。

6.3.5　风机噪声控制

目前对风机噪声的控制主要有以下两种方法：①主动降噪，即控制噪声源，采用新材料、新技术等提高风机的制造工艺，制造出低噪环保的风机，如通过叶片仿生设计、叶片穿孔和弯掠叶片等方法对叶片结构进行降噪设计；②被动降噪，即依靠消声器、多孔吸声材料或风机隔声罩等技术手段切断噪声的传播途径以达到控制噪声的目的。

常规离心风机的蜗舌结构引起蜗舌区域有很高的脉冲压力，蜗舌引起的离散噪声实质为动静干涉噪声，是离心风机的主要离散噪声源。很多学者设计了不同形式的蜗舌，通过减小蜗舌处的气流激振力脉动幅值及旋涡强度来减小风舌离散噪声。在保证风机性能不变的前提下，通过增加叶轮与蜗舌出口之间的距离，减小蜗舌处的气流冲击强度来控制动静干涉噪声，如：采用内凹蜗舌结构；采用阶梯形蜗舌结构，通过增大上蜗舌与叶轮出口的距离来减小蜗舌区域的脉冲压力强度，从而实现风机噪声降低；降低风机蜗舌的高度和适度改变蜗舌的弯曲度可以更好地减小风机噪声；采用圆弧蜗舌，不但减小了蜗舌处气流的压力梯度及旋涡强度，抑制了蜗舌区域噪声，同时增加了风机流量。

动静干涉不仅表现在蜗舌的压力梯度和气流激振力脉动幅值等引起的离散噪声，而且也可能是湍流脉动、流动分离和大涡结构引起的宽带噪声。在离心风机的运行过程中通常存在蜗舌引起的二次流、蜗舌壁面湍流附面层分离及旋涡和叶片尾缘的涡脱落等流动现象。通过改进蜗舌降低湍流边界层的分离和旋涡也是目前主要采用的手段。例如，根据仿生结构的降噪机制巧妙地将仿生降噪形态单元放置于蜗舌，使叶轮出口气流流经蜗舌后，延缓流动分离，有更小的湍流脉动，增加流场的稳定性；基于逆向工程方法提取长耳鸮流动分离小的翅膀参数进行仿生蜗舌设计，抑制流动分离，改善了流场中涡系结构和涡的强度，从而降低气动噪声；采用倾斜蜗舌结构改善蜗舌区域的流场在蜗舌处产生垂直涡流和引入二次流，可明显地降低蜗舌表面涡脱落，改善湍流边界层，使风机能耗与噪声明显降低；采用弧形蜗舌结构，减缓蜗舌前缘处流体的冲击脉动速度，能更好地调控蜗壳回流流场，减小气流在蜗壳壁面上附面层的流动分离，改变气流激振力引起的蜗壳振动噪声及动静干涉噪声。

6.3.6　风机的选型

选型即用户根据使用要求在已有的风机系列产品中选择一种适用的风机。风机一旦选定，它将在生产中运行若干年。选型合理会带来方便和效益；选型不当则会造成浪费或不足。所以风机选型是一项非常重要的、慎重的工作。通风机的选型原则：

① 满足系统的使用风压和风量　系统所要求的风压和风量必须经过比较准确的分析和计算，最好以实测值为基础，如属新建，可借鉴同类或相近系统的实际运行数值。计算数据与实际运行值相差应小于 10%，风机可以在高效区工作。此外，还需掌握系统可能使用的最大值与最小值，以便调节。

② 根据负荷类型确定调节方案　因为负荷类型对风机调节的经济性影响很大，所以首先需要明确所选风机负荷类型。根据式（6-4）求出容量系数：

$$\varphi = \Sigma NT \tag{6-4}$$

式中，N 为工作负荷率，%；T 为运行时间比，%。

对于高流量型（$\varphi > 90\%$），不必采用调速装置，因为调速装置本身效率在 90%左右，况且还要增加初投资；倘若 φ 接近 100%，采用了不但不节能，而且多耗功。对于这种高流量型，首先要选好风机，使其工况点落在最高效率点附近；其次可采用进口节流或串级调速等作为辅助调节措施。

③ 按高效、节能及低噪的主次选型　通常高效风机都为节能风机，然而选用了高效风机并不等于节能。因为还要看实际运行的工况是否处在风机性能曲线的最高效率点附近，如果运行中工况是变化的，还要看实际工况是否全部或大部分落入风机性能曲线的高效区域中；即使同一台高效风机，若采用两种不同的调节方式实现相同的目标，实际节能效果也可能差异很大。

④ 按环境、输送介质及特殊要求选型　由于风机装置的用途和使用条件千变万化，而风机的种类又十分繁多，故合理地选择其类型或形式及确定它们的大小，以满足实际工程所需要的工况是很重要的。

在选用时应同时满足使用与经济两方面的要求。具体方法步骤归纳如下：

① 选类型　首先应充分了解整个装置的用途，管路布置，地形条件，被输送流体的类型、性质以及水位高度等原始资料。例如，在选风机时，应弄清被输送的气体性质（如清洁空气、烟气、含尘空气或易燃易爆及腐蚀性气体等），以便选择不同用途的风机。

② 确定风机的流量和压头　根据工艺要求确定最大流量 $Q_{\max}$ 及其最大全压 $p_{\max}$，然后分别加 10%～20%的裕量（考虑计算误差、管网泄漏及设备老化等因素）作为选择风机的依据，即：

$$Q = 1.1Q_{\max} \quad (\mathrm{m}^2/\mathrm{h}) \tag{6-5}$$

$$p = (1.1 \sim 1.2)p_{\max} \quad (\mathrm{Pa}) \tag{6-6}$$

③ 确定型号大小和转速　风机的类型选定后，要根据其流量和全压，查阅风机样本或风机的手册，选定其型号大小和转速。现行的样本有几种表达风机性能的曲线和表格。一般先用选择性能曲线图进行初选，如图 6-10 所示。此种选择曲线已将同一类型的各种大小规格和

转速的性能曲线画在一张图上，使用方便。也可使用无因次性能曲线进行选择。风机选型的关键，从节能的角度来看，是根据系统工艺要求的运行工况点（流量、全压）落在风机效率曲线的最高点或高效区（即最高效率的±10%），并在 P-Q 曲线最高点的右侧，以避免风机运行时进入喘振区，确保风机运行的可靠性和经济性。

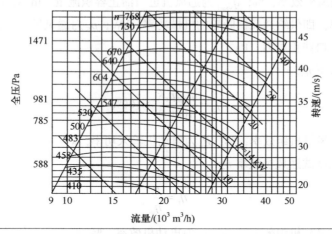

图 6-10　6-46-11 No12 离心风机选择性能曲线图

6.4　风机的节能评价

6.4.1　风机相关节能技术标准

（1）GB 19761—2020《通风机能效限定值及能效等级》

该标准规定了通风机的能效等级、能效限定值及试验方法和技术要求。该标准适用于一般用途离心通风机、一般用途轴流通风机、工业锅炉用离心引风机、电站锅炉离心式通风机、电站轴流式通风机、暖通空调用离心通风机、前向多翼离心通风机，不适用于空调用管道型通风机、箱型通风机、无蜗壳离心式通风机及其他用途和特殊结构的通风机。该标准规定通风机能效限定值为在标准规定测试条件下，允许通风机的效率最低保证值。通风机的能效等级分为 3 级，其中 1 级能效最高，3 级能效最低。该标准对离心通风机、轴流通风机和外转子电动机直联传动形式的前向多翼离心通风机的能效等级做了规定。该标准给出了通风机效率、压力系数及比转速的计算公式，并对通风机能效限定值进行阐述。该标准规定通风机的性能试验按照 GB/T 1236 或 GB/T 10178 规定进行；适用于一个以上试验装置类型的通风机，应选择最接近其应用的试验装置类型；采用电测法计算效率的被测通风机需提供配套电动机的效率特性曲线。

通风机效率 η_r:

$$\eta_r = \frac{q_{vsg1} p_F k_p}{1000 P_r} \times 100\% \tag{6-7}$$

$$p_F = p_{sg2} - p_{sg1}$$

式中，η_r 为通风机效率，%；q_{vsg1} 为通风机进口滞止容积流量，m^3/s；k_p 为压缩性修正系数；P_r 为叶轮功率，即供给通风机叶轮的机械功率，kW；p_F 为通风机压力，Pa；p_{sg1}、p_{sg2} 分别为通风机进、出口滞止压力，Pa。

通风机机组效率 η_e:

$$\eta_e = \frac{q_{vsg1} p_F k_p}{1000 P_e} \times 100\% \tag{6-8}$$

式中，η_e 为通风机机组效率，%；P_e 为电动机输入功率，kW。

普通电动机直联式通风机效率 η_r:

$$\eta_r = \frac{\eta_e}{\eta_m} \tag{6-9}$$

式中，η_e 为通风机机组效率，%；η_m 为电动机效率，%。

压力系数：

$$\psi = \frac{p_F k_p}{\rho_{sg1} u^2} \tag{6-10}$$

式中，ψ 为压力系数；ρ_{sg1} 为通风机进口滞止密度，kg/m^3；u 为通风机叶轮叶片外缘的圆周速度，m/s。以通风机最高效率点的压力系数作为该通风机的压力系数。

单级单吸入式离心通风机比转速：

$$n_s = 5.54 n \times \frac{q_{vsg1}^{1/2}}{\left(\frac{1.2 p_F k_p}{\rho_{sg1}}\right)^{3/4}} \tag{6-11}$$

式中，n_s 为通风机比转速；n 为通风机主轴的转速，r/min。

单级双吸入式离心通风机比转速：

$$n_s = 5.54 n \times \frac{\left(q_{vsg1}/2\right)^{1/2}}{\left(\frac{1.2 p_F k_p}{\rho_{sg1}}\right)^{3/4}} \tag{6-12}$$

以通风机最高效率点比转速作为该通风机比转速。

(2) GB/T 21056—2007《风机、泵类负载变频调速节电传动系统及其应用技术条件》

本标准规定了风机、泵类负载变频调速节电传动系统的应用条件、技术要求、试验方法及判别与评价。本标准适用于 660 V 及以下电压、50 Hz 三相交流电源供电、电动机额定功率315 kW 及以下的风机、泵类负载变频调速节电传动系统。

（3）GB/T 30257—2013《节能量测量和验证技术要求 通风机系统》

本标准规定了通风机系统节能改造项目节能量测量和验证的边界的确定、测量和验证方法、相关参数的测试和计算方法、数据质量、测量和验证方案等。本标准适用于对交流电气拖动的通风机系统节能技术改造项目进行节能量测量和验证，新建类和管理类项目可参考适用。

（4）GB 28381—2012《离心鼓风机能效限定值及节能评价值》

本标准规定了离心鼓风机的能效限定值、节能评价值及试验方法。本标准适用于单级双支撑低速离心鼓风机、多级低速离心鼓风机、单级双支撑高速离心鼓风机（包括双进气的单侧叶轮）、多级高速离心鼓风机。离心鼓风机产品的设计、制造和质量应符合 JB/T 7258 的规定。离心鼓风机的多变效率 η_{pol}：

$$\eta_{pol} = \frac{W_{pol}}{W_{tot}} \times 100\% = \frac{m/(m-1)}{k/(k-1)} \times 100\% = \frac{1}{k/(k-1)} \times \frac{\lg(p_2/p_1)}{\lg(T_2/T_1)} \times 100\% \tag{6-13}$$

式中，W_{pol} 为鼓风机多变压缩功，kJ/kW；W_{tot} 为鼓风机总耗功，kJ/kW；m 为介质多变指数；k 为介质绝热指数；p_1、p_2 分别为鼓风机进、出口压力，MPa；T_1、T_2 分别为鼓风机进、出口温度，K。

（5）GB/T 13466—2006《交流电气传动风机（泵类、空气压缩机）系统经济运行通则》

本标准规定了交流电气传动风机（泵类、空气压缩机）系统经济运行的基本要求、判别与评价方法和测试方法，适用于在用的交流电气传动风机（泵类、空气压缩机）系统，新系统设计可参照执行。

（6）GB/T 26921—2011《电机系统（风机、泵、空气压缩机）优化设计指南》

本标准规定了电动机系统设计的基本要求，电动机选型，电动机调速方式和调速装置的选择，以及风机系统、泵系统、空气压缩机系统的优化设计和评价。本标准适用于电动机系统（风机、泵、空气压缩机）的节能优化设计和评价。

（7）GB/T 13470—2008《通风机系统经济运行》

本标准规定了交流电气传动的通风机系统经济运行的基本要求、判别与评价方法、测试方法和改造措施。本标准适用于在用的交流电气传动通风机系统，新系统设计可参照执行。通风机系统经济运行应符合 GB/T 13466 的要求。

（8）GB/T 15913—2009《风机机组与管网系统节能监测》

本标准规定了风机机组与供风管网系统节能监测项目、监测方法和考核标准。本标准适用于 11 kW 以上的由电动机驱动的离心式、轴流式通风机及鼓风机机组与管网系统。本标准不适用于输送物料的风机机组及管网系统。节能监测检查项目：①风机机组运行状态正常，系统配置合理；②管网布置和走向合理，应符合流体力学基本原理，减少阻力损失；③系统连接部位无明显泄漏，送、排风系统设计漏损率不超过 10%，除尘系统不超过 15%；④功率为 50 kW 及以上的电动机应配备电流表、电压表和功率表，并应在安全允许条件下，采取就地无功补偿等节电措施；控制装置完好无损；⑤流量经常变化的风机应调速运行。节能监测测试项目：电动机负载率；风机机组电能利用率。

6.4.2　风机发展方向

通风机发展方向是由中低端向高端发展，主要包括以下三点：一要加强通风机的系统优化设计，进一步提升整体性能（达到或超过国家一级能效标准），在保证可靠性的前提下降低成本；二要在耐高温、防黏附、防腐、耐磨、降噪、新材料应用等方面突出产品特色；三要加强对用户系统的运行分析，提高风机设计选型的准确性，提升用户系统运行能效。在运行中的调节节能方面，除了采用较先进的动叶可调、双速电动机、液力耦合器及交流电动机等各种方法调速外，对大型通风机又出现了调速节能的新装置——多级液力变速传动装置。

随着新一代信息技术、智能制造、新材料、新工艺等技术的发展，高效、高精、智能、制造方法的多样性将是叶轮、叶片这些流体机械心脏部件未来加工的常态，针对复杂叶轮叶片的数控电加工技术、叶轮自动焊接技术以及基于增材制造的 3D 打印技术将得到更广泛的应用。数字化、电子自动化、信息化、机器人是智能制造的基本元素，这些技术的应用必将促进风机制造水平的提升，稳定可靠地提高产品质量和工作效率，并能大大降低操作工人的劳动强度。

罗茨风机技术的主要发展方向：一是利用先进的设计制造技术优化产品结构及性能，特别是叶轮结构和叶型的优化，以提高鼓风机效率，同时提升产品可靠性；二是罗茨鼓风机的高速小型化、集成化、配套件的优化、监控智能化等，并辅以先进的隔声、降噪设计，开发出运行维护周期长的节能轻便型罗茨机组，使鼓风机操作维护更简便、快捷；三是罗茨风机应用技术的发展，如以各种工业气体增压输送为主的特型罗茨技术以及 MVR 用罗茨式压缩机的发展。

6.5　风机节能技术案例及应用

6.5.1　引风机变频静叶联合控制研究与应用及节能效果分析

（1）引风机变频静叶联合调节控制策略

引风机变频方式下变频转速和静叶挡板联合调节控制技术，使得变频器和静叶挡板相互配合调节。由于变频器的频率变化对引风机静叶的调节特性有较大影响，因此，引风机静叶挡板控制根据变频器的输出频率的不同，对送风机挡板指令前馈和 PID 调节参数增加了变参数功能。

引风机变频器的控制则没有采用原先的 PID 调节方式，而是使得变频器频率跟随机组负荷指令变化。机组负荷越高，变频器频率也越高。同时，变频器除了原来就有的 RB 前馈和送风机挡板前馈外，还新增了炉膛负压偏差前馈。在炉膛负压与设定值偏差较大的情况下，变频器会相应地提高或降低出力，帮助静叶挡板来控制炉膛负压。为防止由于负荷指令的小幅波动而造成引风机变频器输出频繁来回调节，变频器的指令有一定死区。当机组的炉膛负压较为稳定（实际值与设定值的偏差小于 150 Pa）时，变频器的指令死区为 0.5 Hz，随着炉膛负压控制偏差加大，变频器指令死区逐渐减小，最小至 0.1 Hz。在新的变频静叶联合控制策略下，变频器输出比较稳定，同时又保留了一定的变频器的节能效果。

（2）引风机变频静叶联合控制方式节能效果分析

表 6-2 中是不同控制策略下，引风机的电流对比。根据这些数据，按照有功功率＝1.732×电流×电压×功率因素的公式来分析计算节能效果，计算结果见表 6-3。

表 6-2　引风机不同控制策略下电流对比

机组负荷/MW	引风机电流/A		
	变频静叶联合控制	纯变频运行	纯工频运行
1000	398/405	320/332	433/442
800	310/315	198/207	365/361
600	233/245	113/117	305/326

表 6-3　引风机不同控制策略下节能效果对比

机组负荷/MW	变频静叶联合控制引风机电耗/kW	变频运行两台引风机电耗/kW	工频运行两台引风机电耗/kW
1000	7093.2	5759.4	7729.3
800	5520.9	3577.6	6413.1
600	4222.4	2031.7	5573.9

从表 6-2、表 6-3 的数据中可以看到，联合控制的节能效果低于纯变频运行的方式，但相较于纯工频运行依旧有较大节能效果。同时，联合控制能够提高引风机变频运行的安全性能，降低引风电动机侧联轴器弹簧膜片断裂、叶轮侧联轴器弹簧膜片及螺栓断裂等设备故障的可能。

6.5.2　基于磁悬浮高速电动机的离心风机综合节能技术

① 技术所属领域及适用范围：适用于市政污水处理等行业。

② 技术原理及工艺：采用磁悬浮轴承大幅度提升转速并省去传统的齿轮箱及传动机制，采用高速永磁电动机与三元流叶轮直连，实现高效率、高精度、全程可控。相比传统罗茨风机节能 30%～40%，相比多级离心风机节能 20%以上，相比单级高速鼓风机节能 10%～15%。

③ 应用案例：浙江闰土集团生态化公园污水厂风机改造项目，技术提供单位为亿昇（天

津）科技有限公司，日处理量 $5.0×10^3$ t 印染废水，运用本技术，替代原先 3 台罗茨风机，项目总投资 225 万，建设期 15 天，项目节能量 393.8 tce/a，每年节约电费 90 万元，两年半可回收投资，并且降低环境噪声 30 dB。

④ 未来五年推广前景：预计未来 5 年，技术推广比例将超过 20%，可形成节能 $7.687×10^5$ tce/a。

6.5.3　高效翼型轴流风机节能技术

① 技术所属领域及适用范围：纺织行业各工序通风换气、温湿度送风调节、回风系统、回风再利用环节、车间风量平衡补充、温湿度自控调节等。

② 技术原理及工艺：采用独特的高升阻比先进翼型技术，气体由一个攻角进入叶轮，在翼背上产生一个升力，同时在翼腹上产生一个大小相等方向相反的作用力使气体排出；叶片与叶柄采用过度扭曲矩形连接方式，有效降低风机叶轮旋转时的流动阻力；叶片长度比传统叶片增长，过风面积增大，增强叶片做功能力，减少无用功耗，降低同等工况下的轴功率损失；采用航空特殊铝镁合金材质，密度小，可减小叶轮自重耗能。通过上述手段，实现空调风机综合节电的效果。

③ 应用案例：陕西金翼通风科技有限公司为山东宏业纺织股份有限公司纺织空调 102 台 YFZ40/35-No16、18 型号轴流风机叶轮进行新型节能叶轮更换改造，以实现风机增加风量、降低电流、节约能耗的目的。本节能改造项目投资额 120 万元，建设期 2 个月。项目年节能量 533 tce，碳减排量 1249 t CO_2。年节能产生的经济效益约 133 万元。

④ 未来五年推广前景及节能减排潜力：高效翼型轴流风机不仅可在纺织行业空调领域广泛应用，而且可在煤炭、钢铁、石油化工等行业推广应用，具有较大的推广应用潜力。预计到未来 5 年，仅在纺织空调领域的推广应用比例就可达 20%，项目总投资约 16 亿元，可形成的节能潜力约 $8.8×10^5$ tce/a，碳减排潜力 $2.32×10^6$ t CO_2/a。

6.5.4　曲叶型系列离心风机技术

① 技术所属领域及适用范围：机械行业主要用于水泥、钢铁、电力、化工等国民经济各行各业。

② 技术原理：a. 采用 CFD 技术对旋转机械内部的流动进行数值模拟、性能预测以及为改型提供依据；b. 采用等减速设计方法将叶片设计为等减速曲叶型；c. 改变气流由轴向到径向的气流转折角度，改变进风口端壁线；d. 设计叶片的组合模具，以 5 档为一规格共用上、下底模，利用共用底模与叶片压模滑块来连接后压型，获得成型的叶片，节省了模具制造周期和成本；e. 采用以计算机为基础的自动检测系统，可快速、准确测量气体压力、温度及流量等参数，测量精度高，测量数据可靠，为新产品的研制、开发提供强有力的保证。

③ 应用案例　2012 年，重庆通用工业（集团）有限责任公司为重庆小南海水泥厂日产水泥 5000 t 生产线增产技术改造，在保持原有生产工艺的前提下，使日单产生产能力由 5500 t 提高到 8000 t。原 3 台生产线用窑尾高温风机、生料磨循环风机和水泥磨排风机均源自重通公司的戴维森高温风机。经过 3 年的负荷运行，风机的叶轮出现不同程度的磨损，功效自然下降。为解决生产能力面临的瓶颈，重庆小南海水泥厂于 2011 年底启动了生产线的前期技术改造。主要设备：1 台 6-2×39No31.5F 窑尾高温风机、1 台 SL6-2×39No33.5F 生料磨循环风机、1 台 Y6-39No25.5F 水泥磨排风机。

节能效果：a. 比较原引进技术生产的离心风机的年耗电量，4623.84×10⁴ kW·h，3 台曲叶型高效离心风机年耗电量 4.312×10⁷ kW·h。全年可实现节电量 3.12×10⁶ kW·h。b. 比较原引进技术生产的离心风机，3 台曲叶型高效离心风机全年少交电费 255.84 万元。

经济效益：采用 3 台曲叶型离心通风机，以替代原有的窑尾高温风机、生料磨循环风机和水泥磨排风机。平均单台售价 83.6 万元。从电费节省中可实现成本投资回收期的缩短。比较基础为原三台公司产离心风机 250.8 万元。三台采用曲叶型高效离心风机全年少交电费 255.84 万元。投资回收期 1 年。

④ 未来五年推广前景及节能减排潜力：预计在近 5 年内，投资 5500 万元，对现有生产线进行扩容改造，提升生产加工能力，目前在水泥行业的占有率仅为 22%。已经产生的环保效应体现为可实现全年节电 2.583×10⁷ kW·h、减少标煤消耗 1.13×10⁶ t、减少 CO_2 排放 2.558×10⁶ t。如果能推广应用实现 56%，将产生巨大的经济和环保效应，可形成节能能力约 8.0×10⁴ t，减少 CO_2 排放 2.11×10⁶ t。

参考文献

[1] 穆为明，张文钢，黄刘琦. 泵与风机的节能技术[M]. 上海：上海交通大学出版社，2013.

[2] 魏新利，付卫东，张军. 泵与风机节能技术[M]. 北京：化学工业出版社，2011.

[3] 迟劭卿. 离心式通风机风机墙内部流动分析及性能优化[D]. 杭州：浙江理工大学，2018.

[4] 陈伟. 基于数值计算的离心通风机无叶前导器优化研究[J]. 华电技术，2017，39（11）：5-9.

[5] 卢建海. 某发电公司 600 MW 机组引风机变频改造项目研究[D]. 杭州：浙江工业大学，2016.

[6] 乔建军. 两级轴流引风机不同叶片切割量组合对风机消裕和性能的影响[D]. 北京：华北电力大学（北京），2016.

[7] 律景春. 660 MW 机组引风机变频改造的经济性与实用性分析[D]. 北京：华北电力大学（北京），2016.

[8] 赵春晓. 基于变频调速系统的冷却塔风机优化节能研究[D]. 天津：天津科技大学，2015.

[9] 王雷，刘小民，刘刚，等. 轴流风机仿生耦合叶片降噪机理研究[J]. 西安交通大学学报，2020，54（11）：81-90.

[10] 江超. 煤矿主扇风机在线监测监控与故障诊断系统[D]. 石家庄：河北科技大学，2017.

[11] 郑力维. 百万千瓦燃煤火力发电动机组引风机节能改造应用研究[D]. 广州：华南理工大学，2017.

[12] 陈功. 火力发电厂锅炉配套大功率动叶可调轴流式风机变频改造应用[D]. 成都：西南交通大学，2017.

[13] 涂以康. 岱海电厂 600 MW 机组一次风机节能优化改造方案与经济性研究[D]. 北京：华北电力大学（北京），2016.

[14] 王德维. 化工循环冷却水装置风机节能改造及水质控制研究[D]. 上海：华东理工大学，2015.

[15] 王英伟. 350 MW 机组轴流引风机节能技术研究[D]. 长春：长春工业大学，2015.

[16] 郭俊山. 大型火电动机组汽动引风机性能监测与优化[D]. 南京：东南大学，2015.

[17] 刘申旭. 单级离心压气机内部流动分析及结构优化设计[D]. 哈尔滨：哈尔滨工程大学，2015.

[18] 李玲. 基于 FPGA 的多传感器融合变频控制除尘风机节能系统[D]. 北京：北京交通大学，2014.

[19] 周培建. 火电厂引风机变频节能改造的研究[D]. 青岛：青岛理工大学，2014.

[20] 王美科. 面向除尘风机节能的转速闭环控制系统[D]. 杭州：浙江大学，2014.

[21] 韩丰. 325 MW 火电动机组送、引风机热态性能试验研究[D]. 上海：上海交通大学，2014.

[22] 唐忠顺. 大型火电厂脱硫系统增压风机变频技术改造方案设计及效果分析[D]. 广州：华南理工大学，2014.

[23] 田洋. 基于变论域模糊控制的锅炉引风机节能控制系统的研究[D]. 西安：西安建筑科技大学，2014.

[24] 赵豪. 安装角和切割量对矿用轴流式风机通风安全性的影响[J]. 机械管理开发，2020，35（9）：136-139.

[25] 黄雨洁. 变导叶开度下离心通风机的优化匹配设计研究 [D]. 西安：西安理工大学，2020.

[26] 韩艳龙，陈二云，杨爱玲，等. 蜗舌结构对离心风机动静干涉噪声的影响[J]. 热能动力工程，2021，36（6）：30-38.

[27] 张继远. 小型离心风机的结构降噪与气动性能优化[D]. 武汉：华中科技大学，2020.

[28] 赵琛. 箱式无蜗壳风机箱体与导流板优化设计[D]. 武汉：华中科技大学，2020.

[29] 中华人民共和国国家发展和改革委员会. 国家重点节能低碳技术推广目录（2017 年本，节能部分）[EB/OL]. （2018-1-31）[2018-08-28]. https://www.ndrc.gov.cn/xxgk/zcfb/gg/201802/t20180212_961202.html.

[30] 中华人民共和国国家发展和改革委员会. 国家重点节能低碳技术推广目录（2016 年本，节能部分）[EB/OL]. （2016-12-30）[2018-08-28]. https://www.ndrc.gov.cn/xxgk/zcfb/gg/201701/t20170119_961173.html.

[31] 中华人民共和国国家发展和改革委员会. 国家重点节能低碳技术推广目录（2015 年本，节能部分）[EB/OL]. （2015-12-30）[2018-08-28]. https://www.ndrc.gov.cn/xxgk/zcfb/gg/201601/t20160106_961142.html.

[32] 中华人民共和国国家发展和改革委员会. 国家重点节能低碳技术推广目录（2014 年本，节能部分）[EB/OL]. （2014-12-31）[2018-08-28]. https://www.ndrc.gov.cn/xxgk/zcfb/gg/201501/t20150114_961113.html.

[33] GB 19761—2009. 通风机能效限定值及能效等级[S]. 北京：中华人民共和国国家质量监督检验检疫总局/中国国家标准化管理委员会，2009.

[34] GB/ T 21056—2007. 风机、泵类负载变频调速节电传动系统及其应用技术条件[S]. 北京：中华人民共和国国家质量监督检验检疫总局/中国国家标准化管理委员会，2007.

[35] GB/T 30257—2013. 节能量测量和验证技术要求通风机系统[S]. 北京：中华人民共和国国家质量监督检验检疫总局/中国国家标准化管理委员会，2013.

[36] GB 28381—2012. 离心鼓风机能效限定值及节能评价值[S]. 北京：中华人民共和国国家质量监督检验检疫总局/中国国家标准化管理委员会，2012.

[37] GB/T 13466—2006. 交流电气传动风机（泵类、空气压缩机）系统经济运行通则[S]. 北京：中华人民共和国国家质量监督检验检疫总局/中国国家标准化管理委员会，2006.

[38] GB/T 26921—2011. 电动机系统（风机、泵、空气压缩机）优化设计指南[S]. 北京：中华人民共和国国家质量监督检验检疫总局/中国国家标准化管理委员会，2011.

[39] GB/T 13470—2008. 通风机系统经济运行[S]. 北京：中华人民共和国国家质量监督检验检疫总局/中国国家标准化管理委员会，2008.

[40] GB/T 15913—2009. 风机机组与管网系统节能监测[S]. 北京：中华人民共和国国家质量监督检验检疫总局/中国国家标准化管理委员会，2009.

[41] 汪朝阳，朱宇新. 引风机变频静叶联合控制研究与应用及节能效果分析[J]. 上海节能，2017（2）：97-100.

[42] 杨清，李连阁. 风机变频改造节能技术在火电厂的应用研究[J]. 科技风，2016（3）：107-108.

[43] 中华人民共和国工信部. 国家工业节能技术应用指南与案例（2017）[EB/OL]. （2017-10-10）[2018-08-28]. http://www.miit.gov.cn/opinion/noticedetail.do?method=notice_detail_show&noticeid=1849.

[44] 中华人民共和国工信部. 国家工业节能技术装备推荐目录（2017）[EB/OL]. （2017-10-10）[2018-08-28]. http://www.miit.gov.cn/opinion/noticedetail.do?method=notice_detail_show&noticeid=1849.

[45] 王洋. 黄陵矿业公司二矿主通风机变频节能监控系统设计与应用[D]. 西安：西安科技大学，2015.

[46] 于晓涛. 火力发电厂 350 MW 机组引风机高压变频调速技术的应用研究[D]. 长春：长春工业大学，2016.

[47] 杨溢，李志强. 重钢炉前除尘风机节能技术现状与创新优化措施[J]. 科技经济导刊，2017（31）：82-83.

[48] 李大江. 国内主要行业风机能耗现状以及节能措施的分析研究[J]. 风机技术，2019，61（Z1）：1-6.

[49] 王天垚. 基于平面叶栅设计方法的轴流式通风机叶片设计[D]. 杭州：浙江理工大学，2018.

[50] 苏阳阳，穆塔里夫·阿赫迈德. 基于大涡模拟的离心风机流固耦合分析[J]. 机床与液压，2021，49（11）：139-143.

[51] 胡俊，金光远，崔政伟，等. 基于复合弯掠技术的轴流风机叶轮优化[J]. 空气动力学学报，2019，37（6）：966-973.

[52] 王锐，景璐璐. 基于 ANSYS 不同型线叶片的离心风机叶轮有限元分析[J]. 风机技术，2018（S1）：14-18.

[53] 马玉华. 基于 CFD 的矿用通风机风动特性和结构优化[J]. 液压与气动，2020（3）：184-189.

[54] 李哲宇. 基于改进 Kriging 模型的多翼离心风机多目标优化研究[D]. 杭州：浙江工业大学，2020.

[55] 王琳. 基于流固耦合作用的动叶可调轴流风机振动噪声特性与噪声控制技术研究[D]. 济南：山东大学，2021.

[56] 吕玉坤，黎孟焜，李超. 4-72 离心风机蜗壳与叶轮适配性研究及其工程化[J]. 应用能源技术，2019（5）：7-10.

[57] 李春曦，张超，张锐星，等. Gurney 襟翼对动叶可调轴流风机性能的影响[J]. 动力工程学报，2020，40（5）：404-411.

[58] 李昊燃，郑金，董康田，等. 动调轴流风机全工况智能化节能运行研究[J]. 热力发电，2020，49（11）：34-39.

[59] 陈益中. 多级离心风机的流体性能及控制方式研究[J]. 低碳世界，2017（8）：272-274.

[60] 董希明. 仿鸮翼前缘蜗舌对多翼离心通风机气动性能及内流特性的影响[D]. 杭州：浙江理工大学，2020.

[61] 邬长乐，陈二云，杨爱玲，等. 仿生叶片在离心风机上应用的数值分析[J]. 动力工程学报，2021，41（4）：301-308.

[62] 中华人民共和国工业和信息化部. 国家工业节能技术装备推荐目录（2018）[EB/OL].（2018-11-05）[2019-02-14]. http://www.miit.gov.cn/n1146295/n1652858/n1652930/n4509607/c6469824/content.html.

[63] 中华人民共和国工业和信息化部. 国家工业节能技术应用指南与案例（2018）[EB/OL].（2018-10-24）[2019-02-14]. http://www.miit.gov.cn/n1146295/n1652858/n1652930/n4509607/c6469824/content.html.

[64] 中华人民共和国工业和信息化部. "能效之星"产品目录（2018）[EB/OL].（2018-11-16）[2019-02-14]. http://www.miit.gov.cn/n1146295/n1652858/n1652930/n4509607/c6497309/content.html.

第7章

泵的节能技术

7.1 概述

泵是把原动机的机械能或其他外部能量转换为工作流体能量的装置，即增加流体的动能（流动速度）或势能（压力），是一种输送流体或使流体增压的流体机械。泵主要用来输送水、油、酸碱液、乳化液和液态金属等液体，广泛应用于石油、化工、电力、冶金、矿山、船舶、轻工、农业、建筑、民用和国防等领域。同时，泵是各个生产领域的主要耗能设备之一，据统计，包括水泵在内的泵类产品的能源消耗达到了总能耗的15%～20%。

近年来，在政策引领和技术创新驱动下，国内水泵生产企业在产品研发能力和生产技术水平方面取得了较大的进步，很多国内企业已经参照 MEI（minimum efficiency index，水泵最小能效指标）对其泵产品能效水平进行考核，水泵制造业的经营模式逐渐从原始设备制造（OEM）转向原始设计制造（ODM），部分产品竞争力强的企业已实现自主品牌模式（OBM）。产品的国际竞争力迅速提升，行业领先企业的产品已接近世界同类产品先进水平，如上海凯泉泵业、上海连成泵业、利欧股份和新界泵业等生产的产品质量能够达到国际认证水平。

虽然泵自身效率随设计技术的进步而得到很大的提升，但实际运行效率偏低的情况依然普遍存在。KSB 公司曾对 2000 余台潜水泵进行调查，发现有超过 38%的水泵处于 40%以下的低效率状态运行，其根本原因在于泵与管路系统需求不匹配。这种问题在国内更为普遍，因此以改善泵与系统匹配性为目标的节能改造得以迅速推广，更换整泵、部件改造以及变频调速等是主要技术措施，并且合同能源管理模式也在节能改造中被普遍使用。因此，如何从泵控制的角度来更好地匹配系统需求逐渐成为近年来的热点，国内外企业相继推出了可以精确匹配工艺流程需求的智能控制器，它们通过智能化实时控制电机转速，使泵流量、扬程精确地满足工艺流程的需求。未来泵运行节能将更多地关注系统能耗，而结合工艺过程对复杂流体系统进行综合调控将是未来的研究重点。

随着工业 4.0 的到来和我国《中国制造 2025》的实施，我国的工业装备逐步向高端化、智能化方向发展，在装备的效率、可靠性、寿命、运行维护等方面均提出了更高的要求。泵作为工业装备的重要组成部分，也会向生态友好、高参数、高效率、高可靠性、智能化、低振动、低噪声等方面发展，这就依赖于设计技术和运行维护技术的不断发展。随着超级计算机技术和计算流体力学的发展，促进了泵水动力学基础理论的发展，也使泵的设计从传统的经验设计发展到目前的数字化设计。人工智能算法也将更多地用于泵的设计，使设计人员进一步摆脱传统模型约束，新材料、新工艺和新需求则进一步促成泵结构的创新。

7.2 泵的分类及工作原理

7.2.1 泵的分类

泵的品种繁多，分类方式也很多，可依据其工作原理、用途、参数等进行多种分类。按泵的工作原理，通常将其分为叶片（动力）泵、容积泵和其他类型泵三类，详细分类如图 7-1 所示。叶片（动力）泵是靠叶轮带动液体高速回转，从而把机械能传递给所输送液体。根据泵的叶轮和流道结构特点又可分为：离心泵（centrifugal pump）、轴流泵（axial pump）、混流泵（mixed-flow pump）和旋涡泵（peripheral pump）。容积泵是靠工作部件的运动造成工作容积周期性地增大和缩小，从而吸排液体，并靠工作部件的挤压直接使液体的压力能增加。容积泵根据运动部件运动方式的不同又分为往复泵和回转泵两类，具体类型有活塞泵、柱塞泵、齿轮泵、螺杆泵、滑片泵等。喷射泵（jet pump）是靠工作流体产生的高速射流引射流体，然后再通过动量交换而使被引射流体的能量增加。水锤泵是一种以流水为动力，通过机械作用，产生水锤效应，将低水头能转换为高水头能的高级提水装置。电磁泵是处在磁场中的通电流体在电磁力作用下向一定方向流动的泵。

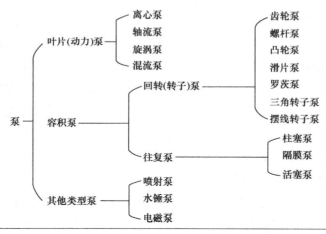

图 7-1 泵按工作原理分类

按照泵产生的压头大小，泵可分为高压泵（$p \geqslant 6$ MPa）、中压泵（2 MPa $\leqslant p <$ 6 MPa）和低压泵（$p <$ 2 MPa）。按应用条件和用途，泵可分为锅炉给水泵、计量泵、循环泵、排污泵、杂质泵、砂泵、渣浆泵、泥浆泵、污水泵、清水泵、消防泵、流程泵、增压泵、耐腐蚀泵等。此种分类方法能够更加直观地了解泵的用途，便于设备初步选型和管理。此外，按驱动方法可分为电动泵、汽轮机泵、柴油机泵和水轮泵等；按结构可分为单级泵和多级泵；按照有无轴结构，可分为直线泵和传统泵等。

对于大多数应用场合，离心泵具有结构简单、能耗低、体积小等优点，是目前最主要的工业泵结构形式。离心泵按照流体吸入叶轮的方式可分为单吸泵和双吸泵，按照级数可分为单级离心泵和多级离心泵，按照泵体形式可分为蜗壳泵和筒形泵，按照主轴安装方式可分为卧式泵、立式泵、斜式泵。

7.2.2　泵的工作原理

（1）叶片泵

叶片泵是利用安装在主轴上的叶轮转动，通过叶片对流体做功并使流体获得能量，实现流体输送的机械。根据流体在叶轮内的流动方向和做功原理，叶片泵可分为离心式、轴流式、混流式等结构形式。

① 离心泵　离心泵主要由叶轮、壳体、主轴、轴承、轴向力平衡装置、密封装置和底座等零件构成，如图 7-2 所示。离心泵是利用叶轮旋转使流体产生离心力来工作的。当壳体内充满流体时，主轴带动叶轮和流体做高速旋转运动，叶轮内的流体在离心力的作用下流向叶轮外缘，造成外缘流体压力增加，高压流体再经蜗壳流入排出管道，完成排液过程。由于叶轮中心处的流体在离心力的作用下会形成低压区，吸入管道内的流体在压差的作用下不断进入壳体内部，完成吸液过程。流体经过叶轮后不仅增加了压力能，而且增加了动能，因此，流体从叶轮流出的速度很大。为了减少流体排出管路中的流动损失，在进入排出管路之前，需要把流体速度降低，把部分动能转换为静压，这个任务也是由排出室完成的。排出室是仅次于叶轮的重要部件。

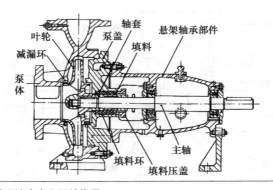

图 7-2　IS、IR 型卧式单级单吸清水离心泵结构图

离心泵具有结构简单、体积小、质量小、可靠性高、流量平稳、性能参数范围广、易于制造等优点，目前广泛应用于石油化工、发电厂等，如化工流程泵、锅炉给水泵、循环水泵等一般均为离心泵。

② 轴流泵　轴流泵输送的流体是沿泵轴的方向流动的，因此称为轴流泵。因为它的叶片是螺旋形的，也可称为螺旋桨泵。根据叶轮的叶片是否可调，轴流泵可分为固定叶片轴流泵（叶片不可调）、半调节叶片轴流泵和全调节叶片轴流泵等。轴流泵是利用叶片的轴向推力使

流体获得能量并完成流体输送的机械，主要包括叶轮、导叶、壳体、出口管道等部件，如图 7-3 所示。流体沿轴向进入泵体，并经叶轮、导叶等部件沿轴向流出，在叶片轴向推力的作用下进入排出管道。与离心泵类似，叶轮入口处同样会形成低压区，使流体不断进入泵体，实现流体的连续输送。轴流泵具有流量大、结构紧凑、重量轻等优点，但其压头较低，工作稳定性较差，一般适用于大流量、低压头的管路系统，如大型火电厂冷凝器循环冷却水泵。

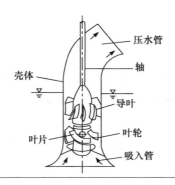

图 7-3　ZLB 型立式轴流泵结构示意图

　　③ 混流泵　混流泵是介于离心泵和轴流泵之间的一种泵的结构形式，也称斜流泵。液体沿轴向进入泵体后，沿介于轴向与径向之间的方向流出叶轮，液体在泵内获得的能量部分由离心力提供，部分由叶片升力提供，如图 7-4 所示。混流泵的工作特性也介于离心泵与轴流泵之间，其流量较离心泵大，压头较轴流泵高，常用于火力发电厂开式循环水系统中的循环冷却水泵。

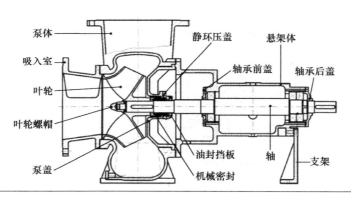

图 7-4　混流泵结构示意图

　　(2) 容积泵

　　容积泵是通过工作容积的变化来实现流体的吸入和排出。容积泵的主要特点：①容积泵的流量与转速相关，几乎不随压力而变化；②具有自吸能力，起动后即能抽除管路中的气体、吸入流体；③往复泵的流量和压力有较大脉动，需要采取相应的消减脉动措施；回转泵脉动较小。往复泵适用于高压力（高达 350 MPa）、小流量（<100 m³/h）的流体输送，回转泵适用于较高压力（<35 MPa）、中小流量（<400 m³/h）的流体输送。总的来说，容积泵的效

率高于叶片泵，且效率曲线的高效区较宽。往复泵适宜输送清洁流体或液气混合物；回转泵适宜输送有润滑性的清洁流体和液气混合物，特别是黏度大的流体，主要用于油品、食品流体的输送和液压传动等方面。

① 往复泵　往复泵分为活塞泵、柱塞泵和隔膜泵等结构类型，其原理是利用部件在泵体内做往复运动，周期性地改变工作腔的容积大小，实现流体的吸入和排出过程。活塞泵一般利用曲轴连杆机构，将旋转运动转换为活塞的周期性往复运动，利用活塞与缸体间形成容积的变化实现液体输送。柱塞泵是利用柱塞在缸体中做往复运动，使密封工作容积发生变化来实现流体输送，被广泛应用于液压系统中，如图 7-5 所示。隔膜泵是利用驱动的液体或气体使隔膜片来回鼓动，改变工作腔容积来实现液体输送，隔膜结构具备良好的密封性能，可用于输送酸、碱、盐等腐蚀性液体及高黏度液体。往复泵具有较好的压力适应性，具备自吸能力，小流量、高扬程的应用场合具有较高的效率，起动简单、运行方便，但受转速的限制，其流量和压力脉动较大。较复杂的结构使其尺寸较大、易损件较多，一般用于有特殊要求的应用场合。

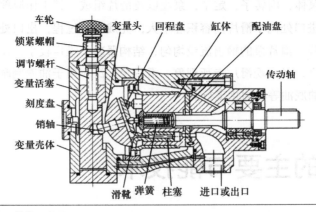

图 7-5　scy 型轴向柱塞泵结构示意图

② 回转泵　回转泵机壳内的转子或转动部件旋转时，转子与机壳之间的工作容积发生变化，通过螺杆、叶形转子或滑片等工作部件的旋转作用，迫使流体从吸入侧转移到排出侧，借以吸入和排出流体，实现流体的输送。常见的回转泵有螺杆泵、齿轮泵与滑片泵等。

螺杆泵的壳体内装有螺杆转子，转子与壳体间形成三维空间工作容积，螺杆转子旋转时工作容积在吸液口侧逐渐增大并完成吸液过程，在排液口侧逐渐减小并完成排液过程。螺杆泵结构较复杂，制造成本较高，自吸能力强，可逆转，可用于输送黏性大和含固体颗粒的液体，如重油、渣油的输送，也广泛应用在污水处理等方面。

齿轮泵的壳体内安装有一对相互啮合的同步齿轮，主动齿轮带动被动齿轮同步转动，如图 7-6 所示。当齿轮转动时，靠近吸液口侧的齿轮和壳体间形成一对工作容积并随着主轴的旋转逐渐增大，直至完成吸入过程后工作容积封闭。当工作容积靠近排液口时与排液口连通，齿轮做功将液体排出并完成排液过程。按结构可以分为外啮合式和内啮合式齿轮泵。齿轮泵的结构简单，体积小，成本低，排液均匀，适合小流量、高压头、高黏度的液体场合，是液压系统中常用的液压泵。

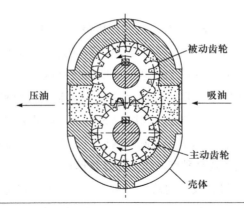

图 7-6　外啮合齿轮泵结构示意图

滑片泵多数由泵体、内转子、定子、泵盖以及滑片组成，其工作原理是依靠离心力使滑片紧贴偏心定子，进口处两个滑片间容积腔增大，完成吸液过程，出口处两个滑片间容积腔减小，完成排液过程。滑片泵的输出流量均匀、结构紧凑、噪声较小、压力和效率均较高，但制造精度要求较高，易出现滑片卡死现象。滑片泵广泛应用于油库倒罐、油罐车卸车、火车扫仓、真空系统抽底油等石油化工行业。

7.3　泵的主要节能技术

泵是我国工业领域的主要耗能设备之一，开发节能技术、挖掘节能潜力是其重要发展方向。泵在使用过程中不仅需要配套的管道、阀门等附属部件，还需要适应不同的运行工况需求，泵系统的实际运行性能更直接地反映其能效水平。所以，泵的节能应从泵自身节能和泵系统节能两个方面考虑。

对于泵自身的节能：叶片泵通常考虑高效叶轮设计、优化流道设计等方面；容积泵则关注转子型线设计、间隙控制等方面；特殊用途的泵还应考虑高压、微小流量等特殊工况下的设计和运行要求。泵系统的节能关键在于泵与系统的参数匹配、运行工况优化及宽工况适应性等。只有综合考虑泵自身的效率及泵系统的优化设计和运行调控，才能确保泵在宽工况范围内节能运行。通常，造成泵能耗过大的原因往往有：①泵的内效率低；②泵的高效区范围窄，调节性能差；③选型不当、与系统匹配性差，泵的额定参数与使用参数偏离较大，导致偏离泵的高效区运行；④管路系统设计不合理；⑤管理维护不完善。

泵的节能技术主要包括高效设计和运行节能。其中高效设计主要包括高效、宽工况范围的过流部件设计，整机结构优化设计等。运行节能则包括变频调速、管路匹配、泵群组优化调控等。此外，还包括高可靠性、节材、环保等方面，在设计、生产、运行、管理、维护、再制造等各个环节，全面提高泵的各环节效率、降低成本，实现泵的全生命周期内的节能。

7.3.1 设计技术

设计技术是泵的基础，设计水平的提高是泵节能的根本措施。对于叶片泵，主要是设计出合理的过流部件结构尺寸、选择合适的材料以提高效率，即根据流量、扬程、转速、汽蚀余量等参数，经过大量的计算，综合比较各种设计优化方案，使泵的水力损失最小。对于容积泵，则更关注降低间隙泄漏、减小孔口及流道内的流动损失等方面。

（1）叶片泵的设计技术

对于叶片泵，最有代表性的为离心泵和轴流泵，其实际运行效率与泵的设计参数、关键部件（叶轮、蜗壳等）的结构参数有直接关系，作为对流体流场特性比较敏感的动力泵，其设计技术水平主要体现在不同工况下泵的内部流场是否良好。因此，随着现代计算流体力学的发展和计算机技术的进步，采用 CFD 软件模拟、校核流体机械的设计已经成为趋势，为泵的设计研发提供了新的途径。通过流场模拟，可以预测不同工况条件下泵内流体的漩涡、边界层分离、尾流等不良现象，通过设计参数的调整实现流场优化，从而达到泵的设计节能。

① 叶轮节能设计　叶轮是泵的核心部件，其内部为三维黏性流体的复杂流动过程。传统的水力设计方法有相似设计法、速度系数法、面积比法等。其中，相似设计法利用几何和流体动力相似原理，具有简单可靠的优点，广泛应用于泵的设计。一个成功的水力设计模型往往要经过反复试验和修改才能用于指导泵的设计计算。

目前，采用三元流理论进行离心泵的设计已经变得越来越普遍，三元的反问题设计方法也成为新趋势。在设计过程中，CAD、CAE、CAM、CFD 方法和工具的使用逐渐普遍，水力性能的优化设计从以往的单目标、少参数发展到多目标、多参数的优化。利用先进的计算机仿真技术计算泵内部复杂流场，了解和掌握流体在叶轮过流部件中的流动规律，进行泵的优化设计和性能预测。在工业生产中，利用 PumpLinx 等专业软件，同时结合多工况的水力性能实验，并利用 CFD 软件模拟并预测性能，完成系统设计、分析、优化、修正为一体的闭环设计，更利于设计出性能优良且工艺性能良好的叶轮及泵。图 7-7 和图 7-8 分别为离心泵三维叶轮结构和 CFD 软件计算出的典型离心泵内部流场。

采用 CFD 技术对离心泵进行数值模拟，可以获得泵内任意位置的速度、压力等流动参数。研究流动区域内的速度、压力、温度等参数的分布规律，分析不同结构参数、不同操作条件下泵的运行特性，从而发现泵设计中的不足之处，为泵的优化设计和性能改善提供支撑。把CFD 技术与各种先进优化计算方法和遗传算法以及 PIV 速度场测试等流动测量技术结合起来，能使泵的设计和优化更高效准确，最终使泵的性能得到提升。

图7-7　离心泵三维叶轮结构示意图　　　　　　图7-8　典型离心泵内部流场

　　可靠性是机械设备正常运行的基础，也是重要的考核指标。叶轮的刚度、强度以及模态等对泵的稳定性和寿命十分重要。利用 ANSYS 等有限元分析软件，计算包含叶轮在内的转子系统的强度和模态，分析不同工况下叶轮内部应力分布规律及转子系统各阶模态，能够为泵转子系统的稳定性设计提供依据。实际运行过程中的泵受力较为复杂，包括离心力、液体力、各类摩擦阻力等，各种力综合作用在泵体或转子系统中，增大了力学分析的难度。流固耦合技术的发展，为泵的转子系统动力学设计提供了有力支撑。当泵受到水力激振而发生振动时，会引起其周围流体的运动，而流体运动时的压力又影响叶片的振动特性，形成典型的流固耦合问题。利用 ANSYS 等有限元软件进行泵的流固耦合分析，如图7-9所示，分析关键部位的应力应变，优化结构参数和操作条件，对泵的节能和可靠性设计具有重要意义。

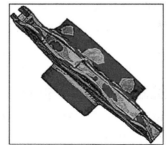

图7-9　离心泵叶轮有限元分析示意图

　　② 蜗壳节能设计　　蜗壳是离心泵的重要过流部件，其设计好坏直接影响离心泵的性能，特别是其水力损失直接影响离心泵的效率。例如，低比转速离心泵蜗壳的水力损失约占水泵总损失的 25%～50%，超低比转速离心泵蜗壳的水力损失更大。蜗壳通常按自由流动规律设计，降低流动损失是关键。蜗壳截面有矩形、梨形、梯形和圆形等多种形状。梯形截面和梨形截面蜗壳中叶轮出口至压水室是渐扩结构，水力性能较好，其中梯形截面结构更简单，故应用最广。矩形截面具有梯形截面相同的优点，适用于大型高压泵，但水力损失较大。将 CFD 技术应用到蜗壳的结构设计中，可以充分了解蜗壳内的流动细节和造成主要流动损失的根本原因，从而通过蜗壳结构参数的优化，达到蜗壳的节能设计，如针对离心泵蜗壳隔舌安放角 φ_0

的 CFD 优化结果如图 7-10 所示。

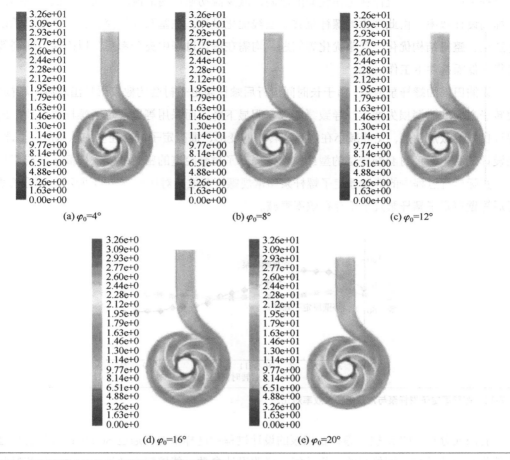

(a) $\varphi_0=4°$　　(b) $\varphi_0=8°$　　(c) $\varphi_0=12°$

(d) $\varphi_0=16°$　　(e) $\varphi_0=20°$

图 7-10　不同隔舌安放角 φ_0 下蜗壳中心面速度云图

③ 整机节能设计　除了叶轮、蜗壳、主轴等主要部件外，泵的节能设计还应考虑密封、轴承、电动机等部件的选型以及整机的集成节能设计。电动机作为泵的驱动装置，其性能对泵的整机性能极为重要。随着电动机技术的不断发展，直流永磁变频电动机等新型高效电动机在泵领域中的应用，将对泵的能效提升具有重要促进作用。轴承是泵的关键部件，也是造成机械损失的主要部件之一，常用的有滚动轴承和滑动轴承。泵的轴承应根据载荷和寿命要求选择合适的组合，如滚动径向轴承和推力轴承、滑动径向轴承和角接触球轴承、滑动径向轴承和推力轴承等。此外，近年来磁悬浮轴承技术逐渐成熟，在泵产品中也逐步得到应用。机械密封对泵的机械损失也有重要影响。近年来，随着新型机械密封结构以及金属碳化物和碳化物陶瓷等新型材料的应用，机械密封性能逐步得到提升，对泵的节能运行和可靠性提高具有重要意义。

（2）容积泵的设计

容积泵的种类较多，主要用于一些低流量、高扬程、混输介质等特殊场合，不同结构形式的泵适用于不同的应用要求。由于容积泵利用工作腔容积的变化实现液体输送，在泵的设计过程中应尽量降低流体在工作腔间的泄漏，减少流动通道内的流动损失，降低摩擦损失，以提高设计效率。由此产生的螺杆泵转子型线优化设计、柱塞泵间隙控制、高压泵轴承设计与选型、整机结构优化、管路优化等问题，均需在设计过程中充分考虑，以确保泵在高效、可靠、低噪条件下工作。

以油田采油螺杆泵为例，由于长时间运行后螺杆泵定子衬套的橡胶层易出现溶胀和损坏，使转子之间的泄漏损失增大，导致泵的效率明显下降。而采用等壁厚定子螺杆泵设计，既能保证良好的散热性能，又能减小在实际运转中的变形，提高定子衬套腔室的承压能力。此外，该设计还利于保证衬套橡胶层的型线精度，提升了衬套腔室的密封性能，提高了泵的工作效率。实际运行过程中的等壁厚定子螺杆泵和常规螺杆泵效率对比如图 7-11 所示，可见长期运行后等壁厚定子螺杆泵几乎不存在效率衰减。

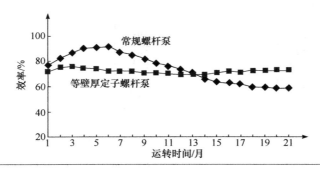

图 7-11　等壁厚定子螺杆泵与常规螺杆泵效率对比

有限元分析、CFD 技术等在容积泵的设计过程中同样重要，通过 Solidworks 等三维建模软件优化泵的结构、评估泵的运行性能、修改设计参数，能够更有效地提高泵的运行特性。需要指出，对于一些特殊用途的泵，设计过程中应着重考虑其特殊使用要求，如航空航天用齿轮泵应着重考虑其可靠性和单位排量体积最小化，即轻量化设计，油田用油气混输泵应着重考虑介质腐蚀、泄漏等因素，水射流系统柱塞泵则需考虑其在清洗、切割等高压运行工况下的特性。

7.3.2　运行节能

泵的节能应从两个方面考虑，不仅要考虑其自身的效率高低，应同时关注整个运行系统的综合效率，从而做到整个泵运行系统的高效节能运行。换言之，泵的节能运行不仅与设计效率有关，还与泵的管道系统、实际运行工况、调节方法等有关。泵与运行系统的匹配性是运行节能的主要任务。从节能的角度开展系统设计，使系统各环节都达到最佳匹配效果，提高泵运行系统的实际使用效率和使用寿命。

（1）合理选型

泵的选型是否合理不仅影响泵的运行效率，同时影响系统的稳定性。合理选型对于提高泵的工作效率与系统节能至关重要。当泵的选型不合理时，其设计参数往往与现场运行的工艺参数存在差距，即泵的额定工况往往偏离现场运行工况，存在"大马拉小车"现象，从而导致泵长期运行在低效率点，能源浪费严重。泵的选型应遵循以下基本原则：系统设计应确定合理的泵类型、参数，满足现场使用条件；全面考虑泵的最高效率及其高效区、实际使用效率等；选择技术先进、经济合理的方案。

（2）泵的再制造

当工艺流程等负荷发生变化时，常出现泵的设计工况与系统实际运行工况偏离较大的情况，可以通过对叶轮的再制造改变泵的性能曲线，从而提高泵系统的实际运行效率。由泵的切割定律可知，当转速不变时，泵的流量和扬程随叶轮外径切割大小近似地成一次、二次方变化。因此，当泵的流量和扬程均比工艺系统所需要流量和扬程大时，可以通过减小叶轮直径来改变泵的流量、扬程、轴功率等参数，从而提高系统运行效率。需要指出，通过车削来减小叶轮外径是有限度的，只能在规定的许可范围内进行：$q_V > 0.8q_{V,e}$，车削叶轮；$q_V < 0.8q_{V,e}$，更换叶轮。其中 $q_{V,e}$ 为泵的额定流量，q_V 为系统运行流量。切割叶轮的调节方法没有附加能量损失，但叶轮切割后不能再恢复原有特性。因此，该方法适用于长期调节。图 7-12 为切割叶轮泵的特性曲线，$H\text{-}Q$ 为泵的扬程与流量的变化关系曲线，$h\text{-}Q$ 为管路特性曲线，额定工作点为 M。随着叶轮直径 D 的减小，泵的扬程和流量都不同程度地下降。

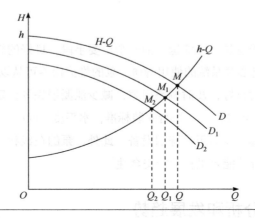

图 7-12　切割叶轮泵特性曲线

（3）转速调节

通过调节驱动电动机的转速，可以达到对泵流量的高效调节，这也是目前广泛采用的系统节能改造技术。通常电动机调速的节能效果与传统的阀门调节相比，可多节能 30%～60%。电动机的变频调速是近年来技术比较先进、调整范围比较宽、工作效率比较高的方法。电动机调速节能技术在 5.4.5 节中有详细阐述。变频调速方法适用于长期连续运行场合，特别适合于泵长期处于低负荷或变负荷运行状况的场合。

调速节能的原理可根据离心泵的特性曲线和管路特性曲线来说明，如图 7-13 所示。当转速 n 增大时，泵的 $H\text{-}Q$ 特性曲线向右上方移动；当转速 n 减小时，$H\text{-}Q$ 特性曲线向左下方移动。当管路特性曲线 $h\text{-}Q$ 不变时，就可以得到不同的工作点 M_1 和 M_2。根据离心泵的相似关系有：

$$\frac{Q_2}{Q_1} = \frac{n_2}{n_1}, \quad \frac{H_2}{H_1} = \left(\frac{n_2}{n_1}\right)^2, \quad \frac{P_2}{P_1} = \left(\frac{n_2}{n_1}\right)^3 \tag{7-1}$$

由公式（7-1）可以看出，当转速下降 1/2 时，则流量下降 1/2，扬程下降 3/4，轴功率下降 7/8。因此，采用调速方法来进行泵的运行调节，节能效果非常显著。

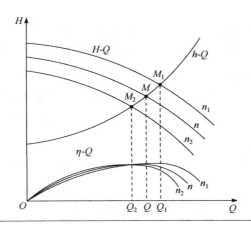

图 7-13　泵的调速运行原理

（4）维护保养

泵的运行维护和保养也是其节能运行的一个重要手段。良好的维护可以使泵系统处在最佳的运行状态，并延长离心泵系统的使用寿命。泵的维护保养可从以下方面进行：定期检查，更换磨损叶轮，保持密封良好，及时调整间隙，减少泄漏损失等；定期更换润滑油，保持轴承清洁；提高检修质量，各处间隙应符合安装标准，水平度、同心度等都必须符合技术规范；清除管道污垢并及时堵漏，及时更换陈旧设备。此外，泵的在线状态监测和故障诊断技术的应用，可大幅提高其运行节能效果和运行安全性。

7.3.3　节能潜力分析和发展趋势

随着各领域技术的不断发展，泵的未来发展方向主要集中在高效、节能、高可靠性和智能化等方面，节能技术主要体现在新技术、新工艺、新材料等方面的应用。

① 泵的设计优化　通过三元流设计等先进设计理念，开发高效模型级，提高泵内流体的水力效率。

② 泵的制造技术提高　一些新的制造方法，如先进的失蜡浇铸、高精度加工工艺将会在泵的制造中得以应用，提高泵的制造精度，提高各部件间的配合连接精度，使机械运转的能

耗降低。

③ 应用新材料　随着材料科学和工艺的发展，一些新材料和新工艺已逐步应用于泵的零部件当中。泵用材料从铸铁到特种金属合金，从橡胶制品、陶瓷等典型非金属材料到工程塑料。新材料的应用将有效延长泵的使用寿命，提高其可靠性，增强泵对环境的适应能力。在改善泵的流动特性、耐腐蚀性和耐磨性等方面，涂覆技术和材料表面处理技术发挥了重要作用，有效扩大泵的使用范围，提高泵的运行效率。

④ 采用新部件　新型密封技术的采用，可以减小机械损失，延长泵的使用寿命，提高其可靠性。磁悬浮轴承的采用，将从泵的设计、运行等方面大幅提高泵的性能。

⑤ 再制造技术　已在现场使用的泵可使用运行参数（工艺参数、振动、噪声等）作参考，对叶轮、泵体等部件进行改造，能更好地适应现场的需求，且投资少，节能效果显著。

⑥ 智能化技术　泵的在线状态监测及故障诊断技术能够对泵的流量、扬程、功率、噪声和振动等参数进行监测，对泵轴的弯曲和磨损、轴承温升和密封泄漏等状况进行评估，对故障报警并诊断故障原因，进而可以对泵进行有针对性的调控，使泵能够在最佳效率点附近工作，提高泵的效率和可靠性。

7.4　泵的综合评价

7.4.1　政策、法规与标准

《"十三五"节能减排综合工作方案》指出："加快高效电动机、配电变压器等用能设备开发和推广应用，淘汰低效电动机、变压器、风机、水泵、压缩机等用能设备，全面提升重点用能设备能效水平。"可以看出，提高泵的能效水平，是节能减排的重要方面。为了提高泵的能效水平，相关部门出台了一系列标准和规范，用于科学地评价泵在生产、实验、运行中的能效水平，利用政策驱动泵节能水平的提升。

（1）GB/T 16666—2012《泵类液体输送系统节能监测》

该标准规定了泵类液体输送系统能源利用状况的监测内容、监测方法和判定规则，适用于 5 kW 及以上电动机拖动的泵类液体输送系统。标准中规定了节能监测测试项目、节能监测的周期、节能监测的要求、节能监测测试与计算方法、液体输送系统总效率计算方法、节能监测评价指标等方面的内容。

（2）GB/T 13468—2013《泵类液体输送系统电能平衡测试与计算方法》

该标准规定了泵类液体输送系统（简称泵类系统）电能平衡测试与计算相关的术语、定义和符号、系统边界的确定、测试要求、电能利用率的计算、运行效率的确定、输入电能和功率的确定等，适用于输送均相液体的交流电气拖动的泵类系统，其他泵类系统可参考使用。标准在测试要求方面对测试部位、测试工况、仪器仪表精度要求、测试过程读数要求、测量周期等进行了详细说明，并提供了泵类系统和泵类机组电能利用率的计算方法、泵类系统和泵类机组输入输出能量计算方法及相关运行效率的确定方法，为泵类系统电能平衡的现场测试与计算提供了依据。

(3) GB/T 3216—2016/ISO 9906—2012《回转动力泵 水力性能验收试验 1 级、2 级和 3 级》

该标准使用翻译法等同采用 ISO 9906：2012《回转动力泵 水力性能验收试验 1 级、2 级和 3 级》，规定了回转动力泵（离心泵、混流泵和轴流泵）的水力性能验收试验方法，适用于在泵试验基地进行的泵验收试验，例如实验室或泵制造厂家试验台。该标准适用于输送符合清洁冷水性质液体的任何尺寸的泵，规定了三种验收等级：1B 级、1E 级和 1U 级，具有较严格的容差；2B 级和 2U 级，具有较宽泛的容差；3B 级，具有更宽泛的容差。该标准既适用于不带任何管路附件的泵本身，也适用于连接全部或部分上游和/或下游管路附件的泵组合体。

该标准详细规定了泵的测量和验收准则、试验方法及结果分析等要求。标准中的试验旨在确定泵的性能并与制造厂家的保证进行比较，如果试验是按照该标准进行，并且测得的性能值落在为每一特定量规定的容差范围内，则应认为对任一量的指定的保证已得到满足。

(4) GB/T 13466—2006《交流电气传动风机（泵类、空气压缩机）系统经济运行通则》

该标准规定了交流电气传动风机（泵类、空气压缩机）系统经济运行的基本要求、判断与评价方法和测试方法，适于在用的交流电气传动风机（泵类、空气压缩机）系统，新系统设计可参照执行。该标准规定了系统经济运行的基本要求，包括机组、管网、系统、系统经济运行管理几个方面，给出了系统经济运行的判别与评价方法，包括计算步骤、判别程序、额定效率和机组运行效率的详细计算方法。

在经济运行判别与评价方法中，规定风机（泵类、空气压缩机）机组设备的额定效率大于或等于 GB 18613、GB 19153、GB 19761 和 GB 19762 中规定的能效限定值，则认定机组设备的选型符合系统经济运行要求。风机（泵类、空气压缩机）记录期内实测的机组效率与机组的额定效率相比，其比值大于 0.85 则认定机组运行经济，其比值为 0.7～0.85 则认定机组运行合理，其比值小于 0.7 则认定机组运行不经济。泵类系统中存在不能正常工作的阀门或其他部件，则认定管网运行不经济。任何安装在管网中的热交换器、过滤或控制装置，若其压力损失超出厂家规定的范围，应加以清洗或更换，否则认定管网运行不经济。系统中所有机组和系统管网同时满足经济运行或运行合理要求时，认定相应系统运行经济或运行合理，有一项判定为运行不经济时，认定系统运行不经济。

(5) GB 32284—2015《石油化工离心泵能效限定值及能效等级》

该标准规定了石油化工离心泵的基本要求、泵效率计算方法、泵能效等级、泵能效限定值、泵目标能效限定值和泵的节能评价值，适用于输送洁净液体、安装闭式（最大）叶轮的单级单吸和单级双吸泵，不适用于清水离心泵、非金属离心泵和无轴封回转动力泵。标准中规定，泵能效等级分为 3 级，其中 1 级最高，3 级最低。当流量大于 3000 m³/h 时，能效等级按流量等于 3000 m³/h 确定。能效限定值应不低于能效 3 级，泵的节能评价值应不低于能效 2 级。

（6）GB 32030—2015《井用潜水电泵能效限定值及能效等级》

该标准规定了井用潜水电泵的能效等级、能效限定值、节能评价值、试验方法、检验规则和能效等级标识，适用于泵与井用潜水电动机连成一体潜入水中提取清水的井用潜水电泵（简称电泵）。标准中规定电泵的能效等级的能效指标应符合规定的电泵能效等级的能效指标值要求，电泵的能效限定值为表中能效等级 3 级的能效指标值，节能评价值为表中能效等级 2 级的能效指标值，此外，规定电泵的能效等级值应作为出厂检验的抽检项目，不符合要求的产品不允许出厂。

（7）GB 19762—2007《清水离心泵能效限定值及节能评价值》

该标准规定了清水离心泵的基本要求、泵效率、泵能效限定值、泵目标能效限定值、泵节能评价值，适用于单级清水离心泵、单级双吸清水离心泵、多级清水离心泵。标准中规定：流量在 5～10000 m³/h 范围内，泵能效限定值和节能评价值按规定的泵能效限定值和节能评价值表确定；流量大于 10000 m³/h，单级单吸清水离心泵能效限定值为 87%，单级双吸清水离心泵能效限定值为 86%，节能评价值均为 90%。

（8）GB 32031—2015《污水污物潜水电泵能效限定值及能效等级》

该标准规定了污水污物潜水电泵的能效等级、能效限定值、节能评价值、试验方法、检验规则和能效等级标识，适用于输送各类污水或含有泥沙、纤维物、粪便、河泥肥等不溶固相物的混合液体的单相或三相污水污物潜水电泵（简称电泵）。标准中规定电泵各能效等级的能效指标值应符合污水污物潜水电泵能效等级的能效指标值的规定，规定效率 η_{DB} 应为 GB/T 24674 规定的电泵效率值且不计偏差（容差），按 GB/T 24674 的规定计算电泵效率时，电动机效率保证值不计容差。对能效等级 3 级的电泵，电泵规定效率的偏差（容差）$\Delta\eta$ 应符合 GB/T 24674 的规定。对能效等级 1 级和 2 级的电泵，电泵在规定流量下的扬程应更不低于 97% 的规定扬程，对轴流式电泵扬程应不低于 94% 的规定扬程，对能效等级 3 级的电泵，电泵在规定流量下的扬程应符合 GB/T 24674 的规定。

（9）GB 32029—2015《小型潜水电泵能效限定值及能效等级》

该标准规定了小型潜水泵的能效等级、能效限定值、节能评价值、试验方法、检验规则和能效等级标识，适用于功率不大于 22kW 的单相或三相、单级或多级小型潜水电泵（简称电泵）。标准规定了电泵的各能效等级的能效指标值，规定效率 η_{DB} 应为 GB/T 25409 规定的电泵效率值且不计偏差（容差）。对能效等级 3 级的电泵，规定效率的偏差（容差）$\Delta\eta$ 应符合 GB/T 25409 的规定。对能效等级 1 级和 2、3 级的电泵流量、扬程的容差系数等级应分别符合 GB/T 12785—2014 中 1B 级和 2B 级的规定。

（10）QSH1020 2007—2009《油田用泵类产品能效限定值及节能评价值》

该标准为中国石化集团胜利石油管理局企业标准，主要参照 GB 19762—2007《清水离心泵能效限定值及节能评价值》、GB/T 13007—91《离心泵效率》、JB/T 9087—1999《油田用往复式油泵、注水泵》、SY/T 6142—1995《油田用集输油泵采购规定》，并结合油田现场生产实际编制。标准中规定了油田用离心水泵、油泵、耐腐蚀泵和往复泵的泵效率、泵能效限定值和泵节能评价值，适用于离心水泵、油泵、耐腐蚀泵和往复泵的选型、采购、能效判定、评价等。

7.4.2 评价方法

当评价泵的节能性时，需首先确定其性能。对于产品选型，泵的额定工况性能通常已知，可根据泵的系列及规定点参数，依据相关标准确定其能效限定值、节能评价值以及不同能效等级对应的效率值，再与泵的实际效率相比较，最终评价泵的节能性。以某单吸清水离心泵为例，其主要参数如表 7-1 所示。

表 7-1　某离心泵主要参数

流量 Q/（m^3/h）	扬程 H/m	转速 n/（r/min）	效率 η/%
2432	320	1480	82.5

根据 GB 19762—2007《清水离心泵能效限定值及节能评价值》的规定，确定该泵的各效率限定值，进而评价其节能性。根据泵的参数，计算其比转速为：

$$n_s = \frac{3.65n\sqrt{Q}}{H^{3/4}} = \frac{3.65 \times 1480 \times \sqrt{\dfrac{2432}{3600}}}{320^{3/4}} = 58.7 \tag{7-2}$$

按照 GB 19762—2007 中单级清水离心泵效率图查找或利用效率表插值处理，得到规定流量条件下泵的未修正效率 η 为 87.6%。根据泵的比转速，获得其效率修正值 $\Delta\eta$ 为 7.9%，得到泵的规定点效率值：

$$\eta_0 = \eta - \Delta\eta = 87.6\% - 7.9\% = 79.7\% \tag{7-3}$$

根据标准，单级单吸清水离心泵的流量大于 300m^3/h、比转速小于 120 时，其能效限定值规定为：

$$\eta_1 = \eta_0 - 3\% = 76.7\% \tag{7-4}$$

其节能评价值为：

$$\eta_1 = \eta_0 + 1\% = 80.7\% \tag{7-5}$$

该泵的实际效率为 82.5%，大于标准中规定的节能评价值，说明该泵为节能产品。

评价泵的节能与否还应考虑实际运行工况，规定点效率并不能够保证其变工况运行时的效率。对于许多在役运行的泵产品，其实际运行工况常常偏离设计值，其实际运行效率则需要测量其实际运行工况下的功率、流量、扬程等参数，计算当前工况下的泵效率，再评价该泵是否低效率运行。对于泵站等应用场合，常采用多台泵并联使用的方式调节系统流量和扬程，评价泵站的节能性则不仅需要考虑单台泵的效率，还应考虑多台泵适应工况的组合方式，以提高泵站的总体效率。

评价泵的节能与否的目的是衡量泵的实际运行效率，为系统设计、产品选型提供基础，并通过运行调控、节能改造等方式降低在役泵及系统的能耗。因此，建立各类应用场合、各种结构形式、各种输送介质的泵的节能评价标准，完善各类泵及系统的评价方法体系，是促进泵节能运行的基础。

7.5 工程应用案例

7.5.1 泵及其叶轮的再制造

叶轮外径是影响泵性能的主要因素之一。叶轮的切割定律是指在同一转速下叶轮切割前后的外径与对应工况点的流量、扬程和效率之间的关系式，其通用形式为：

$$\frac{Q'}{Q}=\left(\frac{D_2'}{D_2}\right)^a,\quad \frac{H'}{H}=\left(\frac{D_2'}{D_2}\right)^b,\quad \frac{P'}{P}=\left(\frac{D_2'}{D_2}\right)^c \tag{7-6}$$

式中，Q、Q'分别为切割前后泵的流量；H、H'分别为切割前后泵的扬程；P、P'分别为切割前后泵的轴功率；a、b、c分别为切割指数，对于中高比转数的泵，a、b、c一般分别取为1、2、3。

（1）不同直径叶轮的性能模拟

泵的基本参数见表7-2，外径切割参数见表7-3。

表7-2 某泵的基本参数

流量/（m³/h）	扬程/m	功率/kW	转速/（r/min）	叶片数
20	28	3	2900	6

表7-3 外径切割参数

切割次数	0	1	2	3	4	5
外径/mm	150	145	140	135	130	125

采用数值计算方法，对采用不同叶轮尺寸的泵的性能进行模拟计算，图7-14～图7-16为计算结果。从计算结果可以看出，随着叶轮外径的逐步减小，叶轮做功能力减弱，泵的扬程和轴功率都逐渐减小。从泵的效率曲线可以看出：在叶轮切割量较小时，泵的效率有所提高；

切割量变大时，效率下降；切割量继续增大时，效率开始大幅度下降。

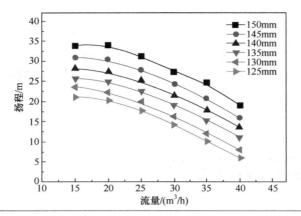

图 7-14　不同叶轮外径时流量-扬程特性曲线

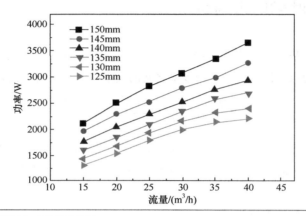

图 7-15　不同叶轮外径时流量-功率特性曲线

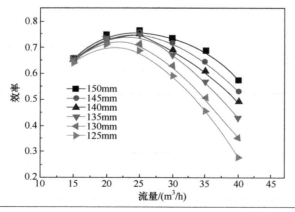

图 7-16　不同叶轮外径时流量-效率特性曲线

（2）切割叶轮节能改造

某公司硝酸车间 6000 m³/h 循环水装置共有循环水泵 3 台，以二开一备方式运行，循环水总循环量在 6800～7100 m³/h 之间。循环水泵设计参数见表 7-4。

表 7-4　循环水泵设计参数

流量/（m³/h）	压力/MPa	电动机功率/kW	叶轮直径/mm
3550	0.70	900	780

经测算，硝酸车间各套装置全部满负荷情况下，循环水需求总量为 5192 m³/h，低于两台循环水泵正常运行时的流量。可见，即使在极端高温天气情况下，循环水装置仍有较大的富余循环水量，气温较低季节循环水量富余更大，在此工况下，循环水泵运行势必造成电能的大量浪费，需要进行节能改造。

综合考虑节能目标与改造成本，采用切割叶轮的方式对该泵进行节能改造。考虑工艺条件所需的扬程和流量及叶轮最大允许切割量，计算叶轮切割量及切割后的性能参数，确定切割后的叶轮直径为 710 mm，此时泵的扬程、流量、轴功率均能满足要求。项目改造后，实测流量降到 3207 m³/h，电动机功率降到 619 kW，单台循环水泵全年（按 300 天计算）节电 $2.0232×10^6$ kW·h。

（3）叶轮节能改造

某热电厂 4 台型号为 32SA-19A 型的单级双吸离心式循环水泵，其铭牌标识流量为 5000 m³/h，扬程为 26 m，转速为 730 r/min，轴功率为 393.5 kW，电动机输入功率为 440 kW，允许吸入真空度为 3 m，水泵效率为 90%。改造前，这 4 台泵的进、出口压力和电动机运行的实际输入功率的测试结果如表 7-5 所示。

表 7-5　节能改造前循环水泵有关测量值

项目（改造前）	1#循环水泵	2#循环水泵	3#循环水泵	4#循环水泵
进口压力/MPa	0.026	0.032	0.031	0.035
出口压力/MPa	0.1635	0.19	0.1816	0.195
电动机功率/kW	474.3	515.7	511.5	498.9
进出口净压差/MPa	0.1375	0.158	0.1506	0.16

水泵的实际运行扬程比额定扬程低很多，存在水泵扬程与循环水管道阻力特性严重不匹配问题，实际水泵在低效区运行。水泵检修时发现叶轮气蚀严重。考虑生产可停用时间、改造费用及改造的节能经济性，采用了对叶轮和密封环进行节能技术改造的方案，使水泵扬程与管道阻力特性相匹配，水泵在高效区运行。改造内容主要包括：①重新设计与系统匹配的高效叶轮。依据实际测试数据，改造后水泵应达到指标为扬程 23 m，水泵流量 5800 m³/h，电动机输入功率 403.5 kW，水泵效率 90%。叶轮采用二元设计、三元校核的方法优化，所得水力模型在高精度水泵试验台上进行包括能量特性、空化特性、水压脉动特性及飞逸特性等内容的试验，结合试验结果对叶轮进行验证修整，而后得到优化设计的水泵叶轮。②优化叶轮

选材、提高制造工艺。为了提高叶轮的抗汽蚀能力，采用 0Cr13Ni4Mo 不锈钢制造叶轮，同时采用了铸焊结构以提高扭叶片的制造精度。新叶轮叶片型线最大误差不超过 0.6 mm，80% 的过流表面粗糙度达 3.2 μm，叶轮最大外缘上的不平衡重量不大于 20 g。③提高装配工艺，减小密封间隙。水泵与电动机重新对中，更换密封环并把密封单边间隙由 0.5 mm 减小至 0.3 mm 左右，减少泄漏损失。

表 7-6 给出了 4 台泵完成改造后水泵的实际运行参数实测值。从实测数据可知，技术改造后循环水泵的流量保持不变，对应的汽轮发电动机组的真空度稍有提高，循环水泵的电耗每年可节约 230×10^4 kW·h。

表 7-6　节能技术改造后循环水泵有关测量值

项目（改造后）	1#循环水泵	2#循环水泵	3#循环水泵	4#循环水泵
进口压力/ MPa	0.024	0.022	0.026	0.032
出口压力/ MPa	0.157	0.158	0.18	0.19
电动机功率/ kW	375.4	384.3	392.64	393.9
进出口净压差/ MPa	0.133	0.136	0.154	0.158
静压差减少值/ MPa	0.0045	0.022	0.0034	0.002
功率减少值/ kW	98.9	131.4	118.86	105

（4）泵的节能改造

中石化某分公司常减压蒸馏装置的原油泵不满足要求，更换新泵的成本较大，故对该泵进行节能改造。该泵为卧式双吸两级径向剖分离心式，配电额定功率 800 kW，投用连续运行时间为 40000 h，改造过程应尽量不改变安装尺寸、不添加新设备。原油泵主要设计参数及实际操作情况见表 7-7。

表 7-7　原油泵设计、操作参数及操作条件

项目	原始设计参数	操作参数（阀开度56.7%）
流量/（m³/h）	780.4	460
泵送介质	原油	原油
泵送温度/℃	40	40
进口压力/MPa	0.4	0.4
所需扬程/m	282	282
转速/（r/min）	1475	1475
装置汽蚀余量 NPSHA/m	4.5	4.5

依据装置工艺参数的要求，泵的流量为 378.8 m³/h 即可满足要求。根据设计和实际运行工况核算泵的流量、扬程等参数，以原油泵的底座和管线为基础对泵体进行改造，采用更换

叶轮及叶轮口环的方案。叶轮主要参数计算如下。

比转速：

$$n_s = \frac{3.65n\sqrt{Q_i}}{H_i^{3/4}} = \frac{3.65 \times 1475 \times \sqrt{\dfrac{378.8}{2 \times 3600}}}{141^{3/4}}(r/min) = 30.2(r/min) \tag{7-7}$$

式中，n_s 为比转速；n 为转速，r/min；Q_i 为单级流量，m³/s；H_i 为单级扬程，m。

当量直径 D_e：

$$D_e = k_0 \sqrt[3]{\frac{Q_i}{n}} = (4.5\sim5.5) \times \sqrt[3]{\frac{378.8}{2 \times 3600 \times 1475}}(mm) = 148\sim181(mm) \tag{7-8}$$

式中，D_e 为当量直径，mm；k_0 为叶轮入口的速度系数，一般为 4.5～5.5。

叶轮入口直径 D_1：

$$D_1 = \sqrt{D_e^2 + D_a^2} = \sqrt{181^2 + 130^2}(mm) = 223(mm) \tag{7-9}$$

式中，D_1 为叶轮入口直径，mm；D_a 为轮毂直径，mm。

综合考虑实际情况，最终取 D_1 为 256 mm。

估算叶轮外径：

$$D_2 = k_{D2} \sqrt[3]{\frac{Q_i}{n}} = (9.35\sim9.6) \times \left(\frac{n_s}{100}\right)^{-\frac{1}{2}} \sqrt[3]{\frac{378.8}{2 \times 3600 \times 1475}}(mm) = 637\sim654.6(mm) \tag{7-10}$$

式中，k_{D2} 为叶轮外径修正系数。

根据速度系数法可得：

$$D_2 = \frac{60k_{u2}\sqrt{2gH_i}}{\pi n} = \frac{60 \times 0.98 \times \sqrt{2 \times 9.807 \times 141}}{3.14 \times 1475}(mm) = 667.6(mm) \tag{7-11}$$

式中，k_{u2} 为叶轮外径圆周速度系数。

综合各种因素考虑，取叶轮外径为 670 mm。

叶轮出口宽度 b_2 为：

$$b_2 = k_{b2} \sqrt[3]{\frac{Q_i}{n}} = (0.64\sim0.7)\left(\frac{n_s}{100}\right)^{\frac{5}{6}} \sqrt[3]{\frac{Q_i}{n}} = 15.52\sim16.9(mm) \tag{7-12}$$

式中，k_{b2} 为叶轮出口宽度修正系数。

改造后，泵流量为 378.8 m³/h，轴功率降低为 440.5 kW。经此次节能改造，按年运行 8000 h、电价 0.36 元/（kW·h）计算，年总节电 1.4216×10^6 kW·h，年总效益 51.18 万元，总投资回收期为 5～6 个月。

7.5.2 泵调速节能

某热电公司装机容量为 2×55 MW，该电厂设计的给水系统运行方式为母管制，配备三台额定流量为 286 t/h 的给水泵，电动机功率为 1600 kW。其中两台为定速给水泵（1#、3#），一台为带液力耦合器的调速给水泵（2#）。为了降低泵的能耗，对 3#给水泵进行变频节能改造，改造前后数据见表 7-8～表 7-11。

表 7-8 3#给水泵变频改造前性能参数

序号	给水总流量/（t/h）	出口压力/MPa	功率/kW
1	345	12.0	1611
2	320	12.8	1553
3	226	14.7	1320

表 7-9 3#给水泵变频改造后性能参数

序号	给水总流量/（t/h）	出口压力/MPa	功率/kW
1	332	11.1	1357
2	324	11.1	1343
3	226	11.2	945

表 7-10 2#、3#给水泵并联运行特性参数（变频改造前）

序号	给水总流量/（t/h）	出口压力/MPa		功率/kW	勺管开度	转速/（r/min）
		2#	3#			
1	420	12.9	12.9	2464	37.5%	2800
2	408	12.5	14.0	2400	28%	2625
3	370	12.7	14.1	2330	27%	2603

表 7-11 2#、3#给水泵并联运行特性参数（变频改造后）

序号	给水总流量/（t/h）	出口压力/MPa		功率/kW	勺管开度	转速/（r/min）
		2#	3#			
1	420	11.6	11.6	2092	31%	2674
2	414	11.1	11.1	1920	36%	2700
3	374	11.52	11.4	1873	31%	2662

从表中可以看出，经对 3#给水泵变频改造后，整个给水系统的节能效果明显。对于 3 个典型经济工况点，电动机组负荷为 52 MW，给水量 226 t/h 时，变频改造后每小时可节省电能 375 kW·h。电动机组负荷为 80 MW，给水量 320 t/h 时，变频改造后每小时可节省电能

210 kW·h。电动机组负荷为 100 MW，给水量 410 t/h 左右时，变频改造后每小时可节省电能 480 kW·h。

选取上面三个经济工况点进行估算：按 52 MW 负荷运行时间 1500 h，80 MW 负荷运行 1500 h，100 MW 负荷运行 2000 h 计算，则整个机组年节省电量为 1.8375×10^6（kW·h），按电价 0.43 元/kW·h 计算，则每年的经济效益约为 79 万元，总投资回收期为 16 个月。

7.5.3 泵运行系统节能改造

上海某水厂由于机泵设计时考虑了中远期及最不利工况点的要求，导致水泵实际运行参数低于设计值，泵经常偏离其高效区运行，造成电能浪费。通过分析泵的运行状态，对不合理用能的机泵实施节能改造和优化运行。该水厂二泵房共有 4 台水泵机组（3#～6#），实际所需的扬程约为 27～30 m。改造前各水泵的主要参数及运行方式如表 7-12 所示。

表 7-12　二泵房改造前各水泵的主要参数及运行方式

编号	额定流量/（m³/h）	额定扬程/m	运行方式	运行状态
3#	1842	40	变频调速	常用
4#	1842	40	变频调速	常用
5#	2800	28	工频	备用
6#	1842	40	工频	备用

对于多台泵并联使用的情况，应从提高单台泵的效率和流量调节范围、多台泵的流量匹配、降低管网阻力等方面综合考虑。首先，考虑 5# 水泵为工频备用泵，额定流量较大，若将该泵叶轮调换至变频机组，则可以获得更大的流量调节范围，且使用频率更高。故将该泵上的不锈钢叶轮调换至 4# 水泵。考虑原 3# 水泵的额定流量偏小，而额定扬程较高，重新设计叶轮后可以在较低扬程的条件下获得更大的流量。新叶轮安装至 3# 水泵后的额定流量为 2450 m³/h，扬程为 29 m。其次，考虑水泵机组及出水管道并联布置，2 根出厂供水管分别靠近 3# 和 6# 机组，且 6# 水泵的出水管管径（DN800）大于 4# 水泵的出水管管径（DN600），水力条件较好。因此，将 4# 机组的变频器和叶轮换至 6# 机组，6# 水泵作为常用泵，4# 水泵为备用泵，此时 6# 机组可在更好的水力条件下变频运行。改造前后的数据如表 7-13 所示。

表 7-13　改造前后配水单位电耗的变化

时间	配水单位电耗/[kW·h/（km³·MPa）]	水泵效率
改造前	400.99	69.27%
改造后第 1 阶段	393.59	70.57%
改造后第 2 阶段	391.55	70.94%
改造后第 3 阶段	386.32	71.90%

从表 7-13 中可以看出，改造后配水单位电耗逐渐降低，由原来的 $400.99\,kW\cdot h/(km^3\cdot MPa)$ 降低至 $386.32\,kW\cdot h/(km^3\cdot MPa)$，配水单位电耗降低了 $14.67\,kW\cdot h/(km^3\cdot MPa)$，水泵效率由 69.27% 提高至 71.90%。改造总投资为 12 万元，千吨水供水电耗下降了 $3.99\,kW\cdot h/km^3$，按日供水量为 $8\times10^4\,m^3/d$，电费单价为 0.86 元/$(kW\cdot h)$ 计算，每年可节约费用约 10 万元，经济效益明显。

参考文献

[1] 华经产业研究院. 2020 年中国水泵行业市场现状及发展趋势，国内竞争较为分散[R/OL]. （2021-10-19）[2021-11-18]. https://www.huaon.com/channel/trend/756263.html.

[2] 罗兴锜，吴大转. 泵技术进展与发展趋势[J]. 水力发电学报，2020，39（6）：1-17.

[3] 陈宗斌，何琳，廖健. 内啮合齿轮泵发展综述[J]. 液压与气动，2021，45（10）：20-30.

[4] 肖文扬，谭磊. 叶片式气液混输泵研究进展综述[J]. 水力发电学报，2020，39（5）：108-120.

[5] 党明岩，王复兴. 数值模拟在离心泵性能研究中的应用进展[J]. 辽宁师专学报（自然科学版），2020，22（4）：1-6.

[6] 张晓巩. 基于仿真技术的换热站循环水泵降耗研究[D]. 张家口：河北建筑工程学院，2021.

[7] 张涛. 等壁厚定子螺杆泵节能效果分析[J]. 石油石化节能，2017，7（1）：21-23.

[8] 万伦，宋文武，符杰，等. 蜗壳隔舌安放角对中比转速离心泵性能的影响[J]. 中国农村水利水电，2018，429（7）：147-151.

[9] Ding H C，Li Z K，Gong X B，et al. The influence of blade outlet angle on the performance of centrifugal pump with high specific speed[J]. Vacuum，2019（159）：239-246.

[10] 穆为明，张文钢，黄刘琦. 泵与风机的节能技术[M]. 上海：上海交通大学出版社，2013.

[11] 柴立平. 泵选用手册[M]. 北京：机械工业出版社，2009.

[12] 屠长环，刘福庆，王亚荣，等. 泵与风机的运行及节能改造[M]. 北京：化学工业出版社，2014.

[13] 凌素琴，陈勇，刘莉. 离心泵的节能技术发展及前景分析[J]. 机械设计与制造工程，2014，43（7）：69-71.

[14] 孙志勇. 娘子关供水泵站安全运行关键技术问题研究[D]. 太原：太原理工大学，2021.

[15] 侯邦华. Ⅲ硝循环水泵 J26002 叶轮切割节能综述[J]. 泸天化科技，2017（2）：72-74.

[16] 刘恒义. 离心泵节能措施探讨[J]. 石油石化节能，2014，4（12）：35-36.

[17] Cucit V，Burlon F，Fenu G，et al. A control system for preventing cavitation of centrifugal pumps[J]. Energy Procedia，2018，148：242-249.

[18] Salehi S，Raisee M，Michel J，et al. On the flow field and performance of a centrifugal pump under operational and geometrical uncertainties[J]. Applied Mathematical Modelling，2018，61：540-560.

[19] 刘华雄，刘虎，李玉林. 离心泵节能技术探讨与应用[J]. 内蒙古石油化工，2012（16）：113-114.

[20] 郎涛，刘玉涛，陈刻强，等. 离心泵水动力噪声研究综述[J]. 排灌机械工程学报，2021，39（1）：8-15，22.

[21] 齐学义，李铁，冯俊豪，等. 泵变频控制的节能原理及其系统分析[J]. 兰州理工大学学报，2006，32（3）：53-55.

[22] 王凯，刘厚林，袁寿其，等. 离心泵多工况水力性能优化设计方法[J]. 排灌机械工程学报，2012，30（1）：20-24.

[23] 牟介刚，刘菲，谷云庆，等. 压水室隔舌安放角对离心泵无过载性能的影响[J]. 哈尔滨工程大学学报，2015，36（8）：1092-1097.

[24] Skrzypacz J，Bieganowski M. The influence of micro-grooves on the parameters of the centrifugal pump impeller[J]. International Journal of Mechanical Sciences，2018，144：827-835.

[25] Zhao F，Zhang S，Sun K. Thermodynamic performance of multi-stage gradational lead screw vacuum pump[J]. Applied Surface Science，2018，432：97-109.

[26] Wang J，Cui F，Wei S，et al. Study on a novel screw rotor with variable cross-section profiles for twin-screw vacuum pumps[J]. Vacuum，2017，145：299-307.

[27] 司乔瑞，林刚，袁寿其，等. 高效低噪无过载离心泵多目标水力优化设计[J]. 农业工程学报，2016，32（4）：69-77.

[28] GB/T 16666—2012. 泵类液体输送系统节能监测[S]. 北京：中国标准出版社，2012.

[29] GB/T 13468—2013. 泵类液体输送系统电能平衡测试与计算方法[S]. 北京：中国标准出版社，2013.

[30] GB/T 3216—2016. 回转动力泵水力性能验收试验 1级、2级和3级[S]. 北京：中国标准出版社，2016.

[31] GB/T 13466—2006. 交流电气传动风机（泵类、空气压缩机）系统经济运行通则[S]. 北京：中国标准出版社，2006.

[32] GB 32284—2015. 石油化工离心泵能效限定值及能效等级[S]. 北京：中国标准出版社，2015.

[33] GB 32030—2015. 井用潜水电泵能效限定值及能效等级[S]. 北京：中国标准出版社，2015.

[34] GB 19762—2007. 清水离心泵能效限定值及节能评价值[S]. 北京：中国标准出版社，2007.

[35] JB/T 11706.1—2013. 三相交流电动机拖动典型负载机组能效等级 第1部分：清水离心泵机组能效等级[S]. 北京：中华人民共和国工业和信息化部，2013.

[36] GB 32031—2015. 污水污物潜水电泵能效限定值及能效等级[S]. 北京：中国标准出版社，2015.

[37] GB 32029—2015. 小型潜水电泵能效限定值及能效等级[S]. 北京：中国标准出版社，2015.

[38] DB31/T 944-2015. 水泵系统运行能效评估技术规范[S]. 上海：上海市质量技术监督局，2015.

[39] ISO 9906—2012. Rotodynamic pumps - Hydraulic performance acceptance tests-Grades 1，2 and 3[S]. Brussels：European committee for standardization，2012.

[40] Q/SH1020 2007—2009. 油田用泵类产品能效限定值及节能评价值[S]. 东营：中国石化集团胜利石油管理局，2010.

[41] 马新华，邵鑫，李浩，等. 切割叶轮对离心泵性能影响的数值模拟分析[J]. 农机化研究，2013，35（8）：217-220.

[42] 蒋雪芬. 循环水泵的节能技术改造[J]. 水力规划与设计，2009（5）：46-48.

[43] 曾凯. 循环水泵节能改造方式探究[J]. 绿色科技，2021，23（6）：199-201.

[44] 杨明明，姚瀚. 常减压蒸馏装置原油泵节能改造[J]. 科技展望，2017，27（4）：81.

[45] 程实，曹庆华. 2×55 MW机组给水泵高压变频调速改造研究及应用[J]. 机电技术，2010，33（5）：93-95，98.

[46] 方伟曾，胡玲，曹晖. 二泵房机泵节能改造实践[J]. 供水技术，2012，6（2）：52-55.

[47] 田纯堂，盛高锋，胡凯. 大型立式单级引黄离心泵轴向力平衡的研究[J]. 水泵技术，2021（5）：1-6.

[48] 王晓冬，张鹏飞，李博，等. 分子真空泵研究进展[J]. 真空科学与技术学报，2021，41（9）：817-825.

[49] 陈洪阳，宋文武，王宾，等. 高比转速离心泵叶片前缘形状对内流动影响研究[J]. 水利水电技术（中英文），2021，52（10）：80-88.

[50] 翟雨佳，刘欣怡，汪沨，等. 高温超导磁通泵研究进展与发展趋势[J]. 电工电能新技术，2021，40（11）：37-45.

[51] 廖乾东，吴中竟，段昌德，等. 离心泵模型叶轮的制造技术[J]. 金属加工（冷加工），2021（11）：11-15.

第 **8** 章

制冷设备节能技术

8.1　概述

　　制冷系统（设备）是使用电能、机械能、热能、太阳能和化学能等外部能量不断把热量从低温热源转移到高温热源的系统。因此，制冷过程是一个消耗能量获取冷量用于物体冷却、环境控制等用途的过程。通常根据制冷温度的高低将制冷分为普通制冷（120 K 和室温之间）和低温制冷（<120 K）；根据制冷系统的工作原理，可将其分为蒸气式制冷、空气制冷、热电制冷和磁制冷等，其中蒸气式制冷的应用最为广泛。制冷设备应用广泛，如食品和药品的冷冻冷藏、室内环境调节、工业制冷等，对经济发展和人们生活质量的提高发挥了巨大作用。

　　制冷产业是制造业的重要组成部分，制冷产品是满足人民美好生活需要和消费升级的重要终端消费品，制冷能耗总量高、增速快、节能减排潜力大。数据显示，全球制冷设备的耗电量占全球用电总量的 10%，我国制冷用电量占全社会用电量 15%以上，其中大中城市空调用电负荷约占夏季高峰负荷的 60%，主要制冷产品节能空间达 30%～50%。随着互联网、云计算、大数据、AI（人工智能）等新兴技术的快速发展，数据中心的规模和功率密度呈现出了快速上涨的趋势，而由于数据机房全年需不间断冷却，其制冷空调能耗占数据中心总能耗的 30%～50%。实现数据机房节能，制冷系统节能很关键。在我国致力于低碳能源转型的大背景下，能耗高且碳排放量较大的制冷行业也面临巨大的减排压力，高能效的制冷技术与解决方案如得以充分应用，将产生巨大的节能减排效益，这对中国的绿色转型意义重大。

　　为助力实现"碳达峰""碳中和"目标，能耗总量高、增速快的制冷领域成为重点关注对象。推进制冷行业绿色高效发展关系到当下绿色高质量发展的大局，同时这也将是落实碳达峰行动的重要突破口。由国家发改委、工信部、财政部等 7 部委于 2019 年印发实施的《绿色高效制冷行动方案》中提到，要提升绿色高效制冷产品供给，加大对变频控制、高效压缩机等关键共性技术的研发，推动革命性技术的探索和储备，引导企业生产更加高效的制冷产品；2022 年，家用空调、多联机等制冷产品的市场能效水平提升 30%以上，绿色高效制冷产品市场占有率提高 20%，实现年节电约 1.0×10^{11} kW·h；到 2030 年，大型公共建筑制冷能效提升 30%，制冷总体能效水平提升 25%以上，绿色高效制冷产品市场占有率提高 40%以上，实现年节电 4.0×10^{11} kW·h 左右。

　　"十四五"期间，制冷行业围绕国家"双碳"目标、最终实现绿色低碳发展的远景目标，充分发挥标准对行业的引领作用，健全完善行业技术标准与测试、评价体系；推进智能制造和绿色制造，关注整个制造过程对环境影响的评价体系建设，针对制冷空调设备各个制造环节进行优化升级，通过发展绿色制造技术、装备和优化工艺流程，打造制冷空调产品全生命周期的绿色循环产业链；实现多种能源综合利用，研究不同品位能源的阶梯利用，开创更多新技术新方法，充分提高供热供冷的综合集成效率，以实现最高水平的能源利用率和取得最佳的节能效益；重点发展直流调速技术、绿色制冷剂、高效传热技术、冷链装备智能化、高效压缩机以及大数据与互联网技术；加大提升四通换向阀、电磁阀、截止阀及各种控制器、传感器等核心关键部件的性能；全面推进行业信用等级评价工作和产品性能认证、数据公开，促进行业高质量发展。

8.2　制冷装置工作原理

制冷系统是将制冷设备与消耗冷量的设备组合在一起的装置。根据用户消耗的冷量和冷量使用方式的不同，制冷系统分为不同的类型，如冷藏制冷系统、速冻制冷系统、空调制冷系统、工业冷却系统、商业制冷系统、真空冷冻干燥系统等，这些制冷系统在创造舒适环境、工业冷却、冷藏链以及科学研究等领域发挥着重要的作用。根据制冷的工作原理，制冷系统可采用蒸气压缩式制冷、吸收式制冷、热电制冷、喷射式制冷、吸附式制冷等，本节介绍最常用的蒸气压缩式制冷系统（压缩蒸气制冷系统）和吸收式制冷系统的工作原理。

8.2.1　压缩蒸气制冷系统

压缩蒸气制冷系统是目前应用最广泛的制冷系统，该系统主要包括蒸发器、制冷压缩机、冷凝器和膨胀机构（毛细管、节流阀、膨胀阀或膨胀机）等四个基本部件，如图 8-1 所示。压缩蒸气制冷系统的基本流程是：①气液混合状态的制冷剂进入蒸发器，并通过蒸发器从制冷环境中吸收热量而蒸发为气体；②低温气体进入制冷压缩机被压缩，成为高压高温的气体；③制冷压缩机排出的高压高温制冷剂气体进入冷凝器，通过冷凝器对外放热而被冷凝为液体；④从冷凝器流出的高压制冷剂液体经膨胀机构膨胀降压后重新进入蒸发器吸热。制冷剂在制冷系统中周而复始地完成蒸发吸热和冷凝放热的过程，从而实现热量转移。

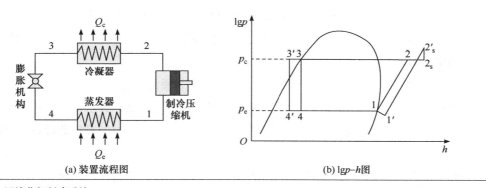

(a) 装置流程图　　　　　　　　　　　(b) lg*p*–*h*图

图 8-1　压缩蒸气制冷系统

在图 8-1（b）所示的理论制冷循环的 lg*p*-*h* 图中，压缩蒸气制冷的理想循环为 1—2—3—4—1。

过程 4—1 为蒸发器内的蒸发过程，两相制冷剂（状态 4）吸热后变为饱和气体（状态 1）并进入压缩机；过程 1—2 为制冷压缩机内的压缩过程，由于压缩机对气体做功，压缩机出口制冷剂变为具有较高压力的过热气体（状态 2）；过程 2—3 为冷凝器内的冷凝过程，过热气体对外放热并冷凝为饱和液体（状态 3）；过程 3—4 为膨胀过程，冷凝器出口的高压液体膨胀降压后重新进入蒸发器，完成制冷循环。通常将蒸发器安装在需要制冷的区域，将冷凝器放置在外部区域，则制冷装置将制冷区域内的热量不断转移至外部，达到降低制冷区域温度的目的。通过调节系统起停、制冷剂流量等参数来控制蒸发过程 4—1 的吸热量，可实现制冷温度的准确控制。

衡量制冷系统性能的最重要的参数为性能系数（COP），COP 是系统获得的冷量 Q_c 与输入功率 W_t 的比值。由图 8-1 中理论循环可知，系统获得的冷量 $Q_c = q_m (h_1 - h_4)$，压缩机输入功率 $W_t = q_m (h_2 - h_1)$。制冷系统性能系数：

$$COP = \frac{Q_c}{W_t} = \frac{h_1 - h_4}{h_2 - h_1} \tag{8-1}$$

式中，Q_c 为制冷量，W；q_m 为制冷剂流量，kg/s；h 为制冷剂比焓，kJ/kg；W_t 为压缩机输入功率，W。

由以上分析可知，提高制冷系统性能的关键在于降低制冷压缩机的能耗和蒸发器与冷凝器的不可逆损失。过程 3—4 中高压制冷剂膨胀变为低压，若利用膨胀机等方式回收部分膨胀功，也可提高系统的性能。图 8-1 中的循环 1′—2′—2s—3′—4′—1′为压缩蒸气制冷系统的实际循环。实际循环与理论循环的不同之处在于：为了保证压缩机安全运行，进入压缩机的气体往往具有一定的过热度，即状态 1′为过热状态；冷凝器出口制冷剂通常为过冷状态（状态 3′）；制冷剂气体的压缩过程存在不可逆损失，过程 1′—2s′并非等熵过程；蒸发器和冷凝器内存在流动阻力损失，过程 4′—1′与过程 2s—3′并非等压换热过程。

8.2.2 吸收式制冷系统

吸收式制冷技术可以有效利用燃气余热和工业废热等低品位热能制取冷量，是具有降低社会总能耗能力的有效技术。吸收式制冷系统是利用特殊的二元溶液组分间的吸收和释放过程完成制冷剂的输送，实现制冷的目的。如图 8-2 所示，该系统主要包括蒸发器、冷凝器、吸收器、溶液泵、发生器、热交换器和膨胀机构等。系统运行不需要压缩机，但需要外部热源加热发生器。系统中相互吸收的工质对为工作介质，其中沸点较高的为吸收剂，沸点较低的为制冷剂。吸收器内的吸收剂吸收制冷剂后变为浓溶液，经溶液泵增压，在内部热交换器中升温后进入发生器；在外部热源的作用下，溶液中的制冷剂从溶液中释放并进入冷凝器，较低浓度的溶液则在内部热交换器内冷却后进入吸收器。发生器内产生的制冷剂蒸气在冷凝器内冷凝放热后，经膨胀装置进入蒸发器，在蒸发器内吸热蒸发后再次进入吸收器，完成系统循环。吸收式制冷系统常用于存在废气、废热、太阳能等可再生能源的场合，系统耗电极少，如吸收式冷水机组等。

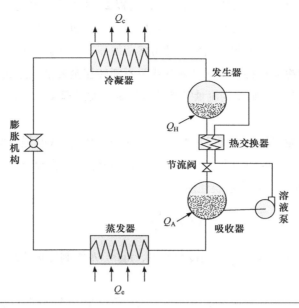

图 8-2　吸收式制冷系统原理

　　溴化锂-水和其他盐-水工质对常用在蒸发温度高于 0℃以上的场景；氨-水作为另一种常用的制冷工质对，具有环境友好性和低至-70℃的蒸发温度两个独特优势，在制冰、冷库与低温储能等领域有广泛的应用。但氨吸收式制冷系统必须采用精馏措施将氨气（NH_3）从发生过程产生的混合气体中分离，同时溶液对氨的吸收能力导致需要设置大型吸收器保证气液传质过程完善，因此氨吸收式制冷存在设备体积庞大且系统的性能系数（COP）较低的问题。针对氨水吸收式制冷系统的缺点，研究者在吸收式制冷的传热传质强化和系统循环优化等方面进行研究。例如，通过将吸收式循环与压缩、喷射循环结合，建立有利于工作的高效循环提升氨吸收式制冷系统性能；通过优化鼓泡吸收的传热传质过程提升吸收器中溶液对氨的吸收效率；研究更高效的精馏塔结构及适配的运行参数，在实现氨分离的条件下提升精馏效率和降低能耗等。此外，在氨水中加入第 3 种物质以改变氨水工质特性是提升氨吸收式制冷系统性能系数的另一种途径。如，在溶液里添加纳米流体强化溶液的传热传质能力，提高溶液发生和吸收效率以提高氨吸收式制冷系统的性能系数；在氨水二元工质中添加溴化锂以提升氨吸收式制冷系统性能系数等。

8.2.3　吸附式制冷

　　吸附式制冷采用了制冷剂-固体吸附剂的二元工质对，主要通过阀门开闭进行工作状态的切换。通过高温热源加热吸附床造成制冷剂的解吸，解吸出的蒸气由冷凝器冷凝成液体，经过节流预冷进入蒸发器中，蒸发器中的液体由于另一个处于冷却状态的吸附床的吸附作用，造成蒸发制冷。两个吸附床加热/冷却进行切换并切换系统阀门，可以实现连续制冷输出。硅胶-水物理吸附、金属氯化物-氨化学吸附是常见的两种形式，其中水适合于空调，氨适合于冷冻。由于化学吸附热一般比物理吸附热和吸收热高，近年来化学吸附还被广泛应用于储热过程，并服务于太阳能热利用和余热利用。

8.2.4　喷射式制冷

蒸气喷射式制冷是一种热驱动制冷，与吸收/吸附式制冷不同的是，它仅需要制冷剂而不需要吸收/吸附剂。水是喷射式制冷的最常用制冷剂，此外也有研究采用 CO_2、R245fa 和 R123 等作为制冷剂。喷射式制冷主要依靠喷射器的抽吸作用产生真空效应，促使制冷剂蒸发从而制冷。蒸气喷射式制冷循环一般由发生器、喷射器、蒸发器、冷凝器、制冷剂泵和节流阀组成。冷凝器的制冷剂液体分为两路：一路经过泵加压后进入发生器，消耗高温热量输入并变为高压制冷剂蒸气，高压制冷剂蒸气作为工作流体进入喷射器；另一路经过节流阀后进入蒸发器，由于高压制冷剂蒸气在喷射器中产生的真空作用，蒸发器中的低压制冷剂液体蒸发并输出冷量，而低压制冷剂蒸气则被引射进入冷凝器。喷射制冷还可以与蒸气压缩式制冷系统、吸收式制冷系统等进行多种形式的耦合，提升系统的制冷能力。

8.2.5　固态制冷

固态制冷主要依靠磁热、弹热和电卡效应，通过磁场、应力场和电场的变化驱动固态制冷工质熵的改变，并产生热量转移的效果。固态制冷具有理论效率、无运动部件和无泄漏等多方面优势，虽然已经出现了部分产品，但还无法与蒸气压缩式制冷竞争，需要更多的基础研究与技术推进。

（1）磁制冷

基于磁性材料磁相变过程中存在吸放热现象开发的磁制冷技术是极具应用潜力的固态制冷技术之一，该技术具有节能高效、绿色环保、稳定可靠等优点，对于实现制冷产业转型升级具有重要意义。磁热效应是磁性材料在磁场增强时表现出放热、磁场减弱时表现出吸热的物理现象，其本质是磁矩有序度的变化（即磁熵变）。磁制冷循环包括等温磁化和绝热退磁这两个与外界产生热交换的重要过程，通过适当的热力学过程将两个过程加以连接，便可实现循环制冷过程。

磁制冷材料是磁制冷机的核心之一，是热量变化的来源。其中，具有应用前景的室温磁制冷材料主要包括 Gd 基、La-Fe-Si、Mn 基等系列金属及其合金，其中 La-Fe-Si 系列是我国具有自主知识产权的材料，是具有重要应用前景的磁制冷工质之一。低温磁制冷材料的研究主要集中在稀土二元、三元、四元金属化合物和稀土金属氧化物。磁制冷技术经过数十年的研究积累，设计出多种高效制冷系统结构，如磁体往复型、回热器往复型、磁体旋转型和回热器旋转型等室温磁制冷机和 GM 低温磁制冷机等。2019 年，中国科学院理化技术研究所沈俊研究小组采用 ErNi 和 TmCuAl 作为回热填充材料，研制出一台液氢温区的磁制冷机耦合 GM 气体制冷的复合制冷样机，获得了更低的温度。

（2）弹热制冷

弹热制冷技术的基本原理是，弹热材料在无外界作用的情况下，处于奥氏体状态，当施加一定的应力后，就转变为马氏体，并向外界放出热量，当外力撤去后，并减少到一定的程度，发生逆马氏体相变，向外界吸收热量，将这两个过程合理循环起来可实现持续的制冷和制热。弹热制冷工质主要包括形状记忆合金和形状记忆高分子材料，目前主要有 Ni-Mn 基和 Ni-Fe 基磁性形状记忆合金，但这类形状记忆合金具有限制弹热制冷工质应用的主要特点，即滞后损耗大以及疲劳寿命低。因此，优化现有的合金材料和开发新型具有高疲劳寿命特性的形状记忆材料是弹热制冷工质未来的发展方向。在弹热制冷样机方面，现阶段还处于概念验证样机研发阶段。

（3）电卡制冷

电卡制冷技术具有体积小、制冷效率高、环境友好、低噪声等特点，是极具发展潜力的一种新型固态制冷技术，相比于前两者，目前处于初级研究阶段。其基本原理是极性材料在电场的作用下因极化状态发生变化进而产生吸放热的现象，用合适的循环将其循环起来而实现连续的制冷和制热过程。

8.2.6 水蒸发冷却

利用水蒸发吸热制冷的蒸发冷却技术是一项绿色节能技术。蒸发冷却技术是利用水与不饱和空气的直接接触，由于两者间存在水蒸气分压力差以及温差，在此压差驱动下利用水蒸发吸热进行制冷，其本身以水作为制冷剂，而替代了传统制冷剂，不仅具有节能、环保和经济的特点，而且具有调节空气干球温度和相对湿度以满足居住者舒适性要求和生产工艺性要求的特点。按照被处理空气与水的接触方式不同，蒸发冷却一般可分为直接蒸发冷却、间接蒸发冷却及对间接蒸发冷却改进后提出的露点蒸发冷却。

直接蒸发冷却为水与空气直接接触蒸发，空气和水的温度都降低，同时空气的含湿量增加。间接蒸发冷却在直接蒸发冷却基础上增加了空气显热交换的通道，称为干通道，干通道中的风称为一次风；直接蒸发冷却通道称为湿通道，湿通道中的风称为二次风，也叫工作风。干湿通道用防水材料隔开。湿通道中水与空气直接接触蒸发，吸收干通道中空气的热量，干通道中的空气在温度降低的同时含湿量保持不变。露点蒸发冷却是经改进的一种特殊的间接蒸发冷却形式，在间接蒸发冷却基础上改变了湿通道入口空气状态，使得湿通道入口空气为经过冷却的部分干通道中的空气。在干通道中经过冷却的空气进入湿通道，与水膜进行热湿交换。理想情况下，若通道足够长，干通道送风可无限接近进风的露点温度。露点蒸发冷却技术能够实现将进风干球温度降到湿球温度以下且接近露点温度，而含湿量保持不变，能够较好地满足热舒适性要求，实现能源的有效、综合利用。随着数据机房的规模越来越大，其高能耗问题受到越来越多的关注。其中，由于数据机房全年需不间断冷却，其制冷空调能耗占数据中心总能耗的 30%～50%。露点蒸发冷却优越的冷却效果及节能性使其在数据机房制冷中的应用具有较大的发展潜力。

8.2.7 复叠制冷

复叠制冷系统是获取–160～–40℃温度范围最主要的制冷系统形式。复叠制冷循环通常由两个或两个以上单独的制冷系统组成，分别称为高温部分和低温部分，分为双级复叠制冷系统、多级复叠制冷系统和自然复叠制冷系统。其中每个子系统可以是单级压缩循环，也可以是双级压缩循环。子系统按工作温度由高到低依次排列。相邻子系统通过热交换器联系，将上一级的蒸发器与下一级的冷凝器叠加在一起，称作"蒸发/冷凝器"。与多级压缩制冷系统相比，复叠制冷系统可灵活选用高、低温级制冷剂，制取温度区间大、温度低，能有效降低高温压缩机与低温压缩机压缩比，提升系统运行效率。当前碳氢类制冷剂和 CO_2 作为低温级制冷剂是研究的热点。用 CO_2 作为低温级制冷剂，优选最优的高温级制冷剂有 R290、R404A、R1270、NH_3、C_3H_6、C_3H_8 等。不同两级复叠制冷系统 COP 对比如表 8-1 所示。

表 8-1 不同两级复叠制冷系统 COP 对比

制冷剂组合	冷凝温度/℃	蒸发温度/℃	冷凝蒸发器温差/℃	COP
NH_3/CO_2	45	–25	4	2.6400
	45	–40	5	1.9402
	45	–40	2	2.0442
R449A/CO_2	45	–35	5	1.5113
R404A/CO_2	45	–35	5	1.4197
R744/R404A	40	–25	5	1.93
R41/R404A	40	–30	5	1.845
R170/R161	40	–30	5	1.968
R1270/CO_2	30	–37	5	0.97
R1270/CO_2	30	–45	5	0.883

复叠制冷系统性能提升可以采取以下三个方法：①复叠制冷系统的制冷剂组合优化，使

用自然工质替代高 GWP（全球变暖潜能值）和高 ODP（臭氧耗减潜能值）的制冷剂，在高温级中使用碳氢制冷剂并提升其使用安全性，低温级中使用 CO_2；②复叠制冷系统热力循环优化，采用增加回热器、气液分离器、喷射器等辅助设备，针对系统中㶲损失较大的节流机构及压缩机进行优化，减少系统的㶲损失，提升系统的循环性能；③从复叠制冷系统的优化控制方面进行研究，利用压缩机变频、风机变频等技术，更加精准合理控制压缩机流量、冷凝蒸发器中换热温差等，使复叠系统始终处于最优制冷能效比条件下工作、提升系统运行效率。

8.2.8 半导体制冷

半导体制冷技术依据材料的珀尔帖效应，主要由具有高效率和良好热电效应的半导体材料热阻组成。相较于传统的制冷技术，半导体制冷技术不需要应用大量制冷剂和相关制冷设备。另外，在整个制冷过程中不易引起噪声和振动，所以不会轻易对周围人群的正常日常生活产生不利影响。半导体器件的品质因数指数 Z 表示热电材料的特性，它决定了制冷组件可以实现的较大温差。品质因数越高，冷却特性越好，效率越高。新型环保电子设备制冷的关键部件均选自具有高质量特性的半导体制冷材料。$P\text{-}Bi_2Te_3.Sb_2Te_3$、$N\text{-}Bi_2Te_3.Bi_2Se_3$ 准三元合金具有性能良好的品质因数，在半导体制冷与换热器方面均取得了显著应用效果，且半导体制冷系统的转换率提高了 50%以上，产品能耗较低。

8.3 制冷部件节能技术

合理利用新技术是有效提升制冷系统环保节能效率的关键，当前很多新型技术如新能源、制冷剂以及变频技术上的改进和革新都为环保节能提供了良好的帮助，有利于促进制冷系统环保技术进一步发展。典型制冷系统由制冷压缩机、蒸发器、冷凝器和膨胀机构等关键部件构成。其中，制冷压缩机是制冷系统的核心设备，是整个制冷系统能源消耗的关键设备，提高制冷压缩机的工作效率是设备节能的关键所在。蒸发器和冷凝器是制冷系统的换热设备，换热设备的性能对制冷系统的耗能有重要影响。

8.3.1 制冷压缩机节能技术

制冷压缩机按工作原理可分为容积式制冷压缩机和速度式制冷压缩机两种，其中容积式制冷压缩机主要包括活塞制冷压缩机、螺杆制冷压缩机、滚动转子制冷压缩机、涡旋制冷压缩机、滑片制冷压缩机、直线制冷压缩机等，速度式制冷压缩机主要为离心制冷压缩机。按驱动装置的安装方式，制冷压缩机又分为开启制冷压缩机、半封闭制冷压缩机和封闭制冷压缩机。

（1）活塞制冷压缩机

活塞制冷压缩机广泛应用于中小型制冷系统中，如家用冰箱、冷柜等，其主要部件有气缸、活塞、曲轴、连杆和气阀等。活塞制冷压缩机的工作原理是利用曲轴连杆机构将电动机回转运动转换为活塞在气缸内的往复运动，实现制冷压缩机的吸气、压缩和排气过程。活塞制冷压缩机运行参数范围广、适应性强，但其结构较复杂、零部件较多。可从气阀优化与降低机械摩擦两个方面提高活塞制冷压缩机效率。

① 气阀优化　气阀是活塞制冷压缩机的重要部件，其性能直接影响活塞制冷压缩机的制冷量、功率消耗和运行可靠性。合理的吸气阀与排气阀设计是保证活塞制冷压缩机高效运行的基础。气阀按启闭元件形状分为网状阀、环状阀、条状阀、菌状阀与舌簧阀等，如图 8-3 所示。小型活塞制冷压缩机（冰箱压缩机）的气阀多采用舌簧阀。气阀设计的关键在于增加通流面积、降低流动阻力损失和降低余隙容积。气阀的实际通流面积由阀座上的通道面积和阀片升程两个因素决定。当吸排气阀同时安装在气缸盖侧阀板上时，吸气阀面积和排气阀面积的分配就尤为关键。根据活塞制冷压缩机的运行工况优化吸气阀与排气阀的面积比，能够降低吸气与排气流动的总损失，提高活塞制冷压缩机的效率。研究表明，吸气阀在阀座上的通道面积占可用面积的 50%～60%较为合理。

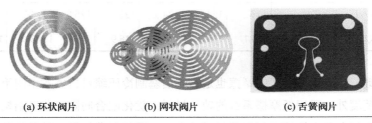

(a) 环状阀片　　　　(b) 网状阀片　　　　(c) 舌簧阀片

图8-3　活塞制冷压缩机常用阀片

阀片打开和关闭过程受阀片的最大升程和阀片自身性能的影响，会影响制冷压缩机的效率。环状阀与网状阀的阀片升程取决于阀片弹簧刚度和数量，舌簧阀的阀片升程取决于阀片自身刚度。吸气阀和排气阀的快速打开和关闭均能够增大实际气体通流面积，降低流动损失。但由于气阀是在气体压差和弹簧力共同作用下工作，通过降低阀片或弹簧刚度使气阀快速打开的同时，其关闭速度也同时降低，且较低的弹簧刚度会造成阀片振颤，造成更大的流动损失。因此，应根据活塞制冷压缩机实际运行工况，利用计算流体力学与有限元分析方法，获得气阀优化设计方案。

降低余隙容积也是气阀优化的方向之一。例如，冰箱用活塞制冷压缩机的排气阀和排气孔口所形成的容积占总余隙容积的比例高达 30%，若采用凹型阀板设计可以减小该容积的50%。凹型阀板与平阀板原理相同，只是在排气阀部分凹下一块，减小排气孔部分的厚度，以减小余隙容积。表 8-2 是某活塞制冷压缩机气阀采用平阀板和凹阀板时的性能对比，可见凹型阀板设计有效提高了制冷量。此外，也可以在活塞顶部对应排气口位置设计凸台，以减小余隙容积。

表 8-2　某活塞制冷压缩机气阀采用平阀板和凹阀板时的性能对比

编号	1	2	3	4	5	6	7	8
平阀板制冷量/W	160.1	161.6	160.4	162.5	160.8	163.8	162.8	160.7
凹型阀板制冷量/W	171.3	173.8	172.1	170.7	171.7	172.2	171.2	173.5

　　② 降低摩擦损失　活塞制冷压缩机零部件较多，各摩擦副间的摩擦损失大，降低摩擦损失能有效提高活塞制冷压缩机的机械效率。降低摩擦损失可从降低轴承损耗、活塞与气缸间的摩擦损耗以及使用低黏度冷冻油等方面改进。通常，小规格定子下置式活塞制冷压缩机在轴承端面支撑处增加平面滚动轴承可以降低起动和运行时的摩擦阻力，从而有效降低活塞制冷压缩机的输入功率。表 8-3 为活塞制冷压缩机在轴承端面支撑处分别增加滑动轴承和平面滚动轴承后输入功率变化情况。

表 8-3　活塞制冷压缩机分别增加滑动轴承和平面滚动轴承后输入功率的比较

编号	1	2	3	4	5	6	7	8
滑动轴承输入功率/W	123.2	124.1	124.5	123.6	125.6	124.5	126.1	123.6
平面滚动轴承输入功率/W	119.1	119.6	117.1	118.9	119.1	118.1	117.0	118.3

　　活塞与气缸、曲轴与轴瓦间的摩擦也是影响活塞制冷压缩机机械效率的重要因素。除提高加工和装配精度外，采用低摩擦系数的轴承材料、优化配合间隙、曲轴结构尺寸与密封面尺寸，减小不平衡力和力矩等都能提高机械效率。如采用细曲轴和铝轴承能使 COP 值提高0.05～0.07（表 8-4）。使用低黏度润滑油、优化供油量，也能提升活塞制冷压缩机的机械效率。国外压缩机已采用黏度为 7 mm²/s 的冷冻机油。但采用低黏度油时，需考虑其与制冷剂的互溶性、耐磨性等因素，避免在停机、起动等过程中造成更大的摩擦损失。

表 8-4　整机对比试验结果

编号		NO.1	NO.2	NO.3	NO.4	平均值
制冷量/W	粗曲轴+铸铁轴承	172.0	167.1	168.2	162.1	167.4
	细曲轴+铝轴承	181.7	175.5	169.4	175.5	175.5
性能系数	粗曲轴+铸铁轴承	1.60	1.60	1.60	1.57	1.59
	细曲轴+铝轴承	1.67	1.65	1.66	1.62	1.65
输入功率/W	粗曲轴+铸铁轴承	107.5	104.6	105.4	103.3	105.2
	细曲轴+铝轴承	109.0	106.2	102.1	108.2	106.4

（2）螺杆制冷压缩机

螺杆制冷压缩机依据工作原理可分为单螺杆制冷压缩机和双螺杆制冷压缩机。单螺杆制冷压缩机利用螺杆与星型轮间的啮合改变工作腔容积，实现气体的压缩过程；双螺杆制冷压缩机利用阴阳转子的相互啮合，改变工作腔容积从而实现气体的压缩过程。目前，制冷系统中采用的多为半封闭双螺杆制冷压缩机。

双螺杆制冷压缩机主要包含阴转子、阳转子、壳体、轴承、电动机、滑阀等部件，通过阴阳转子间的相互啮合关系，改变工作腔容积的大小，完成吸气、压缩、排气过程，如图8-4所示。双螺杆制冷压缩机的工作腔为阴阳转子齿槽被啮合线分割的部分和壳体共同围成的复杂三维几何空间，该工作容积随着主轴转角的变化而变化。当齿间啮合容积与吸气孔口连通时，吸气过程开始，随着主轴旋转，工作腔容积逐渐增大，直至与吸气口脱离完成吸气过程。封闭容积内的气体随主轴旋转逐渐被压缩，当封闭容积与排气孔口连通时，高压气体排出压缩机。

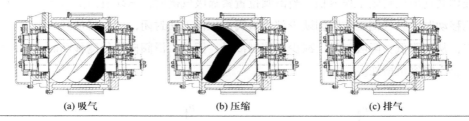

(a) 吸气　　　　　　　　(b) 压缩　　　　　　　　(c) 排气

图 8-4　双螺杆制冷压缩机的工作过程

螺杆压缩机的典型节能技术如下。

① 高效型线优化设计　型线是双螺杆制冷压缩机的基础，直接决定了转子之间的啮合过程，影响双螺杆制冷压缩机效率。设计螺杆转子型线时应尽量使阳转子和阴转子在接触线附近为面-面密封，促进油膜形成；应尽量降低泄漏三角形的面积，适当增大齿顶密封面的宽度，以减少压缩腔内气体的泄漏。目前应用较多的第三代转子型线，使双螺杆制冷压缩机的性能和可靠性等方面有所提升，但理论型线与修正方法优化和型线加工技术的提高仍需长期进行研究。图 8-5 所示的是某型号双螺杆制冷压缩机的圆弧-圆弧包络线型线，该型线具有接触线短、啮合平稳、密封性好、效率高、可磨削加工的特点。与原 SRM-A 标准型线相比，该型线使系统 COP 值提高 10%，制冷压缩机噪声下降 10 dB（A）。

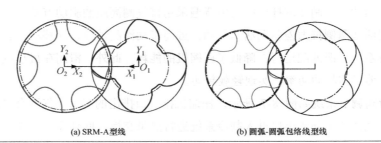

(a) SRM-A型线　　　　　　　　　　(b) 圆弧-圆弧包络线型线

图 8-5　某型号双螺杆制冷压缩机的型线

② 流量调节技术 双螺杆制冷压缩机的选型往往以系统最大制冷量为依据，而当系统制冷量发生变化时，需采用流量调节措施以降低能耗。通常可通过调节转速（如变频、起停调节）、改变吸气密度（如吸气节流）和改变容积流量（如滑阀调节、柱塞旁通调节等）等方式进行流量调节，实现系统制冷量与压缩机运行工况的匹配。目前，常用的流量调节技术为滑阀流量调节和变频流量调节。

滑阀流量调节是在双螺杆制冷压缩机阴阳转子腔下方的机体上安装容量调节滑阀，通过滑阀杆与液压活塞相连，通过液压缸内的油压驱动滑阀沿转子长度方向移动，改变转子实际工作段长度，实现流量调节。滑阀容量调节机构主要包括液压缸、容量调节滑阀、滑阀活塞、密封环、弹簧、位移传感器和滑阀杆等。这种流量调节方式虽然较为复杂，但可对压缩机流量进行连续无级调节，可靠性好、效率较高。

容量调节滑阀的调节原理如图 8-6 所示。安装在壳体内的滑阀作为壳体的一部分，与转子、壳体共同形成封闭工作容积。当滑阀位置紧靠吸气侧时，压缩机满负荷工作；当滑阀向排气侧移动时，吸气侧工作腔因缺少部分滑阀面积而无法封闭，气体将从开口处旁通回流至吸气口，从而降低实际吸气量，减少系统制冷量。因此，滑阀向排气侧移动时，压缩机容量降低，反之则容量增加。

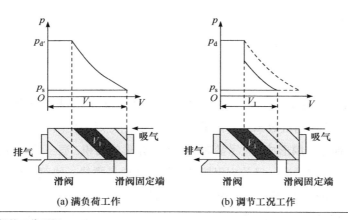

图 8-6 容量调节滑阀的工作原理

容量调节滑阀的驱动力有多种，滑阀活塞两侧均是压力油驱动、两侧均是气压驱动、油压与气压共同驱动等，制冷螺杆压缩机中普遍采用排气侧高压油驱动方式。无论哪种驱动方式，均是利用活塞两侧推力差驱动活塞移动，进而带动滑阀轴向来回移动。容量调节滑阀使压缩机流量与系统工况匹配运行，降低了压缩机的能耗。此外，滑阀在最小流量位置下起动时，能降低压缩机的起动功率，实现轻载起动。

典型的滑阀调节系统如图 8-7 所示。压缩机排气口排出的高压油气混合物进入油气分离器，分离出的气体从上部的出口进入制冷系统进行热量交换，底部高压油在油冷却器内冷却后，经过滤器后分别用于压缩机轴承润滑、工作腔喷油和容量调节滑阀驱动。用于驱动滑阀的高压油经电磁阀切换，根据要求进入液压缸两侧，实现滑阀的上载、卸载或保持功能。

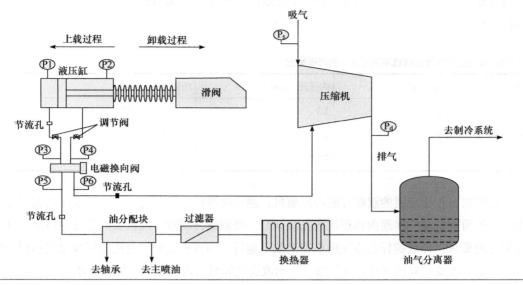

图 8-7　典型的滑阀调节系统

③ 内容积比调节滑阀　内容积比是吸气结束时工作腔容积与排气开始时工作腔容积的比值，对应的排气开始时的压力与吸气结束时压力的比值为内压比。而实际工况下的排气压力与吸气压力的比值则为外压比。可见，内压比主要取决于压缩机的结构参数，外压比则由压缩机的运行工况决定。例如，对于相同的夏季制冷工况下的室内设定温度，室外温度高时对应的外压比大，室外温度低时则外压比较小。当系统工况发生变化时，存在内压比与外压比不匹配的情况，如图 8-8 所示。当压缩机内压比较大时发生过压缩，当内压比较小时发生欠压缩，这两种情况均会增加压缩机的功耗。

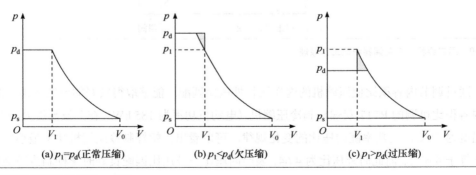

图 8-8　双螺杆制冷压缩机的 p-V 图

a. 双螺杆制冷压缩机内容积比调节滑阀　对于内容积比不可调的双螺杆制冷压缩机，通常将常用的压比范围分成几个区间，每个区间对应某一长度的滑阀，尽量缩小内、外压比间的差别，从而减少功率损失。在双螺杆制冷压缩机选型时，根据制冷系统运行工况选择适合的内容积比，以利于双螺杆制冷压缩机节能运行。表 8-5 为某双螺杆制冷压缩机不同工况下的滑阀配置。

表 8-5　某双螺杆制冷压缩机不同工况下的滑阀配置

序号	内容积比	内压比（NH$_3$）	所适应的工况
A	2.6	3.3	空调工况（+5℃/+40℃）
B	3.6	5	标准工况（-15℃/+30℃）
C	5	7.5	低温工况（-35℃/+35℃）

　　对于内容积比可调的双螺杆制冷压缩机，通常将滑阀分成两个部分。通过连续调整与转子配合的滑阀长度，实现内容积比的无级调节，使双螺杆制冷压缩机实时满足内压比与外压比相等的要求，即双螺杆制冷压缩机在高效下运行。内容积比调节滑阀的原理是利用滑阀的轴向移动，改变径向排气孔口的位置，进而改变压缩机的内容积比，如图 8-9 所示。在实际的双螺杆制冷压缩机中，往往需要同时调节容积流量和内容积比，此时容量调节滑阀和内容积比调节滑阀同时存在，分别由各自的液压缸驱动。在满负荷工况下，内容积比调节滑阀可以前后移动，以控制压缩机的内压比，容量调节滑阀则随内容积比调节滑阀运动，以保证两者之间的密封。在部分负荷工况下，容量调节滑阀和内容积比调节阀可以单独运动，以实现所需的容量和内压比。

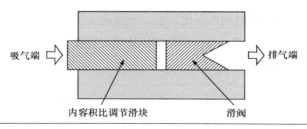

图 8-9　固定容积比与可调容积比工作原理

　　通过调节内容积比使压缩机的内压比和外压比匹配，能够取得较好的节能效果。图 8-10 为内容积比可调的 R717 双螺杆制冷压缩机（电动机功率为 185 kW）在蒸发温度为-10℃，冷凝温度为 35℃时的功率随内压比的变化规律。可以看出，螺杆制冷压缩机功率最小发生在内压比等于 4.6 时，而此时外压比为 4.64，表明内压比与外压比匹配良好时螺杆制冷压缩机运行更加经济。

　　b. 单螺杆制冷压缩机的内容积比滑阀　单螺杆制冷压缩机的内容积比滑阀结构通过检测压缩终了压力，可以有效减少过压缩和欠压缩。在机体上开有压缩终了压力的测压口，此口与滑阀上相应的滑阀导压槽连通，在滑阀工作范围内不会出现测压口与外部连通的现象，因

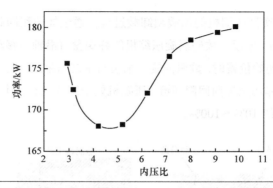

图 8-10　内容积比调节下的功率曲线

此保证了从滑阀引出的气体压力可直接被传感器精确感应，在滑阀接近排气口的内表面开有滑阀引压口，可以保证随滑阀的移动引出的气体压力始终是压缩终了压力，通过与排气腔测压口检测的背压进行对比从而调节滑阀移动，最终使得压缩终了压力与背压相同。此滑阀结构采用的控制逻辑相对简单，只要对比排气背压和压缩终了压力这两个值，并控制滑阀移动以使两个压力相等即可，而且误差只取决于两个传感器的检测精度，不存在计算公式的拟合精确度的问题。滑阀的驱动方式可以采用冷冻油压差驱动油活塞，也可以采用步进电机驱动传动机构。

④　变频调速　应用于螺杆制冷压缩机的冷量调节方法包括压缩机起停调节、压缩气体旁通调节、压缩机吸气节流调节以及变频调节等。相比其他调节方式，变频调节具有调节范围大、结构简单、起动电流平稳等优点，能够有效提升制冷压缩机在部分负荷时的能效。变频调速能够降低螺杆制冷压缩机部分负荷时的功率，减小起动时对压缩机的冲击，提高系统的经济性和可靠性。因此，变频调速是螺杆制冷压缩机节能运行的重要方向之一。近年来，变频螺杆制冷压缩机产品逐步推广应用，其市场份额逐步增加。由于变频螺杆制冷压缩机采用变转速来调节压缩机流量，一般取消滑阀，压缩机内容积比不可调节，常出现欠压缩或过压缩的现象，低频率运行时易出现供油不足、电动机冷却不足等问题。变频螺杆制冷压缩机的发展趋势主要包括：可调内容积比的变频螺杆制冷压缩机、精确控制喷油量、高效电动机冷却方式、更宽的调频范围、降低变频器成本和降低压缩机运行噪声等。

（3）涡旋制冷压缩机

涡旋制冷压缩机是利用动涡盘与静涡盘间的啮合形成封闭工作容积，通过动涡盘绕静涡盘平动完成压缩机的吸气、压缩、排气过程，被广泛应用于小型制冷系统。涡旋压缩机主要包括动涡盘、静涡盘、偏心轴、防自转机构和平衡块等部件。动涡盘安装在偏心轴上，且受防自转机构限制不能绕偏心轴自转。当主轴旋转时，动涡盘在偏心轴和防自转机构的共同作用下绕静涡盘做平面运动，动涡盘与静涡盘啮合形成的封闭容积则随主轴旋转由外至内逐渐降低，完成外部吸气、内部压缩和中心排气的过程。涡旋压缩机的动涡盘与静涡盘间存在轴向和径向间隙，其中涡盘齿顶与另一涡盘底面间的间隙为轴向间隙，而动涡盘与静涡盘啮合线位置的间隙为径向间隙。间隙会增大压缩机工作腔间的泄漏，降低压缩机效率。

数码涡旋节能技术是一种调节压缩机流量，进而调节系统负荷的技术。其特点是动静涡盘的间隙可控制调节，实现压缩机的加载和卸载过程，通过加载和卸载时间的匹配实现系统制冷量的调节。如图 8-11 所示，数码涡旋压缩机的静涡盘可沿轴向移动，改变涡盘间的轴向密封间隙。当动涡盘在初始位置时，数码涡旋压缩机与常规压缩机一样，其工作容量为 100%。当动静涡盘脱开时，气体均从轴向间隙回流，压缩机处于卸载状态，其工作容量为 0%。通常，加载时间可占循环周期的 10%～100%。

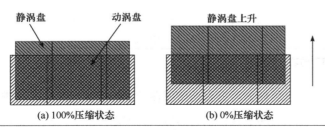

图 8-11　数码涡旋技术原理

　　涡旋制冷压缩机型线设计直接影响到压缩机性能及可靠性。目前，行业内多数厂家涡旋型线都是采用设计技术及加工工艺较成熟的圆渐开线形式的涡旋型线。根据目前的发展趋势可知，随着涡旋制冷压缩机应用领域的拓展，高压缩比、大排量和高能效的涡旋制冷压缩机研究成为涡旋机械领域的重要方向。对于圆渐开线型的涡旋，为满足高压缩比、大排量的要求，不得不靠增加涡旋齿的圈数、齿高来实现，增加了加工成本和可靠性风险。因此新型线的设计是未来涡旋压缩机研究的重点。以代数螺线为基准线，采用包络法形成的变壁厚型线在小型化、高能效方面具有一定优势。代数螺线是一种可变壁厚的结构，通过壁厚改变提高涡卷强度，从而提升可靠性。在吸气容积一定的条件下，可提升压缩机性能。

　　（4）离心制冷压缩机

　　离心制冷压缩机是一种速度式压缩机，其原理是利用高速旋转的叶轮对气体做功，以提高气体压力。离心式制冷压缩机多用于冷水机组等大型制冷系统。离心压缩机主要由吸气室、叶轮、扩压器、蜗壳等组件构成。离心式制冷压缩机零部件较少，运动部件仅包括叶轮、主轴等组成的转子系统，且叶轮径向不存在不平衡力，使得其结构简单、工作可靠。制冷剂在压缩机内与润滑油接触较少，不但省去了庞大的油分装置，降低了机组的重量及尺寸，还利于提高系统中换热器的效率。但受叶轮出口宽度限制，离心压缩机仅适用于中大型制冷系统，不适合小型制冷系统。

　　为确保叶轮的高速旋转，一般需要设置增速装置，增加了机组的功率消耗及结构尺寸，利用高速轴承替代增速齿轮是一个很好的技术途径。因此，高转速是离心制冷压缩机的一个重要发展方向。高速化不仅可以提高压缩机的气动效率，降低结构尺寸，还能大幅度降低压缩机的功耗。目前，高速磁悬浮轴承在离心式制冷压缩机上的应用已逐渐成熟，高速气悬浮轴承技术的研究和应用也已逐步推进。

　　① 磁悬浮离心制冷压缩机　采用磁悬浮轴承的离心制冷压缩机，目前成熟产品的转速可

达 48000 r/min。磁悬浮轴承是利用磁场力将压缩机的转子悬浮，使其转动过程中不产生摩擦功耗，是一种新型高性能高速轴承。由于轴承摩擦副不存在接触，不仅省去了增速装置，还降低了摩擦损耗。磁悬浮轴承是一个复杂的机电耦合系统，主要由机械系统和控制系统两个子系统组成。机械系统由转子和定子组成，控制系统主要由传感器、控制器和功率放大器等组成，其基本原理见图 8-12。

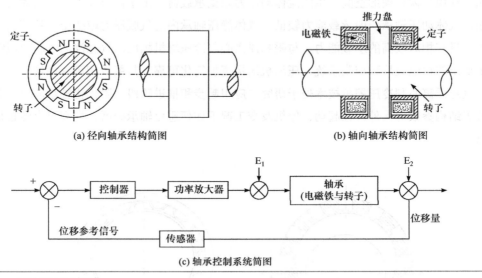

(a) 径向轴承结构简图　　　　　　　　　　　(b) 轴向轴承结构简图

(c) 轴承控制系统简图

图 8-12　磁悬浮轴承原理图

　　磁悬浮轴承结合数字变频控制技术后，离心制冷压缩机可取得较好的运行效果。图 8-13 为某公司磁悬浮离心制冷压缩机产品结构，其转速可在 15000～48000 r/min 范围内调节，压缩机的制冷量可降低至额定负荷的 20%。由于轴承无摩擦，应用磁悬浮离心制冷压缩机的制冷系统可获得高达 5.6 的能效比，变频控制技术则使压缩机的综合能效系数达到 0.41 kW/ton，节能效果明显。有实验研究结果表明，磁悬浮离心制冷压缩机比传统增速式离心制冷压缩机运行效率高 30%左右。

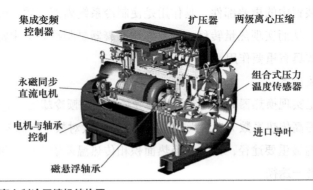

图 8-13　某公司磁悬浮离心制冷压缩机结构图

② 气悬浮离心制冷压缩机　气悬浮离心制冷压缩机即为采用气悬浮轴承的离心制冷压缩机。气悬浮轴承又称为气体轴承，其原理是利用气体作为润滑剂将压缩机转子悬浮起来，实现轴承的无接触运转。由于形成承载气膜的机理与液体润滑轴承类似，气悬浮轴承分为静压气悬浮轴承和动压气悬浮轴承，如图 8-14 所示。气体静压轴承通过供气孔和节流器向轴承和轴颈的间隙持续供给具有一定压力的气体，在间隙内形成支承载荷的静压气膜。气体动压轴承是利用气体在楔形空间产生的流体动压力来支承载荷。由于楔形间隙内的气体动压效应有限，气体动压轴承一般承载能力较低。气体静压轴承内的气膜压力取决于自身结构和供气压力，具有相对较高的承载能力。与磁悬浮离心制冷压缩机相比，气悬浮离心制冷压缩机省去了复杂的铁磁叠片和控制系统，压缩机结构更加简化可靠，其能效和可靠性均将提高。目前，气悬浮离心制冷压缩机技术处于研究、应用起步和推进阶段。除优化轴承间隙、节流口布置等结构参数优化外，在起动、停机及变工况下如何避免轴承碰磨、提高可靠性也是研究重点。

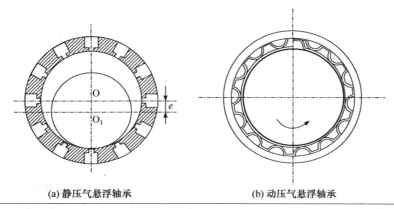

(a) 静压气悬浮轴承　　　　　　　　(b) 动压气悬浮轴承

图 8-14　气悬浮轴承

8.3.2　换热器节能技术

换热器是制冷装置中的重要部件，其作用是使制冷系统内部工质与外界环境介质进行热量（或冷量）交换，从而实现热量转移。蒸发器和冷凝器是制冷装置中常用的换热器，其性能对整个装置的能效具有重要作用。

（1）节能原理及技术

强化传热技术是实现换热器高效运行的主要途径。由牛顿冷却定律 $Q = KA\Delta t$ 可知，强化传热的主要方法有提高传热系数 K、增大换热面积 A、加大对数平均温差 Δt 等。其中提高传热系数是强化传热的最重要途径，尤其在换热面积和传热温差给定时，提高换热器的传热系数是增加换热量的唯一途径。

提高传热系数就要考虑降低传热过程的各部分热阻。常用金属换热器的热导率都较高，对传热系数的影响较小。随着使用时间的累积，换热表面不可避免地会出现一定程度的污垢，污垢热阻会逐渐影响换热器性能。因此，在制冷装置中，除在设计中考虑污垢热阻外，还应考虑设备长期运行时换热器两侧的除垢和清洗，如水冷机组中水侧的结垢、风冷机组中空气侧的清洗等。这些措施都可以有效提高制冷装置的运行效率，具有很好的节能效果。

对于提高对流换热系数，应该根据对流换热的特点，采用不同的强化传热方法。提高对流换热系数的主要途径有：提高流体速度场和温度场的均匀性；改变速度矢量和热流矢量的夹角，使二者的方向尽量一致。最常见的换热管强化方法有采用各种形状的换热管，如螺旋槽管、波纹管、各种形状的翅片管等。减小换热器的传热温差是实现制冷装置节能的有效途径之一。为了尽量减小传热温差，就需要提高换热系数、增大换热面积。对于生产企业，在相同制造成本的前提下，设计具有更高传热系数和传热面积的换热器就成为其追求目标，这也是换热器节能技术的主要发展方向。

(2) 微通道换热器

微通道换热器是指通道当量直径小于 1 mm 的换热器。微通道换热器主要用于电子芯片散热，以及制冷空调和余热回收等工业领域。微通道换热器与传统换热器相比，其主要优点是高效、节能和环保。微通道换热器风阻小、换热系数高、有效换热面积大、结构紧凑、体积小、充注量小。微通道换热器的换热性能突出。在家用空调方面，当流道尺寸小于 3 mm 时，气液两相流动与相变传热规律将不同于常规较大尺寸的情况，通道越小，这种尺寸效应越明显。当管内径小到 0.5～1 mm 时，对流换热系数可增大 50%～100%。将这种强化传热技术用于空调换热器，适当改变换热器结构、工艺及空气侧的强化传热措施，预计可有效增强空调换热器的传热性能、提高其节能水平。图 8-15 是微通道换热器结构。

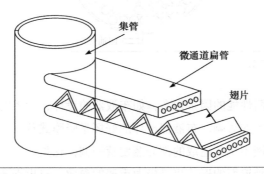

图 8-15　微通道换热器结构简图

表 8-6 为相同功率、相同能效、制冷剂均为 R22 的微通道换热器空调器与铜管铝翅片空调器的比较。从比较结果可以看出，使用微通道换热器可节省约 40%的空间，质量减少约 36.7%，系统的制冷剂充注量为铜管铝翅片机组的 48.3%，达到相同的换热效果所需的风量较小，所需风扇尺寸减小。

表 8-6　微通道换热器与铜管铝翅片换热器比较

尺寸/mm	净质量/kg	制冷剂充注量/kg	风量/（m³/h）	风扇叶轮直径/mm	迎风面积/m²
2050×775×21.65	14.48	3.29	5.605	560	1.588
1350×720×18	9.16	1.59	3.652	445	0.972

微通道换热器在使用过程中还存在相关技术难点，即：如何解决作为蒸发器时制冷剂两相流体在子通路中均匀分配问题；换热器在制冷、供热工况间切换运行问题；融霜水的排除等。

（3）水平管降膜蒸发器

在大型冷水机组中，常采用满液式蒸发器。近年来随着降膜式蒸发器技术的逐渐成熟，因其具有节能等多方面的优点，在大中型冷水机组中逐渐取代满液式蒸发器。

常见的水平降膜蒸发器通常由布液器、蒸发管、回油管、排气通道等组成，如图 8-16 所示。经过膨胀阀的制冷剂经管道流入蒸发器，经过在布液器中布液，然后均匀地滴落到布液器下方按一定规则水平排列的蒸发管道外侧；制冷剂在换热管外表面呈膜状流下并逐层滴至下层蒸发管上，流动的过程中吸收管内载冷剂释放的热量，吸热汽化；汽化后的制冷剂从管排间隙中从下向上运动，经蒸发器的蒸汽出口流入压缩机；剩余的液态制冷剂则堆积在蒸发器的底部形成液池。

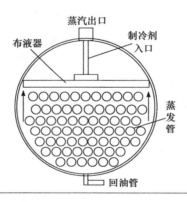

图 8-16　水平降膜蒸发器原理图

影响水平降膜蒸发器性能的因素很多，如布液器的设计、管束的排布、制冷剂的物性等都对其传热性能具有较大的影响。布液器设计的好坏是降膜式蒸发器能否发挥出优势的关键所在，其作用是避免布液不均匀造成的部分蒸发管干涸，这是设计降膜蒸发器的一个核心问题。管束的排布与管道外壁面的形状也是极为重要的参数，已出现多种强化传热表面，其中一些已经取得商业应用。

8.3.3　制冷剂的替代

制冷剂在制冷系统中循环流动，通过自身热力状态的变化不断与外界发生能量交换，实现制冷。制冷剂的选取对制冷系统节能和环境保护是很重要的一部分，应根据工况选择合适的制冷剂，应选择制冷系数高、环保性能好的制冷剂以达到较好的节能环保效果。

由于制冷、空调与热泵行业广泛采用的 CFCs（含氯氟烃）与 HCFCs（含氢氯氟烃）类物质对臭氧层有破坏作用以及产生温室效应，使全世界制冷空调行业面临严重的挑战。各国都在不断需求节能、环保、高效与可靠性强的替代工质，如欧洲国家主张采用 CO_2、NH_3、水以及烃类等天然工质，美国、日本等国主张采用 R1234yf、R1234ze、R513A 和 R515A 等人工合成工质。这些工质具有零 ODP、低 GWP 的特点，且具有较为良好的热力学性能和安全性能，作为 HCFCs 和 HFCs（氢氟烃）的替代工质不断被研究用于空调制冷领域。其中，国内外已有研究表明，利用 CO_2 在蒸发潜热、比热容、动力黏度等物性上的优势，采用合适的制冷循环和制冷装置，CO_2 在热力特性等方面上与传统制冷剂相比具有更为优越的性能。此外，CO_2 与润滑油不发生反应，对装置的腐蚀作用也较小。压缩式制冷方式是 CO_2 制冷应用的主要方式，由于 CO_2 的临界温度（30.95℃/7.377 MPa）接近环境温度，根据循环的外部条件可以实现亚临界循环、跨临界循环和超临界循环等三种循环。目前各国研究者研究将 R744、R290、R600a、R1234yf、R1234ze 等新型工质应用于家用空调、热泵、汽车空调、制冷设备等各个领域，在新型混合工质的应用和系统的优化改进方面取得了一定的研究进展。在采用新的制冷剂时，需要对压缩机、换热器、节流部件进行改进，以及从循环本身进行优化，从而最大限度发挥新型制冷剂的环保和节能效益。

8.3.4　经济器循环

采用经济器的制冷系统可以通过提高循环的过冷度，从而提高制冷系统的能效。在螺杆制冷压缩机壳体的适当位置开设补气口，与经济器相连，组成带经济器的一级节流制冷循环，如图 8-17 所示。冷凝后的制冷剂液体分为两路：一路是普通制冷循环，在经济器内换热后过冷，经主节流阀进入蒸发器，蒸发吸热后被压缩机吸气口吸入；另一路是补气循环，经辅助节流阀后，压力降至中间压力，在经济器内冷却第一路的制冷剂后变为气态，成为过热蒸气，由螺杆压缩机补气口喷入中间压缩腔。在补气口位置，由于喷入的制冷剂蒸气相对于压缩机内气体温度较低，喷入气体起到中间冷却的作用。

采用经济器的制冷系统的优势有如下几点：①气态制冷剂喷入中间压缩腔可以降低压缩机的排气比焓，即降低压缩机排气温度。经济器循环把单级压缩变为准两级压缩，避免了机组应用于制冷装置低温工况下由于压缩比增大而使系统不能正常工作的问题。②采用经济器循环以后，部分高压液体在经济器内蒸发，使得进入蒸发器节流阀的高压液体得到进一步过冷，增加制冷剂的单位制冷量，且流经蒸发器的制冷剂质量基本不变。因此，整个制冷系统的制冷量增加。③由于制冷剂的喷射，补气后压缩机内制冷剂流量增大，压缩机耗功有所增加，但压缩机耗功的增加量要小于制冷量的增加量，故系统的 COP 将增加。因此，采用经济器的制冷系统能够提高制冷量，降低压缩机排气温度，提高制冷效率，实现制冷系统节能。

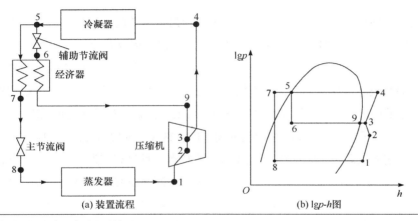

(a) 装置流程   (b) lg$p$-h图

图 8-17 经济器一级节流制冷循环系统图

带经济器制冷循环有一次节流制冷循环和二次节流制冷循环两种形式。带经济器的制冷循环常采用一次节流制冷循环，主要应用于中、低温工况。此外，经济器循环也用于供热采暖的空气源热泵系统。空气源热泵使用方便、能量利用效率高，是一种替代传统采暖模式的电力驱动供暖技术。但在北方冬季采暖季节，随着环境温度的降低，空气源热泵的制热系数会迅速衰减，甚至无法正常工作。带经济器的热泵系统，可以解决热泵系统在低温工况下制热能力不足和压缩机排气温度过高的问题。

8.3.5 膨胀功回收技术

在制冷循环中，膨胀阀是重要的节流部件，其为耗散型节流装置。喷射器和膨胀机也可以作为节流装置，它们是回收型节流装置。

（1）带膨胀机的制冷循环

利用膨胀机回收部分膨胀功，是提高制冷系统性能的有效手段。如图 8-18 所示为膨胀功回收的制冷系统 lg$p$-h 图。采用膨胀阀的制冷循环的膨胀过程为等焓过程，而采用膨胀机后的膨胀过程接近等熵过程。由于比焓的减小会使系统制冷量增大，同时膨胀机回收能量可以被系统利用，因此采用膨胀机的制冷循环的性能系数会有较大提高。

CO_2 作为环保制冷工质，已在制冷领域得到研究和应用。由于 CO_2 临界温度低（31℃）、临界压力高（7.1 MPa），其作为制冷工质适宜采用跨临界制冷循环。但是，CO_2 跨临界制冷循环节流损失大，循环效率比常规工质制冷循环效率低 20%～30%。制冷系统中膨胀机可回收的膨胀功约占压缩功的 20%～25%，因此，利用膨胀机代替膨胀阀可以提高 CO_2 跨临界制冷循环的能效比。

（2）带喷射器的制冷循环

带喷射器的制冷循环可以在循环内部对喷射器的回收功加以利用。图 8-19 为蒸气压缩喷射循环的装置流程和 lg$p$-h 图。在带喷射器的蒸气压缩式制冷循环中，经冷凝器冷却后的制冷剂流入喷射器主喷嘴进行近等熵膨胀，成为低压高速流体，从而使蒸发器中的低压制冷剂被吸入喷射器喷嘴，工作流与引射流在混合段充分混合，再经过扩压管段成为低速高压的流体

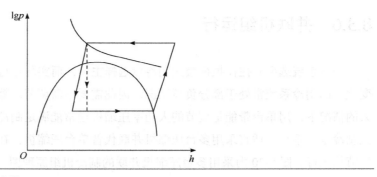

图 8-18　膨胀功回收制冷系统 lg$p$-h 图
－－－膨胀阀　——膨胀机

排出。喷射器出口为气液两相混合物，经过气液分离器分为两部分：气相部分进压缩机，被压缩之后进入冷凝器，然后作为喷射器的工作流进入喷射器；液相部分制冷剂经节流阀节流之后进入蒸发器，然后作为引射流进入喷射器。

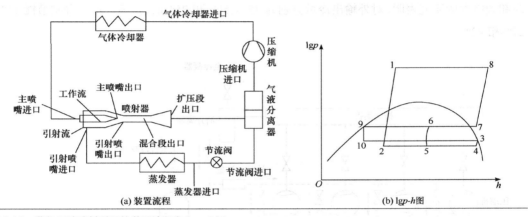

图 8-19　蒸气压缩喷射循环的装置流程和 lg$p$-h 图

　　喷射器是蒸气压缩-喷射制冷系统的关键部件，是一种非容积型的节流机构，由主喷嘴、引射喷嘴、混合段和扩压段等组成。它将工作流的膨胀能转换成动能，再将动能转换成制冷剂的压力能回收。与膨胀机相比，喷射器具有结构简单、成本低、无运动部件与制冷剂流量容易控制等优点，但效率低。

　　(3) 变流量制冷系统中频率与电子膨胀阀开度的协同控制

　　压缩机频率与电子膨胀阀开度作为变频空调控制的主要元件，其变化直接影响系统的稳定与性能。二者应匹配调整，才能得到最佳的性能系数。压缩机频率与电子膨胀阀开度关系的确定可以减少超调或者延迟的现象。过热度随膨胀电子膨胀阀开度的增大而减小，过热度控制难度上升，通过调节冷冻水温度可改善这一状况；在确定工况下，通过控制质量流量，均能得到一个频率与电子膨胀阀开度的关系式，实现电子膨胀阀开度与压缩机频率的同步控制，在保证与系统变化趋势一致的情况下，使系统迅速达到稳定状态。系统在达到稳定之前，可以以此来进行较小幅度的调整，有效减少系统频繁调节带来的损失。

8.3.6　并联机组运行

制冷系统选型时往往根据最大制冷量选择主机，而实际运行时系统负荷常常随外界条件变化，即制冷系统常处于部分负荷工况，因此需要不断调节压缩机的制冷量。在制冷负荷不大的情况下，用单台带能量调节的大功率压缩机通常能满足制冷系统的制冷量需求。对于较大制冷量的系统，适宜采用多台压缩机并联代替单台压缩机，在部分负荷运行时可实现更好的节能运行。图 8-20 为采用多台压缩机并联的制冷机组原理图。并联机组运行技术是将 2 台以上的压缩机并联集成于一个机架而服务于多台蒸发器的制冷机组，这些压缩机具有相同的蒸发压力和冷凝压力，根据系统的制冷负荷自动进行能量调节。并联机组可成功解决商用制冷设备负荷变化时存在的问题，通过合理控制压缩机的起停组合，保证机组以最经济的运行方式进行工作，最大限度节约能源。并联机组运行技术能够保证系统在部分压缩机损坏情况下继续工作，提高系统运行的可靠性。对同一制冷系统中分别采用 1 台压缩机与 4 台压缩机时卸载特性的研究表明，对外输出冷量分别为 75%、50% 和 25% 时，后者比前者分别节能 11%、27% 和 42%。

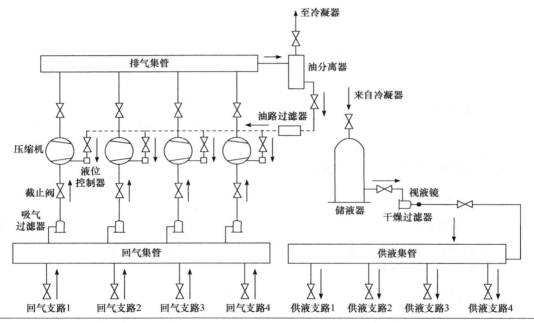

图 8-20　并联制冷机组原理
——制冷剂管路　－－－润滑油管路

8.3.7　热（冷）回收利用

（1）余热回收利用技术

热（冷）回收利用是制冷空调装置节能的重要方面。在低碳经济时代，对余热废热的回收利用成为降低能耗，减少热污染的有效途径。余热利用主要是对冰箱，热泵系统压缩机壳体热、冷凝器排放热回收利用，有利于降低运行成本，提高系统能力。制冷机组在空调工况下的冷凝热可达到制冷量的 1.2～1.3 倍，而这部分能量通常会直接排放掉。如果将冷凝热回收利用，不仅减少了热污染，同时也是一种有效的节能措施。按回收冷凝热数量多少又可以分为两类：一种是仅回收压缩机出口蒸气显热，这部分热量为冷凝热的 15%左右；另一种是回收全部冷凝热。与回收全部冷凝热相比，回收部分冷凝热由于只利用蒸气显热，热回收器的压降较小，冷凝器中冷凝压力较稳定，对室内制冷量的影响比较小。

　　排气显热回收的常用措施是借助于换热器，将高温制冷剂的热量传给空气或水，从而利用这些热量。图 8-21 为冷水机组排气热回收系统原理图。回收的热量可根据需要利用，如中央空调系统加装冷凝热回收装置制取热水。通常，酒店所需的热水的热量大约为中央空调排热量的 10%～20%。通过冷凝热回收制取的热水温度，可以达到酒店生活用热水温度（50～65℃）要求。对于活塞式和螺杆式冷水机组，该技术的节能效果较为显著。而当采用离心制冷压缩机时，由于其排气温度较低，回收的水温难以达到要求。全部冷凝热回收有直接利用和间接利用两种形式。直接利用是在制冷空调装置中加装热回收器及相应的配套设备，直接利用制冷空调装置排出的全部热量。间接利用是在制冷空调冷却水系统中加装高温水源热泵机组，把冷却水作为热源利用，这时冷凝热通过热泵进一步升高温度后可以再利用。

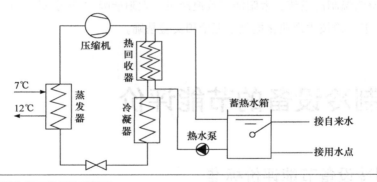

图 8-21　冷水机组排气热回收系统原理图

　　饭店类建筑的空调负荷中新风负荷占建筑总负荷的 30%左右，增大新风量会增加空调负荷。在常规空调中，排风不经过处理直接排至室外，造成其中冷热能量的浪费。若送入的新风吸收部分排风中的冷量或热量则可以大幅节省能源。用排风中的余冷/余热来预处理新风，不仅可以减少处理新风所需的能量，还可降低机组负荷，提高系统能效。因此，利用热交换器从排风中回收热量，节约新风负荷是空调系统节能的重要措施之一。《采暖通风与空气调节设计规范》规定，空调系统宜设置热回收装置。如果在排风中设置全热交换器，可节约 60%～80%的新风能耗，相当于减少 10%～20%的空调负荷。

　　（2）蓄冷节能技术

　　蓄冷节能技术是制冷系统中比较优质的节能技术，可以有效降低制冷装置运行中能源消耗量，达到良好的节能效果。蓄冷节能机制是一种对冷量收集以及排放的机制，蓄冷机制可以在制冷装置低负荷状态下释放冷管中的冷量，实现制冷效果的机制。通常来说蓄冷节能技术包括冷热交换、蓄冷罐、制冷机、泵循环几部分，蓄冷过程中各环节的应用可以保证蓄冷机制顺利储存冷量，并在制冷装置低负荷阶段将其释放出，减轻制冷系统的负担和压力。

8.3.8　太阳能制冷技术

太阳能制冷是一种有前景的环保制冷技术，它能满足全球空间制冷日益增长的需求。太阳能制冷可以通过多种技术途径来实现，其中有两种主要的商用太阳能制冷方式：即由光伏驱动的蒸气压缩制冷机（光电制冷）和由太阳能集热器收集热量驱动的制冷机（光热制冷）。不同于蒸气压缩式制冷系统，太阳能制冷系统的最大优点在于它有很好的季节匹配性，且具有环保节能的优点。经济分析表明，光伏系统的投资成本最低，是其他系统的 50%。太阳能制冷技术可以减少化石燃料的使用，从而对环境产生非常积极的影响，并且此技术已经成熟，可以与传统制冷技术竞争。吸收式制冷被认为是太阳能光热制冷中最有工业化应用潜力的机组，基于此，国内外科研机构和企业提出了基于太阳能吸收式制冷的复合制冷系统，如太阳能吸收-过冷压缩式复合制冷系统、平板型集热器驱动的小型太阳能吸收式制冷系统、太阳能吸收/压缩复叠双温制冷系统、太阳能双效溴冷机、太阳能吸收-喷射复合制冷系统等，其研究结果为太阳能制冷技术商业化提供了理论和实验基础。

8.4　制冷设备的节能评价

8.4.1　制冷设备节能评价标准

近年来，我国节能减排方面的压力逐渐增大，制冷装置作为主要耗能设备之一，其能效水平和节能评价显得尤为重要。为了提高制冷装置的能效水平，不同机构和部门出台了一系列标准和规范，用于科学评价制冷设备运行中的能效水平。以下对近年来颁布的有关制冷装置的能效评价相关标准进行梳理。

（1）GB 21455—2019《房间空气调节器能效限定值及能效等级》

该标准规定了房间空气调节器的能效等级、能效限定值和试验方法，适用于采用空气冷却冷凝器、全封闭型电动压缩机，额定制冷量不大于 14000 W、气候类型为 T1 的房间空气调节器和名义制热量不大于 14000 W 的低环境温度空气源热泵热风机，不适用于移动式空调器、多联式空调机组和风管送风式空调器。

根据该标准的规定，房间空气调节器能效等级分为 5 级，其中 1 级能效等级最高。热泵型房间空气调节器根据产品的实测全年能源消耗效率（APF）对产品能效分级，各能效等级实测 APF 应不小于表 8-7 的规定值。单冷式房间空气调节器按实测制冷季节能源消耗效率（SEER）对产品进行能效分级，各能效等级实测 SEER 应不小于表 8-8 中的规定值。低环境温度空气源热泵热风机根据产品的实测制热季节性能系数（HSPF）对产品能效分级，其能效等级分为 3 级，其中 1 级能效等级最高，各能效等级实测 HSPF 应不小于表 8-9 中的规定值。

表 8-7　热泵型房间空气调节器能效等级指标值

额定制冷量（CC）	不同能效等级全年能源消耗效率（APF）				
	1 级	2 级	3 级	4 级	5 级
CC≤4500 W	5.00	4.50	4.00	3.50	3.30
4500 W＜CC≤7100 W	4.50	4.00	3.50	3.30	3.20
7100 W＜CC≤14000 W	4.20	3.70	3.30	3.20	3.10

表 8-8　单冷式房间空气调节器能效等级指标值

额定制冷量（CC）	不同能效等级制冷季节能源消耗效率（SEER）				
	1 级	2 级	3 级	4 级	5 级
CC≤4500 W	5.80	5.40	5.00	3.90	3.70
4500 W＜CC≤7100 W	5.50	5.10	4.40	3.80	3.60
7100 W＜CC≤14000 W	5.20	4.70	4.00	3.70	3.50

表 8-9　低环境温度空气源热泵热风机能效等级指标值

名义制热量（HC）	不同能效等级制热季节性能系数（HSPF）		
	1 级	2 级	3 级
CC≤4500 W	3.40	3.20	3.00
4500 W＜CC≤7100 W	3.30	3.10	2.90
7100 W＜CC≤14000 W	3.20	3.00	2.80

(2) GB 19577—2015《冷水机组能效限定值及能效等级》

该标准规定了冷水机组能效限定值、能效等级、节能评价值、试验方法、检验规则及能效等级标注，适用于电动机驱动压缩机的蒸气压缩循环冷水（热泵）机组。标准中规定，机组能效等级依据性能系数、综合部分负荷性能系数的大小确定，依次分成 1、2、3 三个等级，其中 1 级表示能效最高。冷水机组的性能系数（COP）、综合部分负荷性能系数（IPLV）的测试值和标注值应不小于表 8-10 或表 8-11 中能效等级所对应的指标规定值。冷水机组的节能评价值为表 8-10 或表 8-11 中所对应的能效等级 2 级所对应的指标值,实测值按 GB/T 18430 和 GB/T 10870 中的性能试验方法进行测试。

表 8-10 冷水机组能效等级指标（COP）（一）

类型	名义制冷量（CC）	能效等级 1	能效等级 2		能效等级 3
		IPLV/（W/W）	IPLV/（W/W）	COP/（W/W）	IPLV/（W/W）
风冷式或蒸发冷却式	CC≤50 kW	3.80	3.60	2.50	2.80
	CC>50 kW	4.00	3.70	2.70	2.90
水冷式	CC≤528 kW	7.20	6.30	4.20	5.00
	528 kW<CC≤1163 kW	7.50	7.00	4.70	5.50
	CC>1163 kW	8.10	7.60	5.20	5.90

表 8-11 冷水机组能效等级指标（IPLV）（二）

类型	名义制冷量（CC）	能效等级 1	能效等级 2		能效等级 3
		IPLV/（W/W）	IPLV/（W/W）	COP/（W/W）	IPLV/（W/W）
风冷式或蒸发冷却式	CC≤50 kW	3.20	3.00	2.50	2.80
	CC>50 kW	3.40	3.20	2.70	2.90
水冷式	CC≤528 kW	5.60	5.30	4.20	5.00
	528 kW<CC≤1163 kW	6.00	5.60	4.70	5.50
	CC>1163 kW	6.30	5.80	5.20	5.90

(3) GB 29540—2013《溴化锂吸收式冷水机组能效限定值及能效等级》

该标准规定了溴化锂吸收式冷水机组能效限定值、节能评价值、能效等级、试验方法及检验规则,适用于以蒸气为热源或以燃油、燃气直接燃烧为热源的空气调节或工艺用双效溴化锂吸收式冷（温）水机组,但不含两种或两种以上热源组合型的机组。标准中规定,溴化锂吸收式冷水机组能效等级分为 3 级,其中 1 级能效等级最高。

(4) GB 21454—2008《多联式空调（热泵）机组能效限定值及能源效率等级》

该标准规定了多联式空调（热泵）机组的制冷综合性能系数[IPLV（C）]限定值,节能评价值,以及能源效率等级的判定方法、试验方法及检验规则,适用于气候类型为 T1 的多联式空调（热泵）机组,不适用于双制冷循环系统和多制冷循环系统的机组。

标准中规定,根据产品的实测制冷综合性能系数[IPLV（C）],查表 8-12 判定该产品的能效等级,此能效等级不应低于该产品的额定能源效率等级。制冷综合性能系数的标注值应在其额定能源效率等级对应的取值范围内。多联式空调（热泵）机组的节能评价值为表 8-12 中能效等级的 2 级所对应的制冷综合性能系数指标，制冷综合性能系数的测试方法则按照 GB/T 18837 的相关规定执行。

表8-12　多联式空调机组能效等级对应的制冷综合性能系数指标　　　　　　　　　　　单位：W/W

名义制冷量（CC）	能效等级 5	能效等级 4	能效等级 3	能效等级 2	能效等级 1
CC≤28000 W	2.80	3.00	3.20	3.40	3.60
28000 W＜CC≤84000 W	2.75	2.95	3.15	3.35	3.55
CC＞84000 W	2.70	2.90	3.10	3.30	3.50

（5）GB 29541—2013《热泵热水机（器）能效限定值及能效等级》

该标准规定了热泵热水机（器）的能源效率限定值、节能评价值、能源效率等级、试验方法及检验规则，适用于以电动机驱动、采用蒸气压缩制冷循环、以空气为热源、提供热水为目的的热水机（器），不适用水源式热泵热水机（器）。标准中规定，根据产品的实测性能系数（COP），由表 8-13 判定该产品的能源效率等级。

表8-13　热泵热水机能源效率等级指标　　　　　　　　　　　　　　　　　　　　　　单位：W/W

制热量	类型	加热方式		能效等级				
				1	2	3	4	5
H＜10 kW	普通型	一次加热、循环加热式		4.60	4.40	4.10	3.90	3.70
		静态加热式		4.20	4.00	3.80	3.60	3.40
	低温型	一次加热、循环加热式		3.80	3.60	3.40	3.20	3.00
H≥10 kW	普通型	一次加热		4.60	4.40	4.10	3.90	3.70
		循环加热	不提供水泵	4.60	4.40	4.10	3.90	3.70
			提供水泵	4.50	4.30	4.00	3.80	3.60
	低温型	一次加热		3.90	3.70	3.50	3.30	3.10
		循环加热	不提供水泵	3.90	3.70	3.50	3.30	3.10
			提供水泵	3.80	3.60	3.40	3.20	3.00

热泵热水机（器）分为 5 个等级，其中 1 级表示能源效率最高。制热量大于 10 kW 的静态加热式热水机（器），参照 10 kW 以下的静态加热式产品能效等级指标执行。热泵热水机（器）的节能评价值为表 8-13 中能效等级 2 级的规定值，试验方法则参照 GB/T 23137—2008 或 GB/T 21362—2008 中的相关规定执行。

（6）GB 30721—2014《水（地）源热泵机组能效限定值及能效等级》

该标准规定了水（地）源热泵机组能效限定值、节能评价值、能效等级、试验方法和检验规则，适用于以电动机械压缩式系统并以水为冷（热）源的户用、工商业用和类似用途的水（地）源热泵机组，不适用于单冷型和单热型水（地）源热泵机组。标准中规定，水（地）源热泵机组能效等级分为 3 级，其中 1 级能效最高。

（7）GB 12021.2—2015《家用电冰箱耗电量限定值及能效等级》

该标准规定了家用电冰箱（以下简称电冰箱）耗电量限定值、能效等级与节能评价值判定方法、耗电量试验方法及检验规则，适用于电动机驱动压缩式的家用的电冰箱（含 500L 及以上）、葡萄酒储藏柜、嵌入式制冷器具，不适用于其他专用于透明门展示用或其他特殊用途的电冰箱产品。

标准中规定，根据表 8-14 判定该产品的能效等级，此能效等级不应低于该产品的额定能效等级。对于冷藏冷冻可转化电冰箱按冷冻箱模式测试。对于具有可变温间室的电冰箱，变温室按照可变温度范围的中间值附近，并按各间室类型就高取特性温度下进行试验和计算，确定其能效等级。对于冷藏冷冻箱，标准能效指数和综合能效指数均要满足额定能效等级对应的能效指数要求。

表 8-14 电冰箱能效等级的能效指数

能效等级	冷藏冷冻箱		葡萄酒储藏柜	卧式冷藏冷冻柜	其他类型
	标准能效指数 η_s	综合能效指数 η_t	标准能效指数 η_s	标准能效指数 η_s	标准能效指数 η_s
1	$\eta_s \leqslant 25\%$	$\eta_t \leqslant 50\%$	$\eta_s \leqslant 55\%$	$\eta_s \leqslant 35\%$	$\eta_s \leqslant 45\%$
2	$25\% < \eta_s \leqslant 35\%$	$50\% < \eta_t \leqslant 60\%$	$55\% < \eta_s \leqslant 70\%$	$35\% < \eta_s \leqslant 45\%$	$45\% < \eta_s \leqslant 55\%$
3	$35\% < \eta_s \leqslant 50\%$	$60\% < \eta_t \leqslant 70\%$	$70\% < \eta_s \leqslant 80\%$	$45\% < \eta_s \leqslant 55\%$	$55\% < \eta_s \leqslant 65\%$
4	$50\% < \eta_s \leqslant 60\%$	$70\% < \eta_t \leqslant 80\%$	$80\% < \eta_s \leqslant 90\%$	$55\% < \eta_s \leqslant 65\%$	$65\% < \eta_s \leqslant 75\%$
5	$60\% < \eta_s \leqslant 70\%$	$80\% < \eta_t \leqslant 90\%$	$90\% < \eta_s \leqslant 100\%$	$65\% < \eta_s \leqslant 75\%$	$75\% < \eta_s \leqslant 85\%$

（8）GB 26920.1—2011《商用制冷器具能效限定值及能效等级第 1 部分：远置冷凝机组冷藏陈列柜》

该标准为 GB 26920 的第一部分，规定了远置冷凝机组冷藏陈列柜（简称远置式冷藏陈列柜）能效限定值、能源效率等级、节能评价值、试验方法和检验规则，适用于销售和陈列食品的远置式冷藏陈列柜，不适用于制冷自动售货机和非零售的冷藏陈列柜。标准中规定，能效等级表示产品能源效率高低差别的一种分级方法，依据能效指数的大小确定，依次分成 1～5 五个等级，其中 1 级表示的能源效率最高。

（9）GB 26920.2—2015《商用制冷器具能效限定值和能效等级第 2 部分：自携冷凝机组商用冷柜》

该标准为 GB 26920 的第二部分，规定了自携冷凝机组商用冷柜（简称自携式商用冷柜）能效限定值、能效等级、节能评价值、试验方法、检验规则和能效等级标注，适用于以下商用冷柜：销售和陈列食品的自携式商用冷柜，商店、宾馆和饭店等场所使用的封闭式自携饮料冷藏陈列柜，实体门商用冷柜（如厨房冰箱、制冷储藏柜、制冷工作台）和非零售用的自携式商用冷柜。

标准中规定，自携冷凝机组商用冷柜依据的能效指数表示耗电量实测值（总能量消耗TEC）与限定值（TEC_{max}）之比，依据其大小依次分成1～5五个等级，其中1级所表示的能源效率最高。

（10）GB/T 30261—2013《制冷空调用板式热交换器㶲效率评价方法》

该标准规定了制冷空调用板式热交换器㶲效率的评价指标、试验方法与要求、标注等，适用于设计压力不大于5.0 MPa的制冷空调用板式热交换器（以下简称换热器）。该标准规定，㶲效率指换热器中两侧流体的有效输出㶲与输入㶲之比，换热器的换热效率采用㶲效率进行评价。此外，标准中对换热器用作蒸发器和冷凝器时的试验工况、换热器㶲效率的标注等方面内容做了详细规定。

（11）GB/T 10870—2014《蒸气压缩循环冷水（热泵）机组性能试验方法》

该标注规定了由电动机驱动的采用蒸气压缩制冷循环的冷水（热泵）机组的主要性能参数的试验规定、试验方法、试验偏差、总输入功率、性能系数的评定等，适用于由电动机驱动的采用蒸气压缩制冷循环的冷水（热泵）机组的性能试验，冷却塔一体机组、盐水机组、乙二醇机组等可参照执行。

（12）GB/T 15912.1—2009《制冷机组及供制冷系统节能测试第1部分：冷库》

该标准为GB/T 15912的第一部分，规定了采用制冷压缩机（机组）、冷凝器、蒸发器及附件、管路等独立零部件在用户现场安装的制冷系统的节能检测内容和节能测试方法，适用于储存空间大于500 m³的冷冻、冷藏库（以下简称冷库），不适用于山洞冷库，石拱覆土冷库，地下、半地下冷库以及冷库的冷却间和冷冻间。标准中对监测内容、测试条件与方法、制冷量的计算、制冷系统性能系数的计算、复测与比对、监测报告等方面做了详细规定。

（13）GB/T 19412—2003《蓄冷空调系统的测试和评价方法》

该标准规定了制冷蓄冷系统技术性能测试、经济评价方法和蓄冷空调系统经济评价方法，适用于由制冷蓄冷系统和供冷系统所组成的蓄冷空调系统。其中，制冷蓄冷系统以某种传热流体制冷、蓄冷和释冷，而供冷系统可以是任何形式和任何供回水条件。该标准既可作为已建蓄冷空调系统的测试和评价方法，同时能用于设计院所、建设单位、电力部分进行蓄冷空调系统方案论证评估的方法。

（14）GB/T 33841.1—2017《制冷系统节能运行规程 第1部分：氨制冷系统》

该标准规定了氨制冷系统运行调节、维护和管理节能要求。本部分适用于以氨为制冷剂的蒸气压缩式直接制冷系统或间接制冷系统。采用其他制冷剂的压缩式制冷系统可参照执行。标准中对管理基本要求、制冷系统节能运行、制冷设备节能运行、制冷系统与设备节能维护、制冷系统能效状态自测与评估等方面做了详细规定。

8.4.2 制冷系统节能评价指标

衡量制冷系统性能的最重要的参数为性能系数 COP，第 8.4.1 节中各标准给出了制冷设备的能效评价指标和测试方法。本小节主要从整个制冷系统的角度阐述制冷系统的节能评价。

（1）冷库系统能耗系数

冷库系统能耗系数是指冷库系统稳定运行时每立方米库容的日耗电量。北京中建建筑科学研究院有限公司等单位编制了适合于北京市科学合理评价不同类型冷库运行能耗的具体方法和指标。为得到冷库系统能耗系数需得到冷库系统总能量消耗（TEC）的值。冷库系统总能量消耗为冷库系统制冷电能消耗（REC）和直接电能消耗（DEC）的总和，其中 REC 为 24 h 内制冷系统必须的能量消耗，主要为制冷机组和冷凝器电耗（制冷系统所必须的能量消耗）；DEC 指 24 h 内电气部件的能量消耗，包括照明、冷风机、融霜、风幕、自控、辅助加热设备及循环泵等满足冷库系统正常运行所需的全部附属设备用电。为得到合理的能耗系数评价指标，参照冷库设计规范中机械负荷的计算法确定机组的需冷量，并根据与机组 COP 的关系计算 REC 的边界值；依据测试得到的经验结果，计算得到 DEC，最终得出冷库系统总能量消耗 TEC 的值，再除以库容得到能耗系数。

（2）数据中心制冷系统节能评价

① 制冷系统负载系数　制冷系统负载系数（cooling load factor，CLF）为数据中心制冷系统在一个测量周期内的制冷总能耗占 IT（信息设备）设备总能耗百分比，该指标为单位 IT 系统耗电量对应制冷系统耗电量，能够直观反映不同数据中心制冷系统配备比重的大小，在满足 IT 设备稳定运行的条件下，该指标数值越低越好。

$$CLF = \frac{\int P_{CS}}{\int P_{IT}} \times 100\% \tag{8-2}$$

式中，P_{CS} 为制冷系统总功耗（包括室内室外空调设备、温度调节、湿度调节及新风系统等所有与空气调节处理相关的功耗），kW；对于信息系统机房节能检测，$\int P_{CS}$ 为一个测量周期内制冷系统总耗能，kW·h；P_{IT} 为 IT 设备的功耗，kW；对于信息系统机房节能检测，$\int P_{IT}$ 为一个测量周期内 IT 系统总耗能，kW·h。

② 制冷系统周期能效比　制冷系统周期能效比（cooling systemperiod energy efficiency ratio，CSER）为一个测量周期内数据中心制冷系统总制冷量与其总耗能量的累积值之比，即：

$$CSER = \frac{\int \sum q_o}{\int P_{CS}} \times 100\% \tag{8-3}$$

式中，$\sum q_o$ 为数据中心所有机房内空调总制冷量，kW；$\int \sum q_o$ 为一个测量周期内制冷系统总制冷量，kW·h。

③ 制冷量利用率 理想的制冷条件是制冷系统所产生的冷空气全部进入 IT 设备冷却回路，但目前大多数数据中心都未采用气流遏制送回风形式，在机房的气流分配形式中大部分中大型数据中心都采用精确送风的分配形式。为了评价 IT 设备冷空气利用水平，通过制冷量利用率来评价空调系统的实际使用效率。由于 IT 系统及其机架消耗的能量最终都转化为热量，所以 IT 系统所利用的制冷量在理论上等于其系统所消耗的功率，即制冷量利用率（cooling capacity utilization rate，CCUR）。

$$CCUR = \frac{\int P_{IT}}{\int \sum q_o} \times 100\% \tag{8-4}$$

④ 返回温度系数 返回温度系数（return temperature index，RTI）是对数据中心气流分配系统效率进行评价的指标，通过计算回风气流与送风气流的温差对机架进出风温差的比值得出，即：

$$RTI = \frac{T_{Return} - T_{Supply}}{\Delta T_{Equip}} \times 100\% \tag{8-5}$$

式中，T_{Return} 为返回气流平均温度，℃；T_{Supply} 为送风气流平均温度，℃；ΔT_{Equip} 为 IT 设备进出风口处平均温度，℃。

对于相同配置机柜可每三个机柜近出风口处上中下各测一组数据；对于相邻不同配置机柜，应分别测量各个机柜的温度数据。

（3）喷射制冷系统的评价指标

喷射器的性能评价指标主要有喷射系数、压缩比、膨胀比、喷射器效率等。喷射制冷系统评价指标有系统制冷量、COP 等。

喷射系数 ω 是对喷射器引射能力的评估，为喷射器引射流体与工作流体的质量流量之比，即：

$$\omega = \frac{m_e}{m_g} \tag{8-6}$$

式中，m_e 为引射流体的质量流量，kg/s；m_g 为工作流体的质量流量，kg/s。

压缩比 R_c 被定义为喷射器出口混合流体与引射流体的压力之比，即：

$$R_c = \frac{p_c}{p_e} \tag{8-7}$$

式中，p_c 为喷射器出口混合流体的静压力，kPa；p_e 为引射流体的静压力，kPa。

膨胀比 R_e 被定义为喷射器进口的工作流体压力与喷射器接受室前的引射流体压力之比，即：

$$R_e = \frac{p_g}{p_e} \tag{8-8}$$

式中，p_g 为喷射器进口工作流体的静压力，kPa；p_e 为引射流体的静压力，kPa。

喷射制冷系统的性能系数 COP 被定义为制冷循环获得的制冷量与输入系统的能量之比，即：

$$COP = \frac{Q_e}{Q_g + W_{pump}} \tag{8-9}$$

式中，Q_e 为系统制冷量，kW；Q_g 为发生器热，kW；W_{pump} 为循环泵功，kW。

（4）太阳能制冷系统的热力学评价指标

太阳能制冷系统的热力学评估可通过系统总效率（overall system efficiency，OSE）获得，定义为在某个时间段（一天、一个月或者整个空调季）内的制冷量与入射太阳辐射强度（I_β）的比值。对于太阳能热驱动制冷系统，该比值与吸附式制冷机的性能相关，COP_{th} 为制冷机的性能，即制冷量和输入驱动制冷机的热量的比值，即：

$$OSE = \frac{q_0}{I_\beta} = \frac{q_0}{q_\beta} = COP_{th}\eta \tag{8-10}$$

对于光伏驱动太阳能制冷系统：

$$OSE = \frac{q_0}{I_\beta} = \frac{q_0}{E} \times \frac{E}{I_\beta} = COP\,\eta \tag{8-11}$$

式中，η 为太阳能集热器或光伏板的效率；q_0 为可用的制冷量，kW；E 为系统消耗的能量（电能），kW；I_β 为入射太阳辐射强度。

8.5　节能案例分析

8.5.1　微通道换热器的应用

微通道换热器具有多方面的优点，以下对微通道蒸发器与常规蒸发器在 R404A 制冷系统中的特性进行比较：①微通道换热器中，微通道的通道个数为 52，长度 670 mm，宽 15 mm，通道厚度为 0.7 mm，相邻的两通道间距离为 10 mm，换热面积近 4.5 m²。②常规管翅式蒸发器中，外壳尺寸长度 820 mm，宽 330 mm，高 490 mm，换热面积近 4.3 m²。将上述换热器安装于同一 R404A 制冷系统测量装置，对不同工况下的性能进行测量。当系统稳定后，微通道蒸发器和常规蒸发器的进口压力随着库内热负荷变化的结果如图 8-22 所示。从图中可以看出，微通道蒸发器进口压力的变化幅度远小于常规蒸发器进口压力的变化幅度，在相同工况下，微通道蒸发器进口压力低于常规蒸发器进口压力。

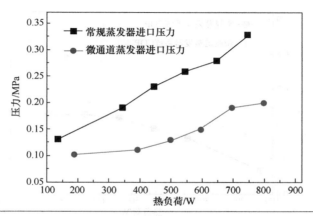

图 8-22　不同热负荷下蒸发器进口压力比较

图 8-23 所示的是微通道蒸发器与常规蒸发器的进出口压降随热负荷的变化规律。当系统稳定后，随着库内热负荷的增大，微通道蒸发器与常规蒸发器的进出口压降都随着热负荷的增大而增大，微通道蒸发器进出口压降变化的幅度小于常规蒸发器进出口压降的变化幅度。微通道蒸发器进出口压降基本处在 0.04 MPa 到 0.08 MPa 之间，而常规蒸发器进出口压降在库内热负荷大于 400 W 以后均大于 0.10 MPa。整体趋势表明，在改变库内热负荷的条件下，微通道蒸发器内制冷剂的流态与常规蒸发器内制冷剂流态相比更加稳定，制冷效果更佳。

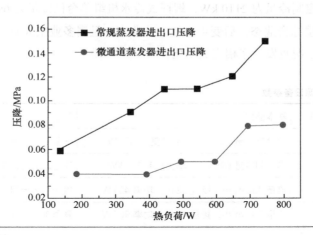

图 8-23　换热器压降比较

图 8-24 所示的是分别采用微通道蒸发器与常规蒸发器的制冷系统 COP 值随热负荷的变化规律。从图中可以看出，当系统稳定后，随着库内热负荷的增加，两种蒸发器系统 COP 都不断地增大，不同的是，微通道蒸发器系统的 COP 值变化幅度更大，而常规蒸发器系统 COP 在 550 W 后的变化趋势较平缓，在 0.63 左右；同等工况下，微通道蒸发器系统 COP 大于常规蒸发器系统 COP；在只有风机热负荷的情况下，微通道蒸发器系统 COP 为 0.57，而常规蒸发器系统 COP 为 0.47 左右。在相同 R404A 充注量下，微通道蒸发器的制冷效果优于常规管翅式蒸发器的制冷效果。

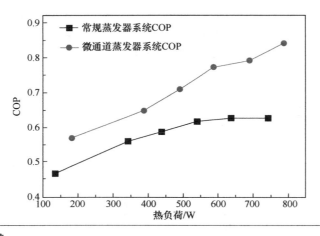

图 8-24　系统 COP 比较

8.5.2　磁悬浮离心冷水机组在节能改造中的应用

磁悬浮离心冷水机组作为一种高效制冷设备，在能耗方面具有明显优势。以下对其在制冷设备改造中的应用案例进行分析。上海某大厦总建筑面积为 31190 m²，集中冷热源由 2 台直燃溴化锂机组以及 1 台螺杆式冷水机组提供。系统设备参数如表 8-15 所示。其中，直燃溴化锂机组的单台额定制冷量为 2110 kW，螺杆式冷水机组单台供冷量为 696 kW。大厦初期为酒店、餐饮与写字楼综合业态，后变更为纯办公业态，且属多业主大厦。随着大厦使用业态的变化，大厦用能情况也发生了相应的变化。

表 8-15　大厦空调冷热源设备参数

型号	台数	基本参数	备注
直燃溴化锂机组	2	单台制冷量 2110 kW，制热量 1865 kW	一备一用，能源为城市煤气
螺杆式冷水机组	1	单台制冷量 696 kW，单台功率 138 kW	宾馆取消后，使用率低
冷水泵	3	流量 430 m³/h，扬程 32 m，功率 45 kW	供冷供热合用，2 台变频、1 台定频
冷却水泵	4	流量 600 m³/h，扬程 40 m，功率 90 kW	夏季 1 台变频运行

改造前大厦消耗能源种类主要为电和煤气，其中空调供冷季为每年 5～9 月，供暖季为每年 11 月至次年 3 月。直燃溴化锂机组每年供冷季和供暖季运行。在大厦的使用业态发生了变化后，空调系统运行并未发生较大变化。根据物业提供的大厦实际用能数据，大厦年平均能源消耗量为 533.6 kW·h，其中煤气消耗占总能源消耗的 35.4%，制冷季能源消耗占年能源消耗的 47.4%，供暖季能源消耗占年能源消耗的 40.1%。

基于大厦实际用能分析结果，对直燃溴化锂机组的实际运行性能进行了现场检测。检测日选择在制冷季，测试结果如表 8-16 所示。根据当天的测试数据，直燃溴化锂机组的制冷性能系数（COP）为 0.83，而机组额定值为 1.13，说明其运行效率较低。考虑大厦年耗气量占大厦全年能耗的 35.4%，因此，空调系统成为此次节能改造的主要对象。实际运行过程中，夏季最多只用 1 台溴化锂机组，在夜间或是大楼负荷较小的情况下 1 台螺杆机即可。而在冬季也是 1 台溴化锂机组可满足使用要求。

表 8-16 直燃溴化锂机组测试结果

运行参数及单位	数值
冷却水量/（m³/h）	350.8
冷却水进水温度/℃	10.8
冷却水出水温度/℃	8.0
进出口温差/℃	2.8
煤气消耗量/（m³/h）	192
电动机输入功率/kW	13

经过分析，改造方案确定为：用 1 台组合的磁悬浮变频离心机组替代原有的 1 台直燃溴化锂机组，保留另外 1 台作为辅助冷源。为缩短大厦集中空调系统低负荷运行时间，在节假日及周末需要开启空调的区域单独增设多联机空调系统，提高空调系统利用效率。

改造完成后，高温季典型日机组一直保持高负荷运行的状态。运行期间机组负荷率在 75%～90% 之间，日平均负荷率在 80% 左右，说明改造空调机组设计负荷符合大厦用能需求，未出现设计负荷偏大的现象。高温季节冷水机组 COP 最高为 9，最低为 6.6，日平均 COP 高达 7.89，远远高于改造前直燃溴化锂机组的运行效率。冷水平均供水温度为 7.36℃，冷水平均回水温度为 12.03℃，机组高负荷运行稳定。非高温季典型日机组运行 COP 最高为 13.05，最低约为 7.31，日机组负荷率在 30% 左右时 COP 高达 13，表现出了磁悬浮机组优越的部分负荷运行特性。

改造前后能耗对比如表 8-17 所示，通过空调系统节能改造，夏季使用 1 台组合的磁悬浮变频离心机组作为大厦的冷源，冬季仍然开启保留的 1 台直燃型溴化锂机组，改造后大厦空调系统节约能耗 826097.1 kW·h，空调冷源系统节能率 15.48%。

表 8-17 大厦改造前后能耗汇总

项目	改造前能耗	改造后能耗
能耗（等效电）/kW·h	961335.3	135238.2

8.5.3 多能源综合利用案例

单一节能技术的使用多针对设备节能，而通过多种能源的综合利用，往往可以大幅降低某一小区域或建筑的综合能耗，这也是我国近年来逐步提倡基于冷-热-电综合利用的分布式能源管理的初衷。以北京市某工厂综合楼的多能源复合采暖/空调系统为例，所涉及的综合楼的总面积为 4500 m²，其中办公区和宿舍区各占一半。车间生产过程中产生工业余热，工业余热水池 2000 m³，温度 15～25℃。

采用的多能源复合采暖/空调系统主要由 U 型管式太阳能集热器、空气源热泵机组、水源热泵机组、储热水箱、原有工业余热水池、风机盘管、板式换热器、循环水泵、软化水及补水设备组成。系统中的水箱储存了太阳能集热器提取的太阳能和空气源热泵从空气中提取的热量，水源热泵则以储热水箱中的水或工业余热水池中的水作为冷源进一步制热。当水箱中的温度达到供暖要求时，可直接用于建筑供暖；当水箱中的温度不足时，则可通过水源热泵进一步提升温度后用于供暖；当水箱中的温度特别低或者工业余热水池的温度达到水源热泵使用要求时，则由水源热泵提取工业余热用于供暖。

方案设计中，综合楼的冬季采暖优先使用太阳能，其次为空气源和水源热泵，少量使用工业余热。水源热泵作为系统的二级升温设备，可以从水箱中提取热量，也可以从工业余热水池中提取热量。综合楼的夏季制冷通过水源热泵的制冷模式与工业余热水池相结合，将室内热量取出，通过冷却塔排放到大气中实现制冷。综合楼节能改造前，冬季采暖年耗能量和空调总能耗折算成标准煤为 61.70 tce，夏季空调年耗能量折算成标准煤为 8.61 tce，总能耗为70.31 tce。

综合楼节能改造之后，冬季采暖能量由太阳能、空气源热泵和水源热泵以及部分工业余热提供。经过实际测试，太阳能可以提供约 40%的能量，工业余热可提供约 10%的能量，其余 50%的能量由热泵提供。系统建设后运行 1 年，经过测试系统机组运行日平均用电量为1008.11 kW·h，总的供暖天数 120 d，冬季采暖年能耗为 14.87 tce。改造后综合楼总的制冷天数 90 d，每天 8 h。经过实际测试后系统平均每天空调的用电量为 320 kW·h，折合夏季空调年能耗为 3.54 tce。因此，综合楼节能改造后系统采暖和空调年总能耗为 18.41 tce，比节能改造前的能耗有大幅度降低，节能效果显著。

因此，将太阳能集热器、空气源热泵、工业余热和水源热泵相结合，设计一种多能源复合采暖/空调系统，为公共建筑提供冬季采暖和夏季空调的方案是可行的，该系统的运行费用和节能效果也表明，太阳能与空气源和水源热泵相结合系统的运行费用比其他类型的系统低（如电采暖系统和燃气采暖系统），经济效益和社会效益显著。

参考文献

[1] 韩美顺. 2020 年度中国制冷设备市场分析[J]. 制冷技术，2021，41（S1）：67-86，94.

[2] 高恩元，韩美顺. 2020 年度中国制冷剂产品市场分析[J]. 制冷技术，2021，41（S1）：51-59.

[3] 李玲珊，刘旸，初琦. 2020 年度中国压缩机市场发展分析[J]. 制冷技术，2021，41（S1）：9-37.

[4] 李蓉. 制冷压缩机过程模拟及节能技术开发研究[D]. 杭州：浙江大学，2014.

[5] 马俊. 高效活塞式铝线压缩机研究[J]. 家电科技, 2016 (11): 84-86.

[6] 姜成. 螺杆压缩机滑阀气量调节液压系统研究[D]. 上海: 上海交通大学, 2015.

[7] 孙时中, 马冬雪, 张运运, 等. 变频螺杆式制冷压缩机的应用现状及研究进展[J]. 制冷与空调, 2019, 19 (2): 70-76.

[8] 杨明. 内容积比调节技术对螺杆制冷压缩机功率影响的试验分析[J]. 低温与特气, 2016, 34 (6): 19-21.

[9] 张森. 选用内容积比可调螺杆制冷压缩机节能探讨[J]. 肉类工业, 2014 (5): 46-48.

[10] 沈俊, 莫兆军, 李振兴, 等. 磁制冷材料与技术的研究进展[J]. 中国科学: 物理学 力学 天文学, 2021, 51 (6): 7-21.

[11] 赵芳平, 李光春, 孙玲琴. 数码涡旋技术在多联中央空调的节能应用[J]. 制冷与空调, 2011, 25 (6): 566-569.

[12] 张东亮, 张旭, 蔡宁. 数码涡旋多联式空调系统节能性探讨[J]. 建筑科学, 2013, 29 (6): 83-88, 106.

[13] 齐淑芳, 陈璞, 戎晔, 等. 数码涡旋压缩机节能的研究[J]. 中国包装工业, 2015 (5): 54-55.

[14] 李镇彬. 高效双级离心式制冷压缩机气动优化设计及应用[D]. 重庆: 重庆大学, 2015.

[15] 盛正堂, 何四发, 李勋, 等. 浅析往复式冰箱压缩机节能的新方法[J]. 家电科技, 2016 (11): 80-83.

[16] 李媛媛, 朱熀秋, 朱利东, 等. 磁悬浮轴承发展及关键技术研究现状[J]. 微电动机, 2014, 47 (6): 69-73, 82.

[17] 徐震原, 王如竹. 空调制冷技术解读: 现状及展望[J]. 科学通报, 2020, 65 (24): 2555-2570.

[18] 张正国, 石国权, 徐涛, 等. 压缩式制冷空调机组壳管式换热器的传热强化研究进展[J]. 制冷学报, 2012, 33 (5): 43-48.

[19] 刘帅领, 马国远, 张海云, 等. 空气制冷技术原理及发展现状[J]. 制冷与空调 (四川), 2021, 35 (3): 444-450.

[20] 葛洋, 姜末汀. 微通道换热器的研究及应用现状[J]. 化工进展, 2016, 35 (S1): 10-15.

[21] 王学会, 袁晓蓉, 吴美, 等. 制冷用水平降膜式蒸发器研究进展[J]. 制冷学报, 2014, 35 (2): 19-29.

[22] 陈自刚, 李庆生, 李诗韵, 等. 水平管蒸发器管外降膜流动数值分析[J]. 石油化工设备, 2018, 47 (4): 1-6.

[23] 杨丽, 王文, 白云飞. 经济器对压缩制冷循环影响分析[J]. 制冷学报, 2010, 31 (4): 35-38, 56.

[24] 秦黄辉. 带闪蒸型经济器的风冷螺杆热泵机组性能的实验研究[J]. 制冷学报, 2013, 34 (5): 55-58, 94.

[25] 国家发展改革委, 工业和信息化部, 财政部, 等. 绿色高效制冷行动方案[J]. 轻工标准与质量, 2019 (4): 27-28.

[26] 赵丽. 制冷与热泵循环中膨胀部件的理论与试验研究[D]. 天津: 天津大学, 2014.

[27] 孙志利, 马一太. 单级跨临界二氧化碳带膨胀机循环与四种双级循环的热力学分析[J]. 制冷学报, 2016, 37 (3): 53-59.

[28] 陈光明, 孙翔, 宣永梅, 等. 喷射器及其在制冷中的应用研究进展[J]. 制冷学报, 2021, 42 (3): 1-18.

[29] 刘恩海, 袁铁锁, 于海龙, 等. 吸收-喷射复合制冷系统热力性能与节能分析[J]. 节能, 2018, 37 (3): 47-51.

[30] Renato Lazzarin, 王云鹏, 张晓宁, 等. 太阳能制冷的应用现状[J]. 制冷技术, 2021, 41 (2): 1-10.

[31] 刘鹏鹏, 盛伟, 焦中彦, 等. 自复叠制冷技术发展现状[J]. 制冷学报, 2015, 36 (4): 45-51.

[32] 刘群生, 张冰, 马越峰, 等. 制冷并联机组压缩机台数的方案设计[J]. 低温与超导, 2016, 44 (7): 67-73.

[33] 田素根, 王春, 赵远扬. 涡旋压缩机技术研究进展与发展趋势[J]. 制冷与空调, 2021, 21 (3): 72-77, 86.

[34] 刘坡军, 刘雪峰. 空调热泵冷凝热回收技术在酒店生活热水中的应用[J]. 制冷与空调, 2016, 16 (3): 59-63.

[35] 刘彬, 王旭阳, 李夔宁, 等. 涡旋压缩机涡旋型线的研究现状及展望[J]. 制冷与空调, 2020, 20 (3): 77-83, 91.

[36] 杨元皓, 谢应明, 周兴法. 太阳能吸收式制冷技术的发展与创新[J]. 建筑节能, 2016, 44 (7): 20-25, 28.

[37] 周新龙, 焦江波, 陈丹丹, 等. 多能源复合采暖/空调系统设计[J]. 节能与环保, 2016 (3): 71-74.

[38] 黄志华. 氨/二氧化碳复叠制冷技术在工业制冷中的应用[J]. 制冷技术, 2012, 32 (3): 51-53.

[39] GB 21455—2019. 房间空气调节器能效限定值及能效等级[S]. 北京: 中国标准出版社, 2019.

[40] GB 21455—2013. 转速可控型房间空气调节器能效限定值及能源效率等级[S]. 北京: 中国标准出版社, 2013.

[41] GB 19577—2015. 冷水机组能效限定值及能效等级[S]. 北京: 中国标准出版社, 2015.

[42] GB 29540—2013. 溴化锂吸收式冷水机组能效限定值及能效等级[S]. 北京: 中国标准出版社, 2013.

[43] GB 21454—2016. 多联式空调 (热泵) 机组能效限定值及能源效率等级[S]. 北京: 中国标准出版社, 2016.

[44] GB 29541—2013. 热泵热水机 (器) 能效限定值及能效等级[S]. 北京: 中国标准出版社, 2013.

[45] GB 30721—2014. 水 (地) 源热泵机组能效限定值及能效等级[S]. 北京: 中国标准出版社, 2014.

[46] GB 12021. 2—2015. 家用电冰箱耗电量限定值及能效等级[S]. 北京：中国标准出版社，2015.

[47] GB 26920. 1—2011. 商用制冷器具能效限定值及能效等级第 1 部分：远置冷凝机组冷藏陈列柜[S]. 北京：中国标准出版社，2011.

[48] GB 26920. 2—2015. 商用制冷器具能效限定值和能效等级第 2 部分：自携冷凝机组商用冷柜[S]. 北京：中国标准出版社，2015.

[49] GB/T 30261—2013. 制冷空调用板式热交换器㶲效率评价方法[S]. 北京：中国标准出版社，2013.

[50] GB/T 10870—2014. 蒸气压缩循环冷水（热泵）机组性能试验方法[S]. 北京：中国标准出版社，2014.

[51] GB/T 15912. 1—2009. 制冷机组及供制冷系统节能测试第 1 部分：冷库[S]. 北京：中国标准出版社，2009.

[52] GB/T 19412—2003. 蓄冷空调系统的测试和评价方法[S]. 北京：中国标准出版社，2003.

[53] GB/T 33841. 1—2017. 制冷系统节能运行规程 第 1 部分：氨制冷系统[S]. 北京：中国标准出版社，2017.

[54] 李晓宇，刘斌，殷辉. 微通道蒸发器与常规蒸发器的制冷特性比较[J]. 制冷与空调，2015（29）：733-738，748.

[55] 汪洋，朱伟峰，袁瑗，等. 磁悬浮制冷技术在某大厦节能改造中的应用[J]. 暖通空调，2016，46（8）：20-23.

[56] 谢敬茹，黄翔，寇凡. 2020 中国制冷展之蒸发冷却（凝）技术的应用现状分析[J]. 制冷与空调，2021，21（1）：7-13.

[57] 李代程. 分布式间接蒸发冷却技术赋能 IDC"新基建"[J]. 互联网天地，2020（7）：36-40.

[58] 刘玉婷，杨栩，李俊明. 露点蒸发冷却技术的发展及其在数据机房冷却中的应用[J]. 暖通空调，2019，49（7）：56-61，137.

[59] 吕静，黄佳豪，徐昊东，等. 露点蒸发冷却装置性能评价指标的研究[J]. 制冷学报，2021，42（1）：126-133.

[60] 程序，贺晓，张飞. 碳中和目标下蒸发冷却节能技术在数据中心的应用[J]. 邮电设计技术，2021（6）：63-66.

[61] 辛勇，林超，王锋，等. 数据中心制冷系统节能指标及测算方法研究[J]. 制冷与空调，2020，20（6）：6-10.

[62] 王彤彤，孙嘉楠，张涛，等. 太阳能集热器驱动的吸收式制冷系统性能分析[J]. 山东大学学报（工学版），2019，49（5）：58-63，71.

[63] 余健亭. 太阳能吸收-过冷压缩式复合制冷系统性能分析与变工况研究[D]. 广州：华南理工大学，2020.

[64] 张金花，任静，卢维国，等. 冷库系统能耗系数指标计算与评价研究[J]. 建筑技术，2020，51（1）：77-80.

[65] 杨磊，李华山，陆振能，等. 溴化锂吸收式制冷技术研究进展[J]. 新能源进展，2019，7（6）：532-541.

第9章

空气压缩机节能技术

9.1　概述

压缩空气系统通常由空气压缩机、储气罐、空气干燥器、输气管道和用气设备等组成。其中，空气压缩机（air compressor，简称空压机）是利用原动机对气体进行压缩，使其压力提高到 350 kPa 以上的气体制造机械。压缩空气具有清洁、安全、使用方便等优点，是许多企业的公共资源，已经成为仅次于电力的第二大动力源，同时也是各行业实现自动化生产的重要手段和工艺气源。在全球范围内，有将近 90% 的制造企业在生产过程中使用压缩空气。空压机是工业优先域中的关键设备之一，其种类和形式很多，常见的有活塞空压机、螺杆空压机、离心空压机、滑片空压机、涡旋空压机及隔膜空压机等，为不同的工具、运输设备、提拉设备和抓举设备提供动力，广泛应用于电力电子、冶金、石油化工、矿山、纺织、造纸印刷、机械制造、食品医药、汽车工业、航空航天等领域。

然而，压缩空气的生产是一个高耗能过程，全球工业压缩空气系统的耗电量占到了全球总耗电量的 4.5%，在国内占每年全国总耗电量的 6% 以上，在工业高耗能设备中仅次于风机和水泵。据统计，中国空压机耗电量占大型工业设备（如风机、水泵、锅炉等）总耗电量的约 15%，占全国发电总量的 9% 左右，其中，仅有 60% 的能量得到有效利用，其余 40% 的能量消耗于效率损失、压缩热以及泄漏与假性需求，因此空压机的能效水平对于工业节能减排意义重大。空压机为压缩空气系统最大能源耗用者，其耗能占到系统总耗能的 95% 左右。根据全生命周期评价理论，空压机的采购成本仅占其生命周期总成本的 10% 左右，而能源运行成本却高达 70%。因此，降低空压机的能源运行成本是压缩空气系统节能的关键。

大量电动机系统节能测试评估和节能改造项目经验表明，压缩空气系统的节能潜力在 10%～50%。为了降低压缩空气系统的能耗，提高其工作效率，世界各国纷纷设立专项科研项目，如美国的 CAC（Compressed Air Challenge）项目、欧盟的 EEAP（Ecosystem Engineering Access Program）项目、澳大利亚的 EEO（Energy Efficiency Opportunities）项目和新西兰的 CAS（Compressed Air System）优化运行项目等。其中，CAC 项目通过整合压缩空气系统设计、运行和评估等方面的信息，帮助企业提高压缩空气系统效率，取得了显著的节能效果和经济效益，为美国每年节约用电约 3×10^9 kW·h。2020 年，我国空压机的耗电量已达 6.75×10^{11} kW·h，按平均节能率 15% 估算，全国每年可节约用电约 1.01×10^{11} kW·h，折合标煤 3.64×10^7 tce，减排 CO_2 9.60×10^7 t。做好压缩空气系统的节能降耗工作，对于我国"双碳"目标的实现、生态文明建设和可持续发展战略具有重要的工程应用价值。

目前，全球主要的压缩机生产企业在中国均有生产基地，以阿特拉斯、英格索兰、美国寿力为代表的国际企业在我国空压机高端市场处于优势地位。经过多年的发展，我国空压机产业取得长足的发展，国内空压机企业经过不断积累成长，具备产品成本和价格优势，实现了对外资产品的部分替代，但技术力量相对薄弱，在产品性能和高端产品上与国外还有一定差距。因此，国内空压机企业应秉承国家产业政策，加大技术创新力度，以研发低能耗、高效率、集成化与智能化空压机为技术导向，实现高端产品国产化，增强产品的国际竞争力。

9.2　空压机分类与工作原理

9.2.1　空压机的分类与特点

根据国家统计局制定的 GB/T 4754—2017《国民经济行业分类》，中国把空气压缩机械制造归入"通用设备制造业（国家统计局代码 C34）"下的"泵、阀门、压缩机及类似机械的制造（国家统计局代码 C344）"中，"气体压缩机械制造"的统计四级码为 C3442。依据中华人民共和国国家标准 GB/T 4976—2017《压缩机 分类》，常见空压机分类如图 9-1 所示。空压机根据其工作原理可以分为容积式空压机和动力式空压机两大类。

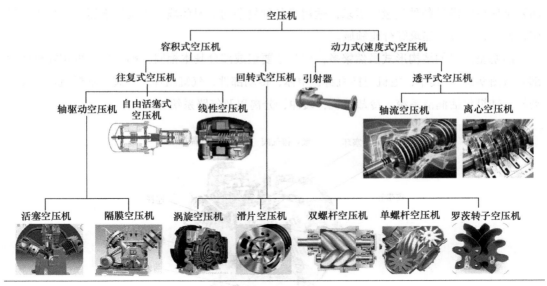

图 9-1　空压机分类

容积式空压机的工作原理是通过某种机械运动对封闭空间内的气体进行压缩，使之体积减小、压力增大，按结构可分为往复式空压机与回转式空压机两大类。其中，往复式空压机包括轴驱动空压机、自由活塞空压机和线性空压机等，回转式空压机包含涡旋空压机、滑片空压机、单螺杆空压机、双螺杆空压机与罗茨转子空压机等。常用的活塞空压机和隔膜空压机都属于轴驱动空压机。

动力式空压机的工作原理是提高气体分子的运动速度，使气体分子具有的动能转化为气体的压力能，从而提高压缩空气的压力。动力式空压机分为透平空压机和引射器，其中透平空压机主要包含轴流空压机和离心空压机两种。

空压机还可按排气压力、排气量、级数与驱动方式等分类。按排气压力可分为低压（0.2～1.0 MPa）、中压（1～10 MPa）、高压（10～100 MPa）、超高压（100 MPa 以上）四种；按排量分为微型（1 m³/min 以下）、小型（1～10 m³/min）、中型（10～100 m³/min）与大型（100 m³/min 以上）等类型；按压缩机级数分单级、两级和多级；按冷却方式分有风冷和水冷两种；按驱动方式分为电动机驱动和内燃机驱动两种等。

9.2.2　典型空压机结构与工作过程

（1）活塞空压机

活塞空压机（piston air compressor）是往复式空压机中的一种，靠一组或数组气缸及其内做往复运动的活塞，改变其内部容积来压缩气体的轴驱动容积式空压机。活塞空压机根据压缩机级数可以分为单级、双级和多级，按气缸中心线与地面相对位置分为立式、卧式与角度式（V 形、W 形、L 形等），按活塞在气缸内作用情况分为单作用式、双作用式和级差式。活塞空压机能满足各种气量的需求，适用于各种复杂的工况环境，可应用于石油、化工、采矿、冶金、机械、建筑等行业领域。

活塞空压机的结构形式虽然繁多，但其主要组成部分基本相同，都包括主机和辅机两大部分（图 9-2）。其中，主机包括机身、中体、传动部件、气缸组件、气阀、密封组件以及驱动机；辅机包括润滑系统、冷却系统、缓冲、分离以及气路系统等。

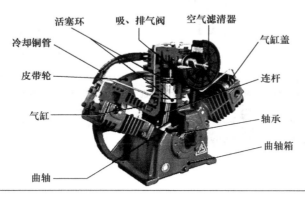

图 9-2　活塞式空压机机头结构

（2）螺杆空压机

螺杆空压机（screw air compressor）是一种工作空间内做回转运动的容积式气体压缩机械。气体的压缩依靠空压机的一对转子在机壳内做回转运动引起的容积变化来实现，其工作过程可分为吸气、压缩与排气三个过程。螺杆空压机根据结构可分为单螺杆空压机和双螺杆空压机，见图 9-3。根据压缩形式可分为喷油螺杆空压机、无油螺杆空压机和喷水螺杆空压机等多种机型，其中喷油螺杆空压机产量最大。

与活塞空压机相比，螺杆空压机的优点是结构简单紧凑、效能高、可靠性高、运转平稳无冲击、排气纯净，缺点是转子技术含量高、制造难度大。用可靠性高的螺杆空压机取代易损件多、可靠性差的活塞空压机，已经成为必然趋势。2017～2019 年连续三年的《国家工业节能技术装备推荐目录》推荐的节能空压机均为螺杆空压机。螺杆空压机主机常采用二级压缩，通过合理分配压缩比与优化轴承设计，降低单级压缩比、减少内泄漏、提高容积效率、降低轴承负载、提高运行可靠性与主机寿命，同时也保证低振动与低噪声。目前，螺杆空压机的研究主要集中在高性能螺杆新齿型的研发和空压机结构的优化设计，以提高空压机效率、使用寿命与运行可靠性。

(a) 单螺杆空压机　　　　　　　　(b) 双螺杆空压机

图 9-3　螺杆空压机主机

（3）轴流空压机

轴流空压机（axial flow air compressor），是一种气流基本平行于旋转叶轮轴线流动的大型空压机，最大的功率可以达到 150000 kW，排气量 20000 m³/min，能效比可以达到 90%左右，比离心空压机要节能一些。轴流空压机主要用于火电厂燃气轮机、煤气化用压气机、航空发动机压气机等需要大气量的场合，是功率在 1 MW 以上的燃气轮机中使用最普遍的空压机类型，级数多在 7～22 之间。轴流空压机由转子和静子组成，见图 9-4，其中转子由轮盘、轴和装在轮盘上的转动叶片组成，静子由机匣与装在它上面的静子叶片排组成。

（4）离心空压机

离心空压机（centrifugal air compressor）是动力式空压机中最常见也是应用最多的一种动能型空压机，具有流量大、转速高、结构紧凑、运转平稳等特点，常用于大气量，中、低压力，连续运行工况，要求无油的压缩空气系统中，但不适用于小排量及高排压场合。离心空压机一般由多级组成，排气压力越高所需级数越多，一般常用压力为三级压缩。离心空压机采用油封和气封隔离油气运行，确保 100%无油压缩空气，不存在分离耗能损失，洁净环保。离心空压机主要由转子和定子两大部分组成。转子是离心空压机的主要部件，包括叶轮主轴和平衡盘等。叶轮也称工作轮，是离心空压机对气体做功的唯一元件，气体在叶轮叶片的作用下跟着叶轮做高速旋转运动。典型的单级离心空压机主要由进气道、叶轮、扩压器、出气蜗壳等组成，如图 9-5 所示。

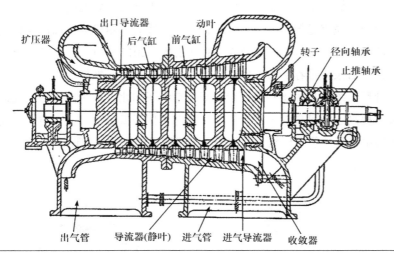

图 9-4　轴流空压机

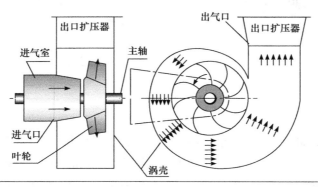

图 9-5　单级离心空压机结构

随着气体动力学的研究，离心空压机的效率不断提高；又由于高压密封、小流量窄叶轮的加工和多油楔轴承等技术关键的研制成功，解决了离心空压机向高压力、宽流量范围发展的一系列问题，扩大了离心空压机的应用范围，以致在许多场合可以取代活塞空压机。

（5）涡旋空压机

涡旋空压机（scroll air compressor）是由紧凑配合的静涡盘和动涡盘组成的一种新型空压机，与传统空压机相比，具有节能静音、结构紧凑、输气平稳连续、可靠性高、维护费用少等优点，是 50 HP 以下空压机理想机型。目前，国内无油涡旋空压机主要功率有 1.5 kW、2.2 kW、3.7 kW、5.5 kW、7.5 kW、11 kW、15 kW 和 22 kW 等。如图 9-6 所示，涡旋空压机是由两个双函数方程型线的动、静涡盘相互啮合而成。

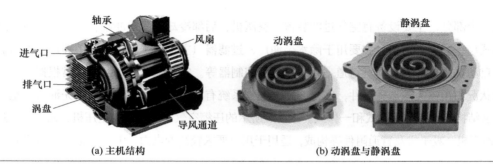

<table>
<tr><td>(a) 主机结构</td><td>(b) 动涡盘与静涡盘</td></tr>
</table>

图 9-6 涡旋空压机主机

在吸气、压缩、排气工作过程中，静盘固定在机架上，动盘由偏心轴驱动并由防自转机构制约，围绕静盘基圆中心做很小半径的平面转动。气体通过空气滤芯被吸入静盘的外围，随着偏心轴旋转，气体在动盘与静盘啮合所组合的若干个月牙形压缩腔内被逐步压缩，然后由静盘中心部件的轴向孔连续排出。

(6) 滑片空压机

滑片空压机（rotary vane air compressor），也称旋转叶片式空压机，是通过转动叶片来实现气体压缩，最终实现将机械能转化成风能的一种容积式空压机。滑片空压机以体积小、重量轻、噪声低、操作简单、可靠性高的优势，被广泛地应用到新能源客车、电车领域。如图 9-7 所示，滑片空压机的空气端（主机）主要由转子和定子组成，定子为一个气缸，转子在定子中偏心放置，转子上开有纵向的滑槽，滑片在滑槽中自由滑动。当转子旋转时，滑片在离心力的作用下甩出并与定子通过油膜紧密接触，相邻两个滑片与定子内壁间形成一个封闭的空气腔——压缩腔。转子转动时，压缩腔的体积随着滑片滑出量的大小而变化。在吸气过程中，空气经由过滤器被吸入压缩腔，并与喷入主机内的润滑油混合。在压缩过程中，压缩腔的体积逐渐缩小，压力逐渐升高，之后油气混合物通过排气口排出。

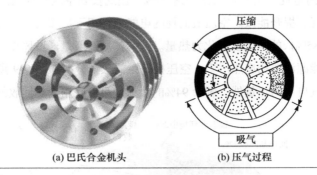

<table>
<tr><td>(a) 巴氏合金机头</td><td>(b) 压气过程</td></tr>
</table>

图 9-7 滑片空压机机头

9.2.3 压缩空气系统构成

典型的压缩空气系统（compressed air system）包括压缩系统、干燥系统、净化系统和分配系统四个部分，主要设备有空气过滤装置、空压机、后部冷却器、缓冲罐、干燥机（冷冻式、吸附式）、油水分离器（主要用于除水、油）、过滤器（主要用于除尘、除菌等）、稳压储气罐、自动排水排污器及输气管道、管路阀件、控制器等。实际的压缩空气系统常根据工业现场实际状况和用气需求选择组件，常见的压缩空气系统有油润滑压缩空气系统与无油压缩空气系统，从结构上可分为串联式和一体式。图 9-8 所示的压缩空气系统主要由空压机、储气罐、过滤器、冷干机、吸干机及管道附件等构成，适用于用气要求较高的电力、化工、食品及制药行业等。

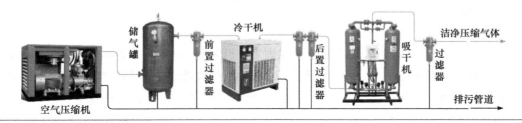

图 9-8　典型压缩空气系统构成

9.3　空压机节能原理与技术

9.3.1　空压机能耗分析

空压机具有配用动力大、运行时间长、耗电量多、冷却用水量大、噪声大等特点。据一项行业调查分析，压缩空气系统五年的运行费用构成中，系统的初始设备投资及维护费用约占总费用的 23%，而电耗（电费）占比高达 77%。因此找到空压机耗能的原因并有针对性地解决，才能降低能耗、提升能效。空压机消耗的电能中，用于增加空气势能的仅占总耗电量的 15%，而其余（约 85%）的电能都转化为热量。这些热量一般是通过风冷或者水冷的方式被排放到空气中，造成能源浪费和废热污染。空压机产生的热量分布如图 9-9 所示，除去辐射到环境中和存于压缩空气自身的热量外，剩余 94% 的能量均可以采用余热回收的方式加以利用。

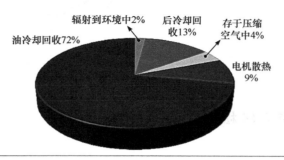

图 9-9　空压机产生的热量分布

随着工业技术智能及自动化程度不断提高,近年来空压机市场规模仍在以超过年均8%的速度逐年攀升,因此掌握空压机运行特点和规律,加大空压机节能技术的研究,提高其能源有效利用率、降低系统运行能耗是企业提高经济效益的重要举措,对企业的可持续发展和能源高效利用有着深远的意义。

(1) 空压机能效等级

能效等级是表示电器产品能效高低差别的一种分级方法,按照标准 GB 19153—2019《容积式空气压缩机能效限定值及能效等级》规定,空压机能效等级分为 3 级,其中 1 级能效达到或超过国际先进水平,最节能,2 级能效比较节能,3 级耗能高,为能效限定值。

根据 GB 19153—2019,空压机能效试验按 GB/T 3853—2017 规定且应在吸气温度 5～40℃ 范围进行测量,空压机的能效等级是通过机组比功率评定的,先算出比功率,然后对应国标查出相应的能效等级。比功率为空压机功率与空压机的产气量之比,数值越小,比功率越高,相对应的能效等级也就越高。依据比功率计算值查出的能效等级还需要国家相关部门进行认证后才能最终确定。以功率为 75 kW、压力为 8 bar、比功率分别为 SER1 = 6.5 kW/ (m³/min) 和 SER2 = 7.2 kW/(m³/min) 的两台风冷空压机 A 和 B 为例估算其能耗。其中,比功率为 6.5 kW/ (m³/min) 的空压机达到国家 1 级能效标准规定的限定值。假设一现场用气量 14 m³/min,每年空压机的加载时间为 6000 h,电费 1 元/ (k·Wh) 。与 B 相比,每产生 1 m³ 的压缩空气,A 的节电量为:ΔSER = SER1–SER2 = 7.2–6.5 = 0.7 [kW/(m³/min)],每年节电 = 0.7×14 × 6000 = 58800 (kW·h) ,即 A 空压机每年可节约电费 58800 元。现场用气量越大,使用时间越长,节能就越多。因此,降低空压机能耗是降低生产成本最直接有效的方法。

(2) 空压机热工过程分析

各类空压机在结构及工作原理上不同,但从热力学看,气体状态变化过程都是消耗外功使气体压缩升压的过程,在正常工况下均可视为稳定流动。因此,常将比较复杂的空气压缩升压过程简化为一个由多个典型热力过程组合而成的热力过程,下面以活塞空压机为例讲述其压缩空气经历的热力过程。

① 活塞空压机热工过程 活塞空压机的工作过程由进气、压缩和排气三个过程组成,其中进、排气过程都不是热力过程,只是气体的迁移过程,缸内气体的数量发生变化,而热力状态不变,只有当进排气阀都关闭时,对气体进行压缩,使其状态变化的压缩过程才是热力过程。在热力学研究气体压缩时,有等温压缩 (T) 、等熵压缩 (S) 和多变压缩 (多变指数为 n) 三种典型的压缩过程,这三种过程的 p-v 图及 T-S 图如图 9-10 所示。从图 9-10 中可以看出,把一定量的气体从相同初态 1 (p_1, T_1) 压缩到某一预定压力 p_2 时,等温过程空压机耗功最少,等熵过程最多,多变过程介于两者之间,且空压机耗功随多变指数 n 减小而减少。绝热过程中气体的温升及比体积也较大,这对机器的运行是不利的。所以改进空压机工作的主要方向就是尽量减小 n 值,使实际压缩过程趋近等温压缩过程。为此,工程上多对空压机进行循环水冷却、喷雾化水等措施,使过程尽量接近等温过程。工程上另一个方法是采用多级压缩、级间冷却。叶轮空压机压缩气体的热力过程和耗功量的计算都可运用活塞空压机的

计算式，但是由于叶轮空压机的结构特点及其转速高，其压缩过程基本是绝热的。

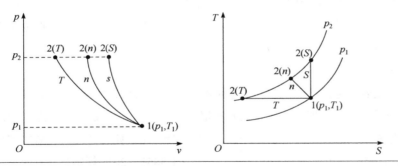

图 9-10　活塞空压机三种热力过程

② 多级压缩过程的热力学分析　为了少消耗功，并避免压缩终了时气体温度过高，多采用多级压缩、级间冷却的方法，即将气体逐级在不同气缸中压缩，每经过一次压缩后，就在中间冷却器中定压冷却到压缩前的温度，然后进入下一级气缸继续被压缩。图 9-11 中给出了两级压缩、中间冷却空压机的示意过程。

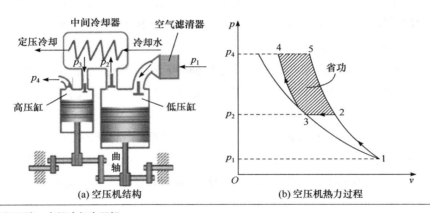

图 9-11　两级压缩、中间冷却空压机

多级空压机的耗功量是各级耗功之和，显然与中间压力有关。以耗功量最小为原则，可求得最佳增压比，即在第一级进气压力 p_1（最低压力）和第二级排气压力 p_4（最高压力）之间，存在使空压机耗功最小的最佳的中间压力 p_2：

$$p_2 = \sqrt{p_1 p_4}, \qquad \frac{p_2}{p_1} = \frac{p_4}{p_2} = \sqrt{\frac{p_4}{p_1}} = \pi \tag{9-1}$$

即两级增压比 π 相等时，空压机耗功量最小，此时压气机所消耗的功 $w_{C,\min}$ 为：

$$w_{C,\min} = \frac{2n}{n-1} R_g T_1 \left[\left(\frac{p_2}{p_1} \right)^{\frac{n-1}{n}} - 1 \right] \tag{9-2}$$

同理，对于 m 级压缩，则每级增压比为：

$$\pi = \sqrt[m]{p_{终压}/p_{初压}} \tag{9-3}$$

选择最佳中间压力后，可使得空压机各级耗功量、各级气体的温升、各级压缩过程的放热量及各中间冷却器的放热量相等，这对于空压机的设计和运行是很有利的。

(3) 空压机系统能耗现状分析

一个典型的压缩空气系统包括压缩空气生产、输送和使用三个环节，其耗能比例依次为96%、3%和1%。目前，压缩空气系统运行能耗过高主要是由于在生产、输送和使用环节能源浪费严重，主要表现为：①空压机（群）运行负荷与设计负荷不匹配而引起的机组实际运行状态点偏离其高效工作区；②系统冷却、干燥设备工艺参数与现场所需参数不匹配而造成冷却、干燥设备能耗过高；③管网配置不合理而造成压缩空气在输送过程中压力损失过大；④系统管理不善和用气端用气效率低导致压缩空气泄漏量远高于其允许的泄漏量。此外，空压机使用年限较长会导致主机磨损，增加空气泄漏，造成排气量降低，导致设备利用率低。压缩空气系统维护不及时，将引起能耗、油耗及检维修费用增加（如油芯、油过滤器、空气过滤器堵塞引起设备高温和电流增加及机油浑浊而磨损机头）。因此，空压机是一种运行成本远远大于购买成本的工业设备，其在实际运行中往往存在大马拉小车、频繁加卸载、长时间卸载、实际用气端和机房供气端不匹配、压缩空气泄漏、管路问题造成气体流动损失增加与空压机能量转化效率低、散热损失严重等状况。

① 大马拉小车　空压机在设计、选型与实际生产中，普遍存在大马拉小车的现象。空压机在通常情况下都是根据最大负荷条件进行系统设计和型号选择，并留有必要的裕量。末端用气负荷通常处于不断变化的状态，实际上最大负荷只是间断出现，其他时间负荷要小得多，而选择的空压机必须满足最大负荷，导致空压机大部分时间都处于部分负荷运行状态，降低系统效率。普通工况下，末端用户只能用到产能的 60%～80%，余量达到了 20%～40%，因此需要不断地及时调整供气量以满足不同的负荷需求。

② 频繁加卸载　传统空压机供气系统的工作状态主要有加载和卸载两种状态。加载时，在压力上升到最大压力值的加压过程中会向外释放更多的热量，造成电能损耗，同时，高压力气体在进入气动元件前需要经过减压阀减压，也会造成能量损失。空载时，空压机通过关闭进气阀使电动机处于空转状态，同时将分离罐中多余的压缩空气通过放空阀放空来降压卸载，造成很大的能源浪费。

空压机组依靠频繁地加载与卸载来调节供气量，不仅调节速度慢、精度低，而且导致无用功与能耗损失增大、空压机寿命缩短，同时造成输出压力波动大、供气压力不稳以及加载与卸载过程噪声大等问题，严重威胁着整个机组的安全运行。空压机采用吸气阀调节供气量的方式也会造成能源浪费，因为这种方式在没有供气的情况下仍需消耗 70%额定功率的电力。

③ 长时间卸载　压缩空气系统都是按最大负荷进行设计和设备选型，但实际用气负荷是变化的且不能达到最大负荷。压缩空气系统在运行过程中负荷率一般为最大负荷量的 60%～

70%，其余 30%～40%的能量在空压机卸载时损耗。普通空压机正常工作时一般处于恒速运转状态，但用气端实际需求是经常不断变化的，当末端用气量减少时，空压机组就会通过关闭进气口阀门来调节进气量，机组进入卸载状态，此时空压机空转运行。我国空压机负荷率约为 66%，其余 34%处于卸载运行，对于采用常规调节方式的螺杆空压机而言，其消耗功率为满载功率的 20%～40%。综合计算，空压机卸载运行所消耗的电能约占系统总能耗的 9%～18%，能源浪费非常严重。

④ 实际用气端和机房供气端不匹配　工厂在保证生产第一需求的前提下必须满足供气连续稳定、供气压力不低于用气端压力最低要求且供气量大于用气量。传统空压机供气量是恒定的，用气端的用气量不断变化，导致气源供应端与需求端不一致，造成供气压力波动大和能源浪费。压缩空气系统还存在管路配置不当产生的压降损失、负载管理不当造成的空载浪费、错误的压缩空气使用以及瞬间用气需求没有储气筒做缓冲等所产生的用气量假性需求等现象。

工业企业不合理用气现象比较突出。有时为满足少数几台风压要求高的设备需求以及用风设备流量高峰等原因而调高整个供气压力。还有高压风减压使用，特别是反应槽等用于搅拌目的的用气，从 0.7 MPa 减至 0.2 MPa 使用，缺乏对空压机群有效的控制方式。因此，把握主要用气设备实际用气压力和最低耗气量是促进合理用气的前提。

⑤ 压缩空气泄漏　供气管道因密封性和长期使用老化等原因，不可避免地存在不同程度的泄漏。压缩空气泄漏是最常见的一种能源浪费，压缩空气的平均泄漏量占整个压缩空气量的 30%。压缩空气泄漏主要来自管路本身、配件与接头等处的泄漏，机械元件设施不当的泄漏以及自动泄水器不当卸放。压缩空气输配环节均存在泄漏，主要产生在软管接头、三联件、快换接头、电磁阀、螺纹连接、气缸前端盖等处，泄漏量通常占供气量的 20%～40%，管理不善的甚至高达 50%。

压缩空气泄漏不仅造成能源浪费，还将导致系统压力降低，降低气动设备的功能效率，缩短系统使用寿命。若要平衡补偿泄漏引起的整个压缩空气系统的压降，需要开启额外的空压机，这将进一步增加整个工厂的用电成本。空气泄漏导致设备循环更频繁，从而增加空压机的运行时间，导致额外的维护要求和可能增加的非计划停机周期。诸如电子排污阀等多数间歇性排放装置，基本是以固定时间间隔排放冷凝水或其他废液，排放时间内当废液排净后，大量的压缩空气就会离开压缩空气系统。在某个时间，可能会存在多个排放阀同时排气的情况，这时整个系统的压力会突然下降，甚至超过系统能接受的最低压力而造成整个系统的停产。

⑥ 管路问题造成气体流动损失增加　压缩空气需要经过储气罐和管路输送到用户端，因此，储气罐和管路也将影响压缩空气系统的能耗。在应用现场，由于储气罐容量不足、储能作用较差、直角弯头、管路走向不良、气压波动较大，造成空压机频繁加载与卸载，造成气体流动损失，增大能耗。压缩气体在管网流动时存在沿程阻力损失和局部阻力损失，若气体在流动过程中存在压力脉动，流动损失将会更大。沿程阻力损失是由实际气体黏性引起的，

且在流动过程中与管壁发生摩擦产生阻力，其大小与流速平方成正比，并与流动状态、管道表面材料、粗糙度以及流动机理等相关。局部阻力损失是因流体流经弯头、各式阀门、三通以及管道截面突变引起的流速和方向剧烈变化引起的损失，其大小与截面突变情况有关、与流速平方成正比。

管路驳接的直角弯头处易形成气体冲击，增大局部压力，造成空压机持续运行于高气压状态且容易卸载，同时，直角弯头造成流动阻力增大而形成附加的做功点。例如，空压机出口的直角弯头，严重时可空耗 0.05 MPa 的压力，如现场采用 0.65 MPa 压力系统，则直角弯头的能量损失占到了 7%以上。空气管路布置不合理也会造成压力损失过大，使系统提供更高压力的压缩空气。在一条生产线上有不同类型的用气环节，如要求压力持续可靠的起动电动机、小规模脉冲式用气环节（气动螺丝刀、气动活塞等）、要求储能大的大规模脉冲式用气环节（气除灰、喷吹设备等）以及要求流量大而对压力无明确要求的敞口用气环节（玻璃冷却、吹扫环节等）。若上述用气环节共存在一段管道上，脉冲用气设备需要瞬时较大的气体供应，这将拉低管路气压，导致持续用气环节得不到充足的气压，而要求供气端供应更大压力的压缩空气，从而导致空压机能耗大幅度增加。

⑦ 空压机能量转化效率低、散热损失严重　空压机由于本身的设计结构和工作原理，其电能转化为空气势能的效率在 15%～30%之间，其余 70%～85%的能量被贬值转化为热能。其中，约 2%的热量通过电动机及空压机的机壳向外辐射，72%由冷却油带出和 26%由压缩气体带出，在降温散热的过程中造成大量热能损失。空压机设计供油温度 50～60℃，排气温度 80～100℃，无油空压机排气温度高达 110～200℃。空压机运行过程中生成的热量，若不及时交换掉，不仅会影响空压机的使用寿命，还将严重影响压缩空气的质量。为了保证空压机的正常运行，需将这些热量通过水冷或风冷的冷却方式排走，这就造成了能量浪费和环境热污染。采用开式循环的水冷冷却系统，冷却水的温度和水质受环境影响比较大，导致空压机的冷却效果不稳定，有损于换热器的换热及寿命，而且由冷却塔排出的热量也产生热污染。

压缩空气系统在运行过程中还存在着长时间高压运行不卸载、人工开关机、冷干机与空压机运行不匹配、冷却水不间断供给以及维保不及时等因素，造成压缩空气系统能耗增大、使用寿命下降等。在降低压缩空气系统能耗的问题中必须把压缩空气系统作为一个整体，从生产、使用与管理等各个环节分析和优化，采取有效措施降低空压机能耗，提高空压机工作可靠性和运行效率。

(4) 影响空压机能耗的因素

空压机运行的经济性不仅与自身结构有关，还与进、排气过程相关的参数密切相关。从运行参数上，不管是活塞空压机还是叶轮空压机，其主要电耗都与空压机进气温度、进气湿度、进气压力、排气温度、排气压力、排气量、供气压力等因素有关。因此，在评价空压机能效和经济性时要综合考虑各因素的影响效应。下面着重分析进气与排气参数对空压机能耗的影响。

① 进气温度　空压机的进气方式有室外集中进气和室内进气两种。相比较室内进气，室

外集中进气具有便于集中预过滤处理、不受室内温度和油气的影响等优点，但初期投资大、输送管道存在阻力损失。室外空气的湿度和温度等状态参数是空压机乃至整个压缩空气系统运行中非常重要的参数。

合肥通用机械研究院的张缓缓等通过对四台喷油螺杆空压机进气温度对输入比功率影响的试验研究得出，在额定排气压力为 0.8 MPa 且其他外界条件基本不变时，样机的输入比功率随着进气温度的升高呈线性减小，空压机进气温度每增加 3℃，空压机功耗就要增加 1%左右。西安工程大学秦莉对某纺织企业无油螺杆空压机的吸气参数和能耗实测分析的数据表明，当空压机吸气含湿量保持不变时，空压机的吸气温度每降低 1℃，空压机能耗可降低 0.39%；对咸阳某纺织厂空压机吸气参数对能耗影响的实验测试结果显示天气寒冷、空气湿度低较天气炎热、空气潮湿时空压站能耗显著减小，吸气温度每降低 1℃，空压机能耗降低 0.295%，吸气温度由 28.6℃降至 2.1℃，空压机排气量可提升约 6%。冯一波等在对空压机进口空气湿度和温度对空压机能耗影响的模拟研究中也得出当空压机的排气温度与增压比不变时，空压机的能耗随吸气温度的升高呈线性下降。魏新利研究表明虽然吸气温度的变化实际上对空压机的轴功率影响不大，但降低吸气温度能有效地增大空压机的排气量，空压机单位供气量的能耗就会降低。例如，空压机一级吸气温度每降低 10℃，供气量就会提高大约 6.5%，单位供气量的功耗大约会降低 6%。而且，排气温度也会随着空压机吸气温度的降低而降低，这种情况对于改善空压机的运行状况很有益处，正常的使用寿命也会得到延长。

在相同的多变指数 n 下，空压机的排气温度跟吸气温度遵循线性关系，随着吸气温度升高，排气温度也在升高。同时，当多变指数 n 增大时，排气温度升高，且增加的幅度较大。哈尔滨工业大学史世钟针对夏季的天气状况把吸气温度按照从 20℃至 35℃、不同多变指数下吸气温度和多变指数对排气温度影响规律的研究结果显示，当 n 从 1.2 变化到 1.35 时排气温度差值最大达到 27℃。吸入温度高引起压缩终了温度的升高，增加油冷却器负荷、加速润滑油的结碳及劣化速度，易造成油过滤器堵塞和排气温度开关动作而停机，同时也会降低润滑效果，增加高频压缩产生的噪声。但吸入温度也不能太低，吸入温度低导致压缩气体露点温度低，例如吸入温度低于 10℃时，终压 0.7 MPa 压缩气体的露点温度低于 40℃，若此时油冷却器仍运行，排气温度会低于压缩空气的压力露点，那么压缩空气在油气分离器中会析出冷凝水，引起润滑油乳化，影响润滑效果。合理的吸气温度应该在 20℃左右，此温度下压缩终了温度较低，与定温压缩差距小，空压机的压缩效率高。

② 进气湿度　相同条件下，湿空气压缩耗功大于干空气，相对湿度越高，空压机的能耗越大。吸入空气含湿量过高时，在压缩空气过程中会析出水分，这些水分会吸附在流道壁面上，使流道变窄、流动阻力增大，降低压缩效率，空压机机械构件受到水力冲击和凝结水腐蚀，缩短其使用寿命。当空压机吸入水分含量过高的空气时，会增加干燥机湿负荷，导致除湿系统耗能增加。初始温度、压力相同时，压缩等量的湿空气和干空气到相同的终了压力时，压缩湿空气要比干空气多耗功，而且空压机单位能耗随着空气湿度的增大而增大。对咸阳某纺织厂有油和无油螺杆空压机日均比能量（输出单位体积压缩空气所需的平均耗电量，单位

为 kW·h/m³）影响的实验分析得出吸气含湿量每降低 1 kg/kg（干空气），生产 1 m³ 压缩空气空压机能耗下降 0.47%。

当进口空气为高温高湿状态时，空压机排气量与排气压力降低，机组能耗增加，压缩终了温度升高，进一步恶化空压机组冷却环境，加剧机组积炭现象，严重时威胁到企业安全生产。进气温度和湿度过低将增加空压机对进气预处理的能耗，甚至还会出现机组预处理设备耗能量远大于系统节能量的现象。对高温、高湿的进气进行降温干燥处理，可以使空压机耗功明显减小，为系统带来的节能及经济效益非常明显。因此，研究进气参数对提高空压机（组）及压缩空气系统的运行效率非常重要，有助于企业提出切实可行的机组进气预处理与节能运行方案。

此外，进气压力对空压机能耗也有一定影响。研究表明，提高进气压力可降低空压机能耗。进气压力由当地大气压力和空压机吸气系统阻力决定，因此采用高效过滤器、定期除灰和更换滤芯降低过滤器的阻力也是空压机节能的重要途径。

③ 排气温度　级间温度和排气温度是影响空压机运行的重要因素。一般空压机的排气温度在 80～85℃ 之间，风冷空压机的排气温度一般比环境温度高 8～10℃（活塞空压机除外），水冷空压机的排气温度比冷却水出水温度高 3～8℃。排气温度每下降 10℃，功耗也随之降低 3%。排气温度过高或过低都会产生不良的后果。排气温度高会使润滑油在劣化的条件下工作，造成螺杆及轴承的磨损。不良润滑会使机头温度进一步升高，导致积炭增多与管路堵塞，这将会使润滑油供应不足，产生不良润滑，从而导致恶性循环。高温也会造成空压机的工作效率下降，导致耗电严重，从而降低产气量。特别是温度过高使空压机跳机时，导致生产中断，造成企业损失。排气温度过低会引起压缩机油的分散不均导致润滑不足，同样会造成一定的损失。因此，不论是单级压缩还是多级压缩，空压机均配置冷却器降低排气温度，以提高压缩效率。

④ 排气量　空压机的能耗与排气量成正比。排气量受末端用气量与机械性能的限制，正常生产状况下不可能进行较大幅度调整，而且通常尽量提高压缩空气量以满足末端用气量的需求。排气压力一定时，空压机排气量会随着转速的增高而增大，但增长率几乎不变，即容积流量和转速几乎呈正比，据此可以考虑通过变频调速的方法来调节空压机的容积流量。排气量减少时，电动机转速变慢，空压机噪声也随之下降。

⑤ 供气压力　现代工厂中通常使用一组空压机为全厂提供压缩空气，由于各处所需压缩空气的压力不同，所以供气压力必须为气动系统所需的最高压力。但是，当用气压力为低压时需要用减压阀进行减压，从而造成能量损失。供气压力是空压机运行中一个相对重要的参数，供气压力越大，空压机的耗能越多，输气管路泄漏的可能性也会增加。研究表明，供气压力每增加 0.1 MPa，空压机耗能将增加 5%～10%，系统耗气增加 14%。排气压力越高，需要的压缩功越多。由于余隙容积的存在，活塞空压机的排气压力越高则其产气量就越低。在实际生产过程中，应尽量避免这种多耗能少产出的工况。但是，空压机供气压力过低会影响生产压缩气体的速度，从而增加生产成本。

9.3.2 压缩空气系统节能措施与技术

根据美国 CAS 项目和中国电动机系统节能项目的实施经验，大多数压缩空气系统的耗能明显高于其实际耗能量，由于泄漏、人为虚假用气和不正确使用等消耗了约 50% 的压缩空气量，表明优化压缩空气系统可以达到 20%～50% 的节能效果。依据欧盟推动压缩空气系统节能的经验显示，大多工厂都有改善的空间，减少泄漏可节能 50%，减低压降、改善系统控制、改进产气设备以及余热回收利用各有近 10% 的改善空间。研究结果显示，压力降低 0.1 MPa 可节能 5%～8%，进气温度每降低 5℃约可提升系统效率 1%。压缩空气系统大约耗费 80%～90% 的电力于无用的空气温升，但其中的 90% 可以回收利用。由此可见，压缩空气生产环节的节能改善空间很小，近 70% 的节能空间都依赖压缩空气供气系统优化。随着企业对压缩空气系统认识的深入和节能减排的需求，亟待选择适合的技术对现有系统进行节能改造以达到最好的节能效果。

（1）压缩空气系统节能的基本思路

压缩空气系统节能的核心思想是减少压缩空气的消耗量，基本思路是实现"从源头到末端"的整体优化管理。在整个节能过程中，"源头"空压站的节能空间占 10%，而"末端"用户端高达 30%。因此，压缩空气系统的节能要从压缩空气的生产（空压站）、输送（管网）和使用（末端设备）三个环节进行整体优化。

① 生产方面，对空压站房进行"省能"管理。一般来讲，"省能"就是提升空压机的运行效率、强化用气匹配率。可以从系统整体监控、预测控制、容错控制、空压机群控优化、空压机单体控制、气源优化、云计算数据处理等方面采取措施优化空压机运行，使优化运行后的产气量匹配用户端的耗气量。

② 输送方面，优化输送管网，采用分压力供气和环路供气、降低接头处的压损，减少泄漏和管道损失。

③ 使用方面，对末端进行"精细化"管理，优化计算末端用气需求，实现按需供给以提高用气效率，保证供气压力稳定，从使用根源上降低用气量，从而降低空压机能耗。技术上，从优化喷嘴、提高系统的管理水平、提高末端及管网相关设备的利用效率、杜绝不合理的用气、末端用气优化、余热回收利用、附属干燥机优化等方面进行节能优化。

此外，还应从系统工程的方法和视角，对压缩空气系统节能进行研究。

（2）降低压缩空气生产过程能耗

压缩空气生产过程是压缩空气系统最重要的部分，也是能耗最大的部分，该过程节能与否决定了整个系统的节能性。通常情况下，空压机的效率仅有 50%～70%，很大一部分能量由于摩擦以及不可逆作用转化为热量散失。此外，压缩空气过程产生的压缩热若不及时排出，将会增加空压机的电耗，甚至会影响空压机的使用寿命。所以，压缩空气生产过程的节能除了可降低机组能耗外，还可设法利用压缩热以提高系统能源利用率。常用的空压机节能技术包括空压机自身效率提升技术，多级压缩、级间冷却技术，变频调速技术，多机组群控技术，进气预处理，提高冷却效率与余热利用等。

① 空压机自身效率提升技术　保持整个压缩空气系统的高效运行首先要通过直接替换高效节能空压机或对机组定期维护保养等措施提高空压机自身的运行效率。通过定期测试空压机的功率、排气压力和流量来了解在用空压机组的能源利用效率，例如气化比增加表示空压机运行效率下降，应降低气化比。对压缩空气系统进行定期保养和维护来保持空压机高效运行对任何机组都适用，而用高效空压机替代在用空压机则更适用那些已经运行多年且效率较低的空压机。与标准电动机相比，使用高效电动机的节能效果非常明显，通常情况下效率可平均提高 2%～8%。永磁电动机相比于异步电动机损耗小，效率高，在轻载时仍可保持较高的效率和功率因数，使轻载运行时的节电效果更为明显。

气阀是空压机的关键部件之一。设计较好的气阀，气体通过的流动阻力损失约占压缩机指示功率的 4%～8%；反之，流动阻力损失可高达 15%～20%。活塞空压机、螺杆空压机和离心空压机应用最为广泛。目前，活塞空压机工作效率一般为 50%～60%，离心空压机在 60% 左右，螺杆空压机可达 70%～80%。从能效上看，螺杆空压机效率最高，成为空压机发展的主流。对于高压小流量的系统，目前仍常选用活塞空压机；中大流量、中低压场合，离心空压机有其优势。

② 多级压缩、级间冷却技术　当空压机需要的输气压力较高、压缩比较大时，宜采用多级压缩、级间冷却技术并合理设定各级压缩比。有资料表明，两级压缩比单级压缩节能 15% 以上，三级压缩比两级压缩节能 5%～10%。但每级的压缩比也不应设定过小（不宜小于 3），压缩比太小也会造成不必要的能量损失。保证每级压缩的增压比相同，才能使压气机理论耗功最小。多级压缩可以节省压缩空气的指示功、降低排气温度、提高容积系数等，使空压机运行更为可靠。级数的多少是以各级排气温度不超过规定值为原则，空压机用途、大小不同，其规定的排气温度也不同。连续运转的大中型空压机最重要的是省功，同时兼顾机器可靠性、使用寿命、使用维护等因素；微小型空压机需考虑机器造价成本。因此，对大中型空压机鉴于省功的目的，其级数可适当取多些；对微小型空压机来说，级数不宜太多，以确保结构简单、使用方便。一般工程上通常采用 2 级或 3 级压缩，但排气压力大于 10 MPa 的空压机，可以多达 4～6 级。

螺杆空压机主要有单级压缩和两级压缩两种。一般喷油螺杆空压机依靠单级压缩可达到常用的动力系统与排气压力等正常使用要求。但对于一些功率大和产气需求大的空压机通常采用两级压缩。采用两级压缩主机，就是采用大小不同的两组螺杆转子，实现合理的压力分配，降低了每次压缩的压缩比。低的压缩比还可减少内泄漏、提高容积效率、降低轴承负荷、延长轴承寿命和运转可靠性，延长主机寿命。从能耗角度看，选用两级压缩可有效降低能耗，然后带来更高的运行功率与用气价值。因此，很多空压机生产厂商都推出了节能型两级压缩螺杆空压机，将永磁变频技术和两级压缩结合。此外，空压机内置式冷却方法冷却效果好，可降低级间的压力损失，从而降低压缩功率。例如英格索兰两级空压机的冷却喷射帘设计，提高了压缩效率。

③ 变频调速技术 变频调速技术是通过改变供电频率而改变空压机转速的一种技术。空压机出气量主要由电动机转速决定，管网压力不超过临界值，电动机就不会出现空载情况。变频调速技术通过调节电动机转速变化控制电动机输出功率与空压机输入功率，实现恒压供气，使空压机的产气量与用户端实际用气量相匹配。该技术通过其无级调速的驱动性能和精准的控制性能，可以实现电动机转速的连续调节。变频器可根据负荷大小自动调整电压和频率大小，避免频繁地加载和卸载，提高空压机轻载时的工作效率，降低空压机能耗，变频调速改造实践结果显示：对于回转式空压机，变频控制每年节能率可达 15%；对于往复式空压机，每年节能率可达 35%。

a. 变频器节能原理 变频调速系统以压缩终了时排气管内空气压力作为控制对象，是由空压机控制器（PLC 或单片机）、变频器、压力变送器、电动机（M）组成的闭环恒压控制系统，见图 9-12。

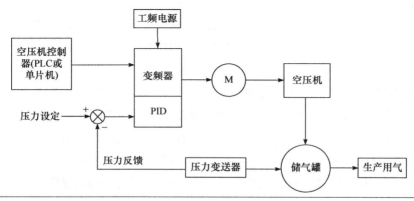

图 9-12 空压机变频调速原理图

如图 9-12 所示，为了提供恒压气体，借助压力变送器获得管网实际压力，将管网实际压力与压力设定值（电动机不出现空载的临界值）的偏差转变为电信号输送到内置的 PID 智能控制器，得到电动机当前运转频率，并反馈给变频器，再由其根据实际情况，计算并输出合理的频率，通过改变电动机转速调节电动机输出功率，从而对空气压力进行调节，保持供气压力稳定。由此可见，只要调节电动机转速，就可以调节电动机输出功率，即通过调节空压机的输入功率，实现空压机的制气量匹配用户端用气量，达到恒压供气与节能的目的。当系统消耗空气量降低时，此时空压机提供的压缩空气大于系统消耗量，变频式空压机会降低转速，同时减少输出压缩空气风量；反之则提高电动机转速增加压缩空气风量，以保持稳定的系统压力值。同时，空压机从起动到稳定运行是由变频器实现软起动，这样避免了起动时瞬间的大电流对电网产生的冲击和对空压机产生的机械冲击。

b. 空压机变频改造的原则 空压机的变频节能改造，需要结合原工况的问题，符合系统改造后的要求。变频改造后，空压机储气罐出口压力应维持稳定，压力波动应控制在允许范围内；应有变频、工频状态的两套控制回路，确保某回路故障后可切换到另一回路；空压机电动机具有恒扭矩特性；应有防电磁干扰的有效手段；空压机电动机温度、噪声在允许的范围内；空压机供气为变频恒压变流量方式。

随着电力电子技术的发展，变频器在调速领域中的应用越来越广泛。它具有性能稳定、操作方便、节能效果明显等优点。如今，变频控制技术日趋成熟，螺杆空压机使用变频控制已成常态。

④ 多机组群控技术（集中控制）　在用气量很大并且用气负荷波动较大的场合，单台大容量空压机难以满足气量调节和生产的需要，一般使用多台空压机构成空压机组。多机组群控技术是对多台空压机及其进气方式进行集中控制的一种技术。采用进气方式的集中预过滤处理能有效延长滤芯的使用寿命及避免设备的重复投入，降低功耗、节省开支。多机组群控技术是在多台空压机运行条件下实现节能的有效方法之一，它通过单点的压力控制代替多台空压机的压力控制，根据实际用气量选定需要的机器和台数，使得空压站在满足负载用气量的前提下，运行台数最少且运行时间合理，从而减少系统的压力带宽，实现恒压供气，其运行流程见图 9-13。

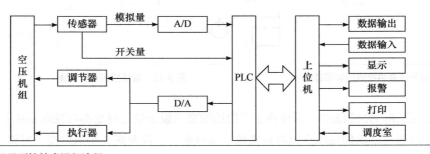

图 9-13　多机组群控技术运行流程

容量控制是多机组群控技术的依据，通过控制空压机群的输出压力和供给量，实现供需平衡。根据控制参数，空压机群的容量控制可分为基于压力的容量控制（简称压力控制）和基于流量的容量控制（简称流量控制）两类。容量控制的研究意义在于提高空压机群的运行效率、降低运行能耗。

压力控制是指根据检测到的储气罐压力或者用气压力来控制空压机组出口的供气压力，主要分为阶梯式控制、变频式控制、台数控制和压力预测控制等 4 种控制技术。变频式控制根据应用场合的压力波动情况，分为工频+变频、全变频两种变频控制方式，是当前空压机集群容量控制的研究重点，且技术也较为成熟。对于用气压力波动较为频繁的场合，压力预测控制由于能根据预测结果提前控制空压机组的运行情况，使得供气压力和用气压力快速匹配。

流量控制是基于压缩空气用气量的空压机群智能控制技术，它将空压机及其下游的末端用气系统结合在一起，利用流量检测设备测得末端设备对压缩空气流量的需求，实现对压缩空气系统控制，从而提高系统控制精度和节能，其原理如图 9-14 所示，右侧末端设备的流量变化决定了压缩空气的供给流量。根据用气量的获取方式的不同，容量控制可分为使用传感器、不使用传感器以及流量预测 3 种控制方式。

流量控制能够将空压机组的台数控制、定压控制、预测控制和学习控制等控制集成到智能控制器上，实现对空压机组的智能控制，其控制流程如图 9-15 所示。处理器接收来自设备的压力、流量等信号并根据信号通过控制算法决定流量的供给，输出控制信号控制流量。智能控制器将传统的空压机的压力控制转变为流量控制，能够跟踪并补偿气动系统的流量的变化，实现空压机的最优控制。该系统可实现人机实时对话，使现场得到相应的信息。但此方法不能应用于离心空压机。

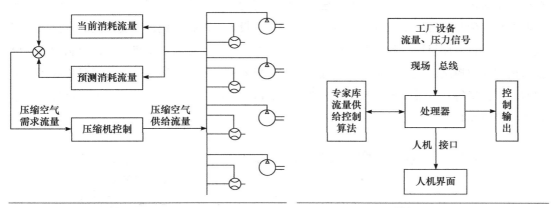

图 9-14　基于流量供给的控制原理图　　　　图 9-15　智能控制流程简图

在空压机群的控制方面，国外各主要的压缩空气设备制造商也都在挖掘系统的节能潜力，纷纷开发出各自不同的压缩空气群控系统。英格索兰、丹弗斯、格南登福、博格、凯撒、康普艾与阿特拉斯·科普科等公司分别有自己的产品推出，且均采用基于后端压力的控制方式。例如，凯撒西格玛控制器采用先进先出的顺序控制方式，以大功率空压机作为基载、以小功率空压机负责峰载，通过合理的功率匹配保证大功率空压机的产气效率。

⑤ 进气预处理　进气预处理包括对空压机进气进行预过滤除尘和冷却除湿，这可以改良空压机的工作环境、降低空压机能耗以及延长滤芯的使用寿命。进气预处理需考虑由此产生的进气阻力和空压机能耗的增加，因此，应采用非织造布作过滤材料、使用过程中及时维护和更换空气过滤器等措施尽量降低进气阻力，使其保持在一个较低的范围内。

通过置于空气机进口处的表冷器和固体干燥除湿机对空压机进气进行冷却除湿处理，可以降低空压机的进气温度和进气湿度，同时降低排气温度，从而降低空压机能耗。高龙等在某个喷气织机空压站设计中采用进气预处理技术，该技术包括自洁式空气过滤系统和空气除湿系统两部分，室外空气通过自洁式空气过滤系统过滤后进入空气除湿系统进行除湿干燥。对装机功率为 250 kW 的空压机的进气进行预处理后，在相同排气量和用户使用压力的条件下，空压机排气压力可降低 0.05 MPa，空压机实耗功率减少 13.8 kW。5 台 40 m³/min 的空压机共用一套空气预处理设备，一年多即可收回成本。

⑥ 提高冷却效率与余热利用

a. 提高冷却效率　提高中冷器的冷却效率对降低空压机能耗起着关键作用。中冷器的冷却效果越好，压缩空气过程越能接近等温压缩，空压机能耗越低；中冷器的流道阻力越小，压缩空气压力损失越小，从而节能效果越明显。水冷式中冷器分为开式冷却水系统和闭式冷却水系统。开式冷却水系统中，采取综合利用余热的措施实现能量的再利用，从而达到节能的目的。闭式冷却水系统中，可以使用加大循环水池面积等方法加快热水降温速度，但应控制冷却水用量，避免增加循环水泵的能耗。

b. 余热利用

i. 空压机余热利用技术原理　压缩气体终了温度通常在 80（冬季）～100（夏秋季）℃，其中蕴藏着很大的热能，有较高的利用价值。研究表明，通过空压机冷却系统散失掉的热量约占输入电能的 80%～82%，这一部分热能通过适当的回收技术可以利用。据一项行业调查分析，在有能量回收措施时，运行费用所占总费用的比例可降低到 31%，能量回收节省的运行费用可以占到 40%。可见，空压机余热回收利用技术的实施既能提高能源利用效率，又能减少废热污染、保护环境，符合我国可持续发展战略。

实际工程中，空压机余热回收应按照热力学基本定律和能量梯级利用原则，依据相应类型空压机的结构原理，利用换热器吸热等措施将压缩空气过程中产生的热量回收用来加热空气或水，并结合工厂实际情况将这些热量进行合理利用，以减少用于其他用途热量的电能和燃料消耗量。从压缩空气系统回收的热量主要用于解决员工的生活、工业用热水等问题。例如，将热水用于锅炉预热或直接用于需要 70～90℃ 热水的工艺中，可以节约天然气和燃料油等高昂的能源费用。采用余热回收系统可以使空压机在最佳运行温度时运行，使润滑油工作状态更佳，使空压机排气量增加 2%～6%。对于空冷式空压机，可以采用循环水系统替代冷却风机回收其散热；水冷式空压机冷却水回收的热能可以用来加热冷水或空间加热，其热能回收率为 50%～60%。热回收冷水机组是另一个从压缩空气系统回收热量的潜在应用。

空压机重载运行时余热回收效果最佳，空载率较高时不适合进行余热回收。空压机余热回收技术在不消耗额外能源的情况下，将空压机的余热回收利用，不仅有利于空压机恒温运行、提高产气效率、延长空压机寿命，同时能够减少原加热能源的使用量、降低运行成本，具有较好的节能减排效果。

ii. 空压机余热回收利用设备　空压机余热回收设备是通过换热器替代原空压机冷却器散热功能而回收高温循环油气热能并实现热能充分利用的节能设备。空压机余热利用设备有机油管路与冷却水管路两条管路，在空压机机油冷却回路上加装三通电动阀，将机油管路引出，即将空压机的机油冷却装置外置，与原来的冷却系统串联，例如图 9-16 所示的空压机余热回收机。余热回收的另一种技术是利用热泵技术通过少量的高位电能输入，实现低位热能向高位热能转移，例如，采用水源热泵技术提取空压机冷却水的热能。

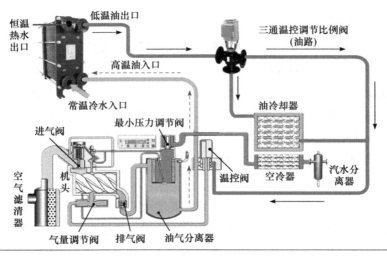

图9-16 空压机余热回收原理

（3）压缩空气输送和使用过程节能

降低压缩空气输送和使用过程能耗，是实现空压系统节能运行的关键，主要有压缩空气管网优化、分压力供气和减少压缩空气泄漏等措施。一套设计合理的压缩空气管网，其压降应小于管网供气压力的6%。管网优化是对管路压力进行测试，并找出配置不合理的地方，加以优化和改进。管网优化常用的方法有：对管网阻力过大的管段管径进行优化，减少压缩空气输送过程的压力损失；对一套压缩空气系统中有多种压力需求的情况进行分压力供气，可解决空压机生产所有压缩空气的压力必须满足高压设备的压力需求，在满足不同压力需求的同时，有效降低压缩空气系统能耗；通过对现有压缩空气系统进行检漏、堵漏来减少压缩空气泄漏，提高压缩空气有效利用率。

① 分压力供气与局部增压技术　分压力供气与降低供给压力是根据气动系统所需压力分别进行供气的一种节能供气方式；而气动系统的局部增压技术是分压供气、降低供给压力的关键技术。

局部增压是气源提供低压空气，局部采用增压器进行增压为需要高压空气的场合供气，主要有气动增压和电动增压两种方式。工业现场，一般气动系统对高压空气（0.71 MPa以上）的需求量占压缩空气总需求量的5%左右，采用局部增压技术是切实可行的方案。为了满足工业现场的需要，国内外许多研究机构和企业在压缩空气增压技术上做了大量的工作，逐步形成了一系列高效节能且适用不同气体流量的增压产品。

电动增压是利用电能为压缩空气增压提供所需能量的一种增压技术，如各种电动空气增压机。此类增压机大都是由压缩机改进而成，其输出流量大、压力高，大多用于对O_2、N_2、CO_2、He、CH_4等特种气体进行增压。目前，国内空压机制造厂多采用二级增压式增压机结构，如图9-17。

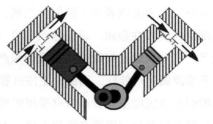

(a) 无油电动空气增压机 (b) 二级增压式增压机结构

图 9-17　增压机结构

气动增压是通过改变压缩空气回路，利用活塞对空气进行压缩，达到增压的目的。国外从事压缩空气增压技术研究的机构主要集中在日本。日本 SMC 株式会社采集储气罐的压力信号，进而调节驱动腔的压力，开发出 VBA 系列增压阀，如图 9-18（a）；日本 CKD 株式会社推出了 ABP 空气增压器。东京工业大学利用驱动腔做功后排出的压缩空气，提出一种新型膨胀型增压器。国内大连海事大学熊伟等对气驱气体增压器的静态特性及其工作工程进行研究，建立气驱气体增压器模型，通过计算得到该模型压缩比和容积效率变化规律，研究并分析了供气压力、输气压力和流量对该增压器工作特性的影响规律，对增压器的选型设计和使用等提供了参考价值。王海涛等提出了一种单行程供气增压泵，使压缩行程供给驱动气体，吸气行程切断驱动气体，样机低温试验表明该增压泵可以省气 30%。西北工业大学的董飞等设计了一种新型的气动增压泵，该增压泵利用控制阀的气动与自动切换来改变驱动气源的流动方向实现气体增压。增压泵主要由气体增压气缸、控制主阀和相应管路构成，其结构见图 9-18（b）。

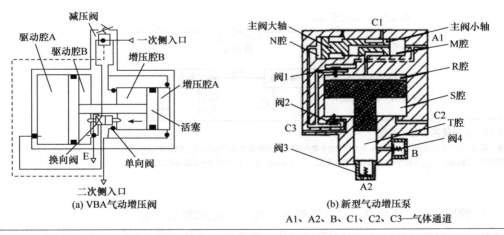

(a) VBA 气动增压阀　(b) 新型气动增压泵
A1、A2、B、C1、C2、C3—气体通道

图 9-18　增压泵结构

② 空 1 压机管道节能　空气中含有腐蚀性气体、水蒸气、烃类与固体微粒等杂质，且有 80% 以上杂质的颗粒直径小于 2 μm。这些微小的杂质颗粒很容易进入压缩空气系统，且与压缩空气中的油及水蒸气一起进入管网系统。对于镀锌管或碳钢管道，管道内壁会首先遭到锈

蚀，且暴露在空气中的铁表面不断氧化生锈，使铁变得又软又松。普通碳钢管长时间使用后会在管内部沉积腐蚀性杂质。最终导致管道（包括焊口位置）腐蚀烂穿泄漏。有污染的空气对气动设备、气动仪表及终端产品质量带来严重的损伤，增加了系统设备运行维修费用，同时增大了系统泄漏的可能性，因此，空压机管道节能改造是一项十分重要的工作。

新型的铝合金压缩空气管道内壁采用阳极氧化处理形成光滑致密的 Al_2O_3 保护层，外壁采用特殊材料干粉喷涂（管路亮漆效果属于 MO 级），使得内外管壁具有较强的耐酸和耐碱性，不容易被腐蚀。空气管路连接时要减少管缩、采用特殊密封，以降低管路的压降损失和泄漏。例如，AIRnet™ 节能管道采用经表面氧化处理的铝制材料，使管壁表面光滑、摩擦系数低以及可有效防止材料生锈，材料管接头采用行业内最先进连接方式，能够保证连接的便捷性与紧固性。

③ 旁通管路　如图 9-19 所示，通过在空气压缩后增设旁通管道旁通部分高温压缩空气，并在后部与主流气路混合后进入净化装置，实现优化压缩后输气管路、降低空压机出口压力设定值从而降低阻力损失。压缩后气路输送管路上安装旁通管，可以降低后部管路的系统总阻力系数，减少气体输送带来的阻力损失。压缩后输气管路加装的旁通管路设有流量控制阀门，通过它来调节旁通流量的多少。可以看出通过调节并联管路上的调节阀使之阻力数与原管路相等后，后部管路的局部管段阻力损失可以降低 75%。在室外气象参数达到一定参数条件后通过调整旁通流量降低空压机出口排气设定值，进而实现降低空压机功耗的作用。在其他参数保持不变的前提下，降低空压机的排气压力能节省空压机的电功耗。故采取旁通是一个简便、效果明显的节能措施。

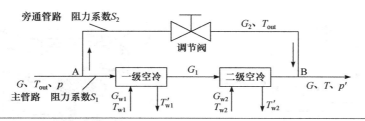

图 9-19　旁通管路参数示意图

G、G_1、G_2 分别为系统总线通流、旁通后从原管道通流及旁通管路通流的质量流量，kg/h；T_{out} 为空压机排气温度，℃；p 为空压机排气压力，Pa；p' 为用户端压力，Pa；G_{w1}、G_{w2} 分别为一级空冷和二级空冷入口空气，kg/h；T_{w1}、T_{w2} 分别为一级空冷和二级空冷入口空气温度，℃；T'_{w1}、T'_{w2} 分别为一级空冷和二级空冷出口空气温度，℃

④ 管网优化　压缩空气从空压机输出到用气设备的压力损失不应超过空压机排气压力的 10%。合理布局管路系统实现管网优化，能够有效减少压缩空气输送过程中的压力损失，减少空压机能耗。常用的管路布局优化措施有：a. 选择与输送气体相匹配的输送管道。因为选择管道管径太细必然增加沿程压力损失；选择管道管径太粗必然增加工程投资、占用更大的空间。b. 将支路布置的管线改成环路布置，实行高低压供气分离，并安装高低压精密溢流单元。c. 节能改造时更改局部阻力偏大的管线，尽量减少管道的拐弯，如果管道必须拐弯，

应缓冲拐弯，一般要求拐弯半径 $R \geqslant 3D$（管径），降低管道阻力；对管内壁酸洗、除锈等净化处理，保证管壁光滑。秦宏波等提出在压缩空气管网设计时，要尽可能地减少弯头及联结部件的使用，一方面是为了减少压损，另一方面是为了降低泄漏点的产生概率，两者都可以提高能源利用率。

⑤ 管路设备泄漏、检漏和堵漏 针对管路供气环节气体泄漏的现象，现行主要方法是根据泄漏的各种特征判断检测，通过运用在线监测采集技术、信号处理技术等对压缩空气系统管路进行实时监测控制。如基于基准流量的气体泄漏测量方法，将流量传感器并联接入管道，通过测量基准流量发生前后管路中气体的压力变化来计算气体的泄漏量，测量误差可以控制在 5% F.S.（full scale）以内。还有基于瞬变压力信号的处理方法、基于模型的方法、声发射法和光纤法等，见图 9-20。压缩空气泄漏点的定位是压缩空气系统节能领域的重要技术，当气体通过小孔向外泄漏时，气体产生的紊流将在小孔处产生沿直线传播的超声波，通过检测该超声波信号可以快速地定位泄漏点。也有研究者提出了基于基准流量的并联接入式气体泄漏测量方法，导入基准流量，可以消除未知容积的影响，在被测对象容积未知的条件下可测量出管路设备的泄漏量。

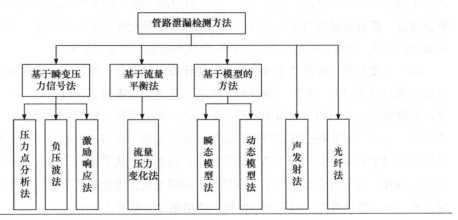

图 9-20　管道泄漏检测体系

企业可根据检测技术对管路系统实时监测，并根据监测发现的问题采取措施防止压缩空气系统的跑、冒、滴、漏，据此开展维修工作和元器件更换工作。通过对现有设备进行实时监测、定期维护，可以将系统泄漏率合理控制在 10% 以内。为减少空气泄漏，常用的节能措施有：对主要生产车间的供气管道安装流量计量管理系统，确定工艺用量限额；调整工艺用气量，尽可能减少阀门、接头的数量，减少泄漏点；加强管理，使用专业工具定期巡检。此外，开发气密性更好的气动元件也是系统防漏的必要手段。

⑥ 优化用气管理 对于用气终端来说，减少耗气量就是节能。压缩空气在使用的过程中大多存在不合理使用的情况，如开路吹扫、喷射、除尘、雾化、手动喷枪、隔膜泵、使用未调节的压缩空气或给废弃的设备供气等现象，造成巨大的浪费。减少终端设备需求可直接减

少压缩空气用量，从使用根源上削减能耗。此外，终端使用压力低，空压机供给压力自然就降低。因此，如何提高执行元件和用气设备的利用效率是该环节节能要考虑的最主要问题。

喷枪（气枪、喷嘴）在制造加工的精修工序、机加工等工艺现场被广泛使用，其耗气量在某些产业领域达到总供气量的 50%。通过其内部流路与喷嘴的优化设计的气枪，可减少压缩空气的使用量，例如使用新型气动喷嘴节能装置和脉冲式气枪，在特定行业采用专业气动设备，如电解铝行业推广使用的打壳缸专用节气阀等。另外，基于科恩达原理的节能增效喷嘴、节能气幕等代替传统喷管、喷头也能取得较好的节气效果。气缸在气动生产过程中是最常用的气动执行元件，在气缸应用上可采取合理选型、缸阀集成、驱动方式的合理应用以及排气回收二次利用等多种节能措施。

（4）空压机附属干燥机节能

在空压站对外供净化风系统中，压缩空气的干燥是一个重要的生产环节。空气干燥机是通过加热使物料中的湿分（一般指水分或其他可挥发性液体成分）汽化逸出，以获得规定湿含量的固体物料的机械设备。空气干燥机有吸附式、冷冻式以及这两种干燥机的组合式干燥机。吸附式干燥机利用变压吸附的原理，湿空气通过吸附剂时水分被吸附，得到干空气；冷冻式干燥机基于露点除湿，采用制冷机作低温冷源，将一定压力下的空气冷却至露点温度下，析出水分，降低压缩空气的含湿量。通常采用冷冻除湿作为第一道工序，将压缩空气的露点降至 0℃左右，当要求更低露点时，再配合使用吸附除湿进一步干燥。

从干燥度来看，吸附式干燥机除水性能比冷干机要好，能除去大量的水分，吸附式干燥机压力露点可达 -70～-20℃。从能耗上来看，冷干机比吸附式干燥机好，冷干机无需再生气耗，而吸附式干燥机由于在再生过程中要消耗一部分气耗，会增加企业成本。采用冷干机或者吸干机来对压缩后的空气进行干燥处理，同时也会带来附加的能源消耗。通常情况下，吸干机仅适用于对露点要求较严格（低于冰点）的场合，从节能的角度其他场合应优先使用冷干机。另外，吸干机主要是为了获取低露点压缩空气，因此任何节能技术都不应以牺牲露点为代价。从节能角度看，吸干机"惜耗"使用也是一种能源浪费。

① 冷干机优化　国内外对压缩空气冷冻除湿技术的研究主要集中于机组性能、换热器效率、控制方式、热力过程及系统适用场所等方面，采用的措施有在蒸发器前加装热管换热器、采用高低压级双蒸发器及蓄能等。在蒸发器前加装热管换热器可以高效吸收湿空气热量，这部分热量经蒸发器除湿后再用来加热空气，此装置还可降低蒸发器的负荷。采用高、低压级双蒸发器压缩空气依次通过高、低压级蒸发器，首先高压级蒸发器对压缩空气降温，使其冷却至露点温度，然后低压级蒸发器对空气进行除湿并回收空气中的潜热。与单蒸发器相比，双蒸发器比单蒸发器的换热面积大，且可用于有不同干燥深度需求的场所。蓄能型冷干机系统的蒸发器采用蓄能式换热器，制冷系绕产生的制冷量通过蓄能溶液对压缩空气进行除湿，若有剩余则可通过蓄能液储存，避免压缩机频繁起停。

② 吸干机优化　一般的吸附式干燥机的能耗包括对压缩空气的损耗和再生加热的用电损耗两种。目前常见的吸附式干燥机主要有无热再生干燥机、加热再生干燥机、余热再生干

燥机。例如，对于压力露点-40℃的吸干机除湿过程能耗分析可知：无热再生吸干机消耗12%～15%的成品气源；微热再生吸干机消耗6%～8%的成品气源外加0.0045 kW/m³（标）电耗；鼓风加热再生吸干机消耗2%～3%的气源外加0.0135 kW/m³（标）电耗；组合式干燥机消耗3%～5%气源外加0.005 kW/m³（标）电耗。在部分工业现场，压缩空气的使用量很大，造成吸干机的损耗较大。因此，为了降低除湿过程能耗，必须对吸干机进行优化。

a. 无热再生干燥器　无热再生干燥器是利用约15%的成品气对再生塔的吸附剂进行吹扫再生，其特点是结构简单、维护方便，但耗气量大、能源品位高、有效供气量小，且有时露点不够稳定。在无热干燥基础上设计的双塔交替吸附的无热再生空气干燥器，通过压力变化（变压吸附原理）来达到干燥效果，见图9-21。

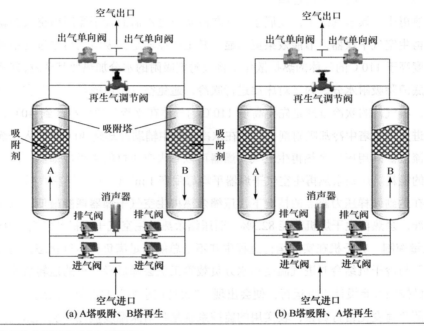

(a) A塔吸附、B塔再生　　　　　　(b) B塔吸附、A塔再生

图9-21　无热再生变压吸附式空气干燥器

由于空气容纳水汽的能力与压力成反比，其干燥后的一部分空气膨胀减压至大气压，这种压力变化使膨胀空气变得更干燥，然后让它流过未接通气流的需再生的干燥剂层，干燥的再生气吸出干燥剂中的水分，将其带出干燥器来达到除湿的目的。系统提供干燥压缩气采用双塔交替吸附的工作方式，如此连续不断输出干燥气。研究表明，对于无热变压吸附干燥器而言，选择合适的吸附剂和调整适当的再生风量，在干燥器的长期运行过程中的节能也非常重要。为满足净化空气的质量要求，一般首先有针对性地选择吸水能力比较强的硅胶作吸附剂，吸附能力的增强可以延长运行周期。另外，根据处理量的大小选择干燥器的尺寸及吸附剂，既可节约压缩空气系统的耗能，增加压缩空气产出，又能保证适当的运行压力，从而达到最佳运行状态，实现干燥器的节能。

b. 加热再生干燥器　加热再生干燥器需使用电加热器，将 6%的成品气加热后送入再生塔，使吸附剂升温再生，然后还要利用 6%的成品气，再将吸附剂冷吹至常温。优点是工作周期比较长，而且供气露点稳定；缺点是耗能仍偏大，既要耗费 6%的压缩空气，还要耗费一定的电能。

余热再生吸附式干燥器是一种新型吸附式干燥机，它利用气体被压缩时所产生的热量加热干燥塔里的吸附剂使其解附，属于变温吸附技术。空压机的负载率高于 70%时，余热再生吸附式干燥器即使在 0.35 MPa 的低压工况下，依然能充分利用空压机余热实现可靠地运行。余热再生吸附式干燥器加热再生时不耗费压缩空气，在冷吹时仅消耗 2%的干燥压缩空气，完全利用了空压机的余热来完成吸附剂的再生（空压机还可省去末级冷却器），也不需要鼓风机和电加热器，可节约 70%的能源。

在余热再生干燥器基础上，发展了一种在冷吹时也不需消耗干燥压缩空气的新型零气耗压缩余热再生空气干燥器，节能效果更明显。其工作原理是在吸附剂再生过程中利用来自空压机的温度高于 110℃的气体的热扩散作用将吸附剂吸附的水分加热使其蒸发，并将其带出干燥塔，彻底清除吸附水分。为了对床层进行吹冷，避免空气出口露点由于存在床温而出现不稳定情况，零气耗的吹冷方式是先将高于 110℃的气体在水冷却器中冷却到 40℃，作为再生吹冷气体进入再生塔中冷却吸附剂，然后在水冷却器中辅助冷却到 40℃后进入干燥塔，经吸附干燥后流出。采用压缩余热再生空气干燥器可以省去空压机的末级冷却器，减少空压机循环冷却水的能耗。压缩余热再生空气干燥器平均每生产 1 m³（标）干燥空气只消耗 0.003 kW 的电能。在达到同样压力露点的情况下，压缩余热再生空气干燥器耗能最低。以微热再生干燥机为基准，余热再生干燥机节能 82.3%，而压缩余热再生空气干燥机节能高达 95.5%。

c. 能量控制　吸干机在实际运行过程中并不是总能满足满负荷运行状态，用气低峰、环境干燥以及与冷干机结合时进气温度和水分负载等工况会降低吸干机的运转负荷。低负荷运行时，若仍按照额定设计工况运行，便会出现 "大马拉小车"的现象。因此，理想的控制系统应能跟随负荷变化自行调整，较实用的监控系统是吸附床温度监控系统和露点控制系统。吸附床温度监控系统只适用于无热再生干燥器和低负荷工况。露点控制的缺点是若吸附时间过长，会导致吸附热散失，出现再生能量供应不足现象。若露点控制与吸附床温度监控二者相结合，会取得比单控制系统更好的节能效果。

③ 溶液除湿技术　溶液除湿技术是一种新型空气干燥技术，它利用盐溶液表面蒸汽压力与空气中水蒸气分压力之差直接从空气中吸收水蒸气，达到干燥的目的。该技术可采用低湿热源驱动，能有效利用 60～80℃的低品位热源（如空气压缩过程中产生的热量）对除湿后的稀溶液进行再生，能够有效降低压缩空气干燥过程的能耗，且对环境无污染。采用溶液除湿技术对干燥度要求不是很高的压缩空气进行干燥，同时利用空压机出口压缩空气的余热对除湿后的稀溶液进行加热再生，将压缩空气过程与干燥工质有机地结合，可显著提高工业干燥过程中的能量利用效率。

东南大学的郑宝军利用 LiCl-H_2O 溶液对压缩空气除湿，理论分析表明 0.80 MPa 下系统能达到 0.11 g/kg 的极限干燥度，实验得出除湿系统运行的最佳液气比为 1.5 左右。对低于 0.30 MPa 的压缩空气分别利用溶液除湿技术与冷冻干燥技术进行除湿，在相同压力达到相同干燥度时的能耗对比结果表明，前者比后者节能 16.0%，且单位除湿量电耗低 1.42 kJ/g，不同除湿工况下空压机余热均能满足 LiCl 稀溶液再生。溶液和空气传热传质的规律对除湿器和再生器的性能有着非常重要的影响。高龙飞和戴智超分别对不同填料溶液在除湿器和再生器内的热质传递性能进行了理论分析和试验研究，进一步揭示了溶液除湿技术的热质传递规律。

（5）空压站节能监控系统

一套高效的空压站节能监控系统对于企业节能增效有着重要的意义，它不仅能通过实时监测空压站运行工况以及监控系统运行参数的优化等方式帮助用户提高生产效率，还能够统计空压机以及整个空压站的能耗情况，以便用户进行成本分析。良好的控制方式可以使空压机在满足用气需求的前提下开机数量以及运行时间更为合理，从而节省电能消耗以及降低机器硬件损耗。空压站节能监控系统根据空压站输出压力自动控制整个空压站，通过自动控制空压机匹配用气端负载，降低虚高的供气压力，同时稳定管网压力，减少压力波动对生产及主机的冲击，实现高效生产与机组的安全可靠运行。

（6）推广产品诚信认证与节能认证

国际能源署（IEA）发布《全球能源与二氧化碳现状 2017》指出，2017 年全球能源效率的改善显著放缓，全球能源强度仅降低 1.7%，不到巴黎气候协定承诺设定目标的一半，认为这是受到能效政策覆盖面缩小和严格程度降低以及能源价格长期处于低位的影响。IEA 的《2017 年能源效率》指出政策实施放缓，未来能源效率增长面临风险；强制性能源效率政策的力度也在近年来以最低的速度增长，2016 年政策严格性改善程度开始放缓，增长率仅 0.3%，而 2017 年则延续这一趋势。不论当前的能源效率提高水平是保持还是加速，更强有力的政策部署和实施是必要的。因此，IEA 建议各国政府采取全面战略方式提高能源效率，将其作为长期能源转型计划的基础，并寻求更加完善的法规、标准和市场政策。

《中华人民共和国节约能源法》明确提出了节能产品认证、高耗能产品淘汰和能效标识管理等节能管理制度。能效标准与能效标识已被证明是在降低能耗方面成本效益最佳的途径。节能产品认证是依据我国相关的认证标准和技术要求，按照国际上通行的产品认证制度与程序，经中国节能产品认证管理委员会确认并通过颁布认证证书和节能标志，证明某一产品为节能产品的活动，属于国际上通行的产品质量认证范畴。目前，节能是由中国质量认证中心（CQC）推行的一种自愿性认证。为降低能耗、提高能效并推广高效空压机，应强化空压机节能产品认证，变自愿申请为强制，只有获得节能产品认证的产品才能准入市场。以节能强制倒逼企业加大技术创新，提升产品能效。

空压机诚信认证采用"型式试验+初始工厂检查（诚信检查）+获证后监督（诚信评估）"认证模式，即在"型式试验+初始工厂检查+获证后监督"的认证模式上增加诚信审查和评估，只有工厂检查和产品评价合格，且诚信评价合格的企业才可以获得该认证。GCCA 诚信认证是目前最严格的认证模式。合肥通用机械产品认证有限公司于 2016 年 4 月 30 日颁发了首批空压机行业 GCCA 诚信认证证书，浙江开山压缩机股份有限公司获得首张 GCCA 诚信认证证书。宁波鲍斯能源装备股份有限公司所生产的一般用喷油螺杆空压机（ZMF 系列、GLF 系列、GMF 系列、YLF 系列）的性能指标符合 JB/T 6430—2014《一般用喷油螺杆空气压缩机》和 GC009G01（6C）《压缩机产品认证实施规则》的要求，于 2017 年获得 GCCA 诚信认证证书。推广空压机产品诚信认证制度，用以区分产品品质和信用等级，产生品牌效应，倡导诚信理念，引导诚信行为，推动诚信文化建设，建立产品性能数据的未来发展新秩序。

（7）提倡空压机系统合同能源管理服务

合同能源管理服务（energy management contracting, EMC）是一种以减少的能源费用支付节能项目全部成本的节能投资方式。这种节能投资方式允许用户使用未来的节能收益为工厂和设备升级，以降低目前的运行成本。空压机合同能源管理，是合同能源管理的一部分，是指专业的空压机服务商提供节能高效的空压设备及系统优化工程服务，使客户获得节能收益，经过一定周期，空压机服务商逐步实现了成本目标及利润目标后，所有节能设备无偿转归客户所有的一种节能机制。

IEA 认为，能源效率是全球能源转型的中心，各国政府有能力进一步提高能源效率来获得广泛的利益。IEA 的《2017 年能源效率》分析了全球能源效率的趋势、影响和驱动因素。随着能源管理系统使用的增加，工业能源效率得到了提高，2000～2016 年，工业部门的单位经济产出能耗下降了近 20%。全球能源效率市场继续扩大，2016 年全球能源效率投资增长了 9%，达到 2310 亿美元，维持上升趋势。中国能源效率投资的增长率最高，达到 24%，而欧洲能源效率投资的份额最大，占全球能源效率投资的 30%。2016 年全球能源服务公司市场扩大了 12%，达到 268 亿美元。中国是迄今为止最大的市场，占全球收入的 60% 以上。在一些国家，能源效率已成为一种非常有价值和可交易的商品。

例如，Enersize 采用"系统节能"的理念，通过能效管理系统 Enersize Platform，为客户提供持续的、定制化的能效优化策略，实现和保持最大程度的节能。Enersize Platform 利用物联网技术对客户进行网络数据采集，并通过云计算对数据进行智能控制。经过 Platform 系统的监测分析和 Enersize 专家的工厂实地分析，Enersize 为客户提出最优最适合的 CAS 能效优化方案，实施节能改造。Enersize 的节能服务通常采用合同能源管理的项目模式，在取得节能成果后，Enersize 与客户分享已经实现的节能效益。在整个节能改造中，Enersize 将购置所有所需的设备，并承担实现节能目标的全部风险。Enersize 平均为每座客户工厂节能 18%～35%。通常在项目开始的 2 个月内，Enersize 就已为客户带来 10% 的节能。Enersize 已完成的中国项目包括一家中国金属铸造厂，该项目为客户实现节能量 836 MW·h/a。目前，Enersize 为北京京东方光电科技有限公司（BOE）、北汽福田汽车股份有限公司以及其他一些工业企业实施节能改造项目。其中的 BOE 项目，在 5 个月内就已经为客户降低能耗 $6.75×10^6$ kW·h，减少 CO_2 排放 4077 t，节约用电成本 3712700 元，该项目已于 2015 年 5 月进入节能效益分享期。

以上节能技术和措施，并不是每个企业及所有系统都适用。如果不正确使用节能技术，非但不能降低压缩空气系统能耗，反而会增加企业运行成本。企业在生产过程中要注意选择合适的压缩气源设备，在选择的过程中要确定空压机的型号，而这种型号的选择要密切结合空压机的实际能耗。在企业节能改造时，首先针对不同的压缩空气系统进行详细的测试评估，在此基础上应用合适的优化措施以达到节能目标。因此，应实地详细考察用户压缩空气使用与机组运行情况，分析用气特点，根据每小时的空气使用量确定空压机的加载与卸载频率、整个用气系统的压差、干储气罐的压力波动、有没有短时间大用气设备等，统计空压机设置台数（常开机组、备用机组）、设置场所以及机械特性等，考察空压机的运行状况以及超系统需求（如空压站周边是否有用热需求）等。综合考虑以上情况，正确合理地应用节能技术才能真正达到兼顾节能和降低投资与运行成本的目的。

9.3.3 空压机噪声污染与控制

空压机是一种强噪声设备，运行时噪声通常在 90～110 dB（A），噪声声级高且呈低频特性，传播距离远，污染范围大，严重影响周围环境并危害人们健康，是工业主要噪声之一，已成为环保部门的监察重点。因此，控制并减弱空压机噪声和振动不仅是劳动保护和环境保护的重要问题，也是生产企业可持续健康发展的重要问题。而只有了解空压机噪声的特性，才能有针对性地对其进行控制。

（1）空压机噪声源

空压机是一个多声源发声体，其噪声主要源于进、出气口辐射的空气动力性噪声、机械运动部件产生的机械性噪声和驱动电动机电磁噪声等。

空压机进气口噪声是在进气口附近产生的压力波动以声波形式辐射出来，是一种呈低频特性的宽频带连续谱，低频噪声占到98%以上。进气口噪声除了基频 $f = 2n/60$（n 为空压机每分钟的转数）外，还有 $2f$、$3f$ 等谐波，但高频谐波的声级比基频声级要低。声压级由低频逐渐向高频降低，即低频强、频带宽，总声压级高。进气噪声一般随负荷的增加而增加，也与进气阀的尺寸、调速机构和气门通路结构等因素有关。空压机进气口噪声比其他部件的噪声要高 7～10 dB（A），是空压机的主要噪声源。

排气噪声是一种频率比较复杂并呈中高频特性的宽频带连续谱，声级范围为80～110 dB（A）。排气噪声的大小与压缩气体的流量、压力及空压机的转速有关，流量越大，压力越高，转速越高，噪声越大。

机械性噪声是由空压机的运动精度和零部件的制造精度即机械性能决定的，并随空压机转速、冲击速度、轴承间隙、机体与基础的连接状况的变化而变化。空压机本体的机械性噪声包括传动机构的往复运动引起的撞击声、活塞往复运动的摩擦声，以及气缸压力急剧变化引起气缸止回阀片对阀座的冲击声等。当引起的机械振动频率与其固有频率一致时，噪声更大。

电磁噪声主要有转子动平衡不良引起的旋转噪声、定子与转子间交变的电磁引力与磁致伸缩引起的电磁噪声，以及冷却风扇的气流噪声等。电磁噪声呈随机性，频谱窄，频率相对固定，其基频与进气噪声基频相同，频谱也呈低频特性。

（2）空压机噪声控制

根据噪声源频率的特点及噪声控制要求和现场条件，空压机噪声治理和控制一般从吸声、隔声和消声等方面进行。吸声是指依靠物体表面材料和结构吸收入射到其表面的部分声能并转化为其他形式的能量而降低噪声的方法。隔声是将噪声源封闭在一个小的空间内，阻隔声音的传播，常采用安装隔声罩将空压机与外界隔绝的方法。消声是将多孔材料按一定方式分布在气流通道内壁，以达到削弱空气动力性噪声的目的。目前，国内外空压机消声器有抗性消声器、阻抗复合消声器、微穿孔板消声器、抗性微穿孔板复合消声器、文丘里消声器和组行消声器等 6 种结构形式。在实际工作中，可根据噪声源类型采取一种或几种措施组合进行控制。

① 进气口噪声控制　空压机进气口噪声呈低频特性，空压机进气噪声可通过安装消声器（主要为抗性消声器）的方法进行控制。抗性消声器是通过管道内声学特征的突变处将部分声波反射回声源方向，达到消声目的的。为了保证消声效果，进气口消声器一般采用无纤维、无泡沫塑料等疏松材料的抗性消声器，抗性微穿孔板复合消声器或微穿孔板消声器等。空压机的进气口一般都装有空气滤清器，使进气口气流噪声有一定衰减，但不能满足降噪要求，故仍需安装消声装置。

② 排气口噪声控制　排气压力高、流量大的空压机因产生的排气噪声较高，在排气系统需要设置专用的消声器进行控制。排气口消声器要求消声量大，消声频段宽，具有减压扩容、减小排气放空的压力落差的作用，以降低排气放空噪声。对于流量小于 20 m³/min 的空压机，噪声不高且主要为高频，一般可采用阻性消声器。阻性消声器的优点是能在较宽的中高频范围内消声，特别对高频声波有突出的消声作用。

③ 本体噪声控制　空压机机体噪声和电动机噪声的控制，通常采用隔声与吸声相结合的综合控制技术。压缩机加装隔声罩或建设单独的空压机隔声间，将空压机整体与外部隔绝，以阻止噪声的传播。在空压机进气口噪声下降 10～20 dB（A）以后，机壳的辐射噪声将变为主要声源。对于小型移动式空压机常采用隔声罩的控制措施；对于大型或多台空压机可在机房及操作间制作隔声间。为了提高隔声罩的隔声效果，通常在其内附设吸声层，吸声层材料的吸声系数越大，其吸声能力就越好。

④ 控制机体的振动　控制空压机噪声就必须控制振动。振动的控制主要是采取隔振控制。主要措施如下：在空压机底部安装减振平台，在空压机与基础之间形成弹性连接，减少振幅，实现隔振，这是隔振最关键的环节；采用隔振缝悬浮基础，隔振缝悬浮地基切断空压机振动向土壤传递的途径；采用隔振沟，有些情况可采取地面挖沟的方式，用以切断沿地面传播的以表面波为主的振动。

⑤ 控制管道的振动　管道通常存在振动和辐射噪声两个问题。管道振动源于空压机机体振动传递给管道以及管内气流脉冲引起振动。当振动频率为 0.02～20 kHz 时，振动与声联系起来，形成管道的声辐射。控制管道振动与声辐射的措施有：避开共振管长度；在管道中加

设孔板；加软胶管连接，将沿管路的振动切断，即将一段金属管改为胶管，通常长度大于 0.5 m 即可；在管路固定处采取弹性固定，以免振动传递给支承；设置缓冲式消声器；用减振材料包裹管路，如，用沥青布包裹空压机管路，可以有效降低辐射噪声。

空压机降噪设计应综合考虑设备检修、通风散热需要，保障设备长期稳定运行。

9.3.4　压缩空气系统节能技术发展趋势

随着中国经济发展步入新常态，节能降耗成为众多工业企业共同且长期追求的目标，技术变革、技术迭代速度越来越快，空压机行业将在高效空压机产品、空压机节能认证、压缩空气系统余热利用以及节能改造、合同能源管理等众多方面迎来巨大发展机遇。目前国内压缩空气系统节能主要有以下几个方面的工作亟待完成：①制定合理的能耗评价标准，通过空压机节能认证推动高效节能型空压机产品的研发与应用。②发展压缩空气平衡管理系统。将压缩空气的气源、输送网络和用户视作一个完整的产业链，利用工业自动监控系统采集数据，依靠数字技术进行系统优化控制，结合峰谷用量预判经验形成一个压缩空气平衡管理系统，优化空压站的运行，科学管理供气和提高终端用气设备节气水平。③坚持持续发展，从本质上解决问题，完善与解决空压机一直存在的泄漏问题，借助无损探伤技术（如超声波检测技术、涡流检测技术等）来完成系统管路完整性的检查。④改进空压机的节能方式，调整空压机组组合方式，减少空压机空转和频繁加卸载造成的能耗损失，保证供气压力平稳。⑤提高空压机余热利用水平，如采用第二类吸收式热泵对空压机的压缩余热进行回收。⑥运用"物联网+大数据分析+云计算"进行压缩空气系统节能，利用压缩空气系统智慧云平台实现与企业能源管理平台无缝对接，帮助企业对用能和排放数据进行统计、查阅和管理，并对节能减排措施的运行态势进行分析、预警，实现运维智能化。⑦通过能源合同管理模式，利用节能服务公司的技术和资金，迅速将先进的节能技术实现产业化，促进企业压缩空气系统的节能改造进程。

9.3.5　综合评价

（1）评价标准

目前关于空压机能效与经济运行的综合评价标准主要有 GB 19153—2019《容积式空气压缩机能效限定值及能效等级》、GB/T 27883—2011《容积式空气压缩机系统经济运行》以及 GB/T 16665—2017《空气压缩机组及供气系统节能监测》等。

①　GB 19153—2019《容积式空气压缩机能效限定值及能效等级》　本标准规定了容积式空气压缩机的能效等级、能效限定值及试验和计算方法。本标准适用于：a. 驱动电动机功率为 1.5～630 kW、排气压力为 0.25～1.4 MPa 的一般用喷油回转空气压缩机（包括一般用喷油

螺杆空气压缩机、一般用喷油单螺杆空气压缩机、一般用喷油滑片空气压缩机和一般用喷油涡旋空气压缩机）；b. 驱动电动机功率为 2.2～315 kW、排气压力为 0.25～1.4 MPa 的一般用变转速喷油回转空气压缩机（包括一般用变频喷油螺杆空气压缩机和一体式永磁变频螺杆空气压缩机）；c. 驱动电动机功率为 0.75～75 kW、排气压力为 0.25～1.4 MPa 的一般用往复活塞空气压缩机（包括微型往复活塞空气压缩机和一般用固定的往复活塞空气压缩机）；d. 驱动电动机功率为 0.55～22 kW、排气压力为 0.4～1.4 MPa 的全无油润滑往复活塞空气压缩机；e. 直联便携式往复活塞空气压缩机。

按照本标准的规定，空压机能效等级分为 3 级，其中 1 级能效最高。各类空压机的能效等级均应符合标准中表 1～表 6 的规定。空压机在规定工况下各等级的能效值应不大于标准中表 1～表 6 中规定的值，并且空压机能效限定值应不大于标准中表 1～表 6 中的 3 级。空压机能效等级判定时，应按驱动电动机额定功率栏的对应能效指标考核，且应符合下列规定：回转空压机的机组功率试验值应小于驱动电动机额定功率大一挡的值；微型、全无油润滑和一般用固定的往复活塞空压机的轴功率，计及传动效率后，应不超过驱动电动机额定功率；直联便携式往复活塞空压机的实际输入功率应符合标准中表 5 与表 6 的规定。

② GB/T 27883—2011《容积式空气压缩机系统经济运行》　本标准规定了交流电动机驱动的一般用容积式空气压缩机系统经济运行要求、判别与评价方法、测试方法及评估与改进措施。本标准适用于交流电动机驱动、额定排气压力小于或等于 1.4 MPa、在用的一般用容积式空气压缩机系统运行，改建、扩建及新建容积式空气压缩机系统设计可参照执行。本标准针对空压机系统经济运行提出了电气设备、机组要求、净化设备要求、供气管网要求、管理要求、系统要求等经济运行要求，并分别提出了满足这些要求的判别与评价方法，据此提出了系统评估与改进措施。

③ GB/T 16665—2017《空气压缩机组及供气系统节能监测》　本标准规定了运行中空气压缩机组及供气系统的能源利用状况的监测内容、监测方法和合格指标，适用于额定排气压力不超过 1.25 MPa（表压）、公称容积流量≥6 m³/min 的空气压缩机组及供气系统。

（2）压缩空气系统节能与经济运行评价方法

① 压缩空气系统节能与经济运行评价指标　空压机是否节能的唯一判断标准为机组比功率（input specific power）。机组比功率是指在规定工况下，空压机机组功率与机组容积流量之比值。空压机在规定工况下所允许的最大机组比功率被称为空压机能效限定值，该值应不大于 GB 19153—2019 中表 1～表 6 中的 3 级。空压机机组比功率 e_{VC} 试验计算方法按 GB/T 3853—2017《容积式压缩机 验收试验》的规定，其计算式为：

$$e_{VC} = K_{14} \frac{P_{corr}}{q_{V,corr}}$$ (9-4)

式中，e_{VC} 为空压机机组比功率，kW/（m³/min）；P_{corr} 为按 GB/T 3853—2017 测量、修正计算的机组功率，kW；$q_{V,corr}$ 为按 GB/T 3853—2017 测量、修正计算的机组容积流量，m³/min；

K_{14} 为机组比功率吸气温度修正系数，无量纲。

根据 GB/T 27883—2011，空压机机组实际比功率 ε 为：

$$\varepsilon = \frac{P_s}{Q_p} \qquad (9\text{-}5)$$

式中，P_s 为机组实际输入功率，kW；Q_p 为机组实际容积流量，m³/min。

① 电气设备判别与评价　电动机的额定效率大于或等于 GB/T 18613—2016 中规定的能效 2 级，并且交流接触器的吸持功率小于或等于 GB 21518—2008 中规定的能效 2 级，则认定为经济；电动机的额定效率大于或等于 GB/T 18613—2016 中规定的能效 3 级，并且交流接触器的吸持功率小于或等于 GB 21518—2008 中规定的能效 3 级，则认定为合理；电动机的额定效率小于 GB/T 18613—2016 中规定的能效 3 级，并且交流接触器的吸持功率大于 GB 21518—2008 中规定的能效 3 级，则认定为不经济。

③ 机组判别与评价　当机组实际比功率 ≤ GB 19153 中能效 2 级的限定值时，则该机组被认定为经济；当机组实际比功率 ≤ GB 19153 中能效 3 级的限定值时，则该机组被认定为合理；当机组实际比功率大于 GB 19153 中能效 3 级的限定值时，则认定为不经济。

④ 用气设备能耗评价

a. 空气消耗量　空气消耗量是指气动设备单位时间或一个动作循环下所耗空气的体积。该体积为标准状态（100 kPa、20℃、相对湿度 65%）下的体积，单位为 m³/min（ANR）或 m³（ANR）、L/min（ANR）或 L（ANR）。空气消耗量是当前评价气动设备耗气的主要指标，在工业现场被广泛采用。但是，空气消耗量不能表示能量，用它来表示能量消耗时需要换算成空压机的机组比功率。例如，某设备的空气消耗量为 1.0 m³/min（ANR），与其匹配的空压机比功率为 6.25 kW/（m³/min），空压机入口处的大气压力为 101.3 kPa，大气温度为 30℃ 时，则该设备的实际用气能耗可按以下步骤计算。

i. 将设备耗气转换成空压机入口处大气状态下的体积流量。

$$Q = Q_{ANR} \frac{p_{ANR}}{p} \times \frac{T}{T_{ANR}} = 1.0 \times \frac{100}{101.3} \times \frac{273+30}{273+20} = 1.02 \, (\text{m}^3/\text{min})$$

ii. 用机组比功率 e_{VC} 进行能耗计算。

$$W = Qp_i = 1.02 \times 6.25 = 6.375 \, (\text{kW})$$

将空气消耗量换算成空压机比功率来表征用气设备能耗的评价体系，无法量化气源输出端到设备使用端的中间环节的能量损失。若克服这个缺点，需用独立于气源且与压力有关的具有能量单位的指标进行评价，才能做到对用气系统中能质降低的定量分析，找出能量损失的环节并有针对性地提出改进措施。蔡茂林教授基于热力学理论中焓和熵的概念以及温度对系统的影响，通过分析压缩空气的状态变化及其与外界之间的能量转换关系，提出了表征压缩空气相对大气状态的做功能力的能量评价指标，即气动功率。压缩空气的气动功率可以直接量化气动设备的用气能耗，为气动系统节能诊断，尤其是节能率的计算奠定理论基础。日本流体动力协会基于压缩空气气动功率的计算及测量方法制定了行业标准 JFPS 2018—2008，并在企业中推广应用。

b. 压缩空气的有效能　压缩空气的有效能（available energy）是指以大气状态（大气温度和大气压力）为基准，压缩空气对外做功的能力，是一个相对量，其计算式为：

$$E = pV \ln \frac{p}{p_a} \tag{9-6}$$

式中，E 为压缩空气的有效能，kJ；p 为压缩空气的绝对压力，Pa；p_a 为大气绝对压力，Pa；V 为压缩空气的体积，m³。

从式（9-6）中可以看出，压缩空气的有效能取决于它的压力和体积，压力越高，有效能越大。当压缩空气的压力等于大气压力时，它的有效能为零。

c. 气动功率　空气流动时，空气流束所含的有效能表现为动力形式，称为气动功率（pneumatic power），即：

$$P = \frac{\mathrm{d}E}{\mathrm{d}t} = pQ \ln \frac{p}{p_a} = p_a Q_a \ln \frac{p}{p_a} \tag{9-7}$$

式中，P 为气动功率，kW；E 为压缩空气的有效能，kJ；p 为压缩空气的绝对压力，Pa；p_a 为大气绝对压力，Pa；t 为时间，s；Q 为压缩状态下的体积流量，m³/s；Q_a 为换算到大气状态下的体积流量，m³/s。

用气能耗不包括气源及输送管道的损失，即用气能耗不依赖于气源。因此，用气能耗是空压机供给用气设备的净能量，它可以用式（9-7）算得的气动功率值来表示。

当温度偏离大气温度时，需对气动功率进行温度修正，蔡茂林教授给出了温度修正后的气动功率公式，即：

$$P = p_a Q_a \left[\ln \frac{p}{p_a} + \frac{\gamma}{\gamma - 1} \left(\frac{T - T_a}{T_a} - \ln \frac{T}{T_a} \right) \right] \tag{9-8}$$

式中，T 为空气的热力学温度；T_a 为大气温度；γ 为空气的比热容比。

气动功率是以大气状态作为基准的相对量，空气温度偏离大气温度越大，其气动功率越高。通常，空压机排出的压缩空气温度比大气温度高 10～50℃，其气动功率相应地比大气状态下的气动功率高。由于空压机排出的压缩空气要经过冷干机去湿冷却后再输送到用气终端，所以在温度的处理上需要谨慎。将高温压缩空气按等压变化换算成大气温度后用式（9-8）进行计算。

压缩空气的气动功率由压缩空气流动时传递的推动功率和其膨胀做功产生的膨胀功率两部分构成。压缩空气的膨胀功率在其气动功率中占的比例很大，故在评价和利用压缩空气的能量时，必须考虑这部分能量。压缩空气的膨胀功率没有得到有效利用是导致气缸效率低下的原因之一。

（3）压缩空气系统节能与经济运行评价过程

① 压缩空气系统节能评价过程　首先，要了解系统的工作状态，包括加载和卸载时间、

输入功率、环境温度以及系统用气特点等。

其次，检测空压机的效率。具体方法为放空储气罐，然后关闭储气罐出口阀门，起动空压机，记录空压机工作时间。空压机实际排气量＝储气罐体积×压力/时间。将空压机实际排气量与铭牌排气量进行比较，就可以评估出空压机效率是否接近产品设计效率。如果实际排气量低于设计排气量，说明空压机内泄漏已经很严重，需要维修。

再次，检测系统泄漏量。因为压缩空气泄漏是最大的能源浪费，需要高度重视。泄漏量检测方法为关闭所有用气点，记录储气罐压力由 p_1 降至 p_2 的时间 t，系统的容积为 V，则系统的泄漏量＝ (p_1-p_2) $V/(p_2t)$。系统的正常泄漏量在 10%～20%，最好低于 5%。泄漏量过高，就需寻找泄漏点，及时密封。

再次，用气点检查。首先检查用气点泄漏，包括检查气动元件的输出力是否与产品说明书一致，若其低于产品说明书的规定值，表明有内泄漏；其次，检查用气点压力是否是最合适的用气压力，这可按照实际用气需求通过实验确定。

最后，提供系统的节能运行方案和节能改造方案。

② 容积式空气压缩机系统经济运行判别程序 系统经济运行的判别应根据国家标准 GB/T 27883—2011 的要求分别对电气设备、机组、净化设备、供气管网、管理以及系统进行判别与评价，并从管理和技术两方面提出改进措施。

a. 管理措施 对未达到经济运行要求的系统进行节能诊断，并做出评估报告，评估报告应保存两年以上。评估报告内容应包括系统概况、检测方法与数据分析、预防与管理措施，以及提高能效的改进措施等。制定科学的管理流程，加强系统运行管理。改进措施实施后，应对改进效果进行评估以及按照 GB/T 13471 的要求进行经济效益评价，提供评估报告。

b. 技术措施

i. 空压机组容量裕度过大且长期处于低负载运行时，可更换空压机机组或降低其转速；

ii. 系统负荷波动较大且设备频繁起停时，可应用变频调速技术或多机组群控技术；

iii. 管网运行不经济时，可调整设备运行方式，或采取清洗、更换与拆分管路等措施。

③ 英格索兰空压机能耗评估方法 英格索兰公司（IR）对空压机能耗的评估方法分为 Intellisurvey 评估、供气端评估和空气系统全面评估三个方面。Intellisurvey 评估的内容主要是由 IR 提供专业的系统评估仪器（Intellisurvey 评估仪是 IR 特有的空压机评估仪器，可以采集空压机的电流和系统压力数据），通过在为期一周的评估周期内对空压机进行压力和电流数据采集（数据多达几百万个），然后由 IR 的专业工程师基于数据分析出具评估报告交予用户。评估报告包含用户当前空压机的运行状况分析、系统的节能潜力以及可行的节能措施等内容。供气端评估的主要内容包括 Intellisurvey 评估以及压缩空气后处理设备的评估。空压机产生的压缩空气必须经后处理设备的冷却干燥净化后才能输送到用气端，因此后处理设备是否存在浪费和泄漏直接影响压缩空气系统的运行效率。如果经过评估发现后处理压降较大或泄漏较大就必须采取相应的措施来减少或消除浪费。空气系统全面评估，即全厂系统综合评估，是在供气端评估的基础上再加上用气端评估。系统全面评估可以为用户提供全厂的空

气管路的泄漏情况、管路设计是否合理等相关信息，并为用户提供可行的空气系统整体解决方案。

9.4 空压机节能工程应用案例

工信部《国家工业节能技术应用指南与案例（2017）》、《国家工业节能技术应用指南与案例（2018）》与发改委《国家重点节能低碳技术推广目录（2017年本，节能部分）》中针对压缩空气系统节能推荐基于智能控制的节能空压站系统技术、绕组式永磁耦合调速器技术、空压机节能驱动一体机技术、两级喷油螺杆空气压缩机节能技术、压缩空气系统节能优化关键技术与集中供气（压缩空气）系统节能技术等六种技术。下面简要阐述前四种技术的技术原理及工艺、典型应用案例、技术推广前景及节能减排潜力。

9.4.1 基于智能控制的节能空压站系统技术

基于智能控制的节能空压站系统技术适用于空压站系统节能改造。

① 技术原理及工艺　采用先进测控制技术、阀门技术、工业变频技术、综合热回收技术，对压缩空气系统中的空压机、冷燥设备、过滤设备、储气罐、管网阀门、终端设备等单元进行优化控制，优化压缩空气系统能量输配效率，提高空压机系统能效，从而达到综合节能。

② 应用案例　神马实业股份有限公司帘子布公司空压系统节能改造项目，技术提供单位为杭州哲达科技股份有限公司。节能改造零气耗余热干燥系统、空压高效分级输送系统、群控系统、能源管理系统。节能改造后，节能率 26%，节电量达 6.62×10^6 kW·h/a，节能 2317 tce/a，减排 CO_2 5792.5 t/a。

③ 未来五年推广前景及节能减排潜力　预计未来五年，技术推广比例可达 5%，形成节能 4×10^4 tce/a，减排 CO_2 9.97×10^4 t/a。

9.4.2 绕组式永磁耦合调速器技术

绕组式永磁耦合调速器技术适用于通机行业动力源节电或控制改造。

① 技术原理及工艺　电动机带动绕组永磁调速装置的永磁转子旋转产生旋转磁场，绕组切割旋转磁场磁力线产生感应电流，进而产生感应磁场，该感应磁场与旋转磁场相互作用传递扭矩，通过控制器控制绕组转子的电流大小来控制其传递扭矩的大小以适应转速要求，实现调速功能，同时将转差功率反馈再利用，解决了转差损耗带来的温升问题，提高

了能效。

② 应用案例　江苏沙钢集团有限公司炼钢二车间 2500 kW 除尘风机节电改造项目，技术提供单位为江苏磁谷科技股份有限公司，投资回收期 6.9 个月。改造后无液压油损耗，可靠性高，能有效隔离振动和噪声，减少整个传动链内所有设备的冲击负载损害，维护成本低，且将转差损耗引出回馈至电网回收再利用，实现节电 4.3052×10^6 kW·h，节能 1506.75 tce/a，减排 CO_2 3228.75 t/a。

③ 未来五年推广前景及节能减排潜力　预计未来五年，技术推广比例可达 5%，预计将有 1000020 台套绕组式永磁耦合调速器将取代液力耦合器，形成节能 3.0135×10^6 tce/a，减排 CO_2 6.4575×10^6 t/a。

9.4.3　空压机节能驱动一体机技术

空压机节能驱动一体机技术适用于空压机节能改造。

① 技术原理及工艺　采用卸载停机技术，通过采集多路温度、压力、用气量等负载特性，自动识别并控制停机时间，减少空压机卸载能耗，从而提高能效水平。

② 应用案例　2016 年 11 月安徽鹏华空压机节能改造项目，技术提供单位为东泽节能技术（苏州）有限公司。项目投资 0.56 万元，投资回收期 4 个月。实现节电 25680 kW·h/a，节能 8.98 tce/a。

③ 未来五年推广前景及节能减排潜力。预计未来五年，技术推广比例可达 10%，形成节电 3.385×10^9 kW·h/a，节能 1.185×10^6 tce/a。

9.4.4　两级喷油螺杆空压机节能技术

两级喷油螺杆空压机节能技术适用于通用机械行业空压机节能领域。

① 技术原理　采用两级压缩可以降低每一级压缩的压缩比，提高容积效率，从而减少每一级的压缩泄漏，同时，第一级压缩排气在进入第二级压缩吸气前可进行充分的油气混合和冷却，降低第二级压缩的吸气温度，使两级压缩过程更接近等温压缩。因此，采用两级压缩可以提高喷油螺杆空压机的能效。

② 关键技术　两级喷油螺杆空压机的关键技术为高效转子型线技术、级间冷却技术和系统结构优化技术。级间冷却技术通过在压缩气体通道上安装多个冷却喷射孔，实现快速降温，使整个过程接近等温过程。系统结构优化技术包含压比分配优化技术、排气空口优化技术与喷油量优化技术等。

③ 工艺流程　该技术工艺主要包括压缩空气流程、润滑油流程和控制管路流程，见图 9-22。

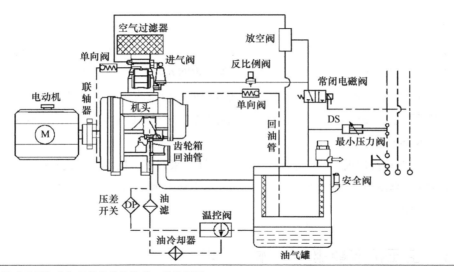

图 9-22　两级喷油螺杆空气压缩机节能技术工艺流程图

气路————————— 油路 — — — — 电路·········

④ 主要技术指标　产品达到 GB 19153—2009 标准的 I 级能效，比 II 级能效省电 15%。

⑤ 技术鉴定、获奖情况及应用现状　该技术于 2013 年通过了浙江省机械工业联合会组织的科技成果鉴定，并且通过了合肥通用机械产品检测院 I 级能效检测。

⑥ 应用案例

a. 衢州氟化学有限公司采用浙江开山压缩机股份有限公司生产的两级喷油螺杆空压机对原空压机（250 kW）进行替代改造，投资额 52 万元，建设期 15 天。替代后，该公司实现节能 126 tce/a，减排 CO_2 332 t/a，年收益 23.5 万元/a，投资回收期为 2.2 年。b. 青岛双星轮胎工业有限公司采用浙江开山压缩机股份有限公司生产的两级喷油螺杆空压机对原空压机组（单台功率为 250 kW，共 6 台）进行替代改造，投资额 556 万元，建设期 40 天。替代后，该公司实现节能 756 tce/a，年减排 CO_2 1996 t/a，年收益 143 万元/a，投资回收期为 3.8 年。

⑦ 推广前景及节能减排潜力　全国大功率空压机大约为 20 万台，假设平均每台空压机的功率为 200 kW，每年运行 8000 h。若按平均节能率为 18% 与推广比例为 10% 计算，采用两级喷油螺杆空压机替代后，空压机行业每年可节电 $3.5×10^9$ kW·h，折合标煤 $1.20×10^6$ tce/a，减排 CO_2 $3.17×10^6$ t/a。

参考文献

[1] GB/T 16665—2017. 空气压缩机组及供气系统节能监测[S]. 北京：中国标准出版社，2017.

[2] GB 19153—2019. 容积式空气压缩机能效限定值及能效等级[S]. 北京：中国标准出版社，2019.

[3] GB/T 3853—2017. 容积式压缩机验收试验[S]. 北京：中国标准出版社，2017.

[4] GB/T 27883—2011. 容积式空气压缩机系统经济运行[S]. 北京：中国标准出版社，2012.

[5] GB 22207—2008. 容积式空气压缩机安全要求[S]. 北京：中国标准出版社，2008.

[6] GB/T 4976—2017. 压缩机分类[S]. 北京：中国标准出版社，2017.

[7] 徐作为. 空压机用超超高效永磁同步电动机设计及铁耗研究[D]. 沈阳：沈阳工业大学，2016.

[8] 邓泽民. 无油螺杆式空压机热回收系统在纺织厂的设计与研究[D]. 西安：西安工程大学，2016.

[9] 秦莉. 纺织厂压缩空气系统优化与吸气预处理在节能方面的研究[D]. 西安：西安工程大学，2016.

[10] 朱晓琳，赵军，吴云滔，等. 空压机进气端除湿及润滑油余热利用研究[J]. 建筑节能，2017，45（8）：101-104.

[11] 高永忠. 空气压缩机节能技术推广应用[J]. 盐业与化工，2016，45（8）：48-51.

[12] 张谦，赵远扬，王乐，等. 压缩空气系统节能技术的研究进展[J]. 流体机械，2016，44（3）：17，38-40.

[13] 于凤银，杨巍，于凤燕. 往复活塞式空压机变频控制的技改方法[J]. 工业仪表与自动化装置，2016（2）：92-94.

[14] 秦莉，颜苏芊，刘宁，等. 纺织厂空压机进口空气预处理的研究[J]. 现代纺织技术，2016，24（6）：56-60.

[15] 邹江，张霞，王韬. 螺杆式空压机变频节能改造[J]. 机械制造与自动化，2015，44（6）：88-90.

[16] 纪蓉，闻建中，杨弋，等. 容积式空气压缩机能效分析[J]. 制造业自动化，2015，37（8）：96-98.

[17] 王春，肖涌洪，张晏铭. 矿用空压机余热高效回收利用技术与应用[J]. 煤炭科学技术，2015，43（1）：36，142-144.

[18] 王朋旺，强雄，金惟伟，等. 空压机负荷变化对电动机效率影响的试验研究[J]. 电动机与控制应用，2015，42（4）：66-69.

[19] 孟凡平，符如康，张豪. 矿用螺杆式空压机油气系统余热回收利用的研究与应用[J]. 煤炭工程，2015，47（4）：78-79，82.

[20] 钱建慧. 变频节能技术在空压站中的应用分析[J]. 电力需求侧管理，2015，17（2）：35-37.

[21] 余万民，王振伟. 螺杆式空压机变频节能改造[J]. 化工管理，2017（13）：132-136.

[22] 郭金良. 空气压缩机系统化节能探讨[J]. 中州煤炭，2014（9）：111-112.

[23] 刘锡芸. 空压机集成控制系统优化改造[J]. 中国重型装备，2016（1）：25-26，29.

[24] 冯艳宏，张帆，刘文英. 变频空压机与工频空压机联动节能控制技术实践[J]. 液压气动与密封，2014，34（11）：45-46.

[25] 陈勇. 变频技术在大功率交流异步电动机驱动空压机中的应用[J]. 节能技术，2013，31（5）：477-480.

[26] 张生旺. 空压机余热回收在煤矿中的利用及节能效益分析[J]. 煤炭与化工，2018，41（12）：113-115.

[27] 石岩，蔡茂林，王高平. 气动系统分压供气与局部增压技术[J]. 机床与液压，2010，38（9）：39，57-59.

[28] 季力. 改进粒子群算法在空压机联动控制中的应用[J]. 轻工机械，2014，32（4）：57-60，64.

[29] 周洪，苏会莹，王玉宝. 气动控制系统的节能技术[J]. 液压与气动，2013（7）：1-5.

[30] 蒋强. 空压机余热回收利用及节能效益分析[J]. 自动化应用，2015（9）：57-58，63.

[31] 刘国亮，高强，丁红岩，等. 螺杆式空压机节能改造方案探讨[J]. 山东化工，2020，49（3）：87-88.

[32] 孔德文，林惟锓，蔡茂林，等. 螺杆空压机加卸载工况下节能运行分析[J]. 北京航空航天大学学报，2012，38（3）：405-409.

[33] 汤瑜杰，金光范，王立军，等. 空压机远程控制系统在节能优化方面的应用[J]. 纸和造纸，2017，36（5）：18-21.

[34] 王春，肖涌洪，张晏铭，等. 矿用空压机余热高效回收利用技术与应用[J]. 煤炭科学技术，2015，43（1）：36，142-144.

[35] 李福送，李桂林，黄永任，等. 螺杆空压机控制方式及节能对比分析[J]. 压缩机技术，2017（5）：43-47.

[36] 程艳. 有油螺杆空压机余热回收的换热器选型及应用技术的研究[D]. 西安：西安工程大学，2016.

[37] 要长维，王建兵. 空压机余热回收的研究与应用[J]. 中国水运，2013，13（11）：198-199.

[38] 孔德文，林惟锓，蔡茂林，等. 基于现场总线的螺杆空压机群控制系统设计与实现[J]. 机床与液压，2011，39（17）：66-69，71.

[39] 宗琦. 无油螺杆式空压机余热回收系统在纺织厂应用的研究[D]. 西安：西安工程大学，2015.

[40] 王玉冰. 喷油螺杆式空压机余热利用技术研究[D]. 秦皇岛：燕山大学，2015.

[41] 吴莉，马军旗，李小川，等. 变频工况下空压机在线监控系统的设计[J]. 矿山机械，2012，40（2）：109-111，127.

[42] 陈建华，蔡云泽，张卫东. 空压机群控压力智能切换控制及应用：中国计量协会冶金分会 2016 年会论文集[C].

北京：冶金自动化，2016.

[43] 柴梅，辛苗苗，张延迟，等. 空压站节能研究综述[J]. 电气自动化，2019，41（3）：1-3，15.

[44] 孙淑华，蔡金刚. 台湾工业节能技术研发现状[J]. 海峡科技与产业，2015（12）：38-43.

[45] 邓泽民，罗景辉，程艳. 螺杆式空压机热回收方式及其系统分析[J]. 节能，2015，34（6）：2，9-11.

[46] 黄拓. 空气压缩机 PID 节能控制[D]. 西安：长安大学，2015.

[47] 施旭东. 螺杆式空压机控制系统[D]. 杭州：杭州电子科技大学，2013.

[48] 陈才发，华优基. 压缩空气系统的检漏与节能[J]. 通用机械，2015（3）：61-63.

[49] 刘烨，魏高升，由文江，等. 空气压缩系统深度节能技术[J]. 发电技术，2018，39（1）：70-76.

[50] 吴惠强，张忠明，杨炯，等. 化纤企业压缩空气系统节能降耗的探讨[J]. 电气制造，2015（2）：52-54.

[51] 吕向东，曹军华，黄莉. 零气损吸附式干燥技术在宁钢压缩空气系统中的应用[J]. 冶金动力，2015（1）：27-30.

[52] 冯荣贞，王虹，赵玉如. 纺织厂压缩空气系统电力节能研究[J]. 河南工程学院学报（自然科学版），2016，28（2）：25-28.

[53] 刘冲，石岩，蔡茂林. 水泥行业压缩空气系统的能耗现状及优化对策[J]. 液压与气动，2016（4）：112-116.

[54] 张宇祥. 压缩空气系统节能技术的研究进展探微[J]. 内燃机与配件，2017（13）：105-106.

[55] 杨春宇. 某电解铝厂压缩空气系统节能措施研究[J]. 广西节能，2017（3）：30-31.

[56] 单永华. 600MW 火电动机组仪用压缩空气系统优化改造[J]. 中国设备工程，2017（2）：62-63.

[57] 李赛赛，林志力，郭向荣，等. 高压大容量实验室压缩空气系统节能应用的研究[J]. 中国检验检测，2017，25（2）：31-33.

[58] 杨建国，杨洋，李辛，等. 云平台及数据分析在压缩空气系统节能中的应用[J]. 压缩机技术，2017（2）：34-37.

[59] 强超，尹冬晨，高立新，等. 压缩空气系统节能技改案例[J]. 压缩机技术，2017（2）：38-40，51.

[60] 张业明，蔡茂林. 面向压缩机群控制的新型节能智能控制器的研究[J]. 液压气动与密封，2008，28（5）：14-18.

[61] 孙铁源，蔡茂林. 压缩空气系统的运行现状与节能改造[J]. 机床与液压，2010，38（13）：43，108-110.

[62] 张大志. 关于压缩空气系统存在若干问题的分析与解决[J]. 能源与环境，2017（1）：16-17，19.

[63] 李红梅，彭恒. 工业压缩空气系统的节能评估及改造技术[J]. 中国工程咨询，2016（4）：71-73.

[64] 邢长新. 压缩空气系统建模与优化控制[D]. 杭州：杭州电子科技大学，2016.

[65] 谢捷. 热轧压缩空气系统节能技术研究与应用[D]. 沈阳：东北大学，2015.

[66] 朱丙仁，何传玺，徐梦超. 空气压缩机压缩空气干燥系统研究[J]. 设备管理与维修，2017（3）：28-29.

[67] 韩中合，刘士名，周权，等. 回热式压缩空气储能系统改造与分析[J]. 中国电力，2016，49（7）：90-95，167.

[68] 孙日近，刘成刚，蒋绍元. 化纤生产中高低压压缩空气独立设置系统节能分析[J]. 合成纤维工业，2016，39（3）：52-55.

[69] 熊伟，王海涛，王旭. 气驱气体增压器静态特性研究[J]. 液压与气动，2008（10）：4-8.

[70] 王海涛，孙长乐，关广丰，等. 一种节能型低温气动增压泵的结构设计[J]. 机床与液压，2013，41（7）：112-115.

[71] 董飞，何国强，张志恒，等. 气动增压泵的设计[J]. 机械科学与技术，2008，27（1）：23-27.

[72] 工业和信息化部. 国家工业节能技术应用指南与案例（2017）[R/OL].（2017-11-10）[2018-8-28]. https://www.miit.gov.cn/n1146285/n1146352/n3054355/n3057542/n3057544/c5908768/part/5908784.pdf.

[73] 梁璞玉. 某型高压空压机异常噪声的分析与处理[J]. 压缩机技术，2015（4）：55-57，61.

[74] 常乐. 火电厂空压机噪声治理研究[J]. 水能经济，2016（2）：25.

[75] 徐恒. 船用空压机结构振动及噪声预测技术研究[D]. 武汉：武汉理工大学，2015.

[76] 蒙美进，李慧. 螺杆压缩机房噪声治理技术应用与分析[J]. 价值工程，2010，29（16）：131-133.

[77] 赵新红. 浅谈几种典型空压机的余热回收[J]. 上海节能，2013（8）：31-36.

[78] 杨帆. 煤矿空压机集中控制技术及应用[J]. 煤炭技术，2017，36（9）：221-222.

[79] 秦莉，颜苏芊，刘宁，等. 纺织厂压缩空气系统的管网优化研究分析[J]. 山东纺织科技，2014，55（6）：19-22.

[80] 任东方. 空压机集控系统在煤矿领域的应用[J]. 机械管理开发，2016，31（7）：109-112.

[81] 郑磊，孙洪刚，孙翠翠. 压缩空气系统的工艺优化及节能设计[J]. 合成纤维，2013，42（4）：32-34.

[82] 刘涛，程峰. 电厂压缩空气系统节能改造及经济性分析[J]. 华电技术，2014，36（5）：74-75，79.

[83] 刘宁. 纺织厂压缩空气管网有关检漏的节能优化[D].西安：西安工程大学，2016.

[84] 桑岩青. 高效空压站监控系统的研究[D]. 上海：东华大学，2017.

[85] 刘正恩. 工业领域在用空压机高效电动机替换研究[D]. 上海：华东理工大学，2016.

[86] 李长春. 空压机群节能监控系统在电厂的应用[D]. 北京：华北电力大学（北京），2014.

[87] 张凯. 矿用空气压缩机智能监测监控系统的设计与实现[D]. 济南：山东大学，2017.

[88] 陈勇. 节能型矿用空气压缩机组智能监控系统的设计与实现[D]. 太原：中北大学，2014.

[89] 宋志宏. 螺杆式移动空气压缩机智能监控系统研发[J]. 机械管理开发，2016，31（8）：15-17.

[90] 卢振. 船舶主空压机监控系统的设计与实现[D]. 大连：大连海事大学，2013.

[91] 邓翠婷，谢婷婷. 空压机集群容量控制专利技术分析[J]. 中国新技术新产品，2018（10）：135-136.

[92] 石岩，蔡茂林，许未晴. 压缩空气节能增压技术[M]. 北京：机械工业出版社，2017.

[93] 蔡茂林. 现代气动技术理论与实践-第四讲：压缩空气的能量[J]. 液压气动与密封，2007，27（5）：54-59.

[94] 蔡茂林. 现代气动技术理论与实践-第十讲：气动系统的节能[J]. 液压气动与密封，2008，28（5）：59-63.

[95] 周华，杨丽红. 气动系统节能研究的发展现状[J]. 机械设计与研究，2011，27（5）：6-9.

[96] 石岩，蔡茂林，王高平. 气动系统分压供气与局部增压技术[J]. 机床与液压，2010，38（9）：39，57-59.

[97] 宋韧，刘淑婷. 空压机节能改造新技术应用研究[J]. 资源节约与环保，2012（6）：19-20.

[98] 蔡茂林. 气动系统的节能[J]. 液压与气动，2013（8）：1-8.

[99] 刘萍. 零气耗压缩热再生吸附式干燥机在压缩空气净化系统中的节能效果分析[J]. 内燃机与配件，2017（24）：143-144.

[100] 中国驻芬兰共和国大使馆经济商务参赞处. 芬兰 Enersize 公司助力中国压缩空气系统节能[N/OL].（2016-01-27）[2018-08-28].http：//fi.mofcom.gov.cn/ article/catalog/201601/ 20160101244316. shtml.

[101] 北极星环保网. 压缩空气系统的节能总结及改造[Z/OL].（2016-9-20）[2018-08-28]. http：//huanbao.bjx.com.cn/news/20160920/774240.shtml.

[102] 胡小飞. 面向空气压缩机的数据采集系统的研究与开发[D]. 上海：上海工程技术大学，2015.

[103] 中山市凌宇机械. 压缩空气干燥系统的组成-中山凌宇[Z/OL].（2017-10-09）[2018-08-28]. http：//www.sohu.com/a/196884689_415368.

[104] 冯一波，马强，王雷，等. 空气状态对空气压缩机能耗影响分析[J]. 石油石化节能，2018，8（6）：26-28.

[105] 张缓缓，鲍洋洋，刘玉勇，等. 吸气温度对喷油螺杆空压机能效检测的影响研究[J]. 通用机械，2016（5）：76-78.

[106] 秦莉，颜苏芊，刘宁，等. 吸气参数对无油螺杆空压机运行能耗的影响[J]. 棉纺织技术，2015，43（11）：38-42.

[107] 秦莉，颜苏芊，刘宁，等. 吸气参数对纺织企业不同类型空压机性能影响的研究分析[J]. 现代纺织技术，2016，24（3）：36-40.

[108] 李惠敏. 空压机压缩热综合利用优化设计方案探讨[J]. 化工与医药工程，2021，42（3）：65-68.

[109] 乐瑞，颜苏芊，秦莉，等. 纺织厂空气压缩机能耗诊断和优化[J]. 棉纺织技术，2017，45（6）：42-45.

[110] 徐池. 基于小型空压机直接驱动系统的研究[D]. 大连：大连海事大学，2017.

[111] 沈维道，童钧耕. 工程热力学[M]. 4 版. 北京：高等教育出版社，2012.

[112] 谢健. 一种空压机余热回收系统研究与实现[D]. 北京：北方工业大学，2012.

[113] 史世坤. 工业空气压缩机系统节能技术研究[D]. 哈尔滨：哈尔滨工业大学，2013.

[114] 郭达. 入口空气参数对空压机系统性能影响试验研究[D]. 大连：大连理工大学，2018.

[115] 郑宝军. 压缩空气溶液除湿过程性能及热质交换特性研究[D]. 南京：东南大学，2015.

[116] 高龙飞. 之型填料溶液除湿/再生器及热质传递性能研究[D]. 南京：东南大学，2014.

[117] 戴智超. 不同填料溶液除湿/再生器及热质传递性能研究比较[D]. 南京：东南大学，2015.

第10章

变压器节能技术

10.1 概述

变压器是一种静止电器设备，由绕在共同铁芯上的两个或两个以上的绕组通过交变磁场而联系在一起，用以把某一等级的电压与电流转变成另外一种等级的电压与电流。变压器是输配电的基础设备，在发电、输变电、配电各环节都发挥着关键作用，广泛应用于工业、农业、交通、城市社区等领域。我国在网运行的变压器约 $1.70×10^7$ 台，总容量约 $1.10×10^{10}$ kV·A。我国电网输配电损耗占全国发电量的6%左右，其中配电变压器损耗约占输配电电力损耗的40%，据测算，年电能损耗约 $2.50×10^{11}$ kW·h，电能损耗仍比较严重，具有较大节能潜力。

近年来受益于国民经济的快速发展，电源、电网的建设投入不断增大，输配电设备的市场需求明显增长，预计在较长时间内中国国内对变压器等输配电设备的市场需求仍将保持较高的水平。电力变压器是电力输送的重要电气设备，具有使用量大、运行时间长的特点，电力变压器在选择和使用上存在着巨大的节能潜力，特别是35～220 kV变压器广泛使用在输电电网中，其中电网输电力变压器（即公用）容量约 $1.5×10^9$ kV·A（其中220 kV及以上超高压变压器 $5×10^8$ kV·A，35 kV、110 kV高压电力变压器 $6×10^8$ kV·A）。"十三五"以来，工业和信息化部积极推进变压器能效持续提升，会同原质检总局、发展改革委制定实施《配电变压器能效提升计划（2015—2017年）》，提升高效变压器原材料供应能力、夯实产业发展基础、加大推广力度，发布多批《国家工业节能技术装备推荐目录》和《"能效之星"产品目录》，共向社会推荐437种高效变压器。2021年6月1日，《电力变压器能效限定值及能效等级》（GB 20052—2020）将正式实施，与现行标准（GB 20052—2013）相比，新标准各类变压器损耗指标下降约 10%～45%不等，已优于欧盟、美国相关标准要求。为加快高效节能变压器推广应用，提升能源资源利用效率，推动绿色低碳和高质量发展，2020年12月末，工信部、市监管总局及国家能源局三部门联合印发《变压器能效提升计划（2021—2023年）》，旨在提高变压器能效水平，增强企业核心竞争力，推动产业链优化升级，提出到2023年，高效节能变压器（符合新修订 GB 20052—2020 中1级、2级能效标准的电力变压器）在网运行比例提高10%，当年新增高效节能变压器占比达到75%以上。

在"双碳"目标下，国家调整能源结构、建设智能电网等战略规划，为变压器行业带来了新的发展机遇，也提出了更高的技术挑战。我国将进一步开发川藏地区水电清洁能源，大力发展风电、太阳能发电，将有力推动新能源配套变压器市场。但新能源具有随机性、间歇性、波动性特征，大规模并网后，电力系统"双高""双峰"的特性非常明显，电网安全稳定运行和电力电量平衡将面临极大考验，又对变压器的安全稳定运行要求更为严格。随着分布式能源系统、电动汽车、储能等交互式能源设施广泛接入，将从发输配用各个环节深刻影响电力系统运行。节能型、智能型变压器将成为行业发展趋势，轨道交通建设提速、电动汽车的普及，都将为变压器行业创造新的增长点。节能、可靠、智能的变压器是我国建设新型电力网络的基石，是推动能源体系改革的重要保障，是实现"双碳"目标的重要推力和支撑。

10.2　变压器的分类、结构与工作原理

10.2.1　变压器用途及分类

变压器是利用电磁感应原理传输电能或电信号的器件，它具有变压、变流和变阻抗的作用。变压器的种类繁多，一般可按照相数、绕组结构、铁芯结构、冷却方式、用途、容量和工作频率等分类。根据 GB/T 17468—2019《电力变压器选用导则》的规定：电力变压器按绕组材质可分为铝绕组变压器和铜绕组变压器；按绝缘介质可分为液浸式变压器、干式变压器和充气式变压器；按用途可分为联络变压器、升压变压器、降压变压器、配电变压器、厂用变压器及站用变压器等；按绕组耦合方式可分为独立绕组变压器和自耦变压器；按绕组数可分为双绕组变压器、多绕组变压器；按相数可分为三相变压器和单相变压器；按调压方式可分为无调压变压器、无励磁调压变压器和有载调压变压器；按调容方式可分为无励磁调容变压器、有载调容变压器和子母调容变压器；按冷却方式分为自冷变压器、风冷变压器、强迫油循环风冷变压器、强迫油循环水冷变压器、强迫导向油循环风冷变压器和强迫导向油循环水冷变压器。此外，变压器按容量分为小型变压器（630 kV·A 以下）、中型变压器（800~6300 kV·A）、大型变压器（8000~63000 kV·A）和特大型变压器（900000 kV·A以上）等。

10.2.2　变压器的基本结构

变压器的基本结构可分为铁芯、绕组、油箱、套管四部分。其中，铁芯和绕组是变压器中最主要的部件，它们构成了变压器的器身。除器身外，图 10-1 所示的典型的油浸电力变压器中还有油箱、变压器油、绝缘套管及继电保护装置等部件。此外，油箱盖上还装有分接开关，可无载调压（一般为±5%）。

铁芯是变压器磁路的主体，同时又是套装绕组的骨架，由铁芯柱和铁轭两部分构成。铁芯柱上套绕组，铁轭将铁芯柱连接起来形成闭合磁路。铁芯一般由厚度为 0.27 mm、0.3 mm、0.35 mm 和 0.5mm 等规格的冷轧高硅钢片叠装而成。按铁芯和绕组的组合结构，通常又把变压器分为芯式和壳式两种，如图 10-2 所示。电力变压器的铁芯主要采用芯式结构。

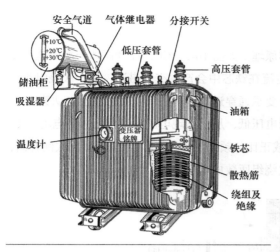

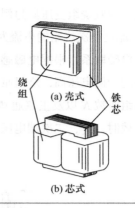

图 10-1　三相油浸式变压器基本结构

图 10-2　变压器形式

　　绕组是变压器的电路部分，作为电流的载体，可以产生磁通和感应电动势。绕组常由包有绝缘材料的铜（或铝）导线绕制。一般把一次绕组（原绕组，接电源）和二次绕组（副绕组，接负载）套装在同一个铁芯柱上，一次绕组与二次绕组匝数不同，通过电磁感应作用，一次绕组的电能就可传递到二次绕组，且使一次绕组和二次绕组具有不同的电压和电流。两个绕组中，电压较高的称为高压绕组，电压较低的称为低压绕组。为了便于绕组和铁芯绝缘，常把低压绕组靠近铁芯，高压绕组套装在低压绕组的外面。按照绕组在铁芯柱上放置方式的不同，变压器的绕组可分为同心式和交叠式两种，分别如图 10-3 和图 10-4所示。

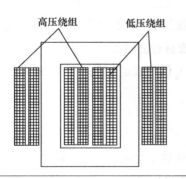

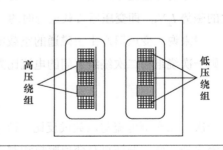

图 10-3　同心式绕组

图 10-4　交叠式绕组

　　同心式绕组具有结构简单、制造方便的特点，国产变压器多采用这种结构。交叠式绕组是将高、低压绕组绕成饼状，沿着铁芯柱的高度方向交替放置。有利于绕线和铁芯的绝缘，一般在最上层和最下层放置低压绕组。交叠式绕组主要用于特种变压器中。

10.2.3 变压器的工作原理

下面以单相双绕组变压器为例分析其工作原理。如图 10-5 所示，在变压器一次侧施加交流电压 U_1，流过一次绕组的电流为 I_1，则该电流在铁芯中会产生交变磁通，使一次绕组和二次绕组发生电磁联系，根据电磁感应原理，交变磁通穿过这两个绕组就会感应出电动势 U_2，绕组匝数多的一侧电压高，绕组匝数少的一侧电压低，从而实现电压的变化。感应电动势 U_2 的大小与绕组匝数 N 以及主磁通 $\varPhi$ 的最大值成正比，频率与 U_1 相同。当变压器二次侧开路，即变压器空载时，一、二次端电压与一、二次绕组匝数成正比，即 $U_1 / U_2 = N_1 / N_2$。

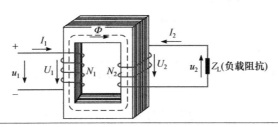

图 10-5　单相变压器负载运行工作原理

变压器的磁势平衡方程为：

$$I_1 N_1 + I_2 N_2 = I_0 N_1 \tag{10-1}$$

式中，I_0 为变压器空载时一次绕组侧电流；I_1、I_2 分别为变压器带负载运行时一次绕组侧和二次绕组侧电流；$I_0 N_1$ 为空载磁势；$I_1 N_1 + I_2 N_2$ 为有载磁势；N_1，N_2 分别为一次绕组和二次绕组线圈匝数。

式（10-1）的物理意义：当变压器负载运行时，一次侧所建立的磁势 $I_1 N_1$ 可以分为两部分，一部分为在磁路中产生主磁通的磁势 $I_0 N_1$，另一部分用来补偿二次侧电流 I_2 在磁路中所产生的磁势 $I_2 N_2$，即变压器负载运行时的二次绕组电流具有去磁作用。

一般来说，变压器产生主磁通的空载电流有效值 I_0 仅为额定电流的 2%～3%，若忽略不计，则一次绕组和二次绕组之间的电流比为：

$$\frac{I_1}{I_2} \approx \frac{N_2}{N_1} \tag{10-2}$$

一次、二次侧电流与匝数成反比。改变匝数比，就能改变输出电流。除了变换电压和变换电流之外，变压器还具有变换阻抗和对直流电量的隔离作用。

在理想情况下，忽略铁芯中的损耗，根据能量守恒定律，有：

$$P_1 = U_1 I_1 = \frac{U_2 N_1}{N_2} \times \frac{I_2 N_2}{N_1} = U_2 I_2 = P_2 \tag{10-3}$$

即变压器的输入功率 P_1 等于输出功率 P_2，效率为 100%。在变压器实际运行中，铁芯会产生磁滞损耗和涡流损耗（即铁耗），绕组会产生电阻损耗（即铜耗）。此外，由于漏磁通的存在，变压器还会产生附加损耗。因此，变压器的输出功率总是小于输入功率，效率总是小于100%。但一些大型电力变压器的效率仍然很高，有的甚至达到99%。

10.2.4 变压器的主要性能参数

变压器的技术参数可体现变压器在供电过程中自身损耗的性能，可分为有功功率损耗和无功功率消耗，所以变压器的技术参数是分析计算变压器经济运行的基础理论数据。变压器铭牌上标识的参数：一种是额定参数，表示变压器的基本性能，即正常工作时所表现的性能；另一类是技术参数，表示变压器在正常供电过程中自身损耗的性能。

（1）额定参数

① 额定容量 P_N：用千伏安（kV·A）来表示。

② 额定电压 U_{1N}/U_{2N}：用千伏（kV）来表示，对于三相变压器，额定电压均指线电压。

③ 额定电流 I_{1N}/I_{2N}：用安（A）来表示，对于三相变压器，额定电流均指线电流。

④ 额定功率、额定电压、额定电流的关系满足式（10-4）和式（10-5）。

对于单相变压器：

$$P_N = U_{1N}I_{1N} = U_{2N}I_{2N} \tag{10-4}$$

对于三相变压器：

$$P_N = \sqrt{3}U_{1N}I_{1N} = \sqrt{3}U_{2N}I_{2N} \tag{10-5}$$

⑤ 频率 f：我国工频定为 50Hz。

（2）技术参数

① 短路阻抗 U_K：当一侧线圈短路，在另一侧线圈中流有额定电流时所施加的电压，一般均以额定电压的百分数来表示。

② 空载损耗 P_0 和负载损耗 P_K：单位以瓦（W）或千瓦（kW）来表示，下一节中将详细介绍。

③ 空载电流 I_0：以额定电流的百分数表示。

10.3 变压器能耗分析

10.3.1 变压器的损耗

变压器的损耗包括铁耗和铜耗。铁耗既包括变压器铁芯中的磁滞损耗和涡流损耗，也包括铁芯硅钢片之间由于绝缘不良产生的涡流损耗以及主磁场与外壳等变压器结构部件相互作用产生的涡流损耗。变压器的铜耗包括线圈的直流电阻引起的基本铜耗，由交变磁场带来的集肤效应造成的导线电阻增大而增加的杂散铜耗和漏磁场在变压器外壳等部件中引起的涡旋电场造成的杂散损耗。通常，变压器的空载损耗主要是铁耗，主要与变压器硅钢片的材质有关；负载损耗主要是铜耗，除了导线的电阻损耗之外，附加损耗也占较大的比重，主要包括并联导线间的环流损耗和导线在漏磁场中产生的涡流损耗。变压器的损耗不仅造成能量损失，由此带来的温升问题会造成变压器内部绝缘的损坏并使结构件变形，缩短变压器的使用寿命甚至引发事故。因此对变压器的损耗进行分类分析，明确不同损耗的影响因素，对变压器的安全经济运行具有重要意义。

（1）空载损耗

不管是否带负载，变压器接入电网后在励磁电压的作用下在铁芯中产生交变磁场和漏磁场。铁芯中的磁场在铁芯中产生涡旋电场，带来涡旋损耗和磁滞损耗。漏磁场在变压器周边部件产生涡旋损耗。变压器的空载损耗大部分是铁芯中的损耗，相比而言，空载电流在线圈中产生的铁耗非常小，可忽略不计。所以一般变压器（非调容变压器）的空载损耗是常量，不随负载变化而变化。变压器的空载损耗 P_0 由磁滞损耗 P_h、涡流损耗 P_e 和附加损耗 P_{se} 组成。

$$P_0 = P_h + P_e + P_{se} \tag{10-6}$$

$$P_h = 0.1\alpha f B_m^2 m \tag{10-7}$$

$$P_e = I_e^2 R \tag{10-8}$$

单位质量的铁芯涡流损耗经验公式：

$$P_e = 4B_m^2 f^2 K^2 d^2 \times 10^{-5} / (3\rho\gamma) \tag{10-9}$$

式中，α 为损耗系数；f 为磁场频率；B_m 为磁感应强度极值；m 为铁芯质量；I_e 为交变磁场在铁芯内产生交变电场，在这个交变电场作用下产生的电流，即感应电流；R 为硅钢片直流电阻；d 为硅钢片厚度；ρ 为硅钢片电阻率；γ 为硅钢片的密度；K 为励磁电流波形系数。

铁芯的附加损耗包括铁芯中的漏磁场在铁芯和周围器件中造成的磁滞损耗和涡流损耗以及由变压器在装配过程中的毛刺绝缘损耗等问题造成的损耗。所以铁芯的附加损耗受到铁芯材料、变压器结构和变压器工艺等因素的影响。对目前常用的铁芯柱与铁轭净截面相等的铁芯结构，其空载损耗 P_0 为：

$$P_0 = K_{p0} m_{Fe} p_t \tag{10-10}$$

式中，K_{p0} 为空载损耗附加系数，其值与铁芯直径、具体工艺、工装或结构等有关，对卷铁芯结构，单相 $K_{p0} = 1.02 \sim 1.04$，三相 $K_{p0} = 1.1 \sim 1.25$；m_{Fe} 为铁芯（硅钢片）的总质量；p_t 为硅钢片单位质量损耗，可按设计磁通密度查损耗表得到。

（2）负载损耗

负载损耗主要包括负载电流流经线圈产生的损耗和漏磁场在铁芯、线圈和周围部件中产生的涡流损耗、环流损耗、引线损耗和结构损耗。电流流经线圈的损耗不仅仅指直流电阻的热效应，还包括交变磁场产生的集肤效应造成的电阻升高所带来的杂散损耗。对大型电力变压器，杂散损耗可占总损耗的1/3。

① 电阻损耗　电阻损耗计算的经验公式为：

$$P_k = K_m J^2 m_c \tag{10-11}$$

式中，K_m 为与导线电导率相关的系数；J 为导线电流密度；m_c 为导线质量。

通过降低系数 K_m、电流密度 J 和导线质量 m_c 可降低电阻损耗。要降低电导率系数 K_m，可采用电导率高的铜线，如采用无氧铜导线或电工铝代替电解铜导线；若减小导线质量，会造成电流增大，而电流密度成二次方增大，电阻损耗反而上升；增加导线体积可以降低电流密度，可以降低电阻损耗，但导线质量增大，变压器体积也增大，造成涡流损耗和结构损耗增加。综上，降低材料的电阻系数是降低电阻损耗最可取的方式。但实际上，从传统的电解铜进步到今天的无氧铜，其电阻系数仅降低了3%左右。因此通过更换导线材料降低变压器损耗效果并不明显，相反使用新材料带来变压器成本大幅上升。

② 涡流损耗　涡流损耗是由导体在非均匀磁场中移动或处在随时间变化的磁场中时，导体内感生的电流所产生的能量损耗。在变压器运行过程中，涡流损耗的大小与绕组线规有关。目前，电力变压器绕组一般采用扁铜导线绕制，对于变压器漏磁场中的扁导线而言，导线在漏磁场中感应出电势并产生涡流。此涡流建立起自身的磁场，进而削弱变压器的漏磁场，即所谓涡流的去磁作用。涡流的去磁作用，随着频率的增加和导线在垂直漏磁场方向尺寸的增大而增强。大型变压器中涡流损耗有时会达到电阻损耗的10%以上，漏磁场在导线中产生的涡流损耗占了很重要的成分。导线中涡流损耗与导线的截面积成正比。用多根绝缘细导线并联或者组合导线进行换位可以显著减小涡流损耗。综上所述，合理选取绕组线规对降低变压器的涡流损耗意义重大。导线涡流损耗与硅钢片涡流损耗的计算原理相同。

③ 环流损耗　变压器的线圈由多根导线并联组成，每根导线所处的位置不同，在交变磁场中其各自的交流阻抗也不同，再加上导线本身长度不同所带来的阻抗差异，每根导线的电动势就存在差异。这种情况下，在各支路之间将产生循环电流，从而产生环流损耗。所以单从减少环流损耗的角度讲并联导线的换位也是非常重要的。通过换位，使并联每根导线在漏磁场中所处的位置相同，每根导线长度相等。例如单螺旋采用不同的换位方法，经过计算不换位循环电流相当于一次换位的5.5倍，不换位循环电流相当于三次换位的27.4倍，一次标准换位循环电流相当于三次换位的4.97倍。所以采用不同换位形式产生的循环电流变化相差也很大。随着换位的增多，导线之间的相互差异越来越小，循环电流也越来越小。

环流损耗计算对于不同的绕组有不同的形式。对于圆筒式绕组，由于其易于实现完全换位，可完全消除环流损耗；对于连续式绕组，由于并联根数不多，即使换位不完全时，环流损耗也较小，可以略去不计。但是单螺旋式绕组由于并联导线的根数较多，当导线换位不完全时就必须考虑环流损耗的影响。

④ 结构件杂散损耗 结构件杂散损耗归结起来大部分都是由漏磁场与变压器铁芯周围的部件耦合造成的。其大小主要取决于漏磁场的强弱。结构件杂散损耗不仅使变压器的效率降低，而且容易引起危险的局部过热。减小杂散损耗的办法除了限制漏磁场的大小外，主要是采用非磁材料来制作，但这也造成了变压器机械强度的降低，增加了磁场分析的难度。

10.3.2　降低变压器损耗的措施

（1）降低空载损耗的措施

空载损耗主要是铁芯损耗，包括铁芯的磁滞损耗、涡流损耗和附加损耗。为降低空载损耗，在进行变压器设计时，可以从降低铁芯磁通密度、降低铁芯重量、降低铁芯单位损耗和降低工艺系数等方面入手。采用低损耗的高导磁硅钢片，如 0.18mm、0.20mm、0.23 mm 厚的硅钢片。铁芯每一叠的片数应尽可能少，常采用两片或三片一叠，还可以采用一片一叠。铁芯的接缝形式不宜选用直接缝，宜以 45°对接角度最佳，铁芯接缝处应采用多步进接缝，如五步进、六步进、七步进等，以减少铁芯接缝处的损耗。对铁芯结构进行优化，防止铁芯片冲孔、用玻璃胶带进行铁芯绑扎等问题，对铁芯端面涂绝缘漆进行固化，铁轭用高强度钢带进行绑扎固定。铁芯拉板材料选用中间开槽的不锈钢板，减少铁芯拉板上的损耗。减小工艺系数，合理选择刀具精度，保证铁芯片的尺寸精度，选择合理的夹紧方式和夹紧工具，调节好夹紧力度。铁芯设计成卷铁芯，卷铁芯连续卷制，没有叠片铁芯的接缝，也就没有了铁芯接缝损耗。

（2）降低负载损耗的措施

负载损耗主要包括绕组的直流电阻损耗、并联导线间环流损耗、导线中涡流损耗、引线损耗和漏磁场在结构件中产生的杂散损耗。为降低负载损耗，在进行变压器设计时，适当增加导线截面积，对线圈绕组结构进行优化设计，缩小绕组尺寸，可以减小绕组直流电阻损耗；并联导线换位要完全，并联的每匝导线电阻应尽可能相等、交联的漏磁通应尽可能相等，以减小环流损耗和涡流损耗。适当增加引线截面积、减小引线长度可以降低引线损耗。变压器容量大时，引线电流也大，升高座和箱盖引线孔周围部分采用非磁性材料或增加铜板屏蔽，同时在油箱内壁设置由硅钢片构成的磁屏蔽或设置由铜板（或铝板）构成的电屏蔽，可以减少油箱钢板上由漏磁产生的杂散损耗，一般磁屏蔽要比电屏蔽效果好。还需注意钢结构件不能形成环路，若形成环路会在漏磁场的作用下感应出电流，造成杂散损耗增加。

10.4　变压器主要节能技术

针对变压器损耗的来源不同，可以从材料、结构和运行等方面采用多种方案，减少变压器的运行损耗，提高变压器的运行效率，实现变压器节能的目的。如通过优化变压器的导磁材料来改变变压器的损耗特性，能够从根源上减少变压器的空载损耗和负载损耗，尤其是以非晶体合金为铁芯材料的变压器能够大幅减少变压器空载损耗；通过合理的设计对变压器结构进行改造，使材料的优良性能得以最大化发挥；借助变压器的最佳负载率或采用综合能效费用最小的原则可以合理选择变压器容量；在变压器选定之后，可采取变压器经济运行的方案来安排运行，包括使变压器工作在经济运行区间、变压器各种运行方式间的经济切换、变压器负载之间的经济分配等；采用无功补偿的方法，使变压器的无功功率从负载处得到补偿，可以减少变压器的无功功率损耗和综合功率损耗。

10.4.1　优化变压器材料

变压器是一个料重工轻的行业，材料成本占到整个产品成本价格的 60% 以上，解决变压器关键原材料问题是提升高效变压器产业化能力的关键。开展节能型高效变压器的研制和应用要重点解决非晶合金带材生产宽度受限、韧性一致性差和抗潮性弱等核心技术难题，提升高磁感取向硅钢质量和绝缘材料性能，同时解决高性能环保型植物绝缘油抗老化和量产问题，促进环保型植物绝缘油推广应用。

（1）铁芯材料

铁芯材料的制造与技术发展紧密相关，直接推动了节能配电变压器的应用及推广。"十三五"期间，我国变压器铁芯材料制造技术实现了快速发展。适用于高效变压器的铁芯材料主要有高磁感取向硅钢和非晶合金。

①　高磁感取向硅钢　高磁感取向硅钢（Hi-B 钢），因具有优异的磁感强度、磁性能以及较低的铁损等优点，常被用于各种大中型电力变压器铁芯的制造。其所制铁芯损耗约占变压器总损耗的 50%，占输配电总损耗的 20% 左右。因此，取向硅钢是电力行业实现节能减排与绿色发展的关键软磁材料。近年来，为实现输配电节能减排，中、日、美、欧洲等世界各主要国家和地区相继颁布了强制性法规，不断提高变压器能效标准。2021 年，欧洲将实施 Tier2标准，其空载损耗较原标准下降了 30%；我国最新标准 GB 20052—2020《电力变压器能效限定值及能效等级》中，新 1 级能效限定值较欧洲标准更为严苛，新 3 级空载损耗与 S13 相当。当前，全球变压器高效环保化的发展态势已不可逆转，市场迫切需求 075 等级及以上的超低损耗取向硅钢产品。减薄取向硅钢的厚度可以有效降低涡流损耗，因此，薄规格化成为开发超低损耗取向硅钢的主要手段之一。据此，日本制铁率先开发出 0.23mm 规格及以下、075 等级及以上的产品并推向市场，最高牌号达到 20ZDKH70。近年来，宝钢薄带超低损耗取向硅钢产品高效专用产线（第四智慧工厂）投产，成功开发了薄规格取向硅钢 0.18 mm 系列顶级牌号为 B18R060、0.2 mm 系列顶级牌号为 B20R070、0.23 mm 系列顶级牌号为 B23R075 等50 余个牌号取向硅钢产品，覆盖所有规格全球最高等级，薄规格超低损耗产品广泛用于制造包括国家新 1 级能效（S15）型、±100 kV 特高压直流换流变压器在内的各类高效环保变

压器。

　　a. 0.18 mm 极低损耗取向硅钢　为进一步提升配电变压器能效水平、降低运行损耗，主要有应用 S15 型硅钢变压器和非晶合金变压器两条不同的技术路线。从非晶合金配电变压器挂网运行经验看，其存在体积大、噪声大、抗突发短路能力弱、负载损耗偏高等问题。与非晶合金相比，取向硅钢在材料韧性、加工特性、饱和磁密、磁致伸缩等方面性能优异。随着国内宝钢、武钢、首钢等取向硅钢生产企业 0.20 mm、0.18 mm 规格极低铁损产品相继推出，取向硅钢的损耗不断接近非晶合金带材水平，发展 S15 型甚至 S16 型硅钢变压器成为可能，其空载损耗有望较 S14 型硅钢变压器降低 30% 以上，负载损耗降低超 15%，节能效果显著。0.18 mm 极低损耗取向硅钢的电磁性能优异，磁通密度为 1.35 T 时，18QH065 牌号取向硅钢的铁损低至 0.349 W/kg，不断接近非晶合金水平，磁感 B_{800} 则比非晶带材高 0.32～0.40 T；取向硅钢的磁致伸缩系数 $\lambda_{p-p,1.35\,T}$ 为 $0.23×10^{-6}$，低于非晶合金 1 个数量级之多。总体上，应用薄规格、极低铁损取向硅钢材料，进一步降低硅钢变压器的空负载损耗，解决了非晶合金变压器体积和噪声大、抗突发短路能力弱、铁芯机械性能不足等问题。进一步开发应用更低损耗的 0.18 mm 规格 18QH060 牌号取向硅钢，或基于极低损耗的耐热磁畴细化取向硅钢制造超高能效立体卷铁芯变压器，是未来硅钢及变压器行业重要的发展方向之一，变压器能效水平仍可进一步提升，推动电网节能增效。

　　b. 冷轧取向硅钢极薄带　冷轧取向硅钢极薄带是指碳含量很低，厚度不大于 0.10 mm，含 3%Si-Fe 的晶粒按（110）<001>位向规则排列的取向硅钢金属功能材料。它主要用于各种变压器的铁芯，是电力、电子和军事工业中不可或缺的重要软磁合金。减少用于工作频率不低于 400 Hz 的高频变压器、脉冲变压器、脉冲发电机和大功率磁放大器等电器元件单位损耗的最重要的一个途径就是生产和使用厚度更薄的硅钢板，因此制备取向硅钢极薄带成为许多科研工作者的研究方向。

　　c. 磁畴细化型冷轧硅钢材料　磁畴细化是使磁性材料的磁畴尺寸减小，以改善磁性的一种技术。基于磁畴细化的表面处理技术已成为降低取向硅钢铁损行之有效的方法之一。磁畴是通过在弹塑性形变区产生的压应力和刻痕间的张应力来细化的。取向度（磁感应强度）愈高和钢带愈薄，激光照射也愈明显。通过对取向硅钢表面进行机械或激光刻痕等产生内应力或热效应，从而改善取向硅钢内部磁畴结构，并最终通过细化磁畴达到降低铁损的目的。目前，基于磁畴细化的表面处理技术主要有机械刻痕法、激光刻痕法和应力涂层法等。对于取向硅钢的激光刻痕处理，需要结合磁畴细化、激光刻痕对绝缘层和后续时效性能的影响以及取向硅钢的应用场合等进行系统综合考虑，基本原则是合理调控激光刻痕工艺参数，使其在满足刻痕细化磁畴的同时又尽可能不破坏原有绝缘涂层，如果确实因刻痕能量过大导致绝缘涂层破坏，则需要在后续工艺重新涂覆绝缘层。例如，日本采用激光束照射牌号为 23ZDHK90 和利用机械压痕处理牌号为 23ZDMH 的高导磁冷轧取向硅钢片，在磁通密度为 1.7 T 时，0.23 mm 厚的硅钢片其单位损耗分别只有 0.9 W/kg 和 0.85 W/kg，只有普通硅钢片的 60%～80%。

d. 双取向硅钢　与一般取向硅钢沿轧向的单一易磁化方向不同，双取向硅钢存在 2 个相互垂直的易磁化方向，它在轧制方向和垂直方向的磁性能都与单取向硅钢片轧制方向的磁性能相近，磁感最高。这种硅钢片的晶粒呈立方体组织，因此可以显著提高硅钢片的磁性能。

② 非晶合金材料　晶态合金通常是采用平面流高速连铸工艺，将熔融合金快速凝固成厚度仅 18～30 μm 的极薄带材。该材料具有超低的结构关联尺寸（长程无序、短程有序）和磁各向异性常数，软磁性能优异，是一种典型的应用和制备"双绿色"节能材料。其中，内部原子呈长程无序排列的铁基非晶合金具有低矫顽力、低损耗、高磁导率等优异的软磁性能，现已广泛应用于平面铁芯及立体卷铁芯制造。

低空载损耗是非晶合金变压器最显著的特性，具有明显的节能效果。由于非晶合金材料高磁导率，所以非晶合金变压器空载损耗比普通硅钢片低。容量为 80 kV·A 的非晶合金变压器空载损耗为 60 W，而容量为 80 kV·A 的传统 SC10 型变压器空载损耗达到 220 kW。由于优异的节能效果，可大量应用于配电网中，减少电能损耗，进而提高经济效益。

非晶合金带材的磁致伸缩系数比冷轧硅钢大，如果没有采取特殊降噪措施，非晶合金变压器的噪声普遍比硅钢变压器要大。因此在设计时应该考虑噪声污染，采取相应的降噪措施，例如改良非晶铁芯，或在噪声传递过程中采取降噪措施。随着非晶合金变压器制造技术的不断成熟，噪声问题也逐步得到解决。

③ 大容量高频变压器的磁芯材料　随着高频变压器（high frequency transformer，HFT）工作频率和功率等级的不断提高，对磁性元件提出了更高的要求。特别是近年来碳化硅（SiC）、氮化镓（GaN）等宽禁带半导体器件进入实际应用阶段，可以使 DC-DC 变换器的开关频率上升到数百千赫兹甚至兆赫兹。功率半导体器件技术的进步超过了磁性材料技术的进步，使得磁芯材料成为了制约当前隔离型 DC-DC 变换器进一步小型化的主要因素之一。由于铁氧体、非晶合金和纳米晶等软磁材料具有易磁化、易退磁、磁滞回线窄长等特点，因此它们通常被选为高频磁芯元件的磁芯材料。目前，主要磁芯材料的性能及应用对比如表 10-1 所示。

表 10-1　主要磁芯材料的性能及应用对比

类别	初始磁导率/ （H/m）	饱和磁通 密度/T	频率范围/Hz	功率范围/W	主要应用特点
非晶、纳米晶 合金材料	<100000	1.5～2	1000～ 100000	10000～ 1000000	热稳定性好，大尺寸磁芯下性能稳定，适用于中频大功率场合；工艺仍不够成熟
铁氧体材料	<2000	0.3～0.5	50000～ 1000000	<100000	频损耗小，形状灵活，适用于高频、较小功率场合；大尺寸磁芯具有易碎性

在中频（<100 kHz）、大功率（>10 kW）应用场合，非晶和纳米晶合金材料，尤其是后者，表现出优异的综合磁性能。与铁氧体材料相比，纳米晶合金材料具有更高的饱和磁通密度，并且热稳定性好，制成大尺寸磁芯也能保持性能的稳定性，因此具有广阔的应用前景。但纳米晶合金材料的高频损耗较高，并且其工艺仍不够成熟，切割后损耗显著增大、浇注后

应力损耗增大等问题有待解决，并且纳米晶磁芯的形状不如铁氧体磁芯灵活，一般仅有圆形、矩形，价格也相对较高，因此在相应场合应用受限，需要进一步完善。

铁氧体材料作为一种非金属磁性材料，通常由铁、锰等氧化物混合烧结之后成型，突出的优点是高频损耗小（几乎无涡流损耗）和磁导率高，这使得它可以在较宽的频率范围内使用。同时，铁氧体材料因其制造工艺特点，能够制成任意形状，因此铁氧体磁芯的应用非常灵活。在频率 50 kHz～1 MHz 的小功率场合，目前主要采用铁氧体作为磁芯材料，但是由于铁氧体材料的饱和磁通密度较低，导致其磁能存储能力较低，并且大尺寸的铁氧体磁芯具有易碎性，故其在磁能密度要求较高和大功率领域的应用受限。

在频率低于 1 MHz 的小功率场合，目前主要采用铁氧体作为磁芯材料，但是由于铁氧体材料的初始磁导率不高，磁饱和强度较低，导致其磁能存储能力较低，故其在磁能密度要求较高和大功率领域的应用受限；而在更高频率范围（＞1 MHz），铁氧体表现出高矫顽力，从而导致非常大的磁滞损耗，影响了其应用。锰锌铁氧体经过优化后，工作频率最高可达约 3 MHz。而对于超高工作频率（＞10 MHz），具有较高磁通密度和低矫顽力的薄膜磁性材料更适合。目前在大功率（50～200 kW）应用场合，非晶和纳米晶磁芯材料得到了愈来愈多的应用，其中应用频率最高的钴基非晶软磁材料最佳适用频率可达 100 kHz，但其磁导率随频率增高而下降得很快，因而不适于更高频的场景。未来随着 SiC、GaN 等宽禁带半导体器件的大规模应用，高频变压器的功率等级和频率范围将会提高到更高的水平，需要探索与宽禁带半导体器件相适应的新型磁芯材料，或将现有的磁芯材料进一步优化，显著提升其性能以满足需求，这是磁芯材料研究未来所面临的重要挑战。

（2）电路（绕组）材料

变压器的核心部分是由绕组（线圈）构成与外接电网直接相连的电路，变压器的内部电路通常是由导线绕制而成，导线（电磁线）按材质分为铜导线和铝导线，按导线截面形状又分为圆导线、扁导线（又可分为单根线、组合线和换位导线）、箔式导体等，导线与导线之间覆盖不同类型的绝缘层，最终形成整体线圈。变压器电路的主要导体材料为电导率较高的无氧铜和电工铝，或者选用组合导线，如自粘型换位导线、带油道型换位导线等。无氧铜导线和电工铝导线，可使电导率分别提高到电解铜和工业铝导线的 109% 和 104.2%。自粘型换位导线抗短路能力强，机械强度高，已广泛应用于大型电力变压器的制作中；带油道换位导线可有效提高散热效果，采用新型带油道换位导线可减小绕组尺寸，有效降低由材料选择不当带来的损耗。

超导材料具有常规材料所不具备的零电阻、完全抗磁性和量子隧穿效应。目前，应用于超导电力技术的高温超导材料主要是一代铋（Bi）系高温超导带材和二代钇系高温超导带材。目前技术水平和制备工艺所生产的 Bi 系高温超导带材无论是临界电流密度还是单根长度都达到了在超导限流器、超导变压器、超导电缆等超导电力装置中的应用要求。以钇钡铜氧化合物（YBCO）涂层导体为代表的第二代高温超导材料（REBCO）以其高电流密度、高临界转变温度、高临界磁场等优异特性，且在液氮温区附近在较高磁场下具有比后者更好的载流能力，对于制作强磁场超导线圈更有优势，在超导电机、超导变压器、超导磁体等领域得到广泛应用。而将超导带材制备成特定结构的堆叠导线有利于实现超导体的扭绞、封装，以满足工程应用的需求。由于超导带材的无阻载流特性，超导变压器具有体积小、重量轻、效率高等优良特性，同时又由于超导材料具备过流失超的特性，当系统发生短路故障电流超过额定电流时，超导绕组失超，阻抗迅速增大，起到限制故障电流的作用。

(3) 绝缘材料

绝缘材料是一种电阻系数高、导电能力低的阻隔材料，决定了变压器的稳定性和使用寿命。绝缘材料使得导电部分彼此之间及导电部分对地（零电位）之间的绝缘隔离，保证变压器运行中的电流按照既定路线进行流动。绝缘材料还起到散热冷却、固定、储能、灭弧、改善电位梯度、防潮、防霉和保护导体等作用。由于绝缘体材料的电阻系数通常情况下较高，在 $10^8 \sim 10^{20}$ Ω/cm 之间，所以其在正常的运作过程当中只有非常小的电流通过。材料电阻越大，绝缘则越为彻底。随着电力设备电压等级与容量的持续上升，对绝缘材料的耐热性能要求不断升高。变压器按照绝缘形式划分可以分为干式和油浸式两种。干式变压器的绝缘材料一般采用气体或者固体灌封材料，油浸式变压器的绝缘材料采用绝缘油。

空气是最容易采用的气体绝缘材料，在干式变压器中得到了广泛应用，其具有工艺和维护均十分简单、安全性高的优势，热量也易于导出。空气介质主要的不足之处在于绝缘强度较低，容易击穿，因此在耐压要求较高时不适用。对此，研究人员将六氟化硫（SF_6）气体等高性能绝缘材料应用于高频变压器中，可以满足主绝缘要求，但会增加变压器的工艺难度及制造成本。

在变压器运行过程中，油纸复合介质受到电、磁、热等多物理场的影响，逐渐发生劣化，油中水分和杂质含量增加，纸板聚合度下降，从而导致油纸复合介质绝缘性能降低。随着特高压电网的发展，变压器绝缘性能的指标越来越高，因此提高油纸复合介质的各项性能具有重要的工程实际意义。目前，应用广泛的有热改性纸（TUK）、芳纶纸（NOMEX®）、聚酯层压纸（DMD）以及新型 NOMEX®T910 纸。TUK 纸具有与牛皮纸近似的力学与介电性能，由于添加有含氮热稳定剂，其耐热等级可以高出牛皮纸 10～15℃，在 120℃左右；NOMEX® 纸具有更加优异的初始性能以及十分稳定的耐热特性，其耐热等级可以达到 220℃，但其高昂的价格限制其广泛应用；DMD 纸初始力学及介电性能与 NOMEX®纸接近，干燥情况下的温度等级在 130℃左右，在油中 180℃老化时可能出现分层现象，其在油中适用性有待确认；NOMEX®T910 纸作为新型绝缘纸，其耐热温度等级在矿物油中达到 130℃，而在植物油中达到 140℃，高于 TUK 纸且油中热老化表现相对稳定。由耐高温固体绝缘材料的发展过程可以看出，耐热改性措施逐渐由添加热稳定剂向人工合成转变，由单一结构向复合结构转变，改性后的绝缘纸在耐热性能上得到显著提高。此外，利用纳米技术改善传统工程电介质的各种性能已经成为高压绝缘领域的研究热点之一。利用纳米粒子对变压器油纸复合介质进行改性，能够使变压器油及其油浸纸的介电性能发生变化，缓解油纸之间介电不匹配现象引起的电场分布不均等问题，明显提高油浸纸的绝缘性能，特别是界面绝缘性能。纳米改性变压器油纸复合介质是新型纳米科技在电气工程领域的应用，为传统的油浸式电力变压器绝缘结构的优化带来了新的突破。

作为油浸式电力变压器的冷却、绝缘材料，绝缘油在变压器运行中扮演着重要的角色。根据基础油的来源，变压器油主要可分为矿物油、植物油、硅油和合成酯变压器油等。其中矿物油从石油中提炼精制而成，主要成分是饱和芳香烃、烷烃和环烷烃，其闪点、燃点低，在自然界难以降解，不利于环境保护；而植物油是从油料种子中通过精炼法提取并加入适当的添加剂制得，主要成分是不饱和脂肪酸甘油三酯，其闪点较高，生物降解率高，是一种可再生的环保液体电介质。植物油在耐高温和生物降解方面具有优势，在电气性能方面与矿物油相近，在抗氧化和低温性能方面弱于矿物油。而且植物绝缘油与变压器上的固体材料的相容性良好，因此如果植物油浸纸的空间电荷特性表现优良，那么未来有机会将植物油浸纸作为换流变压器的内绝缘。

(4) 变压器绝缘油吸附净化材料

变压器绝缘油是一种由多种烃类组成的石油的分馏产物，在电力行业内以变压器油统称。变压器油的性质比较稳定，通常情况下不易发生变化，在变压器中主要起冷却、绝缘和消弧的作用，是保障变压器安全稳定运行的重要因素之一。但在变压器运行过程中，变压器油受温度、电场、空气影响会发生老化，产生氧化物或分解产物，同时变压器油也会溶解变压器内的材料形成小分子或者胶体杂质从而大幅降低油的物理、化学以及电气等方面的性能，尤其会造成变压器油的绝缘性能下降，严重时会引起绝缘击穿，甚至引发变压器烧毁、炸裂等重大事故。因此，完善与开发可以有效去除油中杂质并具有再生性能的吸附材料，可以高效无污染地提升变压器油的性能并防止变压器设备受到损坏，也是变压器油处理领域的研究热点。

现今，吸附处理技术已经逐渐发展为一种重要的变压器油再生处理技术，吸附剂作为吸附处理技术的核心，其吸附容量、吸附选择性及再生性能的提升成为变压器绝缘油处理领域关注的重点。传统吸附剂如活性白土、硅胶等由于价格低廉、生产技术成熟等优势在旧油再生处理领域依旧处于主导地位，不过这些材料对环境不友好、处理能力有限、工艺流程复杂等弊端也不可忽视。新型吸附剂有多孔分子筛吸附剂、天然材料吸附剂和新型人工合成多孔材料。

10.4.2　优化变压器结构

变压器的结构优化设计与改造是指通过优化变压器结构达到节省材料、减少损耗的目的的方法。将铁芯结构由原来的直接缝改为半直半斜和全斜接缝，可以使得铁芯接缝区的导磁方向得到缓和，降低空载损耗；适当调整硅钢片和电磁线的比例，减少电流密度，可以大幅度降低负载损耗；新型的卷铁芯变压器由于几乎没有叠积接缝，连续卷绕又充分利用硅钢片的取向性，且呈自然紧固状态，避免了因夹紧而引起的损耗增大；合理的线规以避免因涡流损耗大而产生局部过热，合适的导线匝绝缘厚度，可以有效减小线圈幅向尺寸，缩小变压器器身体积，进而缩小油箱体积，提高油箱空间利用率；合理、美观的引线结构以满足电气和机械性能；制造工艺性好、油箱外形美观、可操作性高、设计成本低等。

（1）铁芯结构优化

铁芯是变压器最基本的构成部件之一，变压器的一次绕组和二次绕组均位于铁芯上，为降低涡流损耗、改善磁路磁导率，通常选用表面绝缘、0.3mm 的硅钢片制作而成，拉板和夹件选用高强度钢板，为确保铁芯在夹紧状态下均匀受力，往往会适当调整硅钢片的夹紧面积，具体可以通过加宽铁芯末级配以增设阶梯木来实现，以此强化铁芯框架的强度，为获得更可靠的变压器结构提供保障。

卷铁芯结构变压器的铁芯由硅钢片卷制而成，采用无缝连接，具有高导磁性、降噪能力好等特点，在节材降损方面优势明显。在变压器材质相同的情况下，三维立体卷铁芯与叠片式铁芯相比，其空载损耗比叠积式铁芯变压器的空载损耗降低 20%～35%，空载电流降低60%～80%，我国现在使用的 S13 型节能变压器采用的就是立体卷铁芯结构。在此基础上，进一步对卷铁芯变压器进行优化，提出了对称三角形结构的圆截面三相卷铁芯变压器。此种变压器的三相铁芯磁路完全对称，铁轭大幅缩短，磁阻大大减小，并且铁芯无接缝，芯柱填充系数高，性能显著提高，是目前最理想的高效、节能、环保型变压器。

铁芯的堆叠分为交错式和阶梯式两种。交错叠是现在铁芯堆叠的主要方式。交错叠使得铁芯硅钢片相互错位，接缝的上下都有叠片，不存在连续的接缝，因此叠片中的磁通主要还是从跨接在接缝上的叠片中通过。但是正由于接缝上下跨接了硅钢片，导致局部磁通增大，带来接缝处的损耗增加。阶梯叠将接缝每一阶都错开一定的距离，使得接缝更加分散，铁芯内的磁通分布更为均匀，从而降低了空载损耗。

磁芯结构的选择是高频变压器（HFT）设计中的关键因素，磁芯的散热、漏感、噪声以及绕组的排列方式等都与磁芯结构有着密切的关系。通常，典型磁芯结构类型有EE/EC/ER/ETD 型、UU 型和 T 型等，分别如图 10-6 所示。EE 型磁芯由两片 E 型结构的磁芯拼接而成，窗口面积小，绕线简单，当用来绕制单相变压器时，原副边绕组都绕在中心柱上，当用来绕制三相变压器时，每柱各绕制一相绕组。因此在设计单相或三相小功率 HFT 时，通常选用 EE 型磁芯结构。UU 型磁芯又称矩形磁芯，属于芯式磁芯。它的窗口面积在同一尺寸磁芯中最大，能容纳更多的匝数和绕制线径更粗的导线，同时，由于磁芯由两个 U 型开口组

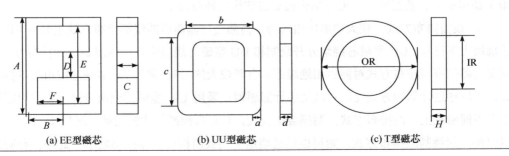

(a) EE型磁芯　　　　　　(b) UU型磁芯　　　　　　(c) T型磁芯

图 10-6　HFT 的典型磁芯结构

成，绕线简单，由以上特点 UU 型磁芯适用于大功率的 HFT 使用；缺点是漏磁大，导致漏感较大。T 型磁芯又称环型磁芯，它具有弧型磁路，能减小边缘处漏磁扩散，不足之处是绕线相对复杂。所以，在对漏感值要求比较小的 HFT 中，可以考虑 T 型磁芯结构。

（2）绕组线圈排布优化

① 绕组类型　绕组是指电气设备中具有规定功能的一组线匝或者线圈。对变压器来说，通常是按照原理或按照规定的连接方法连接起来，能够改变电压、电流的单个线圈或几个线圈的组合称为绕组。金属线通过绕在模具等物体上，形成的螺旋形或圆环形物体，用以产生电磁效应或提供电抗，称为线圈。相对于绕组来说，线圈更为具体。绕组的结构设计依赖于变压器容量、主绝缘、匝绝缘等因素。高频变压器的端口电压通常为上升时间短、幅值大、频率高的非正弦波形，电-热耦合效应导致固体绝缘材料的老化加速，在长期运行中，高频变压器绝缘材料的击穿概率相较于工频下大幅上升，绝缘材料在高频下的绝缘性能严重影响着高频变压器的绝缘寿命。常见的线圈形式有连续式、纠结式、螺旋式。

高频变压器中可用的绕组类型主要包括绕线绕组和箔式绕组。不同的绕组类型具有不同的性能和工艺特征，适用于不同的应用场景。绕线绕组因其工艺简单、结构灵活而得到广泛应用。对于高频变压器，需要采用高频利兹线以减小集肤效应、邻近效应引起的高绕组损耗。与绕线绕组相比，箔式绕组具有结构紧凑、体积小、消耗材料少，绕制工艺较简单，工时少、效率高，磁势沿绕组高度分布均匀，横向漏磁少，绕组温度分布均匀，冷却条件好等优点。与利兹线单线直径的设计类似，铜箔绕组的厚度需要根据穿透深度进行设计，一般厚度不超过两倍穿透深度。随着工艺发展，另一类箔式绕组，PCB 绕组，及其结合薄型磁芯的应用形成的平面变压器，因其易于集成在电路板中实现更高的功率密度，开始得到广泛应用。尽管延展方向不同，印制电路板（printed circuit board，PCB）绕组铺铜厚度的设计与铜箔绕组厚度的设计方法仍然类似。

对于高频变压器，当变压器频率一定时，存在一个最优的导体厚度使导体的交流电阻最小。把这个最优厚度对应的渗透率记为 Δopt，当 $\Delta < \Delta opt$ 时，直流电阻随着绕组层厚增加而减小，当 $\Delta > \Delta opt$ 时，交流电阻随之增大。绕组损耗特性不但与电流频率和导线厚度有关，还与导线材料和绕组结构相关。变压器绕组结构和线圈种类对 HFT 的损耗特性、温升特性、绝缘特性和工作效率等都有显著的影响。HFT 绕组导体主要有铜箔、实心圆导线和利兹线，HFT 绕组布局有叠层结构、夹心结构和交错结构三种布局。

② 线圈排布方式　在大功率应用场合，高频变压器典型的绕组排布方式主要有 EE 型磁芯绕组上下排布、UU 型磁芯绕组分开绕制和 UU 型磁芯绕组内外一同绕制三种排布方式。高频变压器的绕组排布方式对漏感和绝缘距离有着较大的影响。采用 EE 型磁芯绕组上下排布方式，可以通过计算的方式比较精确地估计漏感值；采用 UU 型磁芯绕组分开绕制（原副边绕组在不同磁柱上）的排布方式，漏感会比较大，且估算漏感值比较困难；采用 UU 型磁芯绕组内外一同绕制的排布方式，则可以通过绕组交错式结构使整体漏感较小。此外，有研究者提出采用 UU 型磁芯，原副边绕组进行上下排布，可以进一步减小漏感，比 EE 型磁芯绕组上

下排布的漏感更小，并可以减小绕组的涡流损耗。高频变压器的绝缘距离也受到绕组排布方式的制约。EE 型结构的绕组被磁芯所包围，因此绕组与磁芯之间需要留出足够的绝缘距离，使得变压器的整体体积更大；而采用 UU 型磁芯绕组分开绕制的排布方式，绕组只在一边包围磁芯，因此可以减小绝缘距离和磁芯窗口大小。

③ 导线换位　变压器随着容量的不断增大，线圈的漏磁场不断增强，从而在运行时导致各导线间感应出的无用环流损耗迅速增加，为了减小环流损耗，需要进行导线换位。常用的换位方式为标准换位、"212"换位和"424"换位。不同换位方式对电流的影响不同，一次标准换位时电流波动最大，其次是"424"换位，最小的是"212"换位。电流波动越大说明导线间的损耗分布越不均匀。

(3) 绝缘结构优化

变压器绝缘主要分为内绝缘与外绝缘，内绝缘又可划分为主绝缘与纵绝缘。主绝缘包含相对地绝缘、不同相间绝缘、同相不同电压等级间绝缘，最常见的变压器主绝缘包括油屏障绝缘与油浸纸绝缘。纵绝缘指同相的不同电位之间的绝缘。外绝缘包括套管本身的外绝缘、套管间及套管对地部分的空气间隙距离的绝缘。电力变压器高压线圈到铁轭间的绝缘称为变压器的主绝缘，在电场分布上该处为非均匀电场。由于不对称的铁轭，也是不对称电场。变压器绝缘是介电系数高的绝缘纸和介电系数低的油的复合绝缘。换流变压器是特高压直流输电系统中最重要的转换设备，其核心绝缘为油纸复合绝缘结构。油纸绝缘结构是一种复合绝缘介质，由绝缘油和绝缘纸通过充分浸渍形成油纸双电层结构，能够有效提高绝缘材料的电学性能和绝缘性能。目前，国内外对油纸绝缘空间电荷特性的研究主要集中于电压类型、绝缘层数、温度、水分、应力类型、热老化等方面。

在油和绝缘纸都无异常的情况下，绝缘击穿是从油隙部分产生的。确定油隙及绝缘件的形状和尺寸，不仅考虑绝缘，而且还考虑冷却、机械强度、油流带电、引线引出等因素。因此，由于变压器规格、部位不同，其形状和尺寸也各不相同。为提高填充系数，改善绝缘结构，首先要对这些部位进行局部放电或击穿的试验分析，并进行电压、电场的理论分析。对各部位的特性进行综合分析的基础上，把用绝缘隔板将油隙分割成细小油隙的方式和用绝缘体填充油隙的方式结合起来，靠这两种方式的最佳配合使绝缘结构合理化，并提高填充系数。通常，将准均匀电场的电极间的油隙用绝缘板分割开，可提高整体击穿电压。但对于像绕组表面那样具有一定曲率的凸凹的某一电极部位来说，这种分割的效果将减低。将正对于这种电极的油隙称为第一油隙，并在复合绝缘中给予特殊考虑。

高频变压器的绝缘设计影响变压器整体的安全性、适用性和功率密度，特别是大容量高频变压器，其电压等级高，对绝缘设计提出了更高的要求。目前对于高频变压器绝缘设计的研究主要在以下 3 个方面：主绝缘设计（绝缘形式、绝缘材料）、绝缘尺寸设计（绝缘间隙、爬电距离）以及绝缘薄弱环节的优化。大容量高频变压器按照绝缘形式划分可以分为干式和油浸式两种。干式变压器的绝缘材料一般采用气体或者固体灌封材料，油浸式变压器的绝缘材料采用绝缘油。绝缘尺寸（绝缘间隙、爬电距离）的传统设计方法是根据实验测得的经验曲线，结合所需耐压水平确定。目前，研究人员主要采用魏德曼（Weidmann）曲线来设计绝缘间隙和爬电距离，该曲线是在交流工频电压下局部放电起始时测试场强得到的。绝缘薄弱环节往往决定着高频变压器整体的绝缘性能，因此需要利用有限元仿真进行专门的优化处理。根据仿真模拟的电场分布，可以对高频变压器结构中的关键部位进行改进。目前研究人员采用的主要措施包括：在变压器中电场强度最高的位置设置屏蔽环，以降低同等间隙下的最高电场强度，从而缩小所需的绝缘间隙；采用应力控制材料来使电场强度均匀分布；比较不同绕组排布方式下的最高电场强度，选取最优的绕组排布方式。

（4）油箱结构优化

变压器油箱作为变压器的保护罩，不但要求布置合理，能承受规定的压力不产生永久性的变形，还要求节材。随着变压器容量及电压等级的不断提高，其承载的变压器器身及变压器油总重已高达 100～400 t，且油箱需承受极限真空及 0.1 MPa 的正压压力。变压器油箱主要由箱沿、箱壁、箱底、箱盖等几部分组成，结构上主要分为筒式、钟罩式两种类型。油箱结构的设计应遵守尽量减少油箱与外界连接的密封面的基本原则，建议优先考虑简单可靠的桶式油箱，选择双面焊接法焊接所有的法兰面，设计法兰螺钉孔为盲孔，深度低于法兰 3～5 mm，而法兰孔设计为 U 形密封槽，尽量选用圆形截面的密封条等，上述要点尤其适用于采用平底结构结合 U 形加强筋的大型变压器桶式油箱设计。

（5）引线装配

变压器不同电压等级的绕组浸在油箱内，绕组引线经电缆或套管引出到油箱外部，与其他设备相连，实现电能的传输。引线主要包括线圈引出端与套管之间的连线，线圈引出端之间的连线，分接线引出端与分接开关之间的连线。引线结构设计与变压器的主、纵绝缘结构设计是变压器结构设计的重要组成部分。在电力变压器的引线结构设计过程中，需要综合考虑引线与接地部分的绝缘距离，异相及不同电压等级引线之间的绝缘距离，分接开关及分接引线与线圈、套管带电部分（均压球、接线板）、油箱、铁芯的绝缘距离，引线沿夹持木件的爬电距离等各方面的绝缘距离要求。高压引线中选用的三相调压电缆需要尽可能地通过平行和紧靠减少引线占位，提高不同相线圈的空间利用效率，不过调压线出线应位于各相线圈之间。中低压引线出线则应处于同一侧，同样的三相电缆也要平行紧靠，并保证三相电阻平衡，为防止出现三相电阻不平衡问题，可适当调整引线截面积进行配平。电力变压器 110 kV 及以上电压等级的高压绕组通常经油纸电容式变压器套管引出，有些 110 kV 电压等级高压绕组使用玻璃钢电容式变压器套管引出，35 kV 和 10 kV 电压等级高压绕组采用纯瓷套管引出，极少数特殊用途变压器的高压绕组采用电缆引出方式。

（6）变压器调容

实现变压器调容的方法主要通过星-三角转换及绕组串并联等。实现重载运行时，变压器全容量运行和轻载运行时变压器减容量运行，从而降低变压器损耗，随着调容变压器的使用和发展，如何实现变压器的有载调容也成为国内外专家学者研究的热点之一。有载调压变压器通过采用新结构和新技术实现节能，根据负荷轻重借助有载调容开关自动调节运行方式，从而达到节能降损的目的。

有载调压技术能够对电压系统进行有效调节，保证电力系统正常运行。变压器有载调压技术主要是通过有载分接开关的控制来实现，有载分接开关是调整过程中一个重要介质，整个过程中最为重要的环节。其中，无弧有载调压技术是当前新型电力变压器有载调压技术的重要研究和应用方向，无弧有载调压技术能够有效改善传统有载调压技术产生电弧从而引发安全事故的弊端，提高了有载调压技术的安全性和有效性。

(7) 电力电子牵引变压器拓扑结构

高压大功率半导体器件的发展，使电力机车牵引领域中的中频中压变换装置取代传统大体积工频变压器成为可能。由于带有中频变压器的多电平拓扑能有效减小变压器的体积和重量，提高牵引传动系统效率，因此，电力电子牵引变压器受到了越来越多的关注。近年来，采用中频变压器（medium frequency transformer, MFT）的电力电子牵引变压器（PETT）取得了初步的研究成果，其工作原理为牵引网电压经电力电子变换装置转化为中频交流电，利用 MFT 的隔离和变压作用，生成二次侧中频低压交流电，再经电力电子变换装置为牵引电机供电。由于 PETT 能够提供更大的功率密度和效率，不仅减少了工频变压器所需的铁芯和导线用量，而且具备电压或电流可控、断路器等功能，因此采用 PETT 的电力机车牵引传动系统成为列车牵引领域的发展方向之一。PETT 拓扑结构种类繁多，可有不同的分类方法，若按单元是否级联可分为非级联型和级联型两类。非级联型只有早期的单桥臂反并联晶闸管拓扑结构；级联型根据电能的变换方式可分为 AC/AC-AC/DC 型和 AC/DC-DC/DC 型，其中，前者根据输入级结构的不同又可分为基于矩阵变换器拓扑和基于三状态开关单元（three state switching cell, 3SSC）拓扑两种拓扑结构。

10.4.3　变压器的经济运行

(1) 合理配置变压器

对变压器进行选择的过程中，变压器的容量参数十分重要。如果选取了容量较大的变压器，会提高变压器的运行成本，还会大幅增加变压器的空载损耗，使企业无法获得更多的综合效益。如果选择容量较小的变压器，会提升变压器的运行损耗，甚至还会造成变压器发生长期过载的现象，使变压器绝缘老化速度持续加快，缩短使用时间。因此，对变压器的容量进行合理选择，可以达到良好的节能与经济效果。为了解决这种问题，可以采用以下方法：① 利用变压器负载率对变压器容量进行合理选择，② 遵循综合能效费用最小的原则，对变压器的容量进行合理选择。

(2) 采用无功补偿方式提高变压器的运行节能效率

由配电变压器运行工况及其与负载间的负荷曲线可知，配电变压器的无功负荷主要集中在轻载或空载运行工况，此时会产生励磁无功，其消耗的无功容量约为配电变压器额定容量的 10%～15%。因此，可以采取集中无功补偿措施，通过合理选择静止无功补偿器（SVC）、静止无功发生器（SVG）、有源滤波器（APF）、晶闸管投切电容器（TSC）等无功补偿装置和配电变压器一体化静止无功补偿技术等，将低压无功补偿电容器通过负荷开关接到配电变压器母线侧，在系统运行在轻载或空载工况时，合理切投电容器来实时进行无功补偿，提高配电系统的功率因数，有效降低配电变压器的运行损耗，同时达到提高端部低压改善电压质量的节能经济效果。在电网中安装并联电容器等无功补偿设备以后，可以提供感性负载所消耗的无功功率，减少电网电源向感性负荷提供、由电路输送的无功功率，由于减少了无功功率在电网中的流动，因此，可以降低线路和变压器因输送无功功率造成的电能损耗，这就是无功补偿。无功补偿的具体实现方式：把具有容性功率负荷的装置与感性功率负荷并联接在同一电路，能量在两种负荷之间相互交换。这样，感性负荷所需要的无功功率可由容性负荷输出的无功功率补偿。在配电变压器输电中常用的无功补偿方式主要有：①集中补偿，在高低压配电线路中安装并联电容器组；②分组补偿，在配电变压器低压侧和用户车间配电屏安装并联补偿电容器；③单台电动机就地补偿，在单台电动机处安装并联电容器等；④加装无功补偿设备，不仅可降低功率消耗，提供功率因数，还可以充分挖掘设备输送功率的潜力。

（3）合理选择变压器的运行方式

基于优质材料、结构优化、容量合理的标准对变压器进行选择完毕后，还应选择合理、经济的运行方式，才能使变压器的运行损耗获得进一步降低，加强变压器运行过程的节能效果。对于变压器的运行方式经济性，应包含以下内容：变压器经济运行区间、变压器运行方式之间的经济性切换、变压器运行负载之间的经济分配。对变压器经济运行方式进行选择与研究的过程中，可以构建三种模型：有功功率最小模型、无功损耗最小模型、综合功率损耗最小模型。如果在节约有功电量的基础上，应遵循有功功率损耗最小的原则选择运行方式。如果在高功率因数基础上，应遵循无功功率损耗最小的原则选择经济的运行方式。如果在二者或减少系统网损基础上，应遵循综合功率损耗最小原则选择经济的运行方式。

① 变压器的经济运行区间　变压器的损耗随着负荷率的改变而变化。当空载或低负荷运行时，变压器的损耗是以铁耗为主；随着变压器的负荷增加负载损耗逐渐增大，当变压器的负荷率大于某一数值时，负载损耗又会占据主导地位。变压器存在着最佳负荷率，在这一负荷率下运行时，变压器的综合电能损耗最小，运行效率最高。由于变压器的负荷率不能长期维持在最佳负荷率下，实际运行时常常控制变压器在经济运行区间内工作。因此，确定变压器的经济运行区间对于保证变压器的经济运行以及合理选择变压器容量具有重要的意义。

对变压器经济运行区间的确定方法的研究结果显示，变压器的经济运行区间的上限值应定为负载率$\beta = 1$，经济运行区的下限值所对应的损耗率应与额定负载损耗率相等。运用这种方法所确定的变压器经济运行区间，能够保证变压器在实际运行时，损耗率低于额定负载损耗率，效率高于变压器在额定负载下的运行效率。

除上述方法之外，还可以变压器的年电能损耗 $\Delta W\%$ 不超过考虑无功损耗的最佳负载系数 β'_z 所对应的年最小电能损耗 $(\Delta W\%)_{min}$ 的 1%为约束条件来确定变压器的经济运行区间。由此得到的经济运行区间上下限所对应的负载率为：

$$\beta_c = (0.718 \sim 0.905)\beta_0 \tag{10-12}$$

通过这种方法，结合变压器的各级容量，可以求得以电能损耗最小为目的的适用于变压器容量选择的变压器经济运行区间：如若认为两级变压器容量极差为 1.26，通过将两个容量级的变压器的年电能损耗进行比较，可以求得 $(\Delta W\%)_1 = (\Delta W\%)_2$ 时的临界负荷系数 $\beta_r = 0.905\beta_0$，再结合式（10-12）即可得到适合于变压器容量选择的经济运行区间所对应的负载率为：

$$\beta_c = (0.718 \sim 0.905)\beta_m \tag{10-13}$$

按照此区间选择的变压器的年损耗将比任何一台容量变压器的年电能损耗都小，保证了节能性。

② 变压器运行方式间的经济切换　单台变压器在独立运行时，通常采取使变压器在其经济运行区间内运行的方法实现节能。但是在配电网中，还存在变压器一用一备运行、两台或多台同容量变压器并列运行、两台或多台不同容量变压器并列运行等多种运行方式。在实际运行中，常常根据负载的变化，在不同的运行方式之间进行切换，以实现综合损耗最小的目标，这就是变压器运行方式间的经济切换问题。经济切换问题解决的关键是求得两种不同运行方式之间切换的转折点。

③ 变压器负载之间的经济分配　当变压器的总用电负载不变，且变压器的运行方式也不变时，随着变压器间负载分配的变化，变压器总有功损失和无功消耗也会随着改变。所以，通过对变压器间的负载进行经济分配，可以使变压器的总有功功率损失和无功功率消耗降到最低值，以实现变压器节能的目的。变压器负载之间的经济分配问题主要是借助数学方法来解决。

（4）调整配电变压器相间不平衡负载率实现节能经济运行

由于配电变压器及其供配电系统中，单相用电负荷所占比例较重，且随着各种节能电气设备等的广泛推广使用，配电变压器，尤其是公用配电变压器其三相负载不平衡度较大，相应引起的损耗较大，这就说明三相不平衡所引起的负载损耗非常大，是变压器节能经济运行研究的一个重点。通过合理的相间负载优化调整，降低三相间负载不平衡度，使配电变压器三相负载几乎接近平衡关系，这样就能获得较好的相间平衡关系，降低配电变压器运行过程中的有功损耗和无功消耗，提高电能分配调度转换效率。

10.4.4　变压器冷却技术

变压器运行过程中的涡流、杂散损耗使结构件存在不同程度的发热现象。随着运行时间增长，热量不断累积，形成热点温升，如果温度值超过正常运行许用范围，便会加速变压器各组、部件的老化程度。大量的研究数据表明，变压器的运行温度在很大程度上影响着负载损耗，降低变压器的运行温度可以有效地减少负载损耗。当变压器的运行温度下降 20 K 时，负载损耗将降低 10% 左右。除此以外，降低变压器运行温度不仅可以延长其使用寿命，还可以使变压器的过载能力得到提高。为确保变压器温升在规程范围内，使其长期可靠运行，设计变压器时会考虑散热和降温问题，保证变压器冷却系统正常运行，将运行温度控制在许用范围内。此外，加大输电容量是减少电能损失的有效方法，也是目前电力行业变压器发展的趋势。而变压器冷却技术的发展是加快变压器容量增长的关键环节。

变压器常用的冷却介质有空气、变压器油、SF_6、碳氟化合物等，其主要冷却方式有液体冷却、干式冷却和蒸发冷却。同时，还可以根据是否配备动力装置来分类，分为自然循环冷却和强迫循环冷却。其工作原理都是利用制冷剂具有大比热容或汽化潜热的特性来吸收变压器的热量。在变压器发展的初始阶段多采用干式冷却，随着变压器功率的增加，干式变压器的体积过大、造价昂贵，同时冷却能力有限，很快被液体冷却方式所取代。相变换热带走的热量要比单相换热带走的热量大，从此基于相变换热的蒸发冷却技术在变压器的冷却中得到广泛应用。蒸发冷却是在变压器的线圈和铁芯上以喷淋、浸渍等方式注入液态的制冷剂，通过制冷剂的蒸发吸热来冷却线圈和铁芯。采用蒸发冷却的方式，换热效率高、温度分布均匀、无局部过热点，并且冷却设备的体积小、重量轻，使得变压器的结构更加紧凑。

10.4.5　变压器除潮技术

变压器能否安全稳定运行对电力系统的供电可靠性有着较为直接的影响。油浸式变压器的绝缘油纸的品质间接决定了变压器是否能够安全运行。油浸式变压器运行中绝缘油纸由于受潮将会引起安全事故，因此关于绝缘油纸除潮技术的相关研究显得尤为重要。常用的变压器除潮技术有真空干燥法、煤油气相干燥法、热油干燥法、油箱涡流加热法、热风干燥法、工频短路电流法以及低频短路电流加热法。低频短路电流加热法基本原理与工频短路电流加热法类似，但是该方法是以 PWM 脉宽调制控制技术为基础，在 PWM 控制软件上进行操作，并且将三相整流单相逆变作为该系统的主拓扑，设计出在低频条件下对变压器绕组进行短路加热的一种装置。新型变压器干燥处理方法——低频短路电流法能够有效解决传统变压器干燥技术的各种缺陷，且结构较为简单，干燥效果好。

10.4.6　高效变压器

采用新材料、新结构、新工艺制造的高效变压器，其损耗比一般低效变压器小，因此又称低损耗变压器。用节能变压器替换高耗能变压器是降低变压器损耗的主要措施，因此生产低损耗变压器是世界各国变压器发展的一种趋势。下面重点介绍高温超导变压器和非晶合金立体卷铁芯变压器。

（1）高温超导变压器

超导变压器基于超导体的无阻高密度载流特性以降低变压器运行损耗，一般都采用与常规变压器一样的铁芯结构，仅高、低绕组采用超导绕组，具有重量轻、体积小、效率高、无火灾隐患及无环境污染等优点，同时具有一定的限流作用。高温超导变压器的一般结构如图 10-7 所示，主要由超导绕组、非金属低温容器、常规铁芯和套管等 4 部分构成。高温超导变压器绕组由高温超导线材绕制并置于温度为 77 K（−196℃）充满液氮的玻璃钢低温容器中，其中液氮起冷却和绝缘作用，而铁芯运行在室温温度。图 10-8 为高温超导变压器截面示意图，包括低温容器（玻璃钢）、高低压超导绕组、铁芯和低温介质（液氮）。

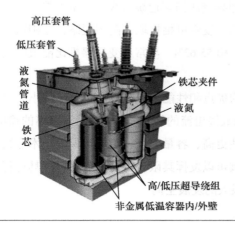

图 10-7　高温超导变压器一般结构示意图

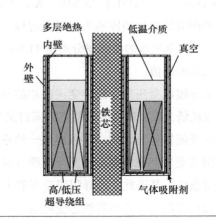

图 10-8　高温超导变压器截面示意图

近几年来，第 2 代高温超导线材技术取得了很大进展，由于其失超电阻率较高，限流变压器的研究引起了广泛关注，尤其是基于第 2 代高温超导线材研发的各种高载流导体（Roebel 导体、CORC 导体、TSTC 导体、RS 导体、HTS-CroCo 导体与 QI-S 导体）取得了重要进展，纷纷开始涉足限流超导电力变压器的研发。与传统电力变压器相比，超导限流变压器具有体积小、重量轻，输电损耗低、效率高，能够限制故障电流，无火灾隐患和环境污染等优点。由于超导限流变压器的绕组采用了由高温超导体制成的超导带材，在发生故障时失超产生电阻。这一特性使得超导限流变压器既增强了电力系统的静态稳定，减少了焦耳损耗，又增强了暂态稳定性，限制了故障电流。利用超导限流变压器体积小、重量轻的特点，还可以减少电力设备占地面积，增强结构的紧凑性。

2014 年，中国科学院电工研究所与白银有色长通电缆有限公司联合研制一台 1250 kV·A/10.5 kV/0.4 kV 三相高温超导变压器。变压器铁芯采用常规取向硅钢片材料，绕组采用 Bi-2223/Ag 铜合金加强的超导带，原边绕组采用螺线管式结构，副边绕组采用饼式线圈。该变压器在甘肃白银的 10 kV 变电站成功并网试验运行。2014 年，美国 Superpower 公司、南加利福尼亚州（简称加州）Edi-sio 公司和休斯敦大学计划采用 YBCO 超导带材研制一台三相 28 MV·A/70.5 kV/12.47 kV 超导限流变压器样机。该三相 SFCLT 预计可将故障电流限制为预期故障电流的 50%～70%。样机的原边和副边绕组均采用 YBCO 带材绕制。2017 年，德国卡尔斯鲁厄研究中心研制了一台 1 MV·A/20 kV/1 kV 的具有限流和带载恢复功能的超导限流变压器，变压器的原边绕组采用的是铝导线，副边绕组采用二代高温超导带材 REBCO 绕制。为了将副边绕组保持在 77 K 的低温运行状态，设计并制造了真空绝缘玻璃钢低温恒温器。上海交通大学采用 Cu 加强的 GdBCO 带材研制了一台 330 kV·A/10 kV/0.231 kV 壳式铁芯的高温超导变压器样机，原边采用的是螺线管式绕组，副边采用的是饼式绕组。并进行了短路测试、带载测试等相关性能测试，实验结果显示此超导变压器在额定负载下的效率可达到 99.9%，并且在过载情况下具有非常好的稳定性，但限流性能较弱。中国电力科学研究院采用 REBCO 超导带材设计了 25 MV·A/110 kV 高温超导变压器副边绕组线圈模型，并通过模型仿真来研究该超导线圈的失超限流过程。结果显示当发生单相接地、两相短路、三相短路故障时，超导变压器的限流率分别是 11.56%、54.96% 和 55.63%，与常规变压器相比能很好地限制故障电流峰值。

超导限流变压器集超导变压器和超导限流器的优点和性能于一身，在具备体积小、重量轻、损耗低、载流能力强的特点的同时又具有限制故障电流的能力，在大容量远距离的输电、特高压交流输电等领域，可以提供一种系统稳定性更高、容量更大、更加环保的技术方案。超导限流变压器在智能电网乃至能源互联网等领域可以发挥其限流特性，显著提高其运行的安全可靠性。基于此，超导限流变压器未来还有很大的发展空间。

（2）非晶合金立体卷铁芯变压器

非晶合金干式变压器和常规的硅钢片变压器相比，空载损耗降低 70%～80%，空载电流降低 40%～50%。较于传统的环氧树脂绝缘干式变压器，以半包封芳纶纸作为主要绝缘材料的 SCRBH19 非晶合金干式变压器具有高绝缘等级、高耐热性、高阻燃性、可回收、不污染环境等绿色环保性能。单相和三相非晶合金变压器铁芯结构如图 10-9 所示。单相非晶合金铁芯变压器的铁芯结构一般为“框”，如图 10-9（a）所示；三相五柱式变压器铁芯的结构则由 4 个“框”合并成类似的结构，如图 10-9（b）所示；三相三柱式变压器铁芯结构如图 10-9（c）所示。与传统非晶合金变压器为三相五柱式相比，三相三柱式非晶合金干式变压器体积小、质量轻，无侧柱铁芯挡住线圈、温升较低，无侧柱铁芯问题、绝缘与常规变压器一样考虑、安全可靠，且变压器一、二次侧任何接法均可。

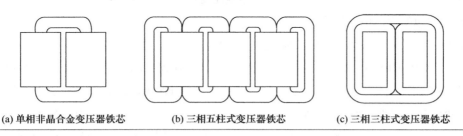

(a) 单相非晶合金变压器铁芯　　(b) 三相五柱式变压器铁芯　　(c) 三相三柱式变压器铁芯

图 10-9　单相和三相非晶合金变压器铁芯结构示意图

立体卷铁芯变压器是一种节能型电力变压器，它创造性地改革了传统电力变压器的叠片式磁路结构和三相布局，采用三维立体卷铁芯结构，三相磁路长度完全等长，导磁方向与铁芯磁路方向完全相同，三相磁路长度之和最短，三相磁路完全对称，三相空载电流完全平衡；

三相磁路无接缝，磁路方向与硅钢片晶体取向完全一致，大幅度降低空载损耗、空载电流及铁芯噪声。非晶合金立体卷铁芯敞开式干式变压器和非晶合金立体卷铁芯油浸式变压器（图 10-10）容量分别为 100～2500 kV·A 和 30～2500 kV·A。

由于紧密缠绕无气隙和退火处理，立体卷铁芯的振动和声音水平大大减少，与常规叠铁芯相比，噪声可以降低 8～25 dB。由于结构的优势，在相同的性能要求下，立体卷铁芯通常比传统叠片铁芯节省硅钢材料 20%以上。分析表明，立体铁芯变压器比平面三芯柱型变压器，其铁轭长减少 25%，故铁轭质量减轻 25%左右，又可避免轭部大小框之间的磁路自调节效应，解决了三相负载不平衡时的磁通平衡问题。经实测 315 kV·A S11 型立体卷铁芯变压器比普通 S9 型变压器空载损耗降低 46.8%，负载损耗降低 7.5%，空载电流降低 92%，油箱体积减少 25%，噪声降低 13 dB，故是一种较好的节能变压器。结合立体卷铁芯技术和敞开式绕组结构工艺优点的立体卷铁芯敞开式干式变压器符合绿色制造方向，具有空载损耗低、过载能力强、承受热冲击能力强、安全环保性能好与初期投资少等优点，将更多应用于非晶合金变压器、特殊变压器和大容量高电压变压器，实现立体卷铁芯技术优势效益最大化。2017 年 1 月25 日国家发展改革委公布的《战略性新兴产业重点产品和服务指导目录》2016 版（节能环保部分）中提到"非晶合金变压器，干式半芯电抗器，壳式电炉变压器，三维立体卷铁芯干式变压器"。例如，河北正大变压器公司由非晶合金卷绕制作铁芯而成的非晶合金卷铁芯电力变压器，比硅钢片作铁芯变压器的空载损耗下降 80%左右，空载电流下降约 80%。

(a) 三维立体卷铁芯 　　(b) 非晶合金立体卷铁芯 　　(c) 非晶合金立体卷
　　　　　　　　　　　　敞开式干式变压器 　　　　铁芯油浸式变压器

图 10-10　三维立体卷铁芯、非晶合金立体卷铁芯敞开式干式变压器及油浸式变压器

（3）高频变压器

高频变压器（high frequency transformer，HFT）是一种结合电力电子技术和高频磁链技术的电能变换设备，在整个电路中起着原边和副边的电气隔离、调节电压的作用。由于与工频变压器相比，HFT 具有体积小、质量轻等优点，因此 HFT 在现代变换器中有着广泛的应用。当今国内外许多科研院所和高校都在进行 HFT 方面的研究，如美国弗吉尼亚理工学院的电力电子研究中心、德国的西门子公司研究室，以及日本九州大学的原田研究所等。加州理工学院在研究开关变换器各方面的理论基础上，深入分析了其工作方法。美国麻省理工学院采用有限元分析法对变压器损耗和频率之间的关系进行探究。而通用公司则对 HFT 磁芯气隙与磁路之间的关系进行探究。到目前为止国外已经研制出了频率高达几十兆赫兹、功率高达几十千瓦的可实用型高频变压器。2017 年国家重点研发专项"智能电网技术与装备"和"大型光伏电站直流升压汇集接入关键技术及设备研制"中都要求设计和制造损耗小、功率密度高、温升符合要求、寄生参数设计合理的大功率高频变压器样机。但是，HFT 在应用过程中还存在许多问题有待解决。而准确的理论分析和调控寄生参数为高频变压器工作电路接入串联电感和谐振电容带来依据，进一步提高设备稳定性。所以大功率 HFT 设计制造要全面分析绕组损耗、器件温升以及寄生参数等影响，并作为优化设计目标。

(4) 单相柱上式变压器

DZ10 系列单相柱上配电变压器产品执行国家标准 GB 1094—2013《电力变压器》、GB/T 6451—2015《油浸式电力变压器技术参数和要求》、1200—934《油浸式配电：电力及调压变压器通用技术要求》以及美国 ANS/IEEE C57. 12.90—2010《液浸式配电、电源和调压变压器的标准试验规程》。产品额定容量有 5kV·A、10kV·A、15kV·A、20kV·A、25kV·A、30kV·A、50 kV·A 七种，高压侧电压为 10kV、10.5kV、（11±5%）kV；低压侧分为单绕组结构 0.22 kV、0.23 kV，双绕组结构 0.22kV/0.44kV、0.23kV/0.46kV。其铁芯材料采用进口晶粒取向硅钢片 45°斜接缝无冲孔的结构，线圈采用了高强度无氧铜聚乙烯醇溶漆包线绕制而成的圆筒式结构。DZ_{10} 系列单相柱上配电变压器是按 S_{10} 标准设计和生产的，从变压器自身损耗上比现运行的 S_9 系列三相电力变压器更先进，其性能参数如表 10-2 所示。单相变压器一般装在电线柱上或房屋旁，发达国家单门独户的都是一户一只单相变压器，不但变压器容量小、噪声低、就近安装、缩短配线、降低线损、改善电压品质，而且单相变压器在同容量情况下比三相变压器铁重轻 20%，铜重轻 10%，尤其是采用卷铁芯时，空载损耗和空载电流可分别下降 15% 和 40%。如采用一线一地制供电，还可节约输电导线损耗，这对我国广阔的农村和边远地区更有意义。

表 10-2　DZ_{10} 系列柱上配电变压器参数

容量/kV·A	空载损耗/W	负载损耗/W	空载电流/%	阻抗电压/%
5	42	145	5.3	4
10	55	255	2.5	4
20	85	425	2.3	4
30	100	570	1.7	4

（5）SJCB 硅橡胶变压器

SJCB 硅橡胶变压器采用绿色技术（硅橡胶节能配电变压器技术），满足 GB 20052—2020《电力变压器能效限定值及能效等级》能效 1 级要求，运行期间不仅损耗低，且噪声极低（小于 50dB），而且还提高了变压器的安全性，更实现了变压器全寿命周期的"绿色"，是一款绿色变压器。SJCB 硅橡胶变压器对变压器线圈进行优化设计，并采用高性能的硅橡胶对变压器进行包封，有效降低变压器局部放电水平，SJCB 硅橡胶变压器局部放电不大于 5 pC。同时，基于硅橡胶材料的安全性和可靠性，SJCB 硅橡胶变压器实现了主绝缘 3 重冗余设计，大大提升了变压器绝缘系统的可靠性。硅橡胶材料天然阻燃，SJCB 硅橡胶变压器绕组可燃物质量小于 2%，满足燃烧等级 F1 要求。另外，SJCB 硅橡胶变压器所使用的硅钢、铜材、硅橡胶等主材均可回收利用，可回收率大于 99%。

（6）一体化集成变阻抗节能变压器

一体化阻抗节能变压器技术将高阻抗变压器和限流电抗器这两种常用的限制电力变压器短路电流方法的优点结合起来，主要技术包括满足限流要求的限流电抗器的设计、开关快速开断技术、变压器三相短路电流的限流效果分析、暂态过电压分析和满足灵敏度要求的变阻抗变压器的继电保护方案等。变阻抗变压器不仅可用于对已有的变压器进行改造，同时可设计新型的变阻抗节能变压器。改造变压器限流的空心电抗器和快速开关置于变压器高压套管中，串接于变压器高压侧绕组侧。当变阻抗变压器正常工作的时候，并联模块中的快速开关闭合，限流电抗器和电容器被短路，变阻抗变压器此时就相当于一个普通变压器，并不会产生很大的损耗。当系统发生短路故障时，通过检测系统发现故障，则并联模块中快速开关断开，限流电抗器正常串联于变压器中，此时变阻抗变压器就相当于一个高阻抗变压器，从而起到故障时减小短路电流的作用。因此，变阻抗变压器可以实现变压器的短路阻抗的自主调节。该方案起到了高阻抗变压器的限制短路电流的效果，当系统正常运行的时候，可以通过快速开关闭合短路限流电抗器，减小变压器的阻抗，从而减小电力系统的无功损耗，改善电网的质量。

（7）直流变压器

随着柔性直流输电技术的快速发展，直流电网在容量、建设成本、传输效率等方面相比于交流电网具有诸多优势。同时，直流电网也是解决传统交流电网无功、谐波、同步振荡与环流等问题的有效途径，可极大缓解大电网与光伏、风电等分布式能源之间的矛盾。而直流变压器实现了不同电压等级直流电网之间的互联，是直流电网中的关键设备，同时也是当前制约直流配电网推广的主要因素之一。与交流电网中常用的交流变压器通过电磁感应原理进行电压升降变换不同，应用于高压大功率场合的直流变压器进行直流电压升降变换时，只能采用电力电子装置。电感 l_r 为变压器的漏感，同大部分的变压器结构类似，即其结构分为原边和副边。而其原边与副边电路结构则有许多的搭配类型。其中原边的电路拓扑结构可以是推挽、半桥和全桥等；其副边整流电路可以是半、全波整流以及推挽正激整流电路等。直流变压器的分类有多种方法，根据变压器高压侧与低压侧的比值，将其分为高、中、低 3 类变压器；按照其两侧是否进行了电气隔离以及拓扑结构分为隔离型直流变压器以及非隔离型直流变压器两类。

10.4.7　变压器材料回收与再制造

由于其迥异于硅钢铁芯的结构及材质，油浸式非晶合金配电变压器非晶合金铁芯无法重新剪切等难题一直是阻碍非晶变压器全范围回收再利用的一大难题。近年来，通过退役非晶铁芯的除油、除固、重熔、再冶炼工艺突破了这一难题，制备出以非晶合金退役铁芯为原材料的重熔非晶合金带材。其各项出厂性能完全符合非晶带材国标 GB/T 19345.1—2017《铁基非晶软磁合金带材》要求。将重熔非晶合金带材制备成铁芯后，其各项性能亦符合非晶铁芯标准 T/CEEIA 314—2018《非晶合金铁芯技术规范》要求。其应用在油浸式非晶合金配电变压器后，噪声性能符合且优于非晶油变国标 GB/T 25446—2010《油浸式非晶合金铁芯配电变压器技术参数和要求》噪声要求及国网企标 Q/GDW 13002.4—2018《10kV 三相油浸式非晶合金变压器专用技术规范》中关于 A 优质设备噪声要求。重熔非晶合金带材及铁芯应用在油浸式非晶合金配电变压器中后，经 55～100℃再返回至 55℃的过热负荷噪声试验，其噪声性能在试验前后未发生明显变化。因此，重熔非晶合金带材及铁芯适宜使用于油浸式非晶合金配电变压器中。

10.4.8　变压器与环境

（1）变压器电磁辐射与环境

随着我国电力工业的迅速发展，电网容量的增加，输电线路越来越远，电压等级不断提升，高压架空输电线路和变电站（所）建设规模不断扩大。有关电磁辐射的投诉也越来越多，这是由于人们环保意识的增强，对周围环境的要求越来越高。因此许多学者开始研究高压输变电线路对环境的电磁影响。电器设备几乎都会产生电磁辐射，而这些辐射对环境、人体等很多方面有着负面影响，因此我们就要了解电磁辐射对环境等各方面的影响，然后针对实际情况做出合理的防护措施。

① 变压器和输电线电磁辐射问题

a. 变压器的电磁辐射问题　由于电磁辐射问题的严重性，很早就引起了国家的注意，并针对此进行实际研究探测，生态与环境保护部的相关文件指出只要电磁辐射小于公众总受照剂量即可。这些标准有：如果有 0.1～3 MHz 的电磁辐射，就要求电场强度≤40 V/m，磁场强度不超过 0.1 A/m。这只是理论上的标准，在不同的场合还要根据实际情况制定不同的标准。比如在适合人们长期居住的安全区环境电磁辐射值就与上述标准不符，由于我国对此还没有特别固定的标准，人们对此的说法也千差万别。这就要求我们对变压器电磁辐射问题进行进一步探究，找到合理的标准。

b. 输电线的电磁辐射问题　输电线是我们日常生活中最常见到的，它产生的辐射无形，但它的影响也不可小觑。国家电力局也对输电线的安全问题进行了研究。为了使输电线更安全地服务于社会，制订了很多电力线路保护区，主要是架空电力线路保护区，一般情况下，地区的各级电压导线的边线延伸距离有这样的标准：1～10 kV 的要大于 5 m，35～110 kV 的要大于 10 m，154～330 kV 的要超过 15 m，大于 500 kV 之后就要使距离大于 20 m。在厂矿、城镇等人口密集地区，上述标准就可以适当略小一点点。架空电力线路保护区，是为了使输电线路安全运行，同时给人民的安全生活提供保证。

② 电磁辐射影响减缓及防护措施

a. 变压器电磁辐射的防护措施　针对变压器产生的电磁辐射问题，国家给予了很大的重视，并制定了相应的管理方法。主要有以下几点：i. 在使用时要遵循《电磁辐射建设项目和设备名录》中关于电磁辐射建设对环境影响评价制度，在不影响环境的前提下进行建设使用。ii. 对产生电磁辐射的设备进行进一步的完善，尽量减小电磁辐射，不能减小的就要舍弃。iii. 要表扬在电磁辐射污染防治工作中做出显著成绩的，严厉打击不遵守规定的或者是严重造成电磁辐射的。对于造成电磁辐射并对环境或人类产生影响的，可依法对其进行惩治。

b. 输电线电磁辐射减缓措施　由于输电线架设的普遍性，对社会环境造成了很大的影响，对此提出几点减缓措施：i. 必须要建立线路保护区，架设输电线时要严格遵守相关规定标准。根据相关文件确立高压输电导线的对地设计距离。使其符合标准，将电磁辐射降到最小化。ii. 为了使人们的身体健康不受影响，尽量避免在居民居住密集的地方以及人多的活动场所建立输电线。iii. 在高压输电线路下，尽量避免有大金属物体，有的话要使其充分与地面接触。在比较危险可能对人类产生伤害的地区要有危险标志。同时要积极宣传电磁辐射的危害及防护措施，加强人们的安全意识，共同建造安全和谐的社会。

（2）变压器噪声与环境

电力变压器在运行过程中难免会产生噪声，当噪声过大时，会极大地影响周围人的身体健康。从变压器结构上分，噪声主要包括变压器本体噪声和变压器冷却系统噪声两部分。变压器本体噪声是由变压器油箱箱体振动产生的，变压器冷却系统噪声是由冷却风扇和油泵等振动产生的。油箱箱体振动主要是由变压器内部铁芯、绕组、结构件、紧固件等在电磁场作用下受力产生振动传递到油箱箱壁上造成的。其中，铁芯振动产生的噪声占主要地位，铁芯振动包括磁致伸缩振动和铁芯接缝处振动，在交变磁场的作用下，磁致伸缩指硅钢片的尺寸在磁化方向产生微小变化。传递路径有两条：一条是通过铁芯垫脚传递到油箱箱体，另一条是通过油箱内的绝缘油传递到油箱箱体。

降低噪声技术可以从以下几方面入手：①选用磁致伸缩小的硅钢片，减小磁致伸缩振动产生的噪声。②适当降低铁芯磁通密度。磁致伸缩大小与磁通密度密切相关，磁通密度低时磁致伸缩量小，磁通密度高时磁致伸缩量大，降低磁通密度也可以减小磁致伸缩振动产生的噪声。③改进铁芯接缝方式、减小接缝间隙。铁芯接缝采用多步进接缝方式，如五步进接缝、六步进接缝、七步进接缝，比两步进接缝噪声要小。接缝处磁通密度分布相对均匀会降低气隙中的磁通密度，使接缝处由磁吸力引起的振动减小。减小接缝间隙可以降低振动的振幅，同时减小励磁电流，起到降低铁芯接缝处噪声的作用。④加强对绕组、铁芯、引线等的固定，防止松动。如在铁芯端面涂绝缘漆，增加弹簧垫圈，增加备紧螺帽等。⑤在变压器铁芯与油箱箱底之间增加减振橡胶垫或弹簧。⑥加厚油箱箱壁，增加加强筋数量，降低油箱体振动振幅。⑦在变压器油箱箱体内部或外部增设吸声板，吸收部分噪声。⑧采用自然冷却方式取代风冷却方式，风机噪声一般比变压器本体噪声还大。⑨选用低噪声的油泵和低转速风扇的冷却器降低冷却系统噪声。⑩采用消声法。在变压器周围 1 m 以内放置数个噪声发生器，噪声发生器产生的噪声与变压器产生的噪声振幅相等，相位相反，互相抵消，达到降低噪声的目的。

10.5 变压器节能综合评价

10.5.1 评价标准

（1）GB 20052—2020《电力变压器能效限定值及能效等级》

① 标准简介　该标准规定了三相电力变压器的能效限定值、能效等级和试验方法。该标准适用于三相 10kV 电压等级、无励磁调压、额定容量 30～2500 kV·A 的油浸式配电变压器和额定容量 30～2500 kV·A 的干式配电变压器，额定频率为 50 Hz、电压等级为 35～500 kV、额定容量为 3150 kV·A 及以上的三相油浸式电力变压器。该标准不适用于充气式变压器、高阻抗变压器。电力变压器技术参数和技术要求应符合 GB/T 1094.1—2013 和 GB/T 6451—2015，油浸式非晶合金铁芯变压器还应符合 GB/T 25446—2010，立体卷铁芯配电变压器还应符合 GB/T 25438—2010。干式配电变压器其他技术参数和技术要求应符合 GB/T 1094.11—2007 和 GB/T 10228—2015，干式非晶合金铁芯变压器还应符合 GB/T 22072—2018。

该标准中定义变压器能效限定值在规定测试条件下，变压器空载损耗和负载损耗的允许最高限值。电力变压器能效等级分为 3 级，其中 1 级能效最高，损耗最低。该标准对 10 kV、35 kV、66 kV、110 kV、220 kV、330 kV、500 kV 配电变压器的空载损耗和负载损耗限值分别做了规定。同时，规定电力变压器的空载损耗和负载损耗应按 GB/T 1094.1—2013 和 GB/T 1094.11—2007 中的试验方法进行测试。

② GB 20052—2020 与 GB 20052—2013 的比较　该标准各能效等级损耗标准较 GB 20052—2013《三相配电变压器能效限定值及能效等级》（已废止）均有较大幅度提高，总体上与欧盟最新标准一致，部分能效要求甚至超过欧盟标准。以额定容量为 1250kV·A 的变压器为例，阐述 GB 20052—2020 和 GB 20052—2013 能效限定值的差别，如表 10-3 所示。

表 10-3　GB 20052—2020 和 GB 20052—2013 能效限定值的对比（变压器额定容量为 1250kV·A）

能效等级	铁芯材料	损耗类型		GB 20052—2020	GB 20052—2013
1 级能效	电工钢带	空载损耗/W		1205	1505
		负载损耗/W	B（100℃）	8190	8190
			F（120℃）	8720	8720
			H（145℃）	9335	9335
	非晶合金	空载损耗/W		455	650
		负载损耗/W	B（100℃）	8190	8645
			F（120℃）	8720	9205
			H（145℃）	9335	9850
2 级能效	电工钢带	空载损耗/W		1420	1670
		负载损耗/W	B（100℃）	8190	9100
			F（120℃）	8720	9690
			H（145℃）	8335	10370
	非晶合金	空载损耗/W		550	650
		负载损耗/W	B（100℃）	8190	9100
			F（120℃）	8720	9690
			H（145℃）	9335	10370

a. 2020 版能效标准变压器空载损耗降幅更大。以 1250 kV·A 干变为例，1 级能效变压器空载损耗降低了约 20%（硅钢带）和 30%（非晶合金）；负载损耗方面，1 级能效的非晶合金变压器已要求负载损耗与硅钢相同（降低约 5%）；对于 1 级能效硅钢变压器，新旧能效标准负载损耗要求相同；对于 2 级能效硅钢变压器，2020 版能效标准负载损耗降低了约 10%，2 级能效非晶合金变压器同样降了 10%。

b. 以往设计选用最多、满足 2013 版能效标准 1 级能效的 SC（B）13 干变仅达到 2020 版标准的 3 级能效（空载损耗比 2 级能效多了 5%，85 W）。

c. 2020 版和 2013 版都增加了非晶合金材料的变压器；同能效等级的变压器，非晶合金空载损耗只有硅钢的 30%～40%；2013 版能效标准非晶合金变压器 1 级能效的负载损耗要求略高于硅钢变压器，而 2020 版能效标准两者的负载损耗要求相同，说明非晶合金变压器又有新的技术进步。

d. 同容量、不同绝缘系统温度等级的变压器，负载损耗要求也不同，如无特殊要求通常情况下可选择绝缘等级为 F 级（120℃）的变压器。

③ GB 20052—2020 与欧盟标准的对比　欧盟《欧洲议会和理事会关于中小型、大型电

力变压器的欧盟委员会条例第 548/2014 号实施条例 2009/125/EC》中规定 2021 年 7 月 1 日起配电变压器的空载损耗下降 10%，基本上达到国内 2020 版能效标准 2 级标准，国内 2020 版 1 级能效标准的要求更高。图 10-11 和图 10-12 分别为 GB 20052—2020 与欧盟标准中空载损耗比和负载损耗比的对比。

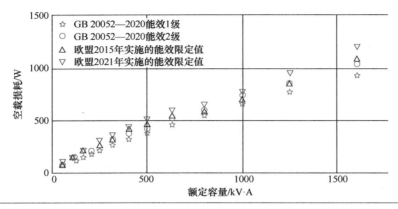

图 10-11 空载损耗对比

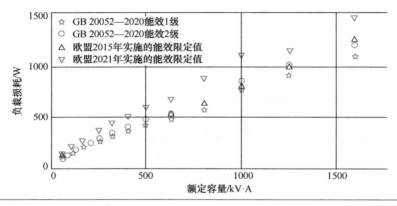

图 10-12 负载损耗对比

（2）GB/T 40093—2021《变压器产品生命周期评价方法》

2021 年 5 月 21 日发布的《变压器产品生命周期评价方法》于 2021 年 12 月 1 日实施。该标准规定了变压器产品的生命周期评价和生命周期报告，适用于变压器产品的生命周期评价，以及变压器产品依据 GB/T 24025—2009 做出 III 型环境声明。该标准适用于 GB/T 1094.1—2013 规定的电力变压器，包括直接供给终端用户的变压器（最终产品）和作为设备一部分的变压器（中间产品），其他类似变压器产品也可参照使用。该标准以"1 台变压器"作为功能单位，对于作为最终产品的变压器，应开展全生命周期评价；对于作为中间产品的变压器，可开展部分生命周期评价，即从原材料获取至产品制造阶段。该标准给出了变压器在基准寿命中使用阶段的能耗计算公式、数据单位、数据质量评估、取舍准则、分配原则、环境影响指标和同质环境家族推断规则等。

此外，关于变压器的国家标准还有 GB/T 10241—2020《旋转变压器通用技术条件》、GB/T 23755—2020《三相组合式电力变压器》、GB/T 25301—2021《电阻焊设备 变压器 适用于所有变压器的通用技术条件》、GB/T 32288—2020《电力变压器用电工钢铁芯》、GB/T 17468—2019《电力变压器选用导则》、GB/T 37593—2019《特高压变压器用冷轧取向电工钢带》、GB/T 37761—2019《电力变压器冷却系统 PLC 控制装置技术要求》、GB/T 22072—2018《干式非晶合金铁芯配电变压器技术参数和要求》、GB/T 37011—2018《柔性直流输电用变压器技术规范》、GB/T 24843—2018《1000 kV 单相油浸式自耦电力变压器技术规范》、GB/T 19212.1—2016《变压器、电抗器、电源装置及其组合的安全 第 1 部分：通用要求和试验》、GB/T 32825—2016《三相干式立体卷铁芯配电变压器技术参数和要求》、GB/T 10228—2015《干式电力变压器技术参数和要求》、GB/T 31996—2015《磁阻式多极旋转变压器通用技术条件》、GB/T 2900.95—2015《电工术语 变压器、调压器和电抗器》、GB/T 6451—2015《油浸式电力变压器技术参数和要求》、GB/T 18494.1—2014《变流变压器 第 1 部分：工业用变流变压器》、GB/T 1094.1—2013《电力变压器 第 1 部分：总则》、GB/T 28180—2011《变压器环境意识设计导则》、GB/T 25438—2010《三相油浸式立体卷铁芯配电变压器技术参数和要求》和 GB/T 25446—2010《油浸式非晶合金铁芯配电变压器技术参数和要求》等。

10.5.2　性能评估与节能评价

（1）变压器在基准寿命中使用阶段的能耗计算

根据 GB/T 40093—2021《变压器产品生命周期评价方法》，变压器在基准寿命中使用阶段的能耗计算可参照式（10-14）～式（10-18）。

$$\Delta P = P_0 + \beta^2 P_K \tag{10-14}$$

$$\Delta Q = Q_0 + K_Q \beta^2 Q_K \tag{10-15}$$

$$Q_0 = I_0 S_N \tag{10-16}$$

$$Q_K = U_K S_N \tag{10-17}$$

$$\Delta P_Z = \Delta P + K_Q \Delta Q \tag{10-18}$$

式中，ΔP 为有功损耗，kW；P_0 为空载损耗，kW；β 为变压器年平均负载率，%；P_K 为额定负载损耗，kW；ΔQ 为无功损耗，kW；Q_0 为空载无功损耗，kvar；K_Q 为无功经济当量，kW/kvar；Q_K 为额定负载漏磁功率，kvar；I_0 为变压器空载电流百分比，%；S_N 为变压器额定容量，kV·A；U_K 为短路阻抗百分比，%；ΔP_Z 为变压器总损耗，kW。

以上参数应根据产品具体情况确定。

(2) 变压器技术经济评价

根据 GB/T 17468—2019《电力变压器选用导则》，变压器技术经济评价有总拥有费用法（TOC 法）和全寿命周期成本法（LCC 法）两种方法。TOC 法是根据综合比较变压器价格和能耗水平的原则，按照总拥有费用最低来选择变压器，详见 DL/T 985，该评价方法适用于配电变压器的选用。LCC 法是综合分析变压器采购成本、运行成本和废弃回收成本等内容后，按照 LCC 成本最低来选择变压器，该评价方法适用于电力变压器的选用。

① 总拥有费用法　总拥有费用法 TOC（total owning cost）是综合了变压器的初始费用和等价现值的损耗费用，表达所购变压器全面的综合费用，是一种评价变压器能源效率比较全面的方法，无论对于电力企业还是非电力企业用户，都能通过此方法比较变压器的总拥有费用，从而达到节约资金的目的。所谓总拥有费用（TOC），就是变压器的初始投资和其在使用期内的损耗费用之和。总拥有费用法通过比较具有不同效率水平和不同价格的变压器的总拥有费用，按照总拥有费用最低来选择变压器的效率水平。

$$TOC = C + AN_L + BL_L \tag{10-19}$$

$$N_L = P_0 + kQ_0 = P_0 + k(I_0\%S_e/100) \tag{10-20}$$

$$L_L = P_f + kQ_f = P_f + k(U_d\%S_e/100) \tag{10-21}$$

$$A = k_{PW}(E_{JL} \times 12 + E_L h_{PY}) \tag{10-22}$$

$$B = k_{PW}(E_{JL} \times 12 + E_L \tau)p^2 \tag{10-23}$$

$$k_{PW} = \left\{1 - \left[(1+a)/(1+i)\right]^n\right\}/(i-a) \tag{10-24}$$

式中，N_L 为变压器额定空载损耗或铁损，kW；L_L 为变压器额定负载损耗或铜损，kW；A 为变压器寿命期间单位空载损耗的资本费用，元/kW；B 为变压器寿命期间单位负载损耗的资本费用，元/kW；C 为变压器初始费用，方案对比时可只用其设备价格，元；P_0 为变压器额定空载有功损耗（铁损），kW；Q_0 为变压器额定励磁功率，kvar；P_f 为变压器额定负载有功损耗（铜损），kW；Q_f 为变压器额定负载漏磁功率，kvar；k 为无功经济当量，按变压器在电网中的位置取值，一般可取 $k=0.1$kW/kvar；I_0 为变压器空载电流，%；U_d 为变压器阻抗电压，%；S_e 为变压器额定容量，kV·A；n 为变压器使用期，年；i 为年利率；a 为年通货膨胀率；E_{JL} 为两部电价中的基本电费，元/（kW·月）；E_L 为两部电价中的电量电费，元/（kW·月）；h_{PY} 为年运行小时数，一般取 8760h；τ 为年最大负载损耗小时数；p 为变压器负载率，等于变压器计算负载/变压器额定容量；k_{PW} 为贴现率为 i 的连续 n 年费用现值系数，可由现值系数表查得。

变压器负载单位损耗的资本费用或系数 B，除了电价因素外，主要与变压器所带负载特征有关，负载特征可用年最大负载损耗小时数由最大负载利用小时 T_{max} 和功率因数确定，以及负载率表示。重负载、运行时间长以及负载率高的生产企业，其系数 B 就大，反之则小。

② 全寿命周期成本法　全寿命周期成本法（LCC 法）统筹考虑变压器的规划、设计、采购、建设、运行、检修、技改和报废的全过程，在满足安全、效能的前提下追求全寿命周期

成本最低来选择变压器。其计算模型为

$$LCC = CI + CO + CM + CF + CD \tag{10-25}$$

式中，LCC 为变压器设备在全寿命周期内的总费用；CI 为初始投资成本；CO 为运行成本；CM 为检修维护成本；CF 为故障成本；CD 为退役处置成本。

在不考虑通货膨胀率和社会贴现率的情况下，计算出的值不需折算至初始年限的值；考虑了通货膨胀和社会贴现率的影响，计算出的值应折算至初始年限的值。

a. 初始投资成本 初始投资成本 CI 主要包括设备的购置费、安装调试费和其他费用。购置费包括设备费、专用工具及初次备品备件费、现场服务费、供货商运输费等；安装调试费包括业主方运输费、设备建设安装费和设备投运前的调试费；其他费用包括培训费用、验收费用、特殊试验费和可能要购置的状态监测装置费用等。初始投资成本可表示为：

$$CI = C_1 + C_2 + C_3 \tag{10-26}$$

式中，C_1 为变压器的购置费用；C_2 为安装调试费，一般取购置费的 6.2%；C_3 为其他费用，一般取购置费的 11.8%。

b. 运行成本 运行成本 CO 主要包括设备能耗费、日常巡视检查费和环保等其他费用。设备能耗费包括设备本体能耗费用、辅助设备能耗费；日常巡视检查费包括日常巡视检查需要的巡视设备和材料费用以及巡视人工费用。运行成本费用主要和变压器的损耗有关，因此运行成本可估算为变压器损耗所产生的费用，可表示为：

$$C_L = \left(P_0 + \beta^2 P_k\right) \times 8760\alpha \tag{10-27}$$

式中，P_0 为变压器空载损耗，kW；β 为变压器年平均负载率，%；P_k 为变压器负载损耗，kW；α 为单位电价，元/（kW·h）。

变压器的运行成本可表示为：

$$CO = \sum_{i=1}^{N} \left(\frac{1+r}{1+R}\right)^{i-1} \left(C_P + C_L + C_0\right) \tag{10-28}$$

式中，N 为变压器的寿命周期，一般变压器运行年限为 30 年；r 为通货膨胀率；R 为社会贴现率；C_P 为人工费用，万元/a；C_0 为其他费用，万元/a。

c. 检修维护成本 检修维护成本 CM 主要包括变压器的小修成本和大修成本，每项检修成分主要包括设备材料费用、服务费用及人工费用。检修成本可表示为：

$$CM = \sum_{i=1}^{N_r} \left(\frac{1+r}{1+R}\right)^{i \times T_r - 1} \times C_{m1} + \sum_{i=1}^{N_0} \left(\frac{1+r}{1+R}\right)^{i \times T_0 - 1} \times C_{m0}$$

$$N_r = \text{floor}\left(\frac{N-1}{T_r}\right); \quad N_0 = \text{floor}\left(\frac{N-1}{T_0}\right) \tag{10-29}$$

式中，T_r 为变压器小修周期，年/次；T_0 为变压器大修周期，年/次；C_{m1} 为变压器单次小修费用，万元/次；C_{m0} 为变压器单次大修费用，万元/次；floor 表示取整操作。

d. 故障成本　变压器故障成本 CF 主要是因变压器故障造成缺电或供电中断引起的损失成本，可表示为：

$$CF = \sum_{i=1}^{N} \left(\frac{1+r}{1+R} \right)^{i-1} \times (C_e + C_f), \quad C_e = \frac{8760 \times UOC \times S_N \beta \alpha}{10} \tag{10-30}$$

式中，UOC 为故障率或失效率，该数据需统计而得，由制造方提供；C_e 为故障损失费用；C_f 为故障检修费用；S_N 为变压器额定容量，$kV \cdot A$。

e. 退役处置成本　退役处置成本 CD 包括设备退役时处置的人工、设备费用以及运输费和设备退役时的报废费用，并应减去设备退役时的残值。实际变压器报废回收成本可以近似等效为初始投资成本的某一比值，而且往往是负值。计算公式为：

$$CD = \left(\frac{1+r}{1+R} \right)^{N-1} \times C_1 \gamma \tag{10-31}$$

式中，γ 为残值折算率。实际计算中，变压器的残值可简化为初始购置费用的 20%（已折算至初始年限）。

10.5.3　变压器发展趋势

近年来，国外开发研制了全自动绕线机自动排线、自动张紧，提高了绕线的质量。直流换流变压器制造技术是目前世界变压器制造领域最尖端的技术之一，代表着变压器制造业的最高水平。总体来看，组合化、低损耗、低噪声、节能环保、高可靠性将是未来变压器的发展方向。世界变压器技术的发展目标是轻量、高效、高密度；片式化产品将获得进一步发展；高频、低损耗、小尺寸、低价位的电源变压器将占有大量市场；高压电源变压器市场前景广阔。国内变压器将朝着以下方向发展：

① 电压等级向特大型超高电压发展。目前，变压器产品按电压等级分为高端变压器、220～500 kV 变压器、110～200 kV 变压器以及小于 110 kV 的变压器。输变电线路的电压等级越高输变电能力越大，因而变压器整体发展方向是电压等级将向 750 kV、1000 kV 发展，主要应用在长距离输变电线路上。

② 产品向节能化、小型化、低噪声、高阻抗、防爆型发展。这类产品主要以中小型为主，如目前在城网、农网改造中被推荐采用的新 S11、S13 等配电变压器，还有卷铁芯、非晶合金、全密封、组合、干式、高燃点油、SF_6 气体绝缘等变压器。

③ 超高压大型变压器向大容量（超过 $1000 MV \cdot A$）、轻结构、三相式和组合式方向发展。城市变电站因选址困难和负荷集中，使变电站的设计容量趋大、选用电压等级趋高。500 kV 单台容量将突破 $1500 MV \cdot A$，220 kV 单台容量将突破 $300 MV \cdot A$，35 kV 单台容量将突破 $31.5 MV \cdot A$。

④ 城网用变压器向高阻抗方向发展。城市用变压器应具备高可靠性和节能、环保、低噪

声、小型化等特点。城市中的变电站有时呈个性化设计，从而影响变压器的结构和外形，甚至冷却方式和形式。

⑤ 配电变压器向小型化、卷铁芯、非晶合金、常温超导方向发展。在配电变压器制造中，将会研制出成套的自动化程度较高的卷铁芯生产设备，包括剪切卷制、成型和退火设备。

10.6 变压器节能工程案例

10.6.1 电力变压器节能改造案例

Tr 型变压器为最早的油浸式变压器，采用的导线绕组为铝材，七级铁芯采用普导硅钢片，铁芯窗口宽度为 135 mm，接线方式为 Y / △-11 接法。其能耗高、负载率低（最高仅为 54%），在运行过程中经常出现绕组及油路故障，严重制约着供电变压器的节能及设备的增容更新，参数如表 10-4 所示。

表 10-4　原变压器参数

变压器	空载损耗 P_0/kW	负载损耗 P_d/kW	空载电流 I_0/%	短路阻抗 U_d/%
原 1 号	67.96	192.5	1.915	8.5
原 2 号	69.10	196.4	2.300	8.6

在对其进行改造时，首先改造变压器绕组及铁芯用材，线圈绕组采用优质无氧铜材料替换之前的铝材，铁芯采用优质冷轧晶粒取向高导磁硅钢片，45℃斜接缝压接，铁芯由原来的七级减少为五级，这样一方面减少了变压器的热耗源，另一方面可以减小变压器的体积。油箱由之前的刚体油箱改为磁屏蔽箱式油箱，片式散热器，增加了底吹式风扇，线圈表面采用环氧树脂丙烯树脂涂料漆膜，这样具有高附着抗腐蚀力。在工艺上各种绝缘采用倒角无毛刺处理，可以降低局部阻抗。结构上改造之后，变压器具有功率因数高、能耗低、过负载能力强、噪声低、热稳定性高等显著特点。

在引入智能设备方面，对老型号变压器的改造过程中，可从以下两个方面入手：①在改造设计时采用计算机辅助系统辅助设计。在总结传统设计方法的基础上，借鉴变压器的通用优化设计模型，采用计算机算法优化各结构部件的设计。这样可以在设备投入使用之前就能够掌握设备的各个运行参数，以便对设备进行改进和升级。②在设备运行时引入在线监测及维护系统。采用在线监测和维护技术替代传统的检测方法，可以及早发现运行故障，确保变压器的有效管理和安全控制，延长设备的检修间隔和使用寿命，可实时获得设备的运行状态，取得良好的检测维护效果。

改造后的两台变压器参数见表10-5。改造之后的主变有载调压共分成16个有载调压挡位，分单台手动调节和自动联调调节方式。手动调节通过有载调压器实现，每挡有载调压执行调整时间为1 s，精度可达1.25%；自动联调采用并联控制器自动控制两台有载调压器，实现同步、同幅值调节。控制器的响应精度达到20 ms，具备全数字显示及远方控制功能。改造后电压调节、控制电压和设备运行稳定。

表 10-5　改造之后变压器参数

变压器	空载损耗 P_0/kW	负载损耗 P_d/kW	空载电流 I_0/%	短路阻抗 U_d/%
改 1 号	24.336	137.258	0.29	8.94
改 2 号	25.240	138.778	0.34	8.84

改造后的变压器平均温升为20℃，比改造前降低了15℃，同时变压器噪声低，平均负载率为75%，比改造前提高25%，相当于增加了16000kV·A供电容量，变压器损耗大大降低，每月节省电费4万～5万元。

10.6.2　可控自动调容调压配电变压器技术

技术所属领域及适用范围：电力行业10kV配电台区。

技术原理：综合监测控制器通过参数监测，主动发出相关指令，控制组合式调压调容开关改变变压器线圈各抽头的接法和负荷开关状态，实现10kV配电变压器的自动调容调压和远程停送电功能，具有集成保护、36级精细无功补偿、有功三相不平衡调节和防盗计量等功能。

应用案例：北京博瑞莱智能科技有限公司为河南开封供电公司配网智能化系统工程新建35条10 kV配网及改造智能化10 kV配电台区215台、黑龙江绥化市农电局新建31条10 kV配网及改造智能化10 kV配电台区195台配网智能化系统工程，主要设备为可控自动调容调压配电变压器。节能技改投资额分别为1397万元和1267万元，建设期均为2年。年节能分别为1800 tce和1640 tce，年节能经济效益分别为270万元和246万元，投资回收期均为6年。

通过该技术的推广应用，不仅可以解决配电网用户中普遍存在的电压不稳定问题，以及农村配电台区功率因数低、空载损耗大和配变三相负荷不平衡等问题，还可以进行智能可控操作，保证配电网台区的经济可靠运行，自动化控制和全面用电监控管理。未来5年，预计推广到5%，总投入52亿元，节能能力可达$6.7×10^5$ tce/a，减排能力$1.77×10^6$ t CO_2/a。在我国，变压器的总损耗约占系统总发电量的10%，如果损耗每降低1%，每年可节电上百亿千瓦时，因此降低变压器损耗是势在必行的节能措施。

参考文献

[1] 工业和信息化部，市场监管总局，国家能源局. 关于印发《变压器能效提升计划（2021-2023年）》的通知[EB/OL]. （2021-01-15）[2021-8-28]. https://www.miit.gov.cn/jgsj/jns/nyjy/art/2021/art_5207d4df60714d7cb0b0f9bf8df75fbc.html

[2] GB 20052—2020. 电力变压器能效限定值及能效等级[S]. 北京：中华人民共和国国家质量监督检验检疫总局/中国国家标准化管理委员会，2020.

[3] GB/T 40093—2021. 变压器产品生命周期评价方法 [S]. 北京：中华人民共和国国家质量监督检验检疫总局/中国国家标准化管理委员会，2021.

[4] GB/T 17468—2019. 电力变压器选用导则[S]. 北京：中华人民共和国国家质量监督检验检疫总局/中国国家标准化管理委员会，2019.

[5] GB/T 32288—2020. 电力变压器用电工钢铁芯[S]. 北京：中华人民共和国国家质量监督检验检疫总局/中国国家标准化管理委员会，2020.

[6] GB/T 6451—2015. 油浸式电力变压器技术参数和要求[S]. 北京：中华人民共和国国家质量监督检验检疫总局/中国国家标准化管理委员会，2015.

[7] GB/T 10228—2015. 干式电力变压器技术参数和要求[S]. 北京：中华人民共和国国家质量监督检验检疫总局/中国国家标准化管理委员会，2015.

[8] 凌松，张莹. 10kV配电网的有载调压变压器节能降损方法研究[J]. 变压器，2017，54（12）：39-43.

[9] 赵瑞敏. 220kV节能变压器研究[D]. 济南：山东大学，2017.

[10] 陈帮秀. 新形势下高效节能非晶合金干式变压器的发展[J]. 建筑电气，2021，40（6）：17-20.

[11] 姚志松，姚磊. 变压器节能方法与技术改造应用实例[M]. 北京：中国电力出版社，2009.

[12] 王凯. 电力变压器的改造与节能研究[D]. 南京：南京理工大学，2014.

[13] 李寅. 非晶合金变压器节能性的研究与应用[D]. 广州：华南理工大学，2015.

[14] 王新程，李永光，王治源，等. 变压器冷却方式的研究进展[J]. 上海电力学院学报，2019，35（3）：221-225.

[15] 郭英. 非晶合金铁芯配电节能变压器优化设计研究[D]. 杭州：浙江工业大学，2014.

[16] 包铁华. 高效能配电变压器特性比较与选型分析[D]. 北京：华北电力大学（北京），2017.

[17] 钱艺华，赵耀洪，吴坚，等. 变压器绝缘油吸附净化材料的研究进展[J]. 绝缘材料，2019，52（5）：1-5，16.

[18] 李鑫，申舒航，徐晓刚，等. 变压器用耐高温改性绝缘纸研究进展[J]. 广东电力，2017，30（2）：13-21.

[19] 黄荣鑫. 控制变压器的优化设计及其节能运行的研究[D]. 扬州：扬州大学，2017.

[20] 贺美杰. 民用建筑配电变压器节能措施分析[D]. 西安：长安大学，2017.

[21] 罗俊平. 南方电网公司配电变压器节能潜力与技术经济评价研究[D]. 广州：华南理工大学，2014.

[22] 黄家朝. 配电网变压器台区节能优化系统的研究[D]. 长春：吉林大学，2017.

[23] 齐府定. 新型油浸式节能配电变压器的研发[D]. 杭州：浙江工业大学，2014.

[24] 叶志军，林晓明，谭锴佳，等. 高频变压器技术研究综述[J]. 电网技术，2021，45（7）：2856-2870.

[25] 丁毅. 变压器和输电线电磁辐射对环境的影响[J]. 中国新技术新产品，2015（11）：70.

[26] 杨明波，谭磊，李上民，等. 高磁感取向硅钢研究开发的关键工艺及其研究进展[J]. 重庆理工大学学报（自然科学），2021，35（4）：103-110.

[27] 金之俭，洪智勇，赵跃，等. 二代高温超导材料的应用技术与发展综述[J]. 上海交通大学学报，2018，52（10）：1155-1165.

[28] 董智慧. 电气化铁路节能型卷铁芯牵引变压器建模与仿真[D]. 成都：西南交通大学，2014.

[29] 胡伟. 非晶合金变压器研究与应用[D]. 北京：华北电力大学，2016.

[30] 高超. 民用建筑配电变压器容量与运行方式的经济性研究[D]. 西安：长安大学，2016.

[31] 杨婷婷. 配电变压器有载自动调容技术的研究[D]. 沈阳：东北农业大学，2016.

[32] 周躲. 基于主变压器有载逆调压的降损节能分析[D]. 沈阳：沈阳农业大学，2017.

[33] 陆东阁. 变压器和输电线的电磁环境影响研究[D]. 沈阳：沈阳理工大学，2014.

[34] 唐建军. 变压器和输电线电磁辐射对环境影响的研究[D]. 重庆：重庆大学，2003.

[35] 黄家朝. 配电网变压器台区节能优化系统的研究[D]. 长春：吉林大学，2017.

[36] 张凡. 配电网节能降耗与电能质量综合研究[D]. 济南：山东大学，2016.

[37] 洪陈玉. 小区变压器环境振动传播与隔振研究[D]. 成都：西南交通大学，2012.

[38] 汪海涛. 小区干式变压器振动特性及整体隔振研究[D]. 成都：西南交通大学，2012.

[39] 李松江，胡婷，曾四秀，等. 植物绝缘油变压器的研究进展[J]. 绝缘材料，2021，54（8）：18-23.

[40] 邓小聘，李松江，胡婷，等. 变压器用植物绝缘油的研究进展[J]. 绝缘材料，2019，52（11）：25-30.

[41] 罗朝志，邱清泉，张宏杰，等. 超导限流变压器的研究进展[J]. 低温与超导，2020，48（10）：23-28.

[42] 刘鹏飞，黄晓胜，暨智贤. 电力变压器除潮技术综述[J]. 通信电源技术，2019，36（7）：255-256.

[43] 井庆阳. 电力电子牵引变压器拓扑结构研究[D]. 沈阳：沈阳工业大学，2019.

[44] 陈亚爱，石永帅，周京华，等. 电力电子牵引变压器拓扑结构综述[J]. 电气传动，2018，48（10）：89-96.

[45] 彭彭，周游，隋三义，等. 纳米改性技术在变压器油纸介质上应用的研究现状与未来展望[J]. 绝缘材料，2019，52（11）：17-24.

[46] 王启同，张兆云，孙禔，等. 直流变压器研究综述[J]. 湖北电力，2020，44（6）：18-26.

[47] 刘贝，涂春鸣，肖凡，等. 中低压直流变压器拓扑与控制综述[J]. 电力自动化设备，2021，41（5）：232-246.

[48] 霍慧贤，孙振东，刘鹏程，等. 0.08 mm 厚中频用取向硅钢极薄带制作工艺研究[J]. 包钢科技，2021，47（1）：50-52.

[49] 王瑞清. 基于卷铁芯变压器技术在轨道交通供电方面优势的讨论[J]. 科学技术创新，2020（27）：108-109.

[50] 付珊珊，诸嘉慧，丘明，等. 高温超导变压器绕组的研究现状与设计技术展望[J]. 低温与超导，2014，42（10）：36-41.

[51] 李丰梅. 高温超导变压器的设计及优化[D]. 成都：电子科技大学，2016.

[52] 王银顺. 高温超导变压器技术概述及发展现状[J]. 新材料产业，2017（9）：57-64.

[53] 戚宇祥，宋丹菊，郑玲. 立体卷铁芯敞开式干式变压器的结构技术特点和发展前景[J]. 变压器，2018（6）：32-38.

[54] 程灵，马光，胡卓超，等. 0.18 mm 极低损耗取向硅钢电磁特性与铁心性能仿真分析[J]. 电工钢，2020，2（1）：15-21.

[55] 王娥. 110kV 节能型 Vv 接线卷铁心牵引变压器研发设计[D]. 西安：西安科技大学，2019.

[56] 李萌，张金芳. 最新变压器油 IEC 标准解读[J]. 合成润滑材料，2021，48（2）：11-14.

[57] 赵祥光，李春霞，卢金锋，等. 电力变压器标准体系概况[J]. 河南科技，2019（26）：120-122.

[58] 刘雪丽，张书琦，袁洪涛，等. 电力变压器相关现行标准分析[J]. 中国标准化，2021（17）：220-230.

[59] 陈彬，梁旭，唐波，等. 大功率中频三相变压器优化设计方法[J]. 中国电机工程学报，2021，41（8）：2877-2890.

[60] 林宏博. 电力电子变压器设计及控制策略研究[D]. 长春：长春工业大学，2021.

[61] 杜运珍. 电力电子变压器优化控制策略研究[J]. 现代制造技术与装备，2021，57（1）：196-197，210.

[62] 檀政，王晓斐，张怀天，等. 电力电子变压器优化运行控制策略[J]. 全球能源互联网，2019，2（1）：78-84.

[63] 周柯，葛钦，葛平娟，等. 不平衡负荷下输出并联型电力电子变压器的优化控制策略[J]. 电工技术学报，2018，33（S1）：149-156.

[64] 肖龙，伍梁，李新，等. 高频 LLC 变换器平面磁集成矩阵变压器的优化设计[J]. 电工技术学报，2020，35（4）：758-766.

[65] 刘道生，袁威，魏博凯，等. 基于 IPSO 的非晶合金干式变压器优化设计[J]. 制造业自动化，2021，43（1）：126-130.

[66] 刘岳洋. 基于利兹线结构配置的平面变压器的设计研究[D]. 北京：中国矿业大学，2020.

[67] 袁轩，李琳，刘任，等. 三绕组高频变压器优化设计方法[J/OL]. 电网技术：1-12 [2021-09-13]. https://doi.org/10.13335/j.1000-3673.pst.2021.0044.

[68] 吴连云. 变压器结构设计与制造工艺分析[J]. 科技资讯，2019，17（14）：43，45.

[69] 王月英. 大型电力变压器绿色高效能设计思维浅析[J]. 科技创新 2021（6）：144-145.

[70] 方进，华俊威，吴爽. 高温超导牵引变压器的结构设计分析[J]. 安徽师范大学学报（自然科学版），2020，43

（1）：1-5.

[71] 张亚杰，庞建丽，刘晓亮，等. 高效节能叠铁心配电变压器的设计[J]. 电工电气，2021（4）：17-21.

[72] 沈侃毅，马长松，穆怀晨. 宝钢薄规格取向硅钢系列产品及其在电力变压器的应用[J]. 电工钢，2021，3（4）：7-11.

[73] 王建发. 非晶合金变压器的特点及节能环保优势分析[J]. 中国新技术新产品，2021（6）：69-71.

[74] 陈卓，孙竹. 节能配电变压器铁心制造技术及选材分析[J]. 电工钢，2020，2（Z1）：11-13.

[75] 武兰民，程灵，邱宁，等. 配电变压器用非晶合金的研究进展及应用前景[J]. 热加工工艺，2020，49（12）：10-13，20.

[76] 杜毅威. 新能效标准下变压器的选择[J]. 建筑电气，2021，40（6）：3-11.